普通高等教育“十二五”规划教材

石油化工仪表及自动化

（第二版）

主　编　郑明方　杨长春
副主编　江小玲　荆胜南

中国石化出版社

内 容 提 要

全书以工业过程控制系统为主线，系统地介绍了过程参数检测仪表及控制装置、简单控制系统、复杂控制系统、DCS以及典型单元过程控制应用实例。全书共分7章，力求以理论联系实际为原则，简明扼要，通俗易懂，努力使技术先进性与工程实用性相融合。

本书可作为工科院校的石油化工、能源、轻工等专业的教材或教学参考书，也可作为应用型本科院校自动化等相关专业的教材或教学参考书。另外，亦可作为工艺操作人员及自动化从业人员的培训教材。

图书在版编目（CIP）数据

石油化工仪表及自动化 / 郑明方，杨长春主编.
—2版. —北京：中国石化出版社，2014.6（2023.8重印）
ISBN 978-7-5114-2800-4

Ⅰ. ①石… Ⅱ. ①郑… ②杨… Ⅲ. ①石油化工-化工仪表-自动控制系统 Ⅳ. ①TE967

中国版本图书馆CIP数据核字（2014）第100502号

中国石化出版社出版发行

地址：北京市东城区安定门外大街58号
邮编：100011　电话：(010)57512500
发行部电话：(010)57512575
http://www.sinopec-press.com
E-mail:press@sinopec.com
北京艾普海德印刷有限公司印刷
全国各地新华书店经销

*

787×1092毫米 16开本 20.75印张 509千字
2023年8月第2版第3次印刷
定价:46.00元

前　言

《石油化工仪表及自动化》(第二版)是在其第一版的基础上，广泛听取了本教材在教学实践中各方的意见，特别是吸取了本教材任课老师的意见，并结合编者多年以来教学经验的基础上进行修订而成的。

编者通过认真的规划，将石油化工自动化仪表及石油化工自动化系统的最通用、最基本的内容进行有效的编辑集成，力求以理论联系实际为原则，努力使技术先进性与工程实用性相融合。学生通过课程的学习，可以初步掌握石油化工仪表及自动化所必备的知识，同时对石油化工自动化领域有个系统、全面的认识。

第二版保留第一版的优点，继续以实际工程应用为主线，注重对学生实际工程应用能力的培养，并根据当今科技的发展和生产实践的需要，增加了一些新知识、新内容，同时对第一版中出现的一些问题进行了修订。

本书第 1 章由杨长春老师编写，第 2 章由江小玲老师编写，第 3 章、第 6 章由荆胜南老师编写，其余各章由郑明方老师编写。在第二版修订中，张继老师、王雪老师做了大量复杂而细致的工作，在此一并表示感谢。

由于编者水平有限，书中难免有不妥当的地方，恳请广大读者和同行专家批评指正。

编　者

目　　录

第1章　概　论

1.1　石油化工过程控制基本概念

1.1.1　自动控制系统的基本组成及方块图

自动控制系统是在人工控制的基础上产生和发展起来的，下面以生产过程中最常见的液位控制为例来介绍控制系统的基本组成。图1－1所示是一个液体储槽，在生产中常用来作为一般的中间容器或成品罐。从前一个工序来的物料连续不断地流入槽中，而槽中的液体又送至下一工序进行加工或包装。当流入量 Q_i（或流出量 Q_o）波动时会引起槽内液位的波动，严重时会溢出或抽空。解决这个问题的最简单办法是：以储槽液位为操作指标，以改变出口阀门开度为控制手段，如图1－1(a)所示。当液位上升时，将出口阀门开大，液位上升越多，阀门开得越大；反之，当液位下降时，则关小出口阀门，液位下降越多，阀门关得越小。为了使液位上升和下降都有足够的余地，选择玻璃管液位计指示值中间的某一点为正常工作时的液位高度，通过改变出口阀门开度而使液位保持在这一高度上，这样就不会出现储槽中液位过高而溢至槽外，或使储槽内液体抽空而发生事故的现象。归纳起来，如图1－1(b)所示，操作人员所进行的工作有三方面：

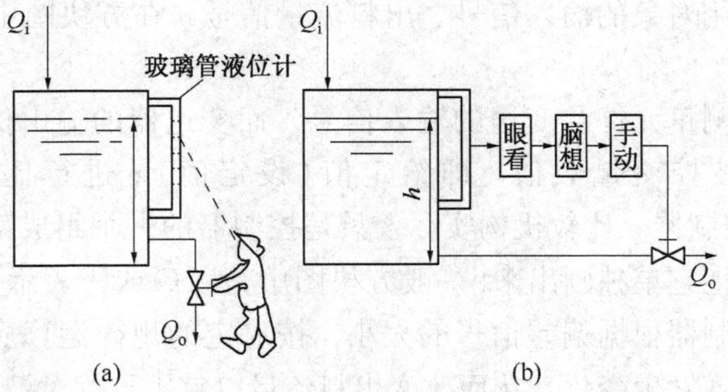

图1－1　液位人工控制

(1) 检测　用眼睛观察玻璃管液位计（测量元件）中液位的高低，并通过神经系统告诉大脑。

(2) 运算（思考）、命令　大脑根据眼睛看到的液位高度，加以思考并与要求的液位值进行比较，得出偏差的大小和正负，然后根据经验，经思考、决策后发出命令。

(3) 执行　根据大脑发出的命令，通过手去改变阀门开度，以改变出口流量 Q_o，从而使液位保持在所需高度上。

眼、脑、手三个器官，分别担负了检测、运算和执行三个作用，来完成测量、求偏差、操纵阀门以纠正偏差的全过程。由于人工控制受到人生理上的限制，因此在控制速度和准确度上都满足不了大型现代化生产的需要。为了提高控制准确度和减轻劳动强度，可用一套自动化装置来代替上述人工操作，用检测元件与变送器取代眼睛，用自动控制器取代大脑，用自动控制阀取代手，这样就由人工控制变为自动控制了。液位储槽和自动化装置一起构成了一个自动控制系统，如图1－2所示。

在研究自动控制系统时，为了能更清楚地表示出一个自动控制系统中各个组成环节之间的相互影响和信号联系，便于对系统分析研究，一般都用方块图来表示控制系统的组成。例如图1－2所示的液位自动控制系统可以用图1－3所示的方块图来表示。每个环节表示组成系统的一个部分，称为“环节”。两个方块之间用一条带有箭头的线条表示其信号的相互关系，箭头指向方块表示为这个环节的输入，箭头离开方块表示为这个环节的输出。线旁的字母表示相互间的作用信号。

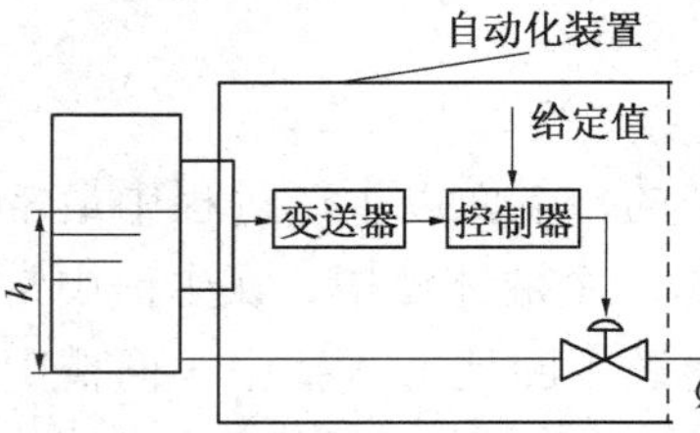

图1－2　液位自动控制系统

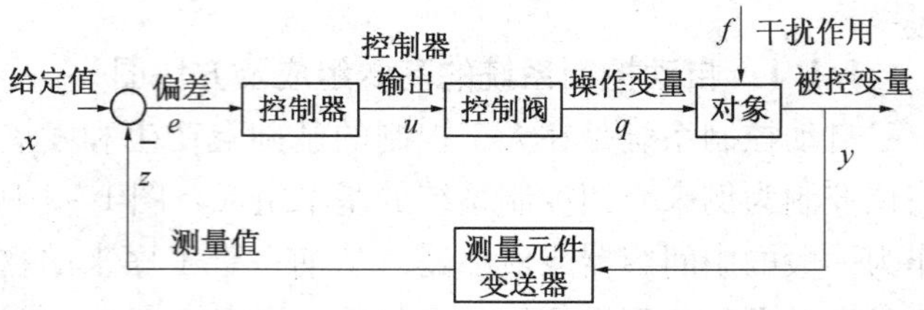

图1－3　液位自动控制系统方块图

图1－2中的储槽在图1－3中用一个“对象”方块来表示，其液位就是生产过程中所要保持恒定的变量，在自动控制系统中称为被控变量，用y来表示。在方块图中，被控变量y就是对象的输出。影响被控变量y的因素来自进料流量的改变，这种引起被控变量波动的外来因素，在自动控制系统中称为干扰作用（扰动作用），用f表示。干扰作用是作用于对象的输入信号。与此同时，出料流量的改变是由于控制阀动作所致，如果用一方块表示控制阀，那么，出料流量即为“控制阀”方块的输出信号。出料流量的变化也是影响液位变化的因素，所以也是作用对象的输入信号。出料流量信号q在方块图中把控制阀和对象连接在一起。

储槽液位信号是测量元件及变送的输入信号，而变送器的输出信号z进入比较机构与工艺上希望保持的被控变量数值，即给定值（设定值）x进行比较，得出偏差信号e（$e=x-z$），并送往控制器。比较机构实际上只是控制器的一个组成部分，不是一个独立的仪表，之所以在图中把它单独画出来（一般方块图中是以○或⊕表示），为的是能更清楚地说明其比较作用。控制器根据偏差信号的大小，按一定的规律运算后，发出信号p送至控制阀，使控制阀的开度发生变化，从而改变出料流量以克服干扰对被控变量（液位）的影响。控制阀的开度变化起着控制作用。具体实现控制作用的变量叫做操纵变量，如图1－3中流过控制阀的出料流量就是操纵变量。用来实现控制作用的物料一般称为操纵介质或操纵剂，如上述中流过控制阀的流体就是操纵介质。

由此可见，过程控制系统由以下几部分组成：

1）被控对象

被控对象是指被控制的生产设备或装置，常见的被控对象有锅炉、加热炉、分馏塔、反应釜、干燥炉、压缩机、旋转窑等生产设备，或储存物料的槽、罐以及传送物料的管段等。当生产工艺过程中需要控制的参数只有一个时，如电阻加热炉炉温控制的被控量只有炉温一个参数，则生产设备与被控对象是一致的；当需要控制的参数不止一个时，其特性互不相同，应各有一套可能是互相关联的控制系统，这样的生产设备其被控对象就不止一个，应对其中的不同过程分别作不同的分析和处理。

2）检测元件和变送器

反映生产过程的工艺参数大多不止一个，一般都需用不同的检测元件进行自动检测，才能了解生产过程进行的状态，以获得可靠的控制信息。需要进行自动控制的参数称为被控量，上例中的水位就是被控量，被控量往往就是对象的输出量。当系统只有一个被控量时，则只有一个控制回路，称为单回路控制系统，也称单变量控制系统。当系统不只一个被控量时，则不止一个控制回路，称为多顺路控制系统，也称多变量控制系统。一个生产设备需要控制的回路数不一定和它的过程参数数目完全相同，因为有些参数并不需要进行自动控制，只需进行检测、显示就可以了。

被控量由检测元件进行检测，当其输出不是电学量，或虽然是电学量，但不是4~20mA信号时，必须采用变送器将其转换为统一的标准电信号。如果是气动仪表，则都应转换为20~100kPa的气动信号。检测元件或变送器的输出就是被控量的测量值。

3）控制器

控制器也称调节器，它接收检测元件或变送器送来的的信息——被控量。当其符合生产工艺要求时，控制器的输出保持不变，否则控制器的输出会发生变化，对系统施加控制作用。使被控量发生变化的任何作用称为扰动。扰动一经产生，控制器就发出控制命令，对系统施加控制作用，使被控量回到设定值。

按生产工艺要求给被控量规定一个参考值，称为设定值 r，这就是经过控制系统的自动控制作用使被控量应保持的正常参数值。在过程控制系统中，被控量的测量值 z 由系统的输出端反馈到系统的输入端，与设定值 r 比较后得到的偏差值 $e=r-z$，就是控制器的输入信号。当 $r>z$ 时，称为正偏差；当 $r<z$ 时，称为负偏差。应当指出，这种规定与仪表厂校验控制器所规定的正负偏差正好相反，这点在实际工作中要特别注意。

4）控制阀

由控制器发出的控制信号，通过电动或气动执行器产生的位移量 l 驱动控制阀门，以改变输入对象的操纵量 q，使被控量受到控制。控制阀是控制系统的终端部件，阀门的输出特性取决于阀门本身的结构，有的与输入信号呈线性关系，有的则呈对数或其他曲线关系。详细情况将在后面章节中进行介绍。

对于一个完整的过程控制系统，除自动控制回路外，应备有一套手动控制回路，以便在自动控制系统因故障而失效后或在某些紧急情况下，对系统进行手动遥控。另外，还应有一套必要的信号显示、通信、联络、联锁以及自动保护等设施，才能充分地保证生产过程的顺利进行和保障人身与设备的安全。

最后应当指出，控制器是根据被控量测量值与设定值进行比较得出的偏差值对被控对象进行控制的。对象的输出信号即控制系统的输出，通过检测与变送器的作用，将输出信号反馈到系统的输入端，构成一个闭环控制回路，简称闭环。如果系统的输出信号只是被检测和显示，并不反馈到系统的输入端，则是一个没有闭合的开环控制系统，简称开环。开环系统只按对象的输入量变化进行控制，即使系统是稳定的，其控制品质也较低。

在闭环控制回路中，可能有两种形式的反馈：正反馈与负反馈。正反馈的作用会扩大不平衡量，是不稳定的。如采用正反馈控制室内温度，当温度超过设定值时，系统会增加热量，使室温升高；当温度低于设定值时，它又减少热量，使室温进一步降低。具有正反馈的控制回路，总是将被控量锁定在高端或低端的极值状态下，这种性质不符合控制目的。如采用负反馈，其作用与正反馈相反，总是力求恢复到平衡温度，即保持在规定的设定值范围内。具有负反馈(包括前馈)作用的回路，一般称为反馈控制系统。这种系统能密切监视和控制被控对象输出量的变化，抗干扰能力强，能有效地克服特性变化的影响，有一定的自适应能力，因而控制品质较高，是应用最广、研究最多的控制系统。

1.1.2 工艺管道及控制流程图

在工艺流程确定以后，工艺人员和自控设计人员应共同研究确定控制方案。控制方案的确定包括流程中各测量点的选择、控制系统的确定及有关自动信号、联锁保护系统的设计等。在控制方案确定以后，根据工艺设计给出的流程图，按其流程顺序标注出相应的测量点、控制点、控制系统及自动信号与联锁保护系统等，便成了工艺管道及控制流程图(PID 图)。

图 1－4 是乙烯生产过程中脱乙烷塔的工艺管道及控制流程图。为了说明问题方便，对实际的工艺过程及控制方案都作了部分修改。从脱甲烷塔出来的釜液进入脱乙烷塔脱除乙烷。从脱乙烷塔顶出来的碳二馏分经塔顶冷凝器冷凝后，部分作为回流，其余则去乙炔加氢反应器进行加氢反应。从脱乙烷塔底出来的釜液部分经再沸器后返回塔底，其余则去脱丙烷塔脱除丙烷。

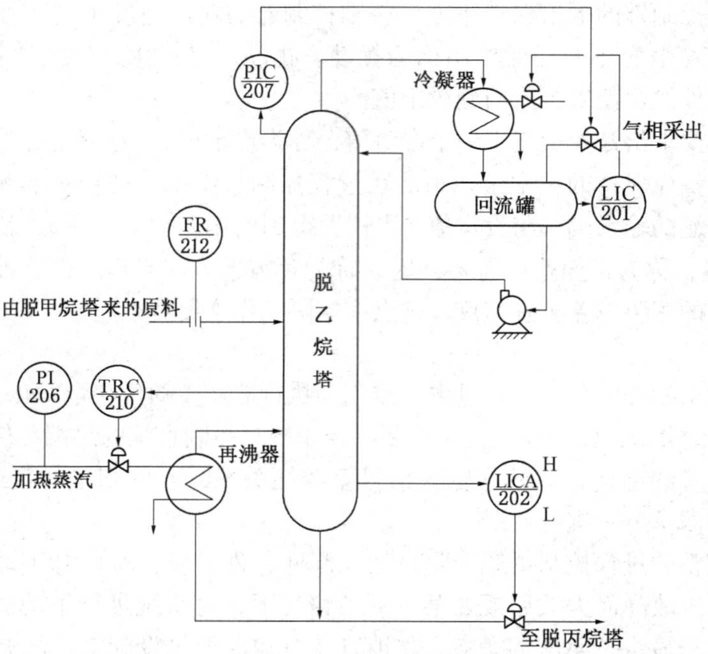

图 1－4　脱乙烷塔的工艺管道及控制流程图

在绘制 PID 图时，图中所采用的图例符号要按有关的技术规定进行，可参见标准HG/T 20505—2000《过程测量与控制仪表的功能标志及图形符号》。下面结合图 1－4 对其中一些常用的统一规定作简要介绍。

1. 图形符号

1）测量点(包括检出元件、取样点)

测量点是由工艺设备轮廓线或工艺管线引到仪表圆圈的连接线的起点，一般无特定的图形符号，如图 1－5 所示。图 1－4 中的塔顶取压点和加热蒸汽管线上的取压点都属于这种情形。

必要时，检测元件也可以用象形或图形符号表示。例如流量检测采用孔板时，检测点也可用图 1－4 中脱乙烷塔的进料管线上的符号表示。

2）连接线

通用的仪表信号线均以细实线表示。连接线表示交叉及相接时，采用图 1－6 的形式。

必要时也可用加箭头的方式表示信号的方向。在需要时，信号线也可按气信号、电信号、导压毛细管等采用不同的表示方式以示区别。

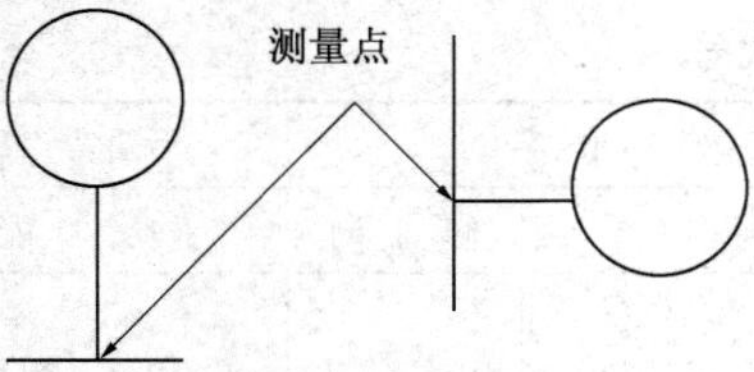

图1－5　测量点表示

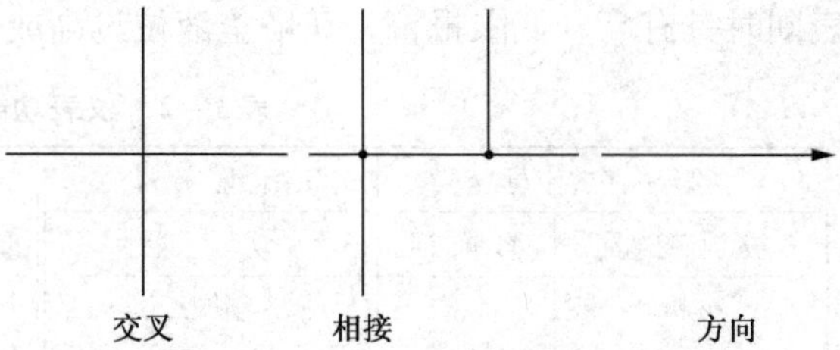

图1－6　仪表连线表示

3）仪表（包括检测、显示、控制）的图形符号

仪表的图形符号是一个细实线圆圈，直径约为10mm，对于不同的仪表安装位置的图形符号如表1－1所示。

表1－1　仪表安装位置的图形符号表示

序号	安装位置	图形符号	备　注	序号	安装位置	图形符号	备　注
1	就地安装仪表			3	就地仪表盘面安装仪表	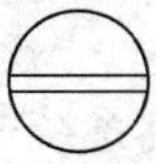	
		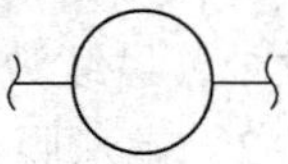	嵌在管道中	4	集中仪表盘后安装仪表	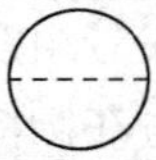	
						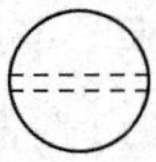	
2	集中仪表盘面安装仪表	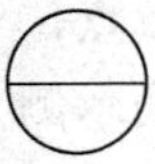		5	就地仪表盘后安装仪表		

对于处理两个或两个以上被测变量，具有相同或不同功能的复式仪表时，可用两个相切的圆或分别用细实线圆与细虚线圆相切表示（测量点在图纸上距离较远或不在同一图纸上），如图1－7所示。

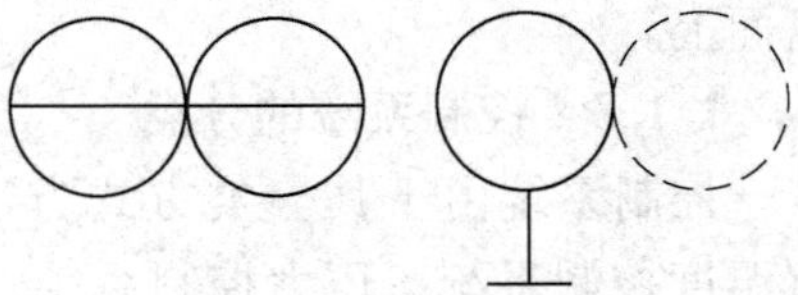

图1－7　复式仪表的表示法

2. 字母代号

在控制流程图中，用来表示仪表的小圆圈的上半圆内，一般写有两位（或两位以上）字母，第一位字母表示被测变量，后继字母表示仪表的功能，常用被测变量和仪表功能的字母代号见表1－2。

如图1－4所示在塔顶的压力控制系统中，PIC－207的第一位字母P表示被测变量为压力，第二位字母I表示具有指示功能，第三位C表示具有控制功能。因此，PIC就表示一台具有指示功能的压力控制器。该控制系统是通过改变气相采出量来维持塔压稳定的。同样，回流罐液位控制系统中的LIC－201是一台具有指示功能的液位控制器，它是通过改变进入冷凝器的冷剂量来维持回流罐中液位稳定的。

在塔下部的温度控制系统中，TRC－210表示一台具有记录功能的温度控制器，它是通过改变进入再沸器的中热蒸汽量来维持塔底温度恒定的。当一台仪表同时具有指示、记录功能时，只需标注字母代号“R”，不标“I”，所以TRC－210可以同时具有指示、记录功能。同样，在进料管线上，FR－212可以表示同时具有指示、记录功能的流量仪表。

在塔底的液位控制系统中，LICA－202 代表一台具有指示、报警功能的液位控制器，它是通过改变塔底采出量来维持塔釜液位稳定的。仪表圆圈外标有“H”、“L”字母，表示该仪表同时具有高、低限报警，在塔釜液位过高或过低时，会发出声、光报警信号。

表 1－2　仪表功能字母代号

字母	第一位字母		后继字母	字母	第一位字母		后继字母
	被测变量	修饰词	功　能		被测变量	修饰词	功　能
A	分析		报警	P	压力或真空		
C	电导率			Q	数量或件数	积分、累积	积分、累积
D	密度	差		R	放射性		记录或打印
E	电压		检测元件	S	速度或频率	安全	开关、联锁
F	流量	比(分数)		T	温度		传送
I	电流		指示	V	黏度		阀、挡板、百叶窗
K	时间或时间程度		自动手动操作器	W	力		套管
L	物位			Y	供选用		继动器或计算器
M	水分或湿度			Z	位置		驱动、执行或未分类的终端执行机构

3. 仪表位号

在检测、控制系统中，构成一个回路的每个仪表(或元件)都应有自己的仪表位号。仪表位号是由字母代号组合和阿位伯数字编号两部分组成。字母代号的意义前面已经解释过。阿位伯数字编号写在圆圈的下半部，其第一位数字表示工段号，后续数字(第二位或第三位数字)表示仪表序号。图 1－4 中仪表的数字编号第一位都是 2，表示脱乙烷塔在乙烯生产中属于第二工段。通过控制流程图可以看出其上每台仪表的测量点位置、被测变量、仪表功能、工段号、仪表序号、安装位置等。图 1－4 中的 PI－206 表示测量点在加热蒸汽管线上的蒸汽压力指示仪表，该仪表为就地安装，工段号为 2，仪表序号为 06。而 TRC－210 表示同一工段的一台温度记录控制控制仪，其温度的测量点在塔的下部，仪表安装在集中仪表盘面上。

1.1.3　控制系统的分类

控制系统由于其分类方式方法的不同，出现了不同的名称。按所控制的参数来分，有温度控制系统、压力控制系统、流量控制系统、液位控制系统等；按所处理的信号来分，有模拟控制系统与数字控制系统；按是否采用计算机来分，有常规仪表过程控制系统与计算机控制系统，计算机控制系统还可分为 DDC、DCS 和现场总线系统；按所完成的功能来分，有串级控制系统、均匀控制系统、自适应控制系统等；按其控制动作规律来分，有比例控制系统，比例、积分控制系统，比例、积分、微分控制系统等；按组成回路的情况来分，有单回路控制系统与多回路控制系统、开环控制系统与闭环控制系统等。

以上这些分类只反映了不同控制系统某一方面的特点，视具体情况可以采用不同的分类方法，其中并无原则性的规定。

过程控制主要是研究反馈控制系统的特性，按设定值的形式不同，可将过程控制系统分为以下三类：

(1) 定值控制系统　在工业生产过程中，大多要求将被控量保持在规定的小范围内变化，以保持生产过程平稳地顺利进行。此规定值就是控制器的设定值，前述锅炉水位控制就是要使水位保持在规定值允许的波动范围以内变化，满足锅炉内蒸汽蒸发量和给水量的平衡关系。只要被控量在设定值范围内波动，控制系统的工作就是正常的。在定值控制系统中，设定值是固定不变的，引起系统产生变化的是扰动信号，可以认为以扰动量为输入的系统为定值控制系统，这种控制系统是应用最多的一种。

(2) 随动控制系统　对于有的生产过程，其被控量是变化的，即控制系统的设定值不是定值，而是无规律变化的，自动控制的目的是要使被控量相当准确而及时地跟随设定值的变化。例如，加热炉的燃料与空气的混合比控制，燃料量是按工艺过程的需要而设定的，这个设定值又随生产流程的要求而自动或手动改变。也就是说，燃料量在变化，控制系统就要使空气量跟随燃料量的变化，自动按预先规定的比例而相应地增减空气量，以保证燃料合理而经济地燃烧，这就是随动控制系统。自动平衡记录仪的平衡机构就是跟随被测信号的变化自动达到平衡位置，是一种典型的随动控制系统。

(3) 程序控制系统　程序控制系统的设定值是按生产工艺的要求有规律变化的，自动控制的目的在于使被控量按规定的程序自动进行，以保证生产过程顺利完成。如工业炉、干燥窑等周期作业的加热设备，一般包含加热—升温—保温，然后逐渐缓慢降温的程序，设定值按此程序自动地改变，控制系统就按该设定程序自动地进行下去，直到整个程序运行结束为止，从而达到程序控制的目的。

1.2　石油化工过程控制对象的特性

石油化工过程控制对象(简称被控对象或对象)是过程控制系统的主体，全部控制装置都是为它服务的，并按照过程控制对象的特性和要求进行设计及调试。系统的控制质量在很大程度上取决于对象的特性。因此，研究过程控制对象的动态特性是分析、设计、整定过程控制系统的基础。

过程控制对象生产过程几乎都离不开物质或能量的流动(能量常以某种流体作为载体)，可将对象视为一个隔离体，从外部流入对象内部的物质或能量称为流入量，从对象内部流出的物质或能量称为流出量。显然，只有当流入量与流出量保持平衡时，对象才会处于稳定平衡的工况。平衡关系一旦遇到破坏，就必然会反映在某一个量的变化上。例如，液位变化反映物质平衡关系遭到了破坏，温度变化则反映热量平衡遭到了破坏。实际上，这种平衡关系的破坏是经常发生且难以避免的。过程控制系统常要求将温度、压力、液位等表征平衡关系的物理量保持在其设定值上，这就必须随时控制流入量或流出量。在一般情况下，实施这种控制的执行器就是调节阀，它不仅适用于流入量或流出量是物质流的情况，也适用于流入量或流出量是能量流的情况。

过程控制对象的另一特点是，它们大多属慢变过程(即被控量的变化比较缓慢)，时间尺度往往以若干分钟甚至小时计。在现代工业生产过程中，生产规模不同，工艺要求各异，产品品种多样，过程控制中被控对象形式是多种多样的，有些生产过程(热工过程)是在较大的设备中进行的，这些对象往往具有较大的储蓄容积，而流入、流出量的份额只能是有限值，这就使得被控制量的变化过程不可能很快。

从阶跃响应曲线看，大多数被控对象动态特性的特点是：被控量的变化通常是不振荡的、单调的、有迟延和惯性的。对象典型的阶跃响应曲线有两类，如图1-8所示。当扰动发生后，被控量一开始并不立刻有显著的变化，这表明对象对扰动的响应有迟延和惯性。

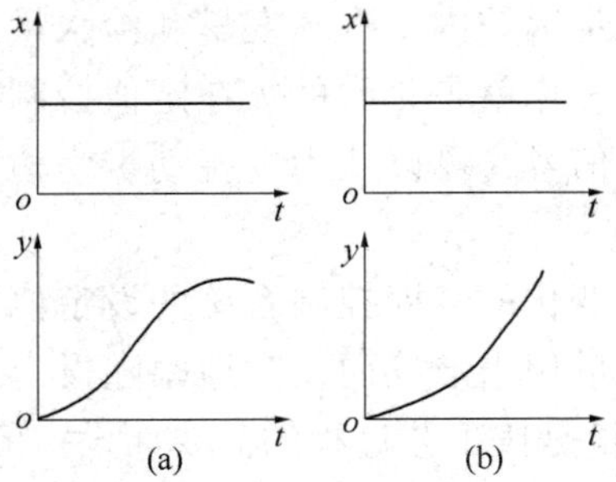

图 1－8　对象的阶跃响应曲线

而在最后阶段被控量可能达到新的平衡，如图 1－8(a)所示，这样的对象称为有自平衡能力对象。被控量也可能不断变化无法进入新的平衡态，而其变化速度趋近某一定值，如图 1－8(b)所示，则称为无自平衡能力对象。对象是否具有自平衡能力，是由对象的结构特点决定的。由于大多数过程控制对象阶跃响应具有上述特点，常可用其阶跃响应曲线上的几个特征参数值来表示对象的动态特性。

1.2.1　有自平衡能力对象

1. 动态特性

现以单容水箱为例，讨论有自平衡能力对象的动态特性。

图 1－9 是一个水箱，水经过阀门 1 不断地注入水槽，水槽内的水又通过阀门 2 不断流出。工艺上要求水槽的液位 h 保持一定数值。在这里，水槽就是被控对象，液位 h 就是被控变量。如果阀门 2 的开度保持不变，则阀门 1 的开度变化是引起液位变化的干扰因素。那么，这里所指的对象特性，就可以反映出当阀门 1 的开度变化时，液位 h 是如何变化的。在这种情况下，对象的输入量是流入水槽的流量 Q_1，对象的输出量是液位 h。据此可以推导出表征 h 与 Q_1之间关系的数学表达式。

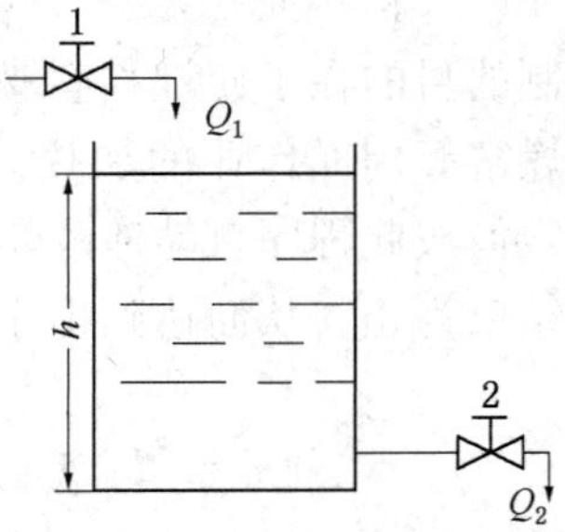

图 1－9　单容水箱

在生产过程中，最基本的关系是物料平衡和能量平衡。当单位时间内流入对象的物料(或能量)不等于流出对象的物料(或能量)时，表征对象物料(或能量)蓄存量的参数就要随时间而变化。因此，描述它们之间关系的微分方程式可表示为

对象物料蓄存量的变化率 = 单位时间流入对象的物料 − 单位时间流出对象的物料

上式中的物料量也可以表示为能量。

若图 1－9 中的水槽截面积为 A，当流入水槽的流量 Q_1等于流出水槽的流量 Q_2时，系统处于平衡状态，即静态。这时，液位 h 保持不变。

假定某一时刻 Q_1有了变化，不再等于 Q_2，于是 h 也就随之变化，从水槽的物料平衡角度，可以找出 h 与 Q_1的关系，这是推导表征 h 与 Q_1关系的微分方程式的根据。

在用微分方程式来描述对象特性时，往往着眼于一些量的变化，而不注重这些量的初始值。所以，在推导方程的过程中，假定 Q_1、Q_2、h 都代表它们偏离初始平衡状态的变化值。

如果在很短一段时间 $\mathrm{d}t$ 内，由于 Q_1不等于 Q_2，引起液位变化了 $\mathrm{d}h$。此时，流入和流出水槽的水量之差 $(Q_l - Q_2)\mathrm{d}t$ 应该等于水槽内增加(或减少)的水量 $A\mathrm{d}h$，即

$$(Q_1 - Q_2)\mathrm{d}t = A\mathrm{d}h \tag{1-1}$$

上式就是微分方程式的一种形式。在这个式子中，还不能一目了然地看出 h 与 Q_1的关系。因为在水槽出水阀 2 开度不变的情况下，随着 h 的变化，Q_2也会变化。h 越大，静压头越大，Q_2也会越大。也就是说，在式(1－1)中，Q_1、Q_2、h 都是时间的变量，如何消去中

间变量 Q_2，得出 h 与 Q_1的关系式呢？

如果考虑变化量很微小（由于在自动控制系统中，各个变量都是在它们的额定值附近作微小的波动，因此作这样的假定是允许的），可以近似认为 Q_2与 h 成正比，与出水阀的阻力系数 R_s成反比，即

$$Q_2 = \frac{h}{R_s} \tag{1-2}$$

将此关系式代入式(1-1)，则有

$$\left(Q_1 - \frac{h}{R_s}\right)dt = Adh \tag{1-3}$$

移项整理后可得

$$AR_s \frac{dh}{dt} + h = R_s Q_1 \tag{1-4}$$

令

$$T = AR_s \tag{1-5}$$

$$K = R_s \tag{1-6}$$

代入式(1-4)，则有

$$T\frac{dh}{dt} + h = KQ_1 \tag{1-7}$$

这就是用来描述简单的水槽对象特性的微分方程式。它是一阶常系数微分方程式，式中 T 称为时间常数，K 称为放大系数。

2. 描述对象特性的参数

对象的特性可以通过其数学模型来描述，但是为了研究问题方便起见，在实际工作中，常用下面三个物理量来表示对象的特性。这些物理量，称为对象的特性参数。

1）放大系数 K

对于如图 1-9 所示的简单水槽对象，当流入流量 Q_1有一定的阶跃变化后，液位 h 也会有相应的变化，但最后会稳定在某一数值上。如果我们将流量 Q_1的变化看作对象的输入，而液位 h 的变化看作对象的输出，那么，在稳定状态时，对象一定的输入就对应着一定的输出，这种特性称为对象的静态特性。

假定 Q_1的变化量用 ΔQ_1表示，h 的变化量用 Δh 表示。在一定的 ΔQ_1下，h 的变化情况如图 1-10 所示。在重新达到稳定状态后，一定的 ΔQ_1对应着一定的 Δh 值。

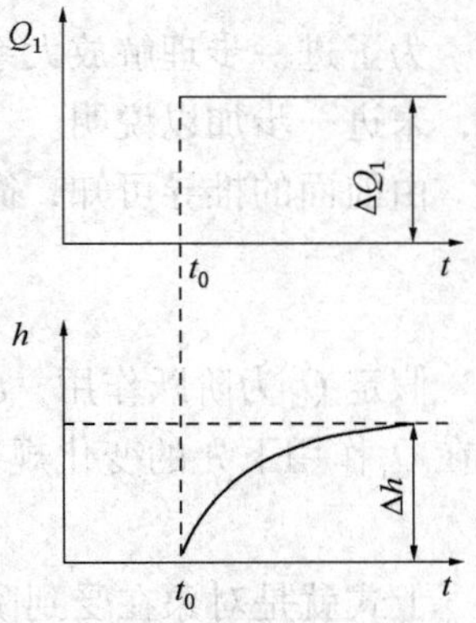

图 1-10　水槽液位的变化曲线

令

$$K = \frac{\Delta h}{\Delta Q_1}$$

则

$$\Delta h = K\Delta Q_1 \tag{1-8}$$

K 在数值上等于对象重新稳定后的输出变化量与输入变化量之比。其意义可以理解为：如果有一定的输入变化量 ΔQ_1，通过对象就被放大了 K 倍变为输出变化量 Δh，则称 K 为对象的放大系数。

对象的放大系数 K 越大，表示对象的输入量有一定变化时，对输出量的影响越大。在工艺生产中，常常会发现有的阀门对生产影响很大，开度稍微变化就会引起对象输出量大幅度的变化，甚至造成事故；有的阀门则相反，开度的变化对生产的影响很小。这说明在

一个设备上，各种量的变化对被控变量的影响是不一样的。换句话说，就是各种量与被控变量之间的放大系数有大有小。放大系数越大，被控变量对这个量的变化就越灵敏，这在选择自动控制方案时是需要考虑的。

2）时间常数 T

从大量的生产实践中发现，有的对象受到干扰后，被控变量变化很快，较迅速地达到了稳态值；有的对象在受到干扰后，惯性很大，被控变量要经过很长时间才能达到新的稳态值。从图 1－11 中可以看到，截面积很大的水槽与截面积很小的水槽相比，当进口流量改变同样一个数值时，截面积小的水槽液位变化很快，并迅速趋向新的稳态值。而截面积大的水槽惰性大，液位变化慢，需经过很长时间才能稳定。同样道理，夹套蒸汽加热的反应器与直接蒸汽加热的反应器相比，当蒸汽流量变化时，直接蒸汽加热的反应器内反应物的温度变化就比夹套加热的反应器来得快［见图 1－11(b)］。如何定量地表示对象的这种特性呢？在自动化领域中，往往用时间常数 T 来表示。时间常数越大，表示对象受到干扰作用后，被控变量变化得越慢，到达新的稳态值所需的时间越长。

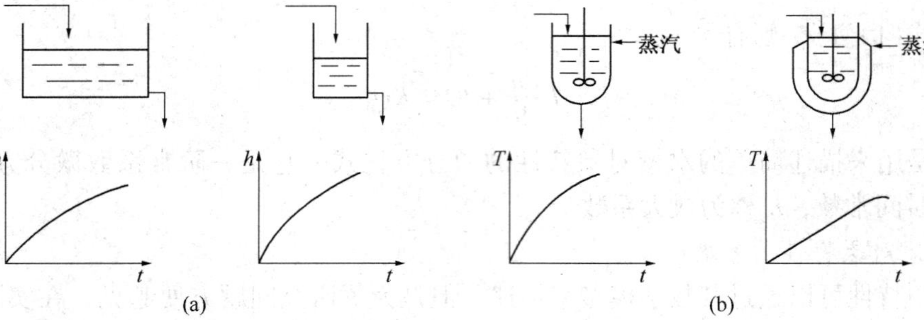

图 1－11　不同时间常数对象的反应曲线

为了进一步理解放大系数 K 与时间常数 T 的物理意义，下面结合图 1－9 所示的水槽例子，来进一步加以说明。

由前面的推导可知，简单水槽的对象特性可由式(1－7)来表示，即

$$T\frac{dh}{dt} + h = KQ_1$$

假定 Q_1 为阶跃作用，$t<0$ 时，$Q_1=0$；$t\geqslant 0$ 时，$Q_1=A$，如图 1－12(a)所示。为了求得在 Q_1 作用下 h 的变化规律，可以对上述微分方程式求解，得

$$h(t) = KA(1 - e^{-t/T}) \tag{1-9}$$

上式就是对象在受到阶跃作用 $Q_1=A$ 后，被控变量 h 随时间变化的规律，称为被控变量过渡过程的函数表达式。根据式(1－7)可以画出 $h-t$ 曲线，称为阶跃反应曲线或飞升曲线，如图 1－12(b)所示。

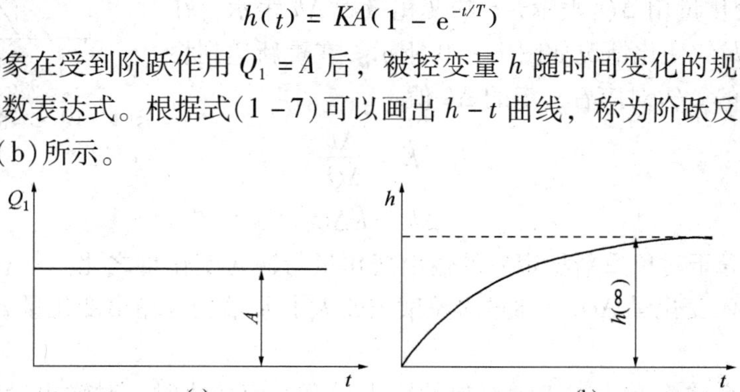

图 1－12　反应曲线

从图 1－12 反应曲线可以看出，对象受到阶跃作用后，被控变量就发生变化，当 $t\to\infty$ 时，被控变量不再变化而达到了新的稳态值 $h(\infty)$，这时由式(1－7)可得

$$h(\infty) = KA \text{ 或 } K = \frac{h(\infty)}{A} \tag{1－10}$$

这就是说，K 是对象受到阶跃输入作用后，被控变量新的稳态值与所加的输入量之比，故是对象的放大系数。它表示对象受到输入作用后，重新达到平衡状态时的性能是不随时间而变化的，所以是对象的静态性能。

对于简单水槽对象，由式(1－6)可知，$K = R_s$，即放大系数只与出水阀的阻力有关，当阀的开度一定时，放大系数就是一个常数。

下面再来讨论时间常数 T 的物理意义。将 $t = T$ 代入式(1－9)，就可以求得

$$h(T) = KA(1 - e^{-1}) = 0.632KA \tag{1－11}$$

将式(1－10)代入式(1－11)得

$$h(T) = 0.632h(\infty) \tag{1－12}$$

这就是说，当对象受到阶跃输入后，被控变量达到新的稳态值的 63.2% 所需的时间，就是时间常数 T，实际工作中，常用这种方法求取时间常数。显然，时间常数越大，被控变量的变化也越慢，达到新的稳态值所需的时间也越大。在图 1－13 中，四条曲线分别表示对象的时间常数为 T_1、T_2、T_3、T_4 时，在相同的阶跃输入作用下被控变量的反应曲线。假定它们的稳态输出值均是相同的(图中为 100)，显然，由图可以看出，$T_1 < T_2 < T_3 < T_4$。时间常数大的对象(如 T_4 所表示的对象)，对输入的反应比较慢，一般也可以认为它的惯性要大一些。

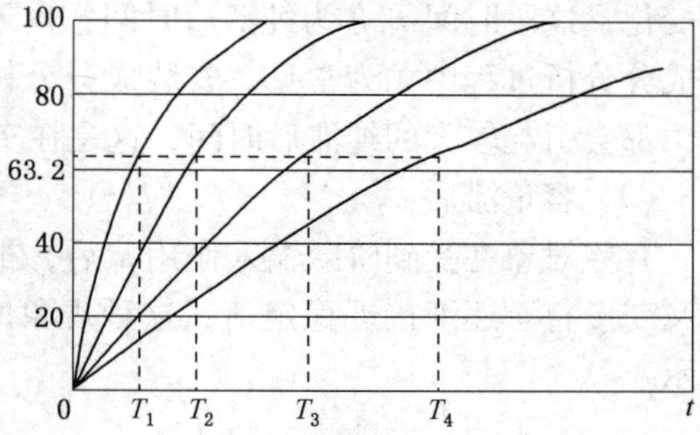

图 1－13　不同时间常数下的反应曲线

3）滞后时间

前面介绍的简单水槽对象在受到输入作用后，被控变量立即以较快的速度开始变化，如图 1－11 所示。这是一阶对象在阶跃输入作用下的反应曲线。这种对象用时间常数 T 和放大系数 K 两个参数就可以完全地描述它们的特性。但是有的对象，在受到输入作用后，被控变量却不能立即而迅速地变化，这种现象称为滞后现象。根据滞后性质的不同，可分为两类，即传递滞后和容量滞后。

(1) 传递滞后

又叫纯滞后，一般用 τ_0 表示。τ_0 的产生一般是由于介质的输送需要一段时间而引起的。例如图 1－14(a)所示的溶解槽，料斗中的固体用皮带输送机送至加料口。在料斗加大送料量后，固体溶质需等输送机将其送到加料口并落入槽中后，才会影响溶液浓度。当以料斗的加料量作为对象的输入、以溶液浓度作为输出时，其反应曲线如图 1－14(b)所示。

图中所示的 τ_0 为皮带输送机将固体溶质由加料斗输送到溶解槽所需要的时间，称为纯滞后时间。显然，纯滞后时间 τ_0 与皮带输送机的传送速度 v 和传送距离 L 的下关系为

$$\tau_0 = \frac{L}{v} \tag{1－13}$$

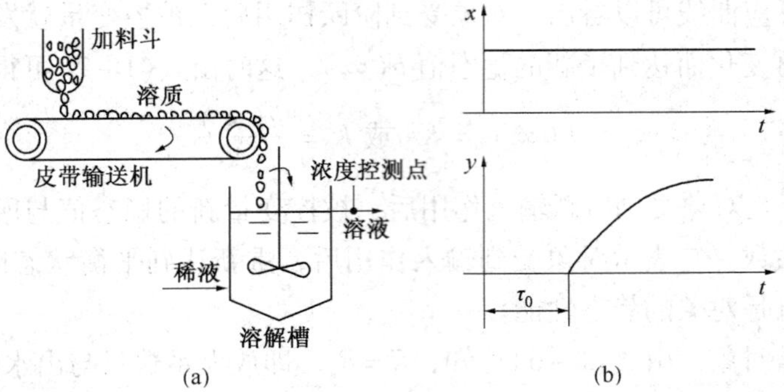

图 1－14　溶解槽及其反应曲线

另外，从测量方面来说，由于测量点选择不当、测量元件安装不合适等原因也会造成传递滞后。图 1－15 是一个蒸汽直接加热器。如果以进入的蒸汽量 q 为输入量，以实际测得的溶液温度为输出量，并且测温点不是在槽内而是在出口管道上，测温点离槽的距离为 L_o那么，当加热蒸汽量增大时，槽内温度升高。但是，槽内溶液流到管道测温点处还要经过一段时间 τ_0，相对于蒸汽流量变化的时刻，实际测得的溶液温度 T 要经过时间 τ_0后才开始变化，这段时间 τ_0亦为纯滞后时间。由于测量元件或测量点选择不当引起纯滞后的现象在成分分析过程中尤为常见。安装成分分析仪器时，取样管线太长、取样点安装离设备太远，都会引起较大的纯滞后时间，这是在实际工作中要尽量避免的。

（2）容量滞后

有些对象在受到阶跃输入作用 x 后，被控变量 y 开始变化很慢，后来才逐渐变快，最后又变慢直至逐渐接近稳定值，这种现象叫容量滞后或过渡滞后，其反应曲线如图 1－16 所示。

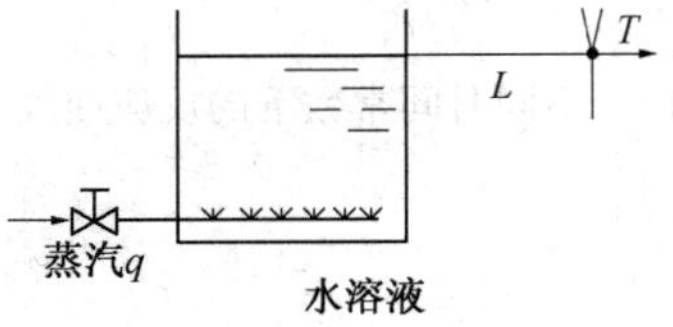

图 1－15　蒸汽直接加热器

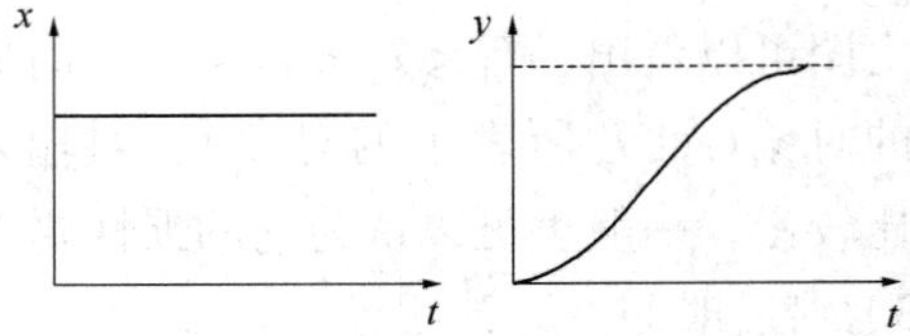

图 1－16　具有容量滞后系统的反应曲线

容量滞后，一般是由于物料或能量的传递需要通过一定阻力而引起的。

其阶跃响应曲线如图 1－16 所示，输入量在作阶跃变化的瞬间，输出量变化的速度等于零，以后随着 t 的增加，变化速度慢慢增大，但当 t 大于某一个 t_1 值后，变化速度又慢慢减小，直至 $t\to\infty$ 时，变化速度减少为零。对于这种对象，要想用前面所讲的描述对象的三个参数 K、T、τ 来描述的话，必须作近似处理，即用一阶对象的特性(是有滞后)来近似上述对象。方法如下：在图 1－17 所示的对象阶跃反应曲线上，过反应曲线的拐点 O 作一切线，与时间轴相交，交点与被控变量开始变化的起点之间的时间间隔 τ_h 即为容量滞后时间。由切线与时间轴的交点到切线与稳定值 KA 线的交点之间的时间间隔为 T。这样，对象就被近似为是有滞后时间 $\tau=\tau_h$，时间常数为 T 的一阶对象了。

纯滞后和容量滞后尽管本质上不同，但实际上很难严格区分，在容量滞后与纯滞后同时存在时，常常把两者合起来统称滞后时间 τ，即 $\tau=\tau_0+\tau_h$，如图 1－18 所示。

不难看出，自动控制系统中，滞后的存在是不利于控制的。也就是说，系统受到干扰作用后，由于存在滞后，被控变量不能立即反映出来，于是就不能及时产生控制作用，整个系统的控制质量就会受到严重的影响。当然，如果对象的控制通道存在滞后，那么所产生的控制作用不能及时克服干扰作用对被控变量的影响，也要影响控制质量的。所以，在设计和安装控制系统时，都应当尽量把滞后时间减到最小。例如，在选择控制阀与检测点的安装位置时，应选取靠近控制对象的有利位置。从工艺角度来说，应通过工艺改进，尽量减少或缩短那些不必要的管线及阻力，以利于减少滞后时间。

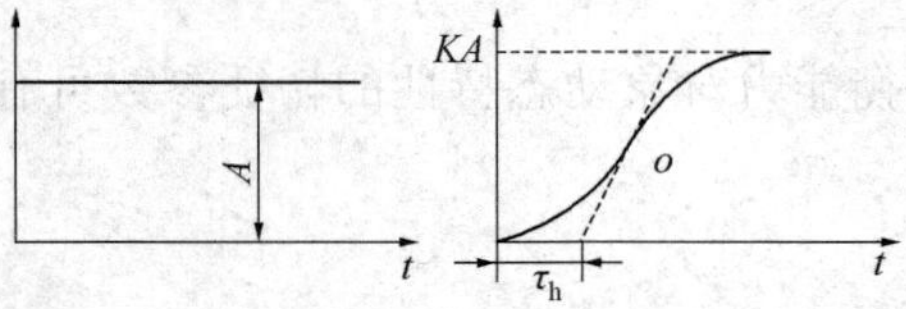

图 1－17　串联水槽的反应曲线

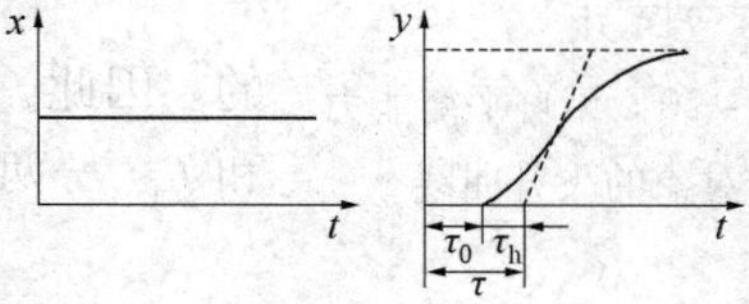

图 1－18　滞后时间 τ 示意图

1.2.2　无自平衡能力对象

在阶跃扰动下，对象的原稳态被破坏，被控量发生变化，而被控量对流出量(或流入量)没有影响，则对象内部不会存在负反馈作用，这种对象就是无自平衡能力对象。

无自平衡能力的对象只有依赖控制装置的帮助，才能重新恢复被破坏的平衡状态。

1. 动态特性

若将图 1－19 所示水箱出口阀 2 换为定量泵，如图 1－19(a)所示，流出量为泵的排水量，它取决于水泵容量与转速(设计中已确定)，与水箱水位 h 高低无关，则在式(1－1)中，$Q_2=0$。当流入量 Q_1 发生阶跃变化时，液位 h 即发生变化。由于 Q_2 不变，则水箱水位将等速上升直至溢出或等速下降直至被抽干，其阶跃响应曲线如图 1－19(b)所示。

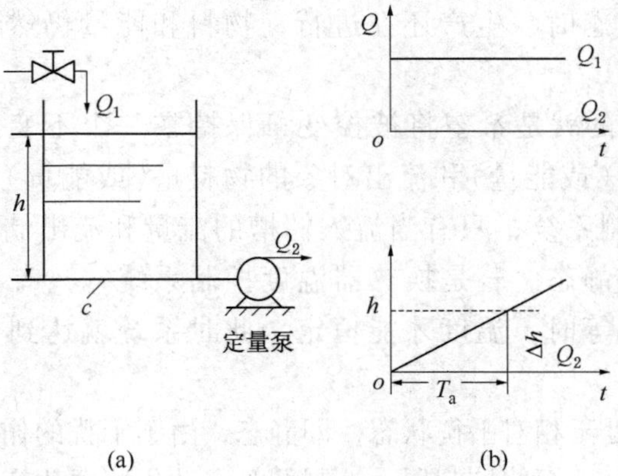

图 1－19　无自平衡单容对象

2. 描述对象特性的参数

一般情况下，无自平衡能力对象的飞升曲线如图 1－20 所示。根据图示曲线，可选取如下三个特征参数：

(1) 飞升速度 ε　即在单位阶跃扰动下，输出 $y(t)$ 的最大变化速度。定义 $\varepsilon=\dfrac{\left.\dfrac{dy}{dt}\right|_{t=\infty}}{x_0}$，其中 $\left.\dfrac{dy}{dt}\right|_{t=\infty}$ 可以通过作 $y(t)$ 的渐近线方便地得到。

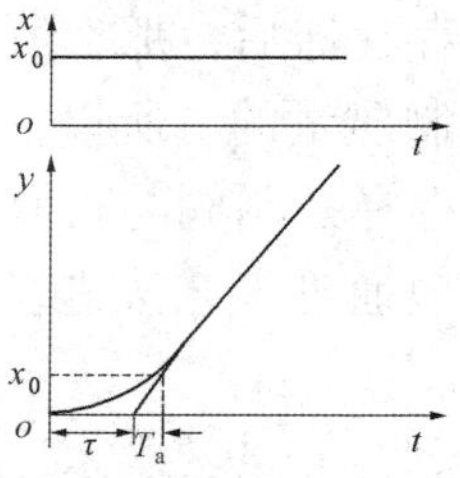

图1-20　无自平衡能力对象的飞升曲线

（2）响应时间 T_a　定义为输出 $y(t)$ 如一开始就以最大速度 $\left.\frac{dy}{dt}\right|_{t=\infty}$ 变化，上升到等于输入 x_0 时所需的时间。

（3）迟延时间 τ　定义为 $y(t)$ 的渐近线在时间轴上所截取的长度，如图1-20所示。根据定义，$\varepsilon = \frac{1}{T_a}$，故 ε、T_a 不是独立的。因此，描写无自平衡能力对象动态特性的特征参数可有 ε、τ 和 T_a、τ 两种组合。

1.3　石油化工控制系统的过渡过程和品质指标

1.3.1　控制系统的静态与动态

在自动化领域中，把被控变量不随时间变化的平衡状态称为系统的静态，而把被控变量随时间变化的不平衡状态称为系统的动态。

当一个自动控制系统的输入（给定和干扰）和输出均恒定不变时，整个系统就处于一种相对稳定的平衡状态，系统的各个组成环节，如变送器、控制器、控制阀都不改变其原先的状态，它们的输出信号也都处于相对静止状态，这种状态就是上述的静态。值得注意的是，这里所指的静态与习惯上所讲的静止是不同的。习惯上所说的静止都是指静止不动（当然指的仍然是相对静止），而在自动化领域中的静态是指系统中各信号的变化率为零，即信号保持在某一常数不变化，而不是指物料不流动或能量不交换。因为自动控制系统在静态时，生产还在进行，物料和能量仍然有进有出，只是平稳进行没有改变而已。

自动控制系统的目的就是希望将被控变量保持在一个不变的给定值上，这只有当进入被控对象的物料量（或能量）和流出对象的物料量（或能量）相等时才有可能。例如图1-2所示的液位控制系统，只有当流入储槽的流量和流出储槽的流量相等时，液位才能恒定，系统才处于静态。若是换热器温度控制系统，只有当进入换热器的热量和由换热器出去的热量相等时，温度才能恒定，此时系统就达到了平衡状态，亦即处于静态。

假若一个系统原先处于相对平衡状态，即静态，由于干扰的作用而破坏了这种平衡时，被控变量就会发生变化，从而使控制器、控制阀等自动化装置改变原来平衡时所处的状态，产生一定的控制作用来克服干扰的影响，并力图使系统恢复平衡。从干扰发生开始，经过控制，直到系统重新建立平衡，在这一段时间中，整个系统的各个环节和信号都处于变动状态之中，所以这种状态叫做动态。

在自动化控制中，了解系统的静态是必要的，了解系统的动态更为重要。因为在生产过程中，干扰是客观存在的，是不可避免的。例如，生产过程中前后工序的相互影响，负荷的改变，电压、气压的波动，气候的影响等，这些干扰是破坏系统平衡状态引起被控变量发生变化的外界因素。在一个自动控制系统投入运行时，时时刻刻都有干扰作用于控制系统，从而破坏了正常的工艺生产状态。因此，就需要通过自动化装置不断地施加控制作用去对抗或抵消干扰作用的影响，从而使被控变量保持在工艺生产所要求控制的技术指标上。所以，一个自动控制系统在正常工作时，总是处于一波未平、一波又起、波动不止、往复不息的动态过程中。显然，研究自动控制系统的重点是要研究系统的动态。

1.3.2 控制系统的过渡过程

图 1 - 21 是简单控制系统的方块图。假定系统原先处于平衡状态，系统中的各信号不随时间而变化。在某一个时刻 t_0，有一干扰作用于对象，于是系统的输出 y 就要变化，系统进入动态过程。由于自动控制系统的负反馈作用，经过一段时间以后，系统应该重新恢复平衡。系统由一个平衡状态过渡到另一个平衡状态的过程，称为系统的过渡过程。系统在过渡过程中，被控变量是随时间变化的。了解过渡过程中被控变量的变化规律对于研究自动控制系统是十分重要的。显然，被控变量随时间的变化规律首先取决于作用于系统的干扰形式。在生产中，出现的干扰是没有固定形式的，且多半属于随机性质。在分析和设计控制系统时，为了安全和方便，常选择一些定型的干扰形式，其中常用的是阶跃干扰，如图 1 - 22 所示。由图中可以看出，所谓阶跃干扰就是在某一瞬间 t_0，干扰(即输入量)突然地阶跃式地加到系统上，并继续保持在这个幅度。采取阶跃干扰的形式来研究自动控制系统是因为考虑到这种形式的干扰比较突然，比较危险，它对被控变量的影响也最大。如果一个控制系统能够有效地克服这种类型的干扰，那么对于其他比较缓和的干扰也一定能很好地克服。同时，这种干扰的形式简单，容易实现，便于分析、实验和计算。

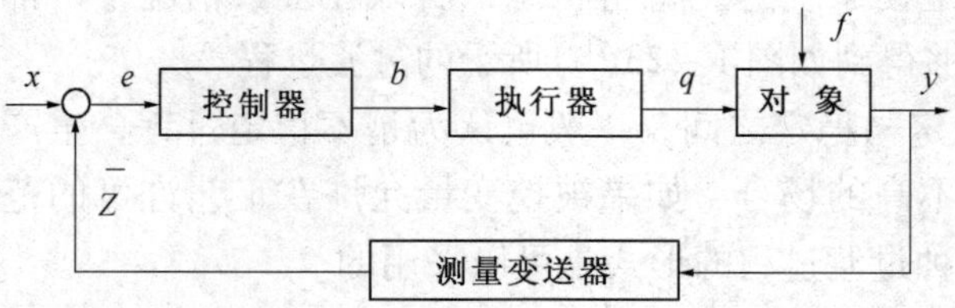

图 1 - 21 控制系统方块图

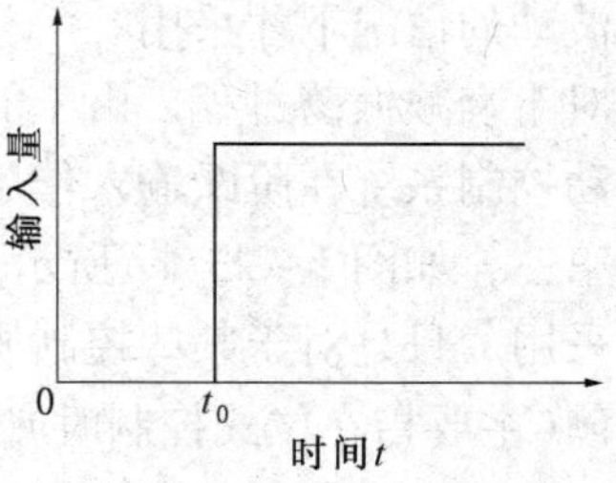

图 1 - 22 阶跃干扰作用

一般说来，自动控制系统在阶跃干扰作用下的过渡过程有如图 1 - 23 所示的几种基本形式：

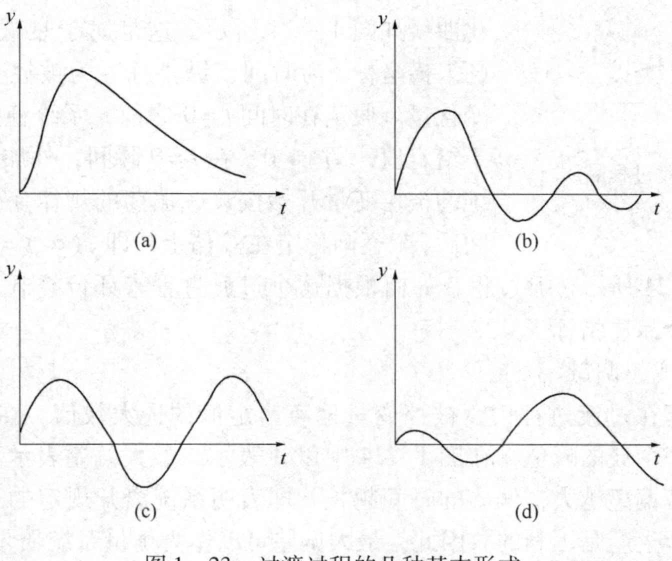

图 1 - 23 过渡过程的几种基本形式

(1) 非周期衰减过程　即被控变量在给定值的某一侧作缓慢变化，没有来回波动，最后稳定在某一数值上，如图 1 - 23(a)所示。

(2) 衰减振荡过程　即被控变量上下波动，但幅度逐渐减少，最后稳定在某一数值上，如图 1 - 23(b)所示。

(3) 等幅振荡过程　即被控变量在给定值附近来回波动，且波动幅度保持不变，如图 1 - 23(c)所示。

(4) 发散振荡过程　即被控变量来回波动，且波动幅度逐渐变大，即偏离给定值越来越远，如图 1 - 23(d)所示。

以上过渡过程的四种形式可以归纳为三类。

首先，如图 1 - 23(d)所示是发散的，称为不稳定的过渡过程，其被控变量在控制过程中，不但不能达到平衡状态，而且逐渐远离给定值，它将导致被控变量超越工艺允许范围，严重时会引起事故，这是生产上所不允许的，应竭力避免。

其次，如图 1 - 23(a)和(b)所示都是衰减的，称为稳定过程，被控变量经过一段时间后，逐渐趋向原来的或新的平衡状态，这是所希望的。

对于非周期的衰减过程，由于这种过渡过程变化较慢，被控变量在控制过程中长时间地偏离给定值，而不能很快恢复平衡状态，所以一般不采用，只是在生产上不允许被控变量有波动的情况下才采用。

对于衰减振荡过程，由于能够较快地使系统达到稳定状态，所以在多数情况下，都希望自动控制系统在阶跃输入作用下，能够得到如图 1 - 23(b)所示的过渡过程。

第三，如图 1 - 23(c)所示介于不稳定与稳定之间，一般也认为是不稳定过程，生产上不能采用。只是对于某些控制质量要求不高的场合，如果被控变量允许在工艺许可的范围内振荡(主要指在位式控制时)，那么这种过渡过程的形式是可以采用的。

1.3.3　控制系统的品质指标

控制系统的过渡过程是衡量控制系统品质的依据。由于在多数情况下希望得到衰减振荡过程，所以以衰减振荡的过渡过程形式为例讨论控制系统的品质指标。

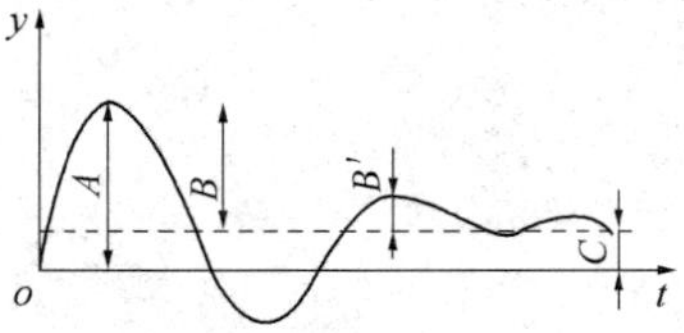

图 1 - 24　过渡过程品质指标示意图

假定自动控制系统在阶跃输入作用下，被控变量的变化曲线如图 1 - 24 所示。这是属于衰减振荡的过渡过程。图上横坐标 t 为时间，纵坐标 y 为被控变量离开给定值的变化量。假定在时间 $t=0$ 之前，系统稳定，且被控变量等于给定值，即 $y=0$；在 $t=0$ 瞬间，外加阶跃干扰作用，系统的被控变量开始按衰减振荡的规律变化，经过相当长时间后，y 逐渐稳定在 C 值上，即 $y(\infty)=C$。

对于如图 1 - 24 所示过渡过程，如何根据这个过渡过程来评价控制系统的质量呢？习惯上采用下列几个品质指标：

1) 最大偏差或超调量

最大偏差是指在过渡过程中，被控变量偏离给定值的最大数值。在衰减振荡过程中，最大偏差就是第一个波的峰值，在图 1 - 24 中以 A 表示。最大偏差表示系统瞬间偏离给定值的最大程度。若偏离越大，偏离的时间越长，即表明系统离开规定的工艺参数指标就越远，这对稳定正常生产是不利的。因此，最大偏差可以作为衡量系统质量的一个品质指标。一般来说，最大偏差当然是小一些为好，特别是对于一些有约束条件的系统，如化学反应器的化合物爆炸极限、催化剂烧结温度极限等，都会对最大偏差的允许值有所限制。同时，考虑到干扰会不断出现，当第一个干扰还未清除时，第二个干扰可能又出现了，偏差有可能是叠加的，这就更需要限制最大偏差的允许值。所以，在决定最大偏差允许值时，要根据工艺情况慎重选择。

有时也可以用超调量来表征被控变量偏离给定值的程度。在图 1－24 中超调量以 B 表示。从图中可以看出，超调量 B 是第一个峰值 A 与新稳定值 C 之差，即 $B=A-C$。如果系统的新稳定值等于给定值，那么最大偏差 A 也就与超调量 B 相等了。

2）衰减比

表示衰减程度的指标是衰减比，它是前后相邻两个峰值的比。在图 1－24 中衰减比是 $B:B'$，习惯上表示为 $n:1$。假如 n 只比 1 稍大一点，显然过渡过程的衰减程度很小，接近于等幅振荡过程。由于这种过程不易稳定，振荡过于频繁，不够安全，因此一般不采用。如果 n 很大，则又太接近于非振荡过程，过渡过程过于缓慢，通常这也是不希望的。一般 n 取 4～10 之间为宜。因为衰减比在 4:1 到 10:1 之间时，过渡过程开始阶段的变化速度比较快，被控变量在同时受到干扰作用和控制作用的影响后，能比较快地达到一个峰值，然后马上下降，又较快地达到一个低峰值，而且第二个峰值远远低于第一个峰值。当操作人员看到这种现象后，心里就比较踏实，因为被控变量再振荡数次后就会很快稳定下来，并且最终的稳态值必然在两峰值之间，决不会出现太高或太低的现象，更不会远离给定值以致造成事故。尤其在反应比较缓慢的情况下，衰减振荡过程的这一特点尤为重要。对于这种系统，如果过渡过程是接近于非振荡的衰减过程，操作人员很可能在较长时间内，都只看到被控变量一直上升（或下降），似乎很自然地怀疑被控变量会继续上升（或下降）不止，由于这种焦急的心情，很可能会导致去拨动给定值指针或仪表上的其他旋钮。假若一旦出现这种情况，那么就等于对系统施加了人为的干扰，有可能使被控变量离开给定值更远，使系统处于难于控制的状态。所以，选择衰减振荡过程并规定衰减比在 4:1 至 10:1 之间，完全是操作人员多年操作经验的总结。

3）余差

当过渡过程终了时，被控变量所达到的新的稳态值与给定值之间的偏差叫做余差，或者说余差就是过渡过程终了时的残余偏差，在图 1－24 中以 C 表示。偏差的数值可正可负。在生产中，给定值是生产的技术指标，所以被控变量越接近给定值越好，亦即余差越小越好。但在实际生产中，也并不是要求任何系统的余差都很小，如一般储槽的液位调节要求就不高，这种系统往往允许液位有较大的变化范围，余差就可以大一些。又如化学反应器的温度控制，一般要求比较高，应当尽量消除余差。所以，对余差大小的要求，必须结合具体系统作具体分析，不能一概而论。

有余差的控制过程称为有差调节，相应的系统称为有差系统。没有余差的控制过程称为无差调节，相应的系统称为无差系统。

4）过渡时间

从干扰作用发生的时刻起，直到系统重新建立新的平衡时止，过渡过程所经历的时间称为过渡时间。严格地讲，对于具有一定衰减比的衰减振荡过渡过程来说，要完全达到新的平衡状态需要无限长的时间。实际上，由于仪表灵敏度的限制，当被控变量接近稳态值时，指示值就基本上不再改变了。因此，一般是在稳态值的上下规定一个小的范围，当被控变量进入这一范围并不再越出时，就认为被控变量已经达到新的稳态值，或者说过渡过程已经结束。这个范围一般定为稳态值的 ±5%（也有的规定为 ±2%）。按照这个规定，过渡时间就是从干扰开始作用之时起，直至被控变量进入新稳态值的 ±5%（或 ±2%）的范围内且不再越出时为止所经历的时间。过渡时间短，表示过渡过程进行得比较迅速，这时即使干扰频繁出现，系统也能适应，系统控制质量就高；反之，过渡时间太长，第一个干扰引起的过渡过程尚未结束，第二个干扰就已经出现，这样几个干扰的影响叠加起来，就可能使系统满足不了生产的要求。

5）振荡周期或频率

过渡过程同向两波峰（或波谷）之间的间隔时间叫振荡周期或工作周期，其倒数称为振荡频率。在衰减比相同的情况下，周期与过渡时间成正比，一般希望振荡周期短一些为好。

还有一些次要的品质指标，例如振荡次数，是指在过渡过程内被控变量振荡的次数。所谓“理想过渡过程两个波”，就是指过渡过程振荡两次就能稳定下来，它在一般情况下，可认为是较为理想的过程。此时，衰减比约相当于4∶1，图1－24所示的就是接近于4∶1的过渡过程曲线。上升时间也是一个品质指标，它是指干扰开始作用起至第一个波峰时所需要的时间。显然，上升时间以短一些为宜。

综上所述，过渡过程的品质指标主要有最大偏差、衰减比、余差、过渡时间等。这些指标在不同的系统中各有其重要性，且相互之间既有矛盾，又有联系。因此，应根据具体情况分清主次，区别轻重，对那些有决定性意义的主要品质指标应优先予以保证。另外，对一个系统提出的品质要求和评价一个控制系统的质量，都应该从实际需要出发，不应过分偏高偏严，否则就会造成人力物力的巨大浪费，甚至根本无法实现。

【例1.1】 某换热器的温度控制系统在单位阶跃干扰作用下的过渡过程曲线如图1－25所示。试分别求出最大偏差、余差、衰减比、振荡周期和过渡时间（给定值为200℃）。

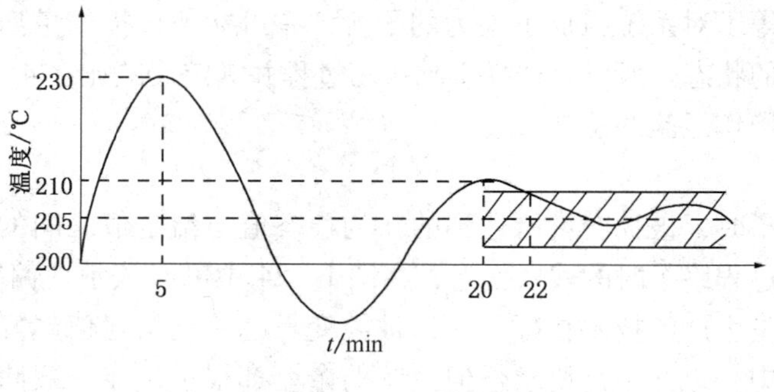

图1－25　过渡过程曲线图

解： 最大偏差 $A = 230 - 200 = 30$℃

余差 $C = 205 - 200 = 5$℃

由图上可以看出：第一个波峰值 $B = 230 - 205 = 25$℃；第二个波峰值 $B' = 210 - 205 = 5$℃，故衰减比应为 $B\colon B' = 25\colon 5 = 5\colon 1$。

振荡周期为同向两波峰之间的时间间隔，故周期 $T = 20 - 5 = 15$min。

过渡时间与规定的被控变量限制范围大小有关，假定被控变量进入额定值的 ±2%，就可以认为过渡过程已经结束，那么限制范围为 200 ×（±2%）＝ ±4℃。这时，可在新稳态值（205℃）两侧以宽度为 ±4℃画一区域，图1－25中以画有阴影线的区域表示，只要被控变量进入这一区域且不再越出，过滤过程就可以认为已经结束。因此，从图上可以看出，过渡时间为22min。

习题与思考题

1. 什么是自动控制系统的方块图？它与控制流程图有什么区别？

2. 如图 1－26 所示，A、B 两种物料进入反应器进行反应，通过改变进入夹套的冷却水流量来控制反应器内的温度不变。试画出该温度控制系统的方块图，并指出该系统中的被控对象、被控变量、操纵变量及可能影响被控变量的干扰是什么？

3. 图 1－27 为某列管式蒸汽加热器控制流程图。试分别说明图中 PI－307、TRC－303、FRC－305 所代表的意义。

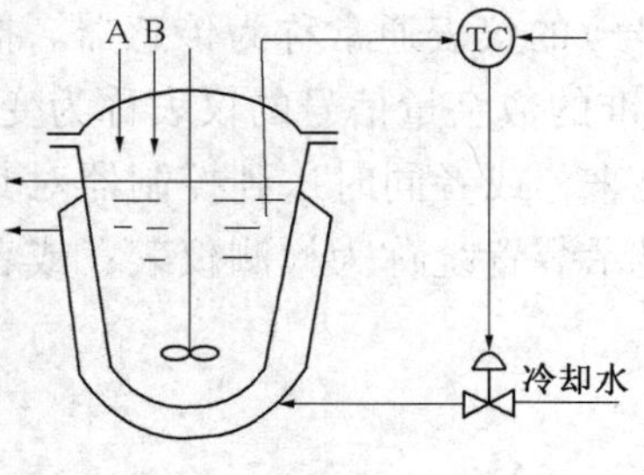

图 1－26　反应器温度控制系统

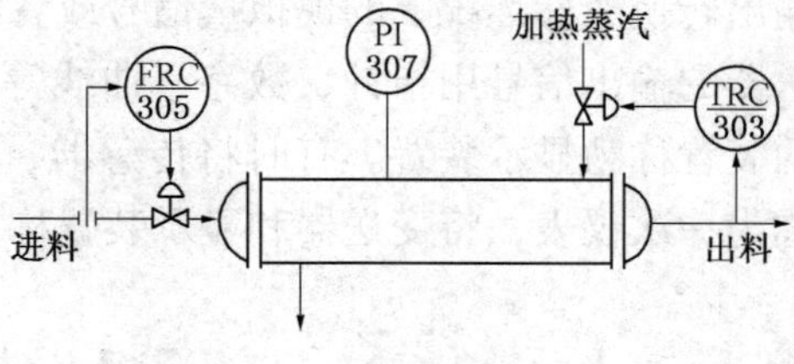

图 1－27　某列管式蒸汽加热器控制流程图

4. 反映对象特性的参数有哪些？各有什么物理意义？它们对自动控制系统有什么影响？

5. 对象的纯滞后和容量滞后各是什么原因造成的？对控制过程有什么影响？

6. 什么是自动控制系统的过渡过程？它有哪几种基本形式？

7. 为什么生产上经常要求控制系统的过渡过程具有衰减振荡形式？

8. 某化学反应器工艺规定操作温度为 (900 ± 10) ℃。考虑安全因素，控制过程中温度偏离给定值最大不得超过 80℃。现设计的温度定值控制系统，在最大阶跃干扰作用下的过渡过程曲线如图 1－28 所示。试求该系统的过渡过程品质指标：最大偏差、超调量、衰减比和振荡周期；并回答该控制系统能否满足题中所给的工艺要求？

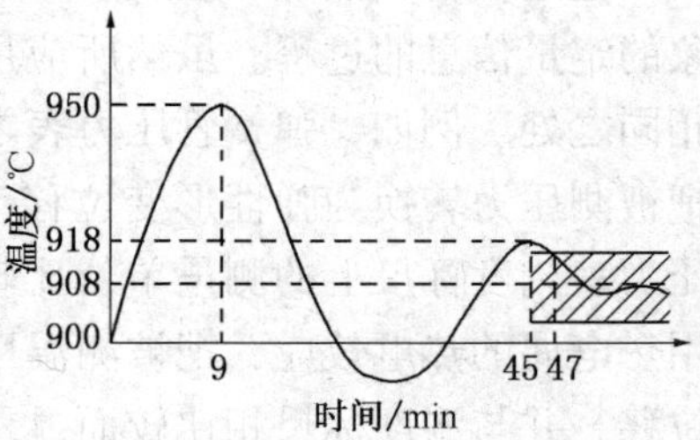

图 1－28　过渡过程曲线

第2章 石油化工过程测量仪表

在石油化工生产过程中，为了正确地指导生产操作，保证生产安全和产品质量，实现生产过程自动化，一项必不可少的工作是准确而及时地检测出生产过程中的各个有关参数，如压力、流量、物位及温度等。用来检测这些参数的技术工具称为测量仪表。用来将这些参数转换为一定的便于传送的信号(例电信号或气压信号)的仪表通常称为传感器。把传感器的输出转换成标准统一的模拟量信号或者满足特定标准的数字量信号的仪表称为变送器。将变送器的输出信号用指针、数字、曲线等形式显示出来，或者同时送到控制器对其实现控制的装置称为显示装置。有时将传感器、变送器和显示装置统称为检测仪表；或者将传感器称为一次仪表，将变送器和显示装置称为二次仪表。

2.1 概　　述

2.1.1 测量过程与测量误差

1. 测量过程

测量过程在石油化工生产中，就是应用仪表通过正确的测量方法，准确获取表征被测对象的定量信息的过程。虽然所应用的测量仪表种类很多，但从测量过程实质来看，却都有相同之处。例如，弹簧管压力表之所以能用来测量压力，是由于弹簧管受压后的弹性形变把被测压力转换为弹性形变位移，然后通过机械传动放大，变成压力表指针的偏移，并与压力表刻度标尺上的测量单位比较而显示出被测压力的数值；又如各种炉温的测量，是利用热电偶的热电效应，把被测温度变换成直流毫伏信号，然后变为毫伏测量仪表上的指针位移，并与温度标尺相比较而显示出被测温度的数值等。由此可见，各种测量方法及仪表不论采用哪种原理，它们的共性在于被测参数都要经过一次或多次的信号变换，最后获得便于测量的信号，以指针的位移或数字形式显示出来。所以各种测量仪表的测量过程，实质上就是被测参数信号的一次或多次不断变换和传送，并将被测参数与其相应的测量单位进行比较的过程，而测量仪表就是实现变换比较的工具。

2. 测量误差

由于在测量过程中使用的工具本身的准确性有高低之分，测量环境等因素发生变化也会影响到测量结果的准确性，使得从检测仪表获取的被测值与被测变量真实值之间会存在一定的差距，这一差距称为测量误差。仪表的误差有以下几种形式：

(1) 绝对误差　绝对误差在理论上是指测量值 x_i 与被测量的真值 x_0 之间的差值，可以表示为

$$\Delta = x_i - x_0 \tag{2-1}$$

所谓真值是指被测物理量客观存在的真实数值，它是无法得到的理论值。因此，所谓测量仪表在其标尺范围内各点读数的绝对误差，一般是指用被校表(准确度较低)和标准表(准确度较高)同时对同一被测量进行测量所得到的两个读数之差，可用下式表示为

$$\Delta = x - x_0 \tag{2-2}$$

式中　Δ——绝对误差；

x——被校表的读数值；

x_0——标准表的读数值。

（2）相对误差　相对误差等于某一点的绝对误差 Δ 与标准表在这一点的指示值 x_0 之比，可表示为

$$y = \frac{\Delta}{x_0} = \frac{x - x_0}{x_0} \tag{2-3}$$

式中　y——仪表在 x_0 处的相对误差。

（3）引用误差　引用误差指仪表指示值的绝对误差 Δ 与测量范围上限值或量程之比值，用百分数表示，即

$$\delta = \frac{\Delta}{x_{max} - x_{min}} \times 100\% \tag{2-4}$$

式中　δ——引用误差；

x_{max}——测量的上限值；

x_{min}——测量的下限值。

引用误差也称相对折合误差或相对百分误差，它用来表示仪表的准确度。

2.1.2　测量仪表的性能指标

一台测量仪表性能的优劣，在工程上可用如下指标来衡量。

1. 准确度

任何测量过程都存在一定的误差，因此使用测量仪表时必须知道该仪表的准确程度，以便估计测量结果与真实值的差距，即估计测量值的误差大小。

前面已经提到，仪表的测量误差可以用绝对误差 Δ 来表示。但是，必须指出，仪表的绝对误差在测量范围内的各点上是不相同的。因此，常说的“绝对误差”指的是绝对误差中的最大值 Δ_{max}。

事实上，仪表的准确度不仅与绝对误差有关，而且还与仪表的测量范围有关。例如，两台测量范围不同的仪表，如果它们的绝对误差相等的话，测量范围大的仪表准确度较测量范围小的高。因此，工业上经常将绝对误差折合成仪表测量范围的百分数表示。

根据仪表的使用要求，规定一个在正常情况下允许的最大误差，这个允许的最大误差就叫允许误差。允许误差一般用相对百分误差来表示，即某一台仪表的允许误差是指在规定的正常情况下允许的相对百分误差的最大值，即

$$\delta_{允} = \frac{\Delta_{max}}{x_{max} - x_{min}} \times 100\% \tag{2-5}$$

仪表的 $\delta_{允}$ 越大，表示它的准确度越低；反之，仪表的 $\delta_{允}$ 越小，表示仪表的准确度越高。

事实上。国家就是利用这一办法来统一规定仪表的准确度等级的。将仪表的允许误差去掉“±”号及“%”号，便可以用来确定仪表的准确度等级。目前，我国生产的仪表常用的准确度等级有 0.005、0.02、0.05、0.1、0.2、0.4、0.5、1.0、1.5、2.5、4.0 等。如果某台测温仪表的允许误差为 ±1.5%，则认为该仪表的准确度等级符合 1.5 级。为了进一步说明如何确定仪表的准确度等级，下面举两个例子。

【例 2.1】　某台测温仪表的测温范围为 200～700℃。校验该表时得到的最大绝对误差

为 +3℃，试确定该仪表的准确度等级。

解：该仪表的允许误差为

$$\delta_{允} = \frac{\pm 3}{700-200} \times 100\% = +0.6\% \tag{2-6}$$

如果将该仪表的允许误差去掉"±"号与"%"号，其数值为0.6。由于国家规定的准确度等级中没有0.6级仪表，同时该仪表的误差超过了0.5级仪表所允许的最大误差，所以这台测温仪表的准确度等级为1.0级。

【例2.2】 某台测温仪表的测温范围为0～1000℃。根据工艺要求，温度指示值的误差不允许超过±7℃。试问应如何选择仪表的准确度等级才能满足以上要求?

解：根据工艺上的要求，仪表的允许误差为

$$\delta_{允} = \frac{\pm 7}{1000-0} \times 100\% = +0.7\% \tag{2-7}$$

如果将该仪表的允许误差去掉"±"号与"%"号，其数值介于0.5～1.0之间。如果选择准确度等级为1.0级的仪表，其允许的误差为±1.0%，超过了工艺上允许的数值，故应选择0.5级仪表才能满足工艺要求。

由以上两个例子可以看出，根据仪表校验数值来确定仪表准确度等级和根据工艺要求来选择仪表准确度等级，情况是不一样的。根据仪表校验数据来确定仪表准确度等级时，仪表的允许误差应该大于(至少等于)仪表校验所得的允许误差；根据工艺要求来选择仪表准确度等级时，仪表的允许误差应该小于(至多等于)工艺上所允许的最大允许误差。

仪表的准确度等级是衡量仪表质量优劣的重要指标之一，准确度等级数值越小，就表示该仪表的准确度等级越高，也说明该仪表的准确度越高。0.05级以上的仪表，常用来作为标准表；工业现场用的测量仪表，其准确度等级大多是0.5级以下的。

仪表的准确度等级一般可用不同的符号形式标志在仪表面板上，如(1.5)、◇1.0◇等。

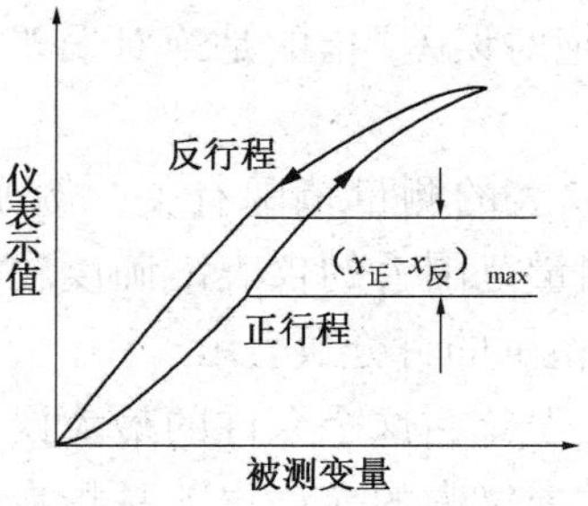

图2-1 测量仪表变差

2. 变差

变差是指在外界条件不变的情况下，用同一仪表对被测参数在仪表全部测量范围内进行正反行程(即被测参数逐渐由小到大和逐渐由大到小)测量时，被测参数值正行程和反行程所得到的两条特性曲线之间的最大偏差，如图2-1所示。

造成变差的原因很多，例如传动机构间存在的间隙和摩擦力、弹性元件的弹性滞后等等。变差的大小，用在同一被测参数值下，正反行程间仪表指示值的最大绝对差值与仪表量程之比的百分数表示，即

$$变差 = \frac{正反行程最大绝对差值}{标尺上限值-标尺下限值} \times 100\% \tag{2-8}$$

必须注意，仪表的变差不能超出仪表的允许误差，否则，应及时检修。

3. 灵敏度与灵敏限

仪表指针的线位移或角位移，与引起这个位移的被测参数变化量之比值称为仪表的灵敏度，即

$$S = \frac{\Delta\alpha}{\Delta x} \tag{2-9}$$

式中 S——仪表的灵敏度；

$\Delta\alpha$——指针的线位移或角位移；

Δx——引起 $\Delta\alpha$ 所需被测参数变化量。

所以，仪表的灵敏度在数值上就等于单位被测参数变化量所引起的仪表指针移动的距离(或转角)。

所谓仪表的灵敏限，是指能引起仪表指针发生动作的被测参数的最小变化量。通常仪表灵敏限的数值应不大于仪表允许绝对误差的一半。

值得注意的是，上述指标适用于指针式仪表。在数字式仪表中，往往用分辨力来表示仪表灵敏度(或灵敏限)的大小。

4. 分辨力

对于数字式仪表，分辨力是指数字显示器的最末位数字间隔所代表的被测参数变化量，如数字电压表显示器末位一个数字所代表的输入电压值。显然，不同量程的分辨力是不同的，相应于最低量程的分辨力称为该表的最高分辨力，也叫灵敏度。通常以最高分辩力作为数字仪表的分辨力指标。例如，某表的最低量程是 0 ~ 1.0000V，五位数字显示，末位一个数字的等效电压为 10μV，便可说该表的分辨力为 10μV。当数字式仪表的灵敏度用它与量程的相对值表示时，便是分辨力。分辨力与仪表的有效数字位数有关，如一台仪表的有效数字位数为三位，其分辨力便为千分之一。

5. 线性度

线性度是表征线性刻度仪表的输出量与输入量的实际校准曲线与理论直线的吻合程度，如图 2 - 2 所示。通常总是希望测量仪表的输出与输入之间呈线性关系。因为在线性情况下，模拟式仪表的刻度就可以做成均匀刻度，而数字式仪表就可以不必采取线性化措施。线性度通常用实际测得的输入 - 输出特性曲线(称为校准曲线)与理论直线之间的最大偏差与测量仪表量程之比的百分数表示，即

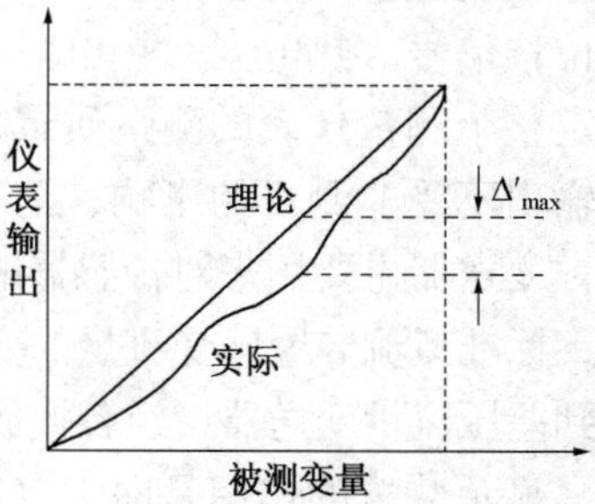

图 2 - 2 线性度示意图

$$\delta_i = \frac{\Delta'_{max}}{\text{仪表量程}} \times 100\% \tag{2-10}$$

式中 δ_i——线性度(又称非线性误差)；

Δ'_{max}——校准曲线对于理论曲线的最大偏差(以仪表示值单位计算)。

6. 反应时间

当用仪表对被测参数进行测量时，被测参数突然变化以后，仪表指示值总是要经过一段时间后才能准确地显示出来。反应时间就是用来衡量仪表能不能尽快反应出参数变化的品质指标。反应时间长，说明仪表需要较长时间才能给出准确的指示值，那就不宜用来测量变化频繁的参数。因为在这种情况下，当仪表尚未准确显示出被测值时，参数本身却早已改变了，使仪表始终指示不出参数瞬时值的真实情况。所以，仪表反应时间的长短，实际上反映了仪表动态特性的好坏。

仪表的反应时间有不同的表示方法。当输入信号突然变化一个数值后，输出信号将由

原始值逐渐变化到新的稳态值。仪表的输出信号（即指示值）由开始变化到新稳态值的63.2%所用的时间，可用来表示反应时间。也有用变化到新稳态值的95%所用的时间来表示反应时间的。

7. 复现性

仪表的复现性表示在同一工作条件下，在规定时间（一般较长）内，对同一输入值从两个相反方向（上升和下降）上重复测量的输出值之间的相互一致程度。

2.1.3 测量仪表的基本组成及变送器

1. 测量仪表的基本组成

由于石油化工参数种类繁多，生产条件各不相同，因此石油化工测量仪表也是多种多样的。但不管哪一种，基本上都是由三部分，即传感器、变送器和显示装置组成，如图2－3所示。

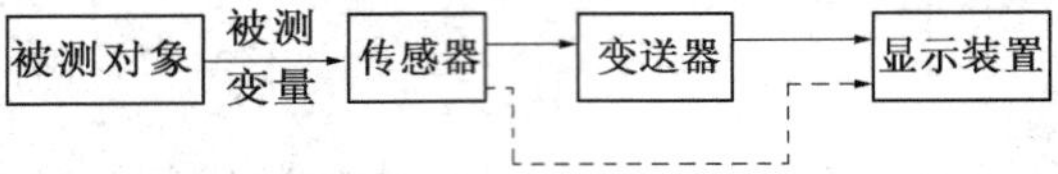

图2－3　测量仪表组成

传感器又称为检测元件或敏感元件，它的作用是感受被测参数的变化，并将感受到的参数信号或能量形式转换成某种能被显示装置所接受的信号。例如，我们熟悉的体温计，它端部的温包可以认为是传感器，它直接感受体温变化，并转换成水银温度的变化，而输出位移信号。热电偶、热电阻、节流装置等，都是传感器的具体例子。传感器的好坏，将决定整个测量仪表的测量质量，因此，对传感器的要求是：输入与输出间有单值函数关系，其输出不受非测量的影响，消耗的能量要少。

变送器主要用来对传感器输出做必要的加工处理和传送。例如，在差压式流量测量系统中，标准节流装置感受流量的变化，产生与流量平方成正比的压差信号输出，通过导压管传送到差压流量变送器，经转换放大，输出电流信号，使显示仪表能够适用于不同被测参数。

显示装置的作用是向观察者显示被测量数值的大小，它可以是瞬时量的显示、累计量显示、越限和极限的报警等，也可是相应的记录显示，有的甚至有调节功能去控制生产过程。显示部分是人和仪表联系的主要环节，它有指示式、数字式和屏幕式三种。

2. 变送器的基本特性和构成原理

对于一个检测系统来说，传感器和变送器可以是两个独立的环节，也可以是一个有机的整体。由于传感器所输出信号种类很多，而且信号往往十分微弱，因此除了部分单纯以显示为目的的检测系统之外，多数情况下需要利用变送器来把传感器的输出转换成遵循统一标准的模拟量或者数字量输出信号，送到显示装置以指针、数字、曲线等形式把被测变量显示出来，或者同时送到控制器对其实现控制。因此，变送器的作用更加受到重视。变送器的输入输出特性通常是指包括敏感元件和变送环节的整体特性，其中一个原因是人们往往更关心检测系统的输出与被测物理量之间的对应关系，另一个原因是因为敏感元件的某些特性需要通过变送环节进行处理和补偿以提高测量准确度，例如线性化处理、环境温度的补偿等。

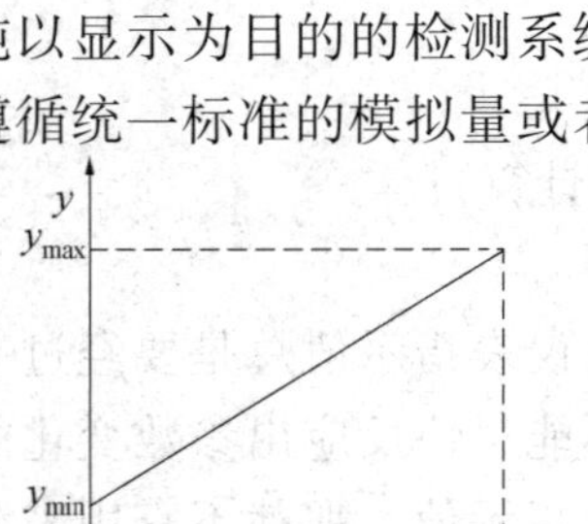

图2－4　变送器理想输入输出特性

变送器的理想输入输出特性如图2－4所示。x_{max}和x_{min}分别为变送器测量范围的上限值和下限值，即被测参数的上限值和下限值，图中 $x_{min}=0$，y_{max}和 y_{min}分别为变送器输出信号的上限值和下限值。对于模拟式变送器，y_{max}和 y_{min}即为统一标准信号的上限值和下限值；对于智能式变送器，y_{max}和 y_{min}即为输出的数字信号范围的上限值和下限值。

由图 2-4 可得出变送器的输出一般表达式为

$$y = \frac{x}{x_{max} - x_{min}}(y_{max} - y_{min}) + y_{min} \tag{2-11}$$

式中 x——变送器的输入信号；

y——相对应于 x 时变送器的输出信号。

1）模拟式变送器

模拟式变送器完全由模拟元器件构成，它将输入的各种被测参数转换成统一标准信号，其性能也完全取决于所采用的硬件。从构成原理来看，模拟式变送器由测量部分、放大器和反馈部分三部分组成，如图 2-5 所示。在放大器的输入端还加有零点调整与零点迁移信号 x_0，x_0由零点调整（简称调零）和零点迁移（简称零迁）环节产生。

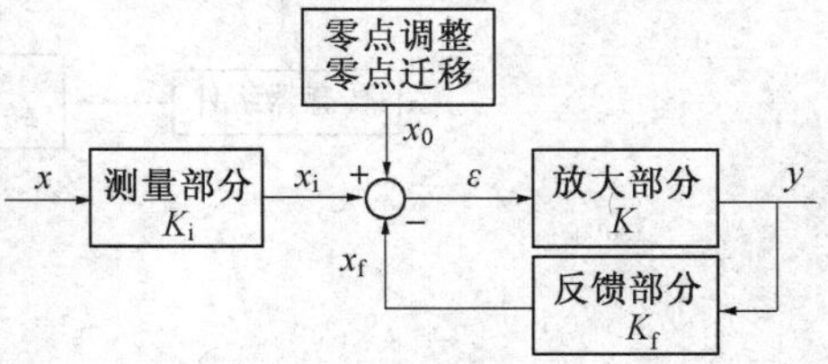

图 2-5 模拟式变送器的基本构成

测量部分中包含检测元件，它的作用是检测被测参数 x，并将其转换成放大器可以接收的信号。x_i可以是电压、电流、电阻、频率、位移、作用力等信号，由变送器的类型决定。反馈部分把变送器的输出信号 y 转换成反馈信号 x_f；在放大器的输入端，x_f与调零及零点迁移信号 x_0的代数和同 x_i进行比较，其差值 ε 由放大器进行放大，并转换成统一标准信号 y 输出。

由图 2-5 可以求得整个变送器的输入输出关系为

$$y = \frac{KK_i}{1 + KK_f}x + \frac{x_0 K}{1 + KK_f} \tag{2-12}$$

式中 K_i——测量部分的转换系数；

K——放大器的放大系数；

K_f——反馈部分的反馈系数。

当满足 $KK_f \gg 1$（称为深度负反馈）的条件时，由式（2-12）可得

$$y = \frac{K_i}{K_f}x + \frac{x_0}{K_f} \tag{2-13}$$

式（2-13）表明，在满足放大器的放大系数 K 足够大，且 $KK_f \gg 1$ 的条件时，变送器的输出与输入关系仅取决于测量部分的特性和反馈部分的特性，而与放大器的特性几乎无关。如果测量部分的转换系数 K_i和反馈部分的反馈系数 K_f是常数，则变送器的输出与输入具有如图 2-4 所示的线性关系。

2）智能式变送器

智能式变送器由以微处理器（CPU）为核心构成的硬件和由系统程序、功能模块构成的软件两大部分组成。

模拟式变送器的输出信号一般为统一标准的模拟量信号，例如 DDZ-Ⅱ仪表输出 0~10mA DC、DDZ-Ⅲ型仪表输出 4~20mA DC 等，在一条电缆上只能传输一个模拟量信号。智能式变送器的输出信号则为数字信号，数字通信可以实现多个信号在同一条通信电缆（总线）上传输，但它们必须遵循共同的通信规范和标准。介于二者之间，还存在一种称

为 HART 协议的通信方式。所谓 HART 协议通信方式，是指在一条电缆中同时传输 4～20mA DC 电流信号和数字信号。这种类型的信号称为键控频移信号 FSK。HART 协议通信方式属于模拟信号传输向数字信号传输转变过程中的过渡性产品。

通常，一般形式的智能式变送器的构成如图 2－6(a)所示。采用 HART 协议通信方式的智能式变送器的构成如图 2－6(b)所示。

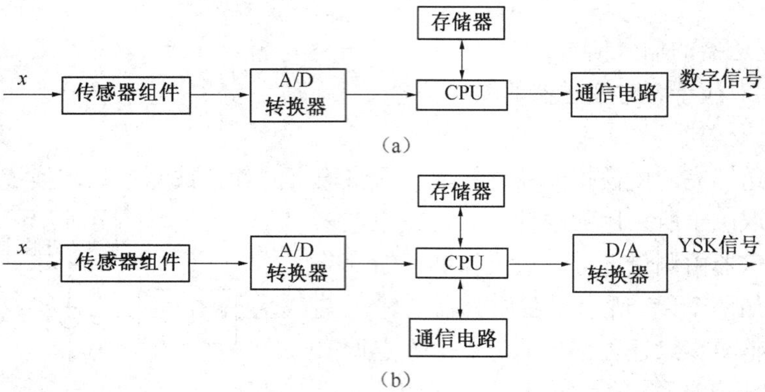

图 2－6　智能式变送器的构成框图

由图 2－6 可以看出：智能式变送器主要包括传感器组件、A/D 转换器、微处理器、存储器和通信电路等部分；采用 HART 协议通信方式的智能式变送器还包括 D/A 转换器。

被测参数 x 经传感器硬件由 A/D 转换器转换成数字信号送入微处理器，进行数据处理。存储器中除存放系统程序和数据外，还存有传感器特性、变送器的输入输出特性以及变送器的识别数据，以用于变送器在信号转换时的各种补偿，以及零点调整和量程调整。

智能式变送器通过通信电路挂接在控制系统网络通信电缆上，与网络中其他各种智能化的现场控制设备或计算机进行通信，向它们传送测量结果信号或变送器本身的各种参数。网络中其他各种智能化的现场控制设备或计算机也可对变送器进行远程调整和参数设定．这往往是个双向的信号传输过程。

智能式变送器的软件分为系统程序和功能模块两大部分。系统程序对变送器的硬件进行管理，并使变送器能完成最基本的功能，如模拟信号和数字信号的转换，数据通信、变送器自检等；功能模块提供了各种功能，供用户组态时调用以实现用户所要求的功能。不同的变送器，其具体用途和硬件结构不同，因而它们所包含的功能在内容和数量上是有差异的。

3. 变送器的若干共性问题

1）量程调整

量程调整的目的，是使变送器的输出信号 y_{max} 与测量范围的上限值 x_{max} 相对应。图 2－7 为变送器量程调整前后的输入输出特性。由该图可见，量程调整相当于改变变送器的输入输出特性的斜率，也就是改变变送器输出信号 y 与输入信号 x 之间的比例系数。量程调整一般是通过改变反馈部分的特性来实现的。

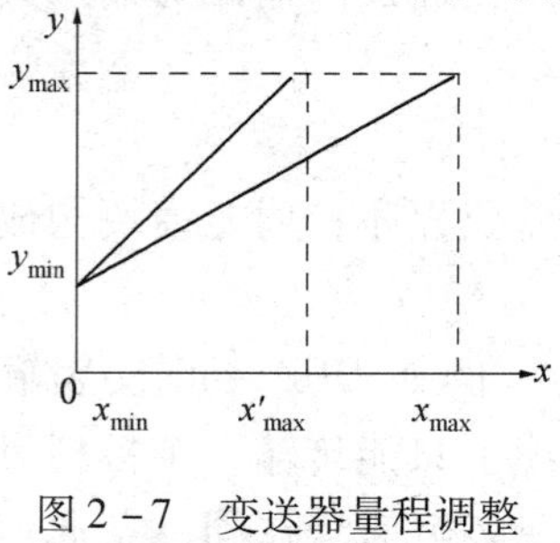

图 2－7　变送器量程调整前后的理想输入输出特性

2）零点调整和零点迁移

零点调整和零点迁移的目的，都是使变送器的输出信号的下限值 y_{min} 与测量范围的下限值 x_{min} 相对应。在 $x_{min}=0$ 时，称为零点调整；在 $x_{min}\neq 0$ 时，称为零点迁移。也就是说，零点调整使变送器的测量起始点为零，而零点迁移是把测量的起始点由零迁移到某一数值(正值或负值)。当测量的起始点由零变为某一正值，称为正迁移；反之，当测量的起始点由零变为某一负值，称为负迁移。图 2－8 为变送器零点迁移前后的输入输出特性。

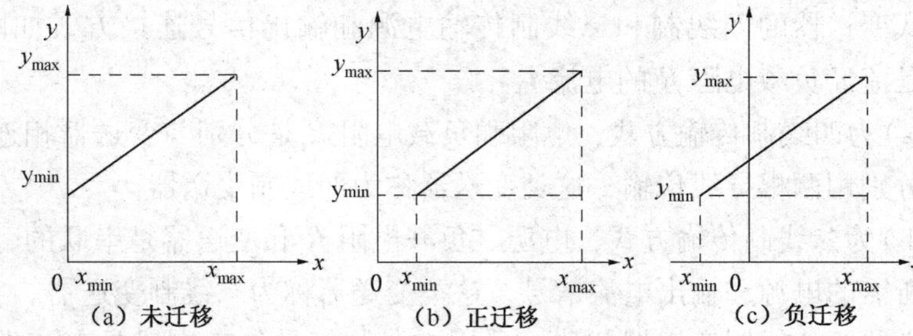

图 2－8　变送器零点迁移前后的输入输出特性

零点调整的调整量通常比较小，而零点迁移的调整量比较大，可达量程的一倍或数倍。各种变送器对其零点迁移的范围都有明确规定。对于模拟式变送器，零点调整和零点迁移的方法是通过改变加在放大器输入端上的调零信号 x_0 的大小来实现的。

【例 2.3】 某变送器的量程为 0～1MPa，输出信号为 4～20mA，欲把该变送器用于测量 1～2.6MPa 的某信号，试问该变送器应作如何调整?

解：很明显，现有变送器不能直接用来测量 1～2.6MPa 的信号，必须对变送器进行必要的调整，如图 2－9 所示。该变送器的调整过程大致分以下两个步骤：首先，利用零点调整和量程调整的功能把变送器的量程从 0～1MPa 调整到 0～1.6MPa。通常情况下，这个过程需要对零点和量程进行多次的反复调整，使得在零输入时，变送器输出为 4mA，输入 1.6MPa 时，变送器输出为 20mA。然后，利用零点迁移的功能，把变送器的量程从 0～1.6MPa 迁移到 1～2.6MPa。

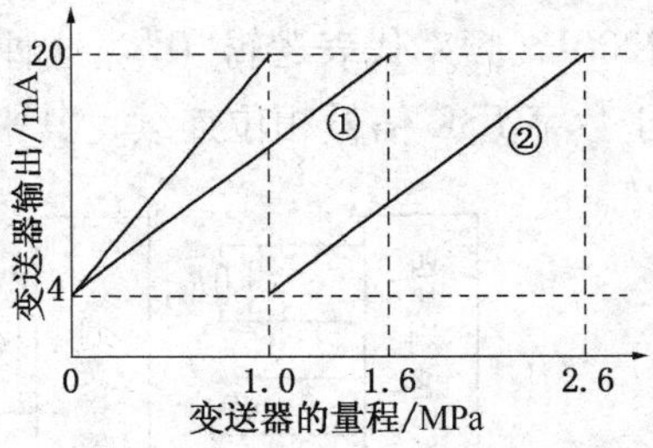

图 2－9　变送器调整迁移示意图

仪表的零点调整、量程调整和零点迁移扩大了仪表的使用范围，增加了仪表的通用性和灵活性。但是，在何种条件下可以进行迁移，有多大的迁移量，这需要结合具体仪表的结构和性能而定。

3）微处理器

智能式变送器的参数设定和调整智能式变送器的核心是微处理器。微处理器可以实现对检测信号的量程调整、零点调整、线性化处理、数据转换、仪表自检以及数据通信，同时还按照 A/D 和 D/A 转换器的运行，实现模拟信号和数字信号的转换。

通常，智能式变送器还配置有手持终端(外部数据设定器或组态器)，用户可以通过挂接在现场总线通信电缆上的手持式组态器或者监控计算机系统，对变送器进行远程组态，调用或删除功能模块，如设定变送器的型号、量程调整、零点调整、输入信号选择、输出信号选择、工程单位选择和阻尼时间常数设定以及自诊断等，也可以使用专用的编程工具对变送器进行本地调整。因此，智能式变送器一般都是通过组态来完成参数的设定和调整。

4）变送器信号传输方式

通常，变送器安装在现场，其工作电源从控制室送来。而输出信号传送到控制室、电动模拟式变送器时，采用四线制或者二线制方式。智能式变送器采用双向全数字的传输信号，即现场总线通信方式。目前广泛采用的一种过渡方式称为 HART 协议通信方式，即在一条通信电缆中同时传输 4～20mA DC 电流信号和数字信号。

（1）四线制和二线制传输

电动模拟式变送器的四线制和二线制传输电源和输出信号连接方式如图 2－10 所示，其输出信号就是流经负载电阻 R_t的电流 I_0。

图 2－10(a)为四线制传输方式，电阻和负载电阻 R_t是分别与变送器相连的，即供电电源和输出信号分别用两根导线传输，这类变送器称为四线制变送器。

图 2－10(b)为二线制传输方式，电源、负载电阻 R_t和变送器是串联的，即两根导线同时传送变送器所需的电源和输出电流信号，这类变送器称为二线制变送器。

二线制变送器同四线制变送器相比，采用二线制信号传输方式具有节省连接电缆、有利于安全防爆和抗干扰等优点，目前大多数变送器均为二线制变送器。

（2）HART 协议通信方式

HART(Highway Addressable Remote Transduce)通信协议是数字式仪表实现数字通信的一种协议，具有 HART 通信协议的变送器可以在一条电缆上同时传输 4～20mA DC 的模拟信号和数字信号。

HART 信号传输是基于 Bell 202 通信标准，采用键控频移(FSK)方法，在 4～20mA DC 基础上叠加幅度为 ±0.5mA 的正弦调制波作为数字信号。1200Hz 频率代表逻辑“1”；2200Hz 频率代表逻辑“0”。这种类型的数字信号通常称为 FSK 信号，如图 2－11 所示。由于数字 FSK 信号相位连续，其平均值为零，故不会影响 4～20mA DC 的模拟信号。

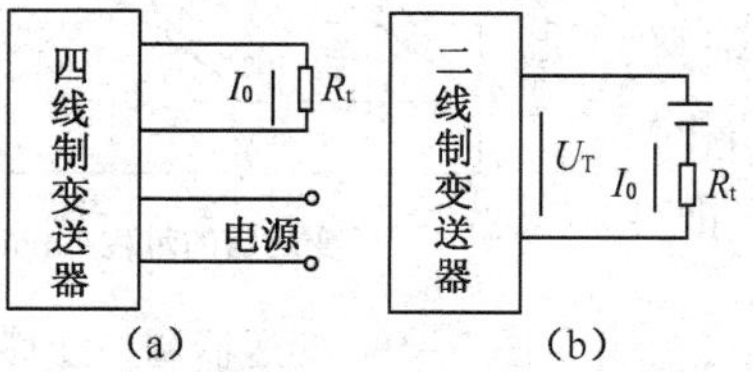

图 2－10　电动模拟式变送器的电源和检出信号

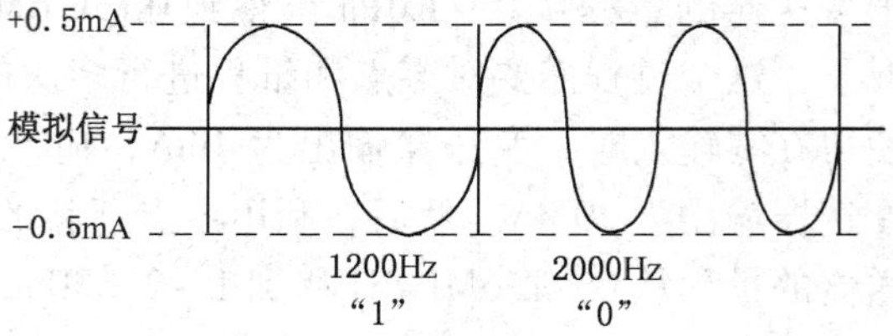

图 2－11　HART 数字通信信号

HART 通信的传输介质为电缆线，通常单芯带屏蔽双绞电缆距离可达 3000m，多芯带屏蔽双绞电缆可达 1500m，短距离可使用非屏蔽电缆。HART 协议一般可以有点对点模式、多点模式和阵发模式三种不同的通信模式。

2.1.4　测量仪表的分类

测量仪表种类繁多，结构形式各异。根据不同的原则，可以进行相应的分类。

1. 按被测参数分类

测量仪表按被测参数来分，可以分为温度、压力、流量、液位测量仪表及成分分析仪表等。

2. 按使用性质分类

测量仪表按使用性质来分，可以分为标准表和工业用表。标准表准确度高，一般用来校验工业用表和准确测量；工业用表准确度较低，在生产上用来测量被测参数。

3. 按显示方式分类

根据测量仪表不同的显示方式，可以分为指示仪、记录仪、积算仪、调节仪。调节仪除了显示被测参数外，还具有调节被测参数的作用。

4. 按仪表的组成形式分类

按仪表的组成形式来分，可以分为基地仪表和单元组合仪表。

（1）基地式仪表　这类仪表的特点是将测量、显示、控制等各部分集中组装在一个表壳里，形成一个整体。这种仪表比较适于在现场就地检测和控制，但不能实现多种参数的集中显示与控制，这在一定程度上限制了基地式仪表的应用范围。

（2）单元组合仪表　它将对参数的测量及其变送、显示、控制等各部分，分别制成能独立工作的单元仪表(简称单元，例如变送单元、显示单元、控制单元等)。这些单元之间以统一的标准信号互相联系，可以根据不同要求，方便地将各单元任意组合成各种控制系统，适用性和灵括性都很好。化工生产中的单元组合仪表有电动单元组合仪表和气动单元组合仪表两种。国产的电动单元组合仪表以“电”、“单”、“组”三字的汉语拼音字头为代号，简称 DDZ 仪表。同样，气动单元组合仪表简称 QDZ 仪表。

2.2　压力检测及仪表

在石油化工生产过程中，经常会遇到压力和真空度测量问题。例如，高压聚乙烯要在 150MPa 或更高的压力下进行聚合；氢气和氮气要在 32MPa 下合成为氨；炼油厂的减压蒸馏要在更高的真空条件下进行。特别是在化学反应比较强烈的场合，压力既影响物料平衡关系，也影响化学反应速度。因此，压力的测量和控制是保证工艺要求、设备安全经济运行的必要条件。

2.2.1　压力单位及测压仪表

由于压力是指均匀垂直地作用在单位面积上的力，故可用下式表示为

$$P = \frac{F}{S} \tag{2-14}$$

式中　P——压力；

F——作用力；

S——受力面积。

在压力测量中，常有表压、绝对压力、负压或真空度之分，其关系见图 2－12。

工程上所用的压力指示值，大多为表压(绝对压力计的指示值除外)。表压是绝对压力和大气压力之差，即

$$P_{表压} = P_{绝对压力} - P_{大气压力} \tag{2-15}$$

当被测压力低于大气压力时，一般用负压或真空度来表示，它是大气压力与绝对压力之差，即

$$P_{真空度} = P_{大气压力} - P_{绝对压力} \tag{2-16}$$

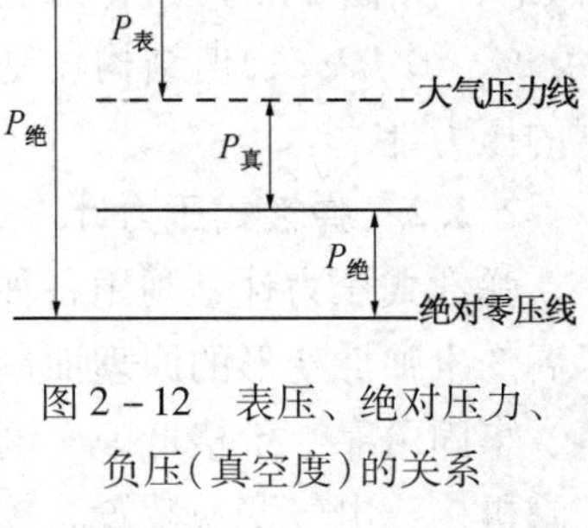

图 2－12　表压、绝对压力、负压(真空度)的关系

因为各种工艺设备和测量仪表通常是处于大气之中，本身就承受着大气压力。所以，工程上经常用表压或真空度来表示压力的大小。以后所提到的压力，除特别说明外，均指表压或真空度。

压力单位比较多。我国在法定计量单位中，以国际单位制(代号为 SI)为主。在国际单位制中，压力的单位为帕斯卡，简称帕(Pa)。帕为 1 牛每平方米，即

$$1Pa = 1N/m^2$$

帕表示的压力较小，工程上经常使用兆帕(MPa)，即

$$1MPa = 1 \times 10^6 Pa$$

过去使用的压力单位比较多，根据1984年2月27日国务院“关于在我国统一实行法定计量单位的命令”的规定，这些单位将不再使用。但为了使大家了解国际单位制式的压力单位(Pa或MPa)与过去的单位之间的关系，下面给出几种单位之间的换算关系，如表2-1所示。

表2-1 各种压力单位换算表

压力单位	帕 Pa	工程大气压 (kgf/cm^2)	物理大气压 atm	毫米汞柱 mmHg	米水柱 mH_2O	巴 bar
1Pa =	1	1.0197×10^{-5}	9.869×10^{-6}	7.501×10^{-3}	1.0197×10^{-4}	1×10^{-5}
$1kgf/cm^2$ =	$=9.807 \times 10^4$	1	0.9678	735.6	10.00	0.9807
1atm =	1.0133×10^5	1.0332	1	760	10.33	1.0133
1mmHg =	1.3332×10^2	1.3595×10^{-3}	1.3158×10^{-3}	1	0.0136	1.3332×10^{-3}
$1mH_2O$ =	9.806×10^3	0.1000	0.09678	73.55	1	0.09806
1bar =	1×10^5	1.0197	0.9869	750.1	10.197	1

测量压力或真空度的仪表有很多，按照其转换原理的不同，大致可分为四类：

(1) 液柱式压力计　它是根据流体静力学原理，将被测压力转换成液柱高度进行测量的。按其结构形式的不同，有U形管压力计、单管压力计等。这类压力计结构简单、使用方便，但其准确度受工作液的毛细管作用以及密度、视差等因素的影响，测量范围较窄，一般用来测量较低压力、真空度或压力差。

(2) 弹性式压力计　它是将被测压力转换成弹性元件变形的位移进行测量的，例如弹簧管压力计及膜式压力计等。

(3) 电气式压力计　它是通过机械和电气元件将被测压力转换成电量(如电压、电流、频率等)来进行测量的，例如各种压力传感器和压力变送器。

(4) 活塞式压力计　它是根据水压机液体传送压力的原理，将被测压力转换成活塞上所加平衡砝码的质量来进行测量的。它的测量准确度很高，允许误差可小到0.05%~0.02%，但结构较复杂，价格较贵。一般作为标准压力测量仪表，来检验其他类型的压力计。

2.2.2 弹性式压力计

弹性式压力计是利用各种形状的弹性元件，在被测介质压力的作用下，使弹性元件受压后产生弹性变形的原理而制成的测压仪表。这种仪表具有结构简单、使用可靠、读数清晰、牢固可靠、价格低廉、测量范围宽以及有足够的准确度等优点。若增加附加装置，如记录机构、电气变换装置、控制元件等，则可以实现压力的记录、远传、信号报警、自动控制等。弹性式压力计可以用来测量几百帕到数千兆帕范围内的压力，因此在工业上是应用最为广泛的一种测压仪表。

1. 弹性元件

弹性元件是一种简易可靠的测压敏感元件。弹性元件在弹性限度内受压后产生变形，变形的大小与被测压力成正比。当测压范围不同时，所用的弹性元件也不一样，目前工业上常用的测压弹性元件主要有膜片、波纹管和弹簧管等，如图 2－13 所示。

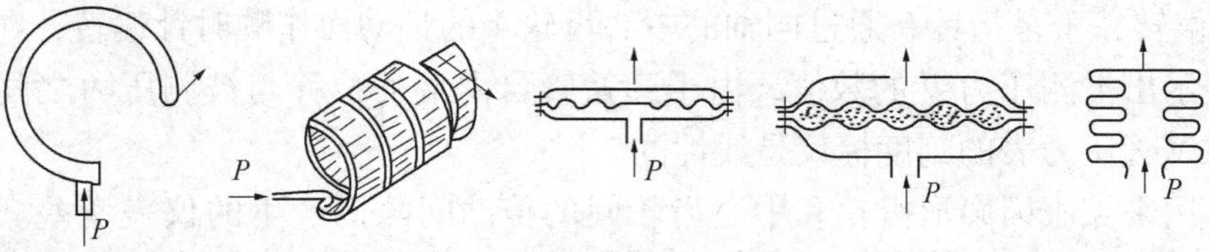

图 2－13　弹性元件示意图

（1）膜片　它是一种沿外缘固定的片状圆形薄板或薄膜，按剖面形状分为平薄膜片和波纹膜片。波纹膜片是一种压有环状同心波纹的圆形薄膜，其波纹数量、形状、尺寸、分布情况与压力的测量范围及线性度有关。有时也可以将两块膜片沿周边对焊起来，成一薄膜盒子，内充液体（例如硅油），称为膜盒，如图 2－13（d）所示。

当膜片两边压力不等时，膜片就会发生形变，产生位移；当膜片位移很小时，它们之间具有良好的线性关系，这就是利用膜片进行压力检测的基本原理。膜片受压力作用产生的位移，可直接带动传动机构指示。但是，由于膜片的位移较小，灵敏度低，指示准确度也不高，一般为 2.5 级。在更多情况下，都是把膜片和其他转换环节结合起来使用，通过膜片和转换环节把压力转换成电信号，例如膜盒式差压变送器、电容式压力变送器等。

（2）波纹管　它是一种具有同轴环状波纹，能沿轴向伸缩的测压弹性元件，如图 2－13（e）所示。当它受到轴向力作用时能产生较大的伸长或收缩位移，通常在其顶端安装传动机构，带动指针直接读数。波纹管的特点是灵敏度较高，适合检测低压信号（一般不超过 1MPa）。但波纹管时滞较大，测量准确度一般只能达到 1.5 级。

（3）弹簧管　单圈弹簧管是弯成圆弧形的空心管子（中心角通常为 270°），它的截面做成扁圆形或椭圆形，弹簧管一端是开口，另一端是封闭，如图 2－14 所示。开口端作为固定端，被测压力从开口端进入弹簧管内腔，封闭端作为自由端，可以自由移动。当被测压力从弹簧管的固定端输入时，由于弹簧管的非圆横截面，使它有变成圆形并伴有伸直的位移。这种单圈弹簧管自由端位移较小，因此能测量较高的压力。为了增加自由端的位移，可以制成多圈弹簧管，如图 2－13（b）所示。

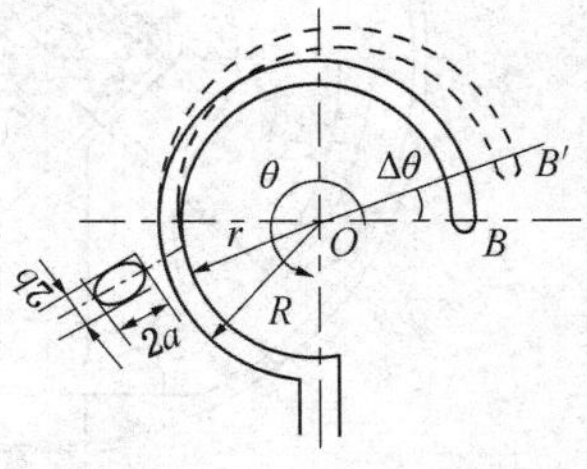

图 2－14　单圈弹性管结构示意图

2. 弹簧管压力表

弹簧管压力表的测量范围极广，品种规格繁多。按其所使用的测压元件不同，可分为单圈弹簧管压力表与多圈弹簧管压力表。按其用途不同，除普通弹簧管压力表外，还有耐腐蚀的氨用压力表、禁油的氧气压力表等。它们的外形与结构、工作原理基本上是相同的，只是所用的材料有所不同。弹簧管压力表的结构原理如图 2－15 所示。

弹簧管 1 是压力表的测量元件。图中所示为单圈弹簧管，管子的一端固定在接头 9 上。当通入被测的压力 P 后，由于椭圆形截面在压力 P 的作用下，将趋于圆形，而弯成圆弧形的弹簧管也随之产生向外挺直的扩张变形。由于变形，使弹簧管的自由端 B 产生位移。输入压力 P 越大，产生的变形也越大。由于输入压力与弹簧管自由端 B 的位移成正比，所以只要测得 B 点的位移量，就能反映压力 P 的大小，这就是弹簧管压力表的基本测量原理。

弹簧管自由端 B 的位移量一般很小，直接显示有困难，所以必须通过放大机构才能指示出来。具体的放大过程如下：弹簧管自由端B的位移通过拉杆2（见图2－15）使扇形齿轮3作逆时针偏转，于是指针5通过同轴的中心齿轮4的带动而作顺时针偏转，在面板6的刻度标尺上显示出被测压力P的数值，由于弹簧管自由端的位移与被测压力之间具有正比关系，因此弹簧管压力表的刻度标尺是线性的。

游丝7用来克服因扇形齿轮和中心齿轮间的传动间隙而产生的仪表变差。改变调整螺钉8的位置（即改变机械传动的放大系数），可以实现压力表量程的调整。

在石油化工生产过程中，常常需要把压力控制在某一范围内，即当压力低于或高于给定范围时，就会破坏正常工艺条件，甚至可能发生危险。这时，就应采用带有报警或控制触点的压力表压力，当偏离给定范围时，及时发出信号，以提醒操作人员注意，或通过中间继电器实现压力的自动控制。

图2－16是电接点信号压力表的结构和工作原理示意图。压力表指针上有动触点2，表盘上另有两根可调节的指针，上面分别有静触点1和4。当压力超过上限给定数值（此数值由静触点4的指针位置确定）时，动触点2和静触点4接触，红色信号灯5的电路被接通，使红灯发亮；若压力低到下限给定数值时，动触点2与静触点1接触，接通了绿色信号灯3的电路。静触点1、4的位置可根据需要灵活改变。

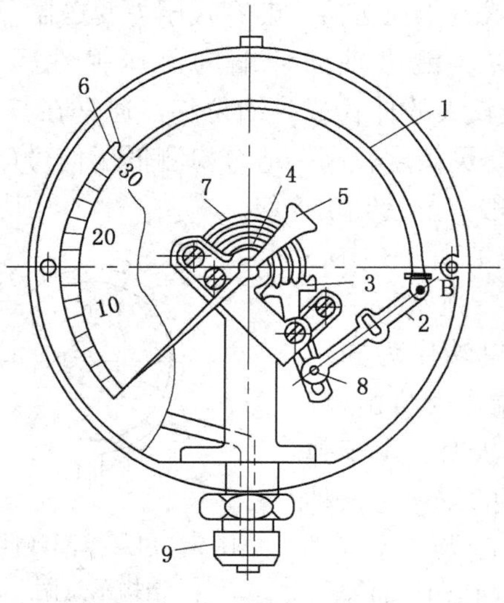

图2－15　弹簧管压力表

1—弹簧管；2—拉杆；3—扇形齿轮；4—中心齿轮；5—指针；6—面板；7—游丝；8—调整螺钉；9—接头

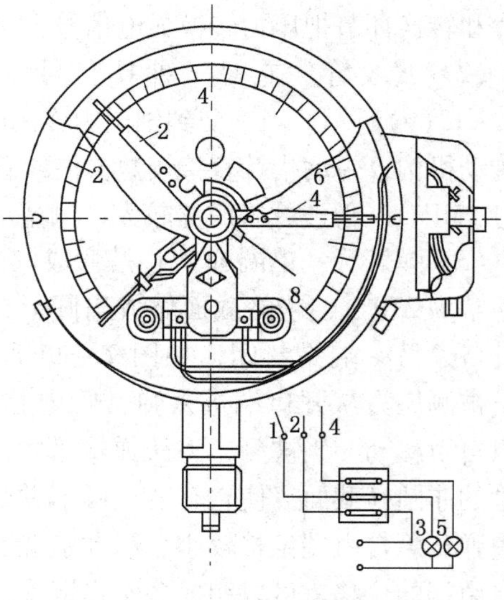

图2－16　电接点信号压力表

1、4—静触点；2—动触点；3—绿灯；5—红灯

2.2.3　电气式压力计

电气式压力计是一种能将被测压力转换成电信号进行传输及显示的仪表，它的测量范围广，可测7×10^{-5}Pa～5×10^{2}MPa的压力，允许误差可至0.2%。由于能够进行信号的远距离传送，因此便于实现压力的自动控制和报警，并可与计算机等工业控制机联用。

电气式压力计一般由压力传感器、测量线路和显示装置等部分组成，如图2－17所示。

压力传感器能将被测压力检测出来，并转换成电信号输出（当输出的电信号被进一步转变为标准信号时，压力传感器又称为压力变送器），测量线路对已转换好的电信号进行测量，然后由显示器、记录仪等完成相应的显示、记录功能。

实际上，如果我们在弹簧管压力表中附加一些变换装置，将弹簧管自由端的机械位移转变成某些电量的变化，就可以构成各种弹簧管式的电气压力计，如电阻式、电感式和霍尔片式等。但这种压力计需要用弹簧管先将被测压力转换成位移，然后才能作电量转换，因此应用场合受到限制。目前应用较多的电气式压力计是应变片式、压阻式、电容式等。

1. 霍尔片式压力传感器

霍尔片式压力传感器是根据霍尔效应制成的，即利用霍尔元件将由压力所引起的弹性元件的位移转换成霍尔电势，从而实现压力的测量。

霍尔片为一半导体（如锗）材料制成的薄片。如图 2－18 所示，在霍尔片的 Z 轴方向加一磁感应强度为 B 的恒定磁场，在 y 轴方向加一外电场（接入直流稳压电源），便有恒定电流沿 x 轴方向通过。电子在霍尔片中运动（电子逆 y 轴方向运动）时，由于受电磁力的作用，而使电子的运动轨道发生偏移，造成霍尔片的一个端面上有电子积累，另一个端面上正电荷过剩，于是在霍尔片的 x 轴方向上出现电位差，这一电位差称为霍尔电势，这样一种物理现象就称为“霍尔效应”。

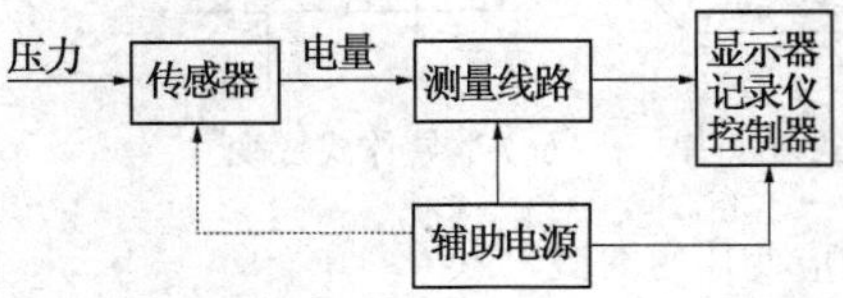

图 2－17　电气式压力计组成方框图

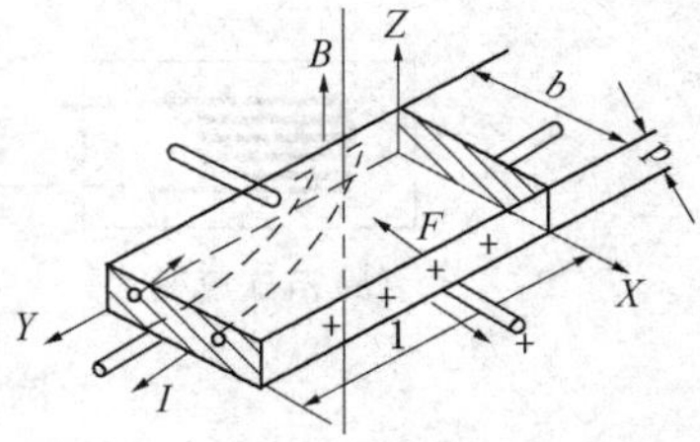

图 2－18　霍尔效应

霍尔电势的大小与半导体材料、所通过的电流（一般称为控制电流）、磁感应强度以及霍尔片的几何尺寸等因素有关，可用下式表示为

$$U_H = R_H BI \tag{2-17}$$

式中　U_H——霍尔电势；

R_H——霍尔常数（与霍尔片材料、几何形状有关）；

B——磁感应强度；

I——通过电流。

由式（2－17）可知，霍尔电势与磁感应强度和电流成正比。提高 B 和 I 值可增大霍尔电势 U_H，但两者都有一定限度，一般 I 为 3～20mA，B 约为几千高斯，所得的霍尔电势 U_H 约为几十毫伏数量级。

必须指出，导体也有霍尔效应，不过它们的霍尔电势远比半导体的霍尔电势小得多。

如果选定了霍尔元件，并使电流保持恒定，则在非均匀磁场中，霍尔元件所处的位置不同，所受到的磁感应强度也将不同，这样就可得到与位移成比例的霍尔电势，实现位移－电势的线性转换。将霍尔元件与弹簧管配合，就组成了霍尔片式弹簧管压力传感器，如图 2－19 所示。被测压力由弹簧管 1 的固定端引入，弹簧管的自由端与霍尔片 3 相连接，在霍尔片的上、下方垂直安放两对磁极，使霍尔片处于两对磁极形成的非均匀磁场中。霍尔片的 4 个端面引出 4 根导线，其中与磁钢 2 相平行

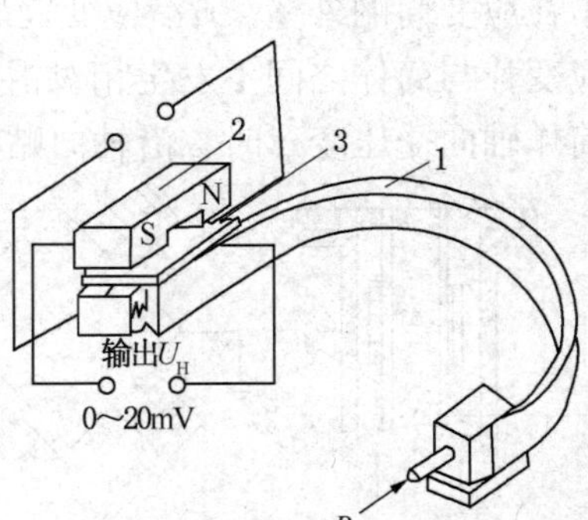

图 2－19　霍尔片式压力传感器

1—弹簧管；2—磁钢；3—霍尔片

的两根导线和直流稳压电源相连接，另两根导线用来输出信号。

被测压力引入后，在被测压力作用下，弹簧管自由端产生位移，因而改变了霍尔片在非均匀磁场中的位置，使所产生的霍尔电势与被测压力成比例。利用这一电势即可实现远距离显示和自动控制。

2. 应变片式压力传感器

应变片式压力传感器是利用导体或半导体的“应变效应”来测量压力。即通过应变片将被测压力转换成电阻值的变化，通过桥式测量电路，获得相应的毫伏级电压信号作为输出。如果配上相应的显示仪表就可显示出被测介质的压力。应变式压力传感器适用于测量快速变化的压力和高压力。

应变式压力传感器的检测元件是应变片。它是由金属导体或半导体材料制成的电阻体，其电阻值随被测压力所产生的应变而变化。电阻应变片有金属应变片和半导体应变片两大类。金属应变片又分为金属丝式应变片和金属箔式应变片两种，如图 2－20 所示。

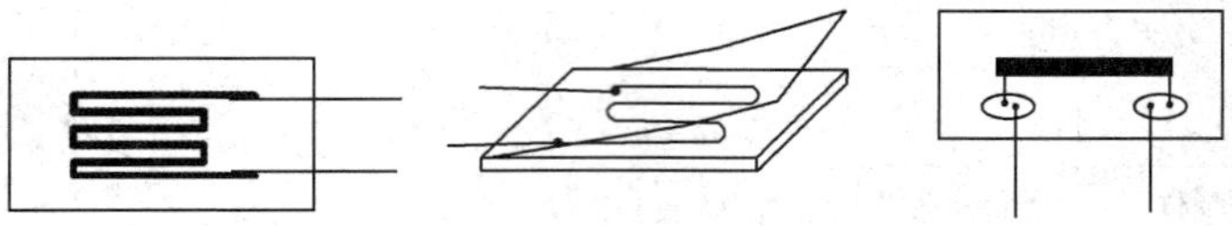

图 2－20　常用应变片的类型

金属丝式应变片用电阻丝绕成栅形粘贴在绝缘基片上制成，由于金属丝式应变片蠕变较大，应变片蠕变时金属丝容易脱胶，所以金属丝应变片有逐渐被箔式应变片取代的趋势，但是目前它的价格便宜，所以多用于应变、应力的一次性试验。

金属箔式应变片是在基板上镀一层康铜，然后经光刻腐蚀等工艺制成箔栅。箔式应变片的优点是表面积与截面积之比大，散热性好，允许通过较大电流，灵敏度高，可以制成任意形状，易于加工，适合于大批量生产。

半导体应变片以硅或锗等半导体材料制作，其优点是灵敏系数大、频率响应快、机械滞后小、阻值范围宽。但其热稳定性能较差，测量误差较大。此类应变片容易做成小型或超小型，但热稳定性能差，测量误差较大。

图 2－21 是一种应变片式压力传感器的原理图。应变筒 1 的上端与外壳 2 固定在一起，下端与不锈钢密封膜片 3 紧密接触，两片康铜丝应变片 r_1 和 r_2 用特殊胶合剂(缩醛胶等)贴紧在应变筒的外壁。r_1 沿应变筒轴向贴放，作为测量片；r_2 沿径向贴放，作为温度补偿片。应变片与筒体之间不发生相对滑动，并且保持电气绝缘。当被测压力作用于膜片而使应变筒作轴向受压变形时，沿轴向贴放的应变片 r_1 也将产生轴向压缩应变 ε_1，于是 r_1 的阻值变小；而沿径向贴放的应变片 r_2 由于本身受到横向压缩将引起纵向拉伸应变 ε_2，于是 r_2 阻值变大。但是由于 ε_2 比 ε_1 要小，故实际上 r_1 的减少量将比 r_2 的增大量大。

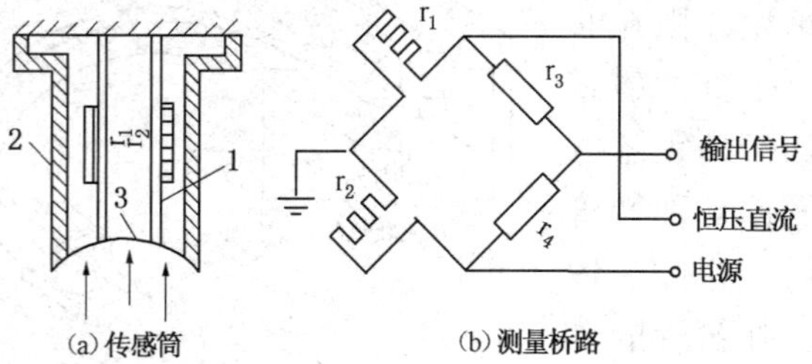

图 2－21　应变片压力传感器示意图
1—应变筒；2—外壳；3—密封膜片

应变片 r_1 和 r_2 与两个固定电阻 r_3 和 r_4 组成桥式电路，如图 2－21(b)所示。由于 r_1 和 r_2 的阻值变化而使桥路失去平衡，从而获得不平衡电压 ΔU 作为传感器的输出信号，在桥路供给直流稳压电源最大为10V时，可得最大ΔU为5mV的输出。传感器的被测压力可达25MPa。由于传感器的固有频率在25000Hz以上，故有较好的动态性能，适用于快速变化的压力测量。应变片式传感器的非线性及滞后误差小于额定压力的1%。

利用电阻应变原理还可以制成位移传感器和加速度传感器。

3. 压阻式压力变送器

固体受力后电阻率发生变化的现象称为压阻效应，压阻式压力变送器就是利用单晶硅的压阻效应和微电子技术制成的一种新型压力仪表，其基本原理如图2-22所示。利用集成电路工艺直接在单晶硅膜片上按一定晶向制成扩散压敏电阻，当单晶硅膜片受压时，膜片的变形将使扩散电阻的阻值发生变化。如果将单晶硅片上的扩散电阻构成桥式测量电路，就可以将电阻的变化转换成电压的变化。这时，电桥的输出电压与单晶硅片所受压力成正比关系，并通过信号处理电路处理，转换为4~20mA标准信号输出。

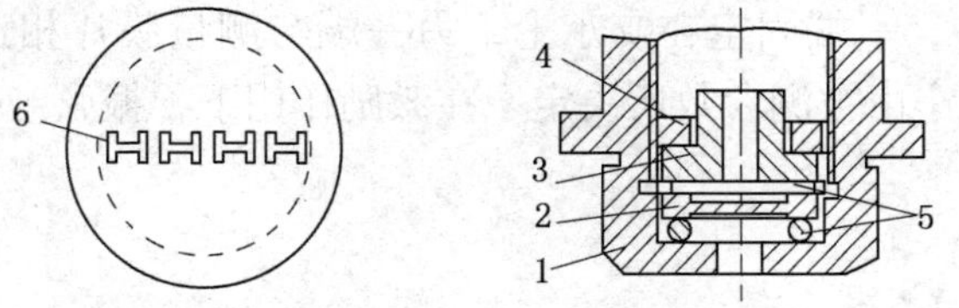

（a）单晶硅片　　（b）结构

图2-22　压阻式压力变送器

1—基座；2—单晶硅片；3—导环；4—螺母；5—密封垫圈；6—等效电阻

图2-22(b)为一种压阻式压力变送器的结构示意图。硅膜片在圆形硅杯的底部，其两边形成两个压力腔。高压腔接被测压力，低压腔与大气连通或接参考压力。膜片上的两对电阻中，一对位于受压应力区，另一对位于受拉应力区，当压力差使膜片变形的，膜片上的两对电阻阻值发生变化，使电桥输出相应压力变化的信号。为了补偿温度效应的影响，一般还可在膜片上沿着压力不敏感的晶向生成一个电阻，这个电阻只感受温度变化，可接入桥路作为温度补偿电阻，以提高测量准确度。

压阻式压力传感器的特点是灵敏度高，频率响应快；测量范围宽，可测低至10Pa的微压及高至60MPa的高压；准确度高，工作可靠，其准确度可达±0.2%~0.02%；易于微小型化，目前国内已生产出直径1.8~2mm的压阻式压力传感器。

4. 电容式差压变送器

电容式压力变送器具有结构简单、过载能力强、可靠性好、测量准确度高、体积小、重量轻、使用方便等一系列优点，目前已成为最受欢迎的压力、差压变送器。其输出信号也是标准的4~20mA(DC)电流信号。

电容式压力变送器是先将压力的变化转换为电容量的变化，然后进行测量的。

在工业生产过程中，差压变送器的应用数量多于压力变送器。因此，以下按差压变送器进行介绍，其实两者的原理和结构基本上是相同的。

如图2-23所示，将左右对称的不锈钢底座的外侧加工成环状波纹沟槽，并焊上波纹隔离膜片。基座内侧有玻璃层，基座和玻璃层中央有孔道相通。玻璃层内表面磨成凹球面，球面上镀有金属膜，此金属膜层有导线通往外部，构成电容的左右固定极板。在两个固定极板之间是弹性材料制成的测量膜片，作为电容的中央动极板。在测量膜片两侧的空腔中充满硅油。当被测压力 P_1、P_2 分别加于左右两侧的隔离膜片时，通过硅油将差压传递到测量膜片上，使其向压力小的一侧弯曲变形，引起中央动极板与两边固定电极间的距离发生变化，因而两电极的电容量不再相等，而是一个增大，另一减小，电容的变化量通过引线传至测量电路，通过测量电路的检测和放大，输出一个 4 ~ 20mA 的直流电信号。电容式差压变送器的结构可以有效地保护测量膜片，当差压过大并超过允许测量范围时，测量膜片将平滑地贴靠在玻璃凹球面上，因此不易损坏，过载后的恢复特性很好，这样大大提高了过载承受能力。

5. 振弦式差压变送器

振弦式差压变送器靠被测压力所形成的应力改变弦的谐振频率，经过适当的电路输出频率信号进行远传。这种压力变送器特别适合与计算机配合使用，组成高准确度的测量控制系统。

振弦式差压变送器的工作原理如图 2－24 所示，振动元件是一根张紧的金属丝，称为振弦。它放置在磁场中，一端固定在支承上，另一端与测量膜片相连，并且被拉紧，具有一定张力 T，张力的大小由被测参数所决定。在激励作用下，振弦产生振动，其固定振动频率为

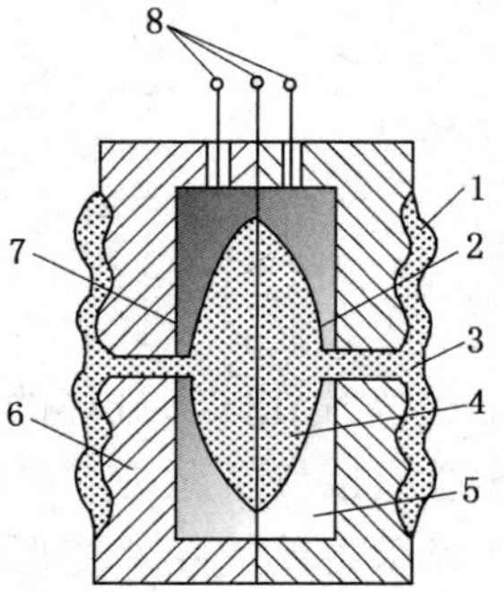

图 2－23　电容式差压变送器原理图

1—隔离膜片；2，7—固定电极；3—硅油；4—测量膜片；5—玻璃层；6—底座；8—引线

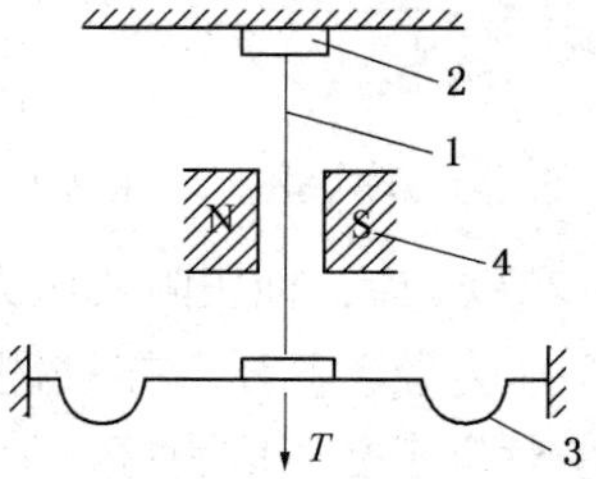

图 2－24　振弦式压力变送器工作原理图

1—振弦；2—支承；3—测量膜片；4—永久磁铁

$$f_0 = \frac{1}{2\pi}\sqrt{\frac{c}{m}} \qquad (2-18)$$

对于振弦来说，钢的横向刚度系数 $c = \frac{1}{2l}\pi^2$，弦的质量 $m = pl$，则

$$f_0 = \frac{1}{2l}\sqrt{\frac{T}{\rho}} \qquad (2-19)$$

式中　T——振弦的张紧力；

l——振弦的有效长度；

ρ——振弦的线密度，即单位弦长的质量。

由此可见，当振弦的长度 l 和线密度 ρ 已定，则固有的振动频率 f_0 的大小由张力所决定。由于振弦置于磁场中，因此在振动时会感应电势，感应电势的频率就是振弦的振动频率，测量感应电势的频率，从而可知张力的大小。

振弦的振动是靠电磁力的作用产生和维持的，利用上述原理可以制成不同结构的振弦式压力变送器。下面仅介绍一种美国 Foxboro 公司生产的振弦式差压变送器，其准确度可

达 ±0.2%，它既可测压力又可以测压差。

振弦式压力变送器的基本结构如图 2－25 所示，振弦密封在保护管内，一端固定，另一端与膜片相连，低压作用在膜片 1 上，高压作用在膜片 8 上，两个膜片与基座之间充有硅油，并且通过导管 7 相通，借助硅油传递压力并提供适当的阻尼，以防止出现振荡。硅油仅存在于膜片与支座之间，保护管 6 内并无硅油，所以对振弦的振动没有妨碍。

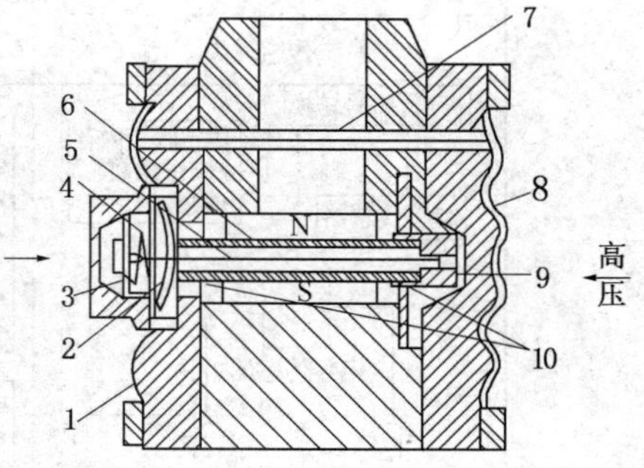

图 2－25　振弦式压力变送器结构

1，8—膜片；2—弹簧片；3—垫圈；4—过载保护弹簧；5—振弦；6—保护管；7—导管；9—固定件；10—绝缘衬垫

在低压膜片内侧中部有提供振弦初始力的弹簧片 2，还有垫圈 3 和过载保护 4，使保护管的振弦中的振弦具有一定的初始张力。振弦的右端固定在帽状零件 9 上，此零件套在保护管右端部，与高压膜片没有直接关系。当压差过大时，硅油流向左方，垫圈 3 中央的固定端将会使振弦张力增大，这时过载保护弹簧被压缩而产生反作用力，使张力不再增大。若压差继续增大，高压膜片会紧贴于基座上，从而防止过载损坏测量膜片。永久磁铁的磁极装在保护管外，振弦和保护管的热膨胀系数相近，以减少温度误差。保护管两端和支座之间装有绝缘衬垫 10，以便振弦两端信号的引出。

在差压的作用下会改变振弦的张力 T，差压增大，振弦的张力增大，由式(2－19)可知，振弦的张力增加，弦的振动频率增加，测得弦的振动频率 f_0，则可知被测压差的大小。

2.2.4　智能型压力变送器

随着集成电路的广泛应用，其性能不断提高，成本大幅度降低，使得微处理器在各个领域中的应用十分普遍。智能型压力或差压变送器就是在普通压力或差压传感器的基础上增加微处理器电路而形成的智能检测仪表。例如，用带有温度补偿的电容传感器与微处理器相结合，构成准确度为 0.1 级的压力或差压变送器，其量程范围比为 100∶1，时间常数在 0～36s 间可调，通过手持通信器，可对 1500m 之内的现场变送器进行工作参数的设定、量程调整以及向变送器加入信息数据。

智能型变送器的特点是可进行远程通信。利用手持通信器，可对现场变送器进行各种运行参数的选择和标定，其准确度高，使用与维护方便。通过编制各种程序，使变送器具有自修正、自补偿、自诊断及错误方式告警等多种功能，因而提高了变送器的准确度，简化了调整、校准与维护过程，促使变送器与计算机、控制系统直接对话。

下面以美国费希尔－罗斯蒙特公司(Fisher－Rosemount)的 3051C 型智能差压变送器为例，对其工作原理作简单介绍。

3051C 型智能差压变送器包括变送器和 275 型手持通信器。

变送器由传感膜头和电子线路板组成，图 2－26 为其原理方框图。

被测介质压力通过电容传感器转换为与之成正比的差动电容信号。传感膜头还同时进行温度的测量，用于补偿温度变化的影响。上述电容和温度信号通过 A/D 转换器转换为数字信号，输入到电子线路板模块。

在工厂的特性化过程中，所有的传感器都经受了整个工作范围内的压力与温度循环测试。根据测试数据所得到的修正系数，都储存在传感膜头的内存中，从而可保证变送器在运行过程中能准确地进行信号修正。

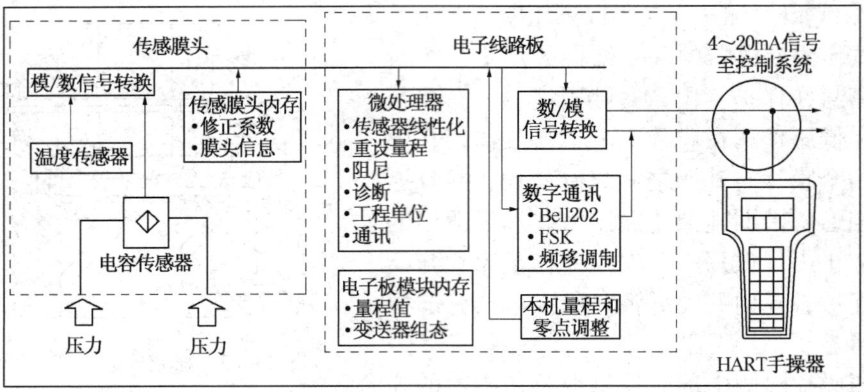

图 2-26　3051C 型智能差压变送器(4～20mA)方框图

电子线路板模块接收来自传感膜头的数字输入信号和修正系数，然后对信号加以修正与线性化。电子线路板模块的输出部分将数字信号转换成 4～20mA DC 电流信号，并与手持通信器进行通信。

在电子线路板模块的永久性 EEPROM 存储器中存有变送器的组态数据，当遇到意外停电时，其中数据仍然保存，所以恢复供电之后，变送器能立即工作。

数字通信格式符合 HART 协议，该协议使用了工业标准 Belt 202 频移调制(FSK)技术，通过在 4～20mA DC 输出信号上叠加高频信号来完成远程通信。罗斯蒙特公司采用这一技术，能在不影响回路完整性的情况下实现同时通信和输出。

3051C 型智能差压变送器所用的手持通信器为 275 型，其上带有键盘及液晶显示器。它可以接在现场变送器的信号端子上，就地设定或检测，也可以在远离现场的控制室中，接在某个变送器的信号线上进行远程设定及检测。为了便于通信，信号回路必须有不小于 250Ω 的负载电阻，其连接见图 2-27 所示。

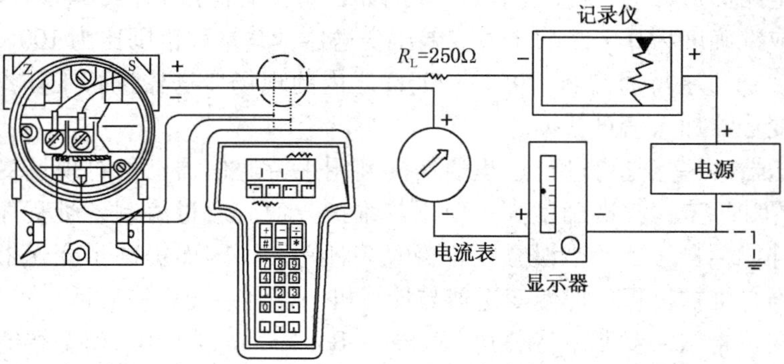

图 2-27　手持通信器的连接示意图

手持通信器能够实现下列功能：

(1) 组态　组态可分为两部分。首先，设定变送器的工作参数，包括测量范围、线性或平方根输出、阻尼时间常数、工程单位选择；其次，可向变送器输入信息性数据，以便对变送器进行识别与物理描述，包括给变送器指定工位号、描述符等。

(2) 测量范围的变更　当需要更改测量范围时，不需到现场调整。

(3) 变送器的校准　包括零点和量程的校准。

(4) 自诊断　自诊断 3051C 型变送器可进行连续自诊断。当出现问题时，变送器将激活用户选定的模拟输出报警。手持通信器可以询问变送器，确定问题所在。变送器向手持通信器输出特定的信息，以识别问题，从而可以快速地进行维修。

由于智能型差压变送器有良好的总体性能及长期稳定工作能力，所以每五年才需校验一次。智能型差压变送器与手持通信器结合使用，可远离生产现场，尤其是危险或不易到达的地方，给变送器的运行和维护带来了极大的方便。

2.2.5 压力计的选用及安装

正确地选用及安装是保证压力计在生产过程中发挥应有作用的重要环节。

1. 压力计的选用

压力计的选用应根据工艺生产过程对压力测量的要求，结合其他各方面的情况，加以全面的考虑和具体的分析。选用压力计和选用其他仪表一样，一般应该考虑以下几个方面的问题：

(1) 仪表类型的选用　仪表类型的选用必须满足工艺生产的要求，例如是否需要远传、自动记录或报警；被测介质的物理化学性能(诸如腐蚀性、温度高低、黏度大小、脏污程度、易燃易爆性能等)是否对测量仪表提出特殊要求；现场环境条件(诸如高温、电磁场、振动及现场安装条件等)对仪表类型有否特殊要求等等。总之，根据工艺要求正确选用仪表类型是保证仪表正常工作及安全生产的重要前提。

例如普通压力计的弹簧管多采用铜合金，高压的也有采用碳钢的，而氨用压力计弹簧管的材料却都采用碳钢，不允许采用铜合金。因为氨气对铜的腐蚀极强，所以普通压力计用于氨气压力测量时很快就会损坏。

氧气压力计与普通压力计在结构和材质上完全相同，只是氧用压力计禁油，因为油进入氧气系统易引起爆炸。所以氧气压力计在校验时，不能像普通压力计那样采用变压器油作为工作介质，并且氧气压力计在存放中要严格避免接触油污。如果必须采用带油污的压力计测量氧气压力时，使用前必须用四氯化碳反复清洗，认真检查直到无油污时为止。

(2) 仪表测量范围的确定　仪表的测量范围是指该仪表按规定的准确度对被测量进行测参数的范围，它是根据操作中需要测量的参数的大小来确定的。

在测量压力时，为了延长仪表使用寿命，避免弹性元件因受力过大而损坏，压力计的上限值应该高于工艺生产中可能的最大压力值。根据化工自控设计技术规定：在测量稳定压力时，最大工作压力不应超过测量上限值的2/3；测量脉动压力时，最大工作压力不应超过测量上限值的1/2；测量高压压力时，最大工作压力不应超过测量上限值的3/5。

为了保证测量值的准确度，所测的压力值不能太接近于仪表的下限值，亦即仪表的量程不能选得太大，一般被测压力的最小值以不低于仪表满量程的1/3为宜。

根据被测参数的最大值和最小值计算出仪表的上、下限后，还不能以此数值直接作为仪表的测量范围，因为仪表标尺的极限值不是任意取一个数字都可以的，它是由国家主管部门用规程或标准规定了的。因此，选用仪表的标尺极限值时，也只能采用相应的规程或标准中的数值(一般可在相应的产品目录中找到)。

(3) 仪表准确度等级的选取　仪表准确度是根据工艺生产上所允许的最大测量误差来确定的。一般来说，所选用的仪表越精密，则测量结果越准确、可靠。但不能认为选用的仪表准确度越高越好，因为越精密的仪表，一般价格越贵，操作和维护越费事。因此，在满足工艺要求的前提下，应尽可能选用准确度较低、价廉耐用的仪表。

下面通过一个例子来说明压力表的选用。

【**例 2.4**】 某台往复式压缩机的出口压力范围为25～28MPa。测量误差不得大于1MPa。工艺上要求就地观察，并能高低限报警。试正确选用一台压力表，指出型号、准确度与测量范围。

解：由于往复式压缩机的出口压力脉动较大，所以选择仪表的上限值为

$$\rho_1 = \rho_{\max} \times 12 = 28 \times 2 = 26\text{MPa}$$

根据就地观察及能进行高低限报警的要求，由本书附录一，可查得选用 YX－150 型电接点压力表。测量范围为 0～60MPa。

由于$\frac{25}{60} > \frac{1}{3}$，故被测压力的最小值不低于满量程的1/3，这是允许的。另外，根据测量误差的要求，可算得允许误差为

$$\frac{1}{60} \times 100\% = 1.67\%$$

所以，准确度等级为1.5 级的仪表完全可以满足误差要求。至此，根据附录一，可以确定，选择的压力表为 YX－150 型电接点压力表，测量范围为 0～60MPa，准确度等级为 1.5 级。

2. 压力计的安装

压力计的安装正确与否，直接影响到测量结果的准确性和压力计的使用寿命。

1）测压点的选择

首先，所选择的测压点应能反映被测压力的真实大小。为此，必须注意以下几点：

（1）要选在被测介质直线流动的管段部分，不要选在管路拐弯、分叉、死角或其他易形成漩涡的地方。

（2）测量流动介质的压力时，应使取压点与流动方向垂直，取压管内端面与生产设备连接处的内壁应保持平齐，不应有凸出物或毛刺。

（3）测量液体压力时，取压点应在管道下部，使导压管内不积存气体；测量气体压力时，取压点应在管道上方，使导压管内不积存液体。

2）导压管辅设

（1）导压管粗细要合适，一般内径为 6～10mm，长度应尽可能短，最长不得超过 50m，以减少压力指示的迟缓。如超过 50m，应选用能远距离传送的压力计。

（2）导压管水平安装时应保证有 1∶10～1∶20 的倾斜度，以利于积存于其中之液体(或气体)的排出。

（3）当被测介质易冷凝或冻结时，必须加设保温伴热管线。

（4）取压口到压力计之间应装有切断阀，以备检修压力计时使用。切断阀应装设在靠近取压口的地方。

3）压力计的安装

（1）压力计应安装在易观察和检修的地方。

（2）安装地点应力求避免振动和高温影响。

（3）测量蒸汽压力时，应加装凝液管，以防止高温蒸汽直接与测压元件接触[见图 2－28(a)]；对于有腐蚀性介质的压力测量，应加装有中性介质的隔离包，图 2－28(b)示出了被测介质密度ρ_2大于和小于隔离液密度ρ_1的两种情况。

总之，针对被测介质的不同性质(高温、低温、腐蚀、脏污、结晶、沉淀、黏稠等)，

要采取相应的防热、防腐、防冻、防堵等措施。

(4) 压力计的连接处，应根据被测压力的高低和介质性质，选择适当的材料，作为密封垫片，以防泄漏。

(5) 当被测压力较小，而压力计与取压口又不在同一高度时，对由此高度而引起的测量误差应按 $\Delta P = \pm H\rho g$ 进行修正。式中 H 为高度差；ρ 为导压管中介质的密度；g 为重力加速度。

(6) 为安全起见，测量高压的压力计除选用有通气孔的外，安装时表壳应向墙壁或无人通过之处，以防发生意外。

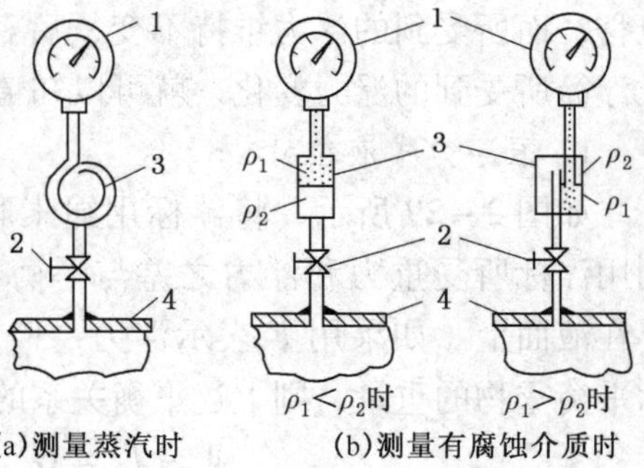

图 2-28　压力计安装示意图

2.3　物位检测及仪表

物位测量在石油化工生产自动化中具有重要的地位。随着石油化工生产设备规模的扩大和集中管理，特别是计算机的投入运行，物位的检测和远传显得更重要了。

物位是指开口容器或密闭容器中液体介质的高低(液位)，或者两种液体介质的分界面(界面)和容器中固体或颗粒状物料的堆积高度(料位)。通过物位的检测，可以准确获知容器设备中原料、半成品或产品的数量，以保证连续供料或进行经济核算，或者通过物位的检测，了解其是否在规定的范围内，以监视或控制容器内的物位，使之保持在工艺要求的确定高度，或对它的上、下极限位置进行报警，以保证生产的正常进行及安全操作。

在石油化工生产中，对物位检测仪表的要求多种多样，主要有仪表的准确度、量程、经济和安全可靠等方面，但最重要的是检测的安全可靠。物位检测仪表有很多种类，按工作原理不同，物位仪表主要有下列几种类型：

(1) 直读式物位仪表　这类仪表中主要有玻璃管液位计、玻璃板液位计等。

(2) 差压式物位仪表　它又可分为压力式物位仪表和差压式物位仪表，利用液柱或物料堆积对某定点产生压力的原理而工作。

(3) 浮力式物位仪表　利用浮子(或称沉筒)高度随液位变化而改变或液体对浸沉于液体中的浮子的浮力随液位高度而变化的原理工作，可分为浮子带钢丝绳或钢带的、浮球带杠杆的和沉筒式的几种。

(4) 电磁式物位仪表　它是使物位的变化转换为一些电量的变化，通过测出这些电量的变化来测知物位。它可以分为电阻式(即电极式)、电容式和电感式等，此外还有利用压磁效应工作的物位仪表。

(5) 核辐射式物位仪表　它利用核辐射透过物料时，其强度随物质层的厚度而变化的原理而工作，目前应用较多的是 γ 射线。

(6) 声波式物位仪表　由于物位的变化可引起声阻抗的变化、声波的遮断和声波反射距离的不同，测出这些变化就可测知物位。所以，声波式物位仪表可以根据它的工作原理分为声波遮断式、反射式和阻尼式。

(7) 光学式物位仪表　利用物位对光波的遮断和反射原理工作，其利用的光源有普通白炽灯光或激光等。

2.3.1　浮力式液位计

浮力式液位计有恒浮力式液位计和变浮力式液位计两种。浮力式液位计是利用漂浮于液面上的浮标或浸沉于液体中的浮筒对液位进行测量的。当液位变化时，前者产生相应的位移，而所受到的浮力维持不变，后者则发生浮力的变化。因此，只要检测出浮标的位移或浮筒所受到的浮力变化，就可以知道液位的高低。

1. 恒浮力式液位计

如图2－29所示，将浮标用绳索联结并悬挂在滑轮上，绳索的另一端挂有平衡重物，利用浮标所受重力和浮力之差与平衡重物相平衡，使浮标漂浮在液面上。如果用 F 表示浮力，W 表示浮标的重量，G 表示平衡重物的重量，则上述平衡关系的数学式可表示为

$$W - F = G \qquad (2-20)$$

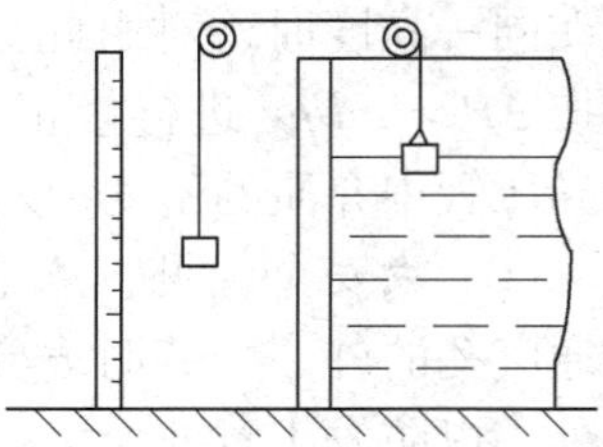

图2－29　恒浮力法液位测量示意图

当液位上升时，浮标所受的浮力 F 增加，则 $F - W < G$，使原有平衡关系被破坏，浮标向上移动。但浮标向上移动的同时，浮力 F 又下降，$W - F$ 又增加，直到 $W - F$ 又重新等于 G 时，浮标将停留在新的液位上。反之亦然。因而实现了浮标对液位的跟踪。由于式(2－20)中 W 和 G 可认为是常数，因此浮标停留在任何高度的液面上时，F 值不变，故称此法为恒浮力法。这种方法的实质是通过浮标把液位的变化转换为机械位移(线位移或角位移)的变化。上面所讲的只是一种转换方式，在实际应用中，还可采用各种各样的结构形式来实现液位与机械位移的转换，并可通过机械传动机构带动指针对液位进行就地指示。如果需要远传，还可通过电或气的转换器把机械位移转换为电的或气的信号。

浮标式液位计简单、直观，缺点是：由于滑轮与轴承间存在着机械摩擦，以及绳索(钢丝、钢带)长度热胀冷缩的变化等因素，影响了测量准确度。

2. 变浮力法液位测量

1)测量原理

沉筒式液位计是属于变浮力式液位计。它和浮标、浮球相同，由于沉筒很重，它在工作时不漂浮在液面上，而是浸在液体之中。当液位变化时，沉筒的浸没高度不同，以至于作用在沉筒上的浮力不同。只要能测量出浮筒所受浮力变化的大小，便可以知道液位的高低。如图2－30所示，将一横截面相同，重量为 W 的圆筒形金属浮筒悬挂在弹簧上，浮筒的重量被弹簧力所平衡。当浮筒的一部分被液体浸没时，由于受到液体的浮力作用而使浮筒向上移动，当与弹簧力达到平衡时，浮筒才停止移动。在其平衡时存在着如下关系，即

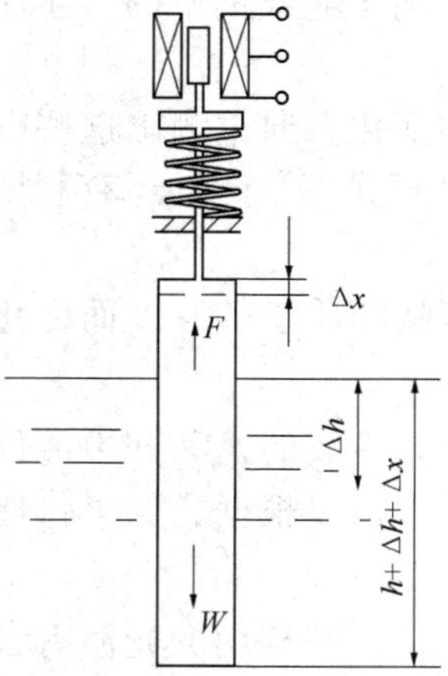

图2－30　变浮力法液位测量示意图

$$CX = W - Ah\gamma \qquad (2-21)$$

式中　C——弹簧刚度；

X——弹簧压缩的位移；

A——浮筒的截面积；

h——浮筒被液体浸没的深度；

γ——液体的重度。

当液位变化时，由于浮筒所受的浮力发生变化，浮筒的位置也要发生变化，例如液位升高 Δh，则浮筒要向上移动 ΔX，此时平衡关系为

$$C(X-\Delta X)=W-A(h+\Delta h-\Delta X)\gamma \tag{2-22}$$

将上述二式相减便得到

$$C\Delta X=A\gamma(\Delta h-\Delta X) \tag{2-23}$$

$$\Delta h=\left(1+\frac{c}{A\gamma}\right)\Delta X=K\Delta X \tag{2-24}$$

由式(2－24)可知，浮筒产生的位移 ΔX 与液位变化 Δh 成比例。如果在浮筒的连杆上安装一铁芯(参看图2－31)，通过差动变压器便可输出相应的电信号，指示出液位的数值。

2）差动变压器

差动变压器的结构与原理如图2－31所示，它由铁芯、线圈以及骨架组成。线圈骨架分成三段，初级线圈均匀地密绕在骨架的中段；次级线圈分别均匀地密绕在上下两段骨架上，并将两个线圈反相串联相接。

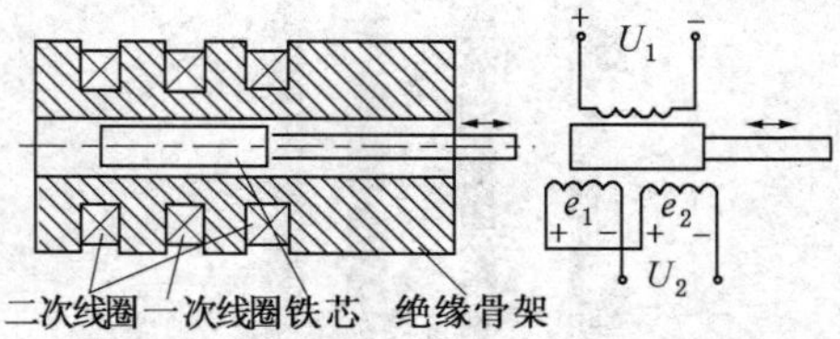

图2－31　差动变压器结构及原理图

当铁芯处在差动变压器上下两段线圈的中间位置时，初级激磁线圈激励的磁力线穿过上、下两个次级线圈的数目相同，因而两个匝数相等的次级线圈中产主的感应电势 e_1、e_2 相等。由于两个次级线圈系反相串联，所以 e_1、e_2 相互抵消，从而输出端之间总电势为零。即

$$U_2=e_1-e_2=0 \tag{2-25}$$

当铁芯向上移动时，由于铁芯改变了两段线圈中初、次级的耦合情况，使磁力线通过上段线圈的数目增加，通过下段线圈的磁力线数目减少，因而上段次级线圈产生的感应电势比下段次级线圈产生的感应电势大，即 $e_1>e_2$，于是两端输出的总电势 $U_2=e_1-e_2>0$；当铁芯向下移动时，情况与上移正好相反，即输出的总电势 $U_2=e_1-e_2<0$。无论哪种情况，都把这个输出的总电势称为不平衡电势，它的大小和相位由铁芯相对于线圈中心移动的距离和方向来决定。

信号 U_2 经过整流、滤波电路可以得到直流信号，其大小与铁芯位移相对应，与被测液位成正比。

浮筒式变送器的种类较多，但检测元件均是浮筒。浮筒式液位计能测量最高压力达31.4MPa的容器内的液位。沉筒的长度就是仪表的量程，一般为300～2000mm。变浮力式变送器的输出信号不仅与液位高度有关，并且与被测液体密度有关，因此密度发生变化时，必须进行密度修正，浮筒式液位计还可用于液体分界面的测量。

3. 磁翻板式液位计

磁翻板式液位计是根据浮力原理和磁性耦合作用研制而成的。如图2－32所示，磁翻板式液位计有一个容纳浮球的腔体(称为本体管或外壳)，它通过法兰或其他接口与容器组成一个连通器，因此腔体内的液面与容器内的液面是相同高度的，腔体内的浮球会随着容器内液面的升降而升降。通过在腔体的外面安装翻柱指示器，在浮球沉入液体与浮出部分的交界处安装磁钢，当浮球随液面升降时，磁钢的磁性透过外壳传递给翻柱指示器，推动磁翻柱翻转。由于磁翻柱是由红、白两个半圆柱合成的圆柱体，所以翻转后朝向翻柱指示器外的部分会改变颜色。当液位上升时翻柱由白色转变为红色，当液位下降时翻柱由红色转变为白色，指示器的红白交界处即为容器内部液位的实际高度，从而实现液位清晰的指示，如图2－33所示。

磁翻板式液位计适用于从低温到高温、从真空到高压等各种环境，是石油、化工等工业现场理想的液位测量仪表。由于具有磁性耦合隔离器密闭结构，磁翻板式液位计具有可

靠的安全性，尤其适用于易燃、易爆和腐蚀有毒液位检测，从而使原复杂环境的液位检测手段变得简单和可靠安全。该液位计具有就地显示的直读式特性，设备少开孔，显示清晰，标志醒目，读数直观等优点。

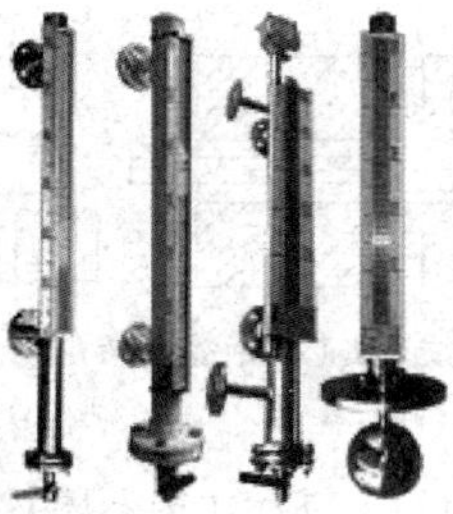

图 2－32　磁翻板液位计外观图

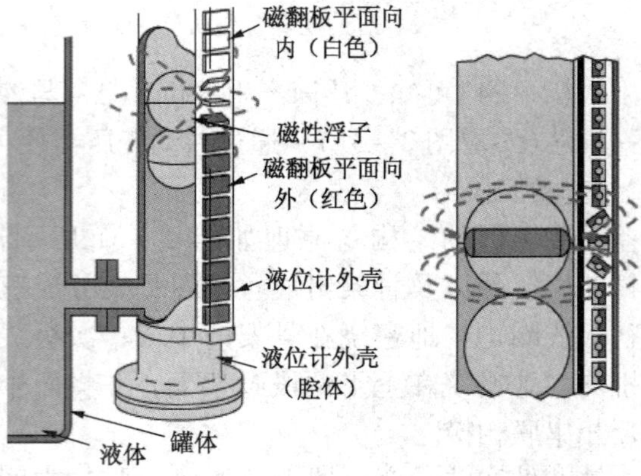

图 2－33　磁翻板式液位计工作原理

带有液位变送器(电信号远传)的磁翻板式液位计，液位变送部分(电气部分)的工作原理是利用磁性浮子作用在磁簧开关导致连入回路的电阻数量的变化，进而使得传感器部分可以发生与液位变化相对应的电阻信号。通过信号转化器，就可以把电阻信号转化成 4～20mA 的电流信号。这种液位计的电子元件几乎没有电容器、电感等储能元器件，可以叠加 HART 通讯协议，也可以使用 RS485 总线通讯。

磁浮子液位计配置上下限开关输出，可实现远距离报警、限位控制。配置变送器，可实现液位的远距离指示、检测与控制。根据在容器上安装位置的不同，提供侧装和顶装两种方式。根据工作介质的不同，提供不锈钢和 ABS 工程塑料两种材质；其中 ABS 特别适用于酸、碱等腐蚀性介质。

图 2－34 是几种连通式液位计的安装和使用方法。

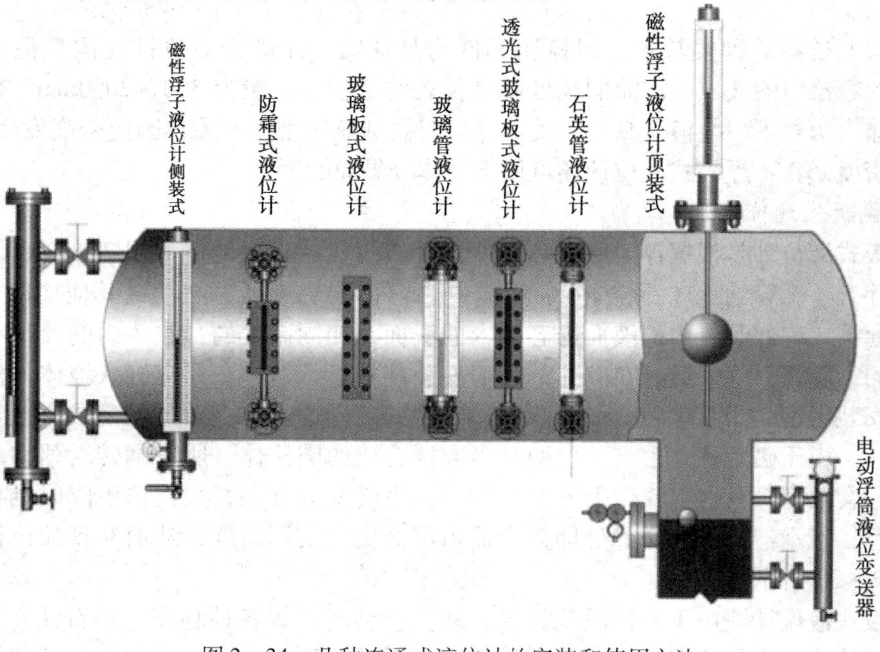

图 2－34　几种连通式液位计的安装和使用方法

2.3.2 差压式液位计

1. 工作原理

差压式液位计是利用容器内的液位改变时，由液柱产生的静压也相应变化的原理而工作的，如图2-35所示。

将差压变送器的一端接液相，另一端接气相。设容器上部空间为干燥气体，其压力为P，则

$$P_1 = P + H\rho g \tag{2-26}$$

$$P_2 = P \tag{2-27}$$

因此可得：

$$\Delta P = P_1 - P_2 = H\rho g \tag{2-28}$$

式中 H——液位高度；

ρ——介质密度；

g——重力加速度；

P_1，P_2——差压变送器正、负压室的压力。

通常，被测介质的密度是已知的，差压变送器测得的旁压与液位高度成正比。这样就把测量液位高度转换为测量差压的问题了。

当被测容器是敞口的，气相压力为大气压时，只需将差压变送器的负压室通大气即可。且不需要远传信号，也可以在容器底部安装压力表，如图2-36所示，根据压力P与液位H成正比的关系，可直接在压力表上按液位进行刻度。

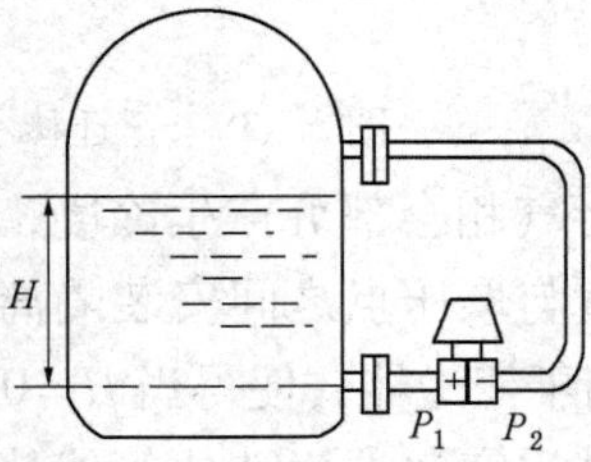

图2-35 差压液位变送器原理图

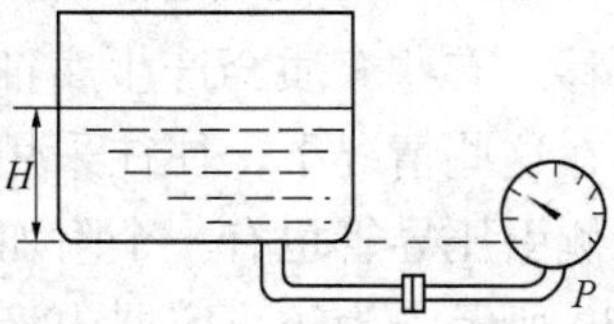

图2-36 压力表式液位计

2. 零点迁移问题

采用差压式液位计测量液位时，由于安装的位置不同，一般情况下均会存在零点迁移问题。下面分无迁移、正迁移和负迁移三种情况进行讨论。

（1）无迁移 如图2-37所示，被测介质黏度较小，无腐蚀，无结晶，并且气相部分不冷凝，变送器安装与容器下部取压位置在同一高度。

将差压变送器的正、负压室分别与容器上部和下部取压P_1、P_2相连，如果被测液体密度为ρ，则作用于差压变送器正、负压室压差为

$$\Delta P = H\rho g \tag{2-29}$$

当液体由$H=0$变化到最高液位$H=H_{max}$时，ΔP由零变化到最大压差ΔP_{max}，变送器对应的输出为4~20mA。假设对应液位变化所要求的变送器量程ΔP为5000Pa，则变送器的特性曲线如图2-37中曲线a所示，称为无迁移。

（2）正迁移 实际应用中，变送器的安装位置往往不与容器下部的取压位置同高，如图2-38所示，被测介质也是黏度小，无腐蚀，无结晶，并且气相部分不冷凝，变送器安

装与容器下部取压位置在同一高度，下部取压位置低于测量下限的距离为 h，此时液位高度 H 与压差 ΔP 之间的关系为

$$\Delta P = H\rho g + h\rho g \tag{2-30}$$

由此可知，$H=0$ 时，$\Delta P = h\rho g > 0$，并且为常数项，使变送器输出大于 4mA；当 $H = H_{max}$ 时，$\Delta P_{max} = H_{max}\rho g + h\rho g$，使变送器输出大于 20mA，这时可以通过调整变送器的迁移弹簧，使变送器在 $H=0$、$\Delta P = h\rho g$ 时，其输出为 4mA，变送器的量程仍然为 $H_{max}\rho g$；当 $H = H_{max}$ 时，$\Delta P_{max} = H_{max}\rho g + h\rho g$ 时，变送器输出为 20mA，从而实现了变送器输出与液位之间的正常对应。

假设变送器的量程仍然为 5000Pa，而 $h\rho g = 2000\text{Pa}$，则当 $H=0$ 时，$\Delta P = 2000\text{Pa}$；当 $H = H_{max}$ 时，$\Delta P_{max} = 5000 + 2000 = 7000\text{Pa}$，变送器的输出为 20mA。变送器的特性曲线如图 2－36 中曲线 c 所示，由于调整压差 ΔP 是大于零（作用于正压室）的附加静压，故称为正迁移。

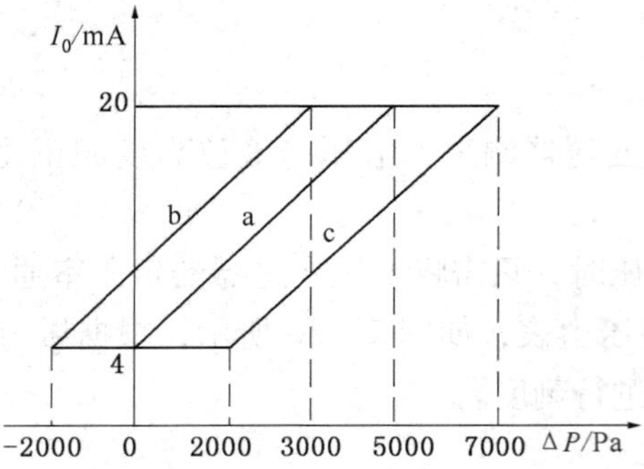

图 2－37　正负迁移示意图

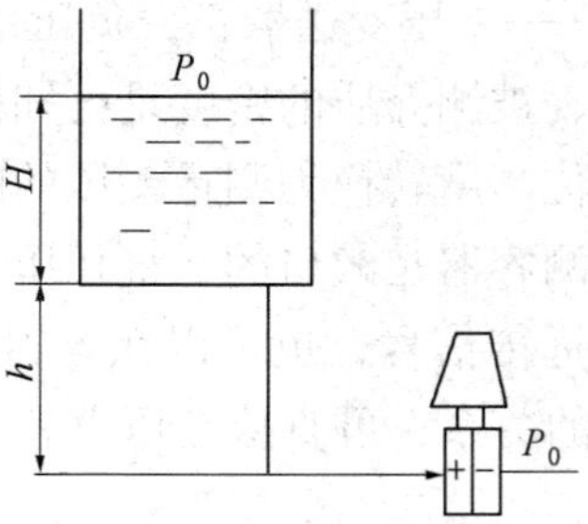

图 2－38　正迁移示意图

（3）负迁移　有些介质会产生腐蚀作用，或者气相会部分产生冷凝，导致导管内凝液随时间而变。在这些情况下，往往采用正、负压室与取压点之间安装隔离罐或冷凝罐的方法，因此负压侧引压导管也有一个附加的静压作用于变送器，使得当 $H=0$ 时，压差不等于零。如图 2－39 所示，为防止容器内液体和气体进入变送器而造成管线堵塞或腐蚀，并保持负压室的柱高度，变送器正、负压室与取压点之间分别装有隔离罐，并充以隔离液，若被测介质密度为 ρ_1，隔离液密度为 ρ_2（通常 $\rho_2 > \rho_1$），这时正、负压室的压力分别为

$$P_1 = h_1\rho_2 g + H\rho_1 g + P_0 \tag{2-31}$$

$$P_2 = h_2\rho_2 g + P_0 \tag{2-32}$$

正、负压室的压差为

$$P_1 - P_2 = h_1\rho_2 g + H\rho_1 g - h_2\rho_2 g$$

即

$$\Delta P = H\rho_1 g - (h_2 - h_1)\rho_2 g \tag{2-33}$$

由上式可知，$H=0$ 时，$\Delta P = -(h_2 - h_1)\rho_2 g < 0$，使变送器输出小于 4mA；当 $H = H_{max}$ 时 $\Delta P_{max} = H_{max}\rho_1 g - (h_2 - h_1)\rho_2 g$，使变送器输出小于 20mA。这时，可以通过调整变送器的迁移弹簧，使变送器在 $H=0$、$\Delta P = -(h_2 - h_1)\rho_2 g$ 时，其输出为 4mA，变送器的量程仍然为 $H_{max}\rho_1 g$；当 $H = H_{max}$ 且 $\Delta P_{max} = H_{max}\rho_1 g - (h_2 - h_1)\rho_2 g$ 时，变送器输出为 20mA，从而实现了变送器输出与液位之间的正常对应关系。

假设变送器的量程仍然为 5000Pa，而 $(h_2 - h_1)\rho_2 g = 2000\text{Pa}$，则当 $H=0$ 时，$\Delta P = -2000\text{Pa}$，调整变送器的迁移弹簧，使变送器的输出为 4mA；当 $H = H_{max}$ 时，$\Delta P_{max} = 5000 - 2000 =$

3000Pa，变送器的输出为20mA。变送器的的特性曲线如图2－37中曲线b所示，由于调整压差ΔP是小于零(作用于负压室)的附加静压，故称为负迁移。

由上述可知，正、负迁移的实质是通过迁移弹簧改变差压变送器的零点，使得被测液位为零时，变送器的输出为起始值(4mA)，因此称为零点迁移。它仅仅改变了变送器测量范围的上、下限，而量程的大小不会改变。

需要注意的是并非所有差压变送器都带有迁移作用。在选用差压式液位计时，应在差压变送器的规格中注明是否带有正、负迁移装置并注明迁移量的大小。

3. 用法兰式差压变送器测量液位

如图2－40所示，为了解决测量具有腐蚀性或含有结晶颗粒，以及黏度大、易凝固等液体的液位时引压管线被腐蚀或被堵塞的问题，应使用导压管入口处加隔离膜的法兰式差压变送器。其测量头1(金属膜盒)经毛细管2与变送器3的量室所组成的封闭系统内充有硅油，作为传压介质，并使被测介质不进入毛细管与变送器，以免堵塞。

法兰式压变送器按其结构形式又分为单法兰式及双法兰式两种。容器与变送器间只需要一个法兰将管路接通的称为单法兰差压变送器；而对于法兰分别将液相和气相压力导至差压变送器，如图2－40所示，这就是双法兰差压变送器。

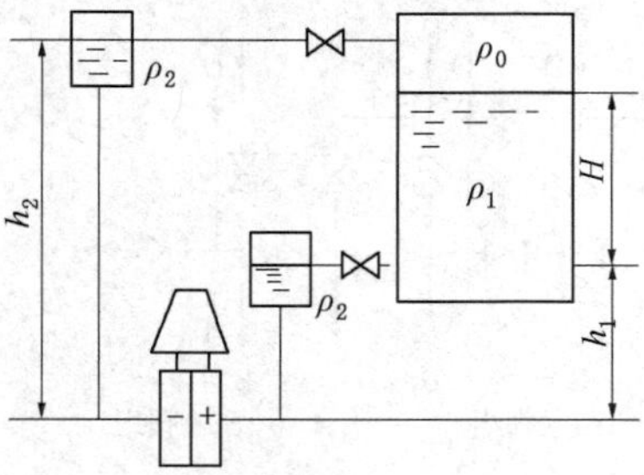

图2－39　负迁移示意图

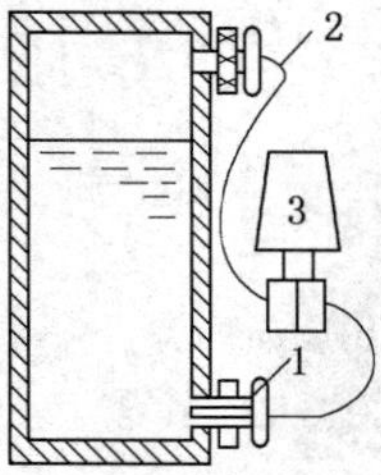

图2－40　法兰式差压变送器测量液位示意图

1—法兰式测量头；2—毛细管；3—变送器

4. 压力/差压变送器的安装与使用

压力/差压变送器除了用于测量工业生产过程中的差压、压力参数外，还可和多种传感元件配套，将液体、气体或蒸汽的压力/差压、流量、液位等工艺参数转换成统一的标准信号(如4～20mA DC电流)，以及在监测和控制系统中作为一个环节，参与各种运算，以实现生产过程的连续检测和自动控制。

工业现场所常用的变送器有模拟型、智能型和现场总线型，各种型号的变送器安装方式和所需注意的事项基本相同。

1) 压力信号的引入

变送器的输入压力信号一般有三种引入方法：①通过直通终端接头引入；②通过腰形法兰引入；③通过阀组引入。

(1) 通过直通终端接头引入　图2－41为直通终端接头结构图。接头体1上有外螺纹，可拧到变送器的导压口。螺纹有多种规格以适应不同型号的变送器的需要。接管5和引压导管相焊，也有多种规格，以配不同直径和壁厚的引压导管。拆卸时，只要把外套螺母4拧下，就可以使变送器和导压管分开。

(2) 通过腰形法兰引入　腰形法兰是一个形如腰子的小法兰，有时也称为椭圆法兰。它用两螺钉固定在变送器的导压口上，法兰的一端和变送器相通，另一端有内螺纹接口，直通终端接头或引压导管即拧在此接口上。拆卸时，拧开腰形法兰的两个固定螺钉，或拧开直通终端接头的外套螺母，都可以使导压管和变送器分开。

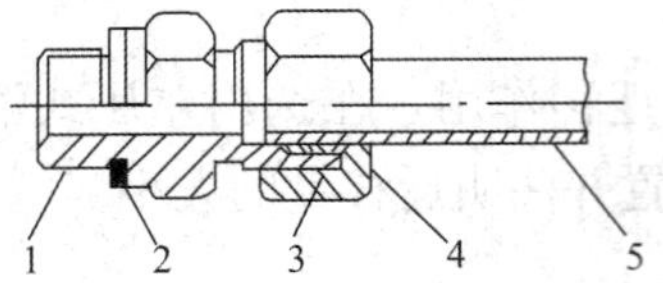

图 2-41　直通终端接头

1—接头体；2—垫圈；3—卡套；4—外套螺母；5—接管

图 2-42　腰形法兰

(3) 通过阀组引入　变送器的阀组有三阀组、二阀组、五阀组等三种。图 2-43 为某型变送器的外形图，变送器输入压力的引入采用了三阀组。

图 2-43　某型变送器的外形图

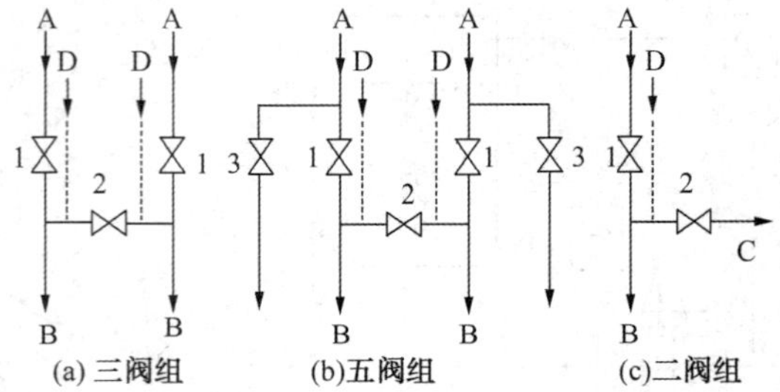

图 2-44　仪表阀组工作原理

A—接过程压力；B—接变送器导压口；C—吹扫口(排污口)；D—接测试压力；1—引压阀；2—平衡阀；3—排污阀

① 三阀组　差压变送器和导压管可以通过三阀组连接。图 2-44(a)为一体化三阀组的工作原理图，它由两个引压阀 1 和一个平衡阀 2 组成。一体化三阀组比单独的三个阀结构紧凑，安装方便。

三阀组的入口 A 接直通终端接头，引压导管则焊在终端接头的接管上。出口 B 用 4 个螺钉加垫圈固定在变送器的引压导口。三阀组两出口 B，也即变送器两引压导口之间的距离，一般都是 54mm。

当三阀组高、低压阀关闭，平衡阀开启时，变送器高、低压测量室压力平衡，差压为 0；当高、低压阀同时开启，平衡阀关闭时，两输出端压力分别为节流装置的高压和低压；当平衡阀开启，高低压阀中一个阀关、一个阀开时，则两输出端压力均为高压或低压。

有的三阀组上还有两个压力校验口 D，正常工作时用堵头堵死。校验时，先把高低压阀和平衡阀切断，然后从测试口通入被校压力，便可在不拆卸其他接头的情况下校验变送器。

② 五阀组　五阀组在三阀组的基础上增加了两个排污阀 3（放空阀），其工作原理见图 2-44(b)。正常工作时，将两组排污阀和平衡阀关闭；仪表对零位时，则将高低压阀切断，打开平衡阀即可。有的五阀组上也有两个压力校验口 D，如要校验仪表，只要打开测

试口，通上被校压力即可。因而检查、校验、排污、冲洗均可在这五阀组上进行，比较灵活，安装也简便得多。

③ 二阀组　二阀组一般用于压力变送器，通过它将过程压力和变送器的导压口相连接，其工作原理见图 2－44(c)。其中 A 接工艺导管，B 接压力变送器导压口，C 用于排污或吹扫，D 为校验口。两阀组有时也可和差压变送器配套使用。

2）正反向的转换

在用差压变送器测量容器液位时，高压侧接容器下部的导压管，低压侧接容器上部的导压管，这样仪表输出便能按照习惯，液位上升，输出增加；液位下降，输出减少。同样，在用差压变送器和节流装置配套测量流体流量时，正压导管接变送器高压侧，负压导管接变送器低压侧，这样变送器才能正常工作。

但有时由于工作不慎，高低压导管敷设反了，或者为了维护操作方便，必须将正压导管接变送器低压侧，负压导管接变送器高压侧。在这种情况，变送器是否还能正常工作？导压管是否需要拆除后重新敷设？

对于测量静压液位的变送器来说，导压管接反了，只能违反常规，使输出反向指示。当液位最低时，输出不是零位，而是 100%；当液位最高时，输出不是最大，而是 0%，早年没有零点迁移的差压计就是这样用的。但对于测流量的差压变送器，导压管接反了，一般就无法工作了。

智能变送器是用手持通信器的组态来实现它的功能的，在变送器内部一般会有一个正反向转换模块，只要将它设定成反向，便可解决导压管接反的问题。对于非智能变送器，有的电路板上也有一个正反向插块，只要改变插块的插接位置，也可实现正反向的转换。

3）环境因素的影响

流量、液位或压力测量的综合精确度取决于几个因素。虽然变送器具有很好的性能，但为了最大限度地予以发挥，正确的安装仍是十分重要的。在可能影响变送器精确度的所有因素中，环境条件是最难控制的。然而，还是有一些方法可以减少温度、湿度和振动带来的影响。

智能型变送器有一个内置的温度传感器用来补偿温度变化。出厂前，每个变送器都接受过温度循环测试，并将其在不同温度下的特性曲线储存在变送器的存储器中。在工作现场，这一特点使智能型变送器能将温度变化的影响减到最小。

如有可能，应尽量将变送器放置在免受环境温度剧烈变化的地方，从而将温度波动的影响减到最小。在炎热环境中，变送器安装时应尽可能地避免直接暴露在阳光下，也必须避免把变送器安放在靠近高温管道或容器的地方。当过程流体带有高温时，在取压口和变送器之间需采用较长的导压管。如果需要，应考虑采用遮阳板或热屏蔽板保护变送器免受外部热源的影响。湿度对电子电路是非常有害的。在相对湿度很高的区域，用于电子线路室外盖的密封圈必须正确地放置。外盖必须用手拧紧至完全关闭，应感觉到密封圈已被压紧。不要用工具去拧紧外盖。应尽量减少在现场取下盖板，因为每次打开盖板，电子线路就会暴露在潮气中。

电子电路板采用防潮涂层加以保护，但频繁地暴露在潮气中仍有可能影响保护层的作用。重要的是保持盖子密闭到位。每次取下盖子，螺纹将暴露并被锈蚀，因为这些部分无法用涂层保护。导线管进入变送器必须使用符合标准的密封方法。不用的连接口必须也按如上规则塞住。

虽然变送器实际上对振动是不敏感的，但安装时应尽可能避免靠近泵、涡轮机或其他振动装备。在冬天应采取防冻措施防止在测量容室内发生冰冻，因为这将导致变送器无法工作，甚至可能损坏膜盒。注意：当安装或存储液位变送器时，必须保护好膜片，以避免其表面被擦伤、压凹或穿孔。变送器设计得既坚固又轻巧，因此比较容易安装。三阀组的标准设计可以完美地匹配变送器法兰。如过程流体含有悬浮的固体，则需按一定的间隔距离安装阀门或带连杆的管接头，以便管道清扫。在每根导压管连接到变送器之前，必须用蒸汽、压缩空气或用过程流体排泄的方法来清扫管道内部(即吹扫)。

4）变送器的安装

在对气体、液体以及蒸汽进行测量时，压力变送器与压差变送器的安装是不同的。下面将对各种安装形式进行讨论。

(1) 使用压力变送器测量气体介质的压力时，其安装方式如图 2－45 所示。当初始状态为所有阀门关闭时，需要按照如下次序操作切断阀组：①打开切断阀 2B；②根据零点压力通过切断阀组的测试连接端对变送器给压；③检查零点，若需要则进行校正；④关闭切断阀 2B；⑤打开取压点处的切断阀 4；⑥打开切断阀 2A。

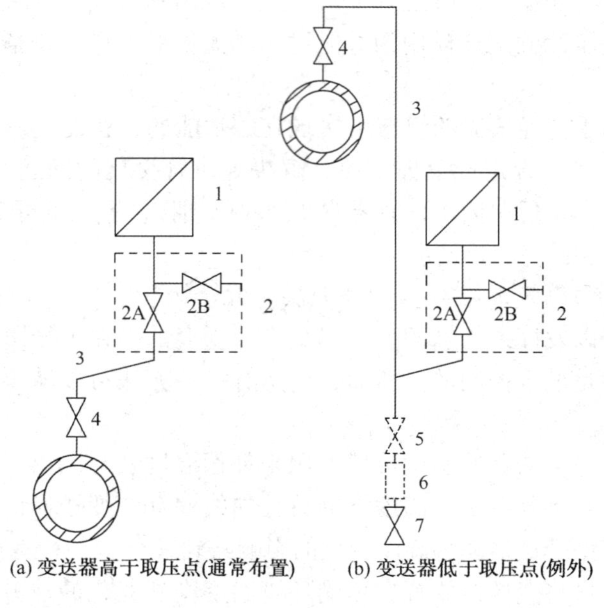

图 2－45　测量气体压力时变送器安装图

1—变送器；2—切断阀组(A—取压端切断阀，B—测试端切断阀)；3—导压管；4—切断阀；5—切断阀(可选)；6—冷凝罐(可选)；7—排放阀

(2) 使用压力变送器测量蒸汽和液体介质的压力时，其安装方式如图 2－46 所示。当初始状态为所有阀门关闭时，需要按照如下次序操作切断阀组：①打开切断阀 2B；②根据零点压力通过切断阀组的测试连接端对变送器给压；③检查零点，若需要则进行校正；④关闭切断阀 2B；⑤打开取压点处的切断阀 4；⑥打开切断阀 2A。

(3) 使用压差变送器测量气体介质的压差时，其安装方式如图 2－47 所示。当初始状态为所有阀门关闭时，需要按照如下次序操作切断阀组：①打开取压点处的两个切断阀门 5；②打开平衡阀 2；③打开进压阀 3A 或 3B；④检查和校正零点(4mA)；⑤关闭平衡阀 2；⑥打开另一个进压阀 3B 或 3A。

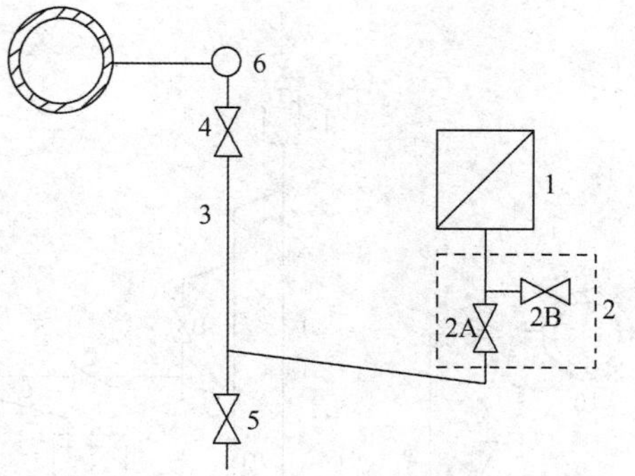

图2-46　测量蒸汽和液体压力时变送器安装图

1—变送器；2—切断阀组（A—取压端切断阀，B—测试端切断阀或放空丝堵）；

3—导压管；4—切断阀；5—排放阀；6—冷凝罐（只用于蒸汽）

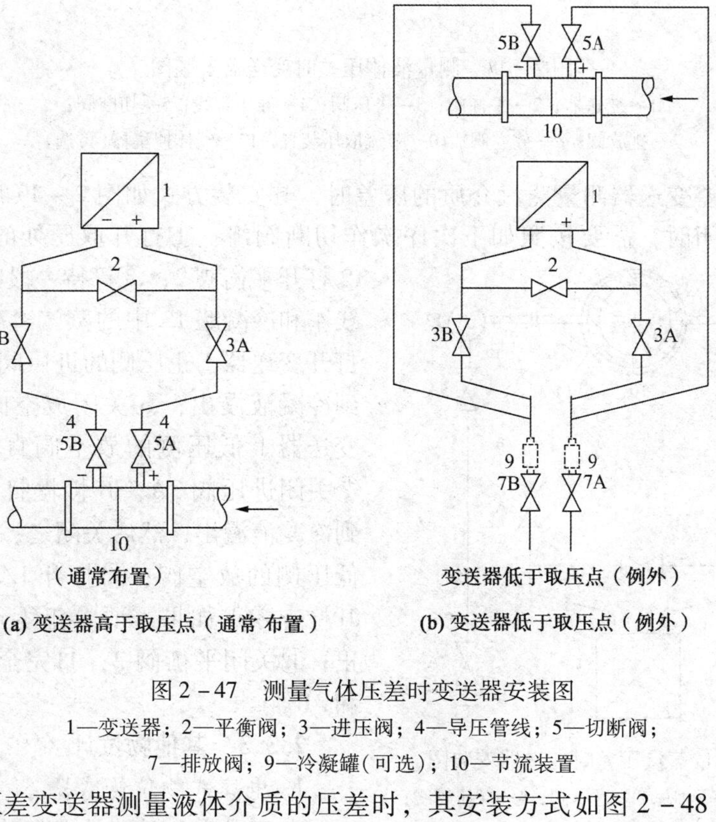

（通常布置）　　变送器低于取压点（例外）

(a) 变送器高于取压点（通常 布置）　　(b) 变送器低于取压点（例外）

图2-47　测量气体压差时变送器安装图

1—变送器；2—平衡阀；3—进压阀；4—导压管线；5—切断阀；

7—排放阀；9—冷凝罐（可选）；10—节流装置

（4）使用压差变送器测量液体介质的压差时，其安装方式如图2-48所示。当初始状态为所有阀门关闭时，需要按照如下次序操作切断阀组：①打开取压点处的两个切断阀门5；②打开平衡阀2；③变送器位置低于节流取压装置时，依次打开两个排放阀7。变送器位置高于节流取压装置时，慢慢打开两个放空阀8直到有液体流出；④关闭两个排放阀7或两个放空阀8；⑤打开进压阀3A和变送器正压侧的放空阀，直到有液体漫出，放空阀要缓慢打开；⑥关闭正压侧的放空阀；⑦慢慢打开变送器低压侧的放空阀直到有液体漫出；⑧关闭进压阀2；⑨慢慢打开进压阀3B直到液体漫出，然后关闭之；⑩关闭低压侧的放空阀；⑪打开1/2圈进压阀3A；⑫检查零点（4mA），如果需要校正零点，对应于0Pa校正；⑬关闭平衡阀；⑭完全打开进压阀（3A或3B）。

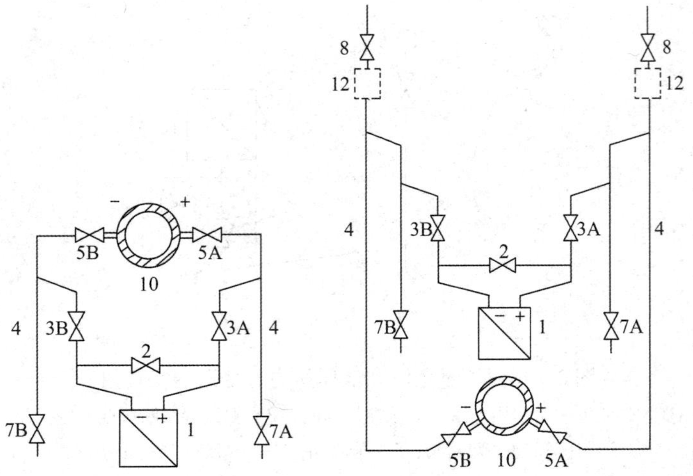

(a) 变送器低于取压点(通常布置)　　(b) 变送器高于取压点(例外)

图 2－48　测量液体压差时变送器安装图

1—变送器；2—平衡阀；3—进压阀；4—导压管线；5—切断阀；
7—排放阀；8—放空阀；10—节流取压装置；12—气体搜集器(可选)

（5）使用压差变送器测量蒸汽介质的压差时，其安装方式如图 2－49 所示。当初始状态为所有阀门关闭时，需要按照如下次序操作切断阀组：①打开取压处的两个切断阀 5；②打开平衡阀 2；③等待一段时间直到导压管线 4 和冷凝罐 13 中的蒸汽冷凝下来；④慢慢打开变送器 1 正压侧的进压阀 3A 和放空阀直到冷凝液漫出；⑤关闭放空阀；⑥慢慢打开变送器 1 低压侧的放空阀直到冷凝液漫出；⑦关闭进压阀 3A；⑧慢慢打开进压阀 3B 直到冷凝液漫出，然后关闭之；⑨关闭变送器 1 低压侧的放空阀；⑩打开 1/2 圈进压阀 3A；⑪检查零点如果需要校正零点，对应 0Pa 校正；⑫关闭平衡阀 2；⑬完全打开进压阀 3A 和 3B。

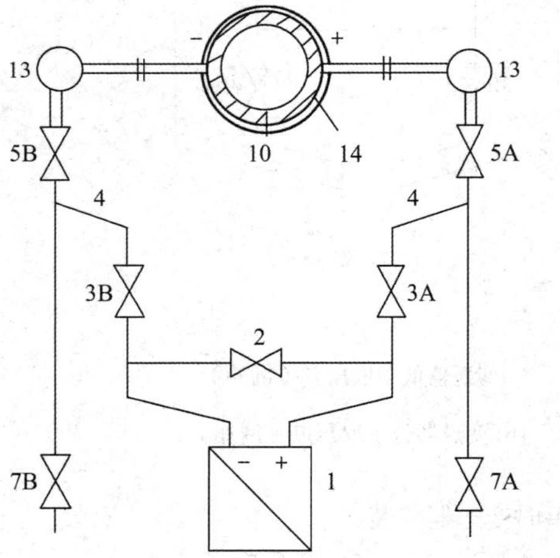

图 2－49　测量蒸汽压差时变送器安装图

1—变送器；2—平衡阀；3—进压阀；4—导压管线；
5—切断阀；7—排放阀；10—节流取压装置；
13—冷凝罐；14—保温层

2.3.3　其他物位计

1. 电容式物位传感器

电容式物位计由电容液位传感器和测量电路组成。被测介质的物位通过电容传感器转换成相应的电容量，利用测量电路测得电容的变化量，即可间接求得被测介质物位的变化。电容式物位计适用于导电或非导电液位及粉末物料的料位测量，也可用于液－液和液－固分界面的测量。

1）测量原理

在电容器的极板之间，充以不同介质时，电容量的大小也有所不同。因此，可通过测量电容量的变化来检测液位、料位和两种不同液体的分界面。

图 2-50 是由两个同轴圆柱极板 1、2 组成的电容器，在两圆筒间充以介电系数为 ε 的介质时，两圆筒间的电容量表达式为

$$C = \frac{2\pi\varepsilon L}{\ln\dfrac{D}{d}} \tag{2-34}$$

式中 L——两极板相互遮盖部分的长度；

d，D——圆筒形内电极的外径和外电极的内径；

ε——中间介质的介电常数。

由上式可知，当 D 和 d 一定时，电容量 C 的大小与极板的长度 L 和介质的介电常数 ε 的乘积成比例。这样，将电容传感器(探头)插入被测物料中，电极浸入物料中的深度随物位高低变化，必然引起其电容量的变化，从而可检测出物位。

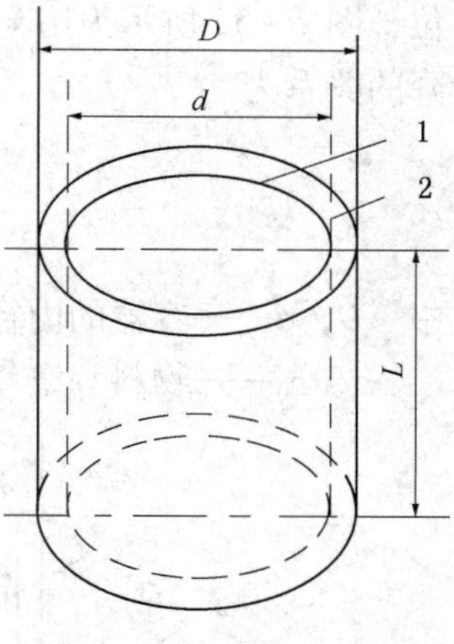

图 2-50　电容器的组成

2）非导电介质液位的检测

对非导电介质液位测量的电容式液位传感器原理如图 2-51 所示。它由内电极 1 和一个与它相绝缘的同轴金属套筒做成的外电极 2 所组成，外电极 2 上开了很多小孔 4，使介质能流进电极之间，内外电极用绝缘套 3 绝缘。当液位为零时，仪表调整零点(或在某一起始液位调零也可以)，其零点的电容为

$$C_0 = \frac{2\pi\varepsilon_0 L}{\ln\dfrac{D}{d}} \tag{2-35}$$

式中 ε_0——空气介电系数；

D，d——外电极内径及内电极外径。

当液位上升为 H 时，电容量变为

$$C = \frac{2\pi\varepsilon H}{\ln\dfrac{D}{d}} + \frac{2\pi\varepsilon_0 (L-H)}{\ln\dfrac{D}{d}} \tag{2-36}$$

电容量的变化为

$$C_X = C - C_0 = \frac{2\pi(\varepsilon-\varepsilon_0)H}{\ln\dfrac{D}{d}} = K_1 H \tag{2-37}$$

因此，电容量的变化与液位高度 H 成正比。式中的 K_1 为比例系数，K_1 中包含 $(\varepsilon-\varepsilon_0)$。也就是说，这个方法是利用被测介质的介电系数 ε 与空气介电系数 ε_0 不等的原理工作的，$(\varepsilon-\varepsilon_0)$ 值越大，仪表越灵敏。$\dfrac{D}{d}$ 实际上与电容器两极间的距离有关，D 与 d 越接近，即两极间距离越小，仪表灵敏度越高。

上述电容式液位计在结构上稍加改变以后，也可以用来测量导电介质的液位。

3）料位的检测

用电容法可以测量固体块状颗粒体及粉料的料位。由于固体间磨损较大，容易“滞留”，所以一般不用双电极式电极。可用电极棒头及容器壁组成电容器的两极来测量非导电固体

料位，图 2－52 所示为用金属电极棒插入容器来测量料位的示意图，它的电量变化与料位升降的关系为

$$C_X = \frac{2\pi(\varepsilon - \varepsilon_0)H}{\ln \frac{D}{d}} \tag{2－38}$$

式中　D，d——容器的内径和电极的外径；

ε，ε_0——物料和空气的介电系数。

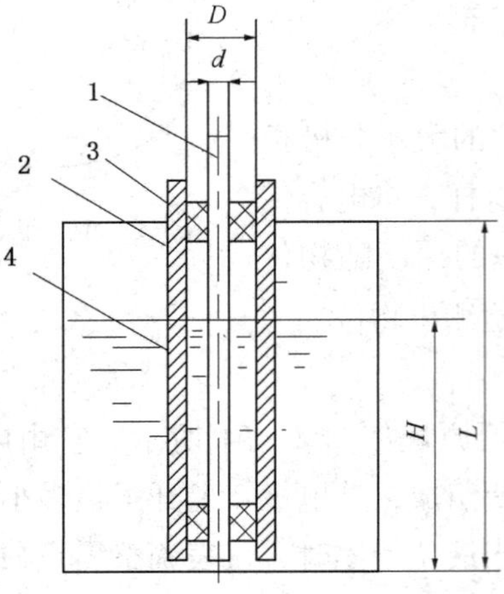

图 2－51　非导电介质的液位测量

1—内电极；2—外电极；3—绝缘套；4—小孔

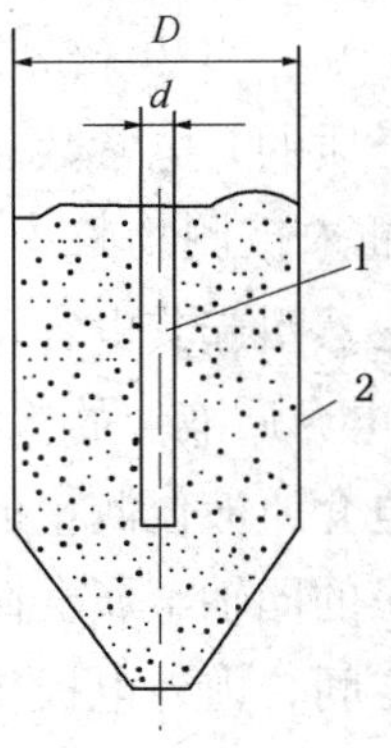

图 2－52　物位检测

1—金属电极棒；2—容器壁

电容物位计的传感部分结构简单、使用方便。但由于电容变化量不大，若要准确测量，还需借助于较复杂的电子线路才能实现。此外，还应注意介质浓度、温度变化时，其介电系数也要发生变化这一情况，以便及时调整仪表，达到预想的测量目的。

2. 核辐射物位计

核辐射物位计是利用放射源产生核辐射线（通常为 γ 射线）穿过一定厚度的介质时，部分粒子因克服阻力与碰撞使动能消耗而被吸收，另一部分粒子则透过介质。射线的透射强度随着通过介质层厚度的增加而减弱。入射强度为 I_0 的放射源，随介质厚度增加，其强度呈指数规律衰减，其关系为

$$I = I_0 e^{-\mu H} \tag{2－39}$$

式中　μ——介质对放射线的吸收系数；

H——介质层的厚度。

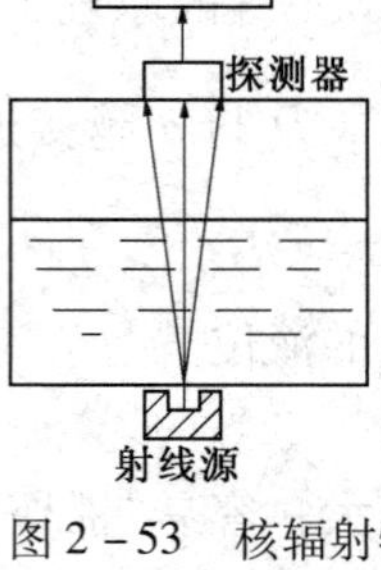

图 2－53　核辐射物位计示意图

如图 2－53 所示，辐射源射出强度为 I_0 的射线，接受器用来检测透过介质后的射线强度 I，再配以显示仪表就可以指示物位的高低了。

这种物位仪表由于核辐射线的突出特点，能够透过钢板等各种物质，因而可以完全不接触被测物质，适用于高温、高压容器、强腐蚀、剧毒、有爆炸性、黏滞性、易结晶或沸腾状态的介质的物位测量，还可以测量高温融熔金属的液位。由于核辐射线特性不受温度、湿度、压力、电磁场等影响，所以可在高温、烟雾、尘埃、强光及强电磁场等环境下工作。这种仪表体积小，重量轻，可以长时间连续使

用，其最大缺点是放射线对人体有较大的危害，在选用时必须考虑到周围人员的安全，同时需要采取必要的安全防护措施。

3. 超声波物位计

声波可以在气体、液体、固体中传播，并有一定的传播速度。一般把频率高于 20kHz 人耳听不到的声波，叫做超声波。声波在穿过不同厚度的介质分界面处还会产生反射。根据声波从发射至接收到反射回波的时间间隔与物位高度成正比的关系，可以测量物位。超声波物位计就是利用回声测距原理制成的。

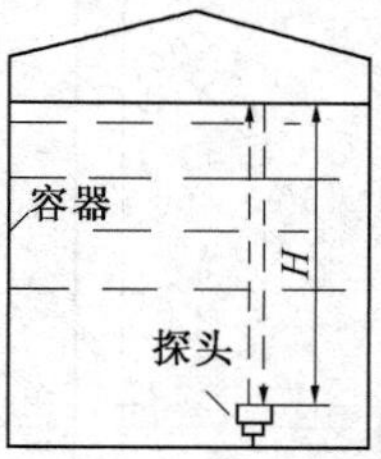

图 2－54　基本测量原理

当超声探头(换能器)向液面定向发出短促的超声脉冲，此脉冲达到分界面时，由于两种介质的密度相差悬殊，声波几乎全部被反射回来(见图 2－54)。经过时间 t，换能器便可接收到超声脉冲。若探头到液面的距离为 H，声波在液体中的传播速度为 v，则

$$H = \frac{1}{2}vt \tag{2-40}$$

对于一定的的介质 v 是已知的，只要测出时间 t 就能确定距离 H，即可确定被测物位高度。

超声波物位计有许多优点，它的探头可以不与被测介质接触，即可以做到非接触测量；可测量范围较广，只要分界面的声阻抗不同，液体、粉末、块状的物体均可测量；安装维护方便，而且不需要安全防护；它不仅能够定点连续测量物位，而且能够方便地提供遥测或遥控所需信号。其缺点是探头本身不能承高温，声速受介质温度、压力影响，有些介质对声波的吸收能力很强，使此方法受到一定限制。

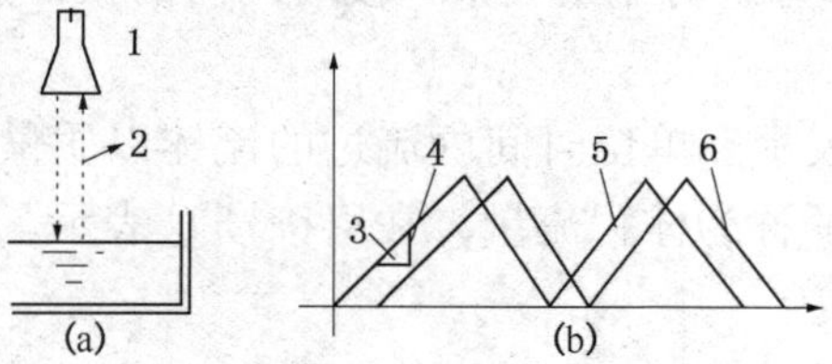

图 2－55　探测器工作原理

1—天线；2—空高 h；3—延时 Δt；4—差频 Δf；5—发射信号；6—反射信号

4. 雷达液位计

雷达液位计的工作原理类似于超声波式的测量方法，如图 2－55 所示。以光速 c 传播的超高频电磁波(微波)，经天线向被探测容器的液面发射，当电磁波碰到液面后反射回来，雷达液位计便通过测量发射波到反射波之间的延时 Δt 来确定天线与反射面之间的高度(空高)。

$$\Delta t = \frac{2h}{c} \tag{2-41}$$

由于光速 c 不受介质环境影响，传播速度稳定，测得延迟时间 Δt 则可获得高度 h。但经天线发射的电磁波的传播速度 c 太快，延迟时间 Δt 极其微小，直接测量 Δt 非常困难。实际应用时，雷达系统不断地发射线性调频(频率与时间呈线性关系)信号，得到的反射信号是经过时间延迟 Δt 的线性调频信号。发射信号频率与反射信号在同一时刻上的频率，因时间延迟而不同。它们之间的差频率 Δf，正比于延迟时间 Δt，即正比于空高 h。差频信号经过数据处理，可获得空高值 h。罐高值与空高值之差即为液位高度值。

雷达液位计是通过计算电磁波到达液体表面并反射回接收天线的时间来进行液位测量的。与超声波液位计相比，电磁波的传播速度受气体的性质及状态的影响较小。

雷达液位计采用了非接触测量的方式，没有活动部件，可靠性高，平均无故障时间长，安装方便。适用于高黏度、易结晶、强腐蚀及易爆易燃介质，特别适用于大型立罐和球罐

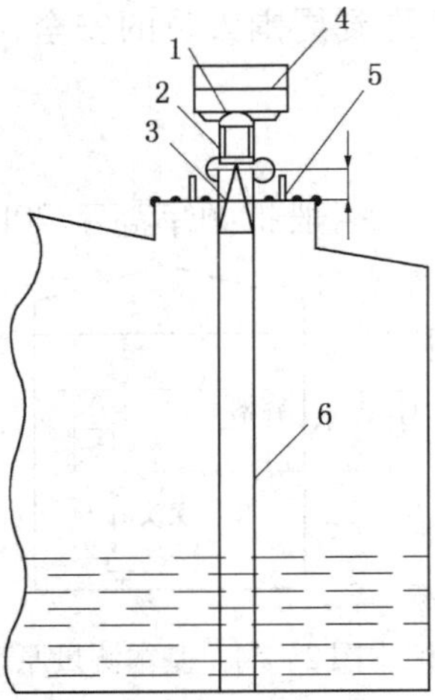

图 2-56　导波形雷达液位计安装示意图
1—探测器；2—法兰盘；3—喇叭天线；4—防雨罩；5—光孔法兰盘；6—导波管

等液位的测量。

雷达液位计按天线形状分为喇叭口形和导波形两类。喇叭口形天线主要用于液面波动小、介质泡沫少、介电常数高的液位测量；导波形天线是在喇叭口形的基础上增加了一根导波管(安装如图 2-56 所示)，可使电磁波沿导波管传播，减少障碍物及液位波动或泡沫对电磁波的散射影响，用于波动较大、介电常数低的非导电介质(如烃类液体)的液位测量。

2.4　流量检测及仪表

2.4.1　流量测量方法及基本概念

在石油化工生产过程中，为了有效地进行生产操作和控制，经常需要测量生产过程中各种介质(如液体、气体和蒸汽等)的流量，以便为生产操作和控制提供依据。同时，为了进行经济核算，经常需要知道在一段时间(如一班、一天等)内流过的介质总量。所以，对管道内介质流量的测量和变送是实现生产过程的控制以及进行经济核算所必需的。

一般所讲的流量大小是指单位时间内流过管道某一截面的流体数量的大小，即瞬时流量。而在某一段时间内流过管道的流体流量的总和，即瞬时流量在某一段时间内的累计值，称为总量。

流量和总量，可以用质量表示，也可以用体积表示。单位时间内流过的流体以质量表示的称为质量流量，常用符号 M 表示；以体积表示的称为体积流量，常用符号 Q 表示。若流体的密度为 ρ，则体积流量与质量流量之间的关系为

$$M = Q\rho \text{ 或 } Q = \frac{M}{\rho} \tag{2-42}$$

如以 t 表示时间，则流量和总量之间的关系为

$$Q_{总} = \int_0^t Q\mathrm{d}t, M_{总} = \int_0^t M\mathrm{d}t \tag{2-43}$$

测量流体流量的仪表一般叫流量计；测量流体总量的仪表常称为计量表。然而，两者并不是截然划分的，在流量计上配以累积机构，也可以读出总量。

常用的流量单位有吨每小时(t/h)、千克每小时(kg/h)、千克每秒(kg/s)、立方米每小时(m^3/h)、升每小时(L/h)、升每分(L/min)等。

测量流量的方法很多，其测量原理和所应用的仪表结构形式各不相同。目前有许多流量测量的分类方法，现仅举一种大致的分类法，简介如下：

(1) 速度式流量计　这是一种以测量流体在管道内的流速作为测量依据来计算流量的仪表，例如差压式流量计、转子流量计、电磁流量计、涡轮流量计、堰式流量计等。

(2) 容积式流量计　这是一种以单位时间内所排出的流体的固定容积的数目作为测量依据来计算流量的仪表，例如椭圆齿轮流量计、活塞式流量计等。

(3) 质量流量计　这是一种以测量流体流过的质量为依据的流量计。质量流量计分直接式和间接式两种：直接式质量流量计直接测量质量流量，例如量热式、角动量式、陀螺

式和科里奥利力式等质量流量计；间接式质量流量计是用密度与容积流量经过运算求得质量流量的。质量流量计具有测量准确度不受流体的温度、压力、黏度等变化影响的优点，是一种发展中的流量测量仪表。

本书中主要介绍差压式流量计和转子流量计，并简述几种其他类型的流量计。

2.4.2 差压式流量计

差压式(也称节流式)流量计是基于流体流动的节流原理，利用流体流经节流装置时产生的压力差而实现流量测量的。它是目前生产中测量流量最成熟且常用的方法之一。

差压式流量计由节流装置、引压管和差压计三部分组成，如图 2－57 所示。

节流装置将被测流量转换成压差信号，由引压管引出压差信号，并传递到相应的差压计，以便显示出流量的数值。在单元组合仪表中，由节流装置产生的压差信号，经常通过差压变送器转换成相应的标准信号(电的或气的)，以供显示、记录或控制用。

1. 节流现象与流量基本方程式

1）节流现象

流体在有节流装置的管道中流动时，在节流装置前后的管壁处，流体的静压力产生差异的现象称为节流现象。

节流装置包括节流件和取压装置，节流件是能使管道中的流体产生局部收缩的元件，应用最广泛的是孔板，其次是喷嘴、文丘里管等。下面以孔板为例说明节流现象。

具有一定能量的流体，才可能在管道中形成流动状态。流动流体的能量有两种形式，即静压能和动能。流体由于有压力而具有静压能，又由于流体有流动速度而具有动能，这两种形式的能量在一定的条件下可以互相转化。但是，根据能量守恒定律，流体所具有的静压能和动能，再加上克服流动阻力的能量损失，在没有外加能量的情况下，其总和是不变的。图 2－58表示在孔板前后流体的速度与压力的分布情况，流体在管道截面Ⅰ前，以一定的流速 v_1 流动。此时，静压力为 P_1'。在接近节流装置时，由于遇到节流装置的阻挡，使靠近管壁处的流体受到节流装置的阻挡作用最大，因而使一部分动能转换为静压能，出现了节流装置入口端面靠近管壁处的流体静压力升高，并且比管道中心处的压力要大。即在节流装置入口端面处产生一径向压差，致使流体产生径向附加速度，从而使靠近管壁处的流体质点的流向与管道中心轴线相倾斜，形成了流束的收缩运动。由于惯性作用，流束的最小截面并不在孔板的孔处，而是经过孔板后仍继续收缩，到截面Ⅱ处达到最小，这时流速最大，达到 v_2。随后流束又逐渐扩大，至截面Ⅲ后完全复原，流速便降低到原来的数值，即 $v_1 = v_2$。

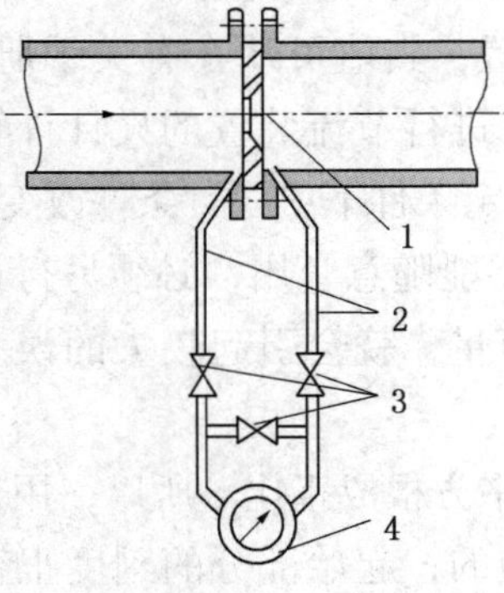

图 2－57 差压式流量计的组成

1—节流元件；2—引压管路；3—三组阀；4—差压计

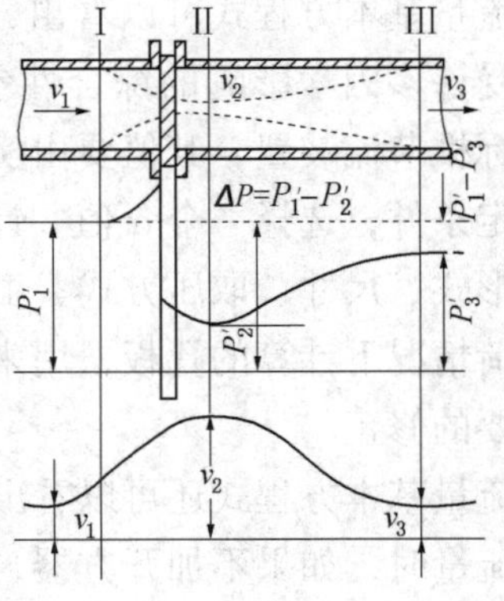

图 2－58 孔板装置及压力、流速分布图

由于节流装置造成流束的局部收缩，使流体的流速发生变化，即动能发生变化。与此同时，表征流体静压能的静压力也要变化。在Ⅰ截面，流体具有静压力 P_1'，到达截面Ⅱ，流速增加到最大值，静压力就降低到最小值 P_2'，而后又随着流束的恢复而逐渐恢复。由于在孔板端面处，流通截面突然缩小与扩大，使流体形成局部涡流，要消耗一部分能量，同时流体流经孔板时，要克服摩擦力，所以流体的静压力不能恢复到原来的数值，而产生了压力损失 $\delta_P = P_1' - P_3'$。

节流装置前流体压力较高，称为正压，常以"+"标志；节流装置后流体压力较低，称为负压（注意不要与真空混淆），常以"-"标志。节流装置前后压差的大小与流量有关。管道中流动的流体流量越大，在节流装置前后产生的压差也越大。只要测出孔板前后两侧压差的大小，即可表示流量的大小，这就是节流装置测量流量的基本原理。

值得注意的是：要准确地测量出截面Ⅰ与截面Ⅱ处的压力 P_1'、P_2'是有困难的，这是因为产生最低静压力 P_2'的截面Ⅱ的位置随着流速的不同会改变，事先根本无法确定。因此，实际上是在孔板前后的管壁上选择两个固定的取压点，测量流体在节流装置前后的压力变化。因而，所测得的压差与流量之间的关系，与测压点及测压方式的选择紧密相关。

2）流量基本方程式

流量基本方程式是阐明流量与压差之间定量关系的基本流量公式。它是根据流体力学中的伯努利方程和流体连续性方程式推导而得的，即

$$Q = \alpha\varepsilon F_0 \sqrt{\frac{2}{\rho_1}\Delta P} \tag{2-44}$$

$$M = \alpha\varepsilon F_0 \sqrt{2\rho_1 \Delta P} \tag{2-45}$$

式中 α——流量系数，它与节流装置的结构形式、取压方式、孔口截面积与管道截面积之比 m、雷诺数 Re、孔口边缘锐度、管壁粗糙度等因素有关；

ε——膨胀校正系数，它与孔板前后压力的相对变化量、介质的等熵指数、孔口截面积与管道截面积之比等因素有关，应用时可查阅有关手册，但对不可压缩的液体来说，常取 $\varepsilon = 1$；

F_0——节流装置的开孔截面积；

ΔP——节流装置前后实际测得的压力差；

ρ_1——节流装置前的流体密度。

由流量基本方程式可以看出，要知道流量与压差的确切关系，关键在于 α 的取值。α 是一个受许多因素影响的综合性参数。对于标准节流装置，其值可从在有关手册中查出；对于非标椎节流装置，其值要由实验方法确定。所以，在进行节流装置的设计计算时，应针对特定条件，选择一个 α 值。计算的结果只能应用在一定条件下，一旦条件改变（例如节流装置形式、尺寸、取压方式、工艺条件等的改变），就不能随意套用，必须另行计算。如按小负荷情况下计算的孔板，用来测量大负荷时流体的流量，就会引起较大的误差，必须加以必要的修正。

由流量基本方程式还可以看出，流量与压力差 ΔP 的平方根成正比。所以，用这种流量计测量流量时，如果不加开方器，流量标尺刻度是不均匀的，起始部分的刻度很密，后来逐渐变疏。因此，在用差压法测量流量时，被测流量值不应接近于仪表的下限值，否则误差将会很大。

2. 标准节流装置

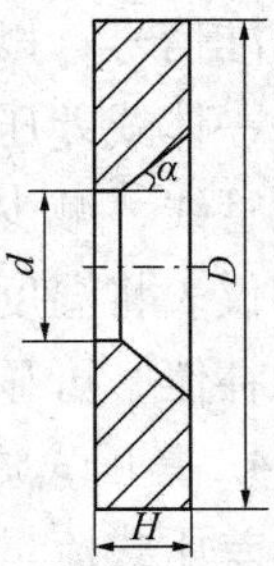

图 2－59　孔板断面示意图

差压式流量计，由于使用历史长久，已经积累了丰富的实践经验和完整的实验资料。因此，国内外已把最常用的节流装置、孔板、喷嘴、文丘里管等标准化，并称为“标准节流装置”。标准化的具体内容包括节流装量的结构、尺寸、加工要求、取压方法、使用条件等。例如，标准孔板对尺寸和公差、粗糙度等都有详细规定。如图 2－59 所示，其中 d/D 应在 0.2～0.8 之间，最小孔径应不小于 12.5mm，直孔部分的厚度 $h=(0.005\sim0.02)D$，总厚度 $H<0.05D$，锥面的斜角 $\alpha=30°\sim45°$，需要时可参阅设计手册。

标准孔板应用广泛，它具有结构简单、安装方便的特点，适用于大流量的测量。

孔板最大的缺点是流体经过孔板后压力损失大，当工艺管道上不允许有较大的压力损失时，便不宜采用。标准喷嘴和标准文丘里管的压力损失较孔板为小，但结构比较复杂，不易加工。实际上，在一般场合下仍多数采用孔板。

标准节流装置仅适用于流量通道直径大于 50mm，雷诺数在 $10^4\sim10^5$ 以上的流体，而且流体应当清洁，充满全部管道，不发生相变。此外，为保证流体在节流装置前后为稳定的流动状态，在节流装置的上、下游必须配置一定长度的直管段。

由基本流量方程式可知，节流件前后的差压 P_1-P_2 是计算流量的关键数据，因此取压方法相当重要。标准节流装置规定的取压方式有角接取压、法兰取压、径距取压三种，如图 2－60 所示。

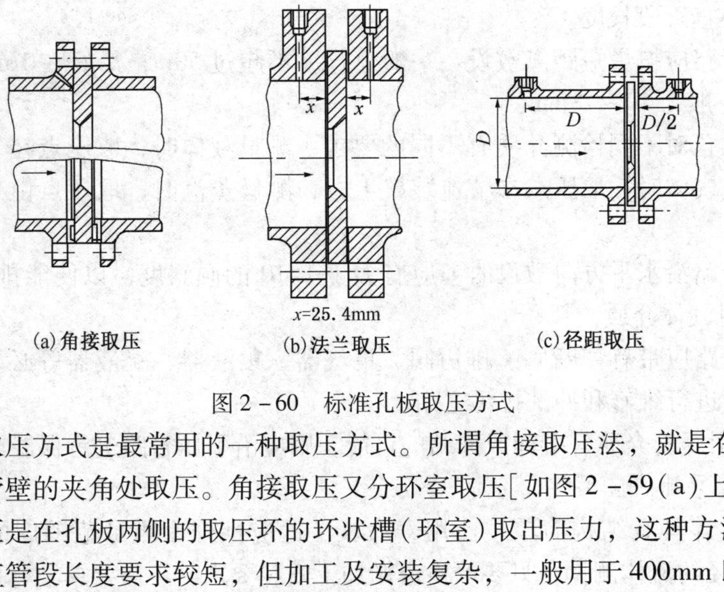

(a) 角接取压　(b) 法兰取压　(c) 径距取压

图 2－60　标准孔板取压方式

其中角接取压方式是最常用的一种取压方式。所谓角接取压法，就是在孔板(或喷嘴)前后两端面与管壁的夹角处取压。角接取压又分环室取压[如图 2－59(a)上部]和单独钻孔取压。环室取压是在孔板两侧的取压环的环状槽(环室)取出压力，这种方法取压均匀，测量误差小，对直管段长度要求较短，但加工及安装复杂，一般用于 400mm 以下管径的流量测量；单独钻孔取压是在孔板两侧的法兰上钻孔取出压力，这种方法加工简单，适用于管径大于 200mm 的流量测量。

3. 差压计

节流装置将管道中流体流量的大小转变为相应的差压大小，但这个差压信号还必须由导压管引出，并传递到相应的差压计，以便显示出流量的数值。差压计有很多种形式，例如 U 形管差压计、双波纹管差压计、膜盒式差压计等，但这些仪表均为就地指示型仪表。

事实上工业生产过程中的流量测量及控制多半是采用差压变送器，将差压信号转换为统一的标准信号，以利于远传。

一体式差压流量计将节流装置、引压管、三组阀、差压变送器直接组装成整体，省却引压管线，减少故障率，改善动态特性，现场安装简单方便，可有效减少安装带来的误差。有的仪表将温度、压力变送器整合在一起，可以测量孔板前的流体压力、温度，实现温度压力补偿，可显示瞬时流量、累计流量或直接指示流体的质量流量。

4. 差压式流量计的安装及使用

差压式流量计不仅需要合理选型、准确的设计和精密的加工制造，更需要正确的安装和维护，并符合要求的使用条件，才能保证流量计有较高的测量准确度。差压流量计如果设计、安装、使用等各环节均符合规定的技术要求，则其测量误差应在1%～2%范围内。然而在实际工作中，往往由于安装质量、使用条件等不符合技术要求，因而造成附加误差，使得实际测量误差远远超出此范围。因此，正确安装和使用是保证其测量准确度的重要因素。

差压流量计的安装要求如下：

（1）应保证节流元件前端与管道轴线垂直，不垂直度不超过±1°。

（2）应保证节流元件的开孔与管道同心，不同心度不得超过$0.015D(D/d-1)$。

（3）节流元件与法兰、夹紧环之间的密封垫片，在夹紧后不得突出管道内壁。

（4）节流装置的安装方向不得装反，节流装置前后常以“+”、“-”标记，装反后虽然有压差，但其误差无法估算。

（5）节流装置前后应保证要求的直管段，直管段的长度应根据现场的情况，按国家标准规定确定最小直管段长度。

（6）引压管路应按最短距离敷设，一般总长度不超过50m，最好在16m以内；管径不得小于6mm，一般为10～18mm。

（7）取压位置对不同检测介质有不同的要求。测量液体时，取压点在节流装置中心水平线下方；测量气体时，取压点在节流装置上方；测量蒸汽时，取压点由节流装置的中心水平位置引出。

（8）引压管路沿水平方向敷设时，应有大于1∶10的倾斜度，以便能排出气体（对液体介质）或凝液（对气体介质）。

（9）引压管路应带有切断阀、排污阀、集气器、集液器、凝液器等必要的附件，以备与被测管路隔离进行维修和冲洗排污之用。

（10）如果引压管介质有凝固或冻结的可能，则应沿引压管路进行保温或伴热。

5. 差压式流量计的应用

差压式流量计具有结构简单、使用寿命长、适应性强、测量范围广的特点，适用于50～1000mm管径的流体测量，只要严格遵循加工安装要求，不需要单独标定，即能达到规定准确度。其不足之处是压力损失较大，刻度为非线性，某些情况下（如测量高黏度或有腐蚀性介质等）使用维护工作量较大。

流量计应用不当，容易造成测量误差，使用时应注意以下问题：

（1）应考虑流量计的使用范围，如角接取压，孔板$50\leqslant D\leqslant 1000$，$Re_D\geqslant 4000(0.1\leqslant\beta\leqslant 0.5)$，$Re_D\geqslant 16000(\beta>0.5)$。安装地点和环境应满足正常的工作条件（环境温度、湿度、雷诺数等），并且便于操作和维修。

(2) 被测流体的工作状态(温度、压力、湿度等)，以及相应的流体重度、黏度、雷诺数等参数，若与设计计算时不同，则会造成原来由差压计算得到的流量值与实际的流量值之间有较大的误差。为了消除这种误差。必须按新的工艺条件重新进行设计计算，或者将所测的数值加以必要的修正。

(3) 在使用中，要保持节流装置的清洁，如在节流装置处有沉淀、结焦，堵塞等现象，会引起较大的测量误差，必须及时清洗。

(4) 节流装置如果受化学腐蚀，或其流体夹杂有固体颗粒磨损，都会造成节流装置的几何形状和尺寸的变化。对于使用广泛的孔板来说，它的入口边缘的尖锐度会由于冲击、磨损和腐蚀而变钝。这样，在相等数量的流体经过时所产生的压差 ΔP 将变小，从而引起仪表指示值偏低。故应注意检查、维修，必要时应更换新的孔板。

(5) 引压管路接至差压计之前，必须安装三阀组，以便差压计的回零检查及引压管路冲洗排污之用。其中，接高压侧的叫正压阀；接低压侧的叫负压阀；中间的阀叫平衡阀。一般三个阀做成一体，便于安装。

2.4.3 转子流量计

在工业生产中经常遇到小流量的测量，因其流体的流速低，要求测量仪表有较高的灵敏度，才能保证一定的准确度。节流装置对管径小于50mm、低雷诺数的流体的测量准确度是不高的。而转子流量计则特别适宜于测量管径50mm以下管道的流量，最小口径可以做到1.5～4mm。

1. 工作原理

转子流量计基本上由两部分组成，一个是由下往上逐渐扩大的锥形管(通常用玻璃制成，锥度为40′～3°)；另一个是放在锥形管内可自由运动的转子，如图2－61所示。工作时，被测流体(气体或液体)由锥形管下端进入，沿着锥形管向上运动，流过转子与锥形管之间的环隙，再从锥形管上端流出。当流体流过锥形管时，位于锥形管中的转子受到向上的力，使转子浮起。当这个力正好等于浸没在流体里的转子重力(即等于转子重量减去流体对转子的浮力)时，则作用在转子上的两个力达到平衡，此时转子就停浮在一定的高度上。当被测流体的流量突然由小变大时，作用在转子上的向上的力加大，因为转子在流体中受的重力是不变的，即作用在转子上的向下力是不变的，所以转子就上升。由于转子在锥形管中位置的升高，造成转子与锥管间的环隙增大，即流通面积增大。随着环隙的增大，流过此环隙的流体流速变慢，因而流体作用在转子上的向上力也就变小，当流体作用在转子上的力再次等于转子在流体中的重力时，转子又稳定在一个新的高度上。这样，转子在锥形管中的平衡位置的高低与被测介质的流量大小相对应。如果在锥形管外沿其高度刻上对应的流量值，那么根据转子平衡位置的高低就可以直接读出流量的大小，这就是转子流量计测量流量的基本原理。转子流量计中转子的平衡条件是

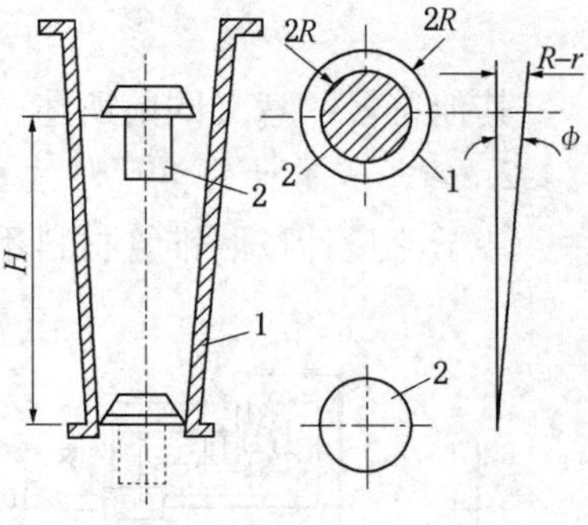

图2－61　转子流量计原理示意图

1—锥管；2—转子

$$V(\rho_t - \rho_f)g = (P_1 - P_2)A \quad (2-44)$$

式中　V——转子的体积；

ρ_t——转子材料的密度；

ρ_f——被测流体的密度；

P_1，P_2——分别为转子前后流体的压力；

A——转子的最大横截面积；

g——重力加速度。

由于在测量过程中，V、ρ_t、ρ_f、A、g 均为常数，所以$(P_1 - P_2)$也应为常数。这就是说，在转子流量计中，流体的压降是固定不变的。所以，转子流量计是以定压降变节流面积法测量流量的。

由式(2－46)可得

$$\Delta P = P_1 - P_2 = \frac{V(\rho_t - \rho_f)g}{A} \tag{2-47}$$

在 ΔP 一定的情况下，流过转子流量计的流量和转子与锥形管间环隙面积 F_0 有关。由于锥形管由下往上逐渐扩大，所以 F_0 是与转子浮起的高度有关的。这样，根据转子浮起的高度就可以判断被测介质的流量大小，可用下式表示为

$$M = \phi h \sqrt{2\rho_f \Delta P} \tag{2-48}$$

或

$$Q = \phi h \sqrt{\frac{2}{\rho_f} \times \Delta P} \tag{2-49}$$

其中，ϕ 为仪表常数；h 为转子浮起的高度。

将式(2－47)代入以上两式，分别得到

$$M = \phi h \sqrt{\frac{2g(\rho_t - \rho_f)\rho_f V}{A}} \tag{2-50}$$

$$Q = \phi h \sqrt{\frac{2g(\rho_t - \rho_f)V}{\rho_f A}} \tag{2-51}$$

其他符号的意义同前所述。

2. 转子流量计的类型与结构

转子流量计按照锥管材料不同分为玻璃管转子流量计和金属管转子流量计两种。

(1) 玻璃转子流量计　其锥管多由硼硅玻璃制成，有些小口径转子流量计的锥管也可用透明塑料制造，流量分度有直接刻在锥管外壁上的，也有在锥管旁另装分度标尺的。小口径（DN4 ~ 15mm）流量计的转子有螺纹连接、软管连接两种方式。较大口径（DN15 ~ 100mm）的流量计有的转子采用导杆导向，连接方式一般用法兰连接。玻璃转子流量计虽然结构简单，使用方便，但耐压力低，玻璃管易碎，且只适用于就地指示。

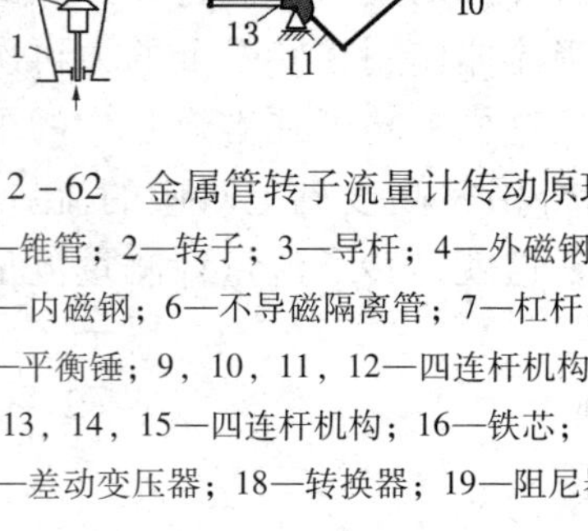

图 2－62　金属管转子流量计传动原理

1—锥管；2—转子；3—导杆；4—外磁钢；5—内磁钢；6—不导磁隔离管；7—杠杆；8—平衡锤；9，10，11，12—四连杆机构；13，14，15—四连杆机构；16—铁芯；17—差动变压器；18—转换器；19—阻尼器

(2) 金属管转子流量计　其结构如图 2－62 所示，由锥管和转子组成流量检测元件，转子 2 通过内磁钢 5 与外磁钢 4 磁性藕合方式，将浮子的位移传给转换部分，使杠杆 7 偏转。通过四连杆机构 9、10、11、12 带动指针偏转相应角度，指示流量大小。电远传型转子流量计普遍采用差动变压器结构，在指针现场指示的同

时，把转子位移通过另一个四连杆机构 13、14、15 转换为差动变压器铁芯 16 的位移。由差动变压器转换为电信号输出至转换器，变成标准电流信号输出，由其他仪表进行显示、记录或控制。公称直径一般为15～150mm，连接方式为法兰连接。指示部分采用磁性耦合传动，驱动指示器指针偏转，也可以通过转换电路转换成电信号输出。金属管转子流量计与玻璃流量计相比，具有耐高压、高温及安全、读数明晰等特点，并可适用于不透明介质和腐蚀性介质的流量测量。

3. 转子流量计的指示值修正

转子流量计是一种非标准化仪表，在大多数情况下，可按照实际被测介质进行刻度。但仪表厂为了便于成批生产，是在工业基准状态（20℃，0.10133MPa）下用水或空气进行刻度的，即转子流量计的流量标尺上的刻度值，对用于测量液体来讲是代表20℃时水的流量值，对用于测量气体来讲则是代表20℃、0.10133MPa压力下空气的流量值。所以，在实际使用时，如果被测介质的密度和工作状态不同，必须对流量指示值按照实际被测介质的密度、温度、压力等参数的具体情况进行修正。

1）液体流量测量时的修正

如果使用时被测介质不是水，则由于密度的不同必须对流量刻度进行修正或重新标定。对一般液体介质来说，当温度和压力改变时，对密度影响不大，如果被测介质的黏度与水的黏度相差不大（不超过0.03Pa·s），可近似认为其流量系数和测水时一样，可用下式修正为

$$Q_f = \sqrt{\frac{(\rho_t - \rho_f)\rho_w}{(\rho_t - \rho_w)\rho_f}} \times Q_w \qquad (2-52)$$

式中 Q_f——被测液体实际流量；

Q_w——用水标定时的刻度流量；

ρ_t——转子材料的密度；

ρ_f——被测液体在被测条件下的密度；

ρ_w——标准状态下水的密度。

【例2.5】 有一台转子流量计，其转子材料是不锈钢（密度为7900kg/m^3），用来测量密度为791kg/m^{3}的甲醇，当指示流量为500L/h时，被测甲醇流量为多少？

解：因为甲醇与水的黏度相差不大，所以

$$Q_f = \sqrt{\frac{(7900-791)\times 998.2}{(7900-998.2)\times 791}} \times 500 = 570\text{L/h}$$

2）气体流量测定时的修正

转子流量计用来测量气体时，制造厂是在工业基准状态（293K，0.10133MPa，绝对压力）下用空气进行标定的。对于非空气介质在不同于上述基准状态下测量时，可按下式修正为

$$Q_V = \sqrt{\frac{T_0}{T}\cdot\frac{P}{P_0}\cdot\frac{\rho_{V0}}{\rho_0}} \times Q_{V0} = \frac{1}{K_T}\cdot\frac{1}{K_P}\cdot\frac{1}{K_\rho} \times Q_{V0} \qquad (2-53)$$

$$K_T = \sqrt{\frac{T}{T_0}},\ K_P = \sqrt{\frac{P_0}{P}}\cdot K_\rho = \sqrt{\frac{\rho_0}{\rho_{V0}}}$$

式中 Q_V——被测气体在实际工作状态下的流量；

Q_{V0}——按标准状态刻度的显示流量值；

ρ_0，ρ_{V0}——被测气体和空气在标准状态下的密度；

P_0，T_0——标准状态时的绝对压力和绝对温度；

P，T——被测气体在工作状态下的绝对压力和绝对温度；

K_T——温度修正系数；

K_P——压力修正系数；

K_ρ——密度修正系数。

【例 2.6】 有一台气体转子流量计用来测量天然气流量，工作压力为 0.6MPa（表压），工作温度为 55℃。当流量计的读数为 $100m^3/h$ 时，天然气的实际流量流量为多少？（此天然气在标准状态下的密度为 $0.755kg/m^3$）

解： 查得标准状态下，空气的密度为 $1.205kg/m^3$，根据公式得

$$Q_V = \sqrt{\frac{293 \times (0.6 + 0.10133) \times 1.205}{(55 + 273) \times 0.10133 \times 0.755}} \times 100 = 314.13m^3/h$$

4. 转子流量计安装与与使用

1）转子流量计的特点

转子流量计主要适用于检测中小管径、较低雷诺数、低流速的中小流量。其结构简单，使用方便，工作可靠，显示直观。

转子流量计的量程比宽，一般可达 10:1，刻度近似线性，压力损失较低且恒定。

流量计的测量准确度受被测介质密度、黏度、温度、压力、安装质量等因素的影响，其准确度较低（一般在 1.5～2.5 级），主要用作直观流动指示或测量准确度要求不高的现场指示仪表。

2）转子流量计的安装

转子流量计必须垂直安装，流量计中记线与铅垂线间的夹角一般不超 5°，流体自下而上流过仪表。仪表对上游直管段长度无严格要求。

安装时应保持转子和锥管的清洁，特别对小口径流量计，锥管、转子玷污结垢，会明显影响测量准确度。必要时，需在流量计前加装滤清器。

对于金属流量计，如果被测介质中含有铁磁性物质时，为了防止铁磁性颗粒黏附内磁钢影响测量，应在流量计前安装磁性过滤器。

为了便于维护和清洗，又不影响生产，安装时应加旁路管。

3）转子流量计的使用

流量计正常流量值最好选在仪表上限刻度的 1/3～2/3 范围内。

搬动仪表时，应将浮子顶住，以免浮子将玻璃打碎。

流量计开启时，应缓慢打开流量计前、后切断阀、防止急开、急关造成水击，损坏玻璃管。

被测流体的状态参数与流量计标定时的状态不同时，必须对刻度示值进行修正。

2.4.4 容积式流量计

容积式流量计是利用标准容积累积法测量原理的一类流量计，它包括腰轮流量计、椭圆齿轮流量计、刮板流量计、旋转活塞流量计等，主要用于累计流量的测量。

容积式流量计内一般都有一个或一对转动部件，在流量计进、出口压力差的作用下转动。这时，转子和壳体内壁之间形成一固定容积的空间（称为“计量室”），其内封隔被测介质。随着转子的转动，流体一次次地充满流量计的“计量室”，然后又不断地送往出口，由

于“计量室“的容积是一定的，因而由转动部件的转数就可确定通过流量计的流体体积。各种形式的容积式流量计其工作原理基本相似，只是转子形状不同而已。

容积式流量计特别适用于高黏度介质的流量测量。测量准确度较高，压力损失较小，安装使用也较方便。但是容积式流量计制造装配准确度要求高。用于大流量、大口径时，流量计体积庞大、笨重，价格较高。并且，流量计对被测流体洁净度要求严格，不能测量含气液体，流体携带的固体颗粒也会严重影响流量计的工作。

1. 椭圆齿轮流量计

1）工作原理

椭圆齿轮流量计的测量部分是由两个相互啮合的椭圆形齿轮下齿轮 A 和上齿轮 B、轴及壳体组成。椭圆齿轮与壳体之间形成测量室，如图 2－63 所示。

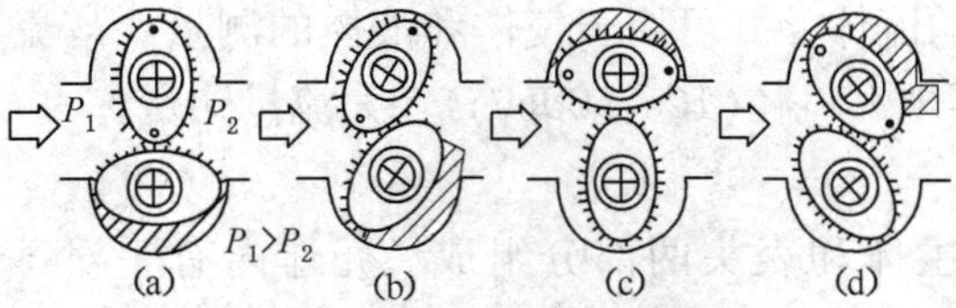

图 2－63　椭圆齿轮流量计结构原理

当流体流过椭圆齿轮流量计时，由于克服阻力而引起阻力损失，从而使进口侧 P_1 大于出口侧压力 P_2。在此压力差的作用下，产生作用力矩使椭圆齿轮连续转动。在图 2－62(a)所示的位置时，由于 $P_1>P_2$，在 P_1 和 P_2 的作用下所产生的合力矩使轮 A 顺时针方向转动。这时 A 为主动轮，B 为从动轮。在图 2－62(b)所示的中间位置时，根据力的分析可知，此时 A 轮与 B 轮均为动轮。当继续转至图 2－62(c)所示的位置时，P_1 和 P_2 作用在 A 轮上的合力矩为零，作用在 B 轮上的合力矩使 A 轮作逆时针方向转动，并把已吸入的半月形容积内的介质排出出口，这时 B 轮为主动轮，A 轮为从动轮，与图 2－51(a)所示情况刚好相反。如此往复循环，轮 A 和轮 B 互相交替地由一个带动另一个转动，并把被测介质以半月形容积为单位一次一次地由进口排至出口。显然，图 2－62(a)、(b)、(c)所示，仅仅表示椭圆齿轮转动了 1/4 周的情况，而其所排出的被测介质为一个半月形容积。所以，椭圆齿轮每转一周所排出的被测介质量为半月形容积的 4 倍，故通过椭圆齿轮流量计的体积流量为

$$Q = 4nV_0 \tag{2-54}$$

式中　n——椭圆齿轮的旋转速度；

V_0——半月形测量室容积。

由式(2－54)可知，在椭圆齿轮流量计的半月形容积 V_0 已定的条件下，只要测出椭圆齿轮的转速 n，便可知道被测介质的流量。

2）安装及使用

由于椭圆齿轮流量计是基于容积式测量原理的，与流体的黏度等性质无关，因此特别适用于高黏度介质的流量测量。测量准确度较高，压力损失较小，安装使用也较方便。但椭圆齿轮流量计的结构复杂，加工制造较为困难，因而成本较高。如果因使用不当或使用时间过久，发生泄漏现象，就会引起较大的测量误差。所以，必须按照要求正确安装和使用。

(1) 椭圆齿轮流量计的入口端必须加装过滤器，并定期清洗。在使用时要特别注意被

测介质中不能含有固体颗粒，更不能夹杂机械物，否则会引起齿轮磨损甚至可能使齿轮卡死。

（2）为便于维修、校验，流量计必须安装旁通管路，以使流量计停运时维持生产。对于要求不允许停止计量的场合，可以设置两台流量计并联安装，互为备用。

（3）被测液体温度不能超过流量计额定温度，否则零部件容易发生热胀变形，产生卡死、断流问题。

（4）在运转过程中如发现异常响声，如摩擦声、碰撞声等，应立即停运检修，以防损坏流量计。

2. 腰轮流量计

腰轮流量计又称罗茨流量计，由于两个腰轮并不直接接触，腰轮表面为光滑面，故可允许测量含有微小颗粒的流体，并可用于气体和液体的测量。该流量计准确度高(可达0.1级)，可靠性好，可以实现大口径(16～500mm)、大流量测量。

1）工作原理

腰轮流量计由测量主体和表头两部分组成。壳体内有一对截面呈"8"字形的柱状转子——腰轮，其上下盖以隔板。腰轮与壳体及两侧隔板间形成的封闭空间就是"计量室"。与腰轮同轴的两个驱动齿轮在隔板外面相互啮合，以保持两腰轮反向转动。腰轮在转动过程中，腰轮之间、腰轮与壳体和隔板之间，始终保持准确接触状态。腰轮把进出口流体分隔开来，所形成的计量室随腰轮转动而转动。因而，只有在腰轮转动时才能把流体从进口排到出口去。腰轮流量计的工作过程如图2－64所示。

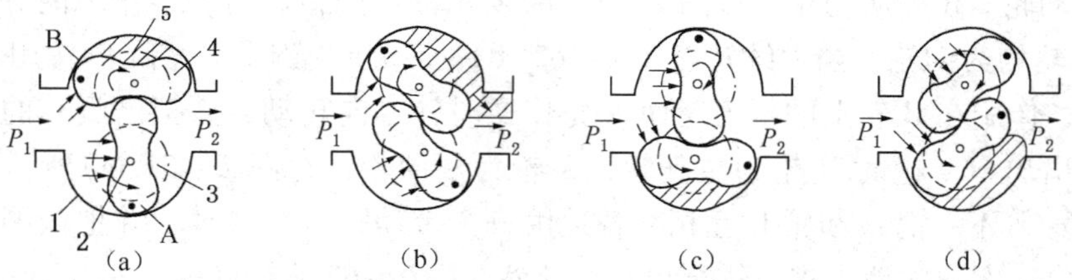

图2－64　腰轮流量计工作过程示意图

1—壳体；2—转轴；3—驱动齿轮；4—腰轮；5—计量室

与椭圆齿轮流量计一样，两个腰轮转子，在进出口压差的作用下，能交替产生旋转力矩，并通过A、B两腰轮轴上的驱动齿相互驱动，主从交替地不断转动，把腰轮、壳体、隔板隔离出来和计量室内的流体排至出口。腰轮每转一周，就有四个阴影部分容积流体排出，这样被测流体的体积被转换成腰轮的转数，并通过传动齿轮和积算机构，显示出被测流体总量。

2）显示部分

腰轮流量计的显示有就地显示和远传显示两种。就地显示是将腰轮的转数通过磁性密封联轴器和一套传动减速机构传递给机械计数器，直接指示出流经流量计的总量；远传显示是附加发信装置后，再配以电显示仪表，就可实现远传指示瞬时流量或累积流量。

腰轮流量计的显示部分(表头)，主要用来显示流体总量。在大型腰轮流量计中，有的还具有瞬时流量显示、定量计量、容差调整、温度补偿、信号远传等装置。

（1）总量结算机构

在腰轮流量计中，腰轮转数N通过磁性联轴器传递到表头。在表头内，具有一系列传动齿轮，调整齿轮与机械计数器。流量结算机构中的机位计数器原理如图 2-65 所示。腰轮转数通过传动齿轮，取得一个恰当的传动比后，使机械计数器的末位数字轮转动，显示流过腰轮流量计的体积值。在这里传动齿轮起到了流量换算作用，即流量计通过单位体积流体，使腰轮转 N 转时，经传动齿轮减速，使机械计数器末位数字轮(个位)转 1/10 圈，数字轮示数增加一字，以显示出流体总量增加一个单位体积。计数器的数字轮上除有数字外，字轮两侧均有齿轮，以配合数字轮上方的进位齿轮实现进位功能。表头中的传动齿轮只驱动末位数字轮转动，其他高位数字轮都是通过进位齿轮逐级向上驱动的。

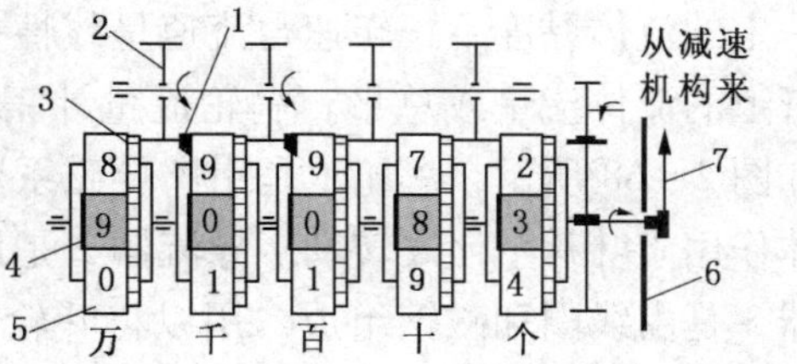

图 2-65　计量器原理示意图

1—进位齿(2 齿)；2—进位齿轮；3—进位齿(3 齿)；4—读数窗口；5—数字轮；6—指针；7—刻度盘

一般腰轮流量计的累加计数器有 5~7 位，有的流量计有一与末位数字轮同步的指针和刻度盘，读数分辨率更高一些。

(2) 瞬时流量与信号远传

瞬时流量可以通过两种途径得到：一是从指针转一圈所代表的流量及所用时间去推算；二是用瞬时流量显示器直接指示瞬时流量值。瞬时流量显示器是在表头传动齿轮中装上一个小型测速发电机，根据腰轮转速与流量成正比的关系，将流量的大小变为电流，由电流表指示出来。

为了实现流量远距离集中显示和满足流量计标定需要，可以在表头内设置发讯装置，将腰轮转数转换成相应的电脉冲数，远传后由显示仪表对脉冲信号进行累积、计数处理，以显示流体的流量与总量。

发讯器有电磁式、光电式两种。光电式发讯器比较简单，它利用带孔的发讯盘间隔性地避开光源和光电管，从而产生电脉冲信号，发讯盘通过减速齿轮由腰轮带动，有的用光栅发讯盘，输出分辨率更高。电磁式发讯器的发讯盘上有许多金属齿条，发讯器中高频振荡器的振荡线圈置于发讯盘两侧，当发讯盘齿端金属片进入振荡线圈之间时，振荡器停振；当发讯盘转动时，把振荡信号调制成幅值不同的调制波，经放大器检波、放大后变成方波脉冲输出。

3) 结构特点

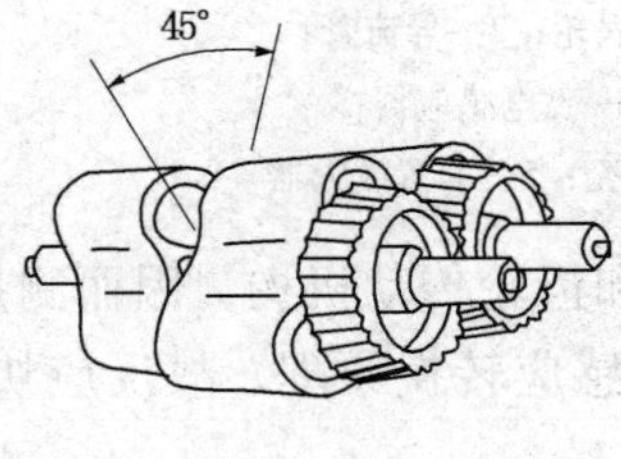

图 2-66　双腰轮组合式转子

从结构形式看，腰轮式流量计有立式和卧式两种。根据腰轮的数目不同，又可分为单(对)腰轮式流量计和双(对)腰轮式流量计。双腰轮组合式转子(见图 2-66)在运转时比较平稳，振动较小，常用于公称直径大于 50mm 的流量计中。比较常用的立式腰轮流量计如图 2-67 所示。

腰轮式流量计的安装、使用、注意事项与齿轮流量计基本相同。

2.4.5　其他流量计

1. 涡轮流量计

在流体流动的管道内，安装一个可以自由转动的叶轮，当流体通过叶轮时，流体的动能使叶轮旋转。流体的流速越高，动能就越大，叶轮转速也就越高。在规定的流量范围和一定的流体黏度下，转速与流速呈线性关系。因此，测出叶轮的转速或转数就可确定流过管道的流体流量或总量。涡轮流量计正是利用相同的原理，在结构上加以改进后制成的。如图2-68所示，涡轮1是用高导磁系数的不锈钢材料制成，轮芯上装有螺旋形叶片，流体作用于叶片上使之转动。导流器2是用以稳定流体的流向和支承叶轮的。磁电感应转换器3是由线圈和磁钢组成，用以将叶轮的转速转换成相应的电信号，以供给前置放大器5进行放大。整个涡轮流量计安装在外壳4上，外壳4是由非导磁的不锈钢制成，两端与流体管道相连接。当流体通过涡轮叶片与管道之间的间隙时，由叶片前后的压差产生的力推动叶片，使涡轮旋转。在涡轮旋转的同时，高导磁性的涡轮就周期性地扫过磁钢，使磁路的磁阻发生周期性的变化，线圈中的磁通量也跟着发生周期性的变化，线圈中便感应出交流电信号。交变电信号的频率与涡轮的转速成正比，即与流量成正比。这个电信号经前置放大器放大后，送往电子计数器或电子频率计，以累积或指示流量。

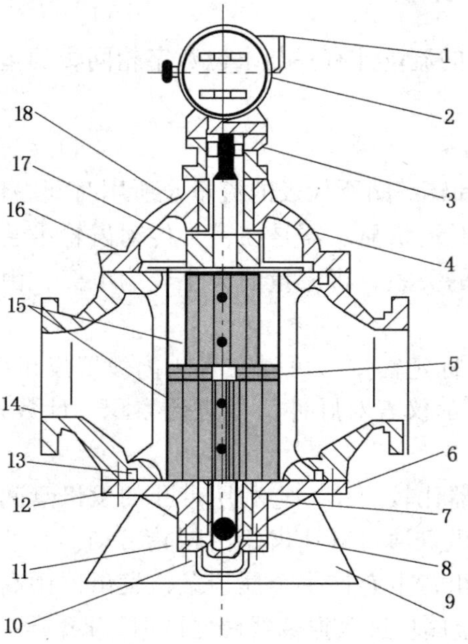

图2-67　立式腰轮流量计结构

1—发讯器；2—指示部分；3—磁性耦合联轴器；4—轴承；5—中间隔板；6—下盖；7—石墨轴承；8—止推轴承 9—底座；10—轴承盖；11—轴承座；12—垫片；13—O形密封圈；14—壳体；15—腰轮；16—隔板；17—驱动齿轮；18—上盖

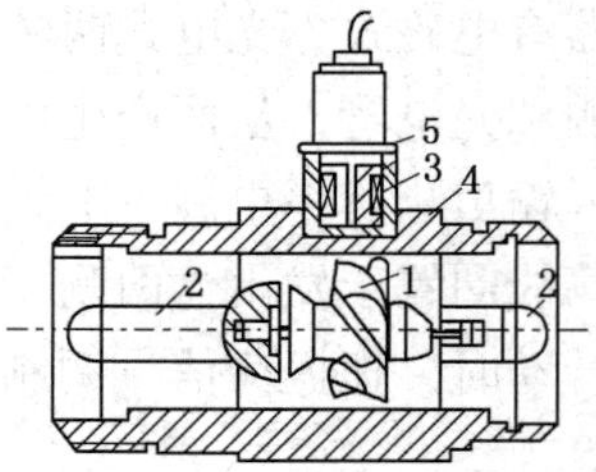

图2-68　涡轮流量计

1—涡轮；2—导流管；3—磁电感应器；4—外壳；5—前置放大器

涡轮流量计安装方便，磁电感应转换器与叶片间不需密封和齿轮传动机构，因而测量准确度高，可耐高压，静压可达50MPa。涡轮流量计基于磁电感应转换原理，故反应快，可测脉动流量。输出信号为电频率信号，便于远传，不受干扰。

涡轮流量计的涡轮容易磨损，被测介质中不应带机械杂质，否则会影响测量准确度和损坏机件。因此，一般应加过滤器。安装时，必须保证前后有一定的直管段，以使流向比较稳定。一般入口直管段的长度取管道内径的10倍以上，出口取5倍以上。

2. 电磁流量计

在流量测量中，当被测介质是具有导电性的液体介质时，可以应用电磁感应的方法来测量流量。电磁流量计的特点是能够测量酸、碱、盐溶液以及含有固体颗粒(例如泥浆)或纤维液体的流量。

电磁流量计通常由变送器和转换器两部分组成。被测介质的流量经变送器变换成感应电势后，再经转换器把电势信号转换成统一的 4 ~ 20mA 直流信号或 0 ~ 2kHz 频率信号输出，最终显示为流体的瞬时流量(m^3/h)或经积分后显示累积流量(m^3)。

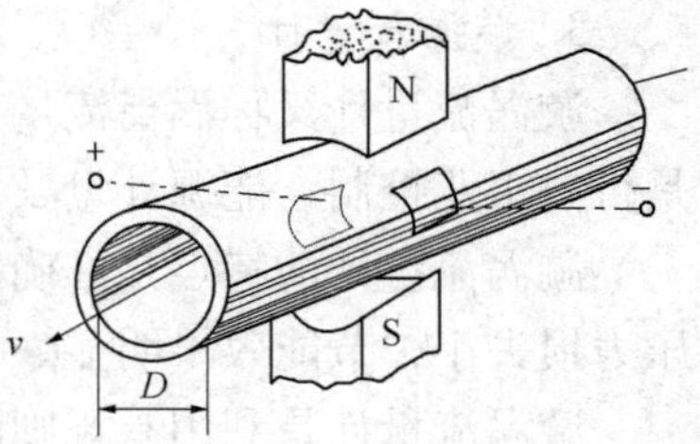

图 2-69　电磁流量计原理图

电磁流量计变送部分的原理图如图 2-69 所示。在一段用非导磁材料制成的管道外面，安装有一对磁极 N 和 S，用以产生磁场。当导电液体流过管道时，因流体切割磁力线而产生感应电势(根据发电机原理)，此感应电势由与磁极成垂直方向的两个电极引出。当磁感应强度不变，管道直径一定时，这个感应电势的大小仅与流体的流速有关，而与其他因素无关。将这个感应电势经过放大、转换后传送给显示仪表，就能在显示仪表上读出流量来。感应电势的方向由右手定则判断，其大小为

$$E_x = K'BDv \tag{2-55}$$

式中　E_x——感应电势；

K'——比例系数；

B——磁感应强度；

D——管道直径，即垂直切割磁力线的导体长度；

v——垂直于磁力线方向的液体速度。

体积流量 Q 与流速 v 的关系为

$$Q = \frac{1}{4}\pi D^2 v \tag{2-56}$$

将式(2-65)代入式(2-56)，便得

$$E_x = \frac{4K'BQ}{\pi D} = KQ \tag{2-57}$$

其中

$$K = \frac{4K'B}{\pi D} \tag{2-58}$$

K 称为仪表常数。在磁感应强度 B、管道直径 D 确定不变后，K 就是一个常数，这时感应电势的大小与体积流量之间具有线性关系，因而仪表具有均匀的刻度。

为了避免磁力线被测量导管的管壁短路，并使测量导管在磁场中尽可能地降低涡流损耗，测量导管应由非导磁的高阻材料制成。

电磁流量计的测量导管内无可动部件或凸出于管内的部件，因而压力损失很小，在采取防腐衬里的条件下，可以用于测量各种腐蚀性液体的流量，也可以用来测量含有颗粒、悬浮物等流体的流量。此外，其输出信号与流量之间的关系不受液体的物理性质(例温度、压力、黏度等)变化和流动状态的影响，对流量变化反应速度快，故可用来测量脉动流量。

电磁流量计只能用来测量导电液体的流量，其导电率要求不小于水的导电率。它不能测量气体、蒸汽及石油制品等的流量。由于液体中所感应出的电势数值很小，所以要引入高放大倍数的放大器，由此而造成测量系统复杂，成本高，并且很容易受外界电磁场干扰的影响，在使用不恰当时会大大地影响仪表的准确度。在使用中要注意维护，防止电极与管道间绝缘的破坏。安装时要远离一切磁源(例如大功率电机、变压器等)，不能有振动。

3. 漩涡流量计

漩涡流量计又称涡街流量计。它可以用来测量各种管道中的液体、气体和蒸汽的流量，是目前工业控制、能源计量及节能管理中常用的新型流量仪表。

漩涡流量计的特点是准确度高，测量范围宽，没有运动部件，无机械磨损，维护方便，压力损失小，节能效果明显。

漩涡流量计是利用有规则的漩涡剥离现象来测量流体流量的仪表。在流体中垂直插入一个非流线形的柱状物（圆柱或三角柱）作为漩涡发生体，如图 2－70 所示。当雷诺数达到一定的数值时，会在柱状物的下游处产生如图所示的两列平行状并且上下交替出现的漩涡，有如街道旁的路灯，故有“涡街”之称，又因此现象首先被卡曼（Karman）发现，也称为“卡曼涡街”。当两列漩涡之间的距离 h 和同列的两漩涡之间的距离 L 之比能满足 $h/L=0.281$ 时，则所产生的涡街是稳定的。

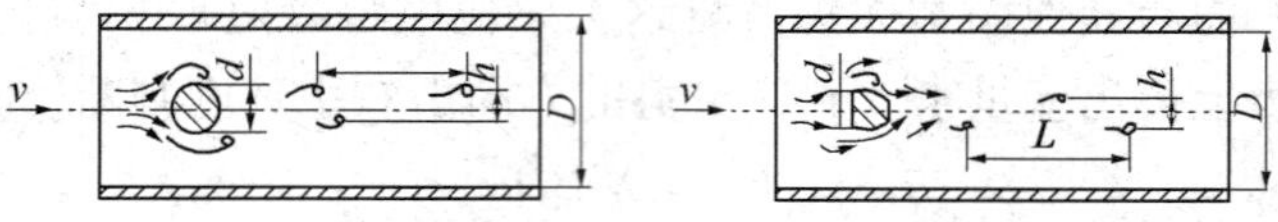

(b)圆柱卡曼涡街　　(b)三角柱卡曼涡街

图 2－70　卡曼涡街

由圆柱体形成的卡曼漩涡，其单侧漩涡产生的频率为

$$f = St \times \frac{v}{d} \tag{2-59}$$

式中　f——单侧漩涡产生的频率，Hz；

v——流体平均流速，m/s；

d——圆柱体直径，m；

St——斯特劳哈尔（Strouhal）系数（当雷诺数 $Re=5\times10^2-15\times10^4$ 时，$St=0.2$）。

由上式可知，当 St 近似为常数时，漩涡产生的频率 f 与流体的平均流速 v 成正比，测得 f 即可求得体积流量 Q。

漩涡频率的检测方法有许多种，例如热敏检测法、电容检测法、应力检测法、超声检测法等，这些方法无非是利用漩涡的局部压力、密度、流速等的变化作用于敏感元件，产生周期性电信号，再经放大整形，得到方波脉冲。图 2－71 所示的是一种热敏检测法，它采用铂电阻丝作为漩涡频率的转换元件，在圆柱形发生体上有一段空腔（检测器），被隔墙分成两部分，在隔墙中央有一小孔，小孔上装有一根被加热了的细铂丝，在产生漩涡的一侧，流速降低，静压升高，于是在有漩涡的一侧和无漩涡的一侧之间产生静压差，流体从空腔上的导压孔进入，向未产生漩涡的一侧流出。流体在空腔内流动时细铂丝上的热量被带走，铂丝温度下降，导致其电阻值减小。由于漩涡是交替地出现在柱状物的两侧，所以铂热电阻丝阻值的变化也是交替的，且阻值变化的频率与漩涡产生的频率相对应，故可通过测量铂丝阻值变化的频率来推算流量。

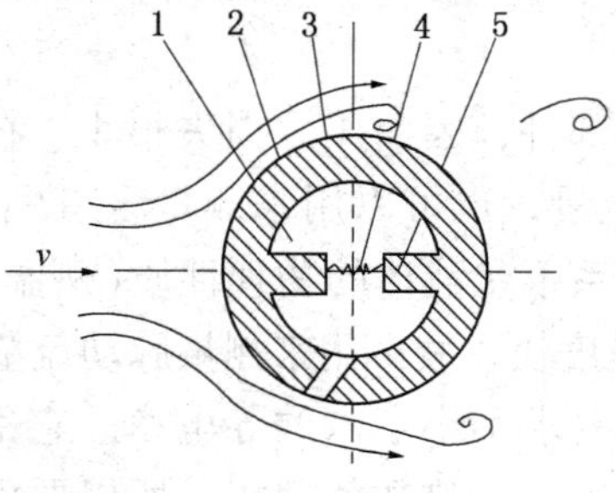

图 2－71　圆柱检出器原理图

1—空腔；2—圆柱棒；3—导压孔；4—铂电阻丝；5—隔墙

铂丝阻值的变化频率，采用一个不平衡电桥进行转

换、放大和整形，再变换成4~20mA直流电流信号输出，供显示、累积流量或进行自动控制。

4. 靶式测量流量

在石油生产、加工过程中，常常会遇到某些黏度较高的介质或含有悬浮物及颗粒介质的流量测量，如原油、渣油、沥青等。靶式流量计就是20世纪70年代随着工业生产迫切需要解决高黏度、低雷诺数流体的流量测量而发展起来的一种流量计。

在流体经过的管道中，垂直于流动方向安装一圆盘形的靶（见图2-72），流体经过时由于受阻必然要冲击圆盘形的靶，靶上所受的作用力与流速之间存在一定关系。因此，通过力矩转换的方式测出靶上所受的力或动压，便可以求出流速和流量。

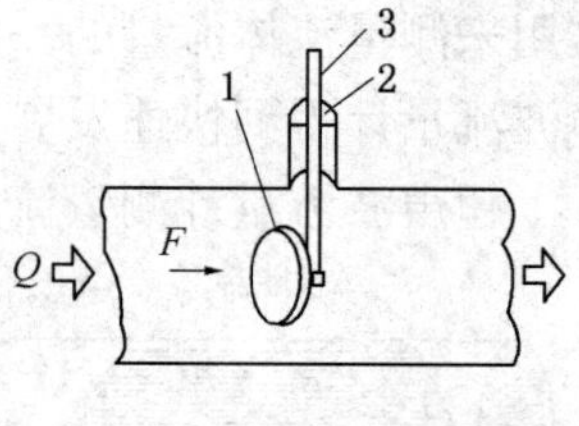

图2-72 应用靶测流量示意图

1—靶；2—输出轴密封片；3—靶的输出力杠杆

流体作用在靶上的力可以分为三部分：

（1）流体对靶的直接冲击力，即流体的动压力；

（2）由于靶对流体的节流作用，在靶前后两侧产生的静压力差；

（3）流体对靶的黏滞摩擦力。

靶上所受的力主要取决于前两项。流体黏滞性所产生的摩擦力，在流量很大时，可以忽略不计。因此，流体作用在靶上的力，以动能形式可以表示为

$$F = KA_d \frac{\gamma v^2}{2g} \tag{2-60}$$

式中 F——流体作用在靶上的力；

K——阻力系数；

A_d——垂直于流速的靶面积；

γ——流体的重度；

v——通过环形面积的流速；

g——重力加速度。

假设管道的直径为 D，靶的直径为 d，则通过流体的环形面积为

$$A_0 = \frac{\pi}{4}(D^2 - d^2) \tag{2-61}$$

由此可求出体积流量与靶上受力的关系为

$$Q = A_o v = K_a \frac{D^2 - d^2}{d} \sqrt{\frac{\pi g}{2}} \sqrt{\frac{F}{\gamma}} \tag{2-62}$$

其中 $K_a = \sqrt{\frac{1}{K}}$ 称为流量系数，它的数值由实验确定。

上式为应用靶测量流量的基本方程式。工程上，一般直径 D 和 d 的单位为mm；体积流量 Q 的单位为 m^3/h；重度 γ 的单位为 N/m^3。将常数合并，则可写出实用流量公式为

$$Q = 14.129 K_a \frac{D^2 - d^2}{d} \sqrt{\frac{F}{\gamma}} \tag{2-63}$$

其中常数 $14.129 = \sqrt{\frac{3.14 \times 9.81}{2}} \times \frac{3600}{1000}$

由此可知，在被测流体的重度 γ、管道直径 D、靶径 d 和流量系数 K_a 已知的情况下，

只要测出靶上受到的作用力 F，便可以求出通过流体的流量。

靶式流量计具有结构简单，安装方便，仪表的安装维护工作量小，抗振动、抗干扰能力强的优点。常用于测量高黏度、低流速流体流量。

5. 超声波流量计

频率在 16kHz 以上的声波叫超声波。超声波流量计是通过检测流体流动时对超声波的作用来测量流体流量的一种速度式流量仪表。近十几年来，随着集成电路技术的进步，超声波流量计得到快速发展，尤其是对大口径天然气管道的流量测量应用较多。

超声波流量计测量流量的方法有多种，现在用得最多的是时差式和多普勒式。下面主要介绍时差式超声波流量计。

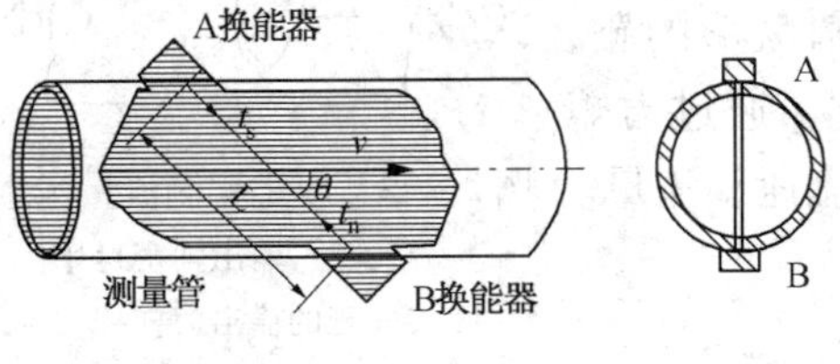

图 2－73　时差式超声波流量计测量原理

声波在流体中传播，顺流方向声波的传播速度会增大，逆流方向声波的传播速度则会减小。利用传播速度之差与被测流体流速之间的关系，即可确定被测流体的流量，其原理如图 2－73 所示。

在管道中斜装一对超声波换能器 A、B，换能器之间的距离为 L。换能器 A 向换能器 B（顺流方向）发射的超声波，传播时间为

$$t_s = \frac{L}{c + v\cos\theta} \tag{2-64}$$

反之，换能器 B 向换能器 A（逆流方向）发射的超声波的传播时间为

$$t_n = \frac{L}{c - v\cos\theta} \tag{2-65}$$

式中　c——为超声波在静止介质中的传播速度，其值随介质不同而不同；

v——流体的线平均流速；

θ——超声波传播方向与流体流动方向之间的夹角；

L——超声波的传播声程。

根据传播时间的表达式，传播时间差为

$$\Delta t = t_s - t_n = \frac{2Lv\cos\theta}{c^2 - v^2\cos^2\theta} \tag{2-66}$$

通常 $v \ll c$，$v^2\cos^2\theta$ 项可以忽略，所以有

$$v = \frac{c^2}{2L\cos\theta}\Delta t \tag{2-67}$$

显然测得时间差 Δt 即可求出流体流速 v，进而求得流体流量。但声速随介质温度的变化而变化，介质温度的波动会对流量的测量造成误差。

超声波流量计测量管内无任何阻流元件，无额外压力损失，可有效降低能耗，所以特别适用于大管径、大流量，适合在天然气长距输送、气体分配和控制方面使用。夹装式换能器管外安装，非接触测量，不影响生产。由于检测器与被测流体不接触，可用于其他类型仪表难以测量的强腐蚀性、放射性、高压、易燃易爆介质的流量测量；测量准确度偏低，一般为 1.0 级左右。时差法超声波流量计只能用于测量清洁、满管、单相流体。

6. 质量流量计

前面介绍的各种流量计均为测量体积流量的仪表，一般来说可以满足流量测量的要

求。但是，有时人们更关心的是测量流过流体的质量是多少，这是因为物料平衡、热平衡以及储存、经济核算等都需要知道介质的质量。所以，在测量工作中，通常要将已测出的体积流量乘以介质的密度，换算成质量流量。由于介质密度受温度、压力、黏度等许多因素的影响，气体体积尤为突出，这些因素往往会给测量结果带来较高的误差。质量流量计能够直接得到质量流量，这就能从根本上提高测量准确度，省去了繁琐的换算和修正。

质量流量计大致可分为两大类：一类是直接式质量流量计，即直接检测流体的质量流量；另一类是间接式或推导式质量流量计，这类流量计是通过体积流量计和密度计的组合来测量质量流量的。

1）直接式质量流量计

直接式质量流量计的形式很多，有量热式、角动量式、差压式及科氏力式等。下面介绍其中的一种——科里奥利质量流量计，简称科氏力流量计。

如图 2-74 所示，一根直管子，置于角速度 ω 旋转系统。如果管内通入流体，并在管内以速度 v 流动，对于管内流体微元 dm，在相对于直管以速度 v 及相对于固定坐标系以角速度 ω 运动时，流体微元在逐渐离开旋转轴时，作切向加速运动。dm 除了受到一个径向离心力外，流体还对管路产生一个切向力 dF_c，称为科里奥利力，简称科氏力。力的方向可用右手螺旋法则确定。流向相反时 dF_c 方向相反，其大小为

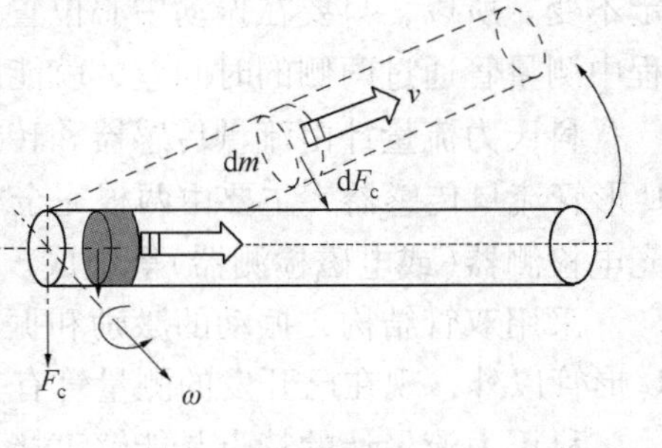

图 2-74　科里奥利力

$$\mathrm{d}F_c = 2\omega v \cdot \mathrm{d}m \tag{2-68}$$

当密度为 ρ 的流体在旋转管道中以恒定速度 v 流动时，管道内的流体的科氏力为

$$F_c = \int \mathrm{d}F_c = \int_0^L 2\omega v \cdot \rho \mathrm{d}L = 2\omega v \rho AL = 2\omega L \cdot M \tag{2-69}$$

式中　A——管道的流通内截面积；

L——管道长度；

M——质量流量。

由此可知测量旋转管道中流体产生的科氏力变化可以测出质量流量，这就是科氏力质量流量计的原理。然而，通过旋转管产生科氏力是困难的，目前均以管道振动方法产生。

利用科氏力构成的质量流量计有直管、弯曲管、单管、双管等多种形式，下面以单 U 形管为例（见图 2-75），分析它的工作原理。

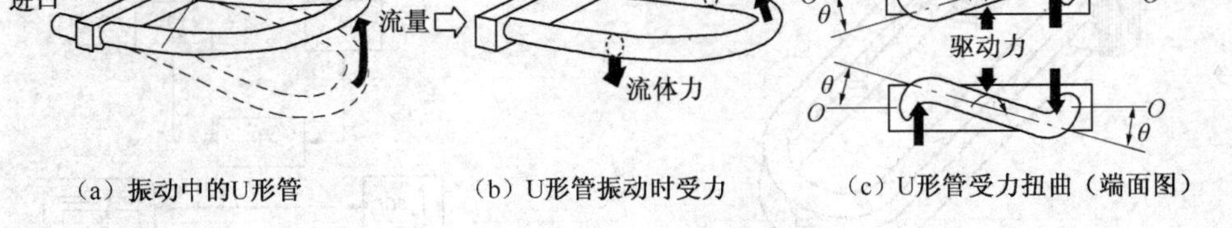

（a）振动中的U形管　（b）U形管振动时受力　（c）U形管受力扭曲（端面图）

图 2-75　单 U 形管科里奥利力作用原理

测量管在外力的驱动下，以固有的振动频率作周期性上下振动，振率约为 80Hz 左右，振幅接近 1mm。当流体流过振动管时，管内流体一边沿着管子轴向流动，一边随管绕固定梁正反交替“转动”，对管子产生科里奥利力。进、出口管内流体流向相反，将分别产生大小相等、方向相反的科氏力，在管子向上振动的半个周期内，流入侧管路的流体对管子施加一个向下的力；而流出侧管路的流体对管子施加一个向上的力，导致了 U 形测量管产生扭曲。在振动的另一个半周期，测量管向下振动，扭曲方向则相反。如图 2－74(c)所示，U 形测量管受到一方向和大小都随时间变化的扭矩 M_c，使测量管绕 $O—O$ 轴作周期性扭曲变形。扭转角 θ 与扭矩 M_c 及刚度 k 有关，其关系为

$$M_c = 2F_c r = 4\omega Lr \cdot M = k \cdot \theta \tag{2-70}$$

$$M = \frac{k\theta}{4\omega Lr} \tag{2-71}$$

所以被测流体的的质量流量 M 与扭转角 θ 成正比。如果 U 形管振动频率一定，则 ω 恒定不变。所以，只要在振动中心位置 $O—O$ 上安装两个光电检测器，测出 U 形管在振动过程中测量管通过两侧的时间差，就能间接确定 θ，从而确定质量流量 M。

科氏力流量计由流量传感器和转换器(或流量计算机)两部分组成。图 2－76 为一种双 U 形管流量传感器，主要由两根完全相同的 U 形测量管及其支撑架、测量管振动激励线圈、光电检测器(或电磁检测器)等组成。

采用双管结构，振动的激励和振幅的检测很容易，灵敏度高。振动管形状各异，除了 U 形管以外，现在已开发的测量管有 Ω 形、B 形、S 形、圆环形等多种。

科氏力流量计的特点是能够直接测量质量流量，不受流体物性(密度、黏度等)的影响，测量准确度高；测量值不受管道内流场的影响，没有上、下游直管段长度要求；可测各种非牛顿流体以及黏滞和含微粒的浆液。但它的阻力损失较大，零点不稳定，管路振动会影响测量准确度。

2）间接式质量流量计

这类仪表是由测量体积流量的仪表与测量密度的仪表配合，再用运算器将两表的测量结果加以适当的运算，间接得出质量流量。

(1) 测量体积流量 Q 的仪表与密度计配合　这种测量方法如图 2－77 所示，测量体积流量的仪表可采用涡轮流量计、电磁流量计、容积式流量计和漩涡流量计等，涡轮流量计的输出信号 $y \propto Q$，密度计的输出信号 $x \propto \rho$，通过运算器进行乘法运算，即得质量流量。

$$xy = K\rho Q \tag{2-72}$$

式中，K 为系数。

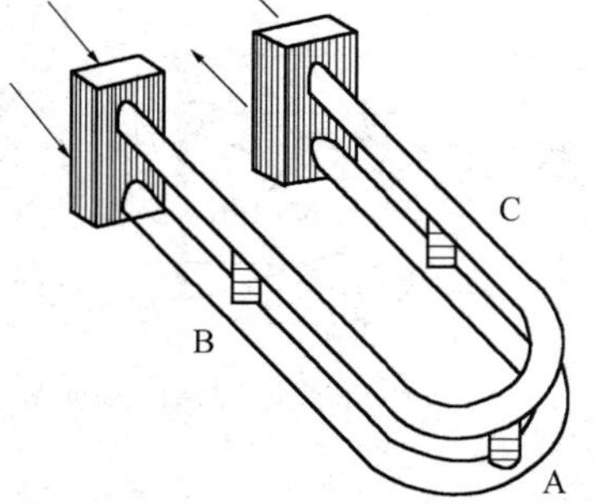

图 2－76　双 U 形管流量传感器结构

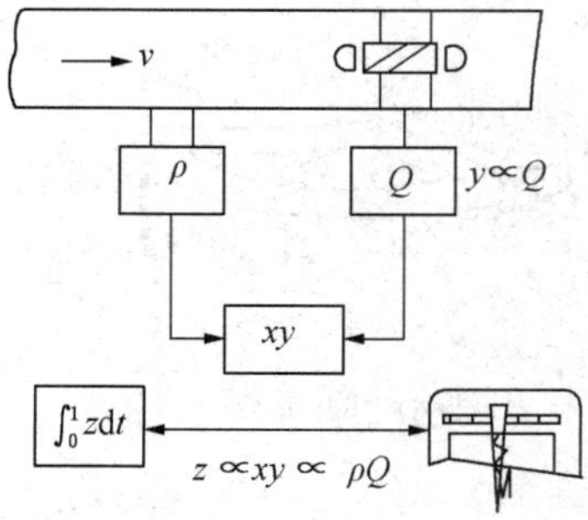

图 2－77　涡轮流量计与密度计配合

（2）测量 ρQ^2 的仪表与密度计配合　能够测量 ρQ^2 的仪表有差压式流量计、靶式流量计和动压测量管等，如图2－78所示，由孔板两端取出的压差 ΔP 与 ρQ^2 成正比。差压变送器的输出信号 $y \propto \rho Q^2$，密度计的输出信号 $x \propto \rho$，两信号通过运算器相乘再开方，即得质量流量。

$$\sqrt{xy} = K\rho Q \quad (2-73)$$

（3）测量 ρQ^2 的仪表与测量 Q 的仪表配合　这种测量方法如图2－79所示，测量 ρQ^2 的仪表输出的信号 x，除以测量 Q 的仪表输出信号 y，即得质量流量。

$$\frac{x}{y} K \frac{\rho Q^2}{Q} = K\rho Q \quad (2-74)$$

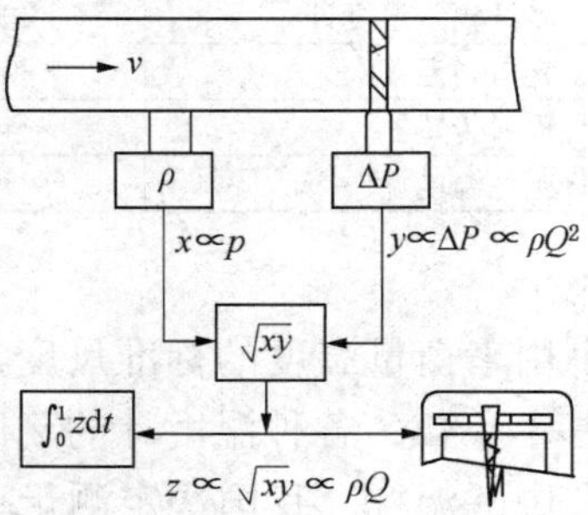

图2－78　差压流量计与密度计配合

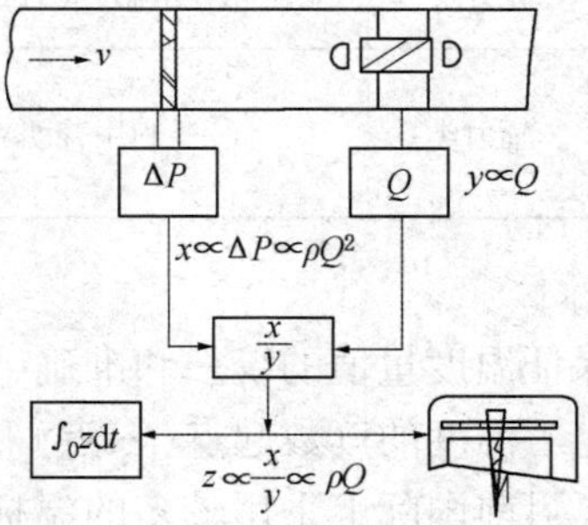

图2－79　差压流量计与涡轮流量计配合

流量计的种类很多，除了以上介绍的几种流量计外，还有许多新的流量测量方法也日益被人们重视和采用，例如激光、X射线及核磁共振等逐渐被应用到工业生产中，成为目前较新的流量测量技术。

2.5　温度检测及仪表

2.5.1　温度检测方法及基本概念

1. 温度及温度测量

伴随着物质的物理和化学性质的改变，任何一个石油化工生产过程都必然有能量的交换和转化，而热交换形式则是这些能量交换中最普遍的交换形式。因此，在很多石油化工反应过程中，温度的测量和控制，常常是保证这些反应过程正常进行与安全运行的主要环节，它对产品产量和质量的提高都有很大的影响，例如石油化工生产中的精馏塔操作，常常用温度的控制来保证精馏产品的质量。

温度不能直接测量，只能借助于冷热不同物体之间的热交换，以及物体的某些物理性质随冷热程度不同而变化的特性来加以间接测量。

任意两个冷热程度不同的物体相接触，必然要发生热交换现象，热量将由受热程度高的物体传到受热程度低的物体，直到两物体的冷热程度完全一致，即达到热平衡状态为止。利用这一原理，就可以选择某一物体同被测物体相接触，并进行热交换，当两者达到热平衡状态时，选择物体与被测物体温度相等。于是，通过测量选择物体的某一物理量（如液体的体积、导体的电量等），便可以定量地给出被测物体的温度数值，这就是接触式测温法。也可以利用热辐射原理，来进行非接触式测温。主要温度检测方法见表2－2。

表 2-2 温度检测方法分类

测温方法	类别	原理	典型仪表	测温范围/℃
接触式	膨胀类	利用液体、气体的热膨胀及物质的蒸气压变化	玻璃液体温度计	-100～600
			压力式温度计	-100～500
		利用两种金属的热膨胀差	双金属温度计	-80～600
	热电类	利用热电效应	热电偶	-200～1800
	电阻类	固体材料的电阻随温度变化	铂电阻	-250～850
			铜电阻	-50～150
			热敏电阻	-50～300
	其他电学类	半导体器件的温度效应	集成温度传感器	-50～150
		晶体的固有频率随温度变化	石英晶体温度计	-50～120
	光纤类	利用光纤的温度特性或作为传光介质	光纤温度传感器	-50～400
			光纤辐射温度计	200～4000
非接触式	辐射类	利用普朗克定律	光电高温计	800～3200
			辐射传感器	-400～2000
			比色温度计	-500～3200

2. 温标

为了保证温度量值的统一和准确，应该建立一个用来衡量温度的标准尺度，简称为温标。它规定了温度的读数起点(零点)和测量温度的基本单位，各种温度计的刻度数值均由温标确定。目前国际上采用较多的温标有摄氏温标和国际温标。我国法定测量单位也采用这两种温标。同时，在一些国家采用华氏温标和热力学温标。

(1) 摄氏温标　摄氏温标是瑞典天文学家摄尔修斯(Anders Celsius，1701—1744)提出的。将标准大气压下水的冰点定为零度，水的沸点定为100度，在0～100之间分100等份，每一等份为1摄氏度，用符号t表示，单位记为℃。

(2) 华氏温标　华氏温标规定在标准大气压下，纯水的冰点为32度，沸点为212度，中间分180等份，每一等份为1华氏度，符号为℉。摄氏温度值与华氏温度值的关系为

$$t_F = (1.8t_C + 32) \tag{2-75}$$

式中　t_C——摄氏温度，℃；

t_F——华氏温度，℉。

(3) 热力学温标　热力学温标又称开氏温标。它规定分子运动停止时的温度为绝对零度，或称最低理论温度，它是以热力学第二定律为基础，与测温物体的任何物理性质无关的一种温标。

热力学温标是一种纯理论性温标，不能付诸使用，但可借助于理想气体温度计来实现热力学温标。而气体温度计结构复杂，使用不方便，因而必须建立一种能够用计算公式表示的既紧密接近热力学温标，使用上又简便的温标，这就是国际温标。

(4) 国际温标　国际温标是用来复现热力学温标的，是一个国际协议性温标。选择了一些纯物质的平衡温度作为温标的基准点，规定了不同温度范围内的标准仪器，如铂电阻、铂铑-铂热电偶和光学温度计等。建立了标准仪器的示值与国际温标关系的补插公式，应用这些公式可求出任何两个相邻基准点温度之间的温度值。国际温标以下列三个条件为基础：

① 要求尽可能接近热力学温标；

② 要求复现准确度高，世界各国均能以很高的准确度加以复现，以确保温度值的统一；

③ 用于复现温标的标准温度计使用方便，性能稳定。

根据国际温标规定，热力学温度是基本温度，用符号 T 表示，单位是开，记为 K。它规定水的三相点热力学温度(固态、液态、气态三相共存时的平衡温度)为 273.16K，定义 1K(开尔文 1 度)等于水的三相点热力学温度的 1/273.16。通常将比水的三相点温度低 0.01K 的温度值规定为摄氏 0℃，它与摄氏温度之间的关系为

$$t = T - 273.15 \tag{2-76}$$

式中 T——热力学温度，K；

t——摄氏温度，℃。

2.5.2 膨胀式温度计

1. 固体膨胀式温度计

固体膨胀式温度计有杆式和双金属片式两类。双金属片是由 A、B 两片具有不同热膨胀系数的金属片紧密结合在一起构成的，如图 2-80 所示。

金属片在温度 T_0 时的长度为 L_0，温度为 T 时的长度为 L_t，则

$$L_t = L_0[1 + \alpha_B(T - T_0)] \tag{2-77}$$

如果双金属片 A、B 的线膨胀系数分别为 α_A、α_B，且 $\alpha_A < \alpha_B$，双金属片受热温度升高时两金属片膨胀量不同，$L_{At} < L_{Bt}$，而向膨胀系数小的侧弯曲。

双金属片的曲率半径因温度的不同而发生变化，据此可以实现温度测量。为了提高灵敏度，也可把双金属片制成如图 2-81 所示的螺旋状。螺旋型双金属片一端固定，另一端跟指针轴相连。当温度变化时，双金属片自由端带动指针作相应的偏转，在刻度盘上指示出温度的变化。

应用上述原理做成的测温仪表结构简单、成本低廉且比较耐用。缺点是准确度不高，量程不能做得很小，使用范围受到限制。在工程上可用来作为温度指示，也常用来作温度继电控制器或仪表的温度补偿部件。

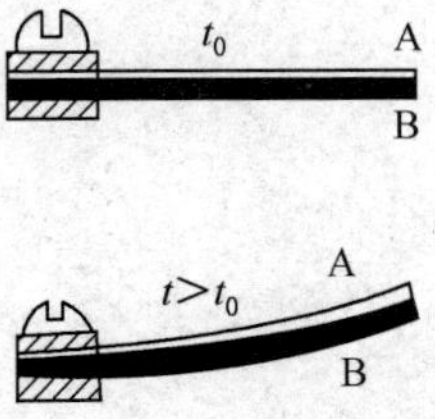

图 2-80 双金属片

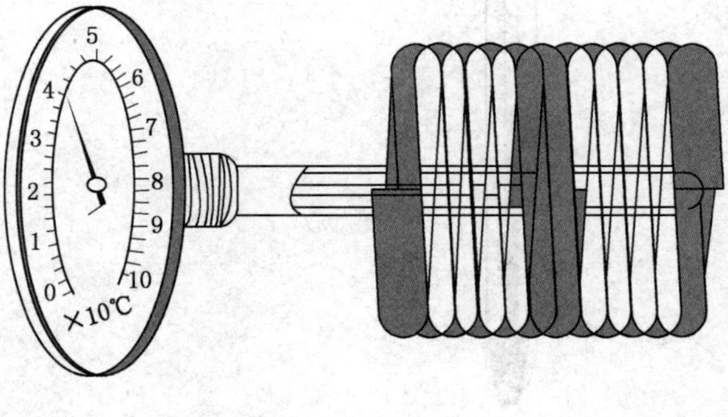

图 2-81 双金属温度计结构示意图

2. 液体膨胀式温度计

液体体积一般随温度的升高而膨胀。一定量的液体的体积随温度变化的关系为

$$V = V_0[1 + \beta(T - T_0)] \tag{2-78}$$

式中 V_0——膨胀前液体体积；

V——膨胀后的液体体积；

β——液体的体积膨胀系数。

最常见的乙醇温度计、水银温度计等玻璃液体温度计就是应用这一原理制造的。如图 2-82所示，它是由有刻度的玻璃棒内的毛细管中充入工作液体制成。当温度计下方的玻

璃温包内的工作液体因温度上升、体积膨胀时，膨胀出的工作液在毛细管内液柱升高，指示出温度标尺上对应的温度值。水银玻璃液体温度计的测量范围为 -80 ~ 600℃，线性好，准确度较高。用乙醇等有机液体作工作液时，一般用于测量低温。

3. 压力式温度计

压力式温度计也是一种膨胀式温度计，主要由温包、毛细管和压力表组成，如图 2-83 所示。温包、毛细管和压力表弹簧管内腔充满工作介质，构成一封闭系统。温包处被测温度升高时，其内工作介质膨胀受限，系统压力升高，通过与之连通的压力表，检测压力，间接指示温度高低。压力式温度计根据所充介质不同，有液体压力温度计、气体压力温度计、蒸气压力温度计三种类型。液体压力温度计不太常用，此处只介绍后两种。

1）气体压力温度计

气体压力温度计，是在温包、毛细管及弹簧管内充以一定压力的气体。若忽略容器管壁的弹性膨胀，则可将此封闭系统视为定容系统。当温度变化时，密闭系统的压力随之变化。气体的压力与温度间的关系为

$$P = P_0 + kv(T - T_0) \tag{2-79}$$

式中 P——温度变化后的气体压力；

P_0——温度变化前的气体压力；

kv——气体压力温升系数。

因此，系统压力与温度之间呈线性关系。视工作介质的不同，气体压力温度计的最高工作范围在 500 ~ 550℃之间。

图 2-82 玻璃液体温度计

1—温包；2—毛细管；

3—刻度标尺；4—玻璃管

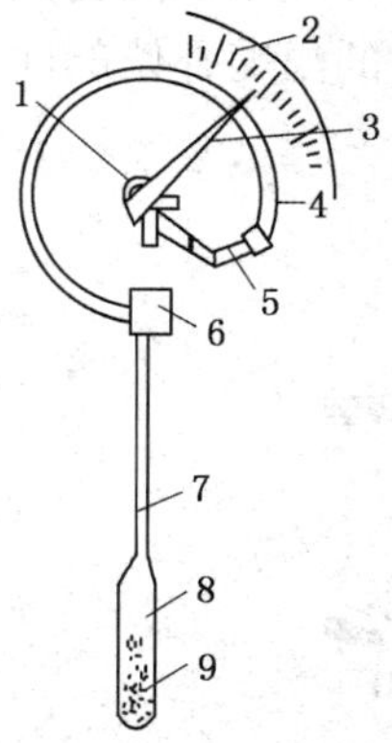

图 2-83 压力式温度计结构原理图

1—传动机构；2—标度盘；3—指针；4—弹簧管；

5—连杆；6—接头；7—毛细管；8—温包；9—气体

2）蒸气压力温度计

在一定温度下，当气、液两相处于饱和平衡状态时，液体的饱和蒸气压仅与温度有关，而与液体的数量、容器的形状无关。因此，可利用该性质进行温度测量。蒸气压力温度计的结构与气体压力温度计相同，差别在于温包内注入的液体不完全充满，在温包上部、毛细管及弹簧管空间内为工作液的饱和蒸气。液体的饱和蒸气压与温度的函数关系是非线性的，在读数时应注意非线性刻度。

饱和蒸气压力温度计的最高工作范围为250～300℃。为了校正环境温度的影响，在压力弹簧管输出端，有时也加上双金属片之类的补偿装置。

2.5.3 热电偶温度计

热电偶温度计是以热电效应为基础的测温仪表。它的测量范围很广，结构简单，使用方便，测温准确可靠，便于信号的远传、自动记录和集中控制，因而在化工生产中应用极为普遍。

热电偶温度计是由热电偶（感温元件）、测量仪表（电位差计）、连接热电偶和测量仪表的导线（补偿导线及铜导线）三部分组成，如图2－84所示。

1. 热电偶

热电偶是工业上最常用的一种测温元件（感温元件），它是由两种不同材料的导体A和B焊接而成，如图2－85所示。焊接的一端插入被测介质中，感受到被测温度，称为热电偶的工作端或热端；另一端与导线连接，称为冷端或自由端。导体A、B称为热电极。

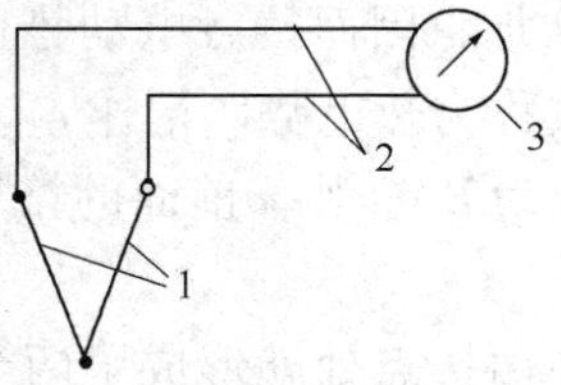

图2－84 热电偶温度计测温系统示意图

1—热电偶；2—导线；3—测量仪表

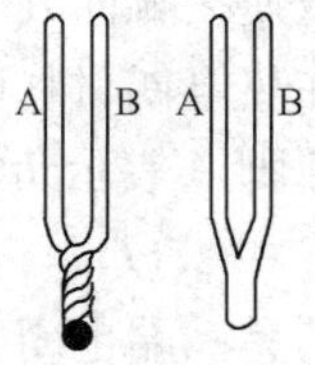

图2－85 热电偶示意图

1）热电现象及测温原理

先用一个简单的实验，来建立对热电偶热电现象的感性认识。取两根不同材料的金属导线A和B，将其两端焊在一起，这样就组成了一个闭合回路，如图2－86（a）所示。如果在此回路中串接一只直流毫伏计（将金属B断开接入毫伏计，或者在两金属线的两接头处断开接入毫伏计），如图2－86（b）、（c）所示，就可见到毫伏计中有电势指示，这种现象就称为热电现象。

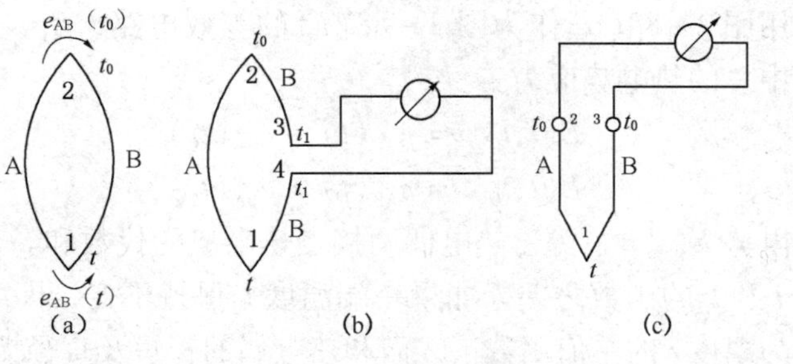

图2－86 热电现象

下面就分析一下为什么会产生热电势呢？从物理学中知道，两种不同的金属，它们的自由电子密度是不同的。也就是说，两金属中每单位体积内的自由电子数是不同的。假设金属A中的自由电子密度大于金属B中的自由电子密度，按古典电子理论，金属A的电子密度大，其压强也大。正因为这样，当两种金属相接触时，在两种金属的交界处，电子从A扩散到B多于从B扩散到A。而原来自由电子处于金属A这个统一体时，是呈中性不带电的。当自由电子越过接触面迁移后，金属A由于失去电子而带正电，金属B则因得到电子而带负电。但这种扩散迁移是不会无限制地进行的，因为迁移的结果就在两金属的接触面两侧形成了一个偶电层，这一偶电层的电场方向由 A 指向 B，它的作用是阻止自由电子进一步扩散的。这就是说，由于电子密度的不平衡而引起扩散运动，其结果产生了静电场，这静电场的存在又成为扩散运动的阻力，这两者是互相对立的。开始的时候，扩散运动占优势，随着扩散的进行，静电场的作用得到加强，反而使电子沿反方向运动。结果当扩散进行到一定程度时，压强差的作用与静电场的作用相互抵消，扩散与反扩散建立了暂时的平衡，图 2 - 87(a)表示两金属接触面上将发生方向相反、大小不等的电子流，使金属 B 中逐渐地积聚过剩电子，并引起逐渐增大的由 A 指向 B 的静电场及电势差 e_{AB}。图 2 - 87(b)表示电子流达到动平衡时的情况。这时的接触电势差，仅和两金属的材料及接触点的温度有关，温度越高，金属中的自由电子就越活跃，由 A 迁移到 B 的自由电子就越多，致使接触面处所产生的静电场强度也增加，因而接触电动势也增高。由于这个电势大小，在热电偶材料确定后只和温度有关，故称为热电势，记作 $e_{AB}(t)$，注脚 A 表示正极金属，注脚 B 表示负极金属，如果下标次序改为 BA，则 e 前面的符号亦应相应地改变，即 $e_{AB}(t) = -e_{BA}(t)$。

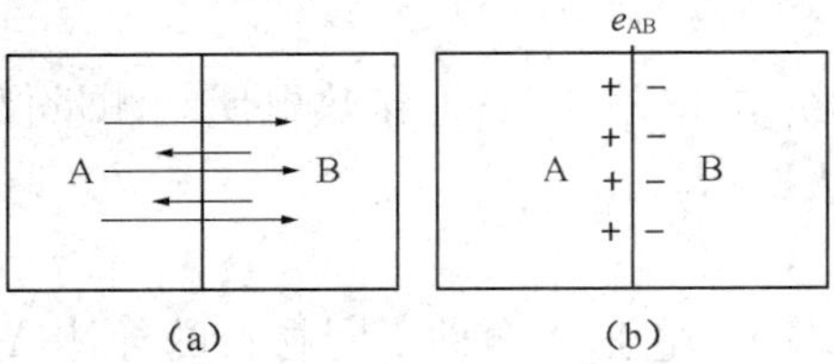

图 2 - 87　接触电势形成过程

若把导体的另一端也闭合，形成闭合回路，则在两接点处就形成了两个方向相反的热电势，如图 2 - 88 所示。其中图(a)表示两金属的接点温度不同，设 $t > t_0$，由于两金属的接点温度不同，就产生了两个大小不等、方向相反的热电势 $e_{AB}(t)$ 和 $e_{AB}(t_0)$。必须注意，对于同一金属 A(或 B)，由于其两端温度不同，自由电子具有的动能不同，也会产生一个相应的电动势，这个电动势称为温差电势。但由于温差电势远小于接触热电势，因此常常把它忽略不计。

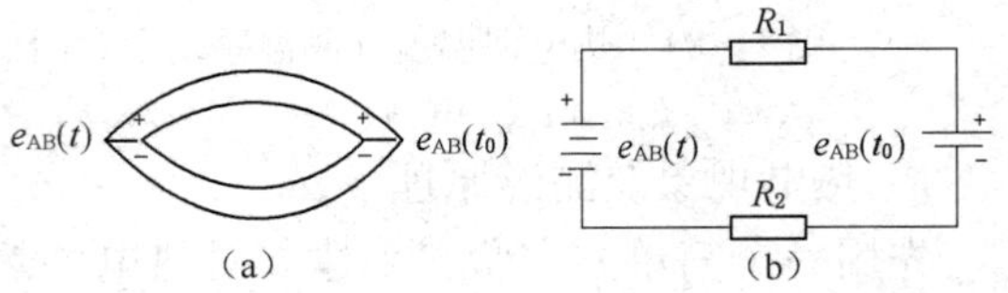

图 2 - 88　热电偶原理及电路图

这样，就可以用图 2 - 88(b)作为图 2 - 88(a)的等效电路，R_1、R_2 为热偶丝的等效电阻，在此闭合回路中总的热电势应为

$$E(t,t_0) = e_{AB}(t) - e_{AB}(t_0) \tag{2-80}$$

或

$$E(t,t_0) = e_{AB}(t) + e_{BA}(t_0)$$

也就是说，热电势 $E(t, t_0)$ 等于热电偶两接点热电势的代数和。当 A、B 材料固定后，热电势是接点温度 t 和 t_0 的函数之差。如果一端温度 t_0 保持不变，即 $e_{AB}(t_0)$ 为常数，则热电势 $E(t, t_0)$ 就成为温度 t 的单值函数了，而和热电偶的长短及直径无关。这样，只要测出热电势的大小，就能判断测温点温度的高低。这就是利用热电现象来测温的原理。

必须注意，如果组成热电偶回路的两种导体材料相同，则无论两接点温度如何，闭合回路的总热电势为零；如果热电偶两接点温度相同，尽管两导体材料不同，闭合回路的总热电势也为零；热电偶产生的热电势除了与两接点处的温度有关外，还与热电极的材料有关。也就是说，不同热电极材料制成的热电偶在相同温度下产生的热电势是不同的，可以从附录二至附录四中查到。

2）插入第三种导线的问题

利用热电偶测量温度时，必须要用某些仪表来测量热电势的数值，如图 2 - 89 所示。

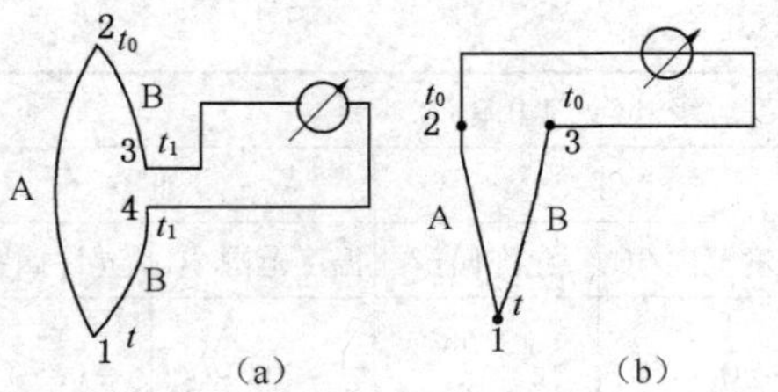

图2-89　热电偶测温系统连接图

而测量仪表往往要远离测温点，这就要接入连接导线C，这样就在A、B所组成的热电偶回路中加入了第三种导线，构成了新的接点，如图2-89(a)中点3和点4以及图2-89(b)中点2和点3。

引入第三种导线会不会影响热电偶的热电势呢？先来分析图2-89(a)所示的电路，3、4接点温度相同(等于t_1)。故总的热电势为

$$E(t,t_0) = e_{AB}(t) + e_{BC}(t_1) + e_{CB}(t_1) + e_{BA}(t_0) \tag{2-81}$$

因为

$$e_{BC}(t_1) = -e_{CB}(t_1)$$

$$e_{BA}(t_0) = -e_{AB}(t_0)$$

所以

$$E(t,t_0) = e_{AB}(t) - e_{AB}(t_0)$$

与式(2-80)相同，可见总的热电势与没有接入第三种导线一样。

再来分析图2-89(b)电路，在这电路中的2、3接点温度相同且等于t_0，那么电路的总热电势为

$$E(t,t_0) = e_{AB}(t) + e_{BC}(t) + e_{CA}(t_0) \tag{2-82}$$

多种金属组成的闭合回路内，尽管它们材料不同，只要各接点温度相等，则此闭合回路内的总电势等于零。若将A、B、C三种金属丝组成一个闭合回路，各接点温度相同(都等于t_0)，则回路内的总热电势等于零，即

$$e_{AB}(t_0) + e_{BC}(t_0) + e_{CA}(t_0) = 0$$

则

$$-e_{AB}(t_0) = e_{BC}(t_0) + e_{CA}(t_0) \tag{2-83}$$

将式(2-83)代入式(2-82)得

$$E(t,t_0) = e_{AB}(t) - e_{AB}(t_0)$$

结果也和式(2-80)相同，可见也与没有接入第三种导线的热电势一样。这就说明在热电偶回路中接入第三种金属导线对原热电偶所产生的热电势数值并无影响。但是必须保证引入线两端的温度相同。同理，热电偶回路中串入更多种导线，只要引入线两端温度相同，同样不影响热电偶所产生的热电势数值。

3）热电偶分类

热电偶主要分成标准化和非标准化两类。标准化热电偶，目前中国已采用国际电工委员会推荐的8种标准化热电偶，其主要性能见表2-3；非标准化热电偶，指在超高温、低温等特殊测温条件下应用的一些特殊的热电偶。

表2-3　标准热电偶的主要性能

分度号	热电偶名称	热电偶丝直径/mm	等级允许偏差					
			Ⅰ		Ⅱ		Ⅲ	
			温度范围/℃	允许偏差	温度范围/℃	允许偏差	温度范围/℃	允许偏差
S	铂铑$_{10}$-铂	$0.5^{-0.020}$	0~1100	±1℃	0~600	±1.5℃	0~1600	±0.5%t
			1100~1600	±[1+(t-1100)×0.003]℃	600~1600	±0.25%t	≤600	±3℃
B	铂铑$_{30}$-铂铑	$0.5^{-0.015}$	—	—	600~1700	±0.25%t	>600	±0.5%t
K	镍铬-镍硅	0.3，0.5，0.8，1.0，1.2，1.5，2.0，2.5，3.2	≤400	±1.6℃	≤400	±3℃	600~800	±4℃
			>400	±0.4%t	>400	±0.75%t	900~1700	±0.5%t

续表

分度号	热电偶名称	热电偶丝直径/mm	等级允许偏差					
			Ⅰ		Ⅱ		Ⅲ	
			温度范围/℃	允许偏差	温度范围/℃	允许偏差	温度范围/℃	允许偏差
J	铁－康铜	0.3，0.5，0.8，1.2，1.6 2.0，3.2	－40～750	±1.5℃ 或±0.4%*t*	－40～750	±2.5℃ 或±0.75%*t*	－200～0	±0.5%*t*
R	铂铑^{13}－铂	$0.5^{-0.020}$	0～1100	±1℃	0～600	±1.5℃	—	—
			1100～1600	±[1＋(*t*－1100)×0.003]℃	600～1600	±0.25%*t*	—	—
E	镍铬－康铜	0.3，0.5，0.8，1.2，1.6 2.0，3.2	－40～800	±1.5℃ 或±0.4%*t*	－40～900	±2.5℃ 或±0.75%*t*	－200～－40	±2.5℃ 或±1.5%*t*
T	铜－康铜	0.2，0.3，0.5，1.0，1.6	－40～350	±1.5℃ 或±0.4%*t*	－40～350	±1.0℃ 或±0.75%*t*	－200～－40	±1.0℃ 或±1.5%*t*

注：(1) *t* 为被测温度。
(2) 允许偏差以℃值或实际温度的百分数表示，两者中采用数值较大者。

下面介绍两种常见的热电偶：

(1) 镍铬－金铁热电偶　标准热电偶材料在常温附近具有很高的灵敏度，而在低温时灵敏度却迅速下降，从而无法在液氢、液氦等介质中使用。随着低温科学和低温技术的研究与应用，低温、超低温测量问题成为迫切需要解决的重要问题。镍铬－金铁热电偶能在液氦温度范围保持大于10V/℃的灵敏度，适用于0～273K的低温范图，测量误差可达到±0.5℃，是一种较理想的低温测量热电偶。

(2) 非金属热电偶　传统热电偶是由单一金属或合金导体材料制成的。在某些特殊场合下，金属材料有一定的局限性。如金属中钨的熔点最高，但也只有3422℃，并且3000℃以上的绝缘材料也不易解决；金属热电偶在1500℃以上均会与碳起化学反应，只有铂金属性能较好，但价格昂贵。因此，在使用上受到一定的限制，且难以解决高温含碳气氛下的测温问题。

非金属材料的优点在于：热电势远大于金属热电偶材料，熔点高，且在熔点以下均很稳定，有可能在某些范围内代替贵金属热电偶材料。同时，在含碳气氛中也很稳定，可在极恶劣的条件下工作。其缺点是：复现性差，机械强度低，在实际使用中受到很大限制。

国外已定型并投入生产的有如下非金属热电偶：

① 石墨－碳化钛热电偶　在含碳和中性气氛中可测至2000℃的高温，允许误差为±(0.1%～1.5%)*t*℃；

② WSi－$MoSi_2$热电偶　在含碳、中性和还原性气氛中，可测至2500℃的高温；

③ 碳化硼－石墨热电偶　特点是硬度大、耐磨、耐高温、抗氧化；化学性能稳定，与酸碱均不起作用，在600～2000℃范围内线性好，热电势大，为钨铼热电偶的19倍。

4) 热电偶的结构

热电偶广泛地应用于各种条件下的温度测量。根据它的用途和安装位置不同，各种热电偶的外形是极不相同的。按结构形式分，有普通型、铠装型、表面型和快速型四种。

(1) 普通型热电偶　主要由热电极、绝缘管、保护套管和接线盒等主要部分组成，如图2－90所示。

热电极是组成热电偶的两根热偶丝，热电极的直径由材料的价格、机械强度、电导率以及热电偶的用途和测量范围等决定。贵金属的热电极大多采用直径为0.3～0.65mm的细丝，普通金属电极丝的直径一般为0.5～3.2mm。其长度由安装条件及插入深度而定，一般为350～2000mm。

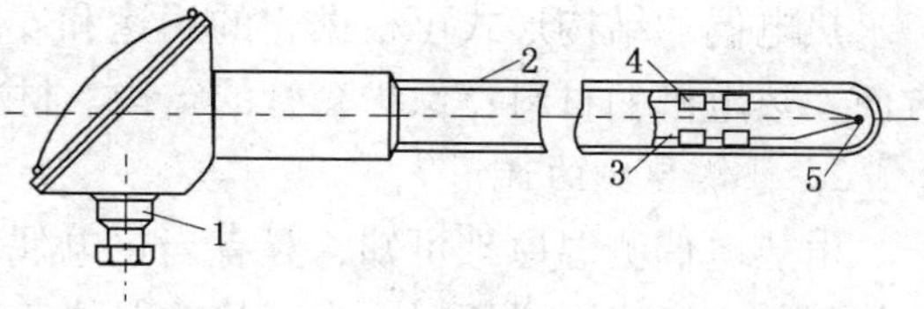

图2－90　普通热电偶典型结构图
1—接线盒；2—保护套管；
3—热电极；4—绝缘套管；5—热端

绝缘管(又称绝缘子)用于防止两根热电极短路，其材料的选用由使用温度范围而定，常用绝缘材料见表2－4，它的结构形式通常有单孔管、双孔管及四孔管等。

表2－4　常用绝缘材料

名　　称	长期使用温度上限/℃	名　　称	长期使用温度上限/℃	名　　称	长期使用温度上限/℃
天然橡胶	60～80	玻璃的玻璃纤维	400	氧化铝	1600
聚乙烯	80	石英	1100	氧化镁	2000
聚四氟乙烯	250	陶瓷	1200		

保护套管套在热电极、绝缘子的外边，其作用是保护热电极不受化学腐蚀和机械损伤。保护套管材料的选择一般根据测温范围、插入深度以及测温的时间常数等因素来决定，对保护套管材料的要求是：耐高温，耐腐蚀，能承受温度的剧变，有良好的气密性和具有高的热导系数。其结构一般有螺纹式和法兰式两种。常用保护套管的材料见表2－5。

表2－5　常用保护套管

金属材料	耐温/℃	非金属材料	耐温/℃	金属陶瓷	耐温/℃
铜	350	石英	1100	MgO基金属陶瓷	2000
20#碳钢	600	高温陶瓷	1300	碳化钛系基金属陶瓷	1000
1Gr18Ni9Ti	900	高温氧化铝	1800		
镍铬合金	1200	氧化镁	2000		

接线盒是供热电极和补偿导线连接之用的。它通常用铝合金制成，一般分为普通式和密封式两种。为了防止灰尘和有害气体进入热电偶保护套管内，接线盒的出线孔和盖子均用垫片和垫圈加以密封。接线盒内用于连接热电极和补偿导线的螺丝必须固紧，以免产生较大的接触电阻而影响测量的准确度。

(2) 铠装热电偶　是由金属套管、绝缘材料(氧化镁粉)、热电偶丝一起经过复合拉伸成型，然后将端部偶丝焊接成光滑球状结构而成的。工作端有露头型、接壳型、绝缘型三种，其外径为1～8mm，还可小到0.2mm，长度可为50m。铠装热电偶具有反应速度快、使用方便、可弯曲、气密性好、不怕振、耐高压等优点，是目前使用较多并正在推广的一种结构。

(3) 表面型热电偶　是利用真空镀膜法将两电极材料蒸镀在绝缘基底上，专门用来测量物体表面温度的一种特殊热电偶，其特点是反应速度极快、热惯性极小。

(4) 快速热电偶　是专门用来测量高温熔融物体的热电偶，整个热偶元件的尺寸很小，称为消耗式热电偶。

热电偶的结构形式可根据它的用途和安装位置来确定。在热电偶选型时，要注意三个方面：热电极的材料；保护套管的结构、材料及耐压强度；保护套管的插入深度。

2. 补偿导线的选用

由热电偶测温原理可知，只有当热电偶冷端温度保持不变时，热电势才是被测温度的单值函数。在实际应用时，由于热电偶的工作端(热端)与冷端离得很近，而且冷端又暴露在空间里，容易受到周围环境温度波动的影响，因而冷端温度难以保持恒定。为了使热电偶的冷端温度保持恒定，可以把热电偶做得很长，使冷端远离工作端。但是，这样做要多消耗许多贵重的金属材料，是不经济的。解决这个问题的方法是采用一种专用导线，将热电偶的冷端延伸出来，如图 2－91 所示。这种专用导线称为“补偿导线”，它也是由两种不同性质的金属材料制成，在一定温度范围内(0～100℃)与所连接的热电偶具有相同的热电特性，其材料是廉价金属。不同热电偶所用的补偿导线也不同，对于镍铬－考铜等一类用廉价金属制成的热电偶，则可用其本身材料作为补偿导线。

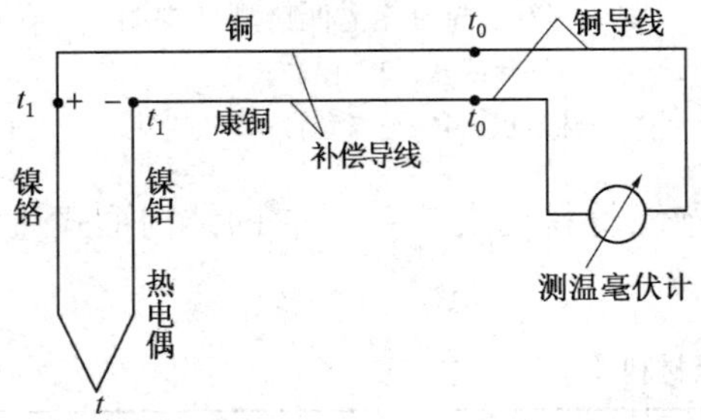

图 2－91　补偿导线接线图

在使用热电偶补偿导线时，要注意型号相配，极性不能接错，热电偶与补偿导线连接端所处的温度不应超过 100℃。各种型号热电偶所配用的补偿导线的材料见表 2－6。

表 2－6　常用热电偶补偿导线

热电偶名称	补偿导线				工作端为 100℃、冷端为 0℃时的标准热电势/mV
	正　极		负　极		
	材　料	颜　色	材　料	颜　色	
铂铑$_{10}$－铂	铜	红	铜镍	绿	0.645±0.037
镍铬－镍硅(镍铝)	铜	红	铜镍	蓝	4.095±0.105
镍铬－铜镍	镍铬	红	铜镍	棕	6.317±0.170
铜－铜镍	铜	红	铜镍	白	4.277±0.047

3. 冷端温度补偿

由于工业上常用的各种热电偶的温度－热电势关系曲线是在冷端温度保持为 0℃的情况下得到的，与它配套使用的仪表也是根据这一关系曲线进行刻度的，而操作室的温度往往高于 0℃，而且是不恒定的，所以热电偶所产生的热电势必然偏小，且测量值也随着冷端温度变化而变化，这样测量结果就会产生误差。因此，在应用热电偶测温时，必须将冷端温度保持为 0℃，或者是进行一定的修正才能得出准确的测量结果，这一过程被称为热电偶的冷端温度补偿。

热电偶的冷端温度补偿一般采用以下几种方法：

(1) 冷端温度保持为 0℃的方法　如图 2－92 所示，把热电偶的两个冷端分别插入盛有绝缘油的试管中，然后放入装有冰水混合物的容器中，这种方法多数用在实验室中。

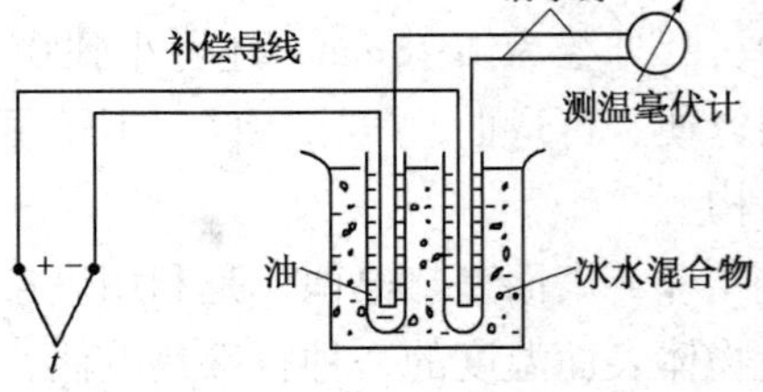

图 2－92　热电偶冷端保持 0℃的方法

(2) 冷端温度修正方法　例如，某一设备的实

际温度为 t，其冷端温度为 t_1，这时测得的热电势为 $E(t, t_1)$。为求得实际 t 的温度，可利用下式进行修正，即

$$E(t,0) = E(t,t_1) + E(t_1,0)$$

由此可知，冷端温度的修正方法是把测得的热电势 $E(t, t_1)$，加上热端为室温 t_1、冷端为0℃时的热电偶的热电势 $E(t_1, 0)$，才能得到实际温度下的热电势 $E(t, 0)$。

【例2.4】 用镍铬－铜镍热电偶测量某加热炉的温度。测得的热电势 $E(t, t_1) = 66982\mu V$，而自由端的温度 $t_1 = 30℃$，求被测的实际温度。

解： 由附录二可以查得

$$E(30,0) = 1801\mu V$$

则
$$E(t,0) = E(t,30) + E(30,0) = 66982 + 1801 = 68783\mu V$$

再查附录三可以查得68783μV对应的温度为900℃。

由于热电偶所产生的热电势与温度之间的关系都是非线性的（当然各种热电偶的非线性程度不同），因此在自由端的温度不为零时，将所测得热电势对应的温度值加上自由端的温度，并不等于实际的被测温度。譬如在上例中，测得的热电势为66982μV，由附录三可查得对应温度为876.6℃，如果再加上自由端温度30℃，则为906.6℃，这与实际被测温度有一定误差。事实上，热电势与温度之间的非线性程度越严重，误差就越大。用计算的方法来修正冷端温度，是指冷端温度为恒定值时对测温的影响，所以该方法只适用于实验室或临时测温，在连续测量中显然是不实用的。

（3）校正仪表零点法　一般仪表未工作时指针应指在零位上（机械零点）。若采用测温元件为热电偶时，要使测温时指示值不偏低，可预先将仪表指针调整到相当于室温的数值上（这是因为将补偿导线一直引入到显示仪表的输入端时，仪表的输入接线端子所处的室温就是热电偶的冷端温度）。此法比较简单，故在工业上也经常应用。但必须明确指出，由于室温也在经常变化，所以这种方法只能在测温要求不太高的场合下应用。

（4）补偿电桥法　是利用不平衡电桥产生的电势补偿热电偶因冷端温度变化而引起的热电势变化的方法。如图2－93所示，不平衡电桥（又称补偿电桥或冷端温度补偿器）由 R_1、R_2、R_3（锰铜丝绕制）和 R_t（铜丝绕制）四个桥臂和稳压电源所组成，串联在热电偶测量回路中。为了使热电偶的冷端与电阻 R_t 感受相同的温度，必须把 R_t 与热电偶的冷端放在一起。电桥通常在20℃时处于平衡，即 $R_1 = R_2 = R_3 = R_t^{20}$。此时，对角线a、b两点电位相等，即 $U_{ab} = 0$，电桥对仪表的读数无影响。当周围环境高于20℃时，热电偶因冷端温度升高而使热电势减弱。与此同时，电桥中 R_1、R_2、R_3 的电阻值不随温度而变化，铜电阻 R_t 却随温度增加而增加，于是电桥不再平衡。这时，使a点电位高于b点电位，在对角线a、b间输出一个不平衡电压 U_{ab}，并与热电偶的热电势相叠加，一起送入测量仪表。如适当选择桥臂电阻和电流的数值，可以使电桥产生的不平衡电压 U_{ab} 正好补偿由于冷端温度变化而引起的热电势变化值，仪表即可指示出正确的温度。

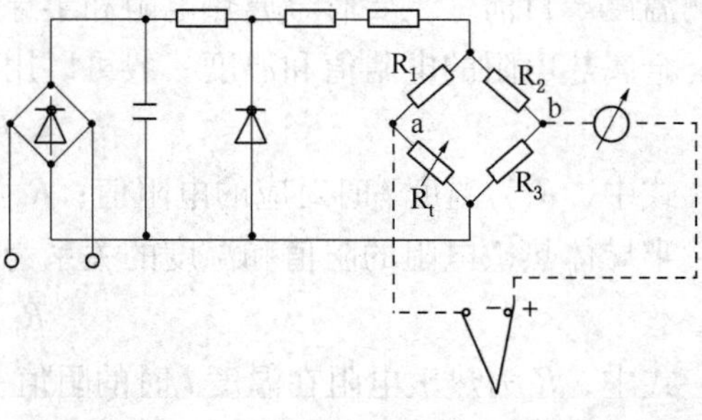

图2－93　具有补偿电桥的热电偶测温线路

应当指出，由于电桥是在20℃时平衡的，所以采用这种补偿电桥时须把仪表的机械零位预先调到20℃处。如果补偿电桥是在0℃时平衡设计的（DDZ－Ⅱ型温度变送器中的补偿

电桥)，则仪表零位应调在0℃处。

(5) 补偿热电偶法　在实际生产中，为了节省补偿导线和投资费用，常用多支热电偶而配用一台测温仪表，其接线如图2－94所示。转换开关(切换开关)用来实现多点间歇测量；CD是补偿热电偶，它的热电极材料可以与测量热电偶相同，也可以是测量热电偶的补偿导线。设置补偿热电偶是为了使多支热电偶的冷端温度保持恒定。为达到此目的，将一支补偿热电偶的工作端插入2～3m的地下或放在其他恒温器中，使其温度恒定为t_0，而它的冷端与多支热电偶的冷端都接在温度为t_1的同一个接线盒中。这时测温仪表的指示值则为$E(t, t_0)$所对应的温度，而不受接线盒处温度t_1变化的影响。

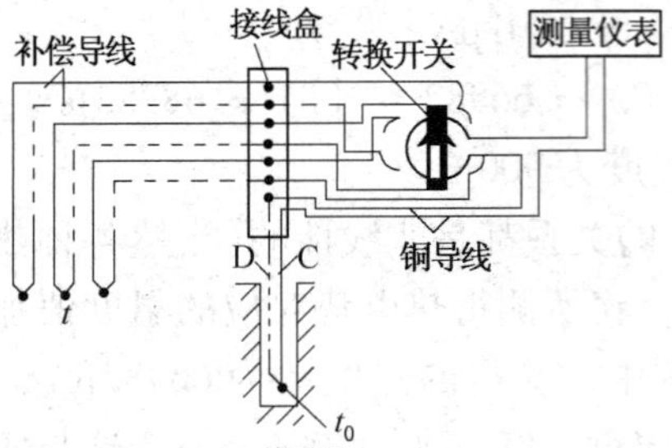

(a) 接线图

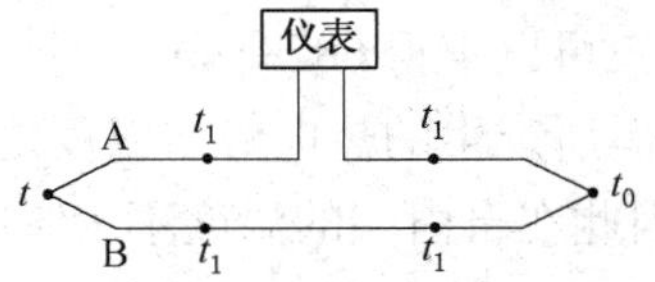

(a) 等效原理图

图2－94　补偿热电偶连接线路

2.5.4　热电阻温度计

在工业应用中，热电偶一般适用于测量500℃以上的较高温度。对于500℃以下的中、低温度，热电偶输出的热电势很小，对二次仪表的放大器、抗干扰措施等的要求就很高，否则难以实现精确测量；而且，在较低的温度区域，冷端温度的变化所引起的相对误差也非常突出。所以，测量中、低温度时，一般使用热电阻温度测量仪表较为合适。

1. 热电阻的测温原理

与热电偶测温原理不同的是，热电阻是基于电阻的热效应进行温度测量的，即电阻体的阻值随温度的变化而变化的特性。因此，只要测出感温热电阻的阻值变化，就可以测出被测温度。目前，主要有金属热电阻和半导体热敏电阻两类。

金属热电阻的电阻值和温度一般可以用以下的近似关系式表示，即

$$R_t = R_0(1 + \alpha t) \qquad (2-84)$$

式中，R_t为温度t时对应的电阻值；R_0为0℃时对应的电阻值；α为温度系数。

半导体热敏电阻的阻值和温度的关系为

$$R_t = Ae^{Bt} \qquad (2-85)$$

式中，R_t为热敏电阻在温度t时的阻值；A、B为取决于半导体材料和结构的常数。

相比较而言，热敏电阻的温度系数更大，测温下的电阻值更高(通常在数千欧以上)，但互换性较差，非线性严重，测温范围为－50～300℃，大量用于家电和汽车用温度检测和控制。金属热电阻一般适用于测量－200～500℃范围内的温度，其特点是测量准确、稳定性好、性能可靠，在过程控制领域中的应用极其广泛。

2. 工业上常用的金属热电阻

从电阻随温度的变化来看，大部分金属导体都有这种性质，但并不是都能用作测温热电阻。作为热电阻的金属材料，一般应具有：尽可能大而且稳定的温度系数；电阻率要大(在同样灵敏度下减小传感器的尺寸)；在使用的温度范围内具有稳定的化学和物理性能；

材料的复制性好；电阻值随温度变化要有单值函数关系(最好呈线性关系)。

目前，应用最广泛的热电阻材料是铂和铜。国内常用的铂热电阻有$R_0=10\Omega$和$R_0=100\Omega$等，分度号分别为Pt10和Pt100；铜热电阻有$R_0=50\Omega$和$R_0=100\Omega$两种，分度号分别为Cu50和Cu100。其中，Pt100和Cu50的应用更为广泛。

3. 热电阻的信号连接方式

热电阻是把温度变化转换为电阻值变化的一次元件，通常需要把电阻信号通过引线传递到计算机控制装置或者其他二次仪表上。工业用热电阻安装在生产现场，与控制室之间存在一定的距离，因此热电阻的引线对测量结果会有较大的影响。

目前，热电阻的引线方式主要有以下三种方式，如图2－95所示。

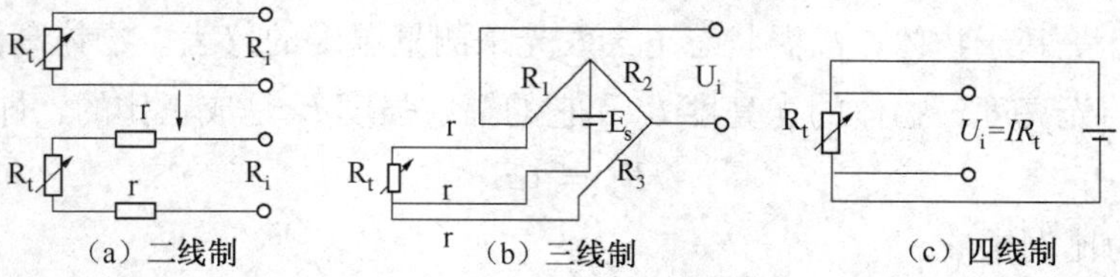

图2－95 热电阻的引线方式

(1) 二线制 在热电阻的两端各连接一根导线来引出电阻信号的方式，如图2－95(a)所示。这种引线方式最简单，但由于连接导线必然存在引线电阻r，其大小与导线的材质和长短等因素有关。很明显，图中$R_i \approx R_t + 2r$，因此这种引线方式只适用于测量准确度要求较低的场合。

(2) 三线制 在热电阻根部的一端连接一根引线，另一端连接两根引线的方式，如图2－95(b)所示。这种方式通常与电桥配套使用，可以较好地消除引线电阻的影响，是工业过程中最常用的引线方式。

(3) 四线制 在热电阻根部两端各连接两根导线的方式，如图2－95(c)所示。其中两根引线为热电阻提供恒定电流I，把R_t转换为电压信号U_i，再通过另两根引线把U_i引至二次仪表。可见，这种引线方式可以完全消除引线电阻的影响，主要用于高准确度的温度检测。

4. 热电阻的结构

热电阻的结构形式有普通型热电阻、铠装热电阻和薄膜热电阻三种：

(1) 普通型热电阻 主要由电阻体、保护套管和接线盒等主要部件所组成，其中保护套管和接线盒与热电偶的基本相同。电阻体是将电阻丝绕制(采用双线无感绕法)在具有固定形状的支架上，要求做得体积小，而且受热膨胀时电阻丝应该不产生附加应力。目前，用来绕制电阻丝的支架一般有三种构造形式：平板形、圆柱形和螺旋形，如图2－96所示。一般地说，平板支架作为铂电阻体的支架，圆柱形支架作为铜电阻体的支架，而螺旋形支架是作为标准或实验室用的铂电阻体的支架。

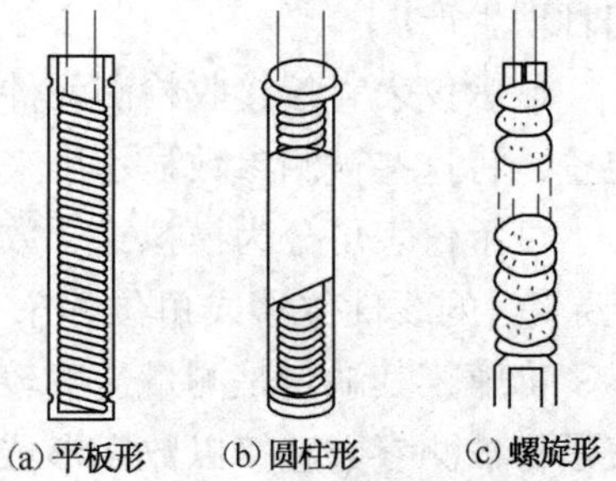

图2－96 热电阻的支架形状(已绕电阻丝)

(2) 铠装热电阻 将电阻体预先拉制成型并与绝缘材料和保护套管连成一体。这种热电阻体积小，抗扰性强，可弯曲，热惯性小，使用寿命长。

(3) 薄膜热电阻 它是将热电阻材料通过真空镀膜

法，直接蒸镀到绝缘基底上。这种热电阻的体积很小，热惯性也小，灵敏度高。

对于一些特殊的测温场合，还可以选用一些专业型热电阻。测量固体表面温度可以选用端面热电阻；在易燃易爆场合可以选用防爆型热电阻；测量震动设备上的温度可以选用带有防震结构的热电阻等。

2.5.5 高温检测仪表

高温检测仪表是利用热辐射原理进行非接触测温。在使用时只需要把温度计对准被测对象，而不必与被测对象直接接触，因此不会破坏被测对象的温度场。高温检测仪表有光学温度计、全辐射温度计和红外温度计。目前，被广泛地用来测量高于800℃的温度。

1. 光学温度计

光学温度计是基于物体在高温状态下会发光来测量温度的仪表。物体高温状态下发光，也就具有一定的光亮度，物体的光亮度 B_λ 和它的辐射强度 E_λ 是成正比的，即

$$B_\lambda = CE_\lambda \tag{2-86}$$

式中，C 为比例常数。

由于 E_λ 与温度有关，因此受热物体的亮度大小反映了物体温度的高低。所以通过测量物体的亮度大小就可确定被测物体温度的高低。光学温度计的准确度要比热电偶热电阻低，且结构复杂，价格贵，因此在使用上受到限制。

2. 全辐射高温计

全辐射温度计是根据物体的热辐射效应测量物体表面温度的仪器。物体受热后会发出各种波长的辐射能，其中有许多是我们肉眼看不到的，譬如铁块在未烧红前并不发出“亮”光，也就无法使用光学温度计来测量它的温度。虽然物体辐射出来的能量看不见，但可以把它辐射出来的所有能量集中于一个感温元件上，例如热电偶上。热电偶的工作端感受到这些热能后，就有热电势输出，并配以自动平衡电位差计显示仪表就可测出物体表面温度。

3. 红外温度计

红外温度计也是利用热辐射原理来测量温度的。任何物体只要其温度大于绝对零度，均会因分子热运动而发射红外线。物体发射的红外辐射能量与其温度有关。红外温度计根据这一特性，通过测定物体的红外辐射能量的大小便可确定被测物体温度高低。

2.5.6 温度显示仪表

在石油化工生产过程中，不仅需要采用各种检测方法测量生产过程中物体的温度及其他参数的大小，而且要求把这些测量值及时、准确地指示并记录，用字、符、数码等形式显示出来，以便提供生产所必需的数据，让操作者了解生产过程的全部情况，更好地操作和管理生产。

显示仪表直接接收检测元件或传感器或变送器送来的信号，然后经过测量线路和显示装置，将这些被测参数显示出来。

显示仪表可分为模拟式、数字式和图像显示三种。模拟式显示仪表是以仪表的指针（或记录笔）的线性位移或角位移来模拟显示被测参数连续变化，这类仪表结构简单、工作可靠、价廉，其缺点是测量速度较慢、准确度较低、读数不易准确、滞后大；数字式显示仪表是将被测参数直接以数字形式显示出来，因而测量速度快、准确度高、读数直观；图像显示仪表以图形、曲线、字符和数字等直接在屏幕上进行显示，它是随着电子计算机的推广应用而相应发展起来的一种新型显示仪器。

1. 模拟式显示仪表

工业上常用的模拟式显示仪表是自动平衡式指示记录仪表，有电子电位差计和自动电子平衡电桥两类。这两类仪表都是根据自动平衡的原理工作的，具有测量准确度较高、工作比较可靠的优点。

1）自动电子电位差计

电子电位差计是用来测量直流电压信号的，因而自动电子电位差计与热电偶配合，可以方便地实现对被测温度的显示和记录。为了更好地了解自动电子电位差计是如何利用平衡法原理来测量未知电动势的，下面先从手动电位差计讲起。

在工作中，常遇到用天平来称物体的质量，当增减砝码使指针指零时，砝码与被称物体达到平衡，这时被称物体的质量就等于砝码的质量。电位差计的工作原理就是根据这种平衡法则将被测电势与已知的标准电势相比较，当两者的差值为零时，被测电势就等于已知的标准电势。

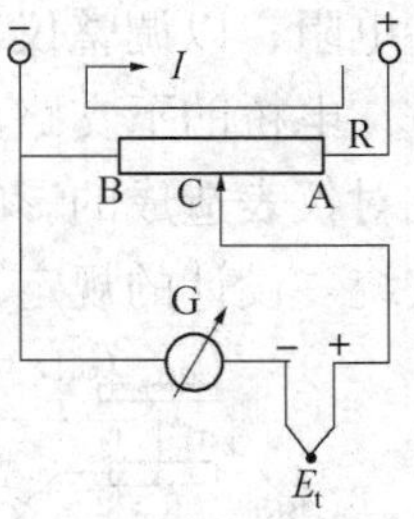

图 2－97　电压平衡原理图

如图 2－97 所示，R 为线性度很高的锰铜线绕电阻，它由稳压电源供电，这样就可以认为通过它的电流 I 是恒定的。G 为检流汁，它是个灵敏度很高的电流计。E_t 为被测的未知热电势。测量时，可调节滑动触点 C 的位置，以使 R_{CB} 上的压降 U_{CB} 变化，即

$$U_{CB} = IR_{CB} \qquad (2-87)$$

这样，当 $U_{CB} > E_t$ 时，检流计中就有电流流过，指针就向一方偏转；当 $U_{CB} < E_t$ 时，检流计也有电流流过，电流方向相反，指针向另一个方向偏转；当 $U_{CB} = E_t$ 时，检流计中无电流流过，即 $I_{检} = 0$。也就是说，这时已知电压 U_{CB} 正好和未知热电势 E_t 相平衡，即

$$E_t = U_{CB} \quad (条件:I_{检} = 0) \qquad (2-88)$$

根据滑动触点的位置，可以读出 U_{CB}，这样就达到了对未知热电势测量的目的。

以上就是手动电位差计的基本工作原理。为了测得未知的 E_t，必须不断调整滑动触点 C 的位置，以使检流计中无电流通过。由于在进行测量读数时，热电偶回路中没有电流通过，因此被测热电势本身引起的电压降损失和导线上的电压降损失就不存在了，对测量结果也无影响。只要检流计具有足够高的灵敏度，手动电位差计就可以获得较高的测量准确度。但是，手动电位差计的测量过程十分缓慢，自始至终需要人工参与。随着电子技术的应用和完善，产生了自动电子电位差计。

XW 系列电子电位差计结构原理如图 2－98 所示。当被测温度 t 上升时，热电动势 $E(t,\ t_0)$ 增加，$E(t,\ t_0)$ 与 U_{CB} 比较，其差值 $\Delta U = E(t,\ t_0) - U_{CB}$，由放大器放大，驱动可逆电动机转动，经传动机构带动指示和记录机构及滑线电阻 R_p 的触点 C 移动，使 U_{CB} 增加。当 $U_{CB} = E(t,\ t_0)$ 时，仪表处于平衡状态，指针所指位置对应着被测温度值。在检测过程中，由同步电动机带动记录笔移动，记录被测温度。

XW 系列电子电位差计配热电偶测温时，要求分度号一致，并使用补偿导线连接。仪表工作时，只要将热电偶的信号接入仪表的“＋”、“－”接线端，并接入 220V DC 电源，打开表内电源开关，仪表即可工作。

电子电位差计的测量桥路中，除了电阻 R_t 外，其余电阻均由锰铜丝绕制，阻值不受环境温度影响，电桥上支路中滑线电阻 R_p 用于调整桥路输出电压，与滑线电阻并联的电阻 R_B 是匹配电阻，R_p 与 R_B 并联阻值为 90Ω ±0.1Ω。电阻 R_4 用于调整上支路工作电流；R_C 为起

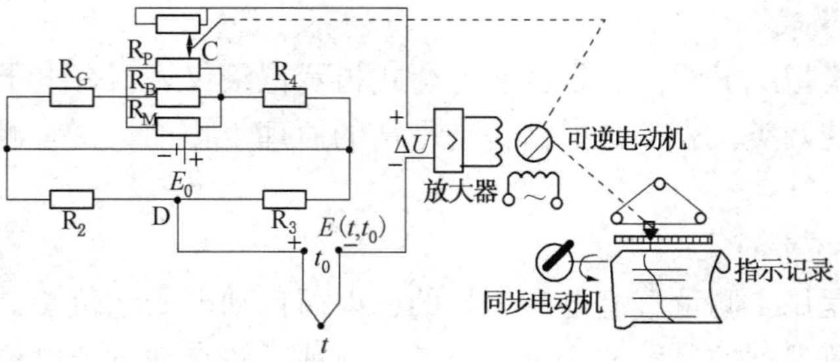

图 2－98　电子电位差计测温原理图

始电阻，以调整仪表的零点；R_M为量程电阻，以调整仪表的量程。

电桥的下支路由铜电阻 R_2和 R_3组成，其中铜电阻 R_2用以自动补偿热电偶冷端温度 t_0变化对仪表造成的影响，即用于冷端温度补偿，而固定电阻 R_3则用于下支路工作电流调整。按统一设计的规定，上支路工作电流通常为 4mA，下支路工作电流为 2mA。

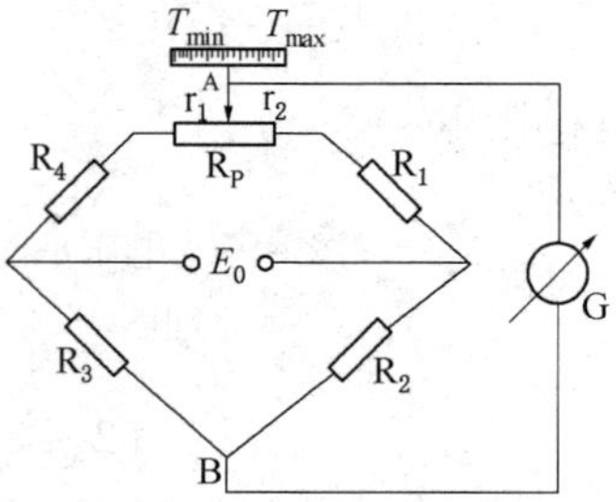

图 2－99　平衡电桥

2）自动电子平衡电桥

自动电子平衡电桥可以与热电阻配套使用，它准确度较高，能自动记录，是工业上应用很广泛的仪表之一。

电子平衡电桥是利用平衡电桥来测量热电阻变化的，如图 2－99 所示，R_t为热电阻，它与 R_2、R_3、R_4、R_p组成电桥，电源电压为 E_0；对角线 A、B 接入一检流计 G；R_p为一带刻度的滑线电阻。

当初测温度为下限时，R_t有最小值 R_{t_0}，滑动触点应在 R_p的左端，此时电桥的平衡条件是

$$R_3(R_{t_0} + R_p) = R_2R_4 \tag{2-89}$$

当被测温度升高后，其平衡条件是

$$R_3(R_{t_0} + \Delta R_t + R_p - r_1) = R_2(R_4 + r_1) \tag{2-90}$$

两式相减得

$$\Delta R_t R_3 - r_1 R_3 = R_2 r_1 \tag{2-91}$$

即

$$r_1 = \frac{R_3}{R_2 + R_3}\Delta R_t$$

从上式可以看出：滑动触点 B 的位置反映了电阻的变化，亦即反映了温度的变化，并且可以看到触点的位移与热电阻的增量呈线性关系。

如果将检流计换成电子放大器，利用被放大的不平衡电压去推动可逆电机，使可逆电机再带动滑动触点 B 以达到电桥平衡。这就是自动平衡电桥的基本原理。

图 2－100 是自动电子平衡电桥的原理图。图中 R_{ap}由三个元件（R_P、R_B、$R_5 + r_5$）所组成，R_P与 R_B并联后的电阻规定为 90Ω；$R_5 + r_5$是调整仪表量程的电阻：$R_6 + r_6$为调整仪表起始点刻度的电阻；r_5、r_5为刻度的微调用电阻。

当被测温度变化时，若 R_t阻值增加，桥路失去平衡，这一不平衡电压由电桥的对角线引至电子放大器进行放大，然后推动可逆电机，由可逆电机带着滑线电阻的滑动触点移动，以改变上支路两个桥臂阻值的比例，直至使桥路恢复平衡状态。可逆电机同时带动指针，指示出温度变化的数值。当被测温度为仪表刻度的始端值时，热电阻的阻值最小，滑动触点应移向 R_P的左端。当被测温度升至刻度的终端值时，热电阻的阻值最大，滑动触点应移

向 R_P的右端。

应当指出的是，自动电子平衡电桥中的热电阻也采用三线制接法，这是因为当用热电阻测量温度时，热电阻要安装在被测温度现场，而平衡电桥中的其他电阻连同仪表一起安装在控制室。由于现场离控制室较远，因此连接热电阻的导线往往很长，如果用图 2－98 所示的平衡电桥来测量，那么连接热电阻的两根导线都分布在电桥的一个桥臂上，因此连接导线和电阻随着环境温度变化而变化，将同热电阻阻值的变化一起加在平衡电桥的一个桥臂上，就会使测量产生较大的误差。为了准确地指示出被测温度的数值，将热电阻的连接采用三线制接法，并加外接调整电阻，如图 2－101 所示。

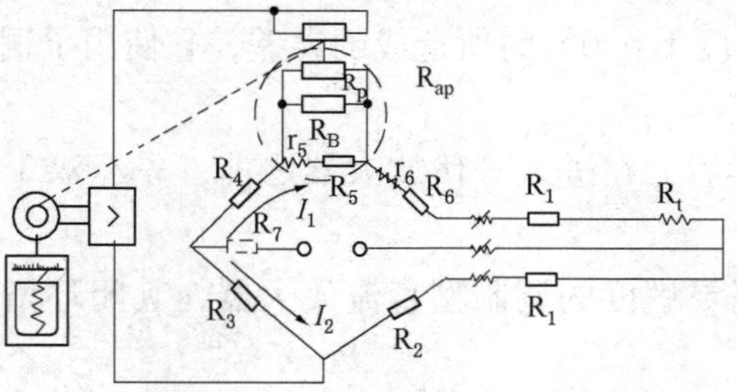

图 2－100　自动平衡电桥结构原理图

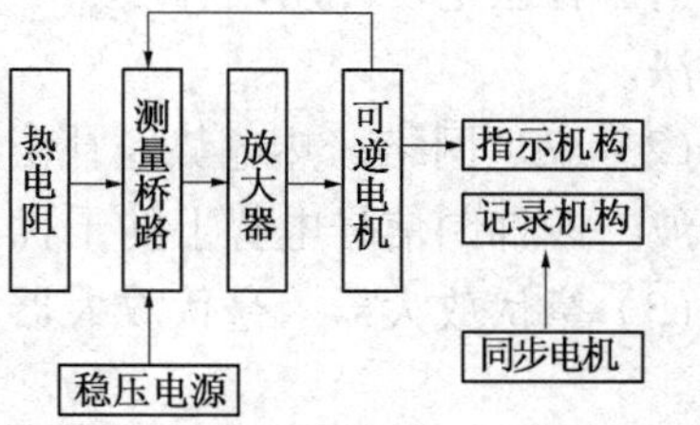

图 2－101　自动电子平衡电桥方框图原理

为了克服因连接导线长短不同而引起的测量误差，一般规定连接导线的电阻值为 2×2.5Ω，即每根连接导线的电阻值为 2.5Ω。这样，仪表出厂时，就带有 2 个锰铜丝绕制而成的的电阻，其阻值各为 2.5Ω，称之为外接调整电阻。在校验仪表时，必须把这两个外接调整电阻分别接在仪表的接线端子上。在实际使用时，若每根连接导线电阻不足 2.5Ω 时，则须用外接调整电阻凑足 2.5Ω，图 2－99 中的 R_1 为外接调整电阻。

2. 数字温度显示仪表

前面讲的测量仪表都是将被测定的物理、化学量变换为另一物理量，变换后的物理量仍然随被测量作相应的变化，这种变化是对被测量的模拟（如热电偶把温度模拟为热电势值，则热电势值是温度量的模拟量），与此相配套的显示仪表是模拟式显示仪表，用标尺、指针等方法显示被测量。而数字温度显示仪表直接接收热电偶热电阻信号，对温度信号进行测量，并直接以数字形式显示被测温度值。一般数字显示仪表也可以接受其他变送器的标准信号，以实现其他参数数字显示。

数字式显示仪表是直接用数字量显示被测值，所以首先要把连续变化的模拟量变换成断续变化的数字量，完成这一功能的装置称为模－数转换装置（简称 A/D 转换），如果输入信号是数字量，则直接进行计数显示，其原理如图 2－102 所示。

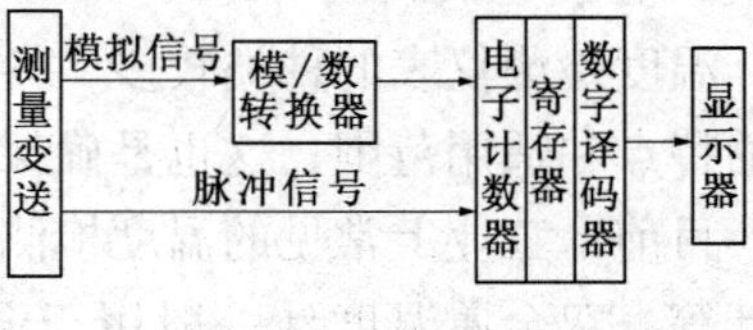

图 2－102　数字式显示显示仪表原理框

数字式温度计由感温元件、测量电路、放大器、模－数转换器、线性化器、计数器、数字显示器等组成。对于多路测量的数字温度计，其输入部分有自动切换装置，测量电路把被测温度值转换为相应的电压值，此电压由放大器放大后输至线性化器，经线性化处理后的电压正比于被测温度。此电压经模－数转换为脉冲数字量，最后经译码－计数－存储和数码显示器，显示出相应的温度值。

国产数字式温度显示仪表很多，现以热电偶的数字显示仪表为例。如图 2－103 所示，它能接受各种热电偶所给出的热电势，直接以四位或五位数字显示出相应的温度值来，还可以给出所示温度的1mV/℃的模拟电压供温度调节仪表用。下面简述各部分的作用：

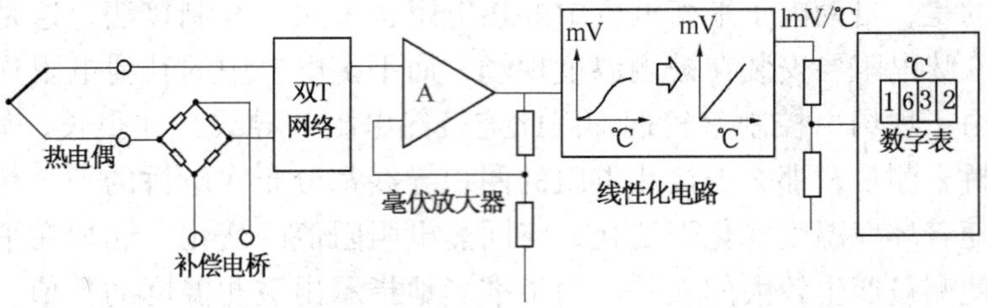

图2-103　数字式温度显示仪表的基本组成

（1）补偿电桥　用以补偿热电偶冷端温度不在0℃时所造成的误差，它使用了铜电阻补偿方法。

（2）双T网络　热电势经补偿桥路补偿后，在进入毫伏放大器之前，先经双T网络进行滤波，以抑制信号电势上的干扰。

（3）毫伏放大器　毫伏放大器是一个高灵敏度的调制型直流放大器，其闭环增益为几十倍。

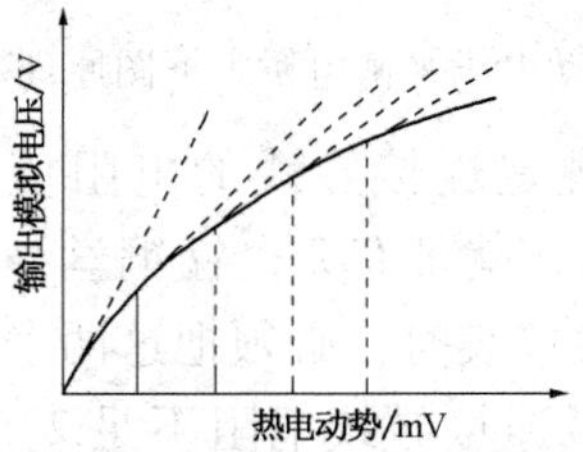

图2-104　折点函数发生器的折线近似曲线法

（4）非线性补偿器　非线性补偿器由十几个线性集成运算放大器组成，放大倍数随输入电压变化非线性地补偿放大电路。非线性补偿电路与热电偶的热电特性（mV-℃）曲线形状有关，一般用8段直线来近似逼近曲线，因而用8个放大倍数不同的运算放大器，构成了8个折点函数发生器，使线性化电路输出特性发生折变（见图2-104）。在线性化电路中，某段折线投入与否，将取决于输入热电势数值，而其折线斜率各不相同，以拟合热电特性曲线。这样，线性化电路将以数段折线去逼近热电偶的毫伏-温度曲线，从而获得输出电压与温度之间的线性关系。

（5）数字表　经线性补偿电路完成线性化后的信号可达1mV/℃的电平，因而数字式温度显示仪表其数字显示部分实际上相当于一台数字式电压表。输入的毫伏信号通过模-数转换器，将模拟量变为数字量以后，由电子计数器进行计数，最后在显示器上以数字直接显示出被测温度的高低。

2.5.7　温度检测仪表的选用和安装

1. 温度检测仪表的选用

温度检测仪表的种类较多，参见表2-2。在选用温度检测仪表的时候，应注意每种仪表的特点和适用范围，这也是确保温度测量准确度的第一个关键环节。

目前，工业上常见的温度检测仪表主要有双金属温度计、热电偶、热电阻和辐射式温度计等。双金属温度计一般用于温度信号的就地检测和指示，测量准确度不高。热电阻、热电偶和辐射式温度计可用于温度信号的在线测量。其中热电阻和热电偶是工业上最常用的两种测温仪表。前者适用于测量500℃以下的中、低温度，后者更适用于测量500~1800℃范围的中、高温度。辐射式温度计一般用于2000℃以上的高温测量。

另外，在选用温度检测仪表时，除了要综合考虑测量准确度、信号制、稳定性等技术要求之外，还应该注意工作环境等因素的影响，例如通过环境温度、介质特性（氧化性、还原性、腐蚀性）等选择适当的保护套管、连接导线等附件。

2. 测温元件的安装

接触式测温仪表所测得的温度都是由测温(感温)元件来决定的。在正确选择测温元件和二次仪表之后，如不注意测温元件的正确安装，测量准确度仍得不到保证。工业上一般按下列要求进行安装。

1）测温元件的安装要求

在测量管道温度时，应保证测温元件与流体充分接触，以减少测量误差。因此，要求安装时测温元件应迎着被测介质流向插入，须与被测介质正交(成 90°)，切勿与被测介质形成顺流，如图 2－105 所示。

测温元件的感温点应处于管道中流速最大处。一般来说，热电偶、铂电阻、铜电阻保护套管的末端应分别越过流束中心线 5～10mm、50～70mm、25～30mm。

测温元件应有足够的插入深度，以减小测量误差。为此，测温元件应斜插安装或在弯头处安装，如图 2－106 所示。

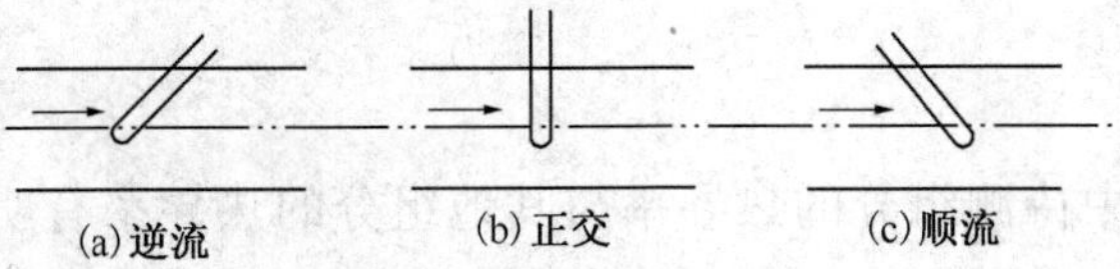

图 2－105　管道中测温元件的安装

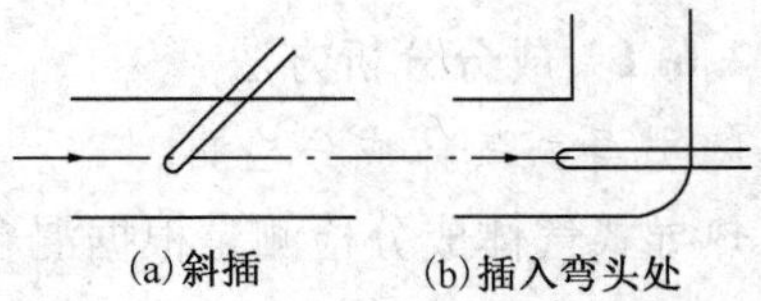

图 2－106　测温元件安装深度

若工艺管道过小(直径小于 80mm)，安装测温元件处应接装扩大管，如图 2－107 所示。

热电偶、热电阻的接线盒面盖应向上，可避免雨水或其他液体、脏物进入接线盒中影响测量，如图 2－108 所示。

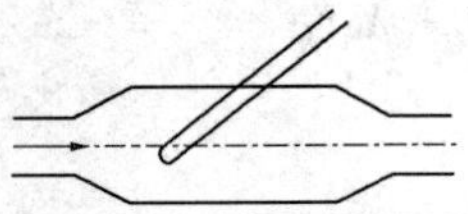

图 2－107　小工艺管道上测温元件安装示意图

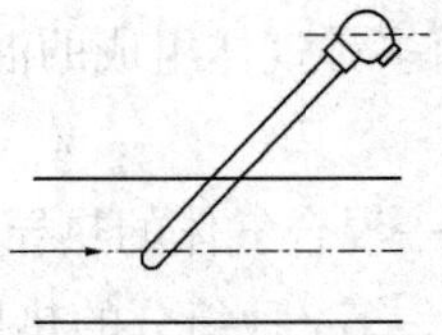

图 2－108　热电偶或热电阻安装示意图

为了防止热量散失，测温元件应插在有保温层的管道或设备处。

测温元件安装在负压管道中时，必须保证其密封性，以防外界冷空气进入，使读数降低。

2）布线要求

(1) 按照规定的型号配用热电偶的补偿导线，注意热电偶的正、负极与补偿导线的正、负极相连接，不要接错。

(2) 热电阻的线路电阻一定要符合所配二次仪表的要求。

(3) 为了保护连接导线与补偿导线不受外来的机械损伤，应把连接导线或补偿导线穿入钢管内或走槽板。

(4) 导线应尽量避免有接头，应有良好的绝缘。禁止与交流输电线合用一根穿线管，以免引起感应。

(5) 导线应尽量避开交流动力电线。

(6) 补偿导线不应有中间接头，否则应加装接线盒。另外，最好与其他导线分开敷设。

2.6 成分检测

在石油化工生产过程中，成分往往是最直接的控制指标。例如：精馏塔系统中塔顶、塔底馏出物组分浓度的检测和控制；锅炉燃烧系统烟道气中 O_2、CO、CO_2等气体含量的检测和控制；净化天然气中 H_2S 含量的检测和控制。因此，成分的检测和控制是非常重要的。下面介绍几种常用成分的检测方法及常用检测仪表。

成分分析仪表有两类，即实验室分析仪表和工业过程分析仪表。这里介绍的是典型的过程分析仪表，属于现场安装、自动取样或连续在线分析的仪表。

成分分析一般针对工艺介质的取样、试样预处理、自动分析、信号处理和远传等环节，有的仪表可能只需要其中的一个或几个环节。分析仪表一般由采样系统、分析传感器、信号处理单元三部分组成。

2.6.1 成分分析方法

1. 热导式气体成分检测

热导式气体成分检测是根据混合气体中待测组分的热导率与其他组分的热导率有明显差异这一事实，当被测气体的待测组分含量变化时，将引起热导率的变化，通过热导池转换成电热丝电阻值的变化，从而间接得知待测组分的含量。利用这一原理制成的仪表称为热导式气体分析仪，它是一种应用较广的物理式气体成分分析仪器。

表征物质导热能力大小的物理量是热导率 λ，λ 越大，说明该物质传热速率越大。不同的物质，其热导率是不一样的，常见气体的相对于空气的热导率见图 2 - 108。

对于由多种气体组成的混合气体，若彼此间无相互作用，其热导率可近似为

$$\lambda = \lambda_1 c_1 + \lambda_2 c_2 + \cdots + \lambda_i c_i + \cdots + \lambda_n c_n \qquad (2-92)$$

式中 λ——混合气体的热导率；

λ_i，c_i——第 i 种组分的热导率和浓度。

设待测组分的热导率为 λ_1，浓度为 c_1，其他气体组分的热导率近似相等，为 λ_2。利用式(2 - 92)可以推出待测组分浓度和混合气体热导率之间的关系为

$$c_1 = \frac{\lambda - \lambda_2}{\lambda_1 - \lambda_2} \qquad (2-93)$$

由此可见，只要测得混合气体的热导率 λ 就可以测得待测气体的浓度 c_1。

从上面的分析可以看出，热导式气体分析仪的使用必须满足两个要求：一是待测气体的热导率与其他组分的热导率要有显著的区别，差别越大，灵敏度越高；二是混合气体中其他组分的热导率应相同或者十分接近。由图 2 - 109 可知，H_2的热导率是其他气体的数倍，CO、SO_2的热导率则明显小于其他气体的热导率。因此，热导式气体分析仪可用于 H_2、CO、SO_2等气体在一定条件下的浓度测量。

2. 热磁式氧检测

热磁式氧检测法常用于石油化工生产流程混合气体氧含量测量。其工作原理是利用具有极高磁化率的氧气，在非均匀磁场的作用下形成所谓“热磁对流”（或称“磁风”），对敏感元件产生冷却作用而工作的。热磁式氧分析器测量原理如图 2 - 110 所示。

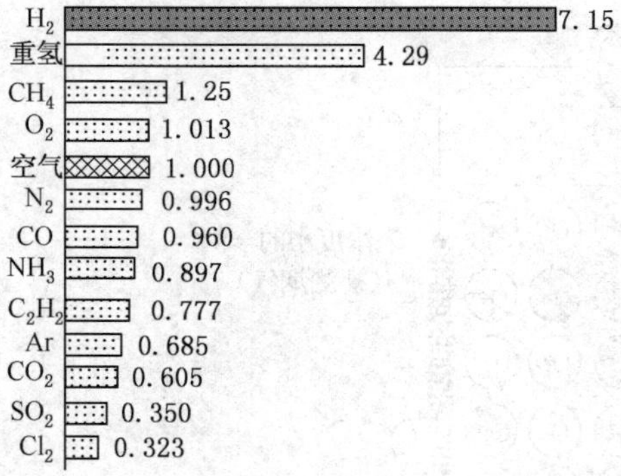

图 2－109　各种气体相对空气热导率

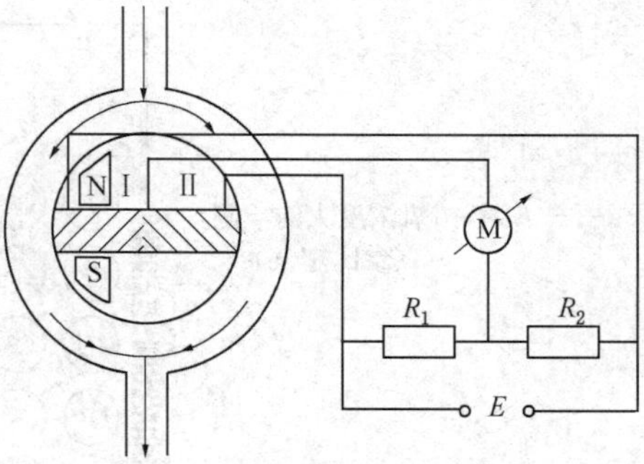

图 2－110　热磁式氧分析器原理图

如果不含氧的混合气体进入测量环室，则气体分两路经过环型气路两旁通道流出环室。处于环室气路中间的水平管道，因其两端气压相同，故不形成气流。当有氧的混合气体进入环室时，氧被吸入水平管道的磁场内。由于水平管道上绑有被加热的铂丝电桥臂Ⅰ、Ⅱ，进入的氧将受热而温度升高，由于氧的磁化率随温度升高而降低，这样就减弱了磁场对它们的吸引力，受热的氧分子将不断被冷的氧分子所补充而排出磁场。因此，在水平管道中形成了氧的对流，一般称之为“热磁对流”或称“磁风”。显然，热磁对流随被测混合气体中含氧量的增加而加强。在水平管道中的热磁对流将使桥臂Ⅰ产生不同程度的冷却作用，改变了桥臂的电阻值，这样就破坏了由电桥臂Ⅰ、Ⅱ和 R_1、R_2 组成的测量电桥的平衡，使电桥两端产生不平衡电压，通过二次仪表指示，即显示出被测混合气体中氧的含量。

3. 氧化锆氧检测

氧化锆氧检测法是利用电化学式分析原理进行检测。这种方法特别适用于分析工业锅炉中烟道气的氧含量，其探头直接插入烟道，不需取样系统，故能及时反映锅炉内的燃烧状况，并可通过自调装置调整鼓风量，以保证最佳的空气燃料比，达到节约能源及减少环境污染的双重效果。

氧化锆分析仪的基本工作原理基于氧浓差电池原理。氧化锆（ZrO_2）是一种陶瓷固体电解质，在高温下有良好的离子导电特性。在纯氧化锆中掺入低价氧化物如氧化钙（CaO）及氧化钇（Y_2O_3）等，在高温焙烧后形成稳定的晶体结构（见图 2－111）。由于钙、钇的化合价与锆不同，二价的钙离子 Ca^{2+} 或三价的钇离子 Y^{3+} 置换了四价的锆 Zr^{4+} 离子的位置，就会形成氧离子空穴。例如一个氧化钙取代一个氧化锆分子，由于一个钙离子只能与一个氧离子结合，晶体中就会留下一个氧离子空穴。这种氧离子空穴型氧化锆材料在 600～800℃高温时，对氧离子有良好的传导作用。

利用氧化锆材料的上述特性，在氧化锆陶瓷体的两侧烧结一层几十微米厚的多孔铂电极，就构成了氧浓差电池，如图 2－111 所示。当两侧气体的含氧量不同时，在两电极间产生电势，此电势与两侧气体中的氧浓度有关，称为浓差电势。

浓差电池的左侧为参比气体（空气，含氧量 20.8%），右侧为被测气体（烟气，含氧量 3%～6%）。600～800℃的高温下，在氧浓度高的左侧，渗入到铂电极中的氧分子在铂材料催化作用下，1 个氧分子在铂电极上夺取 4 个电子，而分离成 2 个氧离子 O^{2-}，进入固体氧化锆电解质中。

由于左右两侧氧浓度不同，氧离子依靠空穴导电向低浓度的右侧扩散。当到达低浓度的右侧时，1 个氧离子在微孔铂电极上释放出 2 个电子形成氧分子放出。

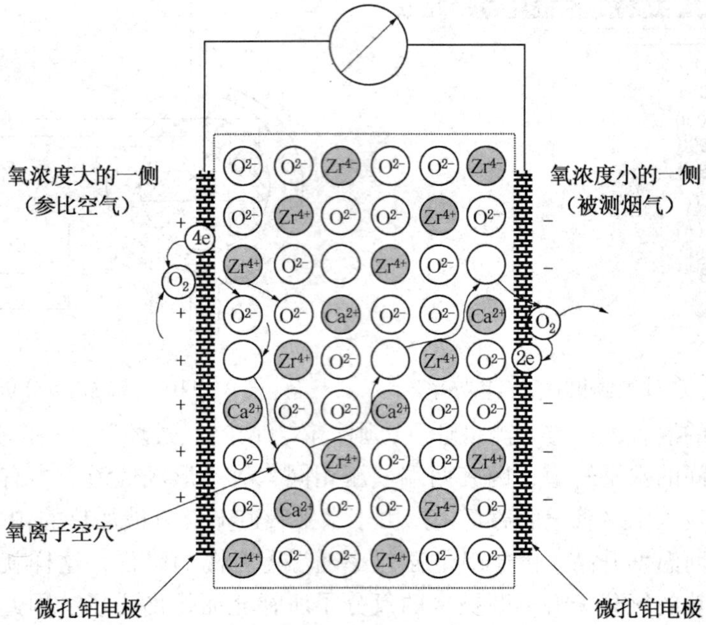

图 2-111　氧浓差电池原理

所以，在氧高浓度侧的铂电极上失去电子带正电，成为氧浓差电池的正极。在氧低浓度侧的铂电极上得到电子带负电，成为氧浓差电池的负极。正负极间电荷的积累形成内部静电场，阻碍氧离子的这种扩散运动。当扩散作用与电场作用达到平衡时，氧化锆电解质两侧的铂电极上形成稳定的浓差电势。其信号经过测量放大器放大后，仪表指示出氧含量，其工作原理如图 2-112 所示。

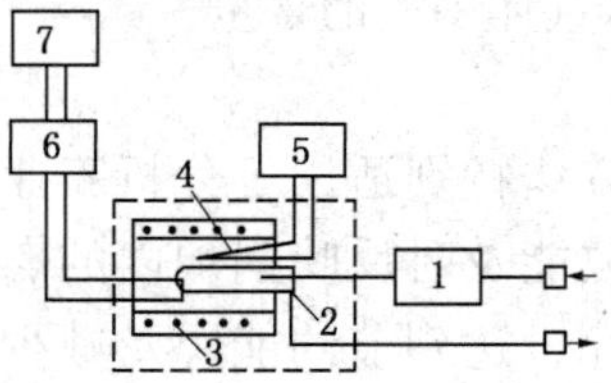

图 2-112　氧化锆式氧分析器工作原理方框图

1—预处理装置；2—氧化锆；3—电炉；4—热电偶；5—温控器；6—测量放大器；7—记录仪

4. 红外式气体成分检测

红外式气体成分检测是根据气体对红外线的吸收特性来检测混合气体中某一组分的含量。凡是不对称双原子或者多原子气体分子，对不同波长的红外线辐射都具有选择吸收的特性，其吸收程度取决于被测气体的浓度。被测组分吸收红外线的程度遵循郎伯-比尔定律，即

$$I = I_0 e^{-kcL} \tag{2-94}$$

式中　I——透射红外线强度；

I_0——入射红外线强度；

k——待测组分的吸收系数；

c——待测组分的摩尔浓度；

L——被红外线辐射的经过待测组分的厚度。

由上式可知，在 I_0、L 和 k 不变的情况下，I 只与 c 有关，通过测定透射红外线的强度，便可确定待测组分的浓度。

红外线气体成分检测的基本原理如图 2-113 所示。红外线光源发出红外光，经反射镜，两路红外光分别经过参比室和工作室，参比室中充满不吸收红外线的 N_2，而待测气体经由工作室通过。

如果待测气体中不含待测组分，红外线穿过参比室和工作室时均未被吸收，进入红外

探测器 A、B 两个检测气室的能量相等，两个气室气体密度相同，中间隔膜也不会弯曲。因此，平行板电容量不发生变化。

相反，如果待测气体中含有待测组分，红外线穿过工作室时相应波长的红外线被吸收，进入红外探测器 B 检测气室的能量降低（被吸收的能量大小与待测气体的浓度有关），B 气室气体压力降低，薄膜电容中的动片向右偏移，致使薄膜电容的容量产生变化，此变化量与混合气体中被测组分的浓度有关。因此，电容的变化量就定义了被测气体的浓度。

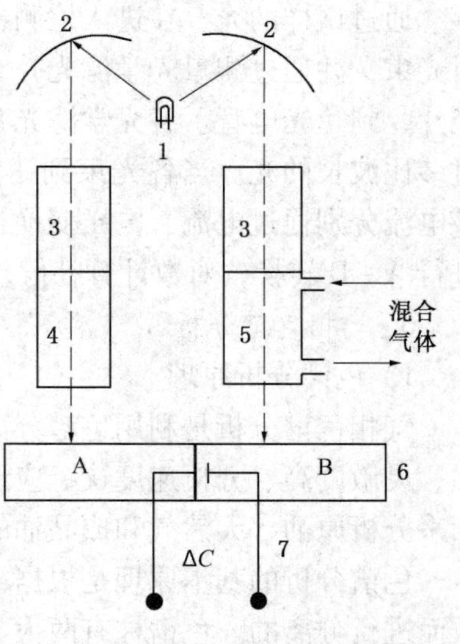

图 2－113　红外线气体成分检测原理

1—红外线光源；2—反射镜；3—滤波室或滤光镜；4—参比室；5—工作室；6—红外探测器；7—薄膜电容

由于气体会对不同波长的红外线产生不同的吸收作用，如 CO 和 CO_2 都会对 4～5μm 波长范围内的红外线有非常相近的吸收光谱，所以这两种气体的干扰就非常明显。为了消除背景气体的影响，可以在检测和参比两个光路上各加装一个滤波气室，滤波气室中充满背景气体，当红外光进入参比室和工作室之前，背景气体特征波长的红外线被完全吸收，使作用于两个检测气室的红外线能量之差只与被测组分的浓度有关。当然，图 2－112 中的两个滤波气室可以用两个相同的滤光镜来取代。

红外线成分检测仪较多地用于 CO 、CO_2、CH_4、NH_3、SO_2、NO 等气体的检测，由于受到红外探测器检测气室、滤波气室等的限制，通常一台仪表只能测量一种组分的一定浓度。

5. 紫外光度法硫化氢检测

紫外光是波长为 200～400nm 光，该波长的光能引起某些物质的电子跃迁，当紫外光照射在某些物质上时，能引起电子跃迁的那些波长的光被吸收，紫外光在气体或溶液中的吸收也遵从郎伯－比尔定律。

硫化氢紫外光度分析仪就是利用光吸收的这一规律来测定硫化氢浓度的。检测硫化氢浓度使用的波长为：测量波长用 228. 3nm；参比波长用 326. 3nm。

紫外光度法硫化氢检测的原理如图 2－114 所示，试样流过测量池时，由光源部发出的光通过测量池到达检测部。波长中一部分光在通过试样时，被试样中的硫化氢吸收。

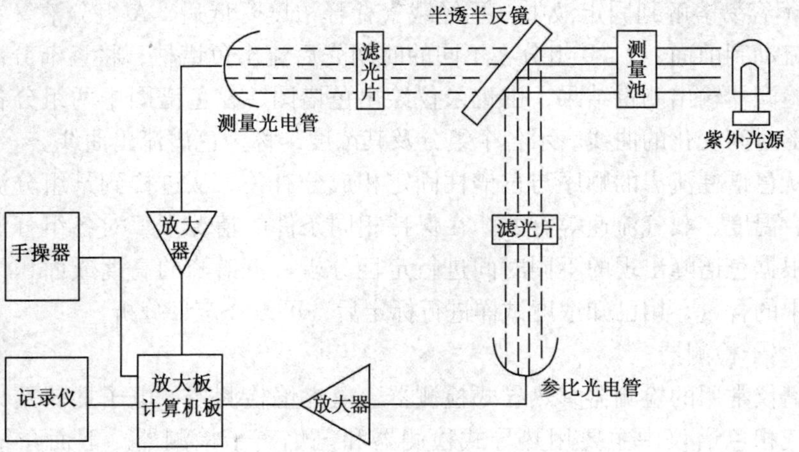

图 2－114　硫化氢紫外光度分析仪工作原理

通过试样的光，在进入检测器后，通过半透半反镜分成两道光束，其中一道光束为透射光束，并通过测量光学滤光片，到达光电管；另一光束为反射光束，则通过参比光学滤光片，到达光电管。各光学滤光片只能透过特定波长的光。参比光的光学滤光片，仅能通过参比波长的光。当各光束到达光电管时，在相应光电管会产生与光强度成正比的电流，该电流分别通过电流－电压变换器，变换成为电压信号，变换出来的电压再送入计算机板进行 A－D 转换，对数计算补偿，计算出硫化氢浓度并显示输出。

6. 气相色谱分析

1）色谱分析原理

气相色谱分析是利用色谱分离技术对混合物中的多种组分同时进行测定，具有选择性强、灵敏度高、分析速度快、应用范围广等特点，应用非常广泛。在石油、石化行业一般用来分析原油、天然气和成品油的成分，控制产品质量。

色谱分析的基本原理是根据不同物质在被称为“色谱柱”的元件中，具有不同的分配系数而进行分离的。色谱柱有两大类：一类是填充色谱柱，是将固体颗粒吸附剂或黏附有固定液的固体颗粒，填充在较粗的玻璃管或金属管内构成；另一类是空心色谱柱或空心毛细管色谱柱，是将固定液附着在细长管内壁上构成，填充柱的内径约为 4～6mm。毛细管色谱柱的内径只有 0.1～0.5mm，柱长根据分离要求而定，一般为 0.5～15m。

被分析的试样是由某种惰性气体带入色谱柱的，携带试样的气体称为“载气”。我们把色谱柱中的吸附颗粒或固定液称为“固定相”，把被分析的试样和携带试样的流体叫做“流动相”。在工业气相色谱仪中，流动相是气体，固定相是液体(固定液)。

载气在固定液上的吸附或溶解能力要比样品组分弱得多，可以忽略不计，而试样中各组分在固定液上的溶解能力各不相同。试样在通过色谱柱时，会不断使固定液溶解，挥发，再溶解，再挥发。溶解度大的组分较难挥发，向前移动的速度慢，停留在柱中的时间长些；而溶解度小的组分易挥发，向前移动的速度快，停留在柱中的时间就短些。不溶解的组分随载气首先流出色谱柱。由于各组分流出色谱柱的先后次序不同，从而实现了各组分的分离。

图 2－115 所示的是 A、B 混合物在色谱柱中的分离过程。设 B 组分的溶解度大于 A 组分的溶解度。两个组分 A 和 B 的混合物在载气带动下，经过一定长度的色谱柱时，溶解度大的 B 组分容易溶解到固定液中。在载气推动剩余组分向前移动的过程中，经载气稀释，B 组分也较难挥发。B 组分停留在固定液中时间较长，其蒸气段会逐渐落在后面，而溶解度小的 A 组分不容易溶解到固定液中，且经载气稀释浓度降低后，A 组分液又容易挥发，较早地随载气流动到前面。A、B 组分在不同的时间先后流出色谱柱，将逐渐分离，并先后进入检测器。检测器输出测量结果，由记录仪绘出色谱图。在色谱图中两组分各对应一个色谱峰。图中随时间变化的曲线表示各个组分及其浓度，称为色谱流出曲线。

各组分从色谱柱流出的顺序与色谱柱固定相成分有关。从进样到某组分流出的时间与色谱柱长度、温度、载气流速等有关。在保持相同条件的情况下，对各组分流出时间标定以后，可以根据色谱峰出现的不同时间进行定性分析。色谱峰的高度或面积可以代表相应组分在样品中的含量，用已知浓度试样进行标定后，可以作定量分析。

2）氢焰离子检测器

气相色谱仪常用的检测器有热导式检测器、氢火焰检测器、电子捕获及火焰光度检测器等。工业气相色谱仪中主要用热导式检测器和氢焰离子检测器。下面介绍氢焰离子检测器。

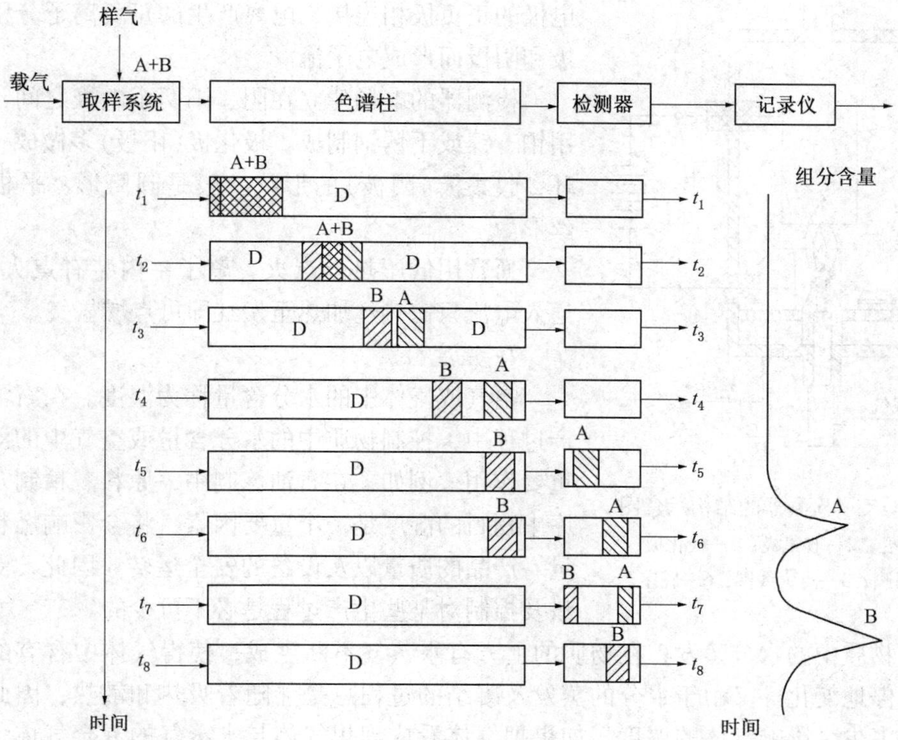

图 2-115　A、B 混合物在色谱柱中的分离过程

氢火焰离子化检测器简称氢焰离子检测器。它对大多数有机化合物具有很高的灵敏度，比热导式检测器的灵敏度高约 3～4 倍，是目前色谱仪的一种常备检测器。其主要特点是结构简单、灵敏度高、线形范围宽、响应速度快、恒温要求不高等，但对无机物或在火焰中不电离以及电离很少的组分不能检测。

氢气在空气中燃烧会产生少量的带电粒子，将其置于较高电压的两个极板之间时，能产生微弱的电流，一般在 10^{-12} A 左右。如果在火焰中引入含碳的有机物，那么产生的电流便会急剧增加，且与火焰中有机物含量成正比。

氢焰离子检测器如图 2-116 所示，其主体为离子室，室内有一个喷嘴。载气、样气和氢气由此喷出燃烧，并产生电离。两电极间加一直流电压形成收集离子的静电场。与样气组分含量有关的正、负离子，在电场作用下定向运动形成微弱的离子流，经微电流放大器放大后，送入记录仪记录色谱峰。

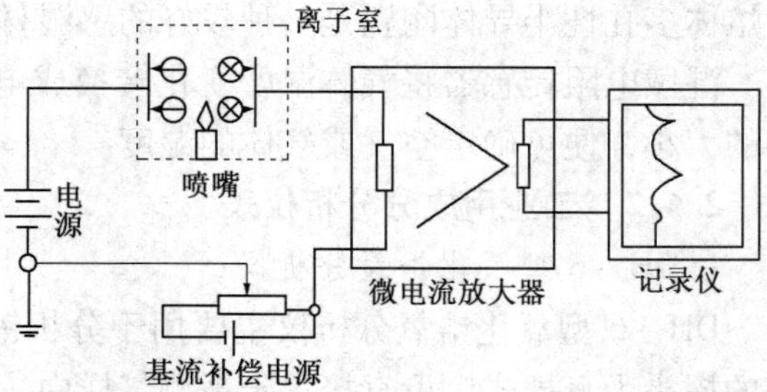

图 2-116　氢焰离子检测器工作原理框图

当载气中没有样气时，由于受色谱柱内固定液挥发、气体中含微量杂质、气路系统的玷污等因素的影响，在检测器上仍会有一个微弱的电子流，称为基流，它会影响信号电流的测量。因此，在回路中引入了基流补偿装置，以产生一个反向电流抵消基流的影响。

氢火焰离子化检测器的基本结构如图 2-117 所示。金属外壳和喷嘴固定在底座上，喷嘴与色谱柱流出的气体和氢气引入管直接相连。在底座上还有空气供给管，提供助燃气。点火线圈供点燃氢焰用。在喷嘴上方依次装有极化极（阳极）及收集极（阴极），分别与极化

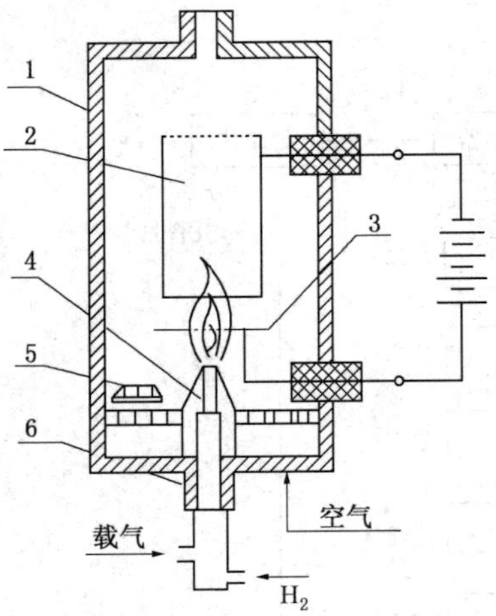

图 2－117　检测器的结构示意图

1—外壳；2—收集极；3—极化极；4—喷嘴；5—点火线圈；6—底座

电极的正负极相连接，电离产生的正负离子分别奔向阳极和阴极而形成电子流。

检测器的电场建立在阴、阳两个电极之间，电极常用铂、镍或不锈钢制成。极化极(阳极)多做成一个金属环，收集极(阴极)的形状一般是圆筒形、平板形或盘丝形。

通常用低压热丝点火。离子室内装有点火加热丝，通入电流只需热丝加热至发红即可点燃氢气。

7. 湿度检测

空气或气体中的水分含量称为湿度。在石油化工生产过程中，控制物质中的水分含量或空气中的湿度具有重要作用。例如，在石油炼制中，原料、精制及裂化工序中物料的湿度是一个重要因素，将会影响燃料的消耗量、产品的质量以及设备的安全运转。因此，湿度的测量及控制对某些生产过程是必不可少的。

由于物质中的水分蒸发，在物质的上方有水蒸气不断生成，使得气体中含有的水蒸气的量在不停地变化。又由于水分的蒸发及凝结的过程总是伴随着吸热和散热，因此气体中水蒸气的多少会影响气体的湿度。如果把气体看成理想气体与水蒸气的混合气体，那么它就应当符合道尔顿分压定律，即气体的全压应等于该混合物中各种气体分压之和。因此，设法测得空气或气体中水蒸气的分压，也就等于测出了空气或气体的湿度。

气体的水蒸气分压与同温度下饱和水蒸气气压的比值，或者其绝对湿度与同温度时饱和状态的绝对温度的比值称为相对湿度。相对湿度一般用百分数来表示。

空气或气体的湿度可利用湿敏电阻传感器来测量。湿敏电阻传感器能够将检测到的气体湿度变化转换成电阻值变化。湿敏电阻传感器中的检测元件是一种对气体中湿度十分敏感且阻值随环境湿度变化而变化的敏感元件。许多材料都可以用来制作湿敏电阻，例如，氯化锂、金属氧化物、硫酸钙、氟化物、碘化物等。其中，用氧化物烧结而成的 $MgCr_2O_4-TiO_2$ 固熔体多孔性半导体陶瓷是一种较好的感湿材料。

湿敏电阻传感器将气体湿度变化转换成电信号的变化，利用湿度测量电路测出其电信号的大小，便可确定空气或气体的湿度。

2.6.2　工业用成分分析仪表

1. DH－6 型氧化锆氧分析仪

DH－6 型氧化锆氧分析仪主要用于分析锅炉、加热炉和窑炉中烟道气中的氧含量。仪表的探头为直插式，可直接置于被测气样中，不需附加取样装置。

该仪表具有性能稳定可靠、结构简单、反应迅速、适用范围广、使用维护方便等特点。仪表由探头、控制器、二次仪表、空气泵及变送器组成。探头内部结构如图 2－118 所示。

1）结构特点

氧化锆探头是仪表的核心，它由碳化硅过滤器、隔爆件、氧化锆管、加热器、热电偶、气体导管(包括参比气管和校验气管)和接线盒等组成。碳化硅过滤器，一是防止气样中的灰尘进入氧化锆元件内部而污染电极；二是起缓冲作用，以减少气流冲击引起的干扰。过滤器和氧化锆元件之间有隔爆件，其作用是安全隔爆，它是用网状不锈钢材料制作的，能

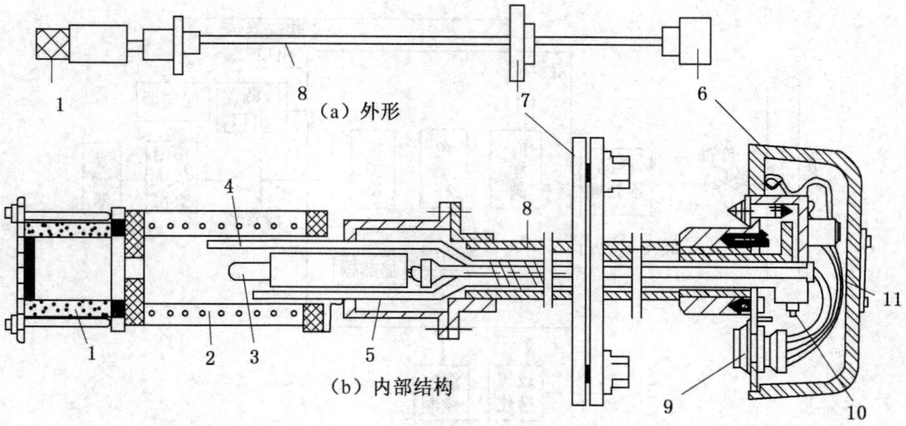

图 2－118　探头结构图

1—碳化硅过滤器；2—恒温室；3—氧化锆管；4—热电偶；5—标准气导管，6—接线盒；
7—安装法兰；8—不锈钢护管，9—出线孔；10—接气校验气嘴；11—接空气嘴

耐高温和腐蚀。加热器由炉管、加热丝、保护套管、隔热材料及金属外壳组成。氧化锆元件置于加热器内。镍铬－镍硅热电偶用来检测氧化锆管处的温度，与加热丝、温控电路配合实现对加热器的恒温控制。在探头接线盒侧面有一个气体接嘴，是校验气进口，用作检查和校验探头之用，此接嘴平时必须封死，以防空气进入。探头所有连接导线全部套在一根金属软管内，其中一根双芯屏蔽电缆是探头信号输出线，两根较粗的线为加热线，另两根为热电偶补偿导线。此外，在接线盒内还有一根导气管接嘴，用来与气泵相连，以提供探头所需的新鲜干净的参比空气。

2）调校

仪表在使用过程中，应定期用标准气样对仪表进行调校。具体方法是将 1% 和 8% 的标准气体从校验气孔通入氧化锆探头，反复调节零位电位器和量程电位器，使显示仪表指在相应的位置。若将探头从烟道内取出再进行校验，会更准确一些。

2. 工业气相色谱仪

气相色谱仪按使用场合可以分为实验室气相色谱仪和工业气相色谱仪两种。实验室色谱仪主要用于实验室进行离线分析，而工业气相色谱仪是一种直接装在生产线上的在线成分分析仪表。工业气相色谱仪能连续自动分析流程中气体各组分的含量，监控生产过程，对分析的准确度要求不高，但对其稳定性和可靠性却有很高的要求。工业气相色谱仪的分析对象是已知的，气路程流和分离条件是固定的。分析仪本身装有多点自动切换装置，可以很方便地实现顺吹、反吹清洗及中心切换。

1）基本组成

图 2－119 为一种工业气相色谱仪系统框图。分析仪部分由取样阀、色谱柱、检测器、加热器和温度控制器等组成，均装在隔爆、通风充气型的箱体中。程序控制器部分的作用是控制分析仪自动进样、流路切换、组分识别等时序动作；接收从分析仪来的信号加以处理，并输出标准信号；通过记录仪或打印机给出色谱图及有关数据。

工业气相色谱仪中至关重要的气路流程见图 2－120，一般包括样气预处理器、载气预处理器、分析器、电源控制器及显示仪表等部分。

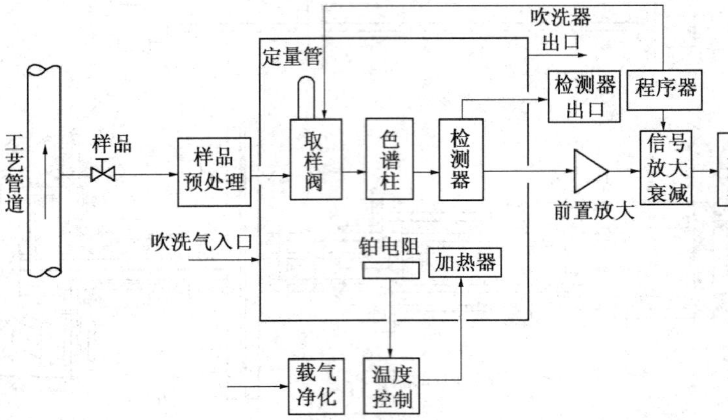

图 2－119　工业气相色谱仪系统框图

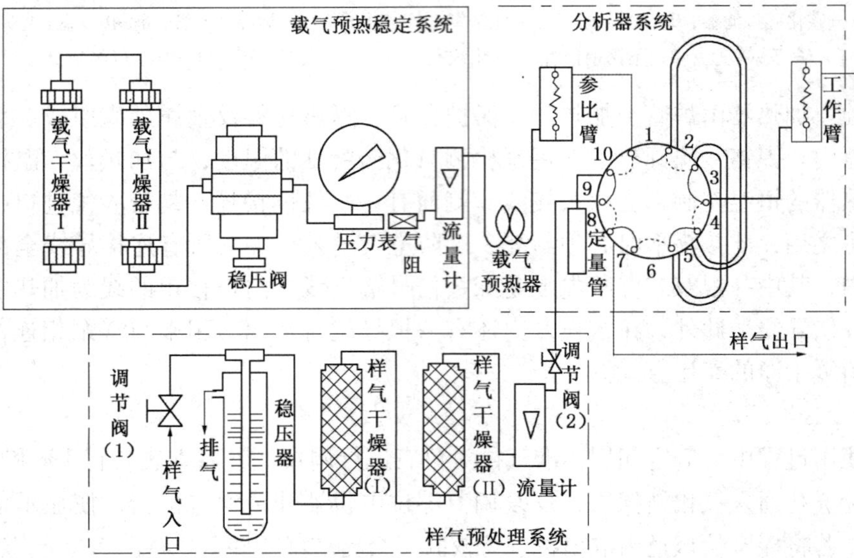

图 2－120　分析过程示意图

2）各部分作用

样气预处理器用于样气除尘、净化、干燥、稳定样气压力和调节样气的流量，由针形调节阀、稳压器、干燥器和转子流量计等组成。

载气预处理器用于载气稳压、净化、干燥和流量调节，由干燥器、稳压阀、压力表、气阻和转子流量计组成。

分析器是仪器的主体，用于对样气取样、分离和检测，包括十通平面切换阀取样系统、色谱仪分离系统和组分检测系统。

控制器包括程序控制、温度控制、稳压电源、量程选择及记录纸推进系统。

程序控制器控制色谱仪的全部动作过程。程序控制器按预定程序发出取样、进样、记录纸推进信号，完成所需色谱计算、组分求和、求比例等。

温度控制器对色谱仪、检测器分别进行加热并控制其温度。由于色谱柱、检测器在分离过程中都要求进行严格的温度控制，所以合理选择操作温度、操作条件，对色谱柱的分离效果和选择性、对检测器的灵敏度和选择性均有较大影响。

稳压电源向程序控制器和温度控制器提供 ±15V 电压，向测量桥路提供18V 电源。

记录纸推进系统是由程序控制器发出的指令控制记录纸的走纸电机转动。

3. VU－I 型硫化氢紫外光度在线分析仪

VU－I 型硫化氢紫外光度在线分析仪用于对工业生产装置含硫化氢气体进行连续的取样，并对其中的硫化氢浓度进行连续在线分析，并可用于形成自动控制回路，以提高生产效率。

1）结构特点

仪器由现场安装与操作室安装二部分组成，二者之间靠电缆连接，如图 2－121 所示。

现场安装部分为仪器柜(柜内装有彼此独立的光源箱)、检测箱和气室组件，它们之间通过石英窗依靠紫外光相联，检测箱与光源箱为隔爆型防爆结构，防爆标志为 Ex、dⅡBT4，防护等级为 IP54。操作室安装部分包括显示控制器、记录仪，均为非防爆结构。

2）系统的构成

如图 2－122 所示，整个系统可以分成光源、测量池、检测器、取样四部分，也可以按内容分成采样系统、光学分析系统、电气控制系统三个部分。

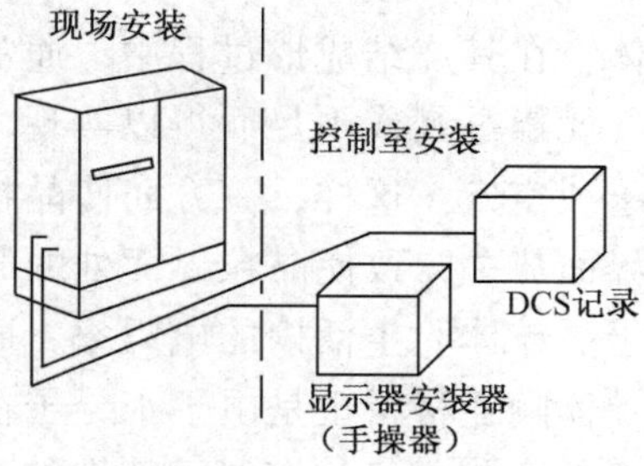

图 2－121　仪器布置图

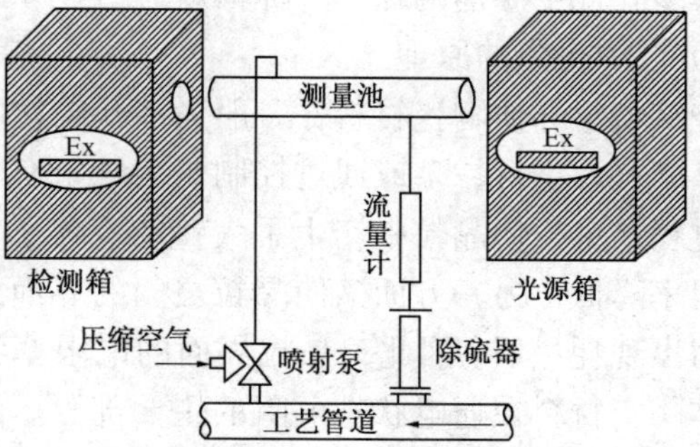

图 2－122　系统的构成

（1）采样系统

采样系统由以下部分构成

① 喷射泵　喷射泵使用 0. 2 ~ 0. 3MPa 净化空气或氮气，在工作气室中形成微弱真空以吸入试样气体，经过工作气室进行分析，而后由喷射泵返回生产系统。如果被测气体从高压取样，低压返回，则喷射泵可不用。

② 采样头　采样头主要是由过滤器构成，其材质可根据具体情况选用碳硅或不锈钢。由于过滤器是直接插入工艺管道中的，管道内的气流必然会对过滤器产生一定的冲刷，从而达到自然清洗作用。

③ 除硫器　除硫器是一段不锈钢软管，内有填充物，用于将被测气体中的硫蒸气冷凝，使之以液态回流到设备管道，从而达到除硫和除其他杂质的目的。

（2）光学分析系统

光学系统由下列部分组成：

①光源部分　利用镉元素灯发出紫外区域的光，并采用透镜形成平行光束。

② 检测器部分　接收经过测量池吸收的平行光束，并将其分光后再经光电管转化为电信号。在检测器内，内置半透半反镜、光学滤光片、光电管等检测部件。

③ 测量池部分　安装在光源部分和检测部分之间具有特殊绝热结构的工作气室。

(3) 电气放大控制系统及二次信号处理器

电气放大控制系统共有2块线路板及一个二次信号处理器。2块线路板分别用于光电信号放大板、电源供电板、计算机控制板(包括计算、补偿、温度控制等)、紫外灯电流控制板(紫外灯工作电源)；二次信号处理器为可选用件，此信号处理器可以显示硫化氢浓度，也显示分析仪内部各参数，并可对各参数进行设置和修改。

2.6.3　湿度传感器

随着科学技术的发展，生产实际不仅对湿度的测量提出了准确度高、速度快的要求，而且还要求把湿度转换成电信号，以适应自动检测、自动控制的要求。于是，人们相继开发出基于不同工作原理的湿度传感器。

1. 湿敏电阻传感器

湿敏电阻传感器是比较新型的湿度传感器，其检测元件是一种对气体中湿度十分敏感且阻值随环境湿度变化而变化的敏感元件。许多材料都可以用来制作湿敏电阻，例如氯化锂、金属氧化物、硫酸钙、氟化物、碘化物等。其中，用氧化物烧结而成的 $MgCr_2O_4-TiO_2$ 固熔体多孔性半导体陶瓷是一种较好的感湿材料。

1) 湿敏电阻的原理

烧结型半导体陶瓷材料，一般为多孔结构的多晶体。在其烧结成形过程中，通常是通过调整配方，进行掺杂或通过控制烧结气氛有意造成气元素过剩或不足而得以实现。烧结成形过程结束，使晶粒中产生了大量的载流子——电子或空穴。这样，一方面使晶粒体内的电阻率降低，另一方面又使晶粒之间的界面处形成界面势垒，致使晶粒界面处的载流子耗尽而出现耗尽层。因此，晶粒界面的电限率将远大于晶粒体验生活内的电阻率，而成为半导体陶瓷材料在通电状态电阻的主要部分。湿敏半导体陶瓷材料正是由于水分子在其表面和晶粒界面间的吸收所引起表面和晶粒界面处电阻率的变化，才具有湿敏特性的。大多数半导体陶瓷属于负感湿特性的半导体陶瓷，其电阻随环境(空气)湿度的增加而减少。

湿敏金属氧化物半导体陶瓷之所具有负感湿特性，是由于水分子在陶瓷晶粒间的吸附，可离解出大量导电的离子，这些离子在水吸附层中就如同电解质溶液中的导电离子一样担负着电荷的运输，也就是说电荷的载流子是离子。

在完全脱水的金属氧化物半导体陶瓷的晶粒表面上，裸露着正金属离子和负氧离子，水分子电离后，离解为正氢离子和负氢氧根离子，于是在陶瓷晶粒的表面上就形成了负氢氧根离子和正金属离子，以及氢离子与氧离子之间的第一层吸附——化学吸附。在已形成的化学吸附层中，吸附的水分子和由氢氧根离解出来的正氢离子，就以水合质子 H_3O^+ 的形式构成为导电的载流子。水分子在完成第一层化学吸附之后，随之形成第二、第三层的物理吸附，同时使导电载流子 H_3O^+ 的浓度进一步增大。这些 H_3O^+ 在吸附水层中的导电行为，将同导电的电解质溶液中的导电离子的行为一样。在这种情况下，必将导致金属氧化物半导体陶瓷总阻值的下降，从而具有感湿特性。

金属氧化物半导体陶瓷材料结构不甚致密，各晶粒之间带有一定的空隙，呈多孔毛细管状，因此水分子可以通过陶瓷材料的细孔，在各晶粒表面和晶粒间界上吸附，并在晶粒间界处凝聚，因此这种凝聚现象就容易发生在各晶粒间界的颈部。此部位的接触电阻是陶瓷体整体电阻的主要部分，水分子在该部位凝聚，其结果必将引起晶粒间界面处接触电阻明显下降。当环境湿度增加时，水分子将在整个晶粒表面上由于物理吸附而形成多层水分子层，从而在测量电极之间将存在一个均匀的电离质，使材料的电阻率明显地降低。

2）湿敏电阻传感器的组成

湿敏电阻传感器由湿敏电阻和测湿电路组成。湿敏电阻是一种阻值随环境相对湿度变化而变化的敏感元件，它主要由感湿层（或温敏层）、电极和具有一定机械强度的绝缘基片所组成，其结构如图 2－123 所示。

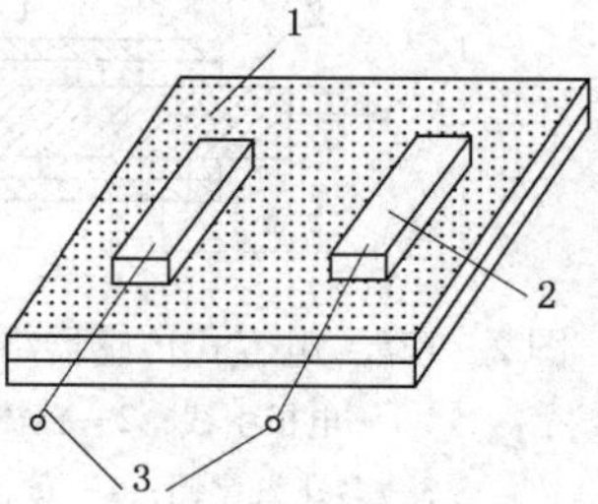

图 2－123　湿敏元件结构示意图
1—感湿层；2—金电极；3—引出线

感湿层在吸收了环境中水分后引起两极间阻值变化，从而将相对湿度大小的变化转换成电阻值的变化。在实际应用中，需要同时考虑对湿度传感器进行线性处理和温度补偿，常常采用运算放大器构成湿度测量电路。图 2－124示出了日本 H204 湿度测量电路，其中 R_t 是热敏电阻器，R_h 为 H204C 的湿度传感器，运算放大器型号为 LM2904。由该电路的温度－电压特性及温度特性可知：在(30～90)% R_h、15～35℃范围内，输出电压显示的湿度误差不超过 3% R_h。

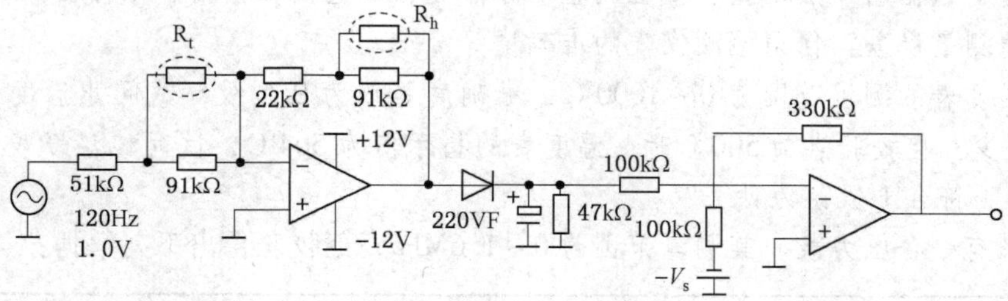

图 2－124　H204 湿度测量电路

2. 电容式湿度传感器

电容式湿度传感器的优点是准确度高，体积小，测量范围大，响应迅速，可以测量气体或液体中的水分含量。

电容式湿度传感器是以铝和能渗透水的黄金膜为极板，两极板间填以氧化铝微孔介质，多孔性的氧化铝可以从含有水分的气体中吸收水气或者是从含有水分的液体介质中吸收水分，这样就使电容器两个极板之间介质的介电常数 ε 发生变化，因而电容量也就随之变化。图 2－125 是一种测量液体中水分含量的电容传感器（也称探头）的结构示意图。

测量电容的方法通常有伏安法、电桥法、谐振法和差频法等。图 2－126 是用差频测量电容变化的方框图。可变标准电容可由几个电容进行切换，以供选择量程之用。当被测电容与标准电容相等时，两振荡器的频率一致，混频流所得的差频为零，于是电流表指示零值。当该测电容中介质的水分变化时，振荡器的振荡频率变化，仪表即有指示。振荡器频率根据电容量大小而定。因为补偿温度等因素的变化对指示器的影响，标准电容器可用一个与被测电容有相同结构的电容器代替，并予以密封。电容器的一个重要性能是介质损耗，可用介质损耗角 δ 来表示，即

$$\mathrm{tg}\delta = \frac{\text{有功分量}}{\text{无功分量}}$$

一个电容器的实际效应可以用一个电容及一个电阻的并联电路表示。在理想情况下，电容极板间的绝缘电阻很高，并联电阻值可认为无穷大，此时 $\mathrm{tg}\delta = 0$。

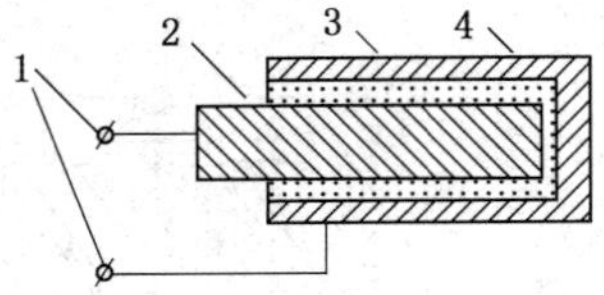

图 2－125　电容式传感器结构示意图

1—电极引线；2—铝棒；

3—多孔氧化铝；4—黄金膜

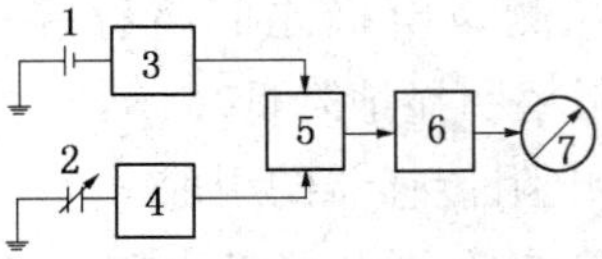

图 2－126　测量电容方框图

1—被测电容；2—可变标准电容；3—振荡器Ⅰ；

4—振荡器Ⅱ；5—混频限幅；6—频率计；7—指示表

对电容湿度计来说，电容的介质损耗与介质湿度有关，湿度愈大，则损耗愈大。介质损耗大，对测量准确度来说是不利的。在损耗很大时，甚至无法测出电容量的变化，因此电容湿度计用在测量低含水量时较为有利。电容湿度计的测量下限可达 10μL/L。

习题与思考题

1. 传感器、变送器的作用各是什么？二者之间有什么关系？

2. 何谓变送器的零点调整、量程调整和零点迁移？它们的作用各是什么？

3. 何谓测量误差？何谓检测仪表的准确度等级？

4. 某温度表的测温范围为 0～1000℃，准确度等级为 0.5 级，试问此温度表的允许最大误差为多少？在校验点为 500℃时，温度表的指示值为 504℃，试问该温度表在这一点上的准确度是否符合 1 级？为什么？

5. 如果有一台压力表，其测量范围为 0～1.6MPa，经校验得出下列数据：

	上行程					下行程				
被校表读数/MPa	0.0	0.4	0.8	1.2	1.6	1.6	1.2	0.8	0.4	0.0
标准表读数/MPa	0.000	0.386	0.790	1.210	1.595	1.595	1.215	0.810	0.405	0.000

（1）求出该压力表的变差；

（2）问该压力表是否符合 1.5 级准确度？

6. 试述温度测量仪表的种类有哪些？各使用在什么场合？

7. 常用的热电偶有哪几种？所配用的补偿导线是什么？为什么要使用补偿导线？使用补偿导线时要注意哪几点？

8. 用热电偶测温时，为什么要进行冷端温度补偿？其冷端温度补偿的方法有哪几种？

9. 用 K 热电偶测某设备的温度，测得的热电势为 20mV，冷端（室温）为 25℃，求设备的温度为多少度（℃）？如果改用 E 热电偶来测温，在相同的条件下 E 热电偶测得的热电势为多少？

10. 现用一支镍铬－铜镍热电偶测某换热器内的温度，其冷端温度为 30℃。显示仪表的机械零位在 0℃时，指示值为 400℃，则认为换热器内的温度为 430℃，对不对？为什么？正确值为多少度（℃）？

11. 试述热电阻测温原理、常用热电阻的种类以及 R_0 各为多少？

12. 热电偶的结构与热电阻的结构有什么异同之处？

13. 试述电子自动平衡电桥的工作原理。当热电阻短路、断路或电源停电时，指针应指在什么地方？为什么？

14. 什么是不平衡电桥？什么是平衡电桥？供电电压波动对电桥的输出有什么影响？

15. 温度数字式显示仪表主要由哪几部分组成？各部分有何作用？

16. 体积流量、质量流量、瞬时流量、累积流量的含义各是什么？

17. 什么叫节流现象？流体经节流装置时为什么会产生静压差？

18. 试述差压式流量计测量流量的原理，并说明哪些因素对差压式流量计的流量测量有影响？

19. 原来测量水的差压式流量计，现在用来测量相同测量范围的油的流量，读数是否正确？为什么？

20. 为什么说转子流量计是定压式流量计，而差压式流量计是变压降式流量计？

21. 有一台用水刻度的转子流量计，转子由密度为7900kg/m^{3}的不锈钢制成，用它来测量密度为790kg/m^{3}的液体介质，当仪表读数为5m^3/h时，被测介质的实际流量为多少？如果转子是由密度为2750kg/m^{3}的铅制成，其他条件不变，则被测介质的实际流量又为多少？

22. 用转子流量计来测气压为0.65MPa、温度为40℃的CO_2气体的流量时，若已知流量计计数为50L/s。求CO_2的真实流量(已知CO_2在标准状态时的密度为1.977kg/m^3)。

23. 简述涡轮流量汁、旋涡流量计的工作原理及特点。

24. 椭圆齿轮流量计的基本工作原理和特点是什么？

25. 椭圆齿轮流量计与腰轮流量计有何异同之处？

26. 电磁流量计的工作原理是什么？它对被测介质有什么要求？

27. 质量流量计有哪两大类？

28. 简述弹簧管压力表的基本组成和测压原理。

29. 电容式差压变送器的工作原理是什么？有何特点？

30. 应变片式压力传感器和压阻式压力传感器的工作原理和特点各是什么？

31. 如果某反应器最大压力为0.5MPa，允许最大绝对误差为0.01MPa。现用一台测量范围为0~1.6MPa、准确度为1级的压力表来进行测量，问能否符合工艺上的误差要求？若采用一台测量范围为0~1.0MPa、准确度为1级的压力表，问能符合误差要求吗？试说明其理由。

32. 某输气管道内天然气工作压力为1.1~1.5MPa，工艺要求就地指示管道内压力，最大测量误差不得大于0.05MPa，试选择一合适的压力表，说明其类型、量程和准确度等级。

33. 某合成氨厂合成塔压力控制指标为14MPa，要求误差不超过0.4MPa，试选用一台就地指示的压力表(给出型号、测量范围、准确度等级)。

34. 某台往复式压缩机的出口压力范围为25~28MPa(高压)，误差不得大于1MPa。工艺上要求就地观察，试选用一台合适的压力计(类型、测量范围、准确度等级)。

35. 试述物位测量的意义。

36. 简述浮筒式液位汁的测量原理。

37. 试述差动变压器传送位移量的基本原理。

38. 生产中欲连续测量液体的密度，根据已学的测量压力及液位的原理，试考虑一种利用差压原理来连续测量液体密度的方案。

39. 什么是液位测量时的零点迁移问题？怎样进行迁移？其实质是什么？

40. 测量高温液体(指它的蒸气在常温下要冷却的情况)时，经常在负压管上装有冷凝罐(见图2-127)，问这时用差压变送器来测量油位时，要不要迁移？如何迁移？迁移量应如何考虑？

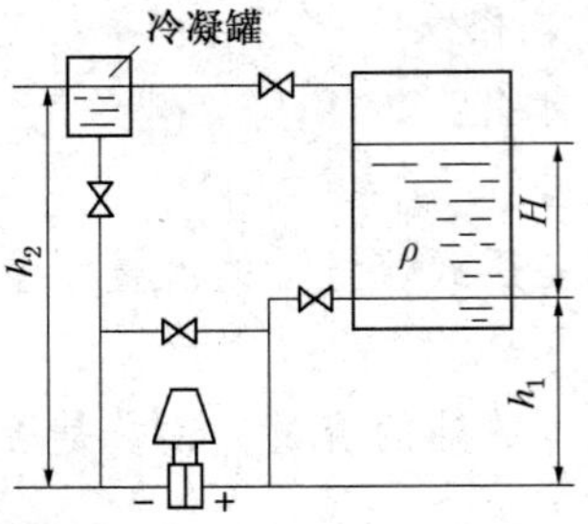

图 2－127　高温液体液位测量

41. 试述电容式物位计的工作原理。

42. 试述核辐射物位计的特点及应用场合。

43. 试比较热导式气体分析仪和热磁式气体分析仪的测量原理。

44. 为什么说红外式气体成分分析仪同时只能测量一种组分的浓度？如果背景气体中含有与待测气体具有相近吸收光谱的某气体组分，则在使用时应如何操作？

45. 色谱分析仪中，色谱分离的实质是什么？常用的检测器有哪些？

46. 工业气相色谱仪主要由哪些部分组成？各部分的作用是什么？

47. 硫化氢紫外光度在线分析仪测量原理是什么？该分析仪由哪几部分组成？

48. 湿度传感器有哪些类型？电容湿度计的适用条件是什么？

第3章　控制器与执行器

在化工、炼油等工业生产过程中，对于生产装置中的压力、流量、液位、温度等参数常要求维持在一定的数值上或按一定的规律进行变化，以满足工艺生产的要求。如果采用人工控制，操作人员根据参数的测量值和规定的参数值(给定值)相比较的结果，决定开大或关小某个阀门，以维持参数在规定的数值上。如果采用自动控制，则可以在参数检测的基础上，再应用控制仪表(常称为控制器)和执行器来代替人工操作。所以，自动控制仪表在自动控制系统中的作用就是将被控变量的测量值与给定值相比较，产生一定的偏差，控制仪表根据该偏差按一定的规律进行数学运算，并将运算结果以一定的信号形式传送给执行器，以实现对被控变量的自动控制。

3.1　基本控制规律

在讨论控制器的结构与工作原理之前，首先要对控制器的控制规律及其对系统过渡过程的影响进行研究。控制器的形式多种多样，有气动的或电动的，有模拟的或智能的，但从控制规律的角度来看，基本控制规律只有有限的几种，它们都是人们在长期生产实践中的经验总结。

在图3-1所示的简单控制系统中，被控变量由于受扰动f(如生产负荷的改变、上下工段间出现的生产不平衡现象等)的影响，常常偏离给定值，即被控变量产生了偏差：$e(t)=x(t)-z(t)\neq 0$，控制器接受了偏差信号e后，按一定的控制规律使其输出信号u发生变化，通过执行器改变操纵变量q，以抵消干扰对被控变量y的影响，从而使被控变量回到给定值上来。

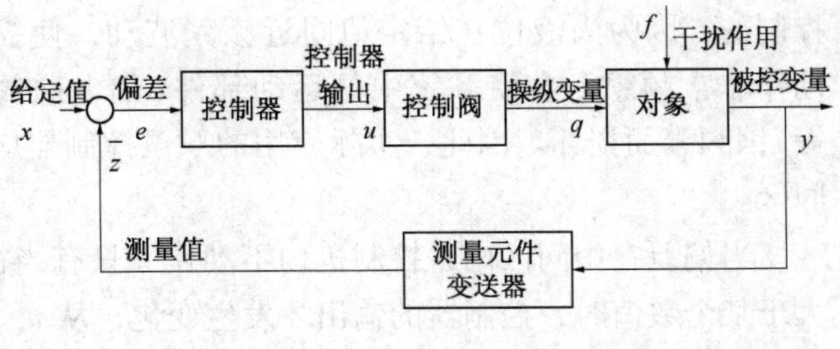

图3-1　简单控制系统

现在的问题是，被控变量能否回到给定值上，或者以什么样的途径、经过多长时间回到给定值上来。

因此，所谓控制器的控制规律就是控制器的输出信号随输入信号(偏差)变化的规律，也称为控制规律，即

$$u(t)=f(z-x)=f(e) \tag{3-1}$$

基本控制规律有位式控制(双位控制较常用)、比例控制(P)、积分控制(I)、微分控制(D)。工业上(最)常用的控制规律为双位控制、纯比例控制(P)、比例积分控制(PI)、比例微分控制(PD)、比例积分微分控制(PID)。

一个控制系统主要包括二类基本环节：控制器和广义对象(即将被控对象、测量变送环节和执行器看成一个整体)。广义对象在控制系统中属于固定因素，当系统设计好以后，广义对象特性也就被确定下来了；在整个控制系统中，控制作用主要是通过控制器来实现的，

而控制器真正实现控制的本质在于选择合适的控制规律。

不同的控制规律适应不同的生产要求，必须根据生产要求来选用适当的控制规律。如果选用不当，不但不能起到好的作用，反而会使控制过程恶化，甚至造成事故。

3.1.1 位式控制

位式控制中双位控制是自动控制系统中最简单也很实用的一种控制规律，理想的双位控制特性如图3－2所示。控制器输出只有两个固定的数值，即只有两个极限位置，其基本的控制规律可描述为

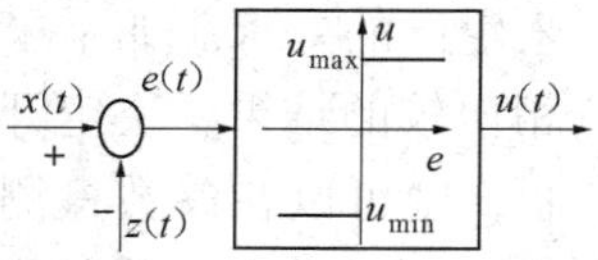

图3－2 理想双位控制特性

$$u(t)=\begin{cases}u_{max} & 当\ e(t)>0[或\ e(t)\leqslant 0]打开\\ u_{min} & 当\ e(t)\leqslant 0[或\ e(t)>0]关闭\end{cases} \quad (3-2)$$

图3－3是一个采用双位控制的液位控制系统，它利用电极式液位计来控制贮槽的液位，槽内装有一根电极作为液位的测量装置，电极的一端与继电器J的线圈相接，另一端调整在液位给定值的位置，导电的流体经电磁阀V进入贮槽，由下部出料管流出。贮槽外壳接地，当液位低于给定值H_0时，流体未接触电极，继电器断路，此时电磁阀V全开，流体流入贮槽使液位上升。当液位上升至稍大于给定值时，流体与电极接触，继电器得电，使电磁阀V全关，流体不再流入贮槽，但槽内流体仍继续往外流出，故液位将会下降。当液位下降至稍低于给定值时，流体与电极脱离，电磁阀V又开启，如此反复循环，使液位维持在给定值上下很小的一个范围内波动。

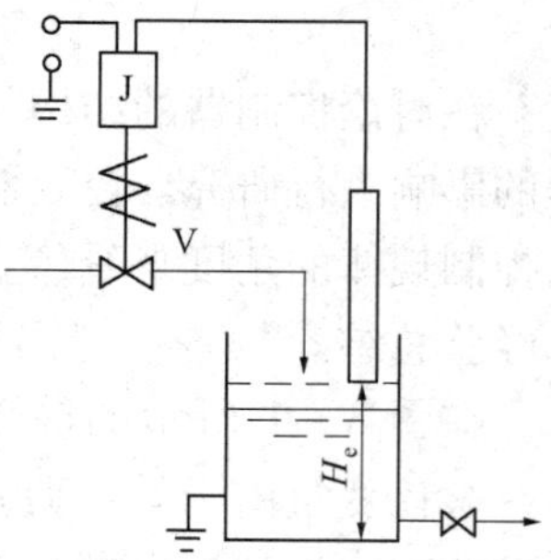

图3－3 双位控制示例

这种理想的双位控制是不能直接应用于实际的生产现场控制的，因为当液位在给定值附近频繁波动，使控制机构的动作非常频繁，会使系统中的运动部件（如电磁阀、继电器等）因频繁而损坏。因此，实际应用的双位控制器应有一个中间区。

当偏差在中间区内，控制机构不动作。只有当被控变量的测量值与给定值之间的偏差大于某个数值时，控制器的输出才发生变化，从u_{min}变化到u_{max}（或从u_{max}变化到u_{min}），其控制特性如图3－4所示。其控制过程如图3－5所示，被控变量在下限值y_L与上限值y_H之间变化，是一个等幅振荡的过程。

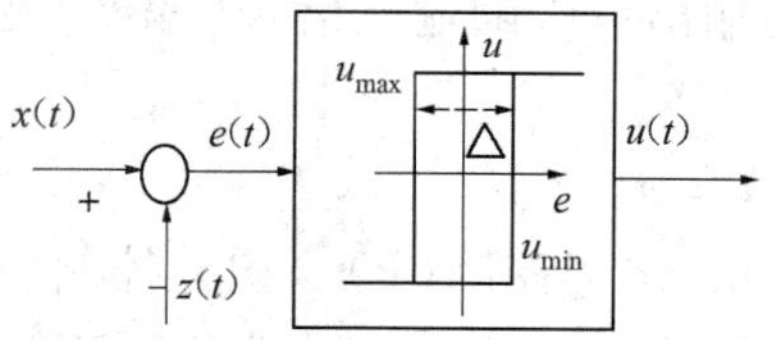

图3－4 具有中间区的双位控制特性

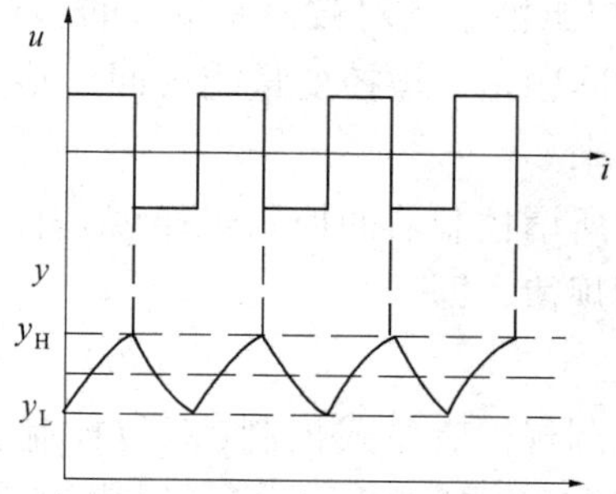

图3－5 具有中间区的双位控制过程

如果工艺生产允许被控变量在一个较宽的范围内波动，控制器的中间区可设置得宽一些，这样控制器输出发生变化的次数减少，可动部件的动作次数也相应减少，延长了元器件的使用寿命。

双位控制结构简单，成本较低，易于实现，广泛应用于时间常数大、纯滞后小、负荷变化不大也不激烈、控制要求不高的场合，如仪表空气贮罐的压力控制、恒温炉的温度控制等。

除了双位控制外，还有三位（即具有一个中间位置）或更多位的，这类系统统称为位式控制，它们的工作原理基本相同。

3.1.2 比例控制

在双位控制系统中，被控变量不可避免地会产生持续的等幅振荡过程，这是由于双位控制器只有两个特定的输出值，相应的执行器也只有两个极限位置，势必在处于其中的一个极限位置时，流入对象的物料量（或能量）大于由对象流出的物料量（或能量），使被控变量上升；而当处于另一个极限位置时，情况正好相反，被控变量下降。如此反复，被控变量就产生等幅振荡。

为了避免这种情况，使控制阀的开度（即控制器的输出值）与被控变量的偏差成比例，根据偏差的大小，控制阀可以处于不同的位置，这样就可以获得与对象负荷相适应的操纵变量，从而使被控变量趋于稳定，达到平衡状态。如图 3－6 所示，当液位高于给定值时，控制阀就关小，液位越高，阀关得越小；当液位低于给定值，控制阀就开大，液位越低，阀开得越大，相当于把位式控制的位数增加到无穷多位，于是变成了连续控制系统。图中浮球是测量元件，杠杆就是一个简单的控制器。

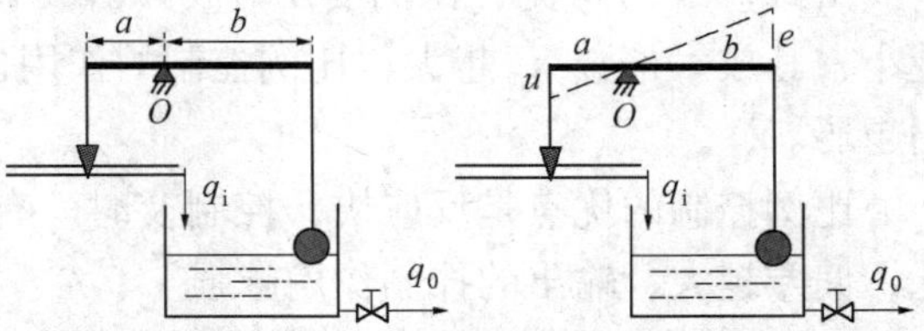

图 3－6　简单的比例控制系统

根据相似三角形原理，有

$$u(t) = \frac{a}{b}e(t) \tag{3-3}$$

式中　e——杠杆测量端的位移，即液位的变化量；

u——杠杆控制端的位移，即控制阀阀杆的位移量；

a，b——杠杆支点至两端的距离。

由此可见，在该控制系统中，阀门开度的改变量与被控变量（液位）的偏差值成比例，这就是比例控制规律。其输出信号的变化量与输入信号（指偏差，当给定值不变时，偏差就是被控变量测量值的变化量）的变化量之间成比例关系，即

$$u(t) = K_p \times e(t) \tag{3-4}$$

式中，K_p 是一个可调的放大倍数（比例增益）。对照式（3－3），可知图 3－6 所示的比例控制器，其 $K_p = \frac{a}{b}$，改变杠杆支点的位置，便可以改变 K_p 的大小。

比例控制中，K_p 是一个重要的参数，它决定了比例控制作用的强弱。K_p 越大，比例控制作用越强。

在实际应用中，由于 K_p 有量纲，并且其有效值受输入输出量程的限制，因此习惯上不直接采用放大倍数 K_p 来表示比例控制作用的强弱，而采用比例度 δ 的概念。

比例度 δ 的意义是：使控制器的输出变化满刻度时（也就是控制阀从全关到全开，或从全开到全关），相应的仪表测量值变化占仪表测量范围的百分数。即输入信号的相对变化量占输出信号的相对变化量的百分数。

$$\delta = \frac{\dfrac{\Delta z}{z_{\max} - z_{\min}}}{\dfrac{\Delta u}{u_{\max} - u_{\min}}} \times 100\% = \frac{u_{\max} - u_{\min}}{z_{\max} - z_{\min}} \times \frac{\Delta z}{\Delta u} \times 100\%$$

$$= \frac{u_{\max} - u_{\min}}{z_{\max} - z_{\min}} \times \frac{e}{\Delta u} \times 100\% = C \times \frac{1}{K_p} \times 100\% \tag{3-5}$$

式中　e——输入的变化量；

u——相应的输出变化量；

$z_{\max} - z_{\min}$——输入的最大变化量，即仪表的量程；

$u_{\max} - u_{\min}$——输出的最大变化量，即控制器的工作范围；

C——仪表常数，当输入输出是统一信号时，仪表常数 $C=1$。

由式(3－5)可见，比例度 δ 与放大倍数 K_p 成反比关系。也就是说，控制器的比例度 δ 越小，其放大倍数 K_p 越大，比例控制的作用也越强；反之，比例度 δ 越大，比例控制的作用越弱。

比例控制的优点是反应快，控制及时。有偏差信号输入时，输出立即与它成比例地变化，偏差越大，输出的控制作用越强。

比例控制的另一个特点是存在余差。以图3－6中系统为例，原来系统处于平衡状态，进水量与出水量相等，此时控制阀有一个固定的开度，比如说对应于杠杆为水平位置。当出水量有一个阶跃增大量时，液位开始下降，在控制器的作用下，控制阀开大，进水量增大。当进水量增大到与出水量相等时，才能重新建立平衡，此时液位也不再变化。但要使进水量增加，控制阀必须开大，阀杆必须上移，浮球必须下移，对应的液位将稳定在一个比原来稳定值(即给定值)要低的位置，其差值就是余差。

比例度 δ 对控制过程的影响如图3－7所示。比例度 δ 越大，过渡过程的曲线越平稳，但余差也越大。当比例度 δ 逐渐减小时，余差也逐渐减小，但系统从不振荡开始振荡，比例度 δ 越小，振荡越剧烈。当比例度 δ 减小到某个数值时系统出现等幅振荡(见曲线2)，这时的比例度称为临界比例度 δ_k。当比例度 δ 小于临界比例度时，系统将出现发散振荡(见曲线1)，这在生产过程中是十分危险的。工艺生产中，通常要求过渡过程比较平稳而余差又不太大(见曲线4)。

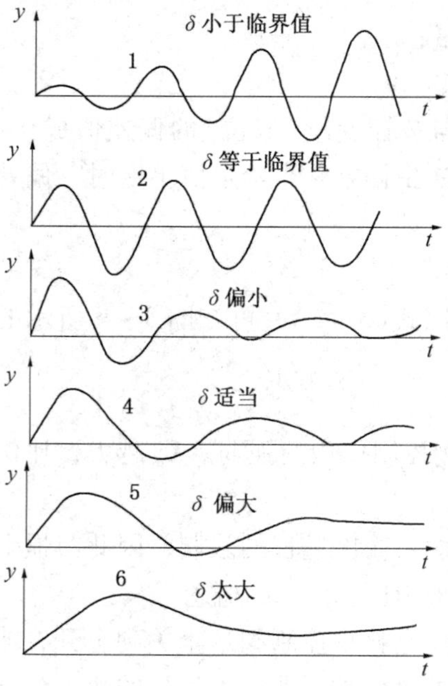

图3－7　比例度 δ 对控制过程的影响

纯比例控制适用于干扰幅度较小、纯滞后较小、负荷变化不大、控制要求不太高等场合。一般来说，若对象滞后较小、时间常数较大及放大倍数较小时，比例度可以选得小些，以提高系统的灵敏度，使反应快些，从而过渡过程曲线的形状较好。反之，比例度就要选大些以保证稳定。

3.1.3　积分控制

存在余差是比例控制的缺点，当对控制质量有更高要求时，就需要在比例控制的基础上，再加上能消除余差的积分控制。

积分作用是指控制器的输出与输入(偏差)对时间的积分成比例的特性，即

$$u_i = \frac{1}{T_i}\int e(t)\,dt \qquad (3-6)$$

式中，T_i 为积分时间，T_i 越大积分作用越小。

积分控制器的特性曲线如图 3-8 所示，当输入偏差为常数 A 时，其输出信号为一条随时间增长(或减小)的直线。因此在积分控制中，只要有偏差存在，控制器输出会不断变化，直到偏差为零时，输出才停止变化而稳定在某一个值上，所以采用积分控制可以消除余差。

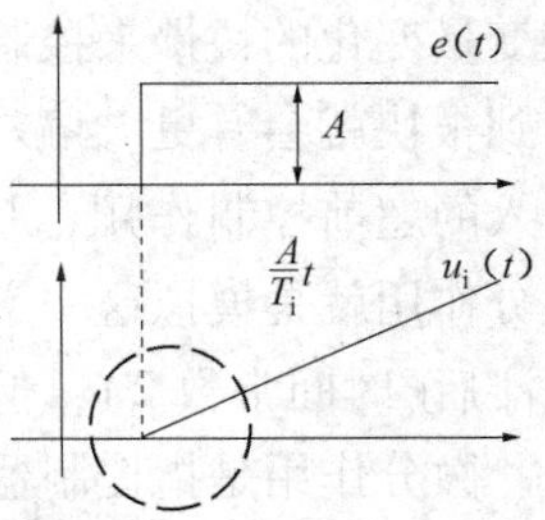

图 3-8　积分控制器特性

积分控制器的输出是偏差随时间的积分，其控制作用是随着时间积累而逐渐增加的。当偏差刚产生时，控制器的输出很小，控制作用很弱，不能及时克服干扰作用，所以一般不单独采用积分作用，而与比例作用配合使用。这样既能控制及时，又能消除余差。比例积分控制规律可用下式表示为

$$u(t) = K_p\left[e(t) + \frac{1}{T_i}\int e(t)\,dt\right] \qquad (3-7)$$

若偏差为 A 的干扰，代入可得

$$u(t) = K_p\left(A + \frac{A}{T_i}t\right)$$

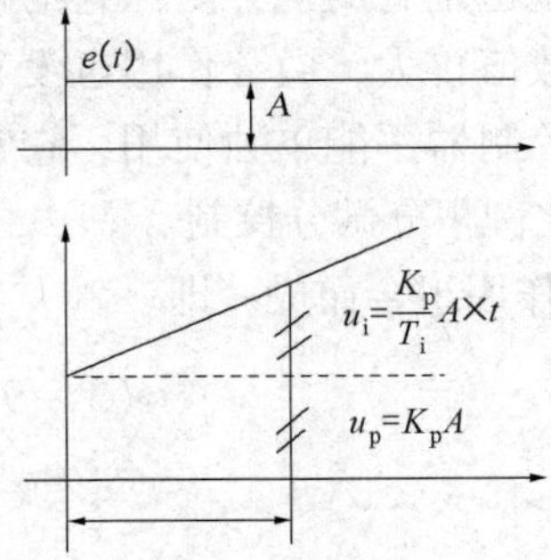

图 3-9　比例积分控制器特征

其特性如图 3-9 所示，输出中垂直上升部分 K_pA 是由比例作用造成的，而缓慢上升部分 $\frac{K_p}{T_i}A \times t$ 是由积分作用造成的。当 $t = T_i$ 时，输出为 $2K_pA$。因此，积分时间的定义为：在阶跃输入下，积分作用的输出变化到比例作用的输出所经历的时间。

采用比例积分控制作用时，积分时间对过渡过程的影响具有两重性。在同样的比例度下，缩短积分时间 T_i，将使积分控制作用加强，容易消除余差，这是有利的一面。但缩短积分时间，加强积分控制作用后，会使系统振荡加剧，有不易稳定的倾向。积分时间越短，振荡倾向越强烈，甚至会成为不稳定的发散振荡，这是不利的一面。

由图 3-10 可以看出，积分时间过大或过小均不合适。T_i 过大，积分作用不明显，余差消除很慢，见曲线 3；T_i 过小，过渡过程振荡太剧烈，稳定程度降低，见曲线 1。

因此，积分作用的特点是：能够消除余差，但会降低系统稳定性。所以，在引入积分作用以后，应适当降低比例作用(增大比例度或降低比例增益)。

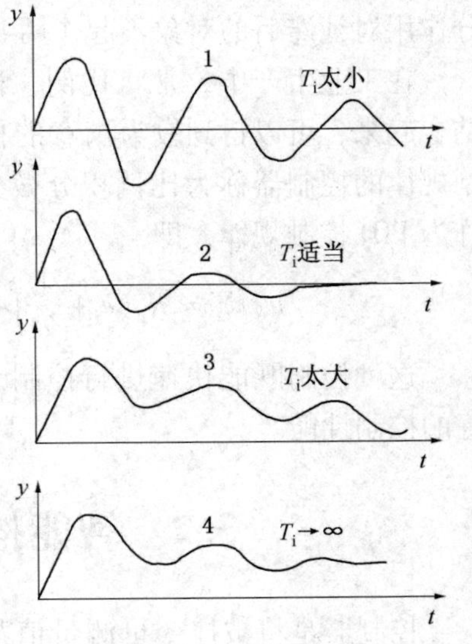

图 3-10　积分时间对过渡过程的影响

3.1.4　微分控制

比例控制规律和积分控制规律，都是根据已经形成的被控变量与给定值的偏差而进行动作的。但对于惯性较大的对象，为了使控制作用及时，常常希望能根据被

控变量变化的快慢来控制。在人工控制中，有时偏差可能还小，但看到参数变化很快，估计到很快就会有更大偏差时，会先改变阀门开度以克服干扰影响，这是根据偏差的速度而引入的超前控制作用，只要偏差的变化一发生，就立即动作，这样控制的效果将会更好。微分作用就是模拟这一实践活动而采用的控制规律。微分控制主要用来克服被控对象的容量滞后(时间常数 T)，但不能克服纯滞后。

微分作用是指控制器的输出与输入变化率成比例关系，其特性可表达为

$$u_d = T_d \frac{de}{dt} \tag{3-8}$$

式中，T_d 为微分时间；$\frac{de}{dt}$为偏差信号的变化速度。此式为理想微分控制器特性，当 $t=t_0$ 时，输入一个阶跃信号，则在 $t=t_0$ 时控制器输出为无穷大，其余时间输出为零(见图 3-11)。这种控制器在系统中，即使偏差很小，只要出现变化趋势，马上就进行控制，故有超前控制之称，这是它的优点。但它的输出不能反映偏差的大小，假如偏差固定，即使数值再大，微分作用也没有输出，因而控制结果不能消除偏差，所以微分控制器不能单独使用，它常与比例或比例积分控制器组成比例微分控制或比例积分微分控制。

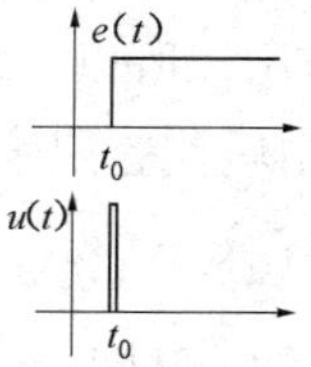

图 3-11　理想微分控制器特性

比例微分(PD)控制由比例和微分两种控制作用组合而成，即

$$u(t) = K_p\left[e(t) + T_d \frac{de(t)}{dt}\right] \tag{3-9}$$

式中，比例作用项为 $K_p e(t)$，微分作用项为 $K_p T_d \frac{de(t)}{dt}$。

对于有容量滞后的对象，采用 PD 控制能明显改善过渡过程的品质，见图 3-12。PD 控制有超前作用，T_d 增加，微分作用加强，系统稳定性提高。表现为衰减比增大，过渡过程最大偏差 e_{max} 减小，过渡时间 t_p 缩短。但如果 T_d 太大，微分作用太强，导致反应速度过快，会引起系统振荡。引入微分作用以后，不能消除余差，但余差会有所减少。微分作用对纯滞后的对象不起作用。

在工业生产中，常将比例、积分、微分三种作用规律结合起来，可以得到较为满意的控制质量，包括这三种控制规律的控制器称为比例积分微分三作用控制器，习惯上称为 PID 控制规律，即

$$u(t) = K_p\left(e + \frac{1}{T_i}\int e\,dt + T_d \frac{de}{dt}\right) \tag{3-10}$$

这种控制既能快速进行控制，又能消除余差，具有较好的控制性能。

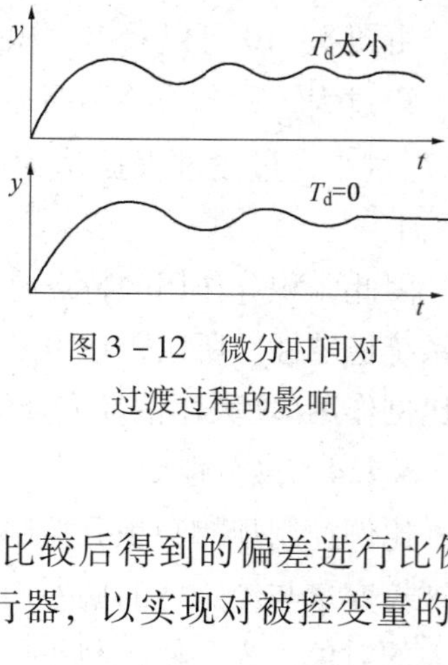

图 3-12　微分时间对过渡过程的影响

3.2　智能控制器

控制器是将被控变量测量值与给定值进行比较，然后对比较后得到的偏差进行比例、积分、微分等运算，并将运算结果以一定的信号形式送往执行器，以实现对被控变量的自动控制。

3.2.1 控制器的发展历史

1. 基地式仪表

这类控制仪表将测量、显示、控制等各部分都集中组装在一个表壳里，形成一个整体。这类仪表一般只能用于现场的就地检测和控制，无法实现集中显示与控制，只适用于简单的、个别的控制回路的就地控制与操作。

2. 气动单元组合仪表

单元组合式仪表将过去那种大而全的基地式仪表按功能划分成若干独立工作的单元，提高了仪表使用的灵活性。根据实际的需要，利用这些单元，组成各种自动检测和过程控制系统。单元之间采用统一的标准信号(如20~100kPa)。

气动仪表结构简单，价格低廉，性能可靠，适用于一切防爆防火场所而无需采取任何措施。其缺点是：气动信号的传递速度慢，传输距离短，管线安装与检修不便，不宜实现远距离大范围的集中显示与控制；与计算机联用比较困难。目前随着电动仪表本安防爆技术的日益完善，气动仪表的应用范围已越来越小。

气动单元组合仪表的主要技术特征：

(1) 气源信号：140kPa；

(2) 工作信号：20~100kPa；

(3) 准确度等级：1.0级；

(4) 传送时间：内径4mm、长60m的气动管线不大于4s；

(5) 可在防爆与防火的场所使用。

我国产生的气动单元组合仪表主要有QDZ-Ⅱ型与QDZ-Ⅲ型。

3. 电动单元组合仪表

电动单元组合仪表的发展，大致可分为以下三个阶段：

第一阶段为电子管型的电动单元组合仪表(DDZ-Ⅰ系列)，采用0~10mA DC统一标准信号。以磁放大器和电子管为主要放大元件，仪表体积大、质量大、耗电量大，不能满足多回路集中控制的要求。

第二阶段为晶体管型的电动单元组合仪表(DDZ-Ⅱ系列)，仍采用0~10mA DC统一标准信号。以晶体管为主要放大元件，仪表的体积缩小、质量减小、功能也进一步完善，同时还考虑了与气动单元组合仪表、工业计算机的配合问题。DDZ-Ⅱ型动单元组合仪表曾在我国得到广泛的应用，有力地促进了我国工业生产的自动化。其主要特点有：

(1) 采用晶体管等分立元件构成，线路较复杂。

(2) 信号制采用0~10mA直流电流信号作为现场传输信号，0~2V DC直流电压信号作为控制室风传输信号。

(3) 采用220V交流电压作为供电电源。

(4) 现场变送器的供电电源和输出信号分别各用两根导线，因此称为四线制。

第三阶段为DDZ-Ⅲ型电动单元组合仪表，采用国际电工委员会(IEC)推荐的4~20mA DC统一标准信号，以线性集成电路取代了晶体管电路，采用了安全火花型防爆措施和直流电源集中供电，并考虑了与计算机联用问题，适用于易燃易爆的场所。其主要特点有：

(1) 采用线性集成电路，提高了仪表的可靠性、稳定性和准确度，扩大了登记表的功能。

(2) 采用4～20mA DC(或1～5V DC)的国际统一标准信号，电气零点与机械零点不重合，易于识别断电、断线等故障。

(3) 因为最小信号电流不为零，只要变送器最小工作电流小于4mA，就可实现现场变送器与控制室之间仅用两根导线，既作为电源线，又作为信号线(即两线制)。这样既节省了电缆线和安装费用，还有利于安全防爆。

(4) 采用24V DC电源集中供电，整套仪表可实现安全火花型防爆系统。

DDZ－Ⅲ型电动调节器主要由指示单元和控制单元两部分组成。指示单元包括测量信号指示电路和给定信号指示电路；控制单元包括输入电路、PD电路、PI电路、输出电路以及软手动操作电路和硬手动操作电路，如图3－13所示。

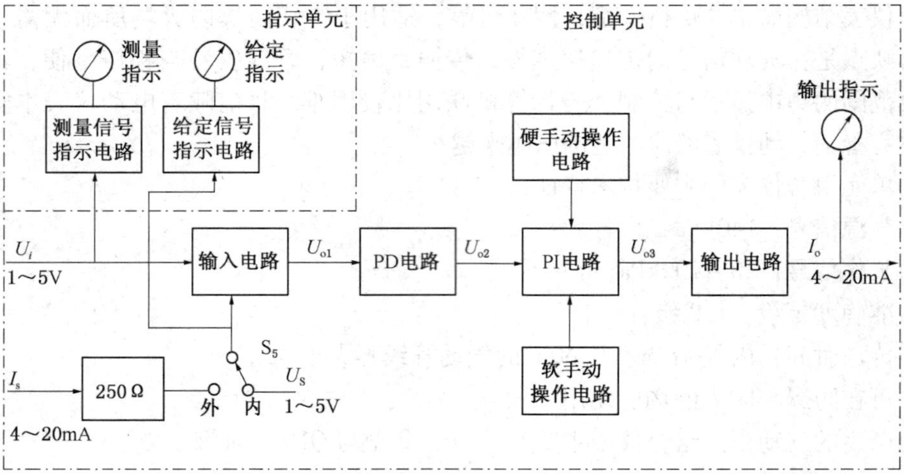

图3－13 DDZ－Ⅲ型电动调节器的基本组成原理图

测量信号和内给定信号均为1～5V DC，通过各自的指示电路指示，两指示值之差即为控制器的输入信号，调节器的输出信号由输出指示表显示。

外给定信号为4～20mA的直流电流，通过250Ω的精密电阻转换成1～5V DC的电压信号，内、外给定信号由S_5开关来选择。在外给定时，仪表面板上的外给定指示灯亮。

调节器的工作状态有“自动”、“软手动操作”、“硬手动操作”和“保持”四种，由开关S_1和S_2切换，如图3－13所示。当调节器处于自动状态时，测量信号和给定信号在输入电路进行比较后产生偏差，由PD和PI电路对此偏差信号进行PID运算，并通过输出电路转换为4～20mA DC电流。当调节器处于手动操作状态时，可通过操作板上的按键使调节器处于保持状态、输出电流快速加减或慢速加减。当调节器处于硬手动操作状态时，通过硬手动操作杆使调节器的输出迅速改变到所需要的位置。

调节器“自动→软手动操作”、“硬手动操作→软手动操作”或“硬手动操作→自动”的切换均是无平衡无扰动切换，只有“自动→硬手动操作”或“软手动操作→硬手动操作”时必须进行预平衡操作，才能达到无扰动切换。但这种切换一般只在紧急情况下才可能进行，那时扰动已是次要问题。

开关S_7可以改变偏差的极性，从而选择调节器的正、反作用。

4. 智能控制仪表

微处理器自20世纪70年代出现以来，由于它可靠、价廉、性能好，很快在自动控制领域中得到广泛的应用。所谓智能控制仪表，就是应用微处理器的过程检测控制仪表，或者说具有记忆、判断和处理功能的仪表。

应用微处理器的过程检测控制仪表主要有两类：一类是集中和分散型控制系统，包括直接数字控制系统(DDC)、监督控制系统(SPC)、集散控制系统(DCS)与现场总线控制系统(FCS)等，这部分内容将在第6章详细论述；另一类是可编程控制器，包括单回路(或多回路)控制器、可编程控制器和可编程逻辑控制器(PLC)等。

智能控制器的主要特点是：

(1) 保留了模拟仪表所有的优点，如组成系统灵活、操作维护简单，只要会使用模拟仪表的操作人员，即使不具备计算机知识，也能方便地使用智能控制器。

(2) 模拟和数字技术混用。控制器与现场的联系信号采用模拟信号，控制器内部的控制运算则采用数字信号，能实现模拟仪表难以实现的各种高级、复杂的控制规律，如自适应、最佳、大滞后等控制规律。

(3) 可靠性高，通用性强。由于采用了大规模集成电路，且采用了自诊断程序，系统软件固化于EPROM，同时还考虑RAM中可变参数的掉电保护，使整个系统的可靠性大大提高。另外，由模拟仪表所构成的不同功能的系统是靠硬件单元的组合；而智能控制器是靠软件的编程来实现各种不同的控制规律。对于不同的系统，可以采用同一硬件单元，只要改变程序就能实现不同系统的要求，实现一机多能，增强了仪表的通用性。

一般智能仪表都配有RS232C、RS485等标准的通信接口，可以很方便地与PC机和其他仪表进行通信，实现集中综合管理。即既可以进行单回路控制，也可以完成几十甚至上百个回路的集中管理，特别适用于我国中小企业的技术改造。

3.2.2 智能控制器的构成和工作原理

1. 智能控制器的构成

智能控制器的构成方案，虽然各有其特点，但其原理基本相同。如图3-14所示，智能控制器由以下几部分构成：

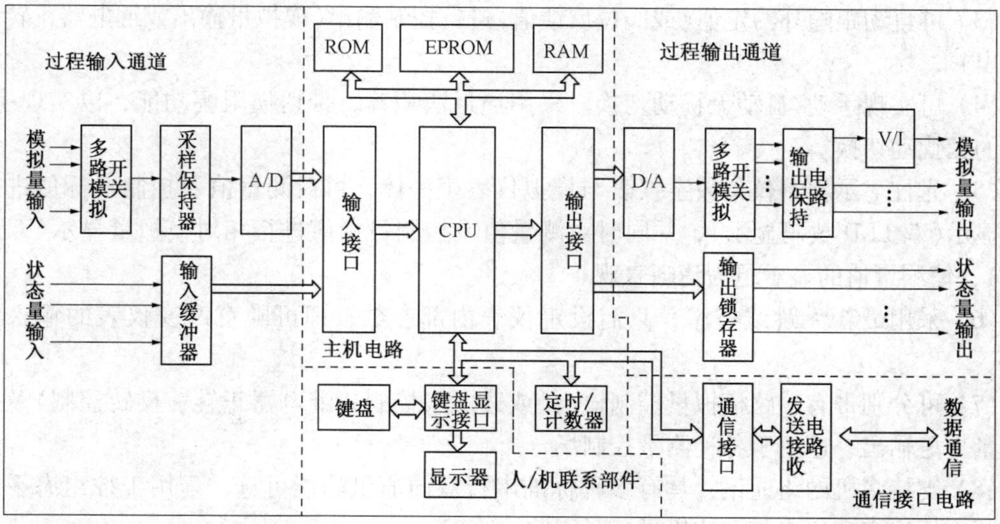

图3-14 智能控制器构成原理图

(1) CPU 中央处理器，是智能控制器的核心。它接受操作人员的指令，完成数据传送、输入输出、运算处理、判断等多种功能。它通过地址总线、数据总线、控制总线与其他部分连在一起，构成一个系统。

（2）存储器　分为软件存储区和数据存储区。软件存储区又分为系统软件存储区和用户存储区。系统软件存储区用来放置由制造厂编写好的，用于管理用户程序、通信、人机接口等方面的程序或文件，用户是无法改变的，一般采用 ROM（只读存储器）；用户存储区用来放置用户编制的程序，一般采用 EPROM（可擦写只读存储器）；数据存储区用来存放通信数据、显示数据和控制运算的中间数据等，一般采用 RAM（随机存储器）。

（3）过程输入输出通道　模拟量输入是将现场测量仪表所检测到的热电阻、热电偶信号，以及变送器输出的标准电流或电压信号等模拟量信号，连接到控制器的模拟量输入端子，经多路开关、A/D（模拟量/数字量）转换器，转变成数字量信号，送至 CPU 进行控制运算。

传感器获取被测参量的信息并转换成电信号，经滤波去除干扰后送入多路模拟开关；由单片机逐路选通模拟开关将各输入通道的信号逐一送入程控增益放大器，放大后的信号经 A/D 转换器转换成相应的脉冲信号后送入单片机中；单片机根据仪器所设定的初值进行相应的数据运算和处理（如非线性校正等）；运算的结果被转换为相应的数据进行显示和打印；同时单片机把运算结果与存储于片内 FlashROM（闪速存储器）或 E^2PROM（电可擦除存储器）内的设定参数进行运算比较后，根据运算结果和控制要求，输出相应的控制信号（如报警装置触发、继电器触点等）。此外，智能仪器还可以与 PC 机组成分布式测控系统，由单片机作为下位机采集各种测量信号与数据，通过串行通信将信息传输给上位机——PC 机，由 PC 机进行全局管理。

2. 智能控制器实例

现以某公司 PID 自整定控制仪为例对智能控制器作一介绍。

1）主要特点

（1）适用于需要进行高准确度测量控制的系统，可根据被控对象自动演算出最佳 PID 控制参数。

（2）可选择外给定（或阀位）控制功能，可取代伺服放大器直接驱动执行机构（如阀门等）。

（3）可自动跟随外给定值（或阀位反馈值）进行控制输出（模拟量输出或继电器正转、反转输出）。

（4）可实现手动/自动无扰动切换。采用逼近法积算，带切换限幅功能，以实现手动/自动的无扰动切换。

（5）光柱显示控制仪集数字仪表与模拟仪表于一体，可对测量值及控制目标值进行数字量显示（双 LED 数码显示），并同时对测量值及控制目标值进行相对模拟量显示（双光柱显示），使测量值的显示更为清晰直观。

（6）采用最新无跳线技术，只需设定仪表内部参数，即可随意改变仪表的输入信号类型。

（7）可分别带有一路模拟量控制输出（或开关量控制，继电器正转、反转控制）及一路模拟量变送输出，适用于各种测量控制场合。

（8）支持多机网络通讯，具有多种标准串行双向通讯功能可选。配用工控组态平台软件，可方便地实现仪表与上位机进行联网监控管理。

（9）全新概念的电脑数字自动调校，全数字化冷端补偿。全开放式用户二次可编程界面。设定参数密码锁定，断电后永久保存。

2）主要性能指标

模拟量输入——电阻信号，包括分度号为 Pt100、Cu100、Cu50 等热电阻或远传压力电阻 30 ~ 350Ω；热电偶，包括分度号为 B、S、K、E、T、J 等；电压信号，包括 0 ~ 5V、1 ~ 5V 或 mV 等；电流信号，包括 0 ~ 10mA、4 ~ 20mA 或 0 ~ 20mA 等。

测量范围——－1999 ~ 9999 字。

测量准确度——0.2% FS ±1 字或 0.5% FS ±1 字。

分辨率——±1 字。

温度补偿——0 ~ 50℃。

显示方式——－1999 ~ 9999 测量值显示、－1999 ~ 9999 设定值显示、－1999 ~ 9999 外给定值显示、0 ~ 100.0% 阀位反馈值显示、0 ~ 100% 输出量显示、发光二极管工作状态显示、双高亮度 LED 数字显示、双光柱显示。

控制方式——PID 控制电流/电压输出、PID 控制继电器开关量输出 PID 正转/反转阀位控制、带回差位式 ON/OFF 控制。

开关量输出——继电器正转、反转控制输出、继电器 ON/OFF 带回差控制。

模拟量输出——0 ~ 10mA、4 ~ 20mA、0 ~ 5V、1 ~ 5V。

通讯接口——标准串行双向通讯接口为 RS－485、RS－232C、RS－422 等；波特率 300 ~ 9600bps 内部自由设定。

报警方式——继电器上限、下限报警输出，LED 指示；继电器偏差内报警输出，LED 指示；继电器偏差外报警输出，LED 指示；继电器 LBA 报警输出，LED 指示。

设定方式——面板轻触式按键数字设定，参数设定值密码锁定，设定值断电永久保存。

保护方式——输入回路断线报警（继电器输出，LED 指示）、超/欠量程报警（继电器输出，LED 指示）、欠压自动复位、工作异常自动复位（Watch dog）。

3）操作面板

PID 自整定控制仪的操作面板如图 3－15 所示，其功能如下所述。

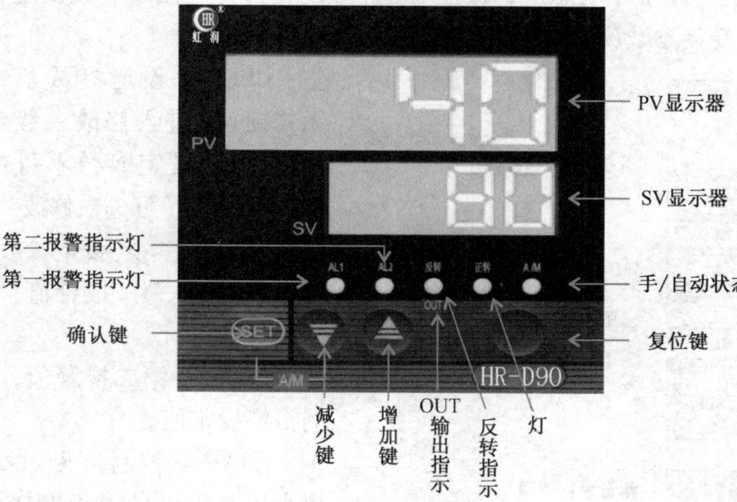

图 3－15　PID 自整定控制仪操作面板

（1）面板上操作键的功能

参数设定选择键——可以确认已变更的设定值，可以按序变换参数设定模式，配合▼键可实现自动/手动控制输出的切换，配合▲键可进入仪表二级参数设定。

设定值减少(▼)键——变更设定时，用于减少数值。连续按压，将快速减少数值，配合 SET 键可实现自动/手动控制输出的切换，配合 SET 键可进入仪表二级参数设定。

设定值增加(▲)键——变更设定时，用于增加数值。连续按压，将快速增加数值。

复位(RESET)键(面板不标出)——用于程序清零(自检)。

(2) 显示器的功能

测量值 PV 显示器——显示实时测量值。在参数设定状态下，显示参数符号。

目标值 SV 显示器(或阀位反馈值显示器、外给定值显示器)——显示控制目标值或输量的百分比。阀位控制时，显示阀位反馈值。外给定控制时，显示外给定值。在参数设定状态下，显示设定参数值。

(3) 指示灯的功能

(AL1)指示灯(红)——第一报警 ON 时亮灯。

(AL2)指示灯(绿)——第二报警 ON 时亮灯。

AL3/OUT——第三报警 ON 时亮灯。

(AL4)指示灯(绿)——阀位正转时亮灯。

(A/M)功能指示灯(红)——手动状态时指示灯亮，开始自动演算将连续闪烁，自动演算完毕时灯灭。

4) 操作方式

(1) 开机

仪表上电后，进行开机自检，并显示设备号和版本号。自检结束，仪表自动转入工作状态，PV 显示测量值，SV 显示控制目标值或输出量的百分比。如要求再次自检，可按一下面板右下方的复位键，仪表将重新进入自检状态。整个开机状态变化如图 3－16 所示。

(2) 控制参数设定

在仪表 PV 测量值显示状态下，按压 SET 键，仪表将转入控制参数设定状态。每按 SET 键即按下列顺序变换参数(一次巡回后返回至最初项目)：

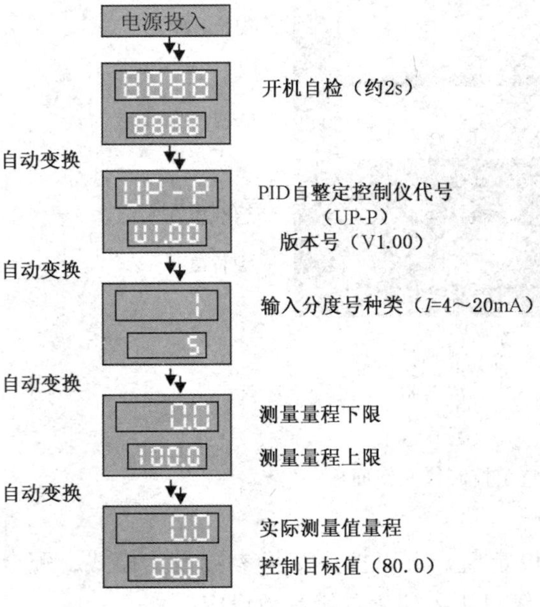

图 3－16　开机状态变化

CLK——设定参数禁锁。CLK = 00，无禁锁(可进入修改一级参数)；CLK ≠ 00，禁锁(设定参数不可修改)；CLK = 132，无禁锁(可进入修改二级参数设定)；CLK≠132，禁锁(设定参数不可修改)。

AL1——第一报警值，显示第一报警的报警设定值。

AL2——第二报警值，显示第二报警的报警设定值。

LBA——控制环断线/短路报警，当仪表控制输出量等于 PID 或 PIDH，并且连续时间大于 LBA 设定时间，而 PV 测量值无变化时，则判断为控制环故障，输出报警。

AH1——显示第一报警的回差值。

AH2——显示第二报警的回差值。

CON——CON =0 时，控制输出为 PID 控制。

P——显示程序比例带的设定值，设定为“0”时，则成位式控制。

I——显示程序积分时间的设定值，设定为“0”时，积分作用则成 OFF(有些品牌的控制器是将积分时间设置成最大值)。

D——显示程序微分时间的设定值，设定为“0”时，微分作用则成 OFF。

AT——积分分离区，可有效地防止积分饱和。

AUT——自整定功能，OFF - 手动设定 PID 参数值，ON - 自整定参数。

（3）二级参数设定

在仪表参数设定状态下，设定 CLK =132 后，PV 显示 CLK，SV 显示在 132 的状态下，同时按下SET键和▲键 30s，仪表即进入二级参数设定。二级参数是对仪表的功能进行设置，非技术人员不得进入修改二级参数，否则，将造成仪表控制错误。二级参数较多，现将主要的列举如下：

SL0——输入分度号，用于设定输入分度号类型。如 SL0 =0 ~6 分别对应热电偶分度号 B、S、K、E、T、J、WRe，SL0 =7 ~9 分别对应热电阻分度号 Cu50、Pt100、Pt100. 1，SL0 =11、12 分别对应电流信号 0 ~ 10mA 与 4 ~ 20mA，SL0 = 13、14 分别对应电压信号 0 ~ 10mA 与 4 ~20mA 等。

SL1——用于设定小数点的位数，如 SL1 =2 时，显示 XX. XX。

SL2、SL3——分别为第一和第二报警方式，如等于 0 时为无报警、等于 1 时为下限报警、等于时为上限报警。

F1——PID 作用方式，“F1 =0”时为正作用，“F1 =1”时为反作用。

F2——PID 输出类型，“F2 =0”时为继电器、SSR(固态继电器) 控制输出；“F2 =1”时为电流、电压变送输出；“F2 =2”时为阀位控制输出。

IN2——控制方式选择，“IN2 =0”时为单路输入 PID 控制；“IN2 =1”时为双路输入阀位控制；“IN2 =2”时为双路输入外给定控制。

设定参数改变后，按SET键该值才被保存。如参数的设定值不能修改，则系设定参数正被禁锁。参数一旦设定，断电后将永久保存。

参数设置后仪表返回工作状态的方式有三种：

手动返回——长按SET键，仪表返回到测量值显示状态。

自动返回——不按任一键，30s 后，仪表将自动回到测量值显示状态。

复位返回——按压复位键，仪表再次自检后即进入测量值显示状态。

自整定功能的实现：在仪表测量状态下，进入一级参数设定，设定 AUT =1，确认后按住 SET 键 5s 退至测量状态下，仪表开始自整定。自整定时，仪表自整定指示灯 A/M 将闪烁，指示正在进行自整定。

当自整定指示灯熄灭，则表示自整定完毕。仪表将自整定结果写入 E^2PROM 永久保存。自整定完毕后，可根据现场实际情况手动修改自整定后的参数设定值。

自动/手动无扰动切换方法：在仪表自动控制输出状态下，同时按压SET键和▼键，仪表将自动跟踪输出量，A/M 指示灯(红)亮，即已完成自动/手动无扰动切换，此时可按▲或▼键手动改变仪表输出量的百分比(范围：0 ~100%)。

手动/自动无扰动切换方法：在仪表手动控制输出状态下，同时按压SET键和▼键，仪表将自动跟踪输出量，A/M 指示灯(红)灭，即已完成手动/自动无扰动切换。

5）控制输出工作原理

控制输出有自整定控制、阀位控制和外给定控制三种，每种控制形式分为自动控制状态和手动控制状态。

（1）自整定控制状态

自动控制状态：仪表上电后自动处于跟踪状态。仪表采样 PVin 输入信号，并将 PVin 输入值显示于 PV 显示器上，控制目标值（或输出量的百分比）显示于 SV 显示器上。

手动操作状态：当需要进行手动操作控制时，在 PV 显示输入值状态下，同时按压SET键和▼键，仪表将跟随当前输出量，自动转入手动控制输出量状态，仪表自动/手动（A/M）指示灯亮，即可实现自动/手动无扰动切换。此时，SV 显示输出量（0～100%），输出值大小可按压▲键（增加输出量）或▼键（减少输出量）来控制。同时按压SET键和▼键，仪表即返回自动控制输出量状态，此时仪表将跟随当前输出量，根据控制器设定参数中的积分时间，按控制逼近方法，自动跟随 PV 变化，转回自动控制状态。

（2）阀位控制

仪表可接受双路的模拟输入信号，送往仪表的 PVin 和 SVin 接线端，PVin 输入信号显示测量值，由 PV 显示器显示；SVin 输入信号显示阀位反馈值，由 SV 显示器显示。根据用户的具体要求，仪表可输出模拟量（如 0～10mA、4～20mA、0～5V、1～5V 等）或其他控制信号（如阀位控制的正反转等）。

自动操作状态：仪表在自动控制输出时，将根据 PID 控算法，当控制输出量百分比小于 SV 阀位反馈值时，仪表输出反转，直至控制输出量 = SV 阀位反馈值。当控制输出量百分比大于 SV 阀位反馈值时，仪表输出正转，直至控制输出量 = SV 阀位反馈值。

手动操作状态：在仪表自动跟踪状态下，同时按压SET和▼键，仪表将跟随当前输出量，转入手动控制输出量状态，仪表自动/手动（A/M）指示灯亮，即可实现自动/手动无扰动切换。SV 显示百分比输出值（0～100%），此时，按压▲或▼键，仪表即增加或减少输出量（输出正转或反转），直至仪表的控输出量 = 阀位反馈值后，松开▲或▼键。同时按压SET和▼键，仪表即返回自动控制输出量状态，此时仪表将根据实时测量值控制阀门开度大小。

（3）外给定控制状态

仪表可接受双路的模拟输入信号，送往仪表的 PVin 和 SVin 接线端，PVin 输入信号显示测量值，由 PV 显示器显示；SVin 输入信号显示外给定值，由 SV 显示器显示。仪表的控制目标值由 SVin 输入信号给定，根据用户的具体要求，仪表可输出模拟量（如 0～10mA、4～20mA、0～5V、1～5V 等）。

自动控制状态（模拟量输出）：自动上电后处于自动控制状态。仪表采样 PVin 输入信号，根据 PID 控制算法控制模拟量的输出，并将测量值显示在 PV 显示器上，输出量或控制目标显示在 SV 显示器上。

手动操作状态：当需要进行手动操作控制时，在 PV 显示测量值状态下，同时按压SET键和▼键，仪表将跟随当前输出量，自动转入手动控制输出量状态，仪表自动/手动（A/M）指示灯亮，即可实现自动/手动无扰动切换。此时，SV 显示输出量（0～100%），输出值大小可按压▲键（增加输出量）或▼键（减少输出量）来控制。同时按压SET和▼键，仪表即返回自动控制状态。

智能控制器参照其接线图接好输入、输出及电源线，并请确认无误后，接入电源即进入工作状态。智能控制器的参考接线图如图 3－17 所示。

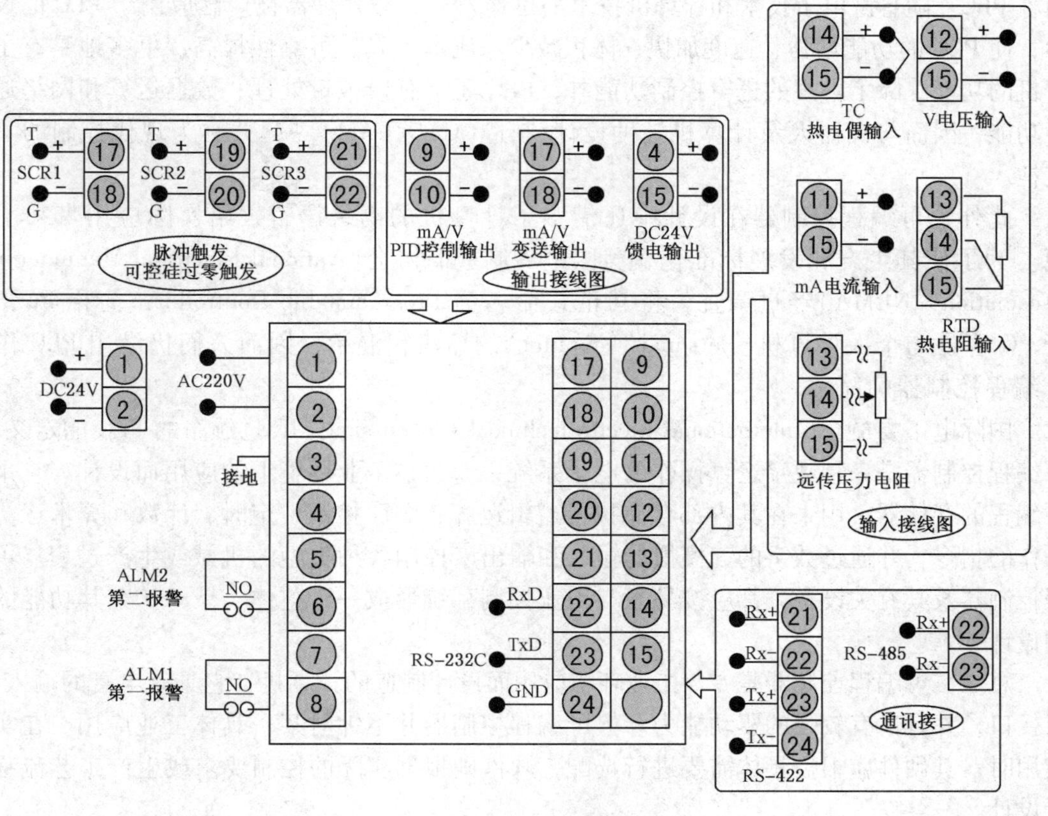

图 3－17　智能控制器的参考接线图

3.3　可编程控制器

3.3.1　可编程控制器概述

1. 可编程控制器基本概念

可编程控制器是一种在传统的继电器控制系统的基础上，与 3C 技术（Computer，Control，Communication）相结合而不断发展完善起来的新型自动控制装置，具有编程简单、使用方便、通用性强、可靠性高、体积小、易于维护等优点，在自动控制领域应用得十分广泛。目前已从小规模的单机顺序控制发展到过程控制、运动控制等诸多领域。无论是老设备的技术改造还是新系统的开发，设计人员都倾向于采用它来进行设计。

20 世纪 60 年代，电子技术的发展推动了控制电路的电子化，晶体管等无触点器件的应用促进了控制装置的小型化和可靠性的提高。60 年代中期，小型计算机被应用到过程控制领域，大大提高了控制系统的性能。但当时计算机价格昂贵，编程很不方便，输入/输出信号与工业现场不兼容，因而没能在工业控制中得到推广与应用。

1969 年，美国的数字设备公司（Digital Equipment Corporation，DEC）开发出世界上第一台 PLC 样机，并获得成功应用。这种新型的工业控制装置以其简单易懂、操作方便、可靠性高、使用灵活、体积小、寿命长等一系列优点很快就在工业领域得到推广。

在可编程控制器的早期设计中虽然采用了计算机的设计思想，但只能进行逻辑（开关量)控制，主要用于顺序控制，所以被称为可编程逻辑控制器(Programmable Log Controller)，简称 PLC。随着微电子技术和计算机技术的迅速发展，微处理器被广泛应用于 PLC 的设计中，使 PLC 的功能增强、速度加快、体积减少、成本下降、可靠性提高，更多地具有了计算机的功能。除了常规的逻辑控制功能外，PLC 还具有模拟量处理、数据运算和网络通信等功能，因而与机器人及计算机辅助设计/制造(CAD/CAM)一起并称为现代控制的三大支柱。

此外，可编程控制器在设计中还借鉴了计算机的高级语言，给实际应用带来了方便。为了使其生产和发展标准化，美国电气制造商协会(National Electrical Manufacturers Association，NEMA)经过调查，将其正式命名为 Programmable Controller，简称 PC，由于 PC 容易与个人计算机(Personal Computer)的缩写相混淆，因而人们仍沿用 PLC 作为可编程控制器的简称。

国际电工委员会(International Electro technical Commission，IEC)颁布的 PLC 的定义为：可编程控制器是一种数字运算操作的电子系统，专为在工业环境下的应用而设计。它采用可编程的存储器，用来在其内部存储执行逻辑运算、顺序控制、定时、计数和算术运算等操作的指令，并通过数字的、模拟的输入和输出来控制各种类型的机械或生产过程。可编程控制器及其有关设备，都应按易于与工业控制系统形成一个整体、易于扩充其功能的原则设计。

总之，可编程控制器是专为工业环境应用而设计制造的计算机。它具有丰富的输入/输出接口，并且具有较强的驱动能力。但可编程控制器并不针对某一具体工业应用。在实际应用时，其硬件应根据具体需要进行选配，软件则根据实际的控制要求或生产工艺流程进行设计。

2. 可编程控制器的发展

PLC 的发展与计算机技术、微电子技术、自动控制技术、数字通信技术、网络技术等密切相关。这些高新技术的发展推动了 PLC 的发展，而 PLC 的发展又对这些高新技术提出了更高的要求，促进了它们的发展。虽然 PLC 的应用时间不长，但是随着微处理器的出现，大规模和超大规模集成电路技术的迅速发展和数字通信技术的不断进步，PLC 也取得了迅速的发展。

早期的 PLC 作为继电器控制系统的替代物，其主要功能只是执行原先由继电器完成的顺序控制和定时/计数控制等任务。PLC 在硬件上以准计算机的形式出现，装置中的器件主要采用分立元件和中小规模集成电路，存储器采用磁芯存储器。PLC 在软件上形成了特有的编程语言——梯形图(Ladder Diagram)，并一直沿用至今。

第二代 PLC 采用微处理器作为 PLC 的中央处理单元(Central Processing Unit，CPU)，使 PLC 的功能大大增强。在软件方面，除了原有功能外，还增加了算术运算、数据传送和处理、通信、自诊断等功能。在硬件方面，除了原有的开关量 I/O(Input/Output，输入/输出)以外，还增加了模拟量 I/O、远程 I/O 和各种特殊功能模块，如高速计数模块、PID 模块、定位控制模块和通信模块等。同时，扩大了存储器容量和各类继电器的数量，并提供一定数量的数据寄存器，进一步增强了 PLC 的功能。

第三代 PLC 采用的微处理器的性能普遍提高。为了进一步提高 PLC 的处理速度，各制造厂家还开发了专用芯片，PLC 的软件和硬件功能发生了巨大变化，体积更小，成本更低，I/O 模块更丰富，处理速度更快，指令功能更强。即使是小型 PLC，其功能也大大增强，在有些方面甚至超过了早期大型 PLC 的功能。

随着相关技术特别是超大规模集成电路技术的迅速发展及其在 PLC 中的广泛应用，PLC 中采用更高性能的微处理器作为 CPU，功能进一步增强，逐步缩小了与工业控制计算机之间的差距。同时，I/O 模块更丰富，网络功能进一步增强，以满足工业控制的实际需要。编程语言除了梯形图外，还可采用指令表、顺序功能图(Sequential Function Charter，SFC)及高级语言(如 BASIC 和 C 语言)等。另外，还普遍采用表面安装技术，不仅降低成本，减小体积，而且进一步提高了系统性能。

现代 PLC 的发展有两个主要趋势：其一是向体积更小、速度更快、功能更强和价格更低的微小型方面发展；其二是向大型网络化、高可靠性、良好的兼容性和多功能方面发展，趋向于当前工业控制计算机(工控机)的性能。

3. 可编程控制器的分类

PLC 分类方法有多种，按规模(即 I/O 点数)可分为大、中、小型，按结构可分为整体式和组合式。在实际应用中通常都按 I/O 点数来分类。

I/O 点数表明 PLC 可以从外部接收多少输入量和向外部输出多少个输出量，即 PLC 的 I/O 端子数。一般来说，点数多的 PLC 功能较强。

I/O 点总数在 256 点以下的 PLC 称为小型 PLC。小型 PLC 体积小，结构紧凑，整个硬件融为一体，是实现机电一体化的理想控制器，也是一种在实际控制中应用得最为广泛的机型。小型 PLC 一般有逻辑运算、定时、计数、移位等功能，适用于开关量的控制，可用来实现条件控制、定时/计数控制、顺序控制等。新一代的小型 PLC 都具有算术运算、浮点数运算、函数运算和模拟量处理的功能，可满足更为广泛的需要。

I/O 点数在 256 点 ~ 1024 点之间的 PLC 称为中型 PLC。中型 PLC 在逻辑运算功能的基础上增加了模拟量处理、算术运算、数据传送、数据通信等功能，可完成既有开关量又有模拟量的复杂控制。中型 PLC 的编程器有便携式和带有 CRT/LCD 的智能图形编程器供用户选择。后者为用户提供了更直观的编程工具，梯形图能直接显示在屏幕上，用户可以在屏幕上直观地了解用户程序运行中的各种状态信息，方便了用户程序的编写和调试，提供了良好的监控环境。

I/O 点数在 1024 点以上的 PLC 为大型 PLC。大型 PLC 功能更加完善，具有数据处理、模拟控制、联网通信、监视、存储、打印等功能，可以进行中断控制、智能控制、远程控制。大型 PLC 的通信联网功能强，可以构成 3 级通信网络，并作为分布式控制系统中的上位机，能实现大规模的过程控制，构成分布式控制系统或整个工厂的集散控制系统，实现工厂管理的自动化。大型 PLC 的用户程序存储器容量更大，扫描速度更快，可靠性更高，指令更丰富，如功能指令包括浮点运算、三角函数等运算指令，PID 可处理多达 32 个回路的控制。而且大型 PLC 自诊断功能极强，不仅能指示故障的原因，还能将故障发生的时间存储起来，以便于用户事后查询。此外，还能采用高级语言(如 BASIC 语言等)编写用户程序，能扩展成冗余系统，进一步提高了系统的可靠性。

PLC 的生产厂家很多，各厂家生产的 PLC 在 I/O 点数、容量、功能等方面各有差异，但都自成系列，指令及外设向上兼容。因此，在选择 PLC 时若选择同一系列的产品，则可以使系统构成容易，使用方便。比较有代表性的 PLC 有西门子(Siemens)公司的 S7 系列、三菱(Mitsubishi)公司的 FX 系列、欧姆龙(Omron)公司的 C 系列、松下(Matsushita)公司的 FP 系列等。

4. 可编程控制器的主要功能

PLC是在微处理器的基础上发展起来的一种新型的控制器，是一种基于计算机技术、专为在工业环境下应用而设计的电子控制装置。PLC把微型计算机技术和继电器控制技术融合在一起，兼具可靠性高、功能强、编程简单易学、安装简单、维修方便、接口模块丰富、系统设计与调试周期短等特点。

从功能来看，PLC的应用范围大致包括以下几个方面：

（1）逻辑（开关）控制　这是PLC最基本的功能，也是最为广泛的应用。PLC具有与、或、非、异或和触发器等逻辑运算功能。采用PLC可以很方便地实现对各种开关量的控制，用来取代继电器控制系统，实现逻辑控制和顺序控制。PLC既可用于单机或多机控制，又可用于自动化生产线的控制。PLC可根据操作按钮、各种开关及现场其他输入信号或检测信号控制执行机构完成相应的功能。

（2）定时控制　PLC具有定时控制功能，可为用户提供几十个甚至上千个定时器。时间设定值既可以由用户在编程时设定，也可以由操作人员在工业现场通过人-机对话装置实时设定，实现具体的定时控制。

（3）计数控制　PLC具有计数控制功能，可为用户提供几十个甚至上千个计数器。计数设定值的设定方式同定时器一样。计数器分为普通计数器、可逆计数器、高速计数器等类型，以完成不同用途的计数控制。一般计数器的计数频率较低。如需对频率较高的信号进行计数，则需要选用高速计数器模块，其最高计数频率可达50kHz。也可选用具有内部高速计数器的PLC，目前的PLC一般可以提供计数频率达10kHz的内部高速计数器。计数器的实际计数值也可以通过人-机对话装置实时读出或修改。

（4）步进控制　PLC具有步进（顺序）控制功能。在新一代的PLC中，可以采用IEC规定的用于顺序控制的标准化语言——顺序功能图编写用户程序，使PLC在实现按照事件或输入状态的顺序控制相应输出的时候更加简便。

（5）模拟量处理与PID控制　PLC具有A/D（Analog/Digital，模拟/数字）和D/A转换模块，转换的位数和精度可以根据用户要求选择，因此能进行模拟量处理与PID控制。PLC可以接模拟量输入和输出模拟量信号，模拟量一般为4～20mA的电流及1～5V或0～10V的电压。为了既能完成对模拟量的PID控制，又不加重PLC的CPU负担，一般选用专用的PID控制模块实现PID控制。此外，还具有温度测量接口，可以直接连接各种热电阻和热电偶。

（6）数据处理　PLC具有数据处理能力，可进行算术运算、逻辑运算、数据比较、数据传送、数制转换、数据移位、数据显示和打印、数据通信等功能，如加、减、乘、除、乘方、开方、与、或、异或、求反等操作。新一代的PLC还能进行三角函数运算和浮点运算。

（7）通信和联网功能　现在的PLC具有RS-232、RS-422、RS-485或现场总线等通信接口，可进行远程I/O控制，可实现多台PLC联网和通信。外部设备与一台或多台PLC之间可实现程序和数据的传输。通信口按标准的硬件接口和相应的通信协议完成通信任务的处理。例如西门子S7-200系列PLC配置有Profibus现场总线接口，其通信速率可以达到12Mbps（Mega bits per second，兆位每秒）。在系统构成时，可由一台计算机与多台PLC构成“集中管理、分散控制”的分布式控制网络，以便完成较大规模的复杂控制。

3.3.2 可编程控制器的硬件结构

PLC 从组成形式上一般分为整体式和模块式两种，但在逻辑结构上基本上相同。整体式 PLC 由 CPU、I/O 板、显示面板、内存和电源等组成，一般按 PLC 性能又分为若干型号，并按 I/O 点数分为若干规格。模块式 PLC 由 CPU 模块、I/O 模块、内存模块、电源模块、底板或机架等组成。无论哪种结构类型的 PLC，都属于总线式的开放结构，其 I/O 能力可根据用户需要进行扩展与组合。PLC 的组成如图 3－18 所示。

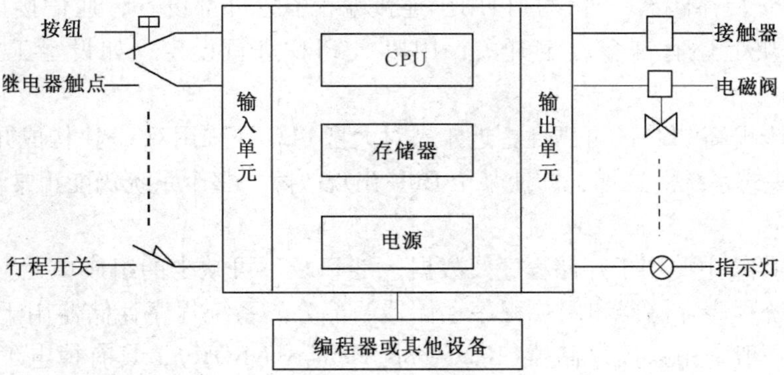

图 3－18 PLC 的组成

1. CPU（中央处理器）

与通用计算机中的 CPU 一样，CPU 也是整个 PLC 系统的核心部件，主要由运算器、控制器、寄存器及实现它们之间联系的地址总线、数据总线和控制总线构成。此外，还有外围芯片、总线接口及有关电路。CPU 在很大程度上决定了 PLC 的整体性能，如整个系统的控制规模、工作速度和内存容量等。

CPU 中的控制器控制 PLC 工作，由它读取指令，解释并执行指令。工作的时序（节奏）则由振荡信号控制。

CPU 中的运算器用于完成算术或逻辑运算，在控制器的指挥下工作。

CPU 中的寄存器参与运算，并存储运算的中间结果。它也是在控制器的指挥下工作。

作为 PLC 的核心，CPU 的功能主要包括以下几个方面：

（1）CPU 接收从编程器或计算机输入的程序和数据，并送入用户程序存储器中存储。

（2）监视电源、PLC 内部各个单元电路的工作状态。

（3）诊断编程过程中的语法错误，对用户程序进行编译。

（4）在 PLC 进入运行状态后，从用户程序存储器中逐条读取指令，并分析、执行该指令。

（5）采集由现场输入装置送来的数据，并存入指定的寄存器中。

（6）按程序进行处理，根据运算结果，更新有关标志位的状态和输出状态或数据寄存器的内容。

（7）根据输出状态或数据寄存器的有关内容，将结果送到输出接口。

（8）响应中断和各种外围设备（如编程器、打印机等）的任务处理请求。

当 PLC 处于运行状态时，首先以扫描的方式接收现场各输入装置的状态和数据，并分别存入相应的输入缓冲区。然后，从用户程序存储器中逐条读取用户程序，经过命令解释后，按指令的规定执行逻辑或数据运算，将运算结果送入相应的输出缓冲区或数据寄存器内，最后当所有的用户程序执行完毕之后，将I/O缓冲区的各输出状态或输出寄存器内的数据传送到相应的输出装置。如此循环运行，直到PLC处于编程状态，用户程序停止运行。

CPU模块的外部表现就是具有工作状态的显示、各种接口及设定或控制开关。CPU模块一般都有相应的状态指示灯，如电源指示、运行指示、输入/输出指示和故障指示等。箱体式PLC的面板上也有这些显示。总线接口用于连接I/O模块或特殊功能模块；内存接口用于安装存储器；外设接口用于连接编程器等外部设备；通信接口则用于通信。此外，CPU模块上还有许多设定开关，用以对PLC进行设定，如设定工作方式和内存区等。

为了进一步提高PLC的可靠性，近年来对大型PLC还采用双CPU构成冗余系统，或采用3CPU的表决式系统。这样，即使某个CPU出现故障，整个系统仍能正常运行。

2. 存储器

存储器(内存)主要用于存储程序及数据，是PLC不可缺少的组成单元。PLC中的存储器一般包括系统程序存储器和用户程序存储器两部分。系统程序存储器用于存储整个系统的监控程序，一般采用只读存储器(Read Only Memory，ROM)，具有掉电不丢失信息的特性；用户程序存储器用于存储用户根据工艺要求或控制功能设计的控制程序，早期一般采用随机读写存储器(Random Access Memory，RAM)，需要后备电池在掉电后保存程序。目前则倾向于采用电可擦除的只读存储器(Electrical Erasable Programmable Read Only Memory，EEPROM或E^2PROM)或闪存(Flash Memory)，免去了后备电池的麻烦。有些PLC的存储器容量固定，不能扩展，多数PLC则可以扩展存储器。

PLC常用的存储器类型有：

(1) RAM　是一种读/写存储器(随机存储器)，存取速度最快，但掉电后信息就丢失，需要锂电池作为后备电源。

(2) EPROM(Erasable Programmable Read Only Memory)　是一种可擦除的只读存储器。在断电情况下，存储器内的所有内容保持不变。在紫外线连续照射下(约20min)可擦除存储器原来的内容，然后可以重新写入。由于EPROM擦写不方便，目前已逐渐被EEPROM所取代。

(3) EEPROM　是一种电可擦除的只读存储器，擦除时间很短，不需要专用的擦除设备。使用编程器可以很方便地对其中所存储的内容进行修改。

根据PLC的工作原理，其存储空间一般包括系统程序存储区、系统RAM存储区(包括I/O缓冲区和系统软元件等)和用户程序存储区三个部分。

3. 输入/输出模块

输入模块和输出模块通常称为I/O模块或I/O单元。PLC提供了各种工作电平、连接形式和驱动能力的I/O模块，有各种功能的I/O模块供用户选用，如电平转换、电气隔离、串/并行变换、开关量输入/输出、模数(A/D)和数模(D/A)转换以及其他功能模块等。按I/O点数确定模块的规格及数量，I/O模块可多可少，但其最大数量受PLC所能管理的配置能力，即底板或机架槽数的限制。

PLC的对外功能主要是通过各种I/O接口模块与外界联系来实现的。输入模块和输出模块是PLC与现场I/O装置或设备之间的连接部件，起着PLC与外部设备之间传递信息的作用。I/O模块分为开关量输入(Digital Input，DI)、开关量输出(Digital Output，

DO)、模拟量输入(Analog Input，AI)和模拟量输出(Analog Output，AO)等模块。通常I/O模块上还有I/O接线端子排和状态显示，以便于连接和监视。I/O模块既可通过底板总线与主控模块放在一起，构成一个系统，又可通过插座用电线引出远程放置，实现远程控制及联网。

开关量模块按电压水平分为220V AC、110V AC、24V DC等规格；按隔离方式分为继电器输出、晶闸管输出和晶体管输出等类型。

模拟量模块按信号类型分为电流型(4～20mA、0～20mA)、电压型(0～10V、0～5V、-10V～10V)等规格；按准确度分有12位、14位、16位等规格。

4. 智能模块

除了上述通用的I/O模块外，PLC还提供了各种各样的特殊I/O模块，如热电阻、热电偶、高速计数器、位置控制、以太网、现场总线、远程I/O控制、温度控制、中断控制、声音输出、打印机等专用型或智能型的I/O模块，用以满足各种特殊功能的控制要求。I/O模块的类型、品种与规格越多，系统的灵活性越高。模块的I/O容量越大，系统的适应性就越强。

5. 编程设备

常见的编程设备有简易手持编程器、智能图形编程器和基于PC的专用编程软件。编程设备用于输入和编辑用户程序，对系统作一些设定，监控PLC及PLC所控制的系统的工作状况。

编程设备在PLC的应用系统设计与调试、监控运行和检查维护中是不可缺少的部件，但不直接参与现场的控制。

6. 电源

PLC中不同的电路单元需要不同的工作电源，如CPU和I/O电路要采用不同的工作电源。因此，电源在整个PLC系统中起着十分重要的作用。如果没有一个良好的、可靠的电源，系统是无法正常工作的。PLC的制造商对电源的设计和制造十分重视。

PLC一般都配有开关式稳压电源，用于给PLC的内部电路和各模块的集成电路提供工作电源。有些机型还向外提供24V的直流电源，用于给外部输入信号或传感器供电，避免了由于电源污染或电源不合格而引起的问题，同时也减少了外部连线，方便了用户。有些PLC中的电源与CPU模块合二为一，有些是分开的。输入类型上有220V或110V的交流输入，也有24V的直流输入。对于交流输入的PLC，电源电压为100～240V AC。一般交流电压波动在-15%～+10%的范围内，可以不采取其他措施而将PLC直接连接到交流电网上去。对于直流输入的PLC，电源的额定电压一般为24V DC。当电源在额定电压的-15%～+10%范围内波动时，PLC都可以正常工作。

3.3.3 可编程控制器的工作原理

PLC在本质上是一台微型计算机，其工作原理与普通计算机类似，具有计算机的许多特点。但其工作方式却与计算机有较大的不同，具有一定的特殊性。

早期的PLC主要用于替代传统的继电器-接触器构成的控制装置，但是这两者的运行方式不同。继电器控制装置采用硬逻辑并行运行的方式，如果一个继电器的线圈通电或断电，该继电器的所有触点(常开/常闭触点)不论在控制线路的哪个位置，都会立即同时动作。而PLC采用了一种不同于一般计算机的运行方式，即循环扫描。PLC在工作时逐条顺序地扫描用户程序。如果一个线圈接通或断开，该线圈的所有触点不会立即动作，必须等扫描到该触点时才会动作。为了消除二者之间由于运行方式不同而造成的这种差异，必须考虑到继电器控制装置中各类触点的动作时间一般在100ms以上，而PLC扫描用户程序的时间一般均小于100ms。

计算机一般采用等待输入、响应处理的工作方式，没有输入时就一直等待输入，如有键盘操作或鼠标等I/O信号的触发，则由计算机的操作系统进行处理，转入相应的程序。一旦该程序执行结束，又进入等待输入的状态。而PLC对I/O操作、数据处理等则采用循环扫描的工作方式。

1. 可编程控制器的工作过程

在PLC中，用户程序按先后顺序存放，在没有中断或跳转指令时，PLC从第一条指令开始顺序执行，直到程序结束符后又返回到第一条指令，如此周而复始地不断循环执行程序。PLC在工作时采用循环扫描的工作方式。顺序扫描工作方式简单直观，程序设计简单，并为PLC的可靠运行提供保证。有些情况下也插入中断方式，允许中断正在扫描运行的程序，以处理紧急任务。

PLC扫描工作的第一步是采样阶段，通过输入接口把所有输入端的信号状态读入缓冲区，即刷新输入信号的原有状态。第二步扫描用户程序，根据本周期输入信号的状态和上周期输出信号的状态，对用户程序逐条进行运算处理，将结果送到输出缓冲区。第三阶段进行输出刷新，将输出缓冲区各输出点的状态通过输出接口电路全部送到PLC的输出端子。

PLC周期性地循环执行上述三个步骤，这种工作方式称为循环扫描的工作方式。每一次循环的时间称为一个扫描周期。一个扫描周期中除了执行指令外，还有I/O刷新、故障诊断和通信等操作，如图3－19所示。扫描周期是PLC的重要参数之一，它反映PLC对输入信号的灵敏度或滞后程度。通常工业控制要求PLC的扫描周期在6～30ms以下。

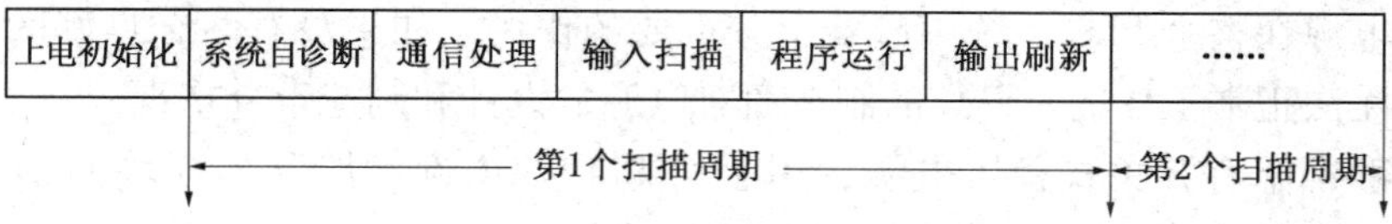

图3－19　PLC的工作流程图

在进入扫描之前，PLC首先执行自检操作，以检查系统硬件是否存在问题。自检过程的主要任务是消除各继电器和寄存器状态的随机性，进行复位和初始化处理，检查I/O模块的连接是否正常，再对内存单元进行测试。如正常则可认为PLC自身完好，否则出错指示灯ERROR亮报警，停止所有任务的执行。最后复位系统的监视定时器，允许PLC进入循环扫描周期。在每次扫描期间，PLC都进行系统诊断，以及时发现故障。

在正常的扫描周期中，PLC内部要进行一系列操作，一般包括故障诊断及处理操作、连接工业现场的数据输入和输出操作、执行用户程序和响应外部设备的任务请求(如打印、显示和通信等)。

PLC的面板上一般都有设定其工作方式的开关。当PLC的方式开关置于RUN(运行)时，执行所有阶段；当方式开关置于STOP(停止)时，不执行后三个阶段。此时，可进行通信处理，如对PLC进行离线编程或联机操作。

1）故障诊断及处理操作

这是在每一次扫描程序前对PLC系统做一次自检。若发现异常，除了出错指示灯

(ERROR)亮之外，还判断故障的性质。如属于一般性故障，则只报警不停机，等待处理。对于严重故障，PLC 就切断一切外部联系，停止用户程序的执行。

2）数据输入和输出操作

数据输入和输出操作即为 I/O 状态刷新。输入扫描就是对 PLC 的输入进行一次读取，将输入端各变量的状态重新读入 PLC 中，存入输入缓冲器。输出刷新就是将新的运算结果从输出缓冲区送到 PLC 的输出端。

PLC 的存储器中有一个专门存放 I/O 数据的区域。对应于输入端的数据区为输入缓冲区，对应于输出端的数据区为输出缓冲区。PLC 在采样时，输入信号进入缓冲区，即数据输入的状态刷新。PLC 在输出时，将输出缓冲区的内容输出到输出寄存器，即数据输出的状态刷新。I/O 缓冲区中的内容构成了当前的 I/O 状态表。

通常把 PLC 内部的各种存储器称为“软继电器”。所谓“软继电器”实际上是存储器中的一位触发器，其 0、1 对应继电器线圈的断与通。在传统的继电器控制系统中，输出是由物理器件加导线连接而成的电路来实现的。而在 PLC 中，却是用微处理器和存储器来代替继电器控制线路，是通过用户程序来控制这种“继电器”的断与通，所以将这种继电器称为“软继电器”。

输入操作实际是采样输入信号，刷新输入缓冲区的内容；输出操作则是送出处理结果，按输出缓冲区的内容刷新输出信号。PLC 在每次扫描中都将保存在输入和输出缓冲区的内容进行一次更新。

从输入和输出操作的过程中可以看出，在刷新期间，如果输入信号发生变化，则在本次扫描期间，PLC 的输出端会相应地发生变化，也就是说输出对输入立刻产生了响应。如在一次 I/O 刷新之后输入变量才发生变化，则在本次扫描期间输入缓冲器的状态保持不变，PLC 相应的输出也保持不变，而要到下一次扫描期间输出才对输入产生响应。即只有在采样(刷新)时刻，输入缓冲区中的内容才与输入信号(不考虑电路固有惯性和滞后影响)一致，其他时间范围内输入信号的变化不会影响输入缓冲区的内容。PLC 根据用户程序要求及当前的输入状态进行处理，结果存放在输出缓冲区中。在程序执行结束(或下次扫描用户程序前)PLC 才将输出缓冲区的内容通过锁存器输出到端子上，刷新后的输出状态一直保持到下次的输出刷新。这种循环扫描的工作方式存在一种信号滞后的现象，但 PLC 的扫描速度很高，一般不会影响系统的响应速度。

3）执行用户程序

用户程序的执行一般包括程序的具体执行与监视两部分操作。

(1) 执行

用户程序是存放在用户程序存储器中的。PLC 在循环扫描时，每一个扫描周期都按顺序从用户程序的第一条指令开始，逐条(跳转指令除外)解释和执行，直到执行到 END 指令才结束对用户程序的本次扫描。

用户程序处理的依据是输入/输出状态表。其中输入状态在采样时刷新，输出状态则根据用户程序而逐个更新。每一次计算都以当前的 I/O 状态表中的内容为依据，结果送到相应的输出缓冲器中，上面的结果作为下面计算的依据，中间结果不能作为输出的依据。对于整个控制系统来说，只有执行完用户程序后的 I/O 状态才是该系统的确定状态，作为输出锁存的依据。

（2）监视

PLC 中一般设置有监视定时器(Watch Dog Timer，WDT)，即“看门狗”，用来监视程序执行是否正常。每次执行程序前复位 WDT 并开始计时。正常时，扫描执行一遍用户程序所需时间不会超过某一定值。当程序执行过程中因某种干扰使扫描失控或进入死循环，则 WDT 会发出超时复位信号，使程序重新开始执行。此时，如是偶然因素造成超时，系统便转入正常运行，如是由于不可恢复的确定性故障造成超时，则系统会在故障诊断及处理操作中发现这种故障，并发出故障报警信号，切断一切外界联系，停止用户程序的执行，等待技术人员处理。

4）响应外设的服务请求

外设命令是可选操作，它给操作人员提供了交互机会，也可与其他系统进行通信，不会影响系统的正常工作，而且会更有利于系统的控制和管理。

PLC 每次执行完用户程序后，如有外设命令，就进入外设命令服务的操作，操作完成后就结束本次扫描周期，开始下一个扫描周期。

5）几点说明

（1）PLC 以循环扫描的方式工作，输入/输出的逻辑关系上存在滞后现象。扫描周期越长，滞后现象就越严重。但 PLC 的扫描周期一般只有几十毫秒或更少，两次采样之间的时间很短，对于一般输入量来说可以忽略。可以认为输入信号一旦变化，就能立即传送到对应的输入缓冲器。同样，对于变化较慢的控制过程来说，由于滞后的时间不超过一个扫描周期，可以认为输出信号是及时的。

在实际应用中，这种滞后现象可起到滤波的作用。对慢速控制系统来说，滞后现象反而增加了系统的抗干扰能力。但对控制时间要求较严格、响应速度要求较快的系统，就必须考虑滞后对系统性能的影响，在设计中尽量缩短扫描周期，或者采用中断的方式处理高速的任务请求。

（2）除了执行用户程序所占用的时间外，扫描周期还包括系统管理操作所占用的时间。前者与程序的长短及所用的指令有关，而后者基本不变。如考虑到 I/O 硬件电路的延时，PLC 的响应滞后就更大一些。

输入/输出响应的滞后不仅与扫描方式和硬件电路的延时有关，还与程序设计的指令安排有关，在程序设计中一定要注意。

PLC 最基本的工作方式是循环扫描的方式，即使在具有快速处理的高性能 PLC 中，系统也是以循环扫描的工作方式执行，理解和掌握这一点对于学习 PLC 十分重要。

2. 可编程控制器的输入/输出过程

当 PLC 投入运行后，在系统监控程序的控制下，其工作过程一般主要包括三个阶段，即输入采样、用户程序执行和输出刷新阶段。完成上述三个阶段称作一个扫描周期。在整个运行期间，PLC 的 CPU 以一定的扫描速度重复执行上述三个阶段。

（1）输入采样过程　在输入采样阶段，PLC 以扫描方式依次地读入所有输入的状态和数据，并将它们存入 I/O 缓冲区中相应的单元内。输入采样结束后，系统转入用户程序执行和输出刷新阶段。在这两个阶段中，即使外部的输入状态和数据发生变化，输入缓冲区中的相应单元的状态和数据也不会改变。因此，如果输入是脉冲信号，则该脉冲信号的宽度必须大于一个扫描周期，才能保证在任何情况下输入信号均被有效采集。

（2）用户程序执行　在用户程序执行阶段，PLC 总是按由上而下的顺序依次地扫描用户程序。在扫描每一条指令时，又总是按先左后右、先上后下的顺序进行逻辑运算，然后根据逻辑运算的结果，刷新该继电器在系统 RAM 存储区中对应位的状态；或者刷新该继电器在 I/O 缓冲区中对应位的状态；或者确定是否要执行该指令所规定的特殊功能操作。因此，在用户程序执行过程中，只有输入继电器在 I/O 缓冲区内的状态和数据不会发生变化，而输出继电器和其他软元件在 I/O 缓冲区或系统 RAM 存储区内的状态和数据都有可能发生变化。并且，排在上面的指令，其程序执行结果会对排在下面的凡是用到这些线圈或数据的指令起作用。相反，排在下面的指令，其被刷新的线圈的状态或数据只能到下一个扫描周期才能对排在其上面的程序起作用。

(3) 输出刷新过程　在用户程序扫描结束后，PLC 就进入输出刷新阶段。在此期间，CPU 按照输出缓冲区中对应的状态和数据刷新所有的输出锁存电路，再经输出电路驱动相应的外设。这时，才是 PLC 的真正输出，如图 3－20 所示。

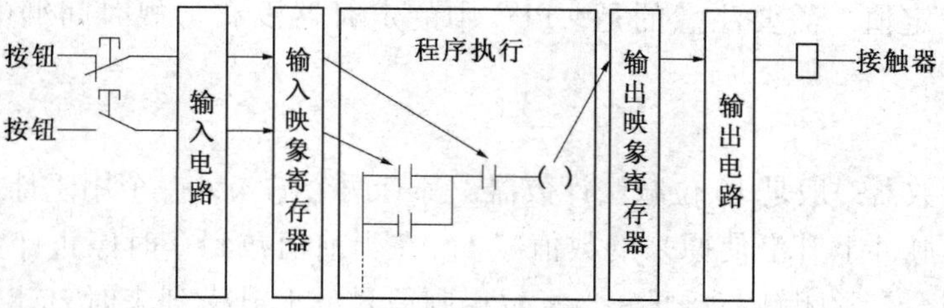

图 3－20　PLC 的输入和输出过程

3.3.4　PLC 程序设计基础

1. 可编程控制器的硬件资源

PLC 都提供了各种类型的继电器，一般都称为"软继电器"，以供系统软件设计中编程使用。常用的有输入继电器、输出继电器、内部继电器(分为通用和专用两种)、定时器、计数器、数据寄存器(分为通用和专用等类型)等。这些编程用的继电器的工作线圈没有工作电压等级、功耗大小和电磁惯性等问题。其触点没有数量限制，没有机械磨损和电蚀等问题。在不同的指令操作下，其工作状态可以无记忆，也可以有记忆，还可以作脉冲数字元件使用。

1) 输入继电器

PLC 的输入继电器是接受外部开关信号的窗口。PLC 内部与输入端子连接的输入继电器是用光电耦合器隔离的电子继电器，编号与接线端子编号一致。每一个输入继电器都有一个"等效线圈"和无数个常开/常闭触点。线圈的吸合或释放只取决于 PLC 外部所连接的开关信号的状态，而不能通过程序控制。内部的常开/常闭两种触点供编程时随时使用，使用次数不限。输入电路的时间常数一般小于 10ms。

2) 输出继电器

PLC 的输出继电器是向外部负载输出信号的窗口，也是通过光电耦合器隔离后接外部负载的。输出继电器的线圈由程序控制，其外部输出主触点接到 PLC 的输出端子上，以供驱动外部负载使用，其余常开/常闭触点供内部程序使用。输出继电器的常开/常闭触点使用次数不限，但线圈一般只能用 1 次。

3) 内部继电器

PLC 中有很多内部继电器，其线圈与输出继电器一样，由 PLC 内各软元件的触点驱动。内部继电器没有向外的任何联系，只供内部编程使用。它的常开/常闭触点使用次数不受限制。但是，这些触点不能直接驱动外部负载，外部负载的驱动必须通过输出继电器来实现。内部继电器一般分为通用内部继电器和特殊内部继电器。

4）定时器

PLC 中的定时器根据时钟脉冲的累积计时。当所计时间达到设定值时，其输出触点动作。时钟脉冲一般有 1ms、10ms 和 100ms，有些 PLC 还提供 1s 的时钟，可以满足不同的应用需求。定时器可以采用用户程序存储器内的常数作为设定值，也可以用数据寄存器的内容作为设定值。

每个定时器只有一个输入。编程时，设定值由用户确定。与常规的时间继电器一样，线圈通电时，定时器的当前值开始减计数计时。在当前值计到 0 时，相应的常开/常闭触点都动作，常开的闭合，常闭的断开；断电时自动复位，所有的触点释放，不保存中间数值，当前值又变为设定值。需要注意的是，PLC 中的定时器没有常规时间继电器一样的瞬动触点。

5）计数器

PLC 中的计数器一般是 16 位减法计数器，都有两个输入，一个用于计数，一个用于复位。每一个计数脉冲上升沿使原来的数值减 1。在当前值减到 0 时停止计数，同时触点动作，常开触点闭合，常闭触点断开。当复位控制信号的上升沿到来时，计数器被复位。复位信号断开后，计数器重新进入计数状态。与定时器不同的是，如果在计数过程中系统断电，计数器的当前值一般能自动保存下来。在系统上电重新运行时，计数器就接着断电时的参数值继续计数。

不同的 PLC 其定时器和计数器的编址方式(即编号)不同，具体工作特性和数量的多少也不一样。在实际设计中，一定要十分熟悉其编址方式、特性和数量。一个定时器或计数器的线圈一般只能使用一次，但其常开和常闭触点都没有使用次数的限制，在编程时可以重复使用。

6）数据寄存器

数据寄存器不能使用线圈或触点，而是以字存储单元的形式使用，用于存放各种数据。PLC 中每一个数据寄存器都是一个字存储单元，都是 16 位(最高位为正、负符号位)，也可用两个数据寄存器组合起来存储 32 位数据(最高位为正、负符号位)。不同的 PLC 提供的数据寄存器的种类和数量不同，编址方式(即编号)也不一样。数据寄存器一般分为通用和专用两种。

(1) 通用数据寄存器　通用数据寄存器用于存放各种数据，只要不写入其他数据，已写入的数据不会变化。默认状态下各个单元的数据均为 0。

(2) 专用数据寄存器　专用数据寄存器也叫特殊数据寄存器。与专用内部继电器类似，每一个都有专门的用途。这类存储单元只能以字的形式使用。

以上对 PLC 的继电器资源作了简要的介绍，对于任意一种 PLC，不论是为了学习还是实际使用，熟练掌握其所提供的继电器的种类、数量和各自的特性都非常重要。这是学习和使用 PLC 的重要基础，是学习指令系统的前提条件。

2. 可编程控制器的编程语言

PLC 是一种专门为工业控制而设计的计算机，具体控制功能的实现也是通过开发人员设计的程序来完成的。所以，采用 PLC 进行控制就涉及到用相应的程序设计语言来完成编程的任务。

PLC 存在的主要缺点在于 PLC 的软件和硬件体系结构是封闭而不是开放的。绝大多数的 PLC 是专用总线、专用通信网络及协议。编程虽然都可采用梯形图，但不同公司的 PLC 产品在寻址、语法结构等方面不一致，使各种 PLC 互不兼容。国际电工委员会(IEC)在 1992 年颁布了可编程控制器的编程软件标准 IEC1131－3，为各 PLC 厂家编程的标准化铺平了道路。开发以 PC 为基础、在 Windows 平台下，符合 IEC1131－3 国际标准的新一代开放体系结构的 PLC 正在规划中。

国际电工委员会制订了五种标准编程语言：梯形图(Ladder Diagram，LD)，适合于逻辑控制的程序设计；指令表(Instruction List，IL)，适合于简单文本的程序设计；顺序功能图(Sequential Function Chart，SFC)，适合于时序混合型的多进程复杂控制；功能块图(Function Block Diagram，FBD)，适合于典型固定复杂算法控制，如 PID 控制等；结构化文本(Structured Text，ST)，适合于自编专用的复杂程序，如特殊的模型算法。

1）梯形图

梯形图语言是 PLC 中应用程序设计的一种标准语言，也是在实际设计中最常用的一种语言。因与继电器电路很相似，具有直观易懂的特点，很容易被熟悉继电器控制的电气人员所掌握，特别适合于数字逻辑控制，但不适于编写控制功能复杂的大型程序。

梯形图是一种图形化的编程语言，沿用了传统的电气控制原理图中的继电器触点、线圈、串联和并联等术语和一些图形符号，左右的竖线称为左右母线。在程序中，最左边是主信号流，信号流总是从左向右流动的。梯形图由触点、线圈和指令框等构成。触点代表逻辑输入条件，线圈代表逻辑运算结果，指令框用来表示定时器、计数器或数学运算等功能指令。梯形图中的触点只有常开和常闭两种，触点可以是 PLC 外部开关连接的输入继电器的触点，也可以是 PLC 内部继电器的触点或内部定时器、计数器等的触点。梯形图中的触点可以任意串、并联，但线圈只能并联，不能串联。内部继电器、定时器、计数器、寄存器等均不能直接控制外部负载，只能作为中间结果供 CPU 内部使用。PLC 是按循环扫描的方式处理控制任务，沿梯形图先后顺序执行。在同一扫描周期中的结果存储在输出状态暂存器中，所以输出点的值在用户程序中可以当作条件使用。

2）指令表

指令表是一种类似于计算机汇编语言的一种文本编程语言，即用特定的助记符来表示某种逻辑运算关系。一般由多条语句组成一个程序段。指令表适合于经验丰富的程序员使用，可以实现某些梯形图不易实现的功能。

3）顺序功能图

顺序功能图也是一种图形化的编程语言，用来编写顺序控制的程序(如机械手控制程序)。在进行程序设计时，工艺过程被划分为若干个顺序出现的步，每步中包括控制输出的动作，从一步到另一步的转换由转换条件来控制，特别适合于生产制造过程。

4）功能块图

功能块图使用类似于布尔代数的图形逻辑符号来表示控制逻辑，一些复杂的功能用指令框表示，适合于有数字电路基础的编程人员使用。功能块图采用类似于数字电路中逻辑门的形式来表示逻辑运算关系。一般一个运算框表示一个功能。运算框的左侧为逻辑运算的输入变量，右侧为输出变量。输入、输出端的小圆圈表示“非”运算，方框用“导线”连在一起。

5）结构化文本

结构化文本是为IEC61131－3标准创建的一种PLC专用的高级语言。与梯形图相比，易于实现复杂的数学运算，编写的程序非常简洁和紧凑。

西门子公司的PLC使用的STEP7中的S7 SCL属于结构化控制语言，程序结构与C语言和Pascal语言相似，特别适合习惯使用高级语言进行程序设计的技术人员使用。

从学习和使用的角度来说，一般要从以下三个方面来考虑。

（1）必须熟悉PLC的内部继电器资源，这是进行系统程序设计的前提和基础。针对特定型号的PLC，一定要搞清楚其内部继电器的类型、数量、编号范围和相关特性。只有熟悉了这部分内容，在程序设计中才能合理地进行资源分配，从而编写出高水平的应用程序。

（2）必须熟悉PLC的指令系统。指令是进行PLC程序设计的基本语言工具，是系统控制功能的具体体现。只有熟练掌握了PLC的指令系统，在进行程序设计时才能做到灵活应用。当然，采用PLC进行控制系统设计的工程技术人员首先要熟悉生产流程、被控设备的特性和控制要求，然后结合指令系统才能设计出高质量的程序。

（3）必须熟悉PLC的输入和输出电路特性及外部输入/输出设备与PLC的输入/输出继电器的连接方法。

3.3.5 西门子S7－200系列可编程控制器

德国西门子公司是世界上最大的电气和电子公司之一，该公司核心产品西门子S7已经成功地被应用于几乎所有的自动化领域。

1. 西门子S7－200系列PLC的硬件系统

S7－200系列PLC是西门子公司生产的一种小型整体式结构可编程控制器，出现于20世纪90年代，该机自带RS－485通信接口、内置电源和I/O接口。它结构小巧，运行速度快，可靠性高，具有极其丰富的指令系统和扩展模块，实时特性和通信能力强大，便于操作、易于掌握，性价比非常高，在各种行业中的应用越来越广，成为中小规模控制系统的理想控制设备。

西门子S7－200系列PLC的硬件配置灵活，既可用一个单独的S7－200CPU构成一个简单数字量控制系统，也可通过扩展电缆进行数字量I/O模块、模拟量模块或智能接口模块的扩展，构成较复杂的中等规模控制系统。图3－21所示为一个完整的PLC系统。

（1）CPU单元　即PLC主机，也可称为基本单元。它内部包括中央处理器CPU、存储单元、输入输出接口、内置5V和24V直流电源、RS－485通信接口等，是PLC的核心部分。其功能足以使它完成基本控制功能，所以CPU单元单独就是一个完整的控制系统。

（2）编程设备　是对CPU单元进行编程、调试的设备，可用PC/PPI编程电缆与CPU单元进行连接。常用设备为手持编程器和装有西门子S7系列PLC编程软件的微机。

（3）数字量扩展单元I/O接口单元　用于对数字I/O的扩展。在工程应用中，CPU单元自带的I/O接口往往不能满足控制系统要求，用户需要根据实际需要选用不同I/O模块进行扩展，以增加I/O接口的数量。不同的CPU单元可连接的最大I/O模块数不同，而且可使用的I/O点数也是由多种因素共同决定的。

（4）模拟量扩展单元、模拟量与数字量转换单元　控制领域中模拟量的使用十分广泛，模拟量扩展单元可十分方便地与CPU单元连接，实现A/D转换和D/A转换。

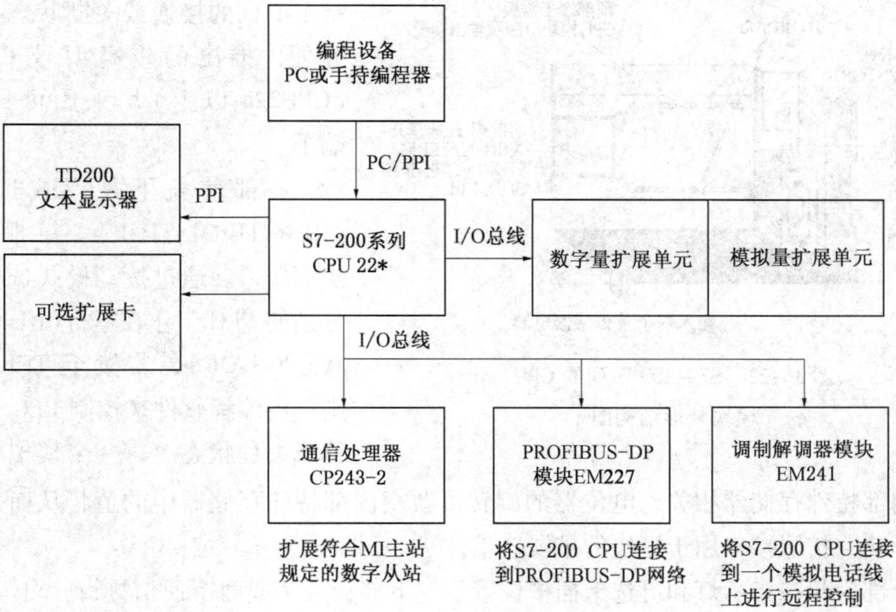

图 3－21　S7－200 系列 PLC 系统基本构成

（5）智能扩展模块　多为特殊功能模块，模块内含有 CPU，能够进行独立运算和功能设置，如定位模块、Modem 模块、PROFIBUS－DP 模块等。

（6）TD200 文本显示器　西门子提供的简单易用的人机界面。它可使用 5 种文字（英文、德文、法文、意大利文、西班牙文）中的任一种进行显示，为操作人员提供了一个方便简洁的操作员界面；通过编程设置能够显示最多 80 条信息，每条信息最多有 4 种状态；具有 8 个可由用户自定义的功能键，每一个都由 CPU 单元分配了一个存储空间，能够在执行程序的过程中修正参数，或直接设置输入或输出量对程序进行调试。新一代 TD 200C（S7－200的文本显示界面）提供了非常灵活的键盘布置和面板设计，可选择多达 20 种不同形状、颜色和字体的按键，背景图像也可任意变化。

（7）通信处理模块　多 PLC 通信模块。CP243－2 通信处理器是 ASi 接口主站连接部件，专门为 S7－200 CPU22X 型 PLC 设计，使 ASi 接口上能运行最多 31 个数字从站，可显著增加系统中可利用的数字和模拟量 I/O，便于 S7－200 适应不同的控制系统。

（8）可选扩展卡　可根据用户需求配置用户存储卡、时钟卡、电池卡，通过可选卡插槽进行连接。用户存储卡可与 PLC 主机双向联系，传输程序、数据或组态结果，对这些重要内容进行备份，存储时间可延长到 200 天。时钟卡可提供误差为 2 分钟/月的时钟信号。

电池卡是质量小于 0.6g、容量为 30mAh、输出电压为 3V 的锂电池，平均可使用 10 年。

2. 西门子 S7－200 系列 PLC 模块

S7－200 系列可提供多种不同基本型号的 PLC 可选功能模块，使系统配置更加灵活。

1）CPU 模块

S7－200 系列的 CPU 模块外形结构如图 3－22 所示。CPU 模块结构紧凑，布局合理，使用方便。上端子排包括输出和电源接口，下端子排为输入接口，在面板上有 I/O 指示灯

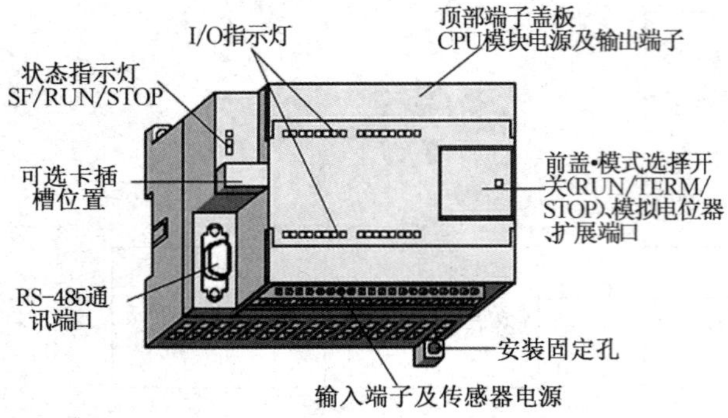

图 3－22　S7－200 系列的 CPU 模块外形结构图

指示 I/O 的接通或关断状态。为接线方便，推出的较高型号 CPU 模块（CPU224 以上）均采用可拔插整体端子。

右部前盖下是模式选择开关（RUN/TERM/STOP）、模拟电位器、扩展接口。通过拨动模式选择开关可分别使 PLC 工作在运行（RUN）或编程状态（STOP），若拨至 TERM 位置，则可由编程软件来控制 PLC 工作在运行或编程状态。每一个模拟电位器均与一个内部特殊存储器相关，电位器的旋转可改变内部特殊存储器中的值，从而对程序运行产生影响。扩展接口用于模块的扩展连接。

左上部为状态指示灯和可选卡插槽位置。左下部为一个或两个通信接口，可与编程器、计算机或其他通信设备连接，进行数据交换。

2）数字量模块

S7－200 系列 PLC 的 CPU 模块上均集成了一定数量的 I/O 接口，能够方便地构成控制系统。但在使用中，实际需要的 I/O 接口数量往往较多，CPU 模块的接口不能够满足要求。

例如，在一些流水线上，所需动作多为顺序控制，控制规律不太复杂，但传感器输入较多，所需控制的电机或继电器也多，若使用高性能的 PLC 则成本太高。这种情况下，就应考虑 CPU 主机模块附加数字量扩展模块的形式，以增加数字量接口为主要目的。

S7－200 系列 PLC 为方便工程使用，提供了种类丰富的数字量扩展模块，有单独的输入模块 EM221（8 路扩展输入）、单独的输出模块 EM222（8 路扩展输出）、I/O 混合模块 M223（具有 8I/O 、16I/O、32I/O 等多种配置）。

不同的主机最大可扩展模块数量有限，例如 CPU221 不能扩展，CPU222 只能扩展两个模块，CPU224、CPU226 能够扩展 7 个模块。

扩展模块消耗的总电流不能超过 CPU 模块能够提供的最大电流；扩展总点数不能大于 I/O 映像寄存器的总数。

3）模拟量模块

在工业控制系统，尤其是过程控制系统中，以模拟量作为 I/O 信号是常见的。如变频恒压供水系统中，须采用压力变送器将压力信号转换为标准电压或电流信号送入 PLC 中，经过程序运算再由控制器输出模拟量信号到变频器，以控制水泵的转速，使供水系统稳定在某一设置压力。其他工业参数，如温度、液位、流量等的控制也必须通过传感器和变送器采集模拟量信号送入 PLC，而驱动伺服电机、电动控制阀等则需要 PLC 输出模拟量信号。

在 S7－200 系列 PLC 中，除了 CPU224XP 模块本身自带有模拟量 I/O 接口，其他 CPU 模块若要处理模拟量信号，均需扩展模拟量模块。

4）温度测量模块

温度是各种工业生产和科学实验中最普遍、最重要的热工参数之一。为在工业中方便地得到经过热电偶或热电阻传感器转换的温度参数，S7－200 系列 PLC 特配有 EM231 热电偶模块和热电阻模块，可直接与热电偶或热电阻连接，相当于将变送器与 A/D 转换模块合为一体。

5）智能接口模块

智能接口模块是指本身带有 CPU 单元，能够自行处理数据并完成一定功能的模块。在 S7－200 系列 PLC 中，智能接口模块主要是特殊功能模块，如定位模块 EM253、调制解调器模块 EM241 及 PROFIBUS DP 模块 EM277。

3. S7－200 可编程控制器的指令系统

1）指令的基本格式

S7－200 的指令通常由助记符和操作数组成，其格式为“助记符 操作数”。

指令中，助记符表示进行何种操作，操作数表示对谁进行操作。PLC 的这种指令无论在表示方法上还是执行效果上都与微型计算机的汇编语言表示方法十分类似。除此之外，PLC 还采用其他的指令表示方法，如功能图、梯形图等。梯形图是电气工程人员熟悉的工具，它用规定的图形符号来表明该指令将要完成的操作，并在梯形符号上注以必要的参数，以表明该指令要对什么样的操作数进行操作。

操作数由操作数标识符和操作数标识参数这两部分组成，格式为“标识符 标识参数 ”。

标识符指出了该操作数存放在存储器的哪个区域及操作数的位数。标识参数则进一步指明了操作数所在的存储区的具体位置。通常标识符又可以由两部分所组成：

区域标识符　操作数长度（字节/字/双字）

其中区域标识符与对应存储区间的关系见表 3－1，操作数长度符号与含义见表 3－2。

表 3－1　区域标识符与对应存储区

标识符	对应存储区	标识符	对应存储区	标识符	对应存储区
I	输入过程映像存储器	AI	模拟量输入	HC	高速计数器
Q	输出过程映像存储器	AQ	模拟量输出	M	位存储器
S	顺序控制继电器	AC	累加器	C	计数器
L	局部变量	SM	特殊存储器	V	变量存储器
T	定时器				

表 3－2　操作数长度符号与含义

X	B	W	D
位	字节	字	双字

如操作数 I10.2 为输入过程映像存储器，对应的字地址为小数点前的 10，而小数点后的 2 代表其位号。

2）S7－200 PLC 基本指令

(1) 位逻辑指令

位逻辑指令包括位逻辑运算指令、输入输出指令、置位/复位指令及位正负跳转指令等，见表 3－3。

表 3-3　位逻辑指令

指令类型	STL 指令	LAD 指令	功　　能
输入输出指令	LD bit	bit —| |—	输入(常开接点)
	LDN bit	bit —| / |—	输入(常闭接点)
	= bit	bit ——( )	输出(线圈)
位逻辑运算指令	A bit	bit —| |—	逻辑“与”，(常开接点串联)
	AN bit	bit —| / |—	逻辑“与非”，(常闭接点串联)
	O bit	bit——— —| |┘ bit	逻辑“或”，(常开接点并联)
	ON bit	bit——— —| / |┘ bit	逻辑“或非”，(常闭接点并联)
	NOT	┤NOT├	逻辑“非”，将指令前的逻辑运算结束取反
跳变指令	EU	┤P├	检测到一次正跳变(从 off 到 on)时，接通一个扫描周期
	ED	┤N├	检测到一次负跳变(从 on 到 off)时，接通一个扫描周期
置位复位指令	S bit，N	bit ——(S) N	置位输出(N：1~255)，使能输入有效后从起始位 bit 开始的 N 个位置“1”并保持
	R bit，N	bit ——(R) N	复位输出(N：1~255)，使能输入有效后从起始位 bit 开始的 N 个位清“0”并保持

位逻辑指令应用举例：

启动、保持和停止电路(简称为“启保停”电路)，其梯形图和对应的 PLC 外部接线图如图 3-23 所示。在外部接线图中启动与停止的常开按钮 SB1 和 SB2 分别接在输入端 I0.0 和 I0.1，负载接在输出端 Q0.0。因此，输入映像寄存器 I0.0 的状态与启动常开按钮 SB1 的状态相对应，输入映像寄存器 I0.1 的状态与停止常开按钮 SB2 的状态相对应。而程序运行结果写入输出映像寄存器 Q0.0，并通过输出电路控制负载。按下启动按钮，I0.0 的常开触点接通，如果这时未按停止按钮，I0.1 的常闭触点接通，Q0.0 的线圈“通电”，它的常开触点同时接通。放开启动按钮，I0.0 的常开触点断开，“能流”经 Q0.0 的常开触点和 I0.1 的常闭触点流过 Q0.0 的线圈，Q0.0 仍为 ON，这就是所谓的“自锁”或“自保持”功能。按下停止按钮，I0.1 的常闭触点断开，使 Q0.0 的线圈断电，其常开触点断开，以后即使放开停止按钮，I0.1 的常闭触点恢复接通状态，Q0.0 的线圈仍然“断电”。

(2) 定时器指令

S7-200 系列 PLC 的定时器是对内部时钟累计时间增量计时的。每个定时器均有一个 16 位的当前值寄存器用以存放当前值(16 位符号整数)；一个 16 位的预置值寄存器用以存放时间的设定值；还有一位状态位，反应其触点的状态。

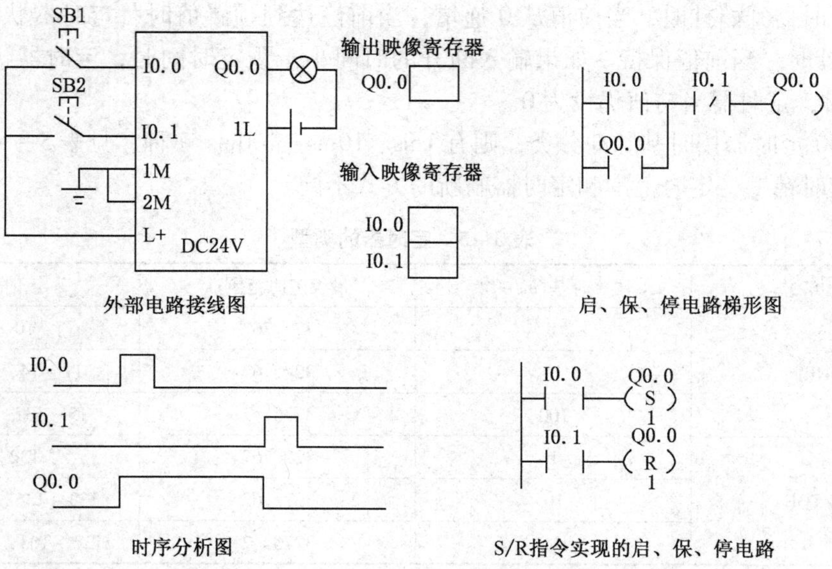

图 3－23　梯形图和对应的 PLC 外部接线图

S7－200 系列 PLC 定时器按工作方式分三大类定时器。其指令格式如表 3－4 所示。

表 3－4　定时器的指令格式

LAD	STL	说　明
???? IN TON ???? PT	TON T××，PT	TON－通电延时定时器 TONR－记忆型通电延时定时器 TOF－断电延时型定时器 IN 是使能输入端，指令盒上方输入定时器的编号（T××），范围为 T0～T255；PT 是预置值输入端，最大预置值为 32767；PT 的数据类型：INT PT 操作数有：IW、QW、MW、SMW、T、C、VW、SW、AC、常数
???? IN TONR ???? PT	TONR T××，PT	
???? IN TOF ???? PT	TOF T××，PT	

TON 定时器工作原理：当使能端（IN）输入有效时，定时器开始计时，当前值从 0 开始递增，计时到设定值 PT 时，定时器状态位置 1，其常开触点接通，驱动输出，其后当前值仍增加，但不影响状态位。当前值的最大值为 32767。当输入分断时，使能端无效时，定时器复位，当前值清 0，状态位也清 0，即回复原始状态。若输入接通时间未到设定值就断开，定时器则立即复位，也不会有输出。

TONR 定时器工作原理：使能端（IN）输入有效时（接通），定时器开始计时，当前值递增，当前值大于或等于预置值（PT）时，输出状态位置 1。使能端输入无效（断开）时，当前值保持（记忆），使能端（IN）再次接通有效时，在原记忆值的基础上递增计时。TONR 型定时器采用线圈复位指令 R 进行复位操作，当复位线圈有效时，定时器当前位清零，输出状态位置 0。

TOF 定时器工作原理：断电延时型定时器用来在输入断开，延时一段时间后，才断开输出。使能端（IN）输入有效时，定时器输出状态位立即置 1，当前值复位为 0。使能端（IN）

断开时，定时器开始计时，当前值从0递增，当前值达到预置值时，定时器状态位复位为0，并停止计时，当前值保持。如果输入断开的时间小于预定时间时，定时器仍保持接通。IN再接通时，定时器当前值仍设为0。

S7－200定时器按时基脉冲分类，则有1ms、10ms、100ms三种，见表3－5。不同的时基标准，定时精度、定时范围和定时器刷新的方式不同。

表3－5　定时器的类型

工作方式	时基/ms	最大定时范围/s	定时器号
TONR	1	32．767	T0，T64
	10	327．67	T1－T4，T65－T68
	100	3276．7	T5－T31，T69－T95
TON/TOF	1	32．767	T32，T96
	10	327．67	T33－T36，T97－T100
	100	3276．7	T37－T63，T101－T255

（3）计数器指令介绍

计数器利用输入脉冲上升沿累计脉冲个数。结构主要由一个16位的预置值寄存器、一个16位的当前值寄存器和一位状态位组成。当前值寄存器用以累计脉冲个数，计数器当前值大于或等于预置值时，状态位置1。

S7－200系列PLC有CTU（加计数器）、CTUD（加/减计数器）、CTD（减计数）三类计数器等。其指令格式如表3－6所示。

表3－6　计数器的指令格式

STL	LAD	指令使用说明
CTU Cxxx，PV	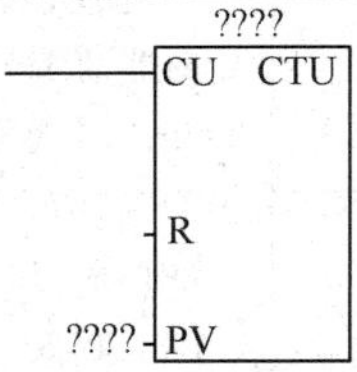	（1）在梯形图指令符号中，CU为加计数脉冲输入端；CD为减计数脉冲输入端；R为加计数复位端；LD为减计数复位端；PV为预置值 （2）Cxxx为计数器的编号，范围为C0～C255 （3）PV预置值最大范围为32767；PV的数据类型为INT；PV操作数为VW、T、C、IW、QW、MW、SMW、AC、AIW、K （4）CTU/CTUD/CD指令使用要点：STL形式中CU、CD、R、LD的顺序不能错；CU、CD、R、LD信号可为复杂逻辑关系
CTD Cxxx，PV	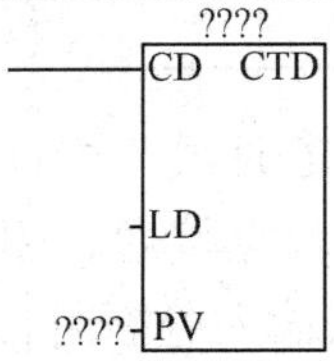	
CTUD Cxxx，PV	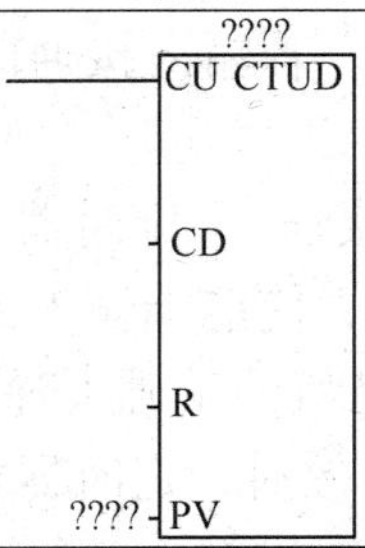	

①加计数器（CTU）工作原理　当R＝0时，计数脉冲有效；当CU端有上升沿输入时，计数器当前值加1。当计数器当前值大于或等于设定值（PV）时，该计数器的状态位C－bit

置 1，即其常开触点闭合。计数器仍计数，但不影响计数器的状态位，直至计数达到最大值(32767)。当 R =1 时，计数器复位，即当前值清零，状态位 C - bit 也清零。加计数器计数范围为 0 ~ 32767。

② 加/减计数器(CTUD)工作原理　当 R =0 时，计数脉冲有效；当 CU 端(CD 端)有上升沿输入时，计数器当前值加 1(减 1)。当计数器当前值大于或等于设定值时，C - bit 置 1，即其常开触点闭合。当 R =1 时，计数器复位，即当前值清零，C - bit 也清零。加减计数器计数范围为 - 32768 ~ 32767。

③ 减计数器(CTD)工作原理　当复位 LD 有效时，LD =1，计数器把设定值(PV)装入当前值存储器，计数器状态位复位(置 0)。当 LD =0，即计数脉冲有效时，开始计数，CD 端每来一个输入脉冲上升沿，减计数的当前值从设定值开始递减计数，当前值等于 0 时，计数器状态位置位(置 1)，停止计数。

(4) 基本指令应用实例——正次品分拣机控制系统

控制要求：用启动和停止按钮控制电动机 M 运行和停止。在电动机运行时，被检测的产品(包括正次品)在皮带上运行。产品(包括正、次品)在皮带上运行时，S1(检测器)检测到的次品，经过 5s 传送，到达次品剔除位置时，启动电磁铁 Y 驱动剔除装置，剔除次品(电磁铁通电 1s)，检测器 S2 检测到的次品，经过 3s 传送，启动 Y，剔除次品；正品继续向前输送，如图 3 - 24 所示。

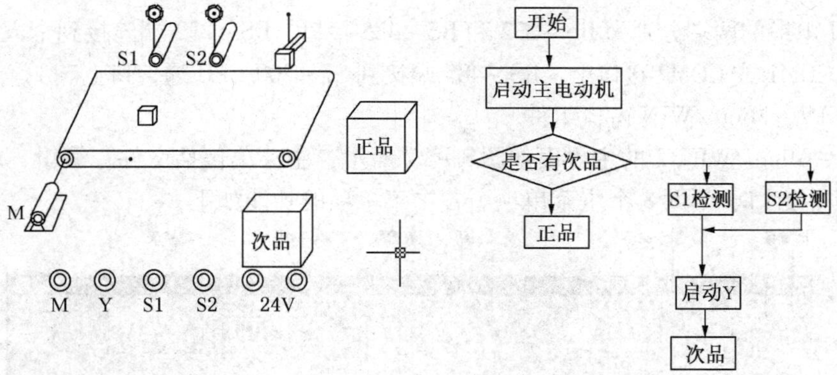

图 3 - 24　正次品分拣模拟控制系统与控制流程

PLC I/O 端口分配如表 3 - 7 所示。参考程序如图 3 - 25 所示。

表 3 - 7　PLC I/O 端口分配

输入			输出		
符号	地址	功能	符号	地址	功能
SB1	I0.0	启动按钮	M	Q0.0	电动机(传送带驱动)
SB2	I0.1	停止按钮	Y	Q0.1	电磁阀(次品剔除)
S1	I0.2	检测站 1			
S2	I0.3	检测站 2			

4. 西门子 S7 - 200 可编程控制器编程软件

S7 - 200 可编程控制器使用 STEP7 - Micro/WIN32 编程软件进行编程。STEP7 - Micro/WIN32 编程软件是基于 Windows 的应用软件，功能强大，主要用于开发程序，也可用于适时监控用户程序的执行状态。

PC 机与 PLC 之间的通信可以采用 PC/PPI 电缆建立。图 3－26 是典型的单主机与 PC 机的连接，不需要其他的硬件设备。

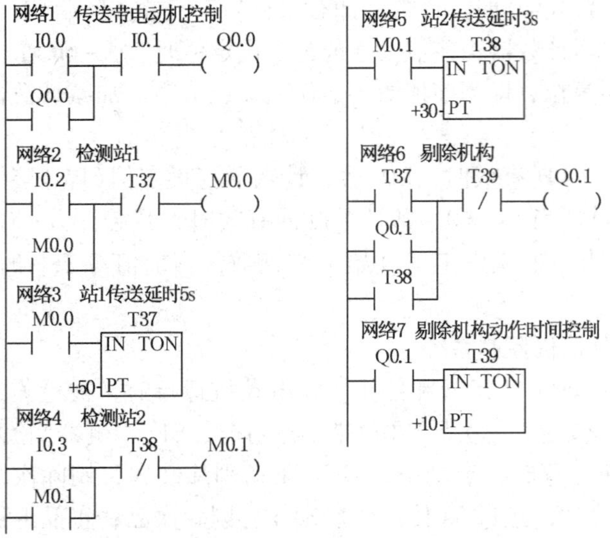

图 3－25　正次品分拣操作参考程序

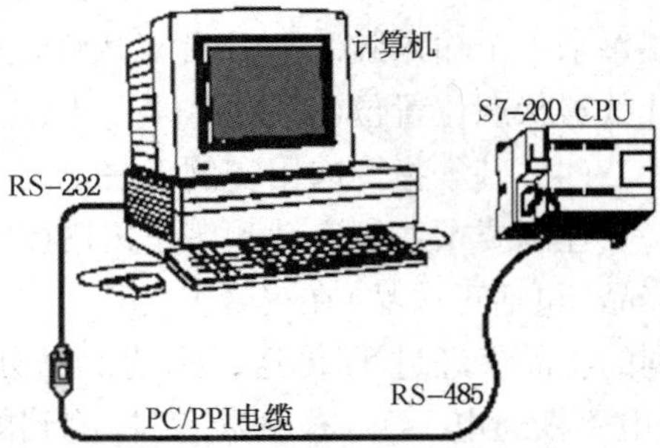

图 3－26　PC 机与 PLC 之间的通信连接

PC/PPI 电缆的两端分别为 RS－232 和 RS－485 接口，RS－232 端连接到个人计算机RS－232 通信口 COM1 或 COM2 接口上，RS－485 端接到 S7－200 CPU 通信口上。

1）STEP7－Micro/WIN 窗口组件

STEP7－Micro/WIN32 的主界面如图 3－27 所示，主菜单包括文件、编辑、检视、PLC、调试、工具、窗口、帮助 8 个主菜单项。各主菜单项的功能如下：

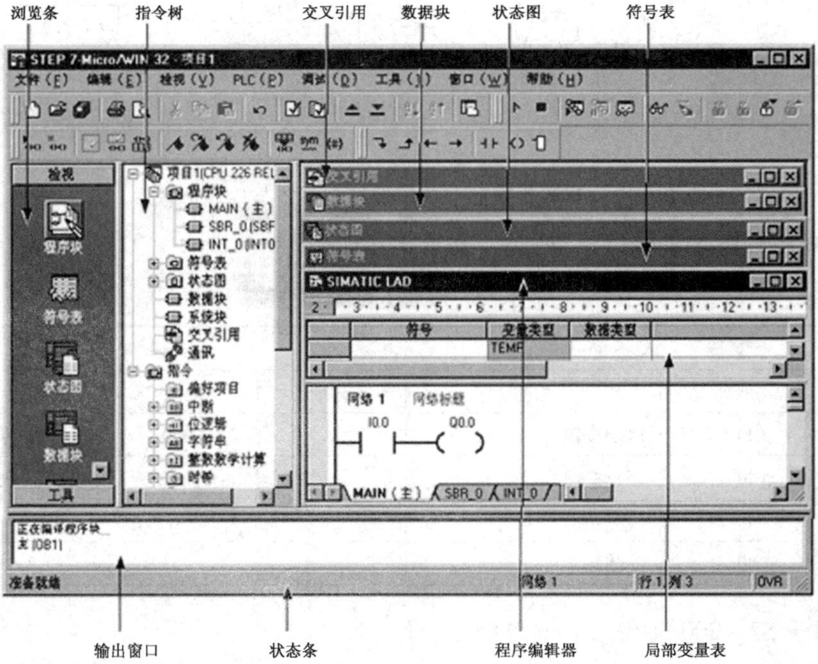

图 3－27　STEP7－Micro/WIN32 的主界面

（1）文件（File） 文件的操作有新建（New）、打开（Open）、关闭（Close）、保存（Save）、另存（Save As）、导入（Import）、导出（Export）、上载（Upload）、下载（Download）、页面设置（Page Setup）、打印（Print）、退出等。

（2）编辑（Edit） 编辑菜单提供程序的编辑工具有撤消（Undo）、剪切（Cut）、复制（Copy）、粘贴（Paste）、全选（Select All）、插入（Insert）、删除（Delete）、查找（Find）、替换（Replace）、转至（Go To）等项目。

（3）检视（View） 通过检视菜单可以选择不同的程序编辑器：LAD、STL、FBD；进行数据块（Data Block）、符号表（Symbol Table）、状态图表（Chart Status）、系统块（System Block）、交叉引用（Cross Reference）、通信（Communications）参数的设置；选择注解、网络注解（POU Comments）显示与否；选择浏览栏（Navigation Bar）、指令树（Instruction Tree）及输出视窗（Output Window）的显示与否。

（4）PLC PLC 菜单用于与 PLC 联机时的操作。如用软件改变 PLC 的运行方式（运行、停止）、对用户程序进行编译、清除 PLC 程序、电源启动重置、查看 PLC 的信息、时钟、存储卡的操作、程序比较、PLC 类型选择等操作。其中，对用户程序进行编译可以离线进行。

PLC 有 STOP（停止）和 RUN（运行）两种操作模式。在 STOP（停止）模式中可以建立/编辑程序，在 RUN（运行）模式中可以建立、编辑、监控程序操作和数据，进行动态调试。

编译（Compile）：用来检查用户程序语法错误。用户程序编辑完成后通过编译在显示器下方的输出窗口显示编译结果，明确指出错误的网络段，可以根据错误提示对程序进行修改，然后再编译，直至无错误。

（5）调试（Debug） 调试菜单用于联机时的动态调试，有单次扫描（First Scan）、多次扫描（Multiple Scans）、程序状态（Program Status）、触发暂停（Triggred pause）、用程序状态模拟运行条件（读取、强制、取消强制和全部取消强制）等功能。

（6）工具 工具菜单提供复杂指令向导（PID、HSC、NETR/NETW 指令）和文本显示器 TD200 设置向导，使复杂指令编程时的工作简化。

2）梯形图程序的输入

（1）建立项目 用菜单命令"文件"→"新建"或"打开"，新建一个项目或打开现有项目。

（2）设置 PLC 在 PLC 和运行 STEP7 - Micro/WIN 的 PC 连线后，在建立通信或编辑通信设置以前，应根据 PLC 的类型进行检查（见图 3 - 28）。必须保证 STEP7 - Micro/WIN 中 PLC 类型选择与实际 PLC 类型相符。方法如下：菜单命令"PLC"→"类型" →"读取 PLC"。

（3）输入程序 打开项目后就可以进行编程，梯形图的元素主要有接点、线圈和指令盒，梯形图的每个网络必须从接点开始，以线圈或没有 ENO 输出的指令盒结束。线圈不允许串联使用。

通过菜单"视图"→单击"梯形图（LAD）"选项，进入梯形图编辑器，输入指令可以通过指令树、工具条按钮、快捷键等方法。

当编程元件图形出现在指定位置后，再点击编程元件符号的"???"，输入操作数。红色字样显示语法出错，当把不合法的地址或符号改变为合法值时，红色消失。若数值下面出现红色的波浪线，表示输入的操作数超出范围或与指令的类型不匹配。

LAD 编辑器中共有四个注释级别：项目组件(POU)注释、网络标题、网络注释、项目组件属性。注释可对程序的内容进行简单的说明，以便于程序的理解和阅读。

“启保停”电路梯形图程序输入如图 3－29 所示。

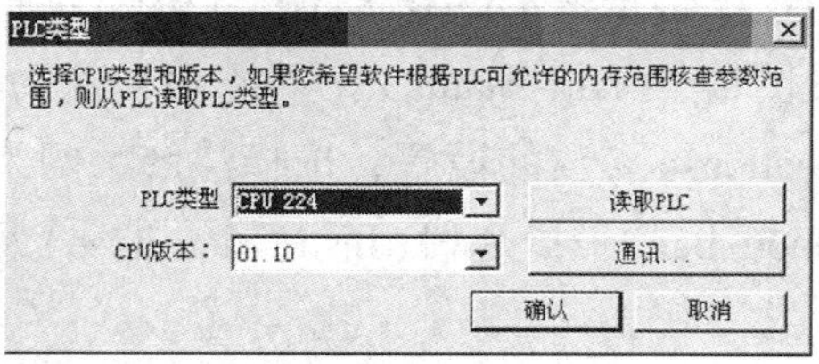

图 3－28　PLC 类型的对话框

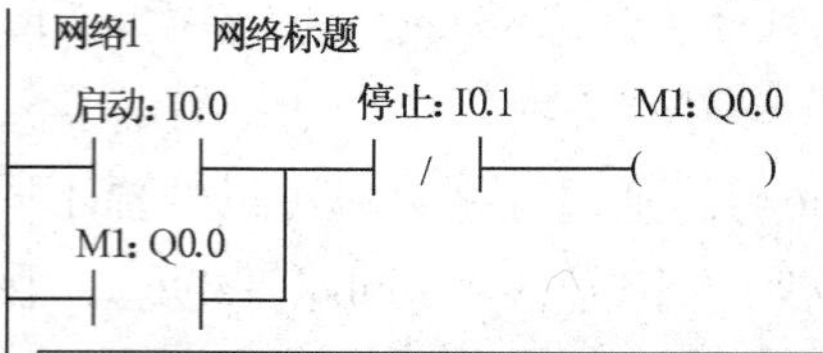

符号	地址	注释
M1	Q0.0	电动机
启动	I0.0	启动按钮SB2
停止	I0.1	停止按钮SB1

图 3－29　“启保停”电路梯形图程序

3）程序上载、下载

（1）下载　下载之前，运行 STEP 7－Micro/WIN32 的个人计算机和 PLC 之间成功建立通讯，PLC 必须位于“停止”的工作方式。通过菜单命令“文件”→“下载”或工具条中的“下载”按钮，就可以将编译好的程序下载至该 PLC。如果 PLC 中已经有内容将被覆盖。

下载成功后，单击工具条中的“运行”按钮，或“PLC” →“运行”，PLC 进入 RUN(运行)工作方式。

（2）上载　通过菜单命令“文件”→“上载”或工具条中的“上载”按钮，从 PLC 将项目元件上载到 STEP 7－Micro/WIN 32 程序编辑器，上载的程序将从 PLC 复制到当前打开的项目中。

4）程序的调试与监控

（1）程序状态显示　用菜单命令“调试”→ “程序状态”或“程序状态打开/关闭”按钮，在梯形图中显示出各元件的状态。在进入“程序状态”的梯形图中，用彩色块表示位操作数的线圈得电或触点闭合状态。例如：┤■├表示触点闭合状态；-(■)表示位操作数的线圈得电。

（2）用程序状态模拟进程条件(读取、强制、取消强制和全部取消强制)　通过在程序状态中从程序编辑器向操作数写入或强制新数值的方法，可以模拟进程条件。

（3）执行有限次扫描　PLC 位于 STOP(停止)模式，用菜单“调试”→“首次扫描”或“多次扫描”，可以指定 PLC 对程序执行有限次数扫描(从 1 次扫描到 65535 次)，通过指定 PLC 运行的扫描次数，可以监控程序过程变量的改变。

3.4　执行器和防爆栅

执行器是控制系统中的一个重要组成部分，它接收控制器输出的控制信号，根据控制信号的大小调节被控介质的流量，从而达到工艺提出的控制要求。

执行器安装在生产现场，代替了人的操作，人们常形象地称之为实现自动化的“手脚”。同时，执行器直接与介质接触，通常在高温、高压、高黏度、强腐蚀、易结晶、易燃易爆、剧毒等场合下工作，如果选用不当，将直接影响过程控制系统的控制质量。

仪表安装在生产现场，如果现场存在易燃易爆的气体、液体或粉末，一旦发生危险火花，就可能引起燃烧或爆炸事故。因此，必须构建一个安全火花防爆系统，才能完成完全意义上的过程控制，而构成一个安全火花防爆系统的要素之一是防爆栅。

根据使用能源不同，执行器可分为三大类：以压缩空气为能源的气动执行器(即气动控制阀)；以电为能源的电动执行器(即电动控制阀)；以高压液体为能源的液动执行器(即液动控制阀)。在过程控制中，气动执行器应用最多，其次是电动执行器。气动执行器的输入信号为20～100kPa；电动执行器的输入信号为0～10mA DC(DDZ－Ⅱ型)或4～20mA DC(DDZ－Ⅲ型)。

气动执行器的结构简单、维修方便、价格便宜，并具有防火防爆特点，因此广泛应用于石油、化工、冶金、轻工等工业部门，尤其适用于易燃易爆的生产过程。电动执行器动作迅速，其信号便于远传，并便于与计算机配合使用，但适用于防火防爆等生产场合的电动执行器一般价格都很昂贵。

液动执行器的推力最大，但目前使用不多。

上述三种执行器除执行机构不同外，所用的调节机构(控制阀)都相同，所以本节着重介绍工业自动化中最常用的气动执行器的结构原理、特性和选用等，其中介绍的气动控制阀的特性及其选用方法均适用于其他类型。

3.4.1 气动执行器

气动执行器是指以压缩空气为动力的执行器，一般由气动执行机构和控制阀两部分组成。在工作条件差或调节质量要求高的场合，还配上阀门定位器等附件。目前使用的气动执行机构主要有薄膜式和活塞式两大类。其中，气动薄膜执行机构使用弹性膜片将输入气压转变为推力，由于结构简单，价格便宜，使用最为广泛。气动活塞式执行机构以气缸内的活塞输出推力，由于气缸允许压力较高，可获得较大的推力，并容易制成长行程的执行机构。

1. 气动执行器的结构

如图3－30所示，典型的气动执行器可以分为上、下两部分。上半部分是产生推力的薄膜式执行机构；下半部分是控制阀。其中，薄膜式执行机构主要由弹性薄膜、压缩弹簧和推杆等组成。当20～100kPa的标准气压信号P进入薄膜气室时，在膜片上产生向下的推力，克服弹簧反力，使推杆产生位移，直到弹簧的反作用力与薄膜上的推力平衡为止。因此，这种执行机构的特性属于比例式，即平衡时推杆的位移与输入气压大小成比例。

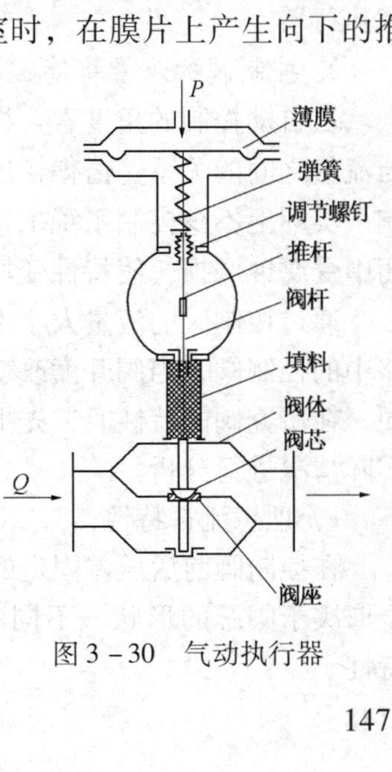

图3－30 气动执行器

控制阀部分主要由阀杆、阀体、阀芯及阀座等部件所组成。当阀芯在阀体内上下移动时，可改变阀芯与阀座间的流通面积，控制通过的流量。

从执行器的下半部分即控制阀的结构形式来分类，可分为直通单座阀、直通双座阀、角形阀、三通阀等，其中直通单座阀、直通双座阀应用较为广泛。

图3－31所示为直通单座阀，这种阀的阀体内只有一对阀芯阀座，其特点是结构简单，泄漏量小，易于保证关闭，甚至完全切断。单座调节阀的缺点是被调节流体对阀心有作用力，阀芯将受到一定的向上或向下的推动力，在阀前后压

差高或阀尺寸大时，这一作用力可能相当大，严重时会使调节阀不能正常工作。因此，这种阀一般应用在小口径、低压差的场合。

图 3－32 所示为直通双座阀，这种阀的阀体内有两对阀芯阀座，流体同时从上下两个阀座通过，由于流体对上下阀芯的作用力方向相反而大致抵消，因而双座阀的不平衡力小，适宜于作自动调节之用。双座阀的缺点是上下两组阀芯不易保证同时关闭，因而关闭时泄漏量比单座阀大。此外，其价格也比单座阀贵。

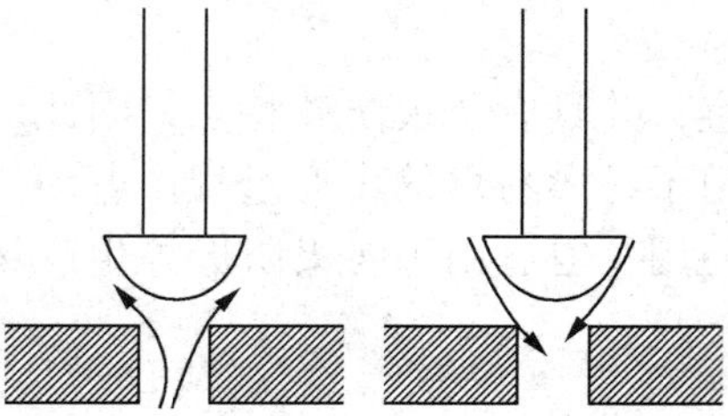

图 3－31　直通单座阀

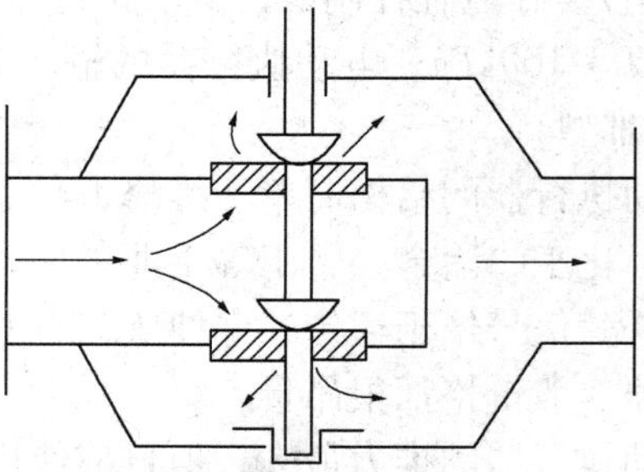

图 3－32　直通双座阀

从工作形式上来说，气动执行器有气开式和气关式两种形式。“气开式”是指这种气动执行机构当信号气压 P 增加时，阀门开度增大，趋向全开；“气关式”是指这种气动执行机构当信号气压 P 增加时，阀门开度增大，趋向关闭。由于执行器有正、反作用，控制阀也有正、反作用，阀门的气开、气关组合如图 3－33 所示。由于控制阀的各个部分是用螺钉连接的，其阀体可和阀芯一起上下倒装，很容易将“气开式”和“气关式”调节阀进行改装。

气开、气关的选择主要从生产安全角度考虑。当工厂发生断电或其他事故引起信号压力中断时，控制阀的开闭状态应避免损坏设备和伤害操作人员，如阀门在此时打开危险性小，则宜选气关式执行器；反之，则选用气开式执行器。例如，加热炉的燃料气或燃料油应采用气开式执行器，即当控制信号中断时，应切断进炉燃料，以免炉温过高造成事故。当执行器的气开、气关性能不影响生产安全时，则由工艺上提出的要求来选择气开、气关式执行器。

2. 控制阀的流量特性

从自动控制的角度看，控制阀一个最重要的特性是它的流量特性，即控制阀阀芯位移与流量之间的关系。值得指出，控制阀的特性对整个自动调节系统的调节品质有很大的影响。实际上不少控制系统工作不正常，往往是由于控制阀的特性选择不合适，或阀芯在使用中受腐蚀磨损，使特性变坏而引起的。

通过控制阀的流量大小不仅与阀的开度有关，还和阀前后的压差高低有关。工作在管路中的控制阀，当阀开度改变时，随着流量的变化，阀前后的压差也发生变化。为分析方便，在研究阀的特性时，先把阀前后压差固定为恒值进行研究，然后再考虑阀在管路中的实际情况进行分析。

1）理想流量特性

在控制阀前后压差固定的情况下得出的流量特性称为理想流量特性。这种流量特性完全取决于阀芯的形状，不同的阀芯曲面可得到不同的流量特性，它是一个调节阀固有的特性。

在目前常用的控制阀中，有三种典型的理想流量特性。第一种是直线特性，其流量与阀芯位移成直线关系；第二种是对数特性，其阀芯位移与流量间成对数关系，由于这种阀的阀芯移动所引起的流量变化与该点原有流量成正比，即引起的流量变化的百分比是相等的，所以也称为等百分比流量特性；第三种典型的特性是快开特性，这种阀在开度较小时，流量变化比较大，随着开度增大，流量很快达到最大值，所以叫快开特性。

上述三种典型的固有流量特性如图 3－34 所示，在作图时为便于比较，都用相对值，其阀芯位移和流量都用自己的最大值的百分数表示。由于阀常有泄漏，实际特性可能不经过坐标原点。从流量特性来看，线性阀的放大系数在任何一点上都是相同的；对数阀的放大系数随阀的开度增加而增加；快开阀与对数阀相反，在小开度时具有最高的放大系数。从阀芯的形状来说，如图 3－35 所示，快开特性的阀芯是平板形的，加工最为简单；对数和直线特性的阀芯都是柱塞形的，两者的差别是对数阀阀芯曲面较胖，而直线特性的阀芯较瘦。阀芯曲面形状的确定，目前是在理论计算的基础上，再通过流量试验进行修正得到的。三种阀芯中以对数阀芯的加工最为复杂。

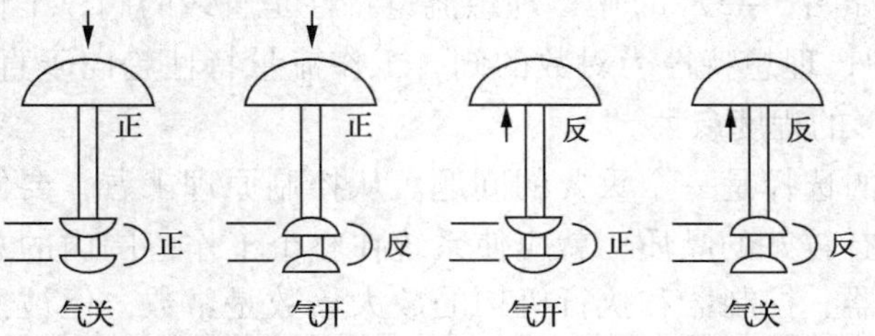

图 3－33　气开、气关组合方式图

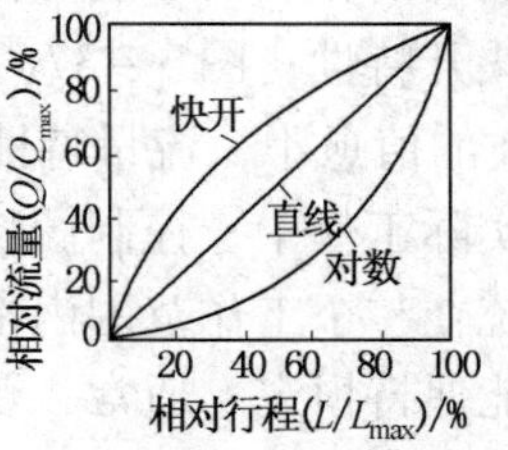

图 3－34　控制阀的典型固有特性

2）工作流量特性

控制阀在实际使用时，其前后压差是变化的。在各种具体的使用条件下，阀芯位移对流量的控制特性，称为工作流量特性。在实际的工艺装置上，控制阀由于和其他阀门、设备、管道等串联或并联，使阀两端的压差随流量变化而变化，其结果使控制阀的工作流量特性不同于理想流量特性。串联的阻力越大，流量变化引起的控制阀前后压差变化越大，特性变化也越厉害。所以，阀的工作流量特性除与阀的结构有关外，还取决于配管情况。同一个控制阀，在不同的外部条件下，具有不同的工作流量特性，在实际工作中，使用者最关心的也是工作流量特性。

下面通过一个实例，看看控制阀是怎样在外部条件影响下，由理想流量特性转变为工作流量特性的。图 3－36(a)表示的是调节阀与工艺设备及管道阻力串联的情况，这是一种最常见的典型情况。如果外加压力 P_0 恒定，那么当阀开度加大时，随着流量 Q 的增加，设备及管道上的压降 ΔP_g 将随流量 Q 的平方增加，如图 3－36(b)所示。随着阀门的开大，阀前后的压差将逐渐减小。因此，在同样的阀芯位移下，流量变化与阀前后保持恒压差的理想情况相比要小一些。特别是在阀开度较大时，由于阀前后压差变化厉害，阀的实际控制作用可能变得非常迟钝。如果理想特性是直线特性的阀，那么由于串联阻力的影响，实际的工作流量特性将变成图 3－37(a)中表示的曲线。该图纵坐标是相对流量 Q/Q_{max}，Q_{max} 表示串联管道阻力为零时，阀全开时达到的最大流量。图上的参变量 $s=\Delta P_{Tmin}/P_0$，表示在存在管道阻力的情况下，阀全开时阀前后最小压差 $\Delta P_{T/min}$ 占总压力 P_0 的百分数。

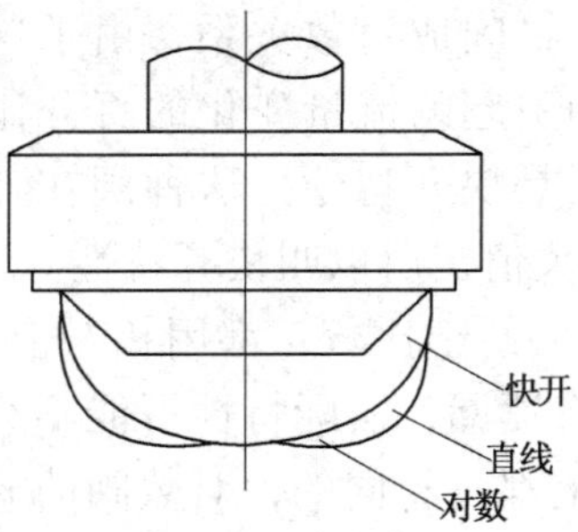

图 3－35　三种阀芯形状

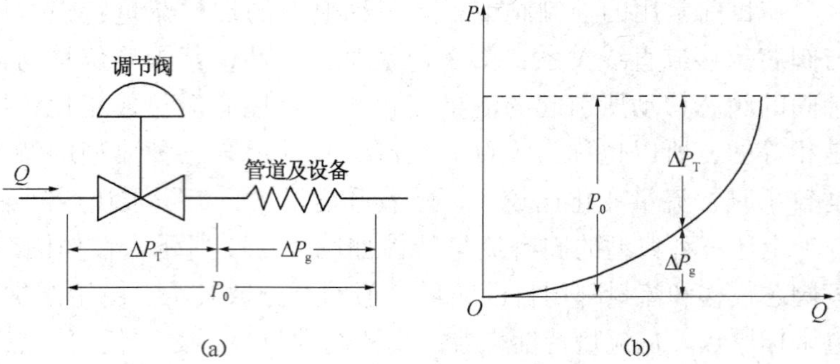

图 3－36　控制阀和管道阻力串联的情况

从图 3－37 可看到，当 $s=1$ 时，管道压降为零，阀前后的压差始终等于总压力，故工作流量特性即为理想流量特性；在 $s<1$ 时，由于串联管道阻力的影响，使流量特性产生两个变化：一个变化是阀全开时的流量减小，也就是阀的可调范围变小；另一个变化是使阀在大开度时的控制灵敏度降低。如图 3－37(a) 中，理想流量特性是直线的阀，工作流量特性变成快开特性；图 3－37(b) 中，理想特性为对数的阀，工作流量特性趋向于直线特性。参变量 s 的值愈小，流量特性变形的程度愈大。

在实际工作中，控制阀特性的选择是一个重要的问题。从控制原理来看，要保持一个控制系统在整个工作范围内都具有较好的品质，就应使系统在整个工作范围内的总放大倍数尽可能保持恒定。通常，变送器、控制器和执行机构的放大倍数是常数，但被控对象的特性往往是非线性的，其放大倍数常随工作点变化。因此，选择控制阀时，希望以控制阀的非线性补偿控制对象的非线性。例如，在实际生产中，很多对象的放大倍数是随负荷加大而减小的，如能选用放大倍数随负荷加大而增加的控制阀，便能使两者互相补偿，如图 3－38 所示，从而保证整个工作范围内都有较好的控制质量。由于对数控制阀具有这种类型的特性，因此得到广泛的应用。

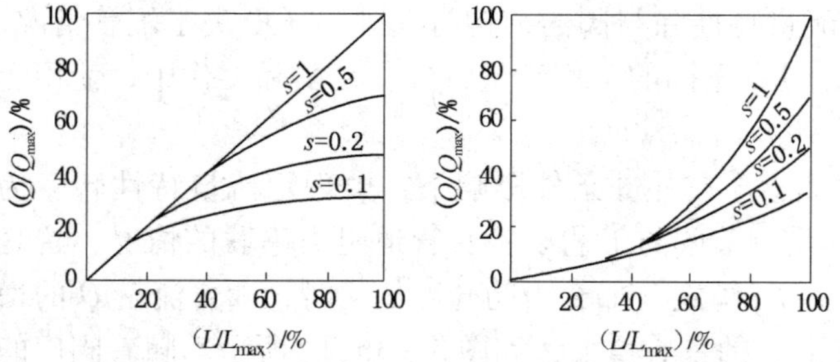

图 3－37　串联管道中控制阀的工作特性

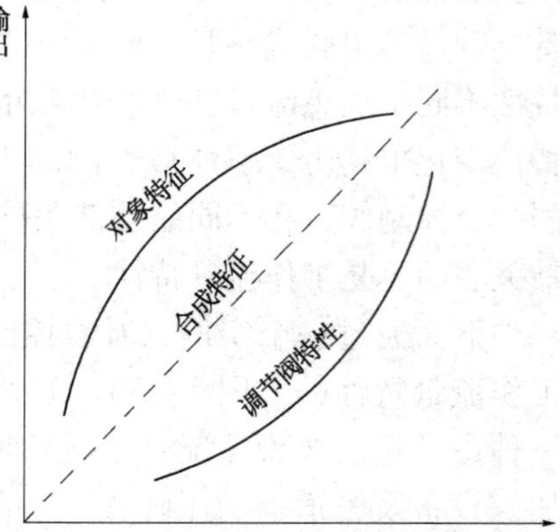

图 3－38　阀和对象特性的非线性互补

若被控对象的特性是线性的，则应选用具有直线流量特性的阀，以使系统总放大倍数保持恒定。至于快开特性的阀，由于小开度时放大倍数高，容易使系统振荡，大开度时调节不灵敏，在连续控制系统中很少使用，一般只用于两位式控制的场合。

必须说明，按上述原则选择的控制阀特性是实际需要的工作流量特性。在确定控制阀时，必须具体地考虑管道、设备的连接情况以及泵的特性，由工作流量特性推出需要的理想流量特性。例如，在一个其他环节都具有线性特性的系统中，按上述非线性互相补偿的原则，应选择工作流量特性为线性的控制阀，但如果管道的阻力状况 $s=0.3$，则由图 3－37 可知，此时理想流量特性为对数特性的阀，工作特性已经变形为直线特性，故必须选用固有特性为对数特性的阀。

3. 控制阀的口径

在控制系统中，为保证工艺操作的正常进行，必须根据工艺要求，准确计算阀门的流通能力，合理选择控制阀的尺寸。如果控制阀的口径选得太大，将使阀门经常工作在小开度位置，造成控制质量不好。如果口径选得太小，阀门完全打开也不能满足最大流量的需要，就难以保证生产的正常进行。

根据流体力学，对不可压缩的流体，在通过控制阀时产生的压力损失 ΔP 与流体速度 V 之间有

$$\Delta P = \xi\rho\frac{V^2}{2} \tag{3-11}$$

式中　V——流体的平均流速；

ρ——流体密度；

ξ——控制阀的阻力系数，与阀门的结构形式及开度有关。

因流体的平均流速 V 等于流体的体积流量 Q 除以控制阀连接管的截面积 A，即 $V=Q/A$，代入上式并整理，得

$$Q = \frac{A}{\sqrt{\xi}}\sqrt{\frac{2\Delta P}{\rho}} \tag{3-12}$$

若面积 A 的单位取 cm^2，压差 ΔP 的单位取 kPa，密度 ρ 的单位取 kg/m^3，流量 Q 的单位取 m^3/h，则

$$Q = 3600\times\frac{1}{\sqrt{\xi}}\frac{A}{10^4}\sqrt{2\times10^3\frac{\Delta P}{\rho}}$$

$$= 16.1\frac{A}{\sqrt{\xi}}\sqrt{\frac{\Delta P}{\rho}} \tag{3-13}$$

由上式可知，通过控制阀的流体流量除与阀两端的压差及流体种类有关外，还与阀门口径及阀芯阀座的形状等因素有关。为说明控制阀的结构参数，工程上将阀门前后压差为 100kPa、流体密度为 $1000kg/m^3$ 的条件下，阀门全开时每小时能通过的流体体积(m^3)称为该阀门的流通能力 C。

根据流通能力 C 的上述定义，由式(3－13)可知

$$C = 5.09\frac{A}{\sqrt{\xi}}$$

在控制阀的手册上，对不同口径和不同结构形式的阀门分别给出了流通能力 C 的数值，可供用户选用。

这样，式(3－13)可改写为

$$Q = C\sqrt{\frac{10\Delta P}{\rho}} \tag{3-14}$$

此式可直接用于液体的流量计算，也可用来在已知差压 ΔP、液体密度 ρ 及需要的最大流量 Q_{max} 的情况下，确定控制阀的流通能力 C，选择阀门的口径及结构形式。当流体是气

体、蒸汽或二相流时，以上的计算公式必须进行相应的修正。

3.4.2 电-气转换器

如上所述，由于气动执行器具有一系列的优点，绝大部分使用电动控制仪表的系统也都使用气动执行器。为了使气动执行器能够接收电动控制器的命令，必须把控制器输出的标准电流信号转换为20～100kPa的标准气压信号，即使用电-气转换器。

图3-39是一种力平衡式电-气转换器的原理图，由电动控制器送来的电流I通入线圈，该线圈能在永久磁铁的气隙中自由地上下运动，当输入电流I增大时，线圈与磁铁产生的吸力增大，使杠杆作逆时针方向转动，并带动安装在杠杆上的挡板靠近喷嘴，改变喷嘴和挡板之间的间隙。

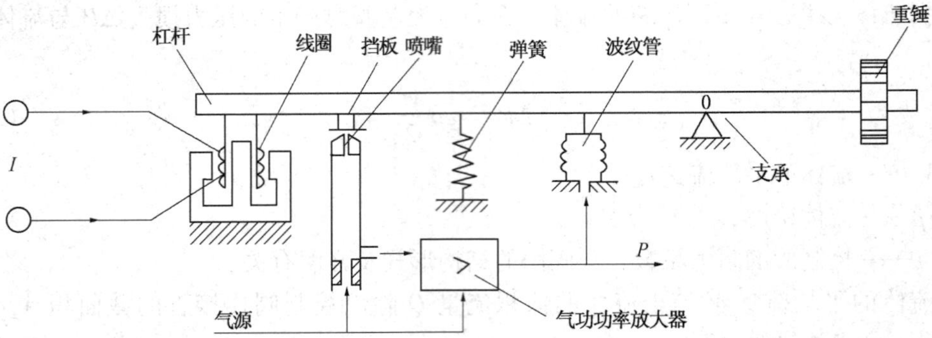

图3-39 电-气转换器的原理图

喷嘴挡板机构是气动仪表中一种最基本的变换和放大环节，能将挡板对于喷嘴的微小位移灵敏地变换为气压信号，其结构如图3-40所示。一般由恒节流孔、背压室及喷嘴挡板三部分组成。恒节流孔在构造上是一段窄狭细长的气体通道，当通过的气流为层流状态时，其两端的压降与流量成线性关系，成为一个固定的气阻，相当于电路中的固定电阻。显然喷嘴挡板是一个可变气阻，当挡板与喷嘴的相对距离改变时，由背压室排入大气的气阻跟着变化。

在图3-40中，洁净的压缩空气由气源经恒节流孔进入背压室，再由喷嘴挡板间的缝隙排入大气。当恒节流孔与喷嘴的尺寸配合适当时(相当于晶体管放大电路中集电极负载电阻与晶体管参数要配合适当一样)，这种简单的机构能得到极高的灵敏度，挡板只要有几丝米(百分之几毫米)的位移，就可由气阻变化，使背压室的输出压力P发生满幅度的变化，其特性如图3-40中的曲线所示。这是一种很好的位移检测元件。

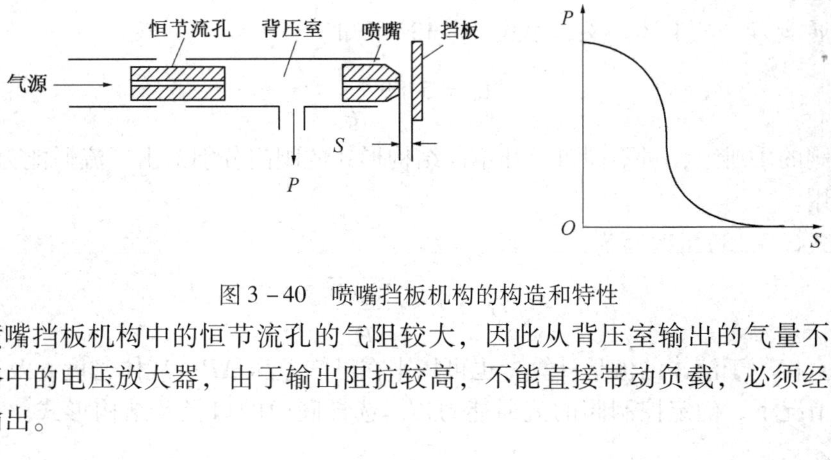

图3-40 喷嘴挡板机构的构造和特性

由于喷嘴挡板机构中的恒节流孔的气阻较大，因此从背压室输出的气量不大。它好像是电子线路中的电压放大器，由于输出阻抗较高，不能直接带动负载，必须经过功率放大器后才能输出。

因此，可知图3－39中表示的电－气转换器，当挡板靠近喷嘴，使喷嘴挡板机构的背压P升高时，这个压力经过气动功率放大器的放大(功率放大器在后面阀门定位器中讨论)，产生输出压力P，作用于波纹管，对杠杆产生向上的反馈力。它对支点O形成的力矩与电磁力矩相平衡，构成闭环系统。根据力平衡式仪表的工作原理，只要位移检测放大器灵敏度足够高，平衡时杠杆的位移必然很小，不平衡力矩可忽略不计，输入电流信号I必能精确地按比例转换成气压信号P。

在图3－39中，弹簧可用来调整输出零点。该转换器的量程调节，粗调可左右移动波纹管的安装位置，细调可调节永久磁场的磁分路螺钉。重锤用来平衡杠杆的质量，使其在各种安装装置都能准确工作。为减小支点的静摩擦，和压力变送器中的做法一样，支点都采用十字簧片弹性支承。一般这种转换器的准确度为0.5级，气源压力为(140±14)kPa，输出气压信号为20～100kPa，可用来直接推动气动执行机构，或作较远距离的传送。

3.4.3 阀门定位器

在气动控制阀中，阀杆的位移是由薄膜上的气压推力与弹簧反作用力平衡来确定的。实际上，为了防止阀杆引出处的泄漏，填料总要压得很紧。尽管填料选用密封性好而摩擦因数小的聚四氟乙烯等优质材料，填料对阀杆的摩擦力仍是不小的。特别是在压力较高的阀上，由于填料压得很紧，摩擦力可能相当大。此外，被控制流体对阀心的作用力，在阀的尺寸大或阀前后压差高、流体黏性大及含有固体悬浮物时也可能相当大，所有这些附加力都会影响执行机构与输入信号之间的定位关系，使执行机构产生回环特性，严重时造成控制系统振荡。因此，在执行机构工作条件差及要求控制质量高的场合，都在控制阀上加装阀门定位器，其框图如图3－41所示。借助于阀杆位移负反馈，使控制阀能按输入信号精确地确定自己的开度。

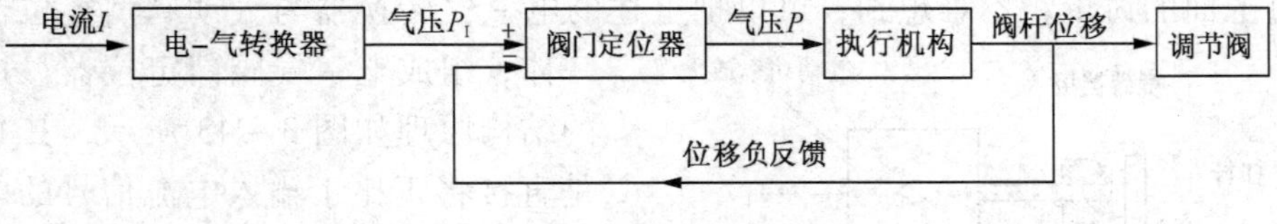

图3－41　带定位器的气动执行器

如图3－42所示是气动阀门定位器与执行机构配合使用的原理图。定位器是一个气压－位移反馈系统，由调节器来的气压信号P_1作用于波纹管，使托板以反馈凸轮为支点转动，于是托板带着挡板靠近喷嘴，使其背压室，即气动放大器中气室A内压力上升。这种气动放大器的放大气路是由两个变节流孔串联构成的，其中一个是圆锥－圆柱形的，称为锥阀，另一个是圆球－圆柱形的，称为球阀。球阀用来控制气源的进气量，只要使圆球有很小的位移，便可引起进气量的很大变化。锥阀是用来控制排入大气的气量的，这两个阀由阀杆互相联系成为一个统一体。当挡板移近喷嘴，使其背压室A中压力上升时，就推动膜片使锥阀关小，球阀开大。这样，气源的压缩空气就较易从D室进入C室，而较难排入大气，使C室的压力P急剧上升。C室的压力P也就是阀门定位器的输出气压，此压力送往执行机构，通过薄膜产生推力，使推杆移动。此推杆的位移量通过反馈杆带动凸轮转动而反馈回来。凸轮的设计一般是使推杆行程正比地转变为托板下端的左右位移，这样就构成了位移负反馈。当执行机构推杆向下移动时，托板的下端向右移动，使挡板离开喷嘴，从而使气动放大器输出压力减小，最后达到平衡位置。在平衡时，由于气动放大器的放大倍数很高，喷嘴与挡板之间的距离几乎不变。根据位移平衡原理，可推知执行机构行程必与输入信号气压 P_1 成比例关系。因此，使用这样的阀门定位器后，可保证阀芯按控制信号精确定位。

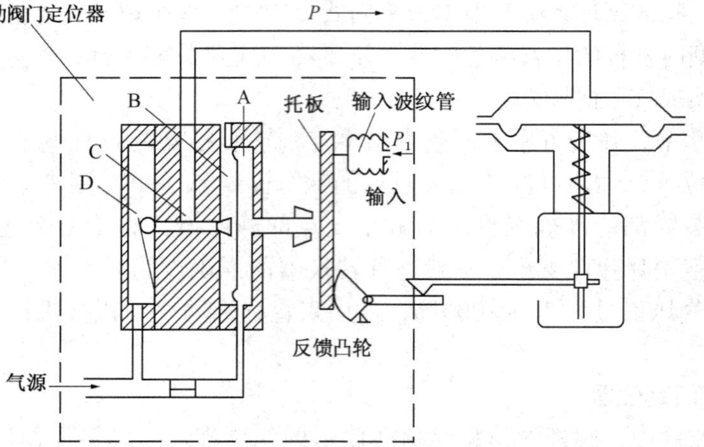

图 3－42　气动阀门定位器与执行机构的配合

这里采用的气动放大器是一种典型的功率放大器，其气压放大倍数约为 10～20 倍。它的输出气量很大，有很强的负载能力，故可直接推动执行机构。

阀门定位器除了克服阀杆上的摩擦力，消除流体作用力对阀位的影响，提高执行器的静态工作准确度外，由于它具有深度位移负反馈，使用了气动功率放大器，增强了供气能力，因而也能提高控制阀的动态性能，大大加快了执行机构的动作速度。此外，在需要的时候，还可改变定位器中反馈凸轮的形状，来修改调节阀的流量特性，以适应调节系统的要求。

经过上面的讨论，不难想到，可以把上述的电－气转换器与气动阀门定位器结合成一体，组成电－气阀门定位器。这种装置的结构原理如图 3－43 所示，其基本思想是直接将正比于输入电流信号的电磁力矩与正比于阀杆行程的反馈力矩进行比较，并建立力矩平衡关系，实现输入电流对阀杆位移的直接转换。具体的转换过程是这样的，输入电流 I 通入绕于杠杆外的磁力线圈，其产生的磁场与永久磁铁相作用，使杠杆绕支点 O 转动，改变喷嘴挡板机构的间隙，使其背压改变，此压力变化经气动功率放大器放大后，推动薄膜执行机构使阀杆移动。在阀杆移动时，通过连杆及反馈凸轮，带动反馈弹簧，使弹簧的弹力与阀杆位移作比例变化，在反馈力矩等于电磁力矩时，杠杆平衡。这时，阀杆的位置必定精确地由输入电流 I 确定。由于这种装置的结构比分别使用电－气转换器和

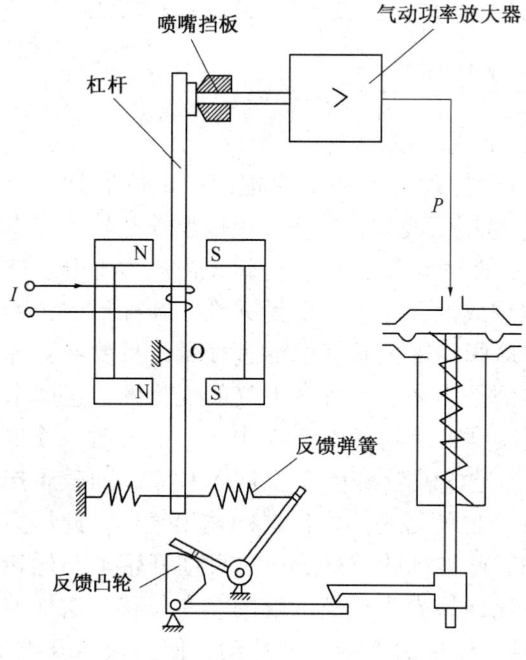

图 3－43　电－气阀门定位器的原理图

气动阀门定位器简单得多，所以价格便宜，应用十分广泛。

3.4.4 电动执行器

电动执行器也由执行机构和控制阀两部分组成。其中控制阀部分常和气动执行器通用，不同的只是电动执行器使用电动执行机构，即使用电动机等电的动力来启闭控制阀，电动执行器根据不同的使用要求有各种结构。最简单的电动执行器称为电磁阀，它利用电磁铁的吸合和释放，对小口径阀门进行通断两种状态的控制。由于结构简单、价格低廉，常和两位式简易调节器组成简单的自动调节系统，在生产中有一定的应用。除电磁阀外，其他连续动作的电动执行器都使用电动机作动力元件，将调节器来的信号转变为阀的开度。

电动执行机构根据配用的控制阀不同，输出方式有直行程、角行程和多转式三种类型，可和直线移动的控制阀、旋转的蝶阀、多转的感应调压器等配合工作。在结构上，电动执行机构除可与控制阀组装成整体式的执行器外，常单独分装以适应各方面的需要，使用比较灵活。

电动执行机构一般采用随动系统的方案组成，如图 3－44 所示。从调节器来的信号通过伺服放大器驱动电动机，经减速器带动控制阀，同时经位置发信器将阀杆行程反馈给伺服放大器，组成位置随动系统。依靠位置负反馈，保证输入信号准确地转换为阀杆的行程。

为了简便，电动执行器中常使用两位式放大器和交流鼠笼式电动机组成交流继电器式随动系统。执行器中的电动机常处于频繁的启动、制动过程中，在调节器输出过载或其他原因使阀卡住时，电动机还可能长期处于堵转状态。为保证电动机在这种情况下不致因过热而烧毁，电动执行器都使用专门的异步电动机，以增大转子电阻的办法，减小启动电流，增加启动力矩，使电动机在长期堵转时温升也不超出允许范围。这样做虽使电动机效率降低，但大大提高了执行器的工作可靠性。

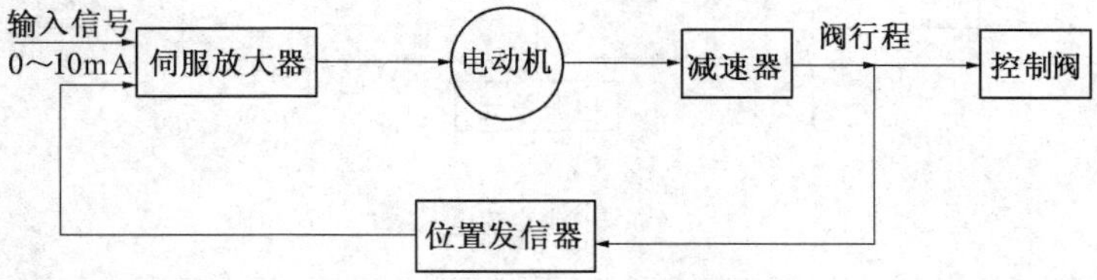

图 3－44　电动执行器的框图

电动执行机构中的减速器常在整个机构中占很大体积，是造成电动执行器结构复杂的主要原因。由于伺服电动机大多是高转速小力矩的，因此必须经过近千倍的减速，才能推动调节机构。目前电动执行机构中常用的减速器有行星齿轮和蜗轮蜗杆两种，其中行星齿轮减速器由于体积小、传动效率高、承载能力大、单级速比可达 100 倍以上，获得了广泛应用。近年来，人们为简化减速机构，努力研制各种低速电动机，希望直接获得低速度、大推力、小惯性的动力。但这些执行器的性能目前还不太理想。

3.4.5 防爆栅

1. 安全火花防爆系统

仪表安装在生产现场，如果现场存在易燃易爆的气体、液体或粉末，一旦发生危险火花，就可能引起燃烧或爆炸事故。为了解决电动仪表的防爆问题，长期以来人们进行了坚持不懈的努力。在安全火花防爆方法出现以前，传统的防爆仪表类型有充油型、充气型、隔爆型等，其基本思想是把可能产生危险火花的电路从结构上与爆炸性气体隔离开来。显然，这和安全火花防爆方法截然不同。安全火花仪表从电路设计开始就考虑防爆，把电路在短路、开断及误操作等各种状态下可能发生的火花都限制在爆炸性气体的点火能量之下，是从爆炸发生的根本原因上采取措施解决防爆问题的，因而被认为可以和气动、液动仪表一样，列入本质安全防爆仪表之内。与结构防爆仪表相比，安全火花防爆仪表的优点是很突出的。首先，它的防爆等级比结构防爆仪表高一级，可用于后者所不能胜任的氢气、乙炔等最危险的场所；其次，它能长期使用不降低防爆等级。此外，这种仪表还可在运行中，用安全火花型测试仪器在危险现场进行带电测试和检修，因此被广泛用于石油、化工等危险场所的控制。

但是必须清楚，安全火花防爆仪表和安全火花防爆系统是两个不同的概念。不要以为只要在现场全部选用安全火花防爆仪表，就组成了安全火花防爆系统。其实，把现场安全火花仪表与控制室简单地直接连接，构成的系统并不能保证安全防爆。因为对一台安全火花防爆仪表来说，它只能保证自己内部不发生危险火花，对控制室引来的电源线是否安全是无法保证的。如果从控制室引来的电源线没有采取限压限流措施，那么，在变送器接线端子上或传输途中发生短路、开路时，完全可能在现场产生危险火花，引起燃烧或爆炸事故。

图3－45是安全火花防爆系统的基本结构图。现场仪表与控制室仪表之间通过防爆栅相连。防爆栅又称安全保持器，是一种对送往现场的电压和电流进行严格限制的单元，可保证各种状态下进入现场的电功率在安全的范围之内，因而是组成安全火花系统必不可少的环节。

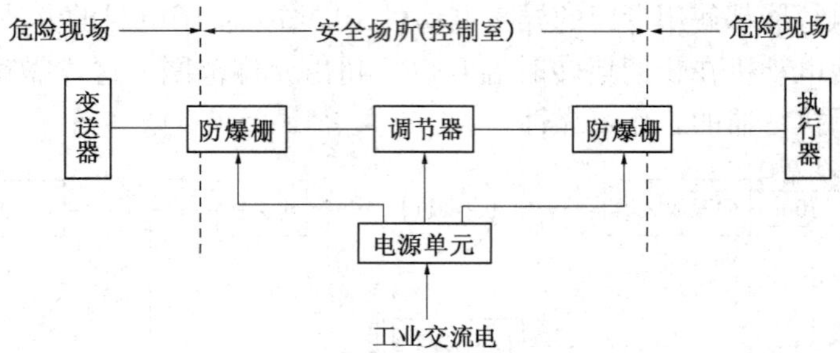

图3－45　安全火花防爆系统的基本结构

当然，也不要误认为只要有了防爆栅，系统就一定是安全防爆系统了。因为防爆栅只能限制进入现场的瞬时功率，如果现场仪表不是安全火花型仪表，其中有较大的电感或电容储能元件，那么，当仪表内部发生短路、开路等故障时，储能元件上长期积累的电磁能量完全可能造成危险火花，引起爆炸。所以，构成一个安全火花防爆系统的充分和必要的条件是：

（1）在危险现场使用的仪表必须是安全火花型的；

（2）现场仪表与非危险场所（包括控制室）之间的电路连接必须经过防爆栅。

只有这样，才能保证在事故状况下，现场仪表自身不产生危险火花，从危险现场以外也不引入危险火花。

2. 安全火花防爆的等级

安全火花防爆方法的实质就是限制火花的能量。在纯电阻电路中，这种能量主要决定于电压和电流的数值。对于不同的爆炸性气体以及它与空气的不同混合比，安全火花的能量是不同的。当电路的电压限制在直流30V时，大量试验表明，各种爆炸性混合物可按其最小引爆电流分为三级，见表3－8。

表 3-8 爆炸性混合物的最小引爆电流

级别	最小引爆电流/mA	爆炸性混合物种类
Ⅰ	$I>120$	甲烷、乙烷、汽油、甲醇、氨、乙醇、一氧化碳等
Ⅱ	$7<I<120$	乙烯、乙醚、丙烯腈等
Ⅲ	$I\geqslant 70$	氢、乙炔、三硫化碳、市用煤气、水煤气、焦炉煤气等

例如，电压30V、电流为70mA以下的电路，即使在氢气中产生了火花也不会发生爆炸；电流超过70mA，在氢气中产生爆炸的可能性就较大。氢气属于第Ⅲ级爆炸性气体，这是爆炸性最高的级别。

安全火花型防爆仪表按防爆适应场所引爆电流的等级分为三级。例如DDZ-Ⅲ型压力变送器的防爆等级标志为HⅢe，这里，"H"表示防爆类型为安全火花型，"Ⅲ"表示适用最小引爆电流为Ⅲ级(即表3-8中70mA)的场所，"e"表示适用于周围气体自燃温度为e组。这最后一项是考虑有些易燃易爆气体当仪表温升较高时，即使不发生火花，也可能由于自燃引起爆炸，为此必须限制仪表的表面温度。我国规定，易燃易爆气体按自燃温度高低分为a、b、c、d、e五组，其中e组是自燃温度最低的一组(100℃自燃)。考虑一定的安全性，用于这种场所的仪表表面温度不得超过80℃。上述压力变送器只要限制使用环境温度不超过70℃，即可保证在e组气体中不会发生自燃起爆。

3. 防爆栅的种类

防爆栅的种类很多，有电阻式、齐纳式、隔离式等。

1）电阻限流式防爆栅

电阻限流式最简单，只在两根电源线(也是信号线)上串联一定的电阻，对进入危险场所的电流作必要的限制。其缺点是正常工作状况下电源电压也受衰减，且防爆定额低，使用范围不大。

2）齐纳式防爆栅

齐纳式防爆栅利用齐纳二极管又称单向击穿二极管的击穿特性进行限压，用电阻进行限流，是一种应用较多的安全单元。总地来说，齐纳式防爆栅结构简单，价格便宜，防爆定额可以做得比较高，可靠性也比较好，被认为是防爆栅的一个重要的发展方向。不过，这种防爆栅要求特殊的快速熔丝，由于齐纳二极管过载能力低，所以对熔丝的熔断时间和可靠性要求非常高，当电流超过安全值时，要求它能很快熔断。一般要求流过的电流为额定电流10倍时，应在1ms的时间内熔断。这种快速熔丝的制造有一定难度，对选材和制造工艺有很高的要求。即使满足了这些要求，熔丝的特性仍可能比较分散。由于熔丝是一次性使用的元件，无法进行逐个测试，所以有人认为这种防爆栅的可靠性是不理想的。

3）隔离式防爆栅

我国生产的DDZ-Ⅲ型仪表中，在要求较高的场合，防爆栅采用隔离式的方案，以变压器作为隔离元件，分别将输入、输出和电源电路进行隔离，以防止危险能量直接窜入现场。同时，用晶体管限压限流电路，对事故状况下的过电压或过电流作截止式的控制。虽然这种防爆栅线路复杂，体积大，成本较高，但不要求特殊元件，便于生产，工作可靠，防爆定额较高，可达到交直流220V，故得到广泛的应用。

DDZ-Ⅲ型仪表的隔离式防爆栅有两种，一种是和变送器配合使用的检测端防爆栅，一种是和执行器配合使用的执行端防爆栅。

检测端防爆栅作为现场变送器与控制室仪表和电源的联系纽带，一方面向变送器提供电源，同时把变送器送来的信号电流经隔离变压器1∶1地传送给控制室仪表。在上述传递过程中，依靠双重限压限流电路，使任何情况下输往危险场所的电压和电流不超过30V、30mA(直流)，从而确保危险场所的安全。

执行端防爆栅中，由控制室仪表来的4～20mA直流信号电流经调制器变成交流方波，通过电流互感器作用于解调放大电路，经解调恢复为与原来相等的4～20mA直流电流，以恒流源的形式输出。该输出经限压限流，供给现场的执行器。从整机功能来说，它和检测端防爆栅一样，是一个传递系数为1的带限压限流装置的信号传送器，为了能用变压器实现输入、输出、电源电路之间的隔离，对信号和电源都进行了直流→交流→直流的变换处理。

必须说明，并非所有使用DDZ－Ⅲ型仪表的场合都要用防爆栅组成安全火花防爆系统。系统是否需要防爆，必须根据生产场所的性质决定，如果不认真调查研究，盲目提高防爆要求，必然会造成经济上的浪费和维护上的麻烦。凡没有燃烧和爆炸危险的场所，执行端就不需要防爆栅，调节器输出可直接送到执行器。这时检测端防爆栅也不需要。为了各输入回路能互相隔离以避免共地干扰，以及为防止公共电源为多台变送器供电时，万一其中一台短路造成其他仪表都断电的事故，DDZ－Ⅲ型仪表中有一种称为“分电盘”的装置，可取代检测端防爆栅，在变送器、电源、控制室仪表之间实现信号和电源的隔离传输，并具有一定的限制过电流能力。由于这种分电盘的线路比防爆栅简单得多，在不要求防爆的场合中使用，可节省投资。

习题与思考题

1. 什么是控制器的控制规律？

2. 双位控制规律的特点是什么？

3. 比例度的大小对控制过程有什么影响？

4. 为什么积分控制能消除余差？积分时间的大小对控制过程有什么影响？

5. 微分控制的特点是什么？微分时间的大小对控制过程有什么影响？

6. 为什么积分、微分控制规律一般不单独使用？

7. 智能控制器的主要特点是什么？

8. 可编程控制器的主要特点是什么？

9. PLC主要由哪几个部分组成？简述各部分的主要作用。

10. PLC目前常用的编程语言有哪些？

11. 执行器在过程控制系统中起何作用？其性能对控制系统的运行有什么影响？

12. 控制阀有哪些结构形式？分别适用于什么场合？执行机构是指执行器中的哪一部分？执行器选用气开、气关的原则是什么？

13. 什么是控制阀的理想流量特性和工作流量特性？为什么流量特性的选择对控制系统的工作至关重要？

14. 电动仪表怎样才能用于易燃易爆场所？

第 4 章　简单控制系统

简单控制系统是使用最普遍、结构最简单的一种自动控制系统。简单控制系统虽然结构简单，却能解决生产过程中的大量控制问题，生产过程中 70% 以上的控制系统是简单控制系统。简单系统是复杂控制系统的基础。掌握了简单系统的分析和设计方法，将会给复杂控制系统的分析和研究提供很大的方便。

4.1　简单控制系统组成及分析

简单控制系统由四个基本环节组成，即被控对象（简称对象）或被控过程（简称过程）、测量变送装置、控制器和控制阀。

下面结合一个具体的例子，说明如何将这四个基本环节有机地结合在一起构成一个单回路系统。

假定有一个如图 4－1 所示的水槽，流入量和流出量分别为 Q_1 和 Q_2，控制要求是维持水槽液位 H 不变。为了控制液位，就要选择相应的变送器、控制器和控制阀，并按图 4－2 所示原理图构成单回路反馈控制系统。

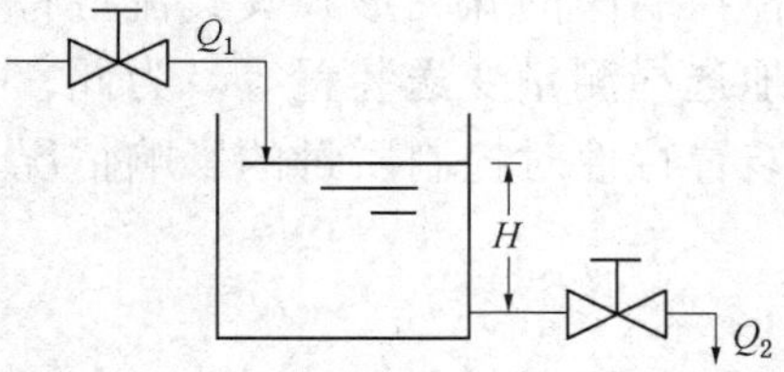

图 4－1　水槽

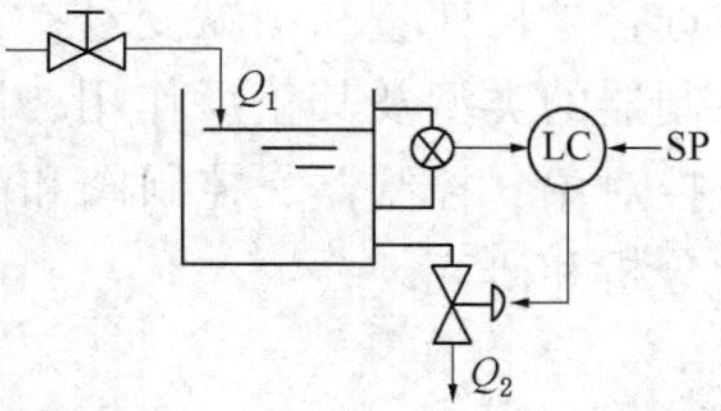

图 4－2　水槽液位控制系统

该系统中绘出了变送器这一环节，而在实际自控设计规范中这一环节是被省去不画的。

首先，在干扰发生之前，假定系统处于平衡状态，即流入量等于流出量，液位等于给定值。一旦此时有干扰发生，平衡状态将被破坏，液位开始变化，于是控制系统开始动作。

第一种情况，在平衡状态下，流入量突然变大（例如入口阀变然开大了），即 $Q_1 > Q_2$，于是液位 H 将上升。随着 H 的上升，控制器将感受到偏差，随着控制器输出控制作用，控制阀将开大，流出量 Q_2 将逐渐增大，液位 H 将慢慢下降并逐渐趋于给定值。当再度达到 $Q_1 = Q_2$ 时，系统将达到一个新的平衡状态。这时，控制阀将处于一个新的开度上。

如果在平衡状态下，流入量突然减小（例如入口阀突然关小了），那么将出现 $Q_1 < Q_2$，液位 H 将下降，控制器输出将使控制阀关小。这样，液位又会逐渐回复到给定值而达到新的平衡。

第二种情况，在平衡状态下，Q_2 突然增大，使 $Q_2 > Q_1$，H 将下降。这时，控制器输出将使控制阀关小，于是 Q_2 将随之逐渐减小，H 又会慢慢上升而回到给定值。如果在平衡状态下，Q_2 突然减小，此时 H 将上升，控制器输出将使控制阀开大，重新使 Q_2 增大而使 H 逐渐回复到给定值为止。

由以上分析可知，不论液位在何种干扰作用下出现上升或下降的情况，系统都可通过变送器、控制器和控制阀等自动化技术工具，最终把液位拉回到给定值上。

对于图4－2所示的液位控制系统可以画出它的方块图，如图4－3所示。一个单回路反馈控制系统是由一个测量变送装置、一个控制器、一个控制阀和相应的被控对象所组成。这是单回路反馈控制系统的第一个特点。

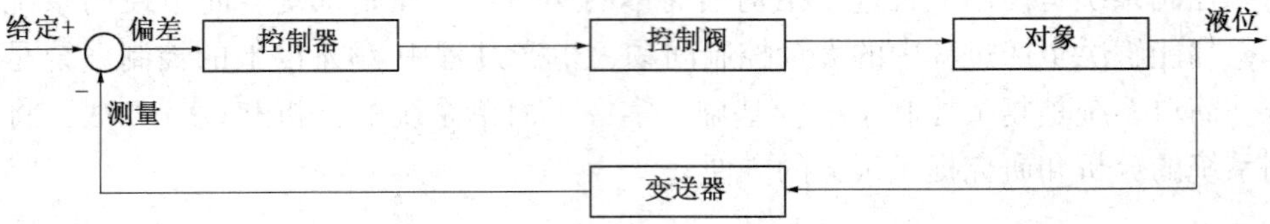

图4－3　单回路控制系统方块图

由简单控制系统方块图可以看出，在该系统中存在着一条从系统的输出端引向输入端的反馈路线，也就是说该系统中的控制器是根据被控变量的测量值与给定值的偏差进行控制的。这是简单控制系统的又一特点。

简单控制系统结构比较简单，所需自动化技术工具少，投资比较低，操作维护也比较方便，而且一般情况下都能满足控制质量的要求。因此，这种控制系统在生产过程控制中得到了广泛的应用。

为了设计好一个单回路控制系统，并使该系统在运行时达到规定的质量指标要求，必须了解具体的生产工艺，掌握生产过程的规律性，以便确定合理的控制方案。其中包括正确地选择被控变量和操纵变量；正确地选择控制阀的开关形式及其流量特性；正确地选择控制器的类型及其正反作用，以及正确地选择测量变送装置等。为此，必须对系统中的被控对象、控制器、控制阀和测量变送装置特性对控制质量的影响情况，分别进行深入的分析和研究。

4.2　简单控制系统的设计

4.2.1　被控变量的选择

在生产过程中，借助自动控制保持恒定值（或按一定规律变化）的变量称为被控变量。被控变量的选择是控制系统设计的核心问题，选择得正确与否，会直接关系到生产的稳定操作、产品产量和质量的提高以及生产安全与劳动条件的改善等。如果被控变量选择不当，不论采用何种控制仪表，组成什么样的控制系统，都不能达到预期的控制效果，满足不了生产的技术要求。为此，自控设计人员必须深入生产实际，进行调查研究，只有在熟悉生产工艺的基础上才能正确地选择出被控变量。

对于以温度、压力、流量、液位为操作指标的生产过程，就选择温度、压力、流量、液位作为被控变量，这是很容易理解的，也无需多加讨论。

质量指标是产品质量的直接反映，因此选择质量指标作为被控变量是首先要进行考虑的。采用质量指标作为被控变量，必然要涉及到产品成分或物性参数（如密度、黏度等）的测量问题，这就需要用到成分分析仪表和物性参数测量仪表。有关成分、物性参数和测量问题，目前国内外尚未得到很好地解决。一来因为产品品种类型很不齐全，致使有些成分或物性参数目前尚无法实现在线测量和变送；二来这些仪表，特别是成分分析仪表具有较严重的测量滞后，不能及时地反映产品质量变化的情况。

当直接选择质量指标作为被控变量比较困难或不可能时，可以选择一种间接的指标作用被控变量。但是必须注意，所选用的间接指标必须与直接指标有单值的对应关系，并且还需具有一定变化灵敏度，即随着产品质量的变化，间接指标必须有足够大的变化。

以苯、甲苯二元系统的精馏为例。在气、液两相并存时，塔顶易挥发组分的浓度 X_D、温度 T_D 和压力 P 三者之间的函数关系为

$$X_D = f(T_D, P) \tag{4-1}$$

这里 X_D 是直接反映塔顶产品纯度的，是直接的质量指标。如果成分分析仪表可以解决，就可以选择塔顶易挥发组分的浓度 X_D 作为被控变量，组成成分控制系统。如果成分分析仪表不好解决，或因成分测量滞后太大，控制效果差，达不到质量要求，则可以考虑选择一间接指标参数：以塔顶温度 T_D 或塔压 P 作为被控变量，组成相应的控制系统。

在考虑选择 T_D 或 P 其中之一作为被控变量时是有条件的。由式(4－1)可看出，它是一个二元函数关系，即 X_D 与 T_D 和 P 都有关。只有当 T_D 或 P 一定时，式(4－1)才可简化成一元函数关系。

即当 P 一定时，有

$$X_D = f_1(T_D) \tag{4-2}$$

当 T_D 一定时，有

$$X_D = f_2(P) \tag{4-3}$$

当 P 一定时，苯、甲苯的 $X_D - T_D$ 关系如图 4－4 所示；当 T_D 一定时，苯、甲苯的 $X_D - P$ 关系如图 4－5 所示。

从图 4－4 可看出，当塔顶压力恒定时，浓度 X_D 与温度 T_D 之间是单值对应关系。塔顶温度越高，对应塔顶易挥发组分的浓度(即苯的百分含量)越低。反之，温度越低，则对应的塔顶易挥发组分的浓度越高。由图 4－5 可以看出，当塔顶温度 T_D 恒定时，塔顶组分 X_D 与塔压 P 也存在单值对应关系。压力越高，塔顶易挥发组分的浓度越大。反之，压力越低，塔顶易挥发组分的浓度则越低。这就是说，在温度 T_D 与压力 P 两者之间，只要固定其中一个，另一个就可以代替组成 X_D 作为间接指标。因此，塔顶温度 T_D 或塔顶压力 P 都可以选择作为被控变量。

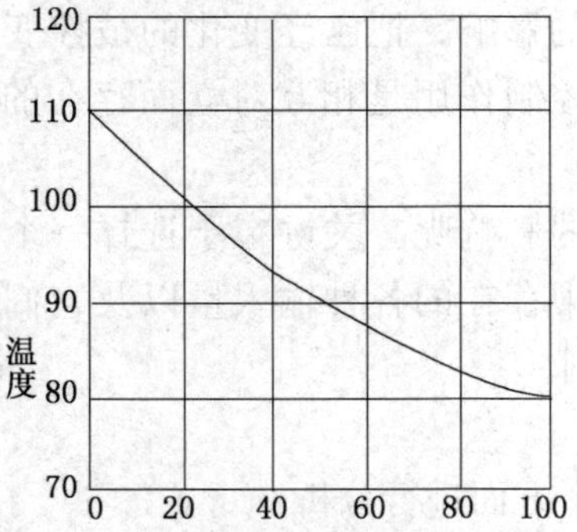

图 4－4　苯、甲苯的 $X_D - T_D$ 关系曲线(P 恒定)

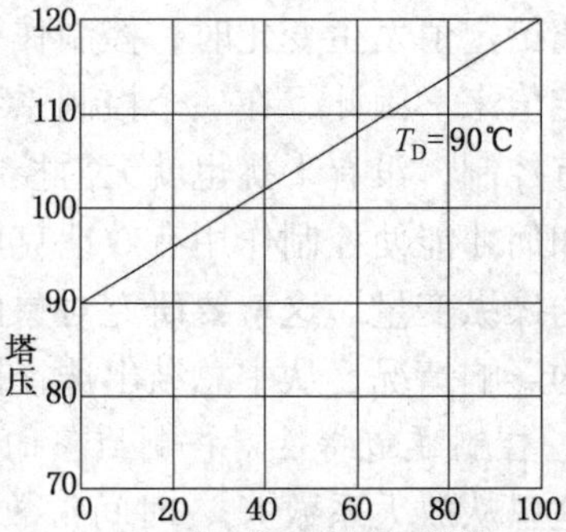

图 4－5　苯、甲苯 $X_D - P$ 关系曲线(T_D 恒定)

然而，一般都选温度 T_D 作为被控变量。因为在精馏操作中，往往希望塔压保持一定，因为只有塔压保持在规定的压力之下，才能保证分离纯度以及塔的效率和经济性。如果塔压波动，塔内原来的气液平衡关系就会遭到破坏，随之挥发度就会发生变化，塔将处于不

良的工况。同时，随着塔压的变化，塔的进料和出料相应地也会受到影响，原先的物料平衡会遭到破坏。另外，只有当塔压固定时，精馏塔各层塔板上的压力才近乎恒定，各层塔板上的温度与组分之间才有单值对应关系。由此可见，固定塔压，选择温度作为被控变量是可行的，也是合理的。

通过上述分析，可以总结出如下几条选择被控变量的原则：

（1）如有可能，应当尽量选择质量指标参数作为被控变量；

（2）当不能选择质量指标参数作为被控变量时，应当选择一个与产品质量指标有单值对应关系的间接指标参数作为被控变量；

（3）所选的间接指标参数应当具有足够大的灵敏度，以便反映产品质量的变化；

（4）选择被控变量时需考虑到工艺的合理性和国内外仪表生产的现状。

4.2.2 操纵变量的选择

为了正确地选择操纵变量，首先要研究被控对象的特性。

我们知道被控变量是被控对象的一个输出，影响被控变量的外部因素则是被控对象的输入，显然影响被控变量的输入不只一个。现在的任务是在影响被控变量的诸多输入中选择其中一个可控性良好的输入量作为操纵变量，而其他未被选中的所有输入量，则称为系统的干扰。如果用 $u(t)$ 来表示操纵变量，而用 $f(t)$ 来表示系统干扰，对象的输入、输出之间的关系可以用图 4－6 明确地表示出来。

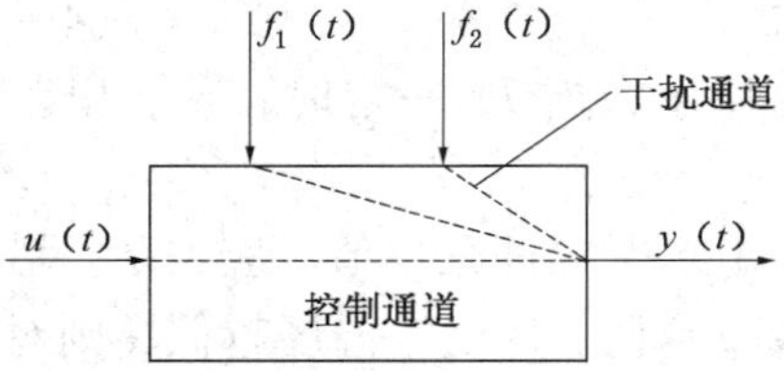

图 4－6　对象输入输出关系图

所谓“通道”，就是某个参数影响另外一个参数的通路，这里所说的控制通道，就是控制作用 $u(t)$ 对被控参数 $y(t)$ 的影响通路；同理，干扰通道就是干扰作用 $f(t)$ 对被控参数 $y(t)$ 的影响通路。一般来说，控制系统分析中更加注重信号之间的联系。因此，通常所说“通道”是信号之间的信号联系。干扰通道就是干扰作用与被控变量之间的信号联系，控制通道则是控制作用与被控变量之间的信号联系。

从图 4－6 中可以看出，干扰作用与控制作用同时影响被控变量，不过在控制系统中控制作用对被控变量的影响正好与干扰作用对被控变量的影响方向相反。当干扰作用使被变量偏离给定值发生变化时，控制作用就可以抑制干扰的影响，把已经变化的被控变量拉回到给定值来。因此，在一个控制系统中，干扰作用与控制作用是相互对立而存在的，有干扰就有控制，没有干扰也就无需控制。

如何才能使控制作用有效地克服干扰对被控变量的影响呢？关键在于选择一个可控性良好的操纵变量。这就要研究对象的特性，研究系统中存在的各种输入量以及它们对被控变量的影响情况，从中总结出选择操纵变量的一些原则。

1. 控制通道特性对控制质量的影响

这里从放大系数 K_0、时间常数 T、滞后时间 τ 三个方面进行分析。

1）放大倍数的影响

放大倍数 K_0 的影响要从静态和动态两个方面进行分析。从静态方面分析，控制系统的余差与干扰通道放大倍数成正比，与控制系统的开环放大倍数成反比。因此，控制通道放大倍数 K_0 越大，系统的余差越小。

从动态角度看，K_0 越大，则表示操纵变量对被控变量的影响越大，表示通过它的调节来克服干扰影响更为有效。此外，在相同衰减比情况下，被控对象放大倍数 K_0 与控制器放大倍数 K_c 的乘积为一常数，当 K_0 越大时 K_c 则越小，K_c 小则 δ 大，δ 大比较容易调整。如果反过来，δ 小则不易调整。因为当 δ 小于3%时，控制器相当于一位式控制器，已失去作为连续控制器的作用。因此，从控制的有效性及控制器参数易调整性来考虑，则希望控制通道放大倍数 K_0 大好。

2）时间常数 T_0 的影响

控制通道时间常数越大，经过的容量数越多，系统的工作频率将越低，控制越不及时，过渡过程时间也越长，系统的质量越低。随着控制通道时间常数的减小，系统工作频率会提高，控制就较为及时，过渡过程也会缩短，控制质量将获得提高。然而，也不是控制通道时间常数越小越好。因为时间常数太小，系统工作过于频繁，系统将变得过于灵敏，反而会使系统的稳定性下降，系统质量会变差。大多数流量控制系统的流量记录曲线波动得比较厉害，多是由于流量系统时间常数比较小的原因所致。

3）纯滞后 τ_0 的影响

控制通道纯滞后对控制质量的影响可用图4－7加以说明。图中曲线 C 是没有控制作用时系统在干扰作用下的反应曲线。当控制通道没有纯滞后时，控制作用从 t_1 时刻起就开始对干扰起抑制作用，控制曲线为 D。当控制通道有纯滞后 τ_0 时，控制作用从 $t_1+\tau_0$ 时刻才开始对干扰起抑制作用，而在此时间以前，系统由于得不到及时的控制，因而被控变量只能任由干扰作用影响而不断地上升（或下降），其控制曲线为 E。A 和 B 分别表示无纯滞后和有纯滞后时操纵变量的校正作用。显然，与控制通道没有纯滞后的情况相比，此时的动态偏差将增大，系统的质量将变差。

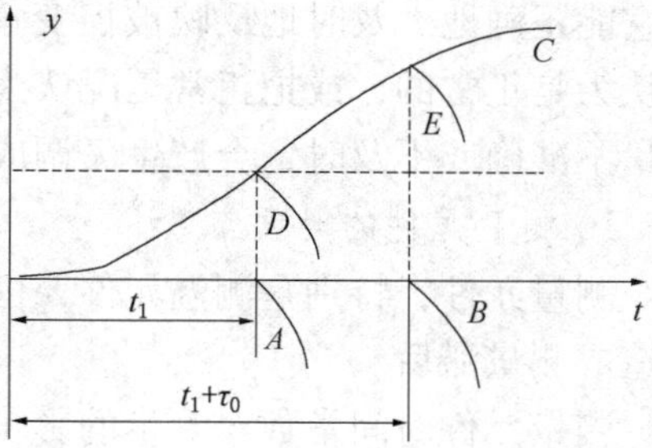

图4－7　纯滞后影响示意图

控制通道纯滞后的存在不仅使系统控制不及时，使动态偏差增大，而且还会使系统的稳定性降低。这是因为纯滞后的存在，使得控制器不能及时获得控制作用效果的反馈信息，会使控制器出现失控。当需要增加控制作用时，会使控制作用增大得太多，而一旦需要减少控制作用时，则又会使控制作用减少得太过分，因此导致系统的振荡，使系统的稳定性降低。因此，控制通道纯滞后的存在是系统的大敌，对控制质量起着很坏的影响，会严重地降低控制质量。

2. 干扰通道特性对控制质量的影响

1）放大倍数 K_f 的影响

干扰通道放大倍数越大，则表示干扰对被控变量的影响越大，系统克服干扰越困难，系统的余差也越大，即控制质量越差。

2）时间常数 T_f 的影响

干扰通道时间常数越大，个数越多，或者说干扰进入系统的位置越远离被控变量而靠近控制阀，干扰对被控变量的影响就越小，系统的质量就越高。反之，干扰通道时间常数越小，干扰对被控变量的影响就越大，系统的控制质量就越差。

3）纯滞后 τ_f 的影响

干扰通道有、无纯滞后对质量没有影响，所不同的只是两者在影响时间上相差一个纯滞后时间 τ。即当有纯滞后时，干扰对被控变量的影响要向后推迟一个纯滞后时间 τ_f。

3. 操纵变量的选择

综合以上的分析结果，可以总结出以下几条原则作为操纵变量选择的依据：

(1) 所选的操纵变量必须是可控的；

(2) 所选的操纵变量应是通道放大倍数比较大的，最好大于扰动通道的放大倍数；

(3) 所选的操纵变量应使扰动通道时间常数越大越好，而控制通道时间常数应适当小一些为好，但不宜过小；

(4) 所选的操纵变量其通道纯滞后时间应越小越好；

(5) 所选的操纵变量应尽量使干扰点远离被控变量而靠近控制阀；

(6) 在选择操纵变量时还需考虑到工艺的合理性(一般来说，生产负荷直接关系到产品的产量，不宜经常变动，在不是十分必要的情况下，不宜选择生产负荷作为操纵变量)。

4.2.3 检测仪表对系统的影响

测量、变送装置是控制系统中获取信息的装置，也是系统进行控制的依据。所以，要求它能正确地、及时地反映被控变量的状况。假如测量不准确，使操作人员把不正常工况误认为是正常的，或把正常工况认为不正常，则会形成混乱，甚至会处理错误而造成事故。测量不准确或不及时，会产生失调或误调，影响之大不容忽视。

1. 测量元件的时间常数

测量元件，特别是测温元件，由于存在热阻和热容，它本身具有一定的时间常数，因而造成测量滞后。

测量元件时间常数对测量的影响如图 4-8 所示，若被控变量 y 作阶跃变化时，测量值 z 慢慢靠近 y，如图 4-8(a)所示，显然，前一段两者差距很大；若 y 作递增变化，而 z 则一直跟不上去，总存在着偏差，如图 4-8(b)所示；若 y 作周期性变化，z 的振荡幅值将比 y 减小，而且落后一个相位，如图 4-8(c)所示。

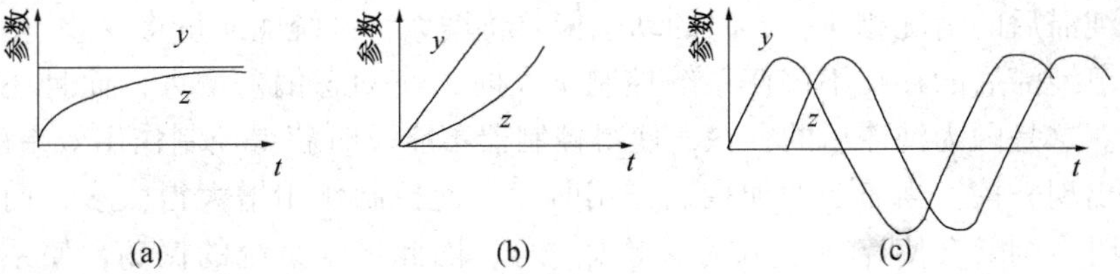

图 4-8 测量元件时间常数的影响

测量元件的时间常数越大，以上现象愈加显著。假如将一个时间常数大的测量元件用于控制系统，当被控变量变化的时候，由于测量值不等于被控变量的真实值，所以控制器接收到的是一个失真信号，不能发挥正确的校正作用，控制质量无法达到要求。因此，控制系统中的测量元件时间常数不能太大，最好选用惰性小的快速测量元件，例如用快速热电偶代替工业用普通热电偶或温包。必要时也可以在测量元件之后引入微分作用，利用它的超前作用来补偿测量元件引起的动态误差。

当测量元件的时间常数 T_m 小于对象时间常数的 1/10 时，对系统的控制质量影响不大。这时，就没有必要盲目追求小时间常数的测量元件。

有时，测量元件安装是否正确，维护是否得当，也会影响测量与控制。特别是流量测量元件和温度测量元件，例如工业的孔板、热电偶和热电阻元件等。如安装不正确，往往会影响测量准确度，不能正确地反映被控变量的变化情况，这种测量失真的情况当然会影响控制质量。同时，在使用过程中要经常注意维护、检查，特别是在使用条件比较恶劣的情况（如介质腐蚀性强、易结晶、易结焦等）下，更应该经常检查，必要时进行清理、维修或更换。例如当用热电偶测量温度时，有时会因使用一段时间后，热电偶表面结晶或结焦，使时间常数大大增加，以致严重地影响控制质量。

2. 测量元件的纯滞后

参数变化的信号传递到检测点需要花费一定的时间，因而就产生了纯滞后。纯滞后时间 τ 等于物料或能量传输的速度除以传输的距离。传输距离越长或传输的速度越慢，纯滞后时间则越长。测量环节纯滞后对控制质量的影响与控制通道纯滞后对控制质量的影响相同，一般都把控制阀、对象和测变装置三者合在一起视为一广义对象，这样测变装置的纯滞后就可以合并到对象的控制通道中一并进行考虑。

纯滞后是控制系统设计中最感头痛的事，要克服它的影响很不容易。温度参数等工艺参数的测量很容易引入纯滞后，而且一般都比较大，必须引起注意。流量参数的测量纯滞后一般都比较小。

3. 信号传送滞后的影响

信号传送滞后包括测量信号传送滞后和控制信号传送滞后两部分。

在大型石油、化工企业中，生产现场与控制室之间往往相隔一段很长的距离。现场变送器的输出信号要通过信号传输管线送往控制室内的控制器，而控制器的输出信号又需通过信号传输管线送往现场的控制阀。测量与控制信号的这种往返传送都需要通过控制室与现场之间这一段距离空间，于是产生了信号传送滞后。对于电信号来说，传送滞后可以忽略不计。然而对于气信号来说，传送滞后就不能不加以考虑，因为气动信号管线具有一定的容量。一般来说，测量信号传送滞后比较小，它的大小取决于气动信号管线的内径和长度，它对控制质量的影响与测量滞后影响完全相同。对于控制信号传送滞后，由于它的末端有一个控制阀膜头空间，与信号管线相比它的容积就很大。因此，控制信号传送可以认为是控制阀特性的一部分，它对控制质量的影响与对象控制通道滞后的影响基本相同。控制信号管线越长，控制阀膜头空间越大，控制器的控制信号传送就越慢，控制越不及时，控制质量就越差。

4. 克服测量、传送滞后的办法

1）克服测量滞后的办法

① 选择惰性小的快速测量元件，以减小时间常数。

② 选择合适的测量点位置，以减小纯滞后。

③ 使用微分控制作用，以克服测量环节的容量滞后。但是，微分器对于克服纯滞后是无能为力的。因为在纯滞后时间里，参数变化速度等于零，因而微分器输出也等于零，微分器起不到超前作用。

2）克服传送滞后的办法

由于电信号传送非常迅速，所产生的滞后可以忽略不计。因此，为了克服传送滞后，应尽量采用电信号进行传送。下面分别从测量信号和控制信号两个方面说明克服传送滞后的具体措施。

（1）克服测量信号传送滞后的办法

① 当变送器为电动仪表而控制器为气动仪表时，应将电气转换器尽量安置在仪表屏附近，以缩短气信号传送管线长度；

② 当变送器为气动仪表而控制器为电动仪表时，应在现场安装气电转换器，将气信号

转换成电信号后进行传送；

③ 当变送器、控制器均为气动仪表时，可在信号传送管线上加装气动继动器，以提高信号传送功率，减少滞后。

（2）克服控制信号传送滞后的办法

① 当控制器为电动仪表时，电气转换器应安装于现场控制阀附近，或在控制阀上安装电气阀门定位器；

② 当控制器为气动仪表时，应在气动信号传送管线上装设气动继动器，或者在控制阀上安装气动阀门定位器，以提高输出功率，减少滞后。

4.2.4 控制阀的选择

控制阀是控制系统的执行机构，它接受控制器的命令执行控制任务。控制阀选择得合适与否，将直接关系到能否很好地起到控制作用，因此对它必须给予足够的重视。

控制阀选择的内容，包括开关形式的选择、口径大小的选择、流量特性的选择以及结构形式的选择等内容。

1. 控制阀口径大小的选择

控制阀口径大小直接决定着控制介质流过它的能力。从控制角度看，控制阀口径选得过大，超过了正常控制所需的介质流量，控制阀将经常处于小开度下工作，阀的特性将会发生畸变，阀性能就较差。反过来，如果控制阀口径选得太小，在正常情况下都在大开度下工作，阀的特性也不好。此外，控制阀口径选得过小也不适应生产发展的需要，一旦需要设备增加负荷时，控制阀原有的口径太小就不够用了。因此，从控制的角度来看，控制阀口径的选择应留有一定的余量，以适应增加生产的需要。

控制阀口径大小，通过计算控制阀流通能力的大小来决定。控制阀流通能力必须满足生产控制的要求，并留有一定的余地。一般流通能力要根据控制阀所在管线的最大流量以及控制阀两端的压降来进行计算，并且为了保证控制阀具有一定的可控范围，必须使控制阀两端的压降在整个管线的总压降中占有较大的比例。所占的比例越大，控制阀的可控范围越宽。

如果控制阀两端压降在整个管线总压降中所占的比例小，可控范围就变窄，将会导致控制阀特性的畸变，使控制效果变差。

2. 控制阀开、关形式的选择

控制阀接受的是气压信号，当膜头输入压力增大，控制阀开度也增大时，称之为气开阀。反之，当膜头输入压力增大时，控制阀开度减小，则称之为气关阀。

对于一个具体的控制系统来说，究竟选气开阀还是选气关阀，要由具体的生产工艺来决定。一般来说，要根据以下几条原则来进行选择：

（1）首先要从生产安全出发　即当气源供气中断，或控制器出故障而无输出，或控制阀膜片破裂而漏气等而使控制阀无法正常工作，以致阀芯回复到无能源的初始状态（气开阀回复到全闭，气关阀回复到全开）时，应能确保生产工艺设备的安全，不致发生事故。如锅炉供水控制阀，为了保证发生上述情况时不会把锅炉烧坏，控制阀应选气关式。

（2）从保证产品质量出发　当发生控制阀处于无能源状态而回复到初始位置时，不应降低产品的质量。如精馏塔回流量控制阀常采用气关式，一旦发生事故，控制阀全开，使生产处于全回流状态，这就防止了不合格产品的蒸出，从而保证塔顶产品的质量。

（3）从降低原料、成品、动力损耗来考虑　如控制精馏塔进料的控制阀就常采用气开式，一旦控制阀失去能源，控制阀即处于关闭状态，不再给塔进料，以免造成浪费。

（4）从介质的特点考虑　精馏塔塔釜加热蒸汽控制阀一般都选气开式，以保证在控制阀失去能源时能处于全闭状态，避免蒸汽的浪费。但是如果釜液是易凝、易结晶、易聚合的物料时，控制阀则应选气关式，以防控制阀失去能源时阀门关闭，停止蒸汽进入而导致釜内液体的结晶和凝聚。

一般来说，有了上面介绍的几条原则，控制阀开关形式的选择是不难解决的。不过有两种情况在控制阀开关形式的选择上需要加以注意。

第一种情况是由于工艺要求不一，对于同一个控制阀可以有两种不同的选择结果。如图4－9所示的锅炉供水控制阀，如果从防止蒸汽带液会损坏后续设备蒸汽透平（蒸汽带液会导致透平叶片损坏）的角度出发，控制阀应选气开式；然而如果从保护锅炉出发，以防断水而导致锅炉烧爆，控制阀则应选气关式。这就出现了矛盾的情况。在这种情况下就要分清主要矛盾和次要矛盾，权衡利弊，按主要矛盾来进行选择。如果前者是主要矛盾则应选气开阀，如果后者是主要矛盾则应选气关阀。

第二种情况是某些生产工艺对控制阀的开闭形式的选择没有严格的要求。在这种情况下，控制阀的开关形式可以任选。图4－10所示离心泵出口流量控制阀就属于这种情况。因为控制阀在无能源状态时，无论处于全关或全开位置都不会对离心泵造成什么伤害，对离心泵的安全运行也没有影响，因此，控制阀的开关形式可以任选。

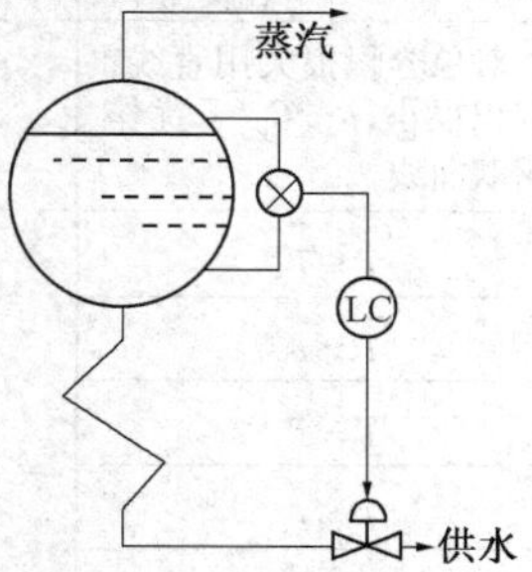

图4－9　锅炉供水控制系统

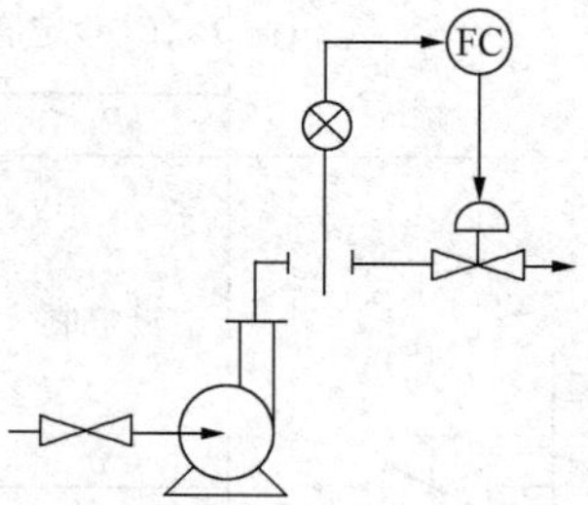

图4－10　离心泵出口流量控制阀选择

3. 控制阀流量特性的选择

目前我国生产的控制阀有线性特性、对数特性（即等百分比特性）和快开特性三种，尤其以前两种特性的控制阀应用得最多。各种流量特性控制阀的特性曲线如图4－11所示。

控制阀流量特性的选用要根据具体对象的特性来考虑。表4－1列出了常用控制系统阀流量特性的经验选择方法。这些经验准则经过多年时间证明是行之有效的，具有很好的参考价值。但只是初步的经验总结，还没有严格的证明，应用时只能作为参考。

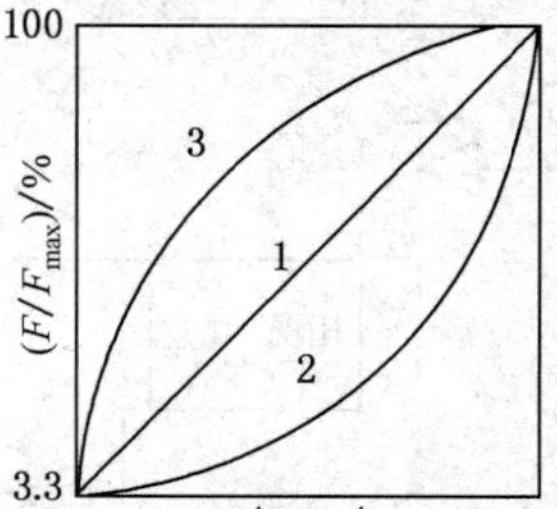

图4－11　控制阀流量特性（$R=100$）

1—线性；2—对数；3—快开

需要指出的是：一般仪表厂所给出的控制阀流量特性都是理想特性，即控制阀前后压差为恒定时的流量特性。然而，在实际运行中，由于多种因素的影响（如配管），使得阀前后压降不可能维持恒定，因此控制阀的特性就要发生变化，不再保持理想特性。控制阀在实际使用状态下的流量特性称之为工作特性。因此，在选择控制阀时，还必须结合配管情况进行考虑。一般情况先按控制系统的特点，按表4－1选择所希望的工作特性，然后再考虑到配管的情况选择相应的理想特性。考虑配管情况进行控制阀特性选择，可参考表4－2来进行。

表 4-1　常用控制系统控制阀流量特性的经验选择

控制系统及被控变量	干扰	选择阀特性	附加条件	备　注
流量控制第统(F) 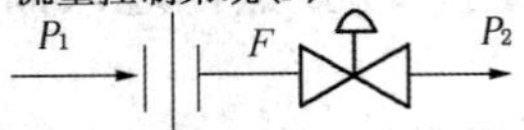 P_1为阀前压力,P_2为阀后压力	设定值	直线	变送器输出与流量成正比	
	P_1 或 P_2	对数		
	设定值	平方根	变送器输出与流量平方根成正比	
	P_1 或 P_2	对数		
温度控制系统(T_2) 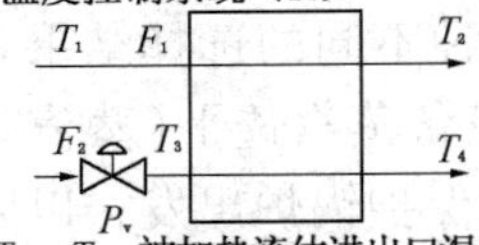 T_1, T_2—被加热流体进出口温度; T_3, T_4—加热流体进出口温度; F_1—被加热流体流量	P_v, T_3, T_4	对数		P_v—阀上压降 T_0—对象时间常数对数平均值 T_m—测量环节时间常数 T_v—阀时间常数 $\overline{T}_0=\sqrt{T_{0max}T_{0min}}$
	T_1	直线		
	设定值	直线		
	F_1	直线	$\overline{T}_0>>T_m(T_v)$	
		对数	$\overline{T}_0\leqslant T_m(T_v)$	
		双曲线	$\overline{T}_0<T_m(T_v)$	
压力控制系统(P_1) 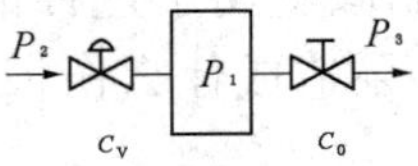 P_2—被控制的压力; P_1,P_3—进出口压力	P_2	双曲线	$C_0<0.5C_{Vmax}$	C_0—节流阀流通能力 C_v—调节阀流通能力 液体介质
		对数	$C_0>0.5C_{Vmax}$	
	设定值	对数	$C_0>0.5C_{Vmax}$	
		直线	$C_0>0.5C_{Vmax}$	
	P_3	对数	$C_0>0.5C_{Vmax}$	
		直线	$C_0>0.5C_{Vmax}$	
	C_0	对数	$C_0>0.5C_{Vmax}$	
	P_2,C_0 设定值	对数	对象容积很大用直线;容积很小,p_2,C_0 干扰作用双曲线	气体介质
	P_3	平方根		
液位控制系统(L) 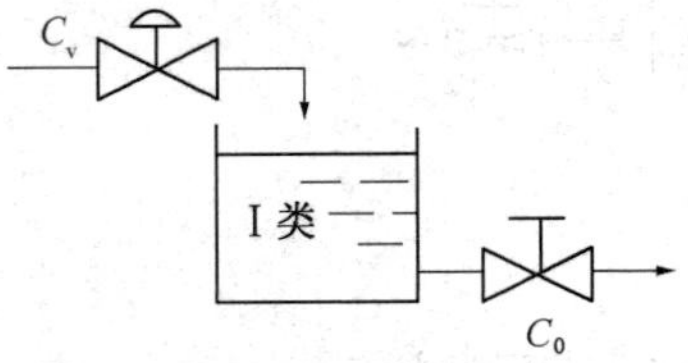 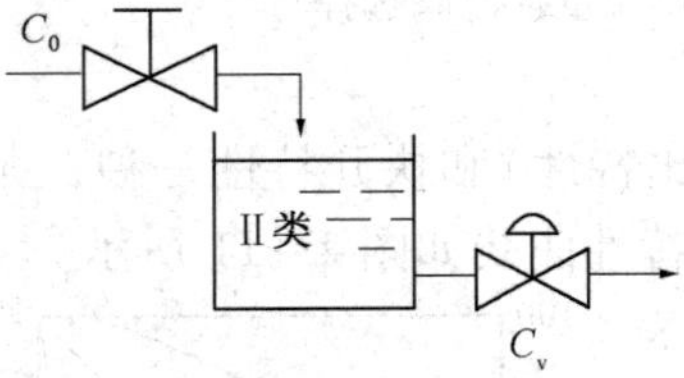	设定值	平方根	$\overline{T}=T_v$	Ⅰ类
			$\overline{T}\gg T_v$	
		直线	$\overline{T}=T_v$	
			$\overline{T}\gg T_v$	
	C_0	对数	$\overline{T}=T_v$	
			$\overline{T}\gg T_v$	
		直线	$\overline{T}=T_v$	
			$\overline{T}\gg T_v$	
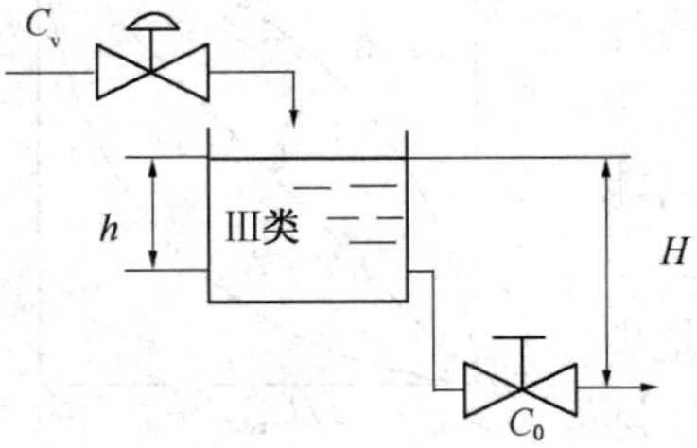	设定值	双曲线	$H\gg5h$ (h—量程范围)	Ⅱ类
		对数		
	F_1	对数		Ⅲ类
		直线		Ⅳ类
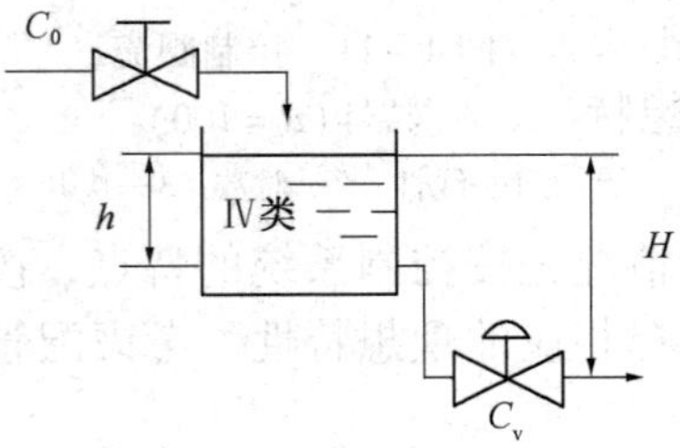	设定值	任意特性		Ⅲ类
		任意特性		Ⅳ类
	C_0	直线		
	F_1	直线		

表 4－2　按配管情况选择控制阀特性表

配管情况	$s=1\sim0.6$		$s=0.6\sim0.3$		$s<0.3$
未考虑配管情况时阀特性	直线	对数	直线	对数	不适宜控制
考虑配管情况时阀特性	直线	对数	对数	对数	

表中 s 值表示控制阀全开时阀上压降与系统总压降的比值，即

$$s=\frac{\text{阀全开时阀上压降}}{\text{系统总压降}} \tag{4-4}$$

例如，按照控制系统的特点，经分析计算或应用表 4－1 经验准则，希望使用线性特性的控制阀，但是考虑到配管阻力的影响（假如算出 $s=0.4$），参照表 4－2，最后选定控制阀流量特性应为对数特性。

4. 控制阀结构形式的选择

控制阀有直通单座、直通双座、角形、高压、三通、蝶阀和隔膜阀等不同结构形式，要根据生产过程的不同需要和控制系统的不同特点来进行选用。表 4－3 列出了不同结构形式的控制阀特点及其适用场合，以供选用时参考。

表 4－3　不同结构形式控制阀特点及适用场合

阀结构形式	特点及使用场合
直通单座	阀前后压降低，适用于要求泄漏量小的场合
直通双座	阀前后压降大，适用于允许较大泄漏量的场合
角形阀	适用于高压降、高黏度、含悬浮物体或颗粒状物质的场合
高压阀	适用于高压控制的特殊场合
蝶阀	适用于有悬浮物的流体、大流量气体、压差低、允许较大泄漏量的场合
隔膜阀	适用于有腐蚀性介质的场合
三通阀	适用于分流或合流控制的场合

4.2.5　控制器控制规律的选择及正反作用的确定

1. 控制参数对系统动态误差的影响

1）比例放大倍数的影响

比例控制器的输出 u 与输入 e 偏差成比例关系，即 $u=K_c e+u_0$。当 K_c 趋向于零时，控制器的输出不受偏差影响，相当于控制系统开路，此时如果有干扰作用在被控对象上，被控参数变化将是一条飞升曲线；当 K_c 很大时，只要有一个很小的偏差出现，就会使控制器输出发生很大的输出（正偏差使控制器输出达到最大，负偏差使控制器输出达到最小），在这个控制作用之下，被控参数将在上偏差限与下偏差限之间振荡。由此可知，比例放大倍数 K_c 由小到大变化，系统将由稳定向振荡发展，系统的稳定性在变差。不同的比例放大倍数 K_c 所对应的过渡过程曲线见图 4－12。

从图 4－12 可以看出，K_c 增大，控制准确度提高（余差减小），但是系统的稳定性下降。这一点从频率特性来解释不难理解，当 K_c 增大时，会使系统开环频率特性整体向上移动，使其越发靠近幅值比为 1 的临界线，使得系统的稳定裕度下降。

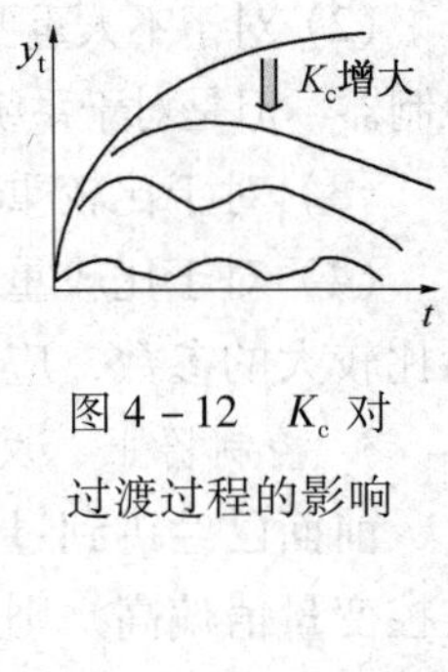

图 4－12　K_c 对过渡过程的影响

2）积分时间 T_i

工程实践中一般没有纯积分作用控制器，都是与比例作用组合成比例－积分控制器。比例－积分控制器的输入输出关系为

$$u = K_c\left(e + \frac{1}{T_i}\int e\mathrm{d}t\right) + u_0 \tag{4-5}$$

从式(4－5)可看出，比例－积分控制器输出由两部分组成，即在比例输出之上叠加上积分输出。积分部分输出是对偏差的积分，即将偏差按时间进行累积，偏差存在输出就增大，直至偏差消除为止。当 T_i 趋向于无穷大时，积分作用消除，控制器变为纯比例控制器；当 T_i 很小时，积分作用强烈，消除余差的能力强。

比例－积分控制器对变化很慢(甚至不变)的偏差有很强的调整能力，但是其滞后角度也较大。由此可得出结论，积分时间常数 T_i 越小，消除余差的能力越强，系统越趋向于不稳定。T_i 变化对过渡过程的影响见图4－13。

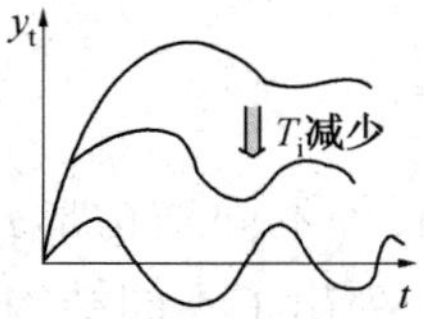

图4－13 K_c 不变时 T_i 对过渡过程的影响

在工程实践中，为消除余差增加积分作用之后，常常适当增大比例度以维持一定的衰减比。

3）微分时间 T_D

工程实践中一般没有纯微分作用控制器，一般都是与比例作用组合成比例－微分控制器。比例－微分控制器的输入输出关系为

$$u = K_c\left(e + T_D\frac{\mathrm{d}e}{\mathrm{d}t}\right) + u_0 \tag{4-6}$$

从式(4－6)可看出，比例－微分控制器输出由两部分组成，即在比例输出之上叠加上微分输出。微分部分输出与偏差的变化速度成正比，即偏差变化大则输出增大。当 T_D 等于零时，微分作用消除，控制器变为纯比例控制器。

由于微分作用的特点，使其对惯性较大的被控对象有“超前”调整作用，所以一般用在有较大滞后被控对象的场合。

微分时间常数调整得当，可使过渡过程缩短，增加系统稳定性，减少动态偏差。如果微分作用过大，系统变得非常敏感，控制系统的控制质量将变差，甚至变成不稳定。根据控制原理可知，调整 T_D 的结果，应当使系统的闭环零点靠近系统的第二大极点，这样就可抵消第二大极点对系统过渡过程的影响。

2. 控制规律的选择

工业用控制器常见的有开关控制器、比例控制器、比例－积分控制器、比例－微分控制器、比例－积分－微分控制器。过程工业中常见的被控参数有温度、压力、液位和流量。而这些参数有些是重要的生产参数，有些是不太重要的参数，控制要求也是各种各样的，因此控制器控制规律的选择要根据具体情况而定，但是有一些基本原则可在选择时加以考虑：

(1) 对于不太重要的参数，例如中间储罐的液位、热量回收预热系统等，控制一般要求不太严格，可考虑采用比例控制，甚至采用开关控制；

(2) 对于不太重要的参数，但是惯性较大，又不希望动态偏差较大，可考虑采用比例－微分控制器，但是对于系统噪声较大的参数，例如流量，则不能选用比例－微分控制器；

(3) 对于比较重要的、控制精度要求比较高的参数，可采用比例－积分控制器；

(4) 对于比较重要的、控制精度要求比较高、希望动态偏差较小、被控对象的时间滞后比较大的参数，应当采用比例－积分－微分控制器。

3. 控制器正、反作用的确定

前面已经讲到过，自动控制系统是具有被控变量负反馈的闭环系统。也就是说，如果被控变量值偏高，则控制作用应使之降低；相反，如果被控变量值偏低，则控制作用应使

之升高。控制作用对被控变量的影响应与干扰作用对被控变量的影响相反，才能使被控变量值回复到给定值。这里，就有一个作用方向的问题。控制器的正反作用是关系到控制系统能否正常运行与安全操作的重要问题。

在控制系统中，不仅是控制器，而且被控对象、测量元件及变送器和执行器都有各自的作用方向。它们如果组合不当，使总的作用方向构成正反馈，则控制系统不但不能起控制作用，反而破坏了生产过程的稳定。所以，在系统投运前必须注意检查各环节的作用方向，其目的是通过改变控制器的正、反作用，以保证整个控制系统是一个具有负反馈的闭环系统。

所谓作用方向，就是指输入变化后，输出的变化方向。当某个环节的输入增加时，其输出也增加，则称该环节为“正作用”方向；反之，当环节的输入增加时，输出减少的称“反作用”方向。

对于测量元件及变送器，其作用方向一般都是“正”的，因为当被控变量增加时，其输出量一般也是增加的，所以在考虑整个控制系统的作用方向时，可不考虑测量元件及变送器的作用方向(因为它总是“正”的)，只需要考虑控制器、执行器和被控对象三个环节的作用方向，使它们组合后能起到负反馈的作用。

对于执行器，它的作用方向取决于是气开阀还是气关阀(注意不要与执行机构和控制阀的“正作用”及“反作用”混淆)。当控制器输出信号(即执行器的输入信号)增加时，气开阀的开度增加，因而流过阀的流体流量也增加，故气开阀是“正”方向。反之，由于当气关阀接收的信号增加时，流过阀的流体流量反而减少，所以是“反”方向。执行器的气开或气关形式主要应从工艺安全角度来确定。

对于被控对象的作用方向，则随具体对象的不同而各不相同。当操纵变量增加时，被控变量也增加的对象属于“正作用”的。反之，被控变量随操纵变量的增加而降低的对象属于“反作用”的。

由于控制器的输出决定于被控变量的测量值与给定值之差，所以被控变量的测量值与给定值变化时，对输出的作用方向是相反的。对于控制器的作用方向是这样规定的：当给定值不变，被控变量测量值增加时，控制器的输出也增加，称为“正作用”方向，或者当测量值不变，给定值减小时，控制器的输出增加的称为“正作用”方向。反之，如果测量值增加(或给定值减小)时，控制器的输出减小称为“反作用”方向。

在一个安装好的控制系统中，对象的作用方向可以由工艺机理确定，执行器的作用方向可以由工艺安全条件选定，而控制器的作用方向要根据对象及执行器的作用方向来确定，以使整个控制系统构成负反馈的闭环系统。下面举两个例子加以说明。

图4－14是一个简单的加热炉出口温度控制系统。在这个系统中，加热炉是对象，燃料气流量是操纵变量，被加热的原料油出口温度是被控变量。由此可知，当操纵变量燃料气流量增加时，被控变量是增加的，故对象是“正”作用方向。如果从工艺安全条件出发选定执行器是气开阀(停气时关闭)，以免当气源突然断气时，控制阀全开而烧坏炉子，这时执行器便是“正”作用方向。为了保证由对象、执行器与控制器所组成的系统是负反馈的，控制器就应该选为“反”作用。这样才能当炉温升高时，控制器TC的输出减小，因而关小

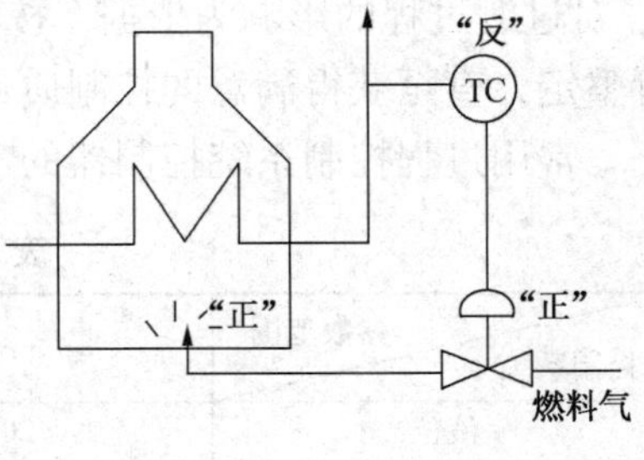

图4－14　加热炉出口温度控制

燃料气的阀门(因为是气开阀，当输入信号减小时，阀门是关小的)，使炉温降下来。

图4－15是一个简单的液位控制系统。执行器采用气开阀，在一旦停止供气时，阀门自动关闭，以免物料全部流走，故执行器是“正”方向。当控制阀开度增加时，液位是下降的，所以对象的作用方向是“反”的。这时控制器的作用方向必须为“正”，才能使当液位升高时，LC输出增加，从而打开出口阀，使液位降下来。

控制器的正、反作用可以通过改变控制器上的正、反作用开关自行选择，一台正作用的控制器，只要将其测量值与给定值的输入线互换一下，就成了反作用的控制器，其原理如图4－16所示。

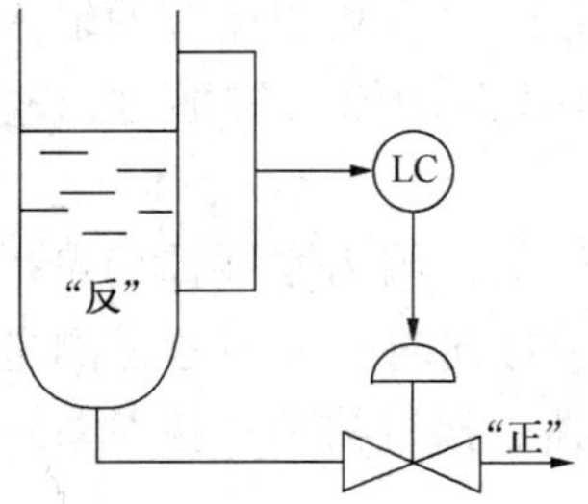

图4－15　液位控制

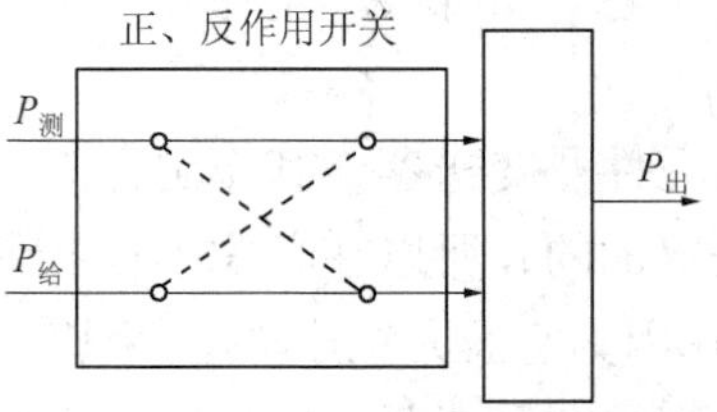

图4－16　控制器正、反作用开关示意图

4.3　控制器参数的工程整定

一个自动控制系统的过渡过程或者控制质量，与被控对象、干扰形式与大小、控制方案的确定及控制器参数整定有着密切的关系。在控制方案、广义对象的特性、控制规律都已确定的情况下，控制质量主要就取决于控制器参数的整定。所谓控制器参数的整定，就是按照已定的控制方案，求取使控制质量最好的控制器参数值。具体来说，就是确定最合适的控制器比例度δ、积分时间T_1和微分时间T_D。当然，这里所谓最好的控制质量不是绝对的，是根据工艺生产的要求而提出的所期望的控制质量。例如，对于单回路的简单控制系统，一般希望过渡过程呈4:1(或10:1)的衰减振荡过程。

工程整定法是在已经投运的实际控制系统中，通过试验或探索，来确定控制器的最佳参数。这种方法是工艺技术人员在现场经常遇到的。下面介绍几种常用工程整定法。

4.3.1　经验凑试法

经验凑试法是根据经验先将控制器的参数放在某一数值上，直接在闭环控制系统中通过改变设定值施加干扰试验信号，在记录仪观察被控量的过渡过程曲线形状，运用δ、T_1、T_D对过渡过程的影响为依据，按规定的顺序对比例度δ、积分时间T_1和微分时间T_D逐一进行整定，直至获得满意的控制质量。

常用过程控制系统控制器的参数经验范围如表4－4所示。

表4－4　控制器整定参数经验范围

控制系统 \ 参数范围	δ/%	T_i/min	T_D/min
液位	20~80	—	—
压力	30~70	0.4~3	—
流量	40~100	0.1~1	—
温度	20~60	3~10	0.3~1

控制器参数凑试的顺序有两种方法：

一种方法认为：比例作用是基本的控制作用，首先应把比例度凑试好，待过渡过程基本稳定后，加积分作用以消除余差，最后加入微分作用，以进一步提高控制质量。其具体步骤为：

（1）对于 P 控制器，将比例度 δ 放在较大经验数值上，逐步减小 δ，观察被控量的过渡过程曲线，直到曲线满意为止。

（2）对于 PI 控制器，先置 $T_i=\infty$，按纯比例作用整定比例度 δ，使之达到 4∶1 衰减过程曲线。然后，将 δ 放大 10% ~20%，将积分时间由大至小逐步加入，直至获得 4∶1 衰减过程。

（3）对于 PID 控制器，置 $T_D=0$，先按 PI 作用凑试程序整定好 δ、T_i 参数，然后将 δ 减低到比原值小 10% ~20% 位置，T_i 也适当减小后，再把 T_D 由小至大地逐步加入，观察过渡过程曲线，直到获得满意的过渡过程为止。

另一种整定顺序的出发点是：δ 和 T_i 在一定范围内相匹配，可以得到相同衰减比的过渡过程。这样，δ 的减小可用增大 T_i 来补偿，反之亦然。因此，可根据表 4－4 的经验数据，预先确定一个 T_i 数值，然后由大至小调整 δ，以获得满意的过渡过程为止。如需加微分作用，可取 $T_D=\left(\frac{1}{3}\sim\frac{1}{4}\right)T_i$，置好 T_i、T_D 之后，再调整 δ 至满意。

在用经验法整定控制器参数的过程中需要注意：要区分几种相似的振荡曲线产生的原因的不同，从而改变相应的参数。δ、T_i 过小和 T_D 过大都会产生周期的激烈振荡，但是 T_i 过小时，引起的振荡周期较长，δ 过小引起的振荡周期较短，T_D 过大引起的振荡周期最短；δ 过大而其他参数适当时，被控量将较大地偏离设定值，则曲线在时间轴一方振荡，且慢慢地回复到设定值；几种不规则曲线产生的原因也不同，图 4－17(a)所示曲线往往是由于控制阀内的干摩擦过大、阀杆卡住所引起的，图 4－17(b)所示曲线是由于记录笔卡住所引起的，图 4－17(c)所示曲线往往是仪表灵敏度过高造成的。

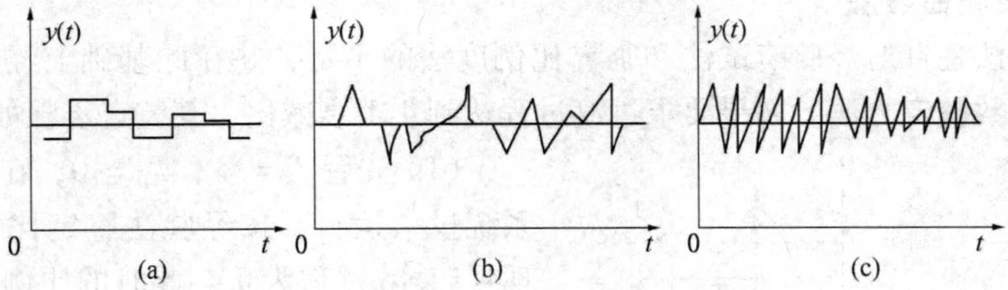

图 4－17　几种典型曲线

4.3.2　临界比例度法

临界比例度法又称稳定边界条件法，是目前应用较广的一种控制器参数整定方法。它是先让控制器在纯比例作用下，通过现场试验找到等幅振荡的过渡过程，记下此时的比例度 δ_k 和等幅振荡周期 T_k，再通过简单的计算，求出衰减振荡时控制器的参数。其具体步骤为：

（1）先置 $T_i=\infty$，$T_D=0$，根据广义对象特性选择一个较大的 δ 值，并在工况稳定的前提下将控制系统投入自动状态。

（2）做设定值扰动试验，逐步减小比例度 δ，直至出现等幅振荡为止，如图 4－18 所示。记下此时控制器的比例度 δ_k 和振荡曲线的周期 T_k。

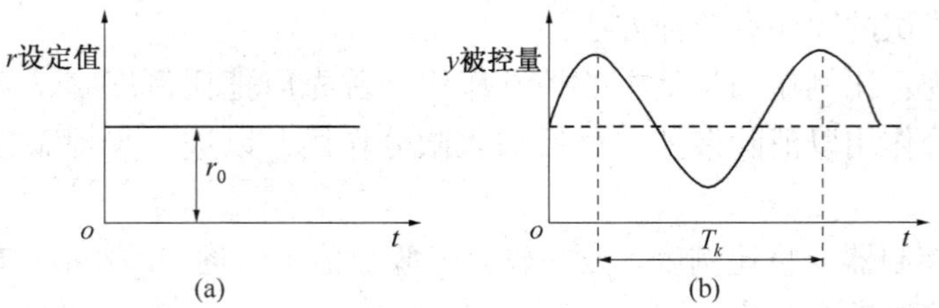

图 4－18　临界比例度实验曲线

（3）按表 4－5 的经验公式计算出衰减振荡时控制器的参数值并设置于控制器上，再做设值扰动试验，观察过渡过程曲线。若记录曲线不满足控制质量要求，再对计算值作适当的调整。

表 4－5　临界比例度法参数计算表（$\psi \geq 0.75$）

参数范围 / 控制系统	δ	T_I	T_D
P	$2\delta_k$	—	—
PI	$2.2\delta_k$	$0.85T_k$	—
PID	$1.7\delta_k$	$0.5T_k$	$0.13T_k$

在使用临界比例度法整定控制器参数时，应注意以下几个问题：

（1）当控制通道的时间常数很长时，由于控制系统的临界比例度 δ_k 很小，常使控制阀处于时而全开、时而全关的状态，即处于位式控制状态，对生产不利，因而不宜用此法进行控制器的参数整定。

（2）当生产工艺过程不允许被控量作较长时间的等幅振荡时也不能用此法，例如锅炉给水控制系统和燃烧控制系统。

临界比例度法虽然是一种工程整定方法，但它并不是操作经验的简单总结，而是有理论依据的，这就是根据控制系统的边界稳定条件。

4.3.3　衰减曲线法

衰减曲线法是针对经验凑试法和临界比例度法的不足，并在此基础上经过反复实验而得出的一种参数整定方法。如果要求过渡过程达到 4∶1 衰减比，其整定步骤如下：

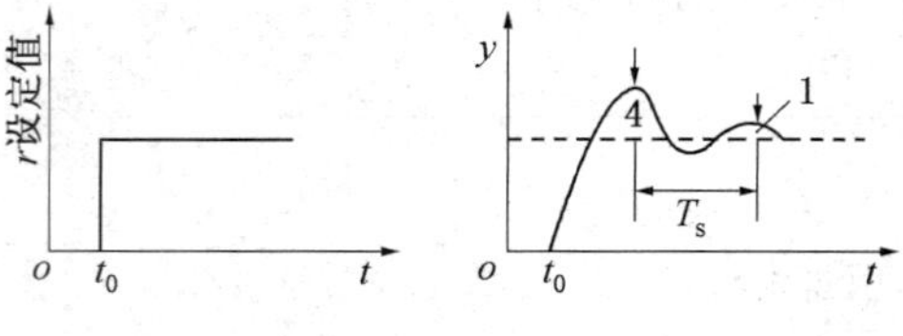

图 4－19　4∶1 衰减过程曲线

（1）先置 $T_i=\infty$，$T_D=0$，在纯比例作用下系统投入运行。按经验法整定比例度，直至出现4∶1衰减过程为止。此时的比例度记为 δ_s，衰减振荡周期为 T_s，如图 4－19 所示。

（2）根据已测得的 δ_s、T_s 值，按表 4－6 所列经验关系计算出控制器的整定参数值。

表 4－6　4∶1 过程控制器整定参数表

参数范围 / 控制系统	δ	T_i	T_D
P	δ_s	—	—
PI	$1.2\delta_s$	$0.5T_s$	—
PID	$0.8\delta_s$	$0.3T_s$	$0.1T_s$

（3）根据上述计算结果设置控制器的参数值，做设定值扰动试验，观察过渡过程曲线，如果记录曲线不够理想，再适当调整参数值，直至符合要求为止。

应用衰减曲线法整定控制器参数时，应注意下列事项：

(1) 对于响应较快的容量对象(如管道压力、流量等控制系统)，要在记录曲线上严格读出4:1和求 T_s 比较困难，此时可用记录指针的摆动情况来判断。指针来回摆动两次就达稳定状态，则可视为4:1过程，指针摆动一次的时间，即为 T_s。

(2) 以获得4:1衰减比为最佳过程，这符合大多数控制系统。但在有的过程中，例如，对于热电厂的燃烧控制系统，4:1衰减比振荡太厉害，则可采用10:1的衰减过程。在这种情况下，由于衰减太快，要测取操作周期比较困难，但可测取从施加干扰试验信号开始至达到第一个波峰的飞升时间 t_r。10:1衰减曲线法整定控制器参数的步骤和要求与4:1衰减曲线法完全相同，仅采用的经验计算公式不同，如表4-7所示。表中的 δ_s' 系指控制过程出现10:1递减比时的比例度，t_r 系指达到第一个波峰值的飞升时间。

表4-7　10:1过程控制器参数表

参数范围 / 控制系统	δ	T_i	T_D
P	δ_s'	—	—
PI	$1.2\delta_s'$	$2T_r$	—
PID	$0.8\delta_s'$	$1.2T_r$	$0.4T_r$

衰减曲线法与临界比例度法一样，虽然是一种工程整定方法，但它并不是操作经验的简单总结，而是有理论依据的。表4-6和表4-7中的公式是根据自动控制原理，按一定的衰减率要求整定控制系统的分析计算，再对大量实践经验加以总结而得出的。

习题与思考题

1. 图4-20是一反应器温度控制系统示意图。试画出这一系统的方块图，指出各方块具体代表什么？假定在图4-20所示的反应器温度控制系统中，反应器内需维持一定温度，以利反应进行，但温度不允许过高，否则有爆炸危险。试确定执行器的气开、气关形式和控制器的正、反作用。

2. 请判定图4-21所示温度控制系统中，控制阀的气开、气关形式和控制器的正、反作用。

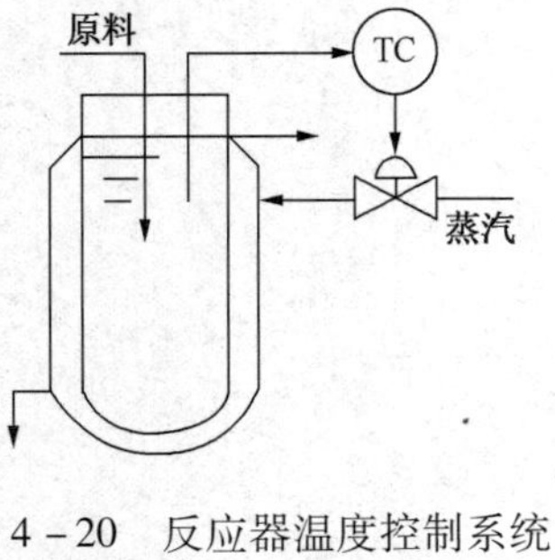

图4-20　反应器温度控制系统

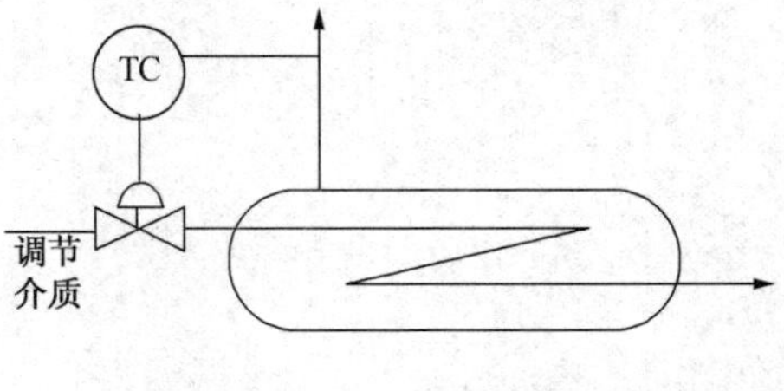

图4-21　温度控制系统

① 当物料为温度过低易析出结晶颗粒的介质，调节介质为过热蒸汽时；

② 当物料为温度过高易结焦成分解的介质，调节介质为过热蒸汽时；

③ 当物料为温度过低易析出结晶颗粒的介质，调节介质为待加热的软化水时；

④ 当物料为温度过高易结焦成分解的介质，调节介质为待加热的软化水时。

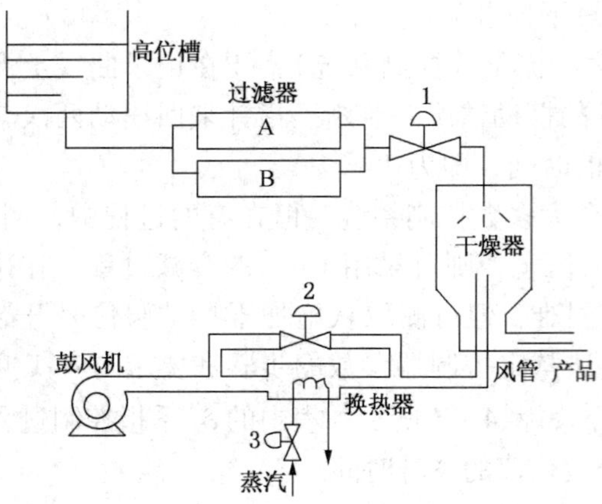

图 4－22　牛奶的干燥过程流程图

3. 图 4－22 所示为牛奶类乳化物干燥过程中的喷雾式干燥工艺设备。浓缩的乳液由高位槽流经过滤器 A 和 B，除去凝结块杂质后再至干燥筒顶部从喷嘴喷出。空气由鼓风机送至换热器(用蒸汽加热)，热空气与鼓风机直接来的冷空气混合后，经风管进入干燥器，从而蒸发乳液中的水分成为奶粉，并随湿空气一起送出进行分离。工艺生产对干燥后的产品质量要求很严，水分含量不能波动太大。试验证明，若干燥器内温度控制在(585 ± 2)℃，则产品符合质量要求。过高的温度将使奶粉变黄而不符合要求。试确定：

① 被控量和操纵量；

② 控制阀的气开、气关形式；

③ 控制器的类型及正、反作用方式；

④ 在工艺设备相关位置画出该控制系统示意图。

4. 图 4－23 为贮槽液位控制系统，为安全起见，贮槽内液体严格禁止溢出，试在下述两种情况下，分别确定执行器的气开、气关形式及控制器的正、反作用。

(1) 选择流入量 Q_i 为操纵变量；

(2) 选择流出量 Q_0 为操纵变量。

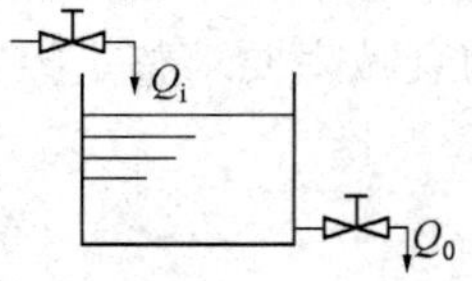

图 4－23　液位控制

5. 控制器参数整定的任务是什么？工程上常用的控制器参数整定有哪几种方法？

6. 某控制系统采用 DDZ－Ⅲ型控制器，用临界比例法整定参数。已测得 $\delta_k = 30\%$、$T_k = 3\text{min}$。试确定 PI 作用和 PID 作用时控制器的参数。

7. 某控制系统用 4∶1 衰减曲线法整定控制器的参数。已测得 $\delta_s = 50\%$、$T_s = 5\text{min}$。试确定 PI 作用和 PID 作用时控制器的参数。

8. 临界比例度的意义是什么？为什么工程上控制器所采用的比例度要大于临界比例度？

第5章 复杂控制系统

虽然工业应用控制系统中绝大多数使用简单控制系统，但是随着科学技术的发展，现代过程工业装置规模越来越大，复杂程度越来越高，产品的质量要求也越来越严格，相应的系统安全问题、管理与控制一体化问题等也越来越突出。要满足这些要求，解决这些问题，仅靠简单控制系统是不行的，需要引入更为复杂、更为先进的控制系统。本章介绍一类应用非常广泛的复杂控制系统，主要有串级、前馈、比值、均匀、分程及选择性等。

5.1 串级控制系统

串级控制系统是复杂控制系统中应用最广泛的一种，当要求被控变量的误差范围很小，简单控制系统不能满足要求时，可考虑采用串级控制系统。

5.1.1 组成原理

如图5－1所示是一个精馏塔提馏段温度控制系统。主要产品由塔釜采出，提馏段温度是该控制系统的被控变量，再沸器蒸汽流量为该系统的操纵变量，这是一个简单控制系统。如果对温度的误差范围要求不高，而加热蒸汽压力波动不大，这个控制方案是可行的。如果温度误差范围要求很小，则简单控制系统难以胜任。

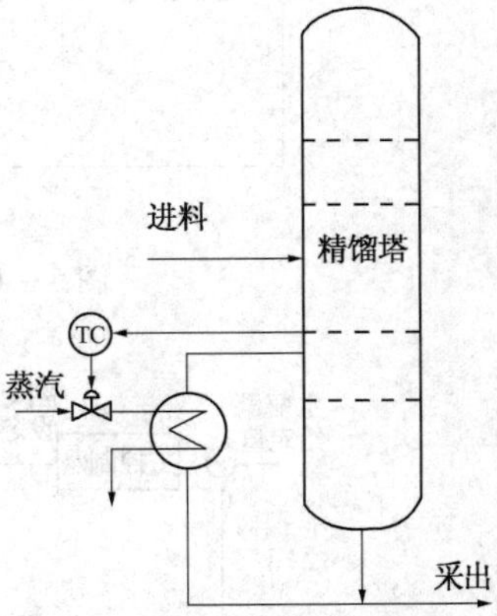

图5－1 精馏塔提馏段温度控制系统

如果控制系统中主要干扰来自加热蒸汽压力的波动，这种波动大且频繁，而塔釜容量比较大，控制不及时，控制效果会很差，塔底产品质量将得不到保证。如果能把这个扰动抑制住，则被控变量的波动将会减小很多。但是，若在原来系统基础上再加设一个蒸汽流量简单控制系统，如图5－2所示，不仅系统投资会大幅增加，而且由于两个控制系统相互关联，将使两个控制系统都无法正常工作，控制效果会更差。

实践中，考虑两个系统合二为一，用温度控制器的输出作为流量控制器的给定，用流量控制器的输出去控制阀门。这样，就构成一种新的复杂控制系统，称为串级控制系统，如图5－3所示。该串级控制系统的方块图如图5－4所示。

将图5－4画成一般串级控制系统方块图，如图5－5所示。

从串级系统方块图可以看出，系统有两个回路：主回路和副回路，即主环和副环。习惯上称外环为主环，内环为副环。处于副环内的控制器、对象和变送器分别称为副控制器、副对象和副变送器。副对象的输出称为副被控变量，简称副变量。处于主环内的控制器、对象和变送器分别称为主控制器、主对象和主变送器。主对象的输出称为主被控变量，简称主变量。

由图5－5可以看出，主控制器的输出即副控制器的给定，而副控制器的输出直接控制阀门。

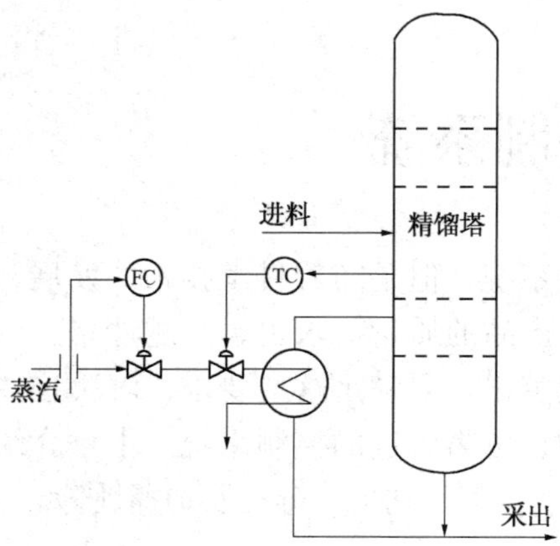

图 5－2　蒸汽流量和提馏段温度控制系统

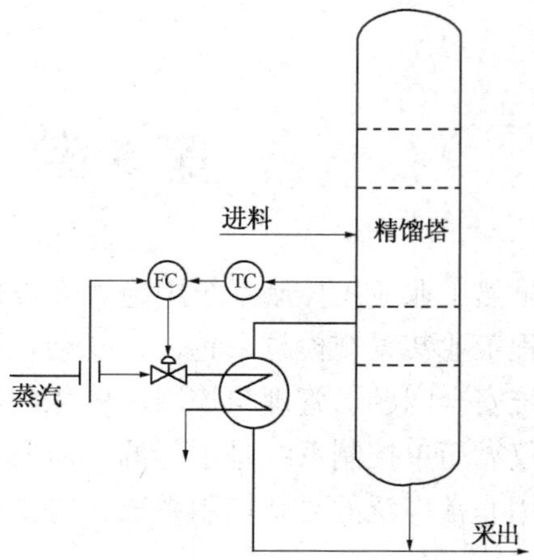

图 5－3　蒸汽流量和提馏段温度串级控制系统

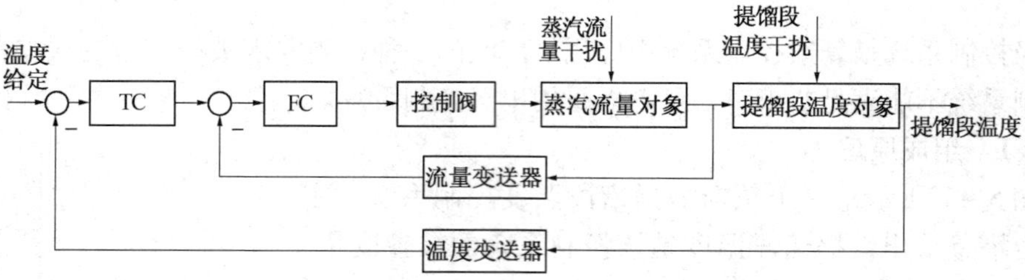

图 5－4　蒸汽流量和提馏段温度串级控制系统方块图

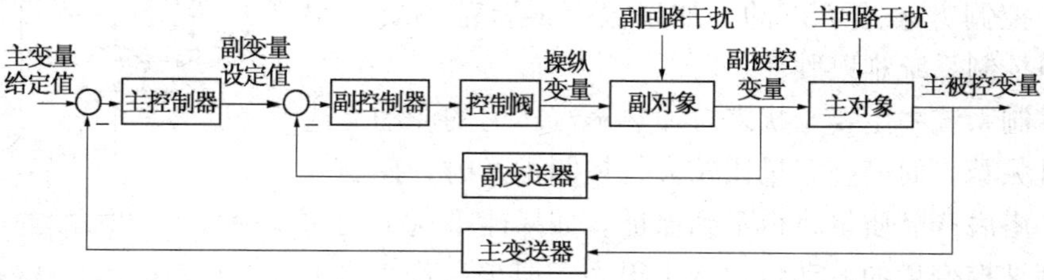

图 5－5　串级控制系统方块图

一般来说，主控制器的给定值是由工艺规定的，它是一个定值。因此，主回路是一个定值控制系统，而副控制器的给定值是由主控制器的输出提供的，它随主控制器输出变化而变化。因此，副回路是一个随动控制系统。

5.1.2　控制过程

当系统中出现干扰时，温度控制器和流量控制器将进行控制，于是就开始了串级系统的控制过程。为了充分说明串级控制系统的功能，以下分三种情况加以讨论。

1. 干扰作用于副回路

若干扰只作用于副回路，例如某一时刻开始蒸汽流量突然加大。在这一干扰作用下，提馏段温度上升，由于再沸器和塔釜部分都具有一定的容量，对干扰的响应滞后，就是说蒸汽流量的改变导致提馏段温度的改变需要一段时间。在这一段时间里，温度控制器的偏差信号仍然为零，温度控制器的输出信号也不会改变。然而，几乎是在同一时间里，流量变送器马上就感受到了，并立刻将这一流量增大的信号送给流量控制器。对流量控制器来说，它所接受的给定信号是由温度控制器的输出提供的，还没有变化，但是测量信号增大了，因此控制阀就要关小些。这样，就将增大的蒸汽流量拉了下来。显然，由于流量控制器控制的结果，将会大大削弱蒸汽流量的变化对提馏段温度的影响。随着时间的增长，蒸汽流量增大的干扰会慢慢地影响到提馏段温度，使提馏段温度上升，于是温度控制器进行控制，促使流量控制器对蒸汽流量进一步进行调整。此过程一直进行到提馏段温度重新回到给定值为止。这时，控制阀将处于一个新的开度上。

在这里，副控制器相当于起粗调作用，调整适当与否，要由主变量温度是否回到给定值来决定。如果不合适，则进一步由主控制器进行细调，而主控制器的细调还是要通过副控制器来实现。

2. 干扰作用于主回路

如果干扰作用于主回路，例如，从某一时刻开始，进料量突然增加。在这一干扰作用下，首先塔釜液位会上升，在加热蒸汽暂时还没变的情况下，提馏段温度将会下降。温度控制器接收到温度偏差后，要求流量控制器使蒸汽流量加大，提馏段温度将慢慢回升，直到重新回到给定值为止。

在整个控制过程中，蒸汽流量给定是处于不断变化之中的，而这种变化要由温度控制的需要来决定，只要温度控制需要，蒸汽流量就得随时进行改变。

3. 干扰同时作用于主回路和副回路

当干扰同时作用于主回路和副回路时，必须分两种情况来讨论。

一种情况是：副回路干扰使蒸汽量加大，而主回路干扰使提馏段温度降低。在这种情况下，当主回路干扰使提馏段温度降低时，温度控制器感受到偏差信号，要求流量控制器使蒸汽流量加大，而与此同时，副回路干扰使蒸汽流量加大。也就是说，流量控制器的测量值和给定值都在同时增大，其偏差信号的大小和符号就要由这两者增大的数值来决定，控制阀的开度也应由此决定。如果两者增大的数值相等，则偏差为零，控制阀维持原来的开度不变；如果给定值增大的数值大，则控制阀的开度将要增加；如果给定值增大的数值小，则控制阀的开度将要减小。这一点是不难理解的，因为副回路干扰使蒸汽流量增大本身就正好起着抵消主回路干扰，使提馏段温度升高的作用。如果所起的抵消作用大小正好合适，提馏段温度将不变，控制阀开度也不必变化；如果副回路干扰使蒸汽流量的变化还不足以抵消主回路干扰对温度的影响，控制阀的开度将增大，以增加抵消不足的蒸汽量；如果副回路干扰使蒸汽流量的变化大于抵消主回路干扰对温度的影响，控制阀的开度将减小，以便把过多部分的蒸汽量减下来。

另一种情况是：副回路干扰使蒸汽量加大，而主回路干扰使提馏段温度升高。在这种情况下，提馏段温度升高，温度控制器要求蒸汽流量减小，即送给流量控制器的给定变小。与此同时，副回路干扰使蒸汽流量加大，流量测量值增大。将主、副回路综合起来考虑，这时流量控制器将受到很大的偏差，它将要大幅度减小控制阀门的开度。

综上所述，串级控制系统不仅具有单回路控制系统的全部功能，而且由于从对象中提取出副被控变量并增加一个副回路，整个系统克服扰动的能力更强，作用更及时，控制性能明显提高。又因为串级控制系统利用一般常规仪表就能够实现，比较方便，所以在生产过程中应用非常普遍。

5.1.3 系统特点

串级控制系统由于其独特的系统结构，而具有如下的特点。

1. 分级控制思想

串级控制系统将一个控制通道较长的对象分为两级，即主对象和副对象，分别构成主回路和副回路，把多且大的干扰在第一级副回路中就基本克服掉。剩余的影响及其他方面干扰的综合影响再由第二级主回路加以克服。

2. 系统组成结构

与简单控制系统有明显的不同，串级控制系统有两个对象，即主对象和副对象；有两个控制器，主控制器和副控制器，主、副控制器串联使用，主控制器的输出作为副控制器的给定；有两个测量变送器，即主、副测量变送器；一个执行器，组成如图 5 – 5 所示的双闭合回路的串级控制系统。

3. 系统工作方式

由于副回路的给定是主控制器的输出，在系统控制过程中是随时变化的，因此副回路是随动控制系统。

主回路工作于定值控制方式，如果把副回路看成是一个整体方块，即当成一个环节来考虑，主回路就相当于一个简单控制系统。

由于主回路工作于定值方式，也可以认为串级控制系统是定值控制系统。

4. 控制效果

和简单控制系统相比，串级控制系统中由于引进了副回路，系统对于扰动反应更及时，克服扰动的速度更快，能有效地克服系统滞后，改善控制准确度，提高控制质量。

5.1.4 控制系统设计

在串级控制系统设计过程中，需要考虑以下几个问题。

1. 主、副被控变量的选择

主变量的选择与简单控制系统相同。

副变量的选择是串级控制系统设计的关键问题，在选择副变量的时候要考虑以下几个因素：

（1）主要扰动作用在副对象上，使副回路的作用得到充分发挥，主要扰动对被控变量的影响应尽量小。例如在提馏段温度 – 蒸汽流量串级控制系统中，蒸汽流量的变化为系统中的主要干扰，选择蒸汽流量作为副变量，能很好地克服干扰对主变量的影响。

（2）在可能情况下，应使副回路包含更多一些干扰。在有些情况下，系统的干扰较多而难于分出主要干扰时，应考虑使副回路能尽量多地包含一些干扰，这样可以充分发挥副回路的快速抗干扰功能，以提高串级系统的质量。

但是，在考虑使副回路包含更多干扰时，也应考虑到副回路的灵敏度。因为，随着副回路包含的干扰增多，副回路将随之扩大，副变量离主变量也就越近。一方面副回路的灵敏度要降低，副回路所起的超前作用就不明显；另一方面，副变量离主变量比较近，干扰一旦影响到副变量，很快也就会影响到主变量，副回路的作用也就不大了。此外，副回路弄得太大，主、副对象的时间常数比较接近，容易引起“共振”，“共振”的产生，轻则会使系统控制质量下降，严重时可能会导致系统发散而无法工作。因此，在考虑副回路包含干扰时，应进行综合分析，使副回路大小合适。

（3）当对象具有非线性环节时，应使非线性环节处于副回路之中，非线性影响由副回路克服，而不影响到主回路。

（4）当对象具有较大纯滞后时，应使所设计的副回路尽量少包括或不包括纯滞后。这样做的原因就是尽量将纯滞后放到主对象中去，以提高副回路的快速抗干扰功能，及时对干扰采取控制措施，提高主变量的控制质量。

（5）所设计的副回路需考虑到方案的经济性和工艺的合理性。

2. 控制器控制规律的选择

串级控制系统中主、副控制器的控制规律是根据控制的要求来选择的。在串级系统中，主变量是生产工艺的主要操作指标，它直接关系到产品的质量或生产的安全，工艺上对它的要求比较严格。一般来说，主变量不允许有余差。而对副变量的要求都不很严格，允许它有波动和余差。

从串级控制的结构上看，主回路是一个定值控制系统，主控制器起着定值控制的作用。为了使主变量没有余差，主控制器必须具有积分作用，因此主控制器通常选用比例积分控制规律，而对于对象控制通道容量滞后比较大的系统，例如温度对象和成分对象等，需要选用比例积分微分三作用控制规律。副回路是一个随动系统，副变量的控制可以有余差，为了能快速跟踪，副控制器最好不带积分作用，微分作用一般也不需要。当副对象时间常数和时滞都很小时，副回路在需要时也可以单独使用，需要引入积分作用，这时副控制器采用比例积分控制规律，比例度取较大数值并带积分作用；而当副对象容量滞后很大时，可适当加一些微分作用。一般情况下，副控制器采用纯比例控制就可以了。

3. 控制器作用方向的选择

控制器作用方向选择的依据是使系统为负反馈系统。

副控制器正、反作用的选择要根据副回路的具体情况决定，而与主回路无关。副控制器作用方向的选择与简单控制系统的情况一样，使副回路构成一个负反馈控制系统即可。

主控制器处于主回路中，无论副控制器的作用方向选择好与否，主控制器的作用方向都可以单独选择。可以通过分析当阀门开度变化时，主、副变量的变化是否同方向来选择。主、副变量的变化方向一致时，主控制器选“反”作用，否则选“正”作用。

【例 5.1】 试确定图 5 – 3 所示精馏塔提馏段温度 – 加热蒸汽流量串级控制系统主、副控制器的正、反作用。已知控制阀为气关阀。

解： 副回路　已知控制阀为气关阀，符号方向为“负”；

副对象为蒸汽管路，副对象输入输出均为蒸汽流量，阀门开度增加，蒸汽流量增加，副对象符号方向为“正”；

副变送器符号方向为“正”；

要使副回路为负反馈回路，回路中各环节符号乘积应为“负”，则副控制器应选“正”作用。

主回路　当阀开度增大时，副变量加热蒸汽流量增加，主变量精馏塔提馏段温度上升，它们的变化方向一致，则主控制器应选“反”作用。

【例 5.2】 图 5 – 6 为加热炉出口温度 – 燃料油压力串级控制系统，试确定该系统主、副控制器的正、反作用。

解： 副回路　根据安全要求控制阀应选气开阀，符号方向为“正”；

副对象输入为燃料油流量，输出为燃料油压力，当燃料油流量增加时，其压力也会增加，所以其符号方向为“正”；

副变送器符号方向为“正”；

要使副回路为负反馈回路，回路中各环节符号乘积应为“负”，则副控制器应选“反”作用。

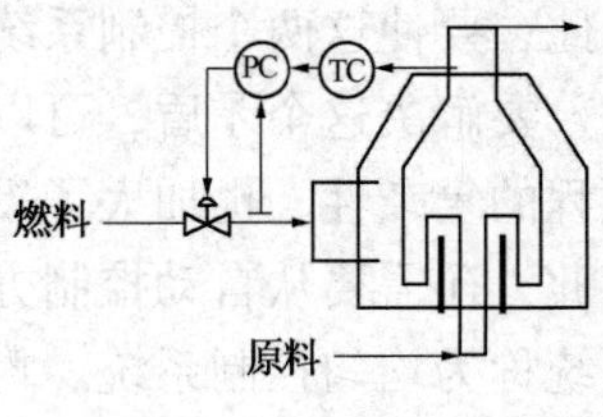

图 5 – 6　加热炉出口温度与燃料油压力串级控制系统

主回路　当阀开度增大时，副变量燃料油压力增加，主变量加热炉出口温度上升，它们的变化方向一致，则主控制器应选“反”作用。

5.1.5　串级控制系统的工程整定方法

串级控制系统的整定方法比较多，有逐步逼近法、两步法和一步法等。整定的顺序都是先整定副回路，后整定主回路。

1. 两步法

所谓两步法就是整定分两步进行，先整定副回路，再整定主回路。具体步骤如下：

(1) 在主、副回路闭合的情况下，将主控制器比例度放在100%，积分时间放在最大，微分时间放在0，然后按4∶1整定方法直接整定副回路，找出副变量出现4∶1振荡过程时的比例度δ_{2s}及振荡周期T_{2s}；

(2) 将副控制器比例度放于δ_{2s}值，积分时间放在最大，微分时间放在0，用同样的方法整定主控制器参数，找出主变量出现4∶1振荡过程时的比例度δ_{1s}及振荡周期T_{1s}；

(3) 依据所得到的δ_{2s}、T_{2s}、δ_{1s}、T_{1s}，结合主、副控制器的控制规律，按照单回路控制系统整定公式，可以计算出主、副控制器的参数δ、T_i、T_D；

(4) 将上述计算所得控制器参数，按先副回路后主回路、先比例次积分后微分的顺序，在主、副控制器上放好，观察控制过程曲线，如不够满意，可适当地进行一些微小的调整。

2. 一步法

两步法需要寻求两个4∶1振荡过程曲线，比较费时。通过实践证明，可以简化为一步整定法。

所谓一步整定法，就是根据经验，先将副控制器参数一次放好，不再变动，然后按一般单回路系统的整定方法，直接整定主控制器参数。

5.2　均匀控制系统

在连续生产过程中，往往有一个“流程”，前一设备的出料是后一设备的进料，而且随着生产的进一步强化，前后生产过程的联系更加紧密，均匀控制就是针对这种流程工业中协调前后工序的流量而提出的。

5.2.1　均匀控制系统原理

如图5-7所示双塔系统中，甲塔的液位需要稳定，乙塔的进料流量也需要稳定，按此要求设计的控制系统是相互矛盾的。甲塔的液位控制系统用来稳定甲塔的液位，其操纵变量是甲塔底部的出料流量。显然，为了稳定甲塔的液位，甲塔底部的出料流量必然会经常波动，而甲塔底部的出料又是乙塔的进料，对于乙塔进料流量控制系统，为稳定进料流量，则需要经常改变阀门的开度，这与前面的甲塔的液位控制系统对阀门的动作要求相矛盾。因此，要使这两个控制系统正常工作是不可能的。

要解决这个矛盾，可以在甲、乙两塔之间增加一个储液罐，但是增加了设备就增加了流程的复杂性，也加大了投资，而且有些生产过程连续性生产要求高，不宜增设中间储罐。因此，还需要从自动控制方案的设计上来寻找解决的方法。能够完成这一控制任务的控制系统称为均匀控制系统。均匀控制系统把液位、流量统一在一个控制系统中，从控制系统内部解决工艺参数之间的矛盾。具体来说，就是让甲塔的液位在允许的限度内波动，与此同时，让流量作平稳缓慢的变化，使两个参数都能满足工艺要求。

假如把图5－7的流量控制系统删去，只剩下一个液位控制系统，如图5－8所示。这时，可能有三种情况出现，如图5－9所示。

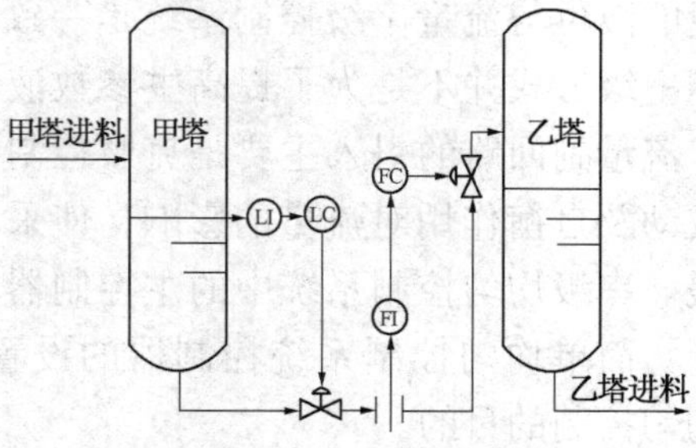

图5－7　双塔系统相互冲突的控制系统

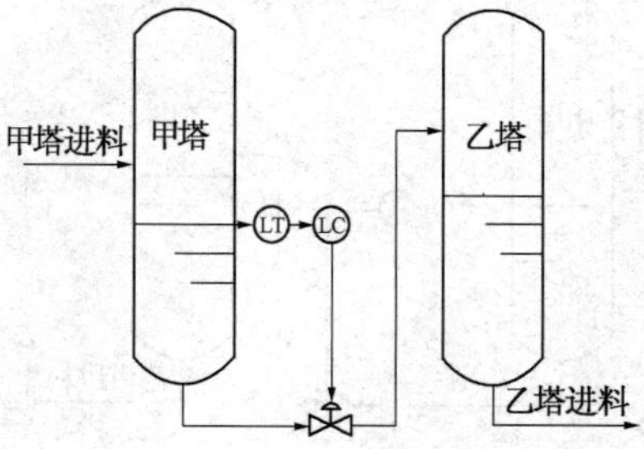

图5－8　甲塔液位单闭环控制系统

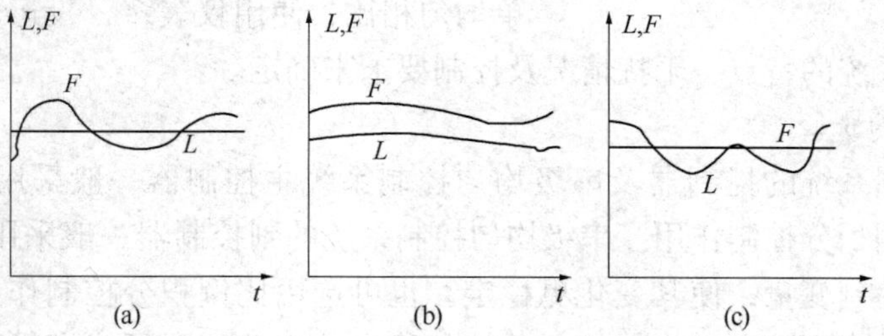

图5－9　前后设备的液位、流量关系

可以看出，图5－9(a)表示液位控制系统具有很强的控制作用，液位基本恒定而流量变化很大；图5－9(b)表示液位控制系统控制作用较弱，此时液位、流量两个参数都产生缓慢的变化；图5－9(c)图表示液位控制器的控制作用基本消除，在流量基本不变的情况下液位变化很大。这三种情况下，图5－9(b)能做到当甲塔的液位在允许的限度内波动时，流量作平稳缓慢的变化，两个参数都能满足工艺要求，符合均匀控制的要求。

均匀控制系统的特点是：

(1) 控制结构上无特殊性。均匀控制系统可以是一个单回路控制系统，例如图5－8，也可以是一个串级控制系统。因此，均匀控制是以控制目的而言的，而不是以控制结构来定的。所以，一个普通结构的控制系统，能否实现均匀控制的每个目的，主要在于系统控制器的参数整定如何。可以说，均匀控制是通过降低控制回路灵敏度来获得的，而不是靠结构变化得到的。

(2) 参数应变化，而且应该是缓慢地变化。

5.2.2　均匀控制系统方案

1. 均匀控制系统结构形式

均匀控制系统常采用以下几种结构形式。

1) 简单均匀控制

简单均匀控制系统采用单回路控制系统的结构形式，如图5－8所示。从系统结构形式上来看，它与单回路液位定值控制系统是一样的，但由于它们的控制目的不同，因此在控制器的参数整定上有所不同。通常，均匀控制系统控制器采用纯比例控制算法，并且比例度设置得较大，是以较弱的控制作用达到均匀控制的目的。

简单均匀控制系统的最大优点是结构简单，投运方便，成本低廉。但仅适用于干扰不大，要求不高的场合。

2）串级均匀控制

图5－10所示为精馏塔的塔釜液位与采出流量的串级均匀控制方案。从结构上来看，它与一般的液位与流量串级控制系统是一致的，但这里采用串级形式并不是为了提高主参数液位的控制质量，流量副回路的引入主要是克服控制阀前后压力的波动及自衡作用对流量的影响，使采出流量变化平缓。串级均匀控制系统中的主控制器即液位控制器，与简单均匀控制系统控制器的设置相同，以达到均匀控制的目的。

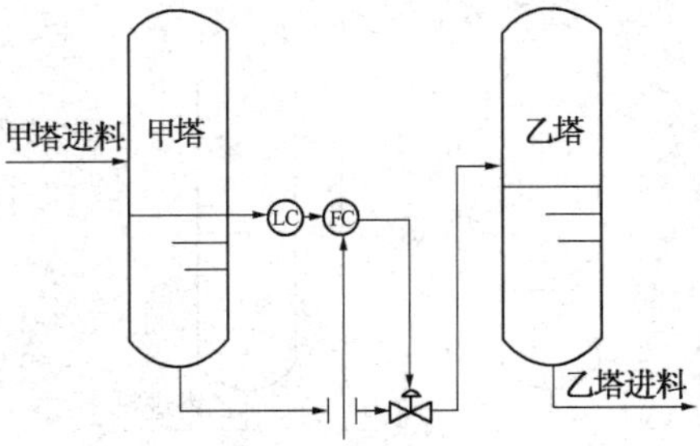

图5－10　串级均匀控制方案

串级均匀控制系统能克服较大的干扰，但与简单均匀相比，使用仪表多，投运复杂。因此，在方案选定时要根据系统的特点、干扰情况及控制要求来确定。

2. 控制规律的选择

简单均匀控制系统的控制器及串级均匀控制系统主控制器一般采用纯比例控制作用，有时也可采用比例积分控制作用。串级均匀控制系统的副控制器一般采用纯比例控制作用，有时为了照顾副控制变量，使其变化更稳定，也可选用比例积分控制作用。但是，任何控制器中，积分控制作用的引入将使控制系统的稳定性变差，还可能产生积分饱和，对系统的控制造成不利的影响。所以，选用积分作用时要非常慎重。在所有的均匀控制系统中，都不应加入微分作用，因为微分作用是加快控制作用的，刚好与均匀控制要求相反。

3. 参数整定

串级均匀控制系统副控制器的参数整定与普通单回路控制器参数整定原则相同，而主控制器参数的整定使用的是“看曲线、整参数”的方法。其具体整定原则和方法如下所述。

1）整定原则

（1）保证主参数不超出允许的波动范围，先设置好控制器参数；

（2）修正控制器参数，使主参数在最大允许范围内波动，而副参数尽量平稳；

（3）根据工艺对主参数和副参数的要求，适当调整控制器的参数。

2）方法步骤

对于纯比例控制：

（1）先将比例度放置在较大的、估计主参数不会超过允许的数值，例如$\delta=100\%$；

（2）观察记录曲线，若主参数的最大波动小于允许范围，则可增加比例度，比例度的增加必然使主参数的控制质量降低，而使副参数的控制质量变好；

（3）如果发现主参数超出了允许的波动范围，则应减小比例度；

（4）反复调整比例度，直到主参数、副参数都满足工艺要求为止。

对于比例积分控制：

（1）按纯比例控制进行整定，得到合适的比例度；

（2）在适当加大比例度后加入积分，逐步减小积分时间，直到使主参数在每次扰动后，都有回复到设定值的趋势，而副参数过渡过程曲线将要出现缓慢的周期性衰减振荡为止；

（3）最终根据工艺要求，调整参数，直到主、副参数都符合要求为止。

5.3 比值控制系统

工业生产过程中，经常需要两种及两种以上的物料保持一定的比例关系，如果比例失调就可能影响生产或造成事故。

用以实现两个或两个以上参数按照一定比例关系运行的控制系统，称为比值控制系统。通常，比值控制系统是控制两个物料流量为一定比例关系的的控制系统。在需要保持比例关系的两种物料中，有一种物料处于主导地位，这种物料称为主物料，其流量称为主动量或主流量，用 F_1 表示；另一种物料按主物料进行配比，在控制过程中，按主物料进行变化，称为从物料，其流量称为从动量或副流量，用 F_2 表示。主动量通常是可测不可控，而从动量是既可测又可控，可供调节。

比值控制系统就是要实现副流量 F_2 与主流量 F_1 成一定比例关系，即满足

$$K=\frac{F_2}{F_1} \tag{5-1}$$

式中，K 为副流量与主流量的比值，称为比值系数。

5.3.1 比值控制系统的类型

1. 定比值控制系统

1）开环比值控制系统

图 5-11 所示为开环比值控制系统，它是一种最简单的比值控制方案。

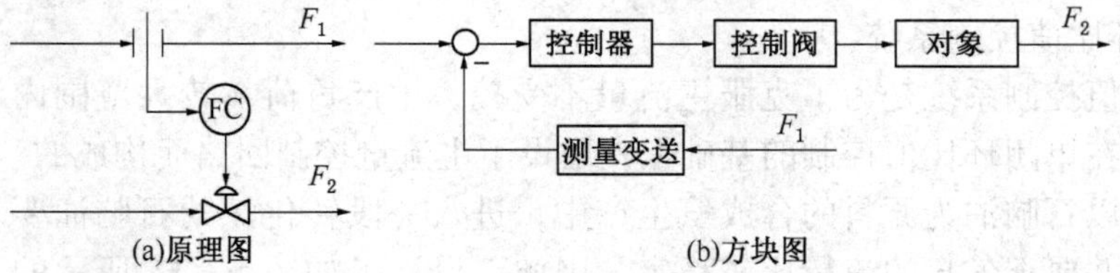

图 5-11 开环比值控制系统

在这个系统中，随着 F_1 的变化，F_2 也将跟着变化，以满足 $F_2=KF_1$ 的要求。

如图 5-12 所示的开环比值控制系统，F_1 处于主导地位，为主流量，F_2 随 F_1 变化，为副流量，控制器只起比例作用，改变控制器的比例度就可以改变两流量的比值。当流量 F_1 随高位槽液面变化时，通过测量变送器及控制器使控制器的输出按比例变化，若控制阀选线性阀，则 F_2 就跟随 F_1 按比例变化，以满足最终质量要求。但是，由于该系统为开环控制系统，副流量 F_2 无反馈校正，对副流量本身无抗扰动能力，若水流量压力有变化的话，就无法保证两流量的比值。因此，这种方案虽然结构简单，但很少使用。

2）单闭环比值控制系统

为了克服开环比值控制系统的弱点，在副对象引入一个闭合回路，组成如图 5-13 所示的单闭环比值控制系统。

当主流量 F_1 变化时，其流量信号经测量变送器送到比值计算器 K，比值计算器按预先设置好的比值系数使输出成比例变化，并作为副流量控制器的设定值，此时副流量控制是一个随动控制系统，F_2 经控制作用自动跟踪 F_1 变化，使其在新的工况下保持两流量比值 K 不变。其方块图如图 5-14 所示。

单闭环比值控制系统的优点是不但能实现副流量跟随主流量的变化而变化，而且可以克服副流量本身干扰对比值的影响，因此主副流量的比值较为精确。它的结构形式较简单，

实施起来也比较方便，所以得到了广泛的应用。

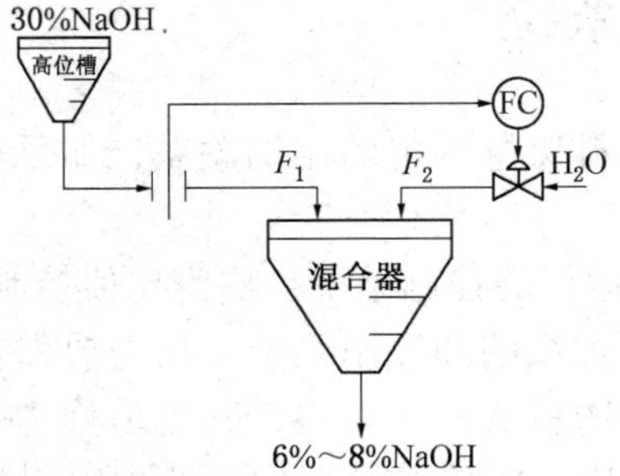

图5-12　溶液配比开环比值带控制点的工艺流程图

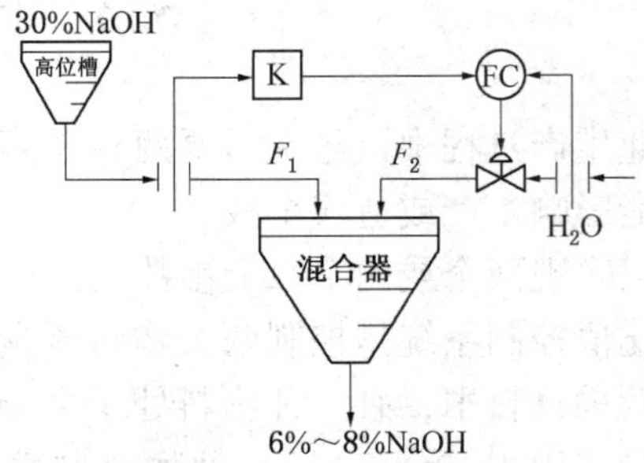

图5-13　溶液配比单闭环比值带控制点的工艺流程图

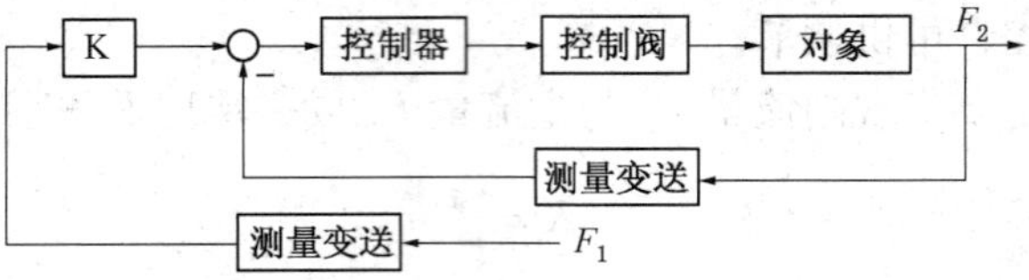

图5-14　单闭环比值控制系统方块图

由于单闭环比值控制系统主流量是不受控制的，虽然两物料比值一定，但总物料量是不固定的，这对于负荷变化幅度大，物料又直接去化学反应器的场合是不适合的。因为负荷的波动会给反应过程带来一定的影响，有可能会使整个反应器的热平衡遭到破坏，甚至造成严重事故，这是单闭环比值控制系统无法克服的一个弱点。

3）双闭环比值控制系统

双闭环比值控制系统是为了克服主流量不受控，生产负荷在较大范围内波动的不足而设计的，它是在单闭环比值控制的基础上，增设了主流量控制回路而构成的。

例如，在以石脑油为原料的合成氨生产中，进入一段转化炉的石脑油要求与水蒸气成一定的比例，并要求各自的流量比较稳定。因此，设计了如图5-15所示的双闭环比值控制系统，其方块图如图5-16所示。

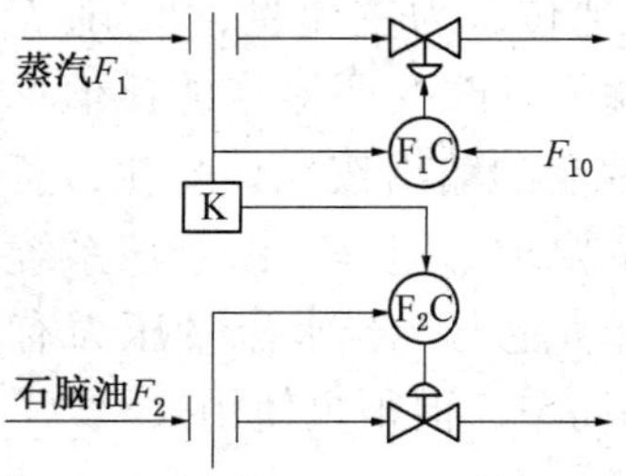

图5-15　双闭环比值控制流程图

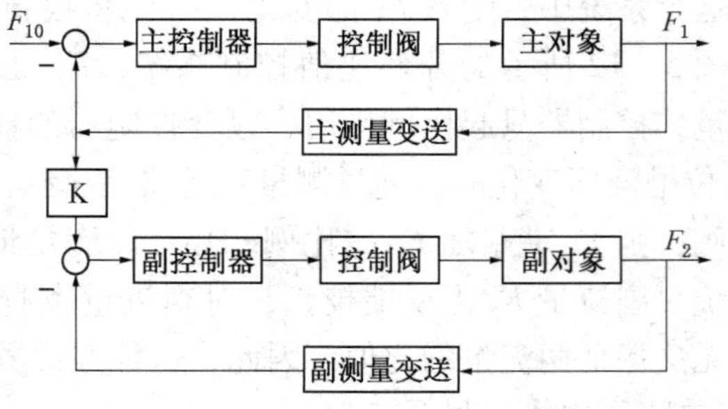

图5-16　双闭环比值控制系统方块图

图中，F_{10}是主流量F_1的给定值，该系统与单闭环控制系统的区别在于主流量也构成了闭合回路，所以称为双闭环比值控制系统。由于有两个流量闭合控制回路，因此可以克服各自的外界扰动，使主、副流量都比较平稳，流量间的比值可以通过比值计算器K来实现。这样，系统的总负荷也能实现平稳，克服了单闭环比值控制系统总流量不稳定的缺点。

该方案所用仪表较多，投资高。该系统从主流量受扰动作用开始，到重新稳定在设定值这段时间内发挥作用。如果这段时间内的动态比值要求不高，采用两个单回路定值控制系统分别稳定主副流量，也能保证它们之间的比值。这样，在投资上可节省一台比值装置，且两个单回路流量控制系统操作上也比较方便。

上述三种比值控制方案的共同特点是：控制目的为保持两种物料的流量为一定值。比值计算器的参数经计算设置好后不再变动，工艺要求的实际流量比值 K 也固定不变，因此都属于定比值控制系统。

2. 变比值控制系统

实际生产中，维持流量比恒定往往不是控制的最终目的，仅仅是保证产品质量的一种手段，而定比值控制的各种方案只考虑如何来实现这种比值关系，而没有考虑最终的质量是否符合工艺要求。因此，从最终质量看，这种定比值控制方案，其系统仍然是开环的。由于生产过程的扰动因素很多，当系统中存在着除流量扰动以外的其他扰动时，原来设定的比值计算器就不能保证产品的最终质量，需进行重新设置。但是，系统中的扰动总是随机的，而且扰动幅度各不相同，因此可设计出按照某一工艺指标在线修正流量比值的变比值控制系统，其控制流程图如图 5－17 所示。

图中，R 是最终质量指标给定值；Y 是最终质量指标测量值；YC 是主控制器，控制最终质量指标；F_fC 为比值控制器。当系统中出现除流量扰动以外的其他扰动引起主参数 Y 变化时，通过反馈回路使主控制器输出变化，修改两流量的比值，以保持主参数稳定；对于进入系统的主流量 F_1 扰动，由于比值控制回路的快速随动跟踪，使副流量按 $F_2 = K F_1$ 关系变化，以保持主参数 Y 恒定；对于副流量本身的扰动，可以通过自身的控制回路克服。因此，这种控制系统相当于一种静态前馈－串级控制系统，其方块图如图 5－18 所示。

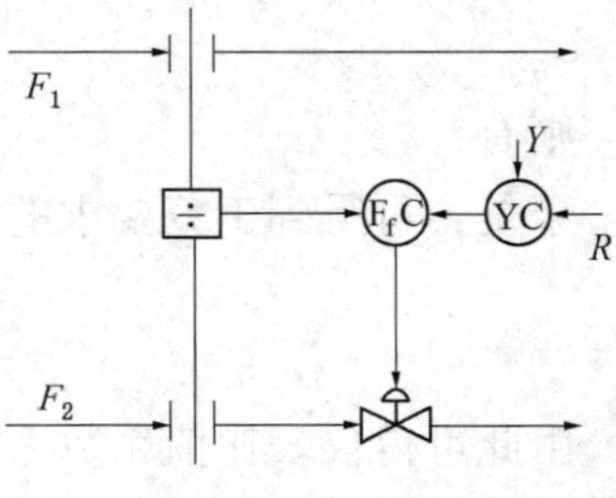

图 5－17　变比值控制系统流程图

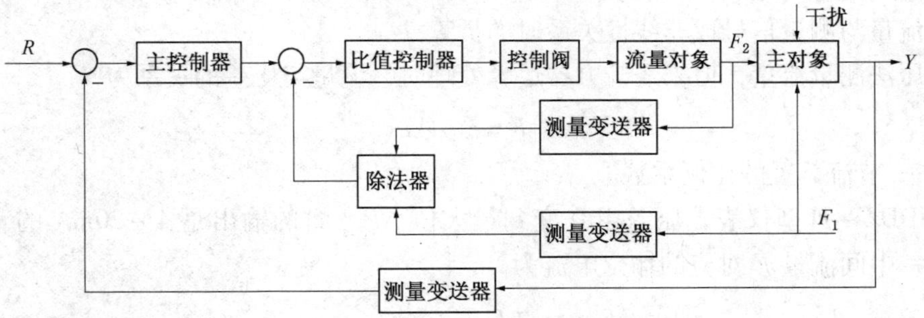

图 5－18　变比值控制系统方块图

例如，图 5－19 所示硝酸生产中氧化炉温度对氨气/空气串级控制系统就是变比值控制系统的一个实例。

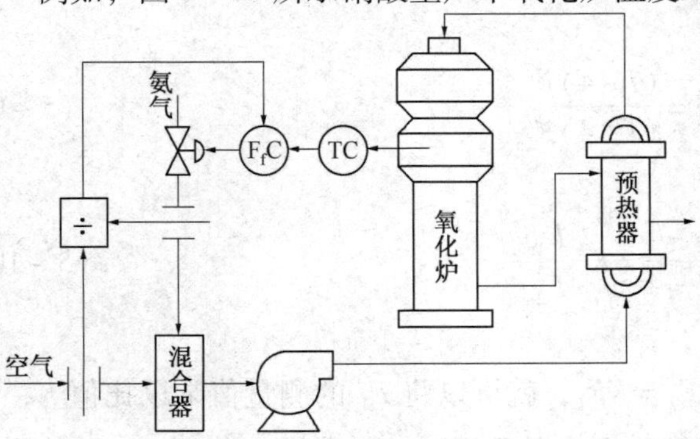

图 5－19　氧化炉温度对氨气/空气串级比值控制系统

氨氧化生成一氧化氮的过程是放热反应，温度是反应过程的主要指标，而影响温度的主要因素是氮气和空气的比值，保证了混合器氨、空气比值，基本上就控制了氧化炉的温度。当温度受其他扰动而发生变化时，则可以通过主控制器 TC 来改变氨量，即改变氨、空气比来补偿，以满足工艺要求。

5.3.2 比值控制系统的实施

1. 比值系数的计算

比值控制是解决物料量之间的比例关系，工艺上规定的比值 K 是指两物料之间的流量比，而目前通用仪表使用统一的标准信号，因此必须把工艺规定的流量比 K 换算成仪表信号之间的比值系数 K'，才能进行比值设定。比值系数的折算方法，随流量与测量信号间是否成线性关系而不同。

（1）流量与测量信号成线性关系时的折算

用转子流量计、涡轮流量计或差压变送器经开方器运算后的流量信号均与测量信号成线性关系。下面以 DDZ－Ⅲ型仪表为例，来说明比值系数的折算方法。

当流量由 0 变至 F_{max} 时，DDZ－Ⅲ型仪表变送器对应的输出为 4～20mA 的直流信号，则流量的任一中间量 F 所对应的中间电流为

$$I=\frac{F}{F_{max}}\times(20-4)+4 \tag{5-2}$$

则有

$$F=(I-4)F_{max}/16 \tag{5-3}$$

于是，可得到工艺要求的流量比值

$$K=\frac{F_2}{F_1}=\frac{(I_2-4)F_{2max}}{(I_1-4)F_{1max}} \tag{5-4}$$

由此可得仪表比值系数 K' 为

$$K'=\frac{I_2-4}{I_1-4}=K\frac{F_{1max}}{F_{2max}} \tag{5-5}$$

式中 F_{1max}，F_{2max}——主、副流量变送器的最大测量值。

（2）流量与测量信号成非线性关系时的折算

用差压法测量流量，但未经开方器运算处理时，流量与压差的关系为

$$F=c\sqrt{\Delta P} \tag{5-6}$$

式中 c——节流装置的比例系数。

对于 DDZ－Ⅲ型仪表，压差由 0 变到最大值 ΔP_{max} 时的输出是 4～20mA 的直流信号。因此，任一中间流量 F 对应的输出电流为

$$I=\frac{F^2}{F_{max}^2}\times16+4 \tag{5-7}$$

则有

$$F^2=(I-4)F_{max}^2/16 \tag{5-8}$$

于是得到工艺要求的流量比值为

$$K^2=\frac{F_2^2}{F_1^2}=\frac{(I-4)F_{2max}^2}{(I-4)F_{1max}^2} \tag{5-9}$$

可求得折算成仪表的比例系数为

$$K'=\frac{I_2-4}{I_1-4}=K^2\frac{F_{1max}^2}{F_{2max}^2} \tag{5-10}$$

2. 比值控制的实施方法

比值控制系统有两种实施方法。依据 $F_2=KF_1$，就可以将 F_1 的测量值乘以比值 K，作为 F_2 流量控制器的设定值，称为相乘的方案；而依据 $F_2/F_1=K$，就可以将 F_2 与 F_1 的测量值相除，作为比值控制器的设定值，称为相除的方案。

1）相乘的方案

图5－20是采用相乘的方案实现单闭环比值控制系统。图中，×号表示乘法器，比值系统的设计任务，是要按工艺要求的流量比值K来正确设置图中仪表的比值系数K'。

2）相除的方案

应用相除的方案如图5－21所示，图中÷代表除法器。显然，它还是一个单回路控制系统，只是控制器的测量值和设定值都是流量信号的比值，而不是流量本身。

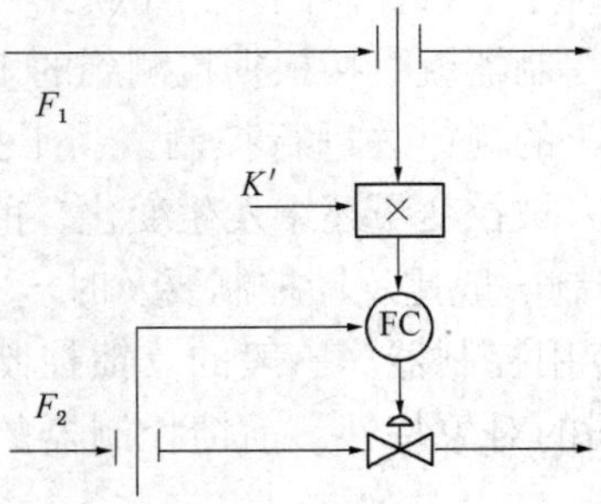

图5－20　相乘的比值控制方案

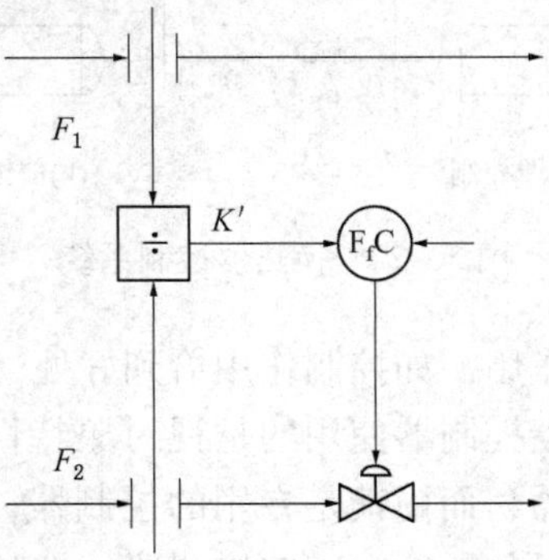

图5－21　相除的比值控制方案

相除方案的优点是直观，并可直接读出比值，使用方便，其可调范围宽，但工作在小负荷时，系统不易稳定。所以，比值控制系统中应尽量少用除法器，一般用相乘形式来代替它。

3. 比值控制系统的设计

1）主、从动量的确定

设计比值控制系统时，需要先确定主、从动量。其原则是，以在生产过程中起主导作用、可测而不可控且较昂贵的物料流量为主动量。其余的物料流量以它为准进行配比，则为从动量。另外，当生产工艺有特殊要求时，主、从动量的确定应服从工艺需要。

2）控制方案的选择

比值控制有多种控制方案，在具体选用时应分析各种方案的特点，根据不同的工艺情况、负荷变化、扰动性质、控制要求等进行合理选择。

3）控制器控制规律的选择

比值控制器控制规律是由不同控制方案和控制要求来确定的。例如，单闭环控制的从动回路控制器选用PI控制规律，因为它将起比值控制和稳定从动量的作用；而双闭环控制的主、从动回路控制器均选用PI控制规律，因为它不仅要起到比值控制作用，而且要起稳定各自的物料流量的作用；变比值控制可仿效串级系统控制器控制规律的选择原则。

5.4　前馈控制系统

随着石油化工等生产过程工业的不断发展，有些场合只采用一般的比例、积分、微分反馈控制系统难以满足工艺要求。这时，人们试图按照扰动量的变化来补偿其对被控变量的影响，从而达到被控变量完全不受扰动量影响的控制方式，这种按扰动进行控制的控制方式称为前馈控制。

前馈控制的基本原理就是测取进入过程的扰动量（包括外界扰动和设定值的变化），并按照其信号产生合适的控制作用去改变控制量，使被控变量维持在设定值上。

图5－22表示一个换热器，物料出口温度 θ_1 需要维持恒定。设计一般反馈控制系统如图5－22(a)所示。若考虑扰动量仅是物料流量 F，则可设计图5－22(b)所示的前馈控制系统。

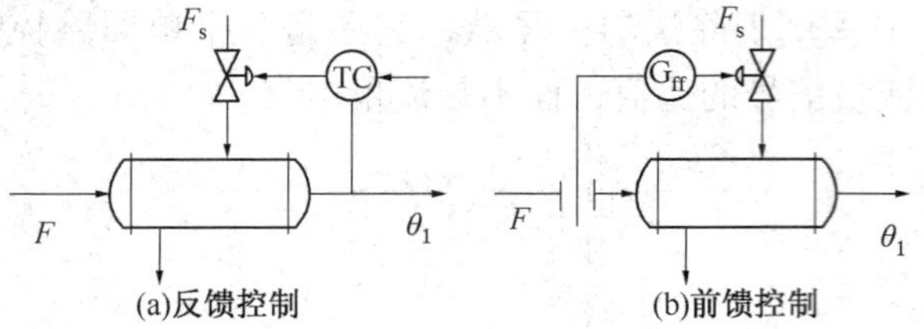

图5－22　换热器控制系统

由图5－22可以看出前馈控制系统与反馈控制系统相比，有以下特点：

(1) 前馈控制是按照干扰作用的大小进行控制的。当干扰一出现，前馈控制器就直接根据检测到的干扰，按一定的规律去进行控制。当干扰发生以后，被控变量还未发生变化，前馈控制器就产生了控制作用，如控制作用恰到好处，则前馈控制一般比反馈控制要及时。

(2) 前馈控制器使用的是视对象特性而定的专用控制器。一般的反馈控制系统多数采用PID控制器，而前馈是专用的控制器，对于不同的对象特性，前馈控制器的形式是不同的，应根据对象特性来决定控制器的控制特性。

(3) 一种前馈控制作用只能克服一种干扰，因为根据一种干扰设置的前馈控制器只能克服这一干扰，而对于其他干扰，这个前馈控制器无法感受到，也就无能为力了。

(4) 前馈控制系统属于“开环”控制系统。前馈控制器按照扰动量产生控制作用以后，被控变量的变化并不反馈回来影响系统的控制作用，其控制效果并不通过反馈加以检验，这一点从某种意义上来说是前馈控制的不足之处。

5.4.1　前馈控制系统结构形式

1. 单纯的前馈控制系统

单纯的前馈控制系统根据对干扰补偿的特点，可分为静态前馈控制及动态前馈控制。

1) 静态前馈控制

在实际生产过程中，有些前馈控制器的输出仅仅是输入量的函数，而与时间量 t 无关，这样的前馈控制就是静态前馈控制。

图5－22(b)所示换热器前馈控制系统中，若前馈控制器是一个静态系数为 K_f 的比例环节，则该控制系统即为静态前馈控制。

2) 动态前馈

如果前馈控制器的输出不仅仅是输入量的函数，而与时间量 t 有关，这样的前馈控制就是动态前馈控制。

图5－22(b)所示换热器前馈控制系统中，若前馈控制器力求在任何时刻均实现对干扰的完全补偿，即通过前馈控制器控制规律的选择，使干扰通过前馈控制器至被控变量这一通道的动态特性与干扰通道的动态特性完全一至，并使它们的符号相反，便可达到控制作用完全补偿干扰对被控变量的影响，则该控制系统即为动态前馈控制。

2. 前馈－反馈控制

单纯的前馈控制往往不能很好地补偿干扰，存在不少局限性，这主要表现在单纯前馈没有被控变量的反馈，即对于补偿的效果没有检验的手段。首先，在前馈控制的控制结果并没能消除被控变量偏差时，系统无法得到这一信息而作进一步的校正；其次，由于实际工业对象存在着多个干扰，为了补偿它们对被控变量的影响，势必要设计多个前馈通道，这就增加了投资费用和维护工作量；此外，前馈控制模型的准确度也受多种因素的限制，对象特性要受负荷及工况等因素的影响而发生变化。因此，一个固定的前馈控制器模型难以获得良好的控制品质。为了解决这一局限性，可以将前馈与反馈结合起来使用，构成前馈－反馈控制系统。在该系统中可综合两者的优点，将反馈控制不易克服的主要干扰进行前馈控制，而对其他干扰则进行反馈控制，既发挥了前馈控制及时的特点，又保持了反馈控制能克服多种干扰，并对被控变量始终给予检验的优点。因而，是过程控制中较有发展前途的控制方式。

图 5－23 为换热器前馈－反馈控制系统。图中，被控变量为换热器的出口温度 θ_1，进料流量为主要干扰，因此该控制系统是一个以进料流量为前馈控制量，出口温度为反馈量的前馈－反馈控制系统。

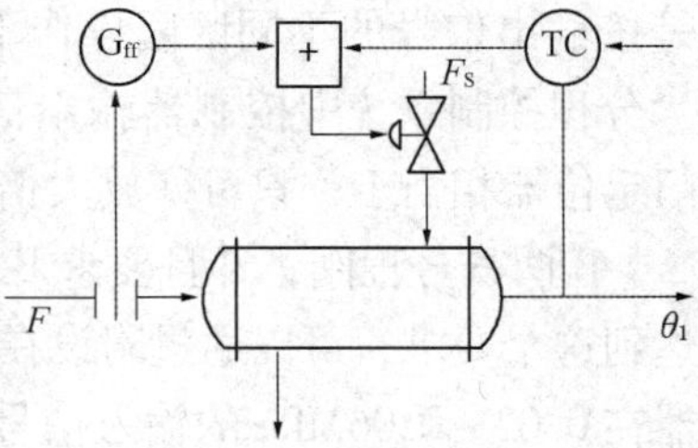

图 5－23　换热器前馈－反馈控制系统

由图 5－23 可以看出，当换热器负荷 F 发生变化时，前馈控制器获得此信息后即按一定的控制作用改变加热蒸汽流量 F_S，以补偿 F 对被控变量 θ_1 的影响。同时，对于前馈未能完全消除的偏差，以及未被引入前馈的其他干扰作用，如物料入口温度、蒸汽压力的波动引起的 θ_1 的变化，在温度反馈控制器获得 θ_1 的变化信息之后，由温度反馈控制器发出控制作用，改变加热蒸汽流量 F_S。这样，两个通道的控制作用相叠加，将使 θ_1 尽快回到给定值。因此，该系统实际上是一个按干扰控制和按偏差控制相结合的复合控制系统。

前馈－反馈控制系统的优点是：

（1）由于增加了反馈控制回路，只需对主要的干扰进行前馈补偿，其他干扰可由反馈控制器予以控制；

（2）反馈回路的存在，降低了前馈控制器的准确度要求；

（3）从反馈控制的角度来看，由于前馈控制的存在，对扰动作了及时的粗调作用，大大减小了反馈控制的负担，提高了控制准确度。

3. 前馈－串级控制系统

在过程控制中，有的生产过程常受到多个频繁而又剧烈的扰动的影响，而生产过程对被控变量的控制准确度和稳定性要求又很高，前馈－反馈控制系统达不到工艺要求，这时就要考虑采用前馈－串级控制系统。

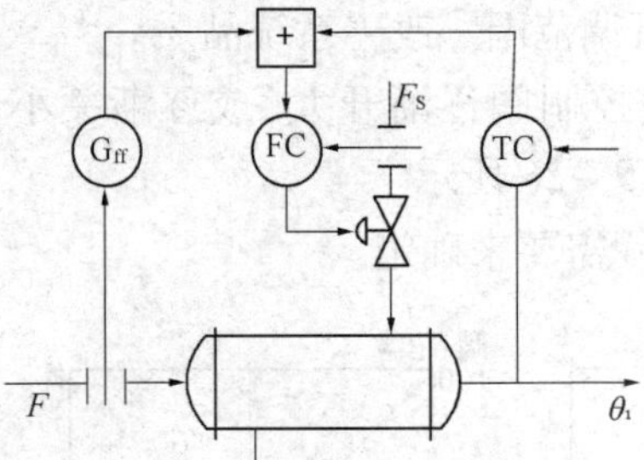

图 5－24　换热器的前馈－串级控制系统

图 5－24 所示是一个换热器的前馈－串级控制系统。它在原来的前馈－反馈控制系统的基础上再增设一个蒸汽流量副回路，把前馈控制器的输出与温度控制器的输出叠加后，作为蒸汽流量控制器的给定值，构成前馈－串级控制系统。

5.4.2　前馈控制系统应用场合

原则上讲，在下列情况下可考虑选用前馈控制系统：

（1）对象控制通道的滞后比较大，反馈控制难以满足工艺要求时，可以采用前馈控制，把主要的干扰量引入前馈控制，构成前馈－反馈控制系统。

(2) 系统中存在可测、不可控、变化频繁、幅值大且对被控变量影响显著的干扰，在这种情况下，采用前馈控制可大大提高控制品质。

当决定选用前馈控制方案以后，还需要考虑静态前馈与动态前馈的选择问题。因为动态前馈的设备投资高于静态前馈，而且整定也较麻烦。因此，当静态前馈能满足工艺要求时，不必选用动态前馈。

5.5 分程控制系统

5.5.1 分程控制系统的原理

一般来说，一台控制器的输出仅操作一只控制阀。若一台控制器去操纵几只阀门，并且是按输出信号的不同区间操作不同的阀门，这种控制方式习惯上称为分程控制。

分程控制系统中控制器输出信号的分段，是由附设在控制阀上的阀门定位器来实现的。阀门定位器相当于一只可变放大倍数且零点可以调整的放大器。如果在分程控制系统中采用了A、B两只分程阀，并且要求B阀在输入信号为0.06~0.10MPa范围内阀门作全行程动作。要达到这个要求，可以通过附设在A、B上的阀门定位器分别进行调整：使控制阀A的阀门定位器在0.02~0.06MPa的输入信号下，输出由0.02MPa变化到0.10MPa；使控制阀B的阀门定位器在0.06~0.10MPa的输入信号下，输出由0.02MPa变化到0.10MPa。这样，相当于A、B两只阀门上的输入信号均为0.02~0.10MPa，因此这两个阀门均可作全行程动作。

当控制器输出信号在小于0.06MPa范围内变化时，就只有控制阀A随着信号压力的变化改变自己的开度，而控制阀B则处于全开或全关状态；当控制器输出信号在大于0.06MPa范围内变化时，控制阀A已处于全开或全关极限状态不再变化，就只有控制阀B随着信号压力的变化改变自己的开度。

分程控制系统设置的目的有两种。其一是扩大控制阀的可调范围，以便改善控制系统的品质，使系统更为合理可靠；其二是为了满足某些工艺操作的特殊需要。

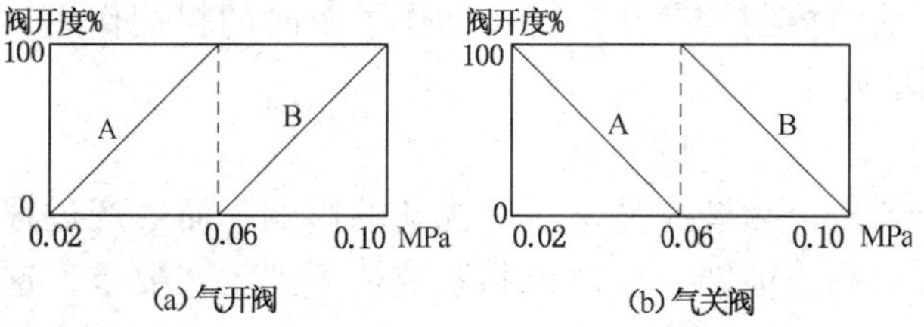

图5－25　控制阀同向动作

分程控制系统中，阀的开闭形式可分为同向和异向两种。

所谓同向，即随着控制器输出的增大或减少，分程控制阀都逐渐开大或逐渐关小。其动作过程如图5－25所示。这种情况大多用于扩大控制阀的可调范围，改善系统品质。

所谓异向，即随着控制器输出信号增大或减少，一只控制阀逐渐开大(或逐渐关小)，而另一只控制阀逐渐关小(或逐渐开大)。其动作过程如图5－26所示。

分程阀同向或异向的选择问题，要根据生产工艺的实际需要来确定。

5.5.2 分程控制系统的应用

1. 扩大控制阀可调范围

如图5－27所示为锅炉蒸汽减压分程控制方案。锅炉产汽压力为10MPa，是高压蒸汽，而生产上需要的是4MPa平稳的中压蒸汽。为此，需要通过节

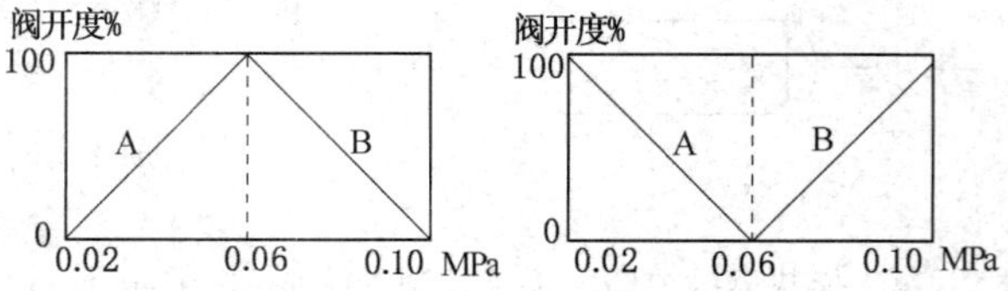

图5－26　控制阀异向动作

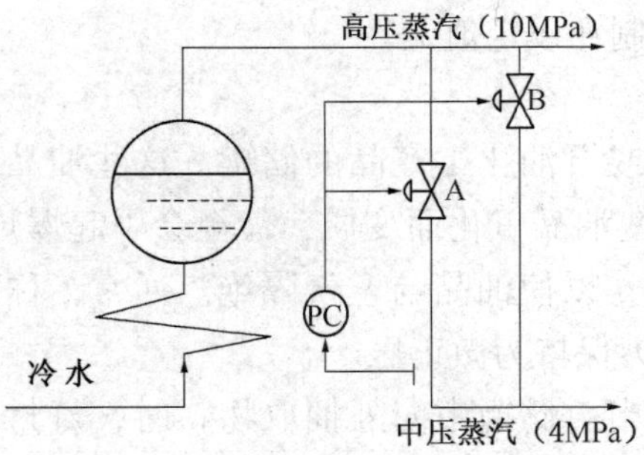

图 5－27　蒸汽减压系统分程控制方案

流减压的方法，将 10MPa 的高压蒸汽节流减压成 4MPa 的中压蒸汽。在选择控制阀口径时，如果选用一只控制阀，为了适应大负荷下蒸汽供应量的需要，控制阀的口径要选择得很大。然而，在正常情况下的蒸汽量却不需要那么大，控制阀只是在小开度下工作。而阀门在小开度下工作时，阀的流量特性会产生畸变，并且还容易产生噪声和震荡，使控制效果变差。为了解决这一矛盾，可选用两只同向动作的控制阀构成分程控制系统。

在该分程控制方案中，A、B 两只控制阀同向工作，根据工艺要求，两只阀门均选择为气开式，其中 A 阀在控制器输出信号为 0.02～0.06MPa 时从全关到全开，B 阀在控制器输出信号为 0.06～0.10MPa 时从全关到全开。在正常情况下，即小负荷时，B 阀处于关闭状态，只通过 A 阀开度的变化来进行控制；当大负荷时，A 阀已全开仍满足不了蒸汽量的需求，这时 B 阀也开始打开，以弥补 A 阀全开时蒸汽供应量的不足。若采用两只流通能力相同的同向动作控制阀构成分程控制系统后，其控制阀可调范围比单只控制阀进行控制时的可调范围扩大了一倍。

由于控制阀的可调范围扩大了，因此可以满足不同生产负荷的要求，而且控制的准确度也可以获得提高，控制质量得以改善，同时，生产的稳定性和安全性也可进一步得到提高。

2. 用于满足工艺上操作的特殊要求

图 5－28 是间歇聚合反应器的控制。当配置好反应物料后，开始需经历加热升温过程，以引发反应，待反应开始后，由于放出大量反应热，若不及时移走热量，会使反应越来越剧烈，温度越来越高，从而引起事故。所以，还得经历降温（或保温）移走热量的过程。

为了满足这种有时需加热，有时需取走热量的要求，一方面需配置蒸汽及冷水两种传热介质，并分别安装上控制阀；另一方面，需设计一套分程控制系统，用温度控制器输出信号的不同区间来控制这两个阀门。

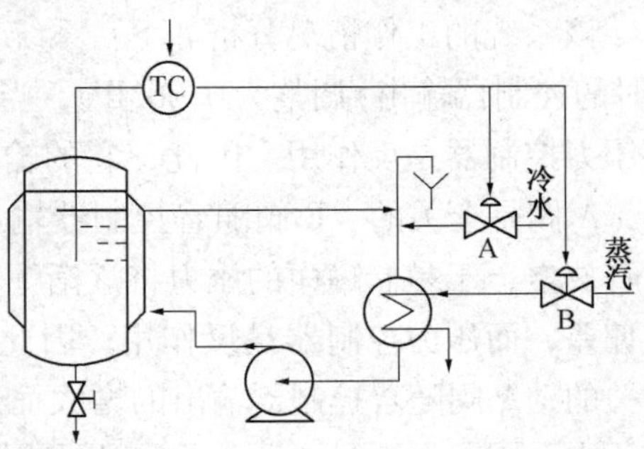

图 5－28　间歇反应器温度分程控制

从安全的角度，为避免气源故障时反应器内温度过高，要求无气时输入热量处于最小的情况。因而，蒸汽阀选择为气开阀，冷水阀选气关阀，控制器选反作用。

根据节能要求，当温度偏高时，应先关小蒸汽再开大冷水。由于温度控制器为反作用，温度增高时其输出信号下降。因此，要求信号下降时先关小蒸汽，再开大冷水。即蒸汽阀的分程区间在高信号区，冷水阀的分程区间在低信号区。其分程动作关系如图 5－29 所示。

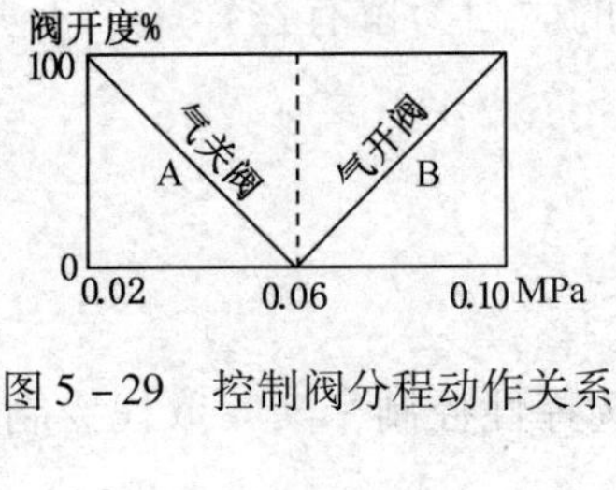

图 5－29　控制阀分程动作关系

反应器温度分程控制系统的工作过程如下：当反应釜备料工作完成后，温度控制系统投入运行，因为起始温度低于设定值，所以具有反作用的温度控制器输出信号将增大，B 阀打开，用蒸汽加热以获得热水，再通过夹套对反应釜加热，升温，引发化学反应。一旦化学反应进行下去，至反应温度升高并超过设定值后，则控制器输出信号下降，B 阀渐关，接着打开 A 阀通入冷水移走反应热，从而把反应温度控制在设定值上。

3. 用作生产安全的防护措施

在炼油厂或石油化工厂中，有许多存放各种油品或石油化工产品的储罐。这些油品或石油产品不宜与空气长期接触，因为空气中的氧气会使油品氧化而变质，甚至会引起爆炸。为此，常常在油品储罐液位以上空间充以惰性气体氮，以使油品与空气隔绝。通常，称之为氮封。为了保证空气不进入储罐，一般要求氮气压力保持为微正压。

储罐中物料量的增减将会导致氮封压力的变化。当由储罐中向外抽取物料时，氮封压力则会下降，如不及时向罐中补充氮气，储罐将有被吸瘪的危险；而当向储罐中注料时，氮封压力又会逐渐上升，如不及时排出储罐中一部分氮气，储罐又有被鼓坏的危险。显然，这两种情况都不允许发生，这就必须设法维持储罐中氮封的压力。因此，采用图 5－30 所示的分程控制方案。

该控制方案中 A 阀采用气开阀，B 阀采用气关阀，控制器采用反作用。两分程阀的特性如图 5－31 所示。

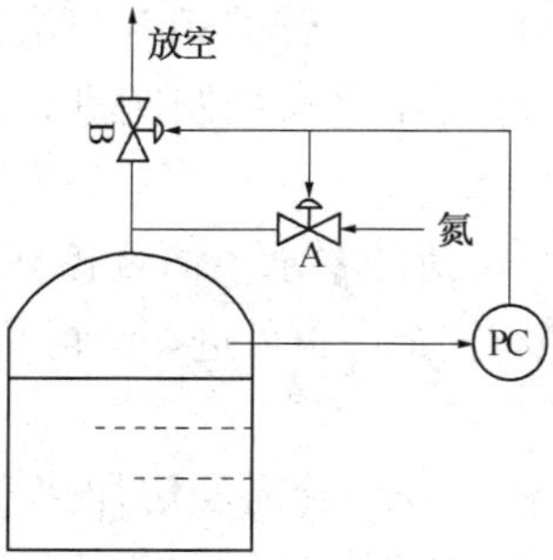

图 5－30　储罐氮封分程控制系统

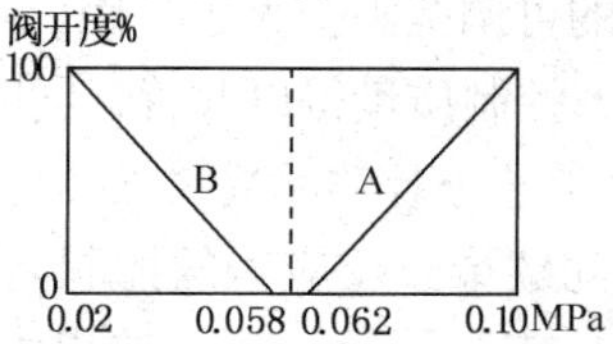

图 5－31　储罐氮封分程控制阀特性图

该系统的工作情况分析如下：系统工作以前，假定将控制器的控制点压力(即偏差等于 0 时的控制器输出)调整为 0.06MPa，当向储罐内注油而使储罐压力升高时，则出现正偏差，而压力控制器是反作用。因此，它的输出将减少而低于 0.06MPa。这时，由图 5－31 可看出，A 阀是全关的，B 阀随着控制器输出的减小而逐渐打开，罐中的一部分氮气将通过放空管放空，于是储罐内的压力将逐渐下降。当从储罐内抽油而使储罐压力下降时，则出现负偏差，而压力控制器是反作用。因此，它的输出将增大而高于 0.06MPa。这时，B 阀是全关的，A 阀随着控制器输出的增大而逐渐打开，于是氮气被补充到储罐中，提高了储罐的压力。因此，通过 A、B 两分程阀动作的结果，不论是向罐内注油还是从罐内抽油，都能使罐内的压力保持不变。

当压力在给定值附近波动时，A、B 两阀将会频繁地动作，这将影响到控制阀的使用寿命。因此，在两阀信号交界处设置一个不灵敏区(0.058～0.062MPa)。当控制器输出在 0.058～0.062MPa 范围变化时，A、B 阀都处于全关的位置不动。这样做对于储罐这样一个空间大，控制准确度要求又不是很高的压力对象来说，是有益的。因为留有这样一个不灵敏区之后，将会使控制过程变化趋于缓慢，系统更为稳定。

5.6　选择性控制系统

一般说来，凡是在控制回路中引入选择器的系统都可称为选择性控制，又叫取代控制，也称超驰控制。

通常自动控制系统只能在生产工艺处于正常情况下进行工作，一旦生产出现事故状态，控制器就要改为手动，待事故排除后，控制系统再投入工作。对于现代大型生产过程来说，生产控制仅仅做到这一步远远不能满足生产要求。在大型生产工艺过程中，除了要求控制系统在生产处于正常运行情况下能够克服外界干扰，维持生产的平稳运行，还要求当生产操作达到安全极限时，控制系统应有一种应变能力，能采取一些相应的保护措施，促使生产操作离开安全极限，返回到正常情况，或使生产暂时停下来，以防事故的发生或者进一步扩大。

属于生产保护性措施的有两类：一类是硬保护措施；一类是软保护措施。

所谓硬保护措施就是当生产操作达到安全极限时，有声、光报警产生。此时，或是由操作工将控制器切到手动，进行手动操作和处理；或是通过专门设置的连锁保护线路实现自动停车，达到保护生产的目的。就人工保护来说，由于大型工厂生产过程中的强化、限制性条件多而严格，生产安全保护的逻辑关系往往比较复杂，人工操作难免会出现错误。此外，由于生产过程进行的速度很快，操作人员的反应往往难以跟上，一旦出现事故状态，叫情况十分危急，若某个环节处理不当，就会使事故扩大。所以，遇到这类问题时，常常采用联锁保护的方法来进行处理。即当事故达到安全极限时，通过专门设置的联锁保护线路，自动地使设备停车，达到保护的目的。

通过事先专门设置的联锁保护线路，虽然能在生产操作达到安全极限时起到安全保护的作用，但是这种硬性保护措施动辄就使设备停车，必然会影响正常生产和造成经济损失。对于大型连续生产过程来说，即使短暂的设备停车，也会造成巨大的经济损失，因此这种硬保护措施已逐渐不为人们所欢迎，相应地出现了软保护措施。

所谓生产的软保护措施，就是通过一个特定设计的选择性系统，在生产短期内处于不正常情况时，既不使设备停车而又起到对生产进行自动保护的目的。在这种选择性控制系统中，已经考虑到了生产工艺过程限制条件的逻辑关系，当生产操作趋向极限值时，用于控制不安全情况的控制方案将取代正常情况下工作的控制方案，直到生产操作重新回到安全范围时，正常情况下工作的控制方案又恢复对生产过程的正常控制。因此，这种选择性控制系统，有时又被称之为自动保护性控制系统。某些选择性控制系统甚至连开、停车都能够由系统控制，自动进行而无需人的参与。

要构成选择性控制系统，生产操作必须具有一定选择性逻辑关系。而选择性控制系统的实现则需要靠具有选择功能的自动选择器(高值选择器 HS 和低值选择器 LS)或有关的切换装置(切换器、带接点的控制器或测量装置)来完成。

5.6.1 选择性控制系统分类

1. 开关型选择性控制系统

在这一类选择性控制系统中，一般有 A、B 两个可供选择的变量。其中 A 变量是工艺操作的主要技术指标，它直接关系到产品的质量；另一个变量 B 工艺上对它只有一个限值要求，生产操作在 B 限值以内，生产是安全的，一旦超出 B 限值，生产过程就有发生事故的危险。因此，在正常情况下，变量 B 处于极限以内，生产过程按照 A 进行连续控制，一旦变量 B 达到极限，为了防止事故的发生，所设计的选择性控制系统将通过专门的装置切断变量 A 控制器的输出，而使控制阀迅速关闭或打开，直到变量 B 回到极限以内，系统才重新恢复到按变量 A 进行连续控制。

开关型选择性控制系统一般都用作系统的极限保护。

图 5－32(b)所示为丙烯冷却器裂解气出口温度与丙烯液位选择性控制系统。

在乙烯分离过程中，裂解气经五段压缩后其温度已达到 88℃，为了进行低温分离，必须将它的温度降到 15℃。为此，工艺上采用了液丙烯低温下蒸发吸热的原理，与裂解气换热，达到降低裂解气温度的目的。

为了保证裂解气出口温度达到规定的质量要求，一般的控制方案是选取经换热器后的裂解气温度作为被控变量，以液丙烯流量作为操纵变量，组成图 5－32(a)所示的温度控制系统。

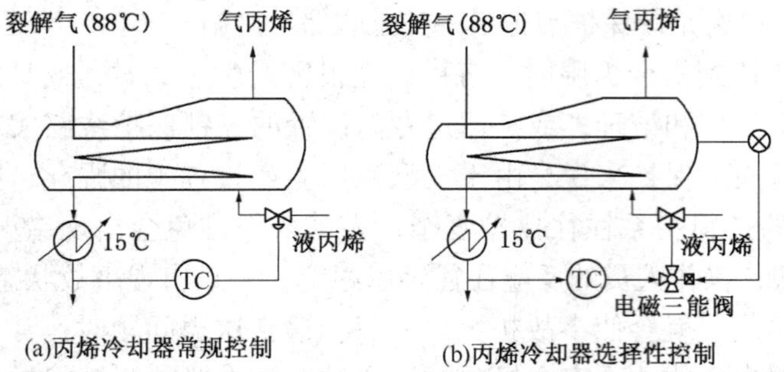

图 5－32　丙烯冷却器两种控制方案

图 5－32(a)所示控制方案，实际上是通过改变换热面积的方法，来达到控制裂解气出口温度的目的。当裂解气温度偏高时，控制阀则开大，液丙烯流量随之增大，冷却器中丙烯的液位将会上升，冷却器中裂管被液丙烯浸没的数量增多，换热面积增大，因而被液丙烯汽化所带走的热量将会增多。因此，裂解气温度下降。反过来，当裂解气温度偏低时，控制阀关小，液丙烯液位下降，换热面积减小，裂解气温度会上升。因此，通过对液丙烯流量的控制，就可以达到维持裂解气出口温度的目的。

但是，当裂解气温度过高或负荷过大时，控制阀将要大幅度地打开。当换热器中的裂管已全部被液丙烯所淹没，而裂解气出口温度仍然降不下来时，就不能再使控制阀开度继续开大了。其原因：一来这时液位继续升高已不再能增加换热面积；二来液丙烯液位的继续上升，会使冷却器中丙烯蒸发空间减小，以至于气丙烯带液，而带液气丙烯进入压缩机将会给压缩机带来损害，这是不允许的。为此，则需要考虑当丙烯液位上升到极限时的防护措施，设计如图 5－32(b)所示的裂解气出口温度与丙烯液位开关型选择性控制系统。

方案(b)是在方案(a)的基础上增加一个带上限接点的液位控制器和一个连接于温度控制器输出去控制阀的气动信号管路上的电磁三通阀。上限接点一般设置在液位高度 75% 的位置，在正常情况下，液位低于 75%，接点是断开的，电磁阀失电，温度控制器输出可直通控制阀，实现温度控制。当液位上升到 75% 时，保护压缩机不受损害已上升为主要矛盾，于是液位控制器上限接点闭合，电磁阀得电，将温度控制器输出切断，控制阀关闭，终止了液丙烯继续进入冷却器。待冷却器中液丙烯逐渐蒸发，液位慢慢下降，低于 75% 时，液位控制器上限接点又重新断开，电磁阀失电，温度控制器的输出又直接送往控制阀，恢复成温度控制系统。

2. 连续型选择性控制系统

连续型选择性控制系统与开关型选择性控制系统的不同之处在于：当取代作用发生后，控制阀并不是立即全关或全开，而是在阀门原有开度基础上继续进行控制。因此，对控制阀来说，控制作用是连续的。

在连续型选择性控制系统中，一般具有两只连续型控制器，它们的输出通过一只选择器后，送往控制阀。这两只控制器一只在正常情况下工作，另一只在非正常情况下工作。

在生产处于正常情况时，系统由正常情况下工作的控制器进行控制；一旦生产处于不正常情况，非正常情况下工作的控制器将取代正常情况下工作的控制器，对生产进行控制；直到生产恢复正常情况，正常情况下工作的控制器将取代非正常情况下工作的控制器，恢复对生产过程的正常控制。

图 5 – 33 所示为锅炉蒸汽压力与燃料气压力选择性控制方案。

正常情况下，蒸汽锅炉根据产气压力来控制燃料气量。当用户所需蒸汽量增加时，蒸汽压力就会下跌，为了维持蒸汽压力，必须在增加水量的同时，相应地增加燃料气量；当用户所需蒸汽量减少时，蒸汽压力就会上升，为了维持蒸汽压力，必须减少燃料气量。而对于燃料气来说，当燃料气压力过高时，会将燃料喷嘴的火焰吹灭，产生脱火现象，一旦脱火现象发生，大量燃料气就会因未燃烧而导致烟囱冒黑烟，这不但会污染环境，更严重的是，燃烧室内积存大量的燃料气与空气的混合物，会有爆炸的危险。为了防止脱火现象的产生，在锅炉燃烧系统中采用了如图 5 – 33 所示的锅炉蒸汽压力与燃料气压力选择性控制方案。系统中采用了一只低选器，通过它选择蒸汽压力控制器与燃料气压力控制器两者之一的输出送往设置在燃料管线上的控制阀。

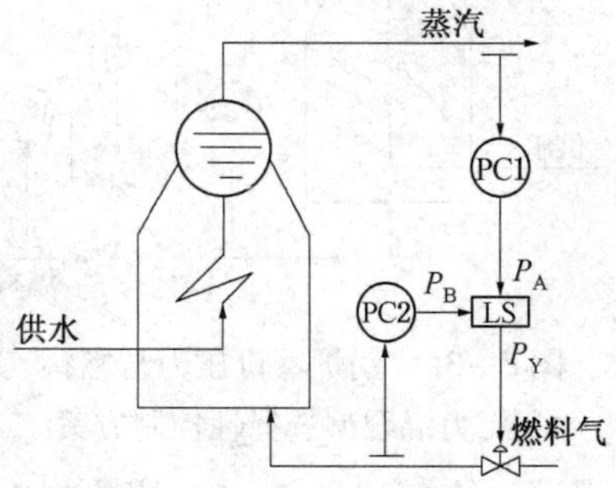

图 5 – 33　锅炉蒸汽压力与燃料气压力连续型选择性控制方案

低选器输出与两个控制器输出之间的关系为：

当 $P_A < P_B$ 时，$P_Y = P_A$；

当 $P_A > P_B$ 时，$P_Y = P_B$。

从安全的角度，控制阀应选气开阀，则 PC1 及 PC2 两个控制器均应选反作用控制器，以保证燃料器压力控制回路及蒸汽压力控制回路为负反馈控制。PC1 为正常情况下的控制器，可选一般控制情况下 PID 控制规律；PC2 为非正常情况控制器，其控制规律设置为比例作用很强的窄比例度控制。

在正常情况下，燃料气压力低于产生脱火的压力（即 PC2 的给定值），PC2 感受到的是负偏差。因此，它的输出为高信号（PC2 为反作用、窄比例）。与此同时，PC1 的输出信号相对来说则为低信号。这样，低选器 LS 将选中 PC1 的输出 P_A 送往控制阀，构成蒸汽压力控制系统。

当燃料气压力高于产生脱火的压力（即 PC2 的给定值），PC2 感受到正偏差，由于 PC2 为反作用、窄比例，它的输出一下跌为低信号。这样，低选器 LS 将选中 PC2 的输出 P_B 送往控制阀，构成燃料气压力控制系统，从而防止燃料气压力的上升，达到防止脱火的产生。

待燃料气压力又下降到低于给定值时，P_B 又迅速上升为高信号，而蒸汽压力控制器输出相对而言又成为低信号。因此，低选器又重新选中 P_A，构成蒸汽压力控制系统。

3. 混合型选择性控制系统

混合型选择性控制系统中，既包含有开关型选择性控制系统的内容，又包含有连续型选择性控制系统的内容。

图 5 – 33 所示考虑“脱火”，设计连续型选择性控制方案。事实上，当燃料压力不足时，燃料气管线的压力有可能低于燃烧室压力，出现危险的“回火”现象，这会危及燃料气罐而发生燃烧和爆炸，必须设法加以防止。为此，可在图 5 – 33 的基础上，增加一个燃烧气压

力过低的开关型选择控制系统，构成如图5－34所示的混合型选择性控制系统。

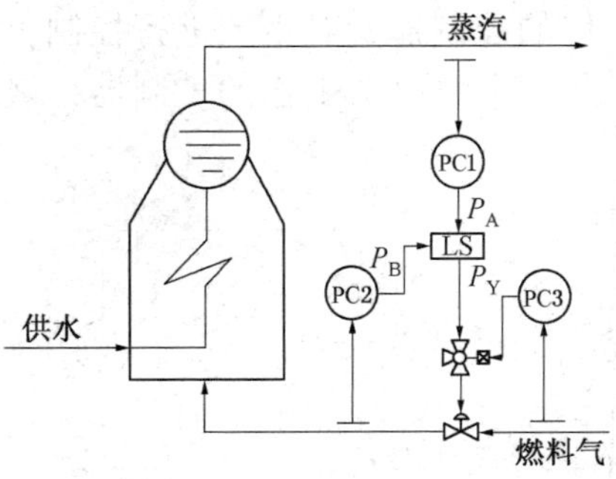

图5－34　锅炉蒸汽压力与燃料气压力混合型选择性控制方案

在本方案中，增加了一只带下限接点的压力控制器PC3和一个三通电磁阀。当燃料气压力正常时，PC3下限接点是断开的，电磁阀失电，低选器输出直通控制阀。此时，系统的工作情况与图5－33相同。一旦燃料气压力下降到低于下限值，PC3下限接点接通，电磁阀得电，于是便切断了低选器至控制阀的通路，并使控制阀的膜头与大气相通，膜头压力迅速下降为0，于是控制阀关闭，以防止“回火”的发生。当燃料器管线压力又慢慢上升达到正常值时，PC3接点又断开，于是低选器的输出又能直通控制阀，恢复成图5－33的控制方案。

5.6.2　选择性控制系统设计

选择性控制系统的设计包括：控制阀气开、气关形式的选择；控制器正、反作用的选择；控制器控制规律的选择；选择器类型的选择等。

首先，根据生产安全要求，选择控制阀的气开、气关形式；其次，根据对象特性和控制的要求，选择控制器的正、反作用及控制规律；最后，根据控制器的正、反作用及选择性控制系统设计的目的，确定选择器的类型。

控制阀的气开、气关形式及控制器的正、反作用的选择与单回路控制系统的确定方法完全相同。

控制器控制规律的选择：正常情况下，工作的控制器起着保证产品质量的作用，因此一般应选PI控制规律，若对象容量滞后比较大，则选PID控制规律；非正常情况下，为了使工作的控制器能在生产处于不正常情况时迅速而及时地采取有效措施，防止事故发生，其控制规律应选窄比例式，即放大倍数很大的比例控制。

选择器类型的选择，可以根据生产处于不正常情况下，非正常情况控制器的输出信号高、低来确定。如果在不正常情况下控制器的输出为高信号，则应选高选器；如果在不正常情况下控制器的输出为低信号，则应选低选器。

按照系统设计原则，图5－35所示氨冷却器出口温度与液氨液位选择性控制系统，可以进行如下设计：

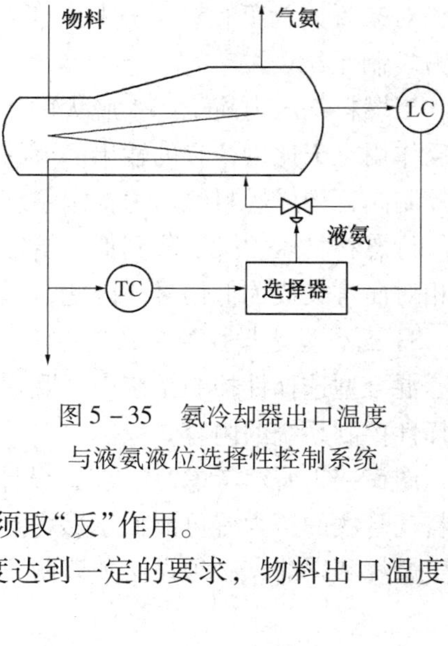

图5－35　氨冷却器出口温度与液氨液位选择性控制系统

（1）为了防止气氨带液进入氨压缩机后影响氨压缩机的安全，控制阀应选择气开式。这样，一旦控制阀失去能源，则控制阀关闭，不再使液位上升。

（2）对于物料出口温度控制系统，控制对象输入液氨流量增加时，其输出物料出口温度下降，为反作用对象，因此要使系统为负反馈，则控制器TC必须取“正”作用；对于液氨液位控制系统，控制对象输入液氨流量增加时，其输出液氨液位升高，为正作用对象，因此要使系统为负反馈，则控制器LC必须取“反”作用。

（3）氨冷却器的作用是使物料经过换热，出口温度达到一定的要求，物料出口温度是工艺操作指标。因此，温度控制器是正常情况下工作的控制器。由于温度对象是容量滞后较大的对象，所以温度控制器 TC 应选择比例、积分、微分即 PID 控制规律。液位控制器是非正常情况下工作的控制器，为了在液位上升到安全极限时能迅速地投入工作，液位控制器 LC 应选窄比例式。

（4）液位控制器是非正常情况下工作的控制器，由于它是反作用，在正常情况下，液位低于上限值，其输出为高信号。一旦液位上升到大于上限值，液位控制器输出迅速跌为低信号，为了保证液位输出信号这时能够被选中，选择器必须选低选器，以防事故的发生。

在选择性控制系统的设计中，还需要考虑一个重要的问题是：防止积分饱和的问题。

由于在选择性控制系统中，任何时候选择器只能选中某一个控制器的输出送往控制阀，而未被选中的控制器则处于开环工作状态，它如果具有积分作用，在偏差长期存在的情况下，就会产生积分饱和。

已经处于积分饱和状态的控制器，若在某个时刻被选择器选中，需要它进行控制时，会由于它处在积分饱和状态而不能立刻发挥作用。因为这时它的输出还处在最大或最小值，要使它发挥作用，必须等它退出饱和区之后，控制阀才开始动作。也就是说，在饱和区里，控制器输出的变化并没有实际发挥作用，因而控制不及时，控制质量差。

目前，防止积分饱和主要有三种方法：

（1）限幅法　采用高低值限幅器，使控制器积分反馈信号限制在某个区域。

（2）外反馈法　控制器在开环情况下，不再使用它自身的信号作为积分反馈信号，而是采用合适的外部信号作为积分反馈信号。从而，也切断了积分正反馈，防止了进一步的偏差积分作用。

（3）积分切除法　使控制器积分作用在开环情况下暂时自动切除，使之仅具有比例功能。所以，这类控制器称为 PI－P 控制器。

习题与思考题

1. 串级控制系统的特点是什么？主要使用在哪些场合？

2. 串级控制系统中主变量和副变量的选择原则是什么？

3. 图 5－36 所示反应釜内进行的是放热反应，若釜内温度过高的话会发生事故，因此采用夹套通冷却水来进行冷却，以带走反应过程中所产生的热量。由于工艺对该反应过程温度控制准确度要求很高，单回路控制满足不了要求，需要串级控制。请回答下列问题：

（1）当冷却水压力波动是主要干扰时，应组成怎样的串级控制系统？画出其方框图。控制阀应选气开还是气关形式？主、副控制器应选正作用还是反作用？

（2）当冷却水入口温度波动是主要干扰时，应组成怎样的串级控制系统？画出其方框图。控制阀应选气开还是气关形式？主、副控制器应选正作用还是反作用？

4. 均匀控制系统的主要目的是什么？它有什么特点？

5. 什么叫比值控制系统？它有哪几种类型？画出它们的结构原理图。

6. 前馈控制系统有什么特点？应用在什么场合？

7. 什么情况下要采用前馈－反馈控制系统？画出其方框图，并指出在该系统中，前馈和反馈各起什么作用？

8. 判断图 5－37 所示的系统属于什么类型？画出其方块图，并说明其工作原理。

9. 分程控制系统的特点是什么？主要应用在什么场合？

10. 选择性控制系统的特点是什么？它有哪几种类型？

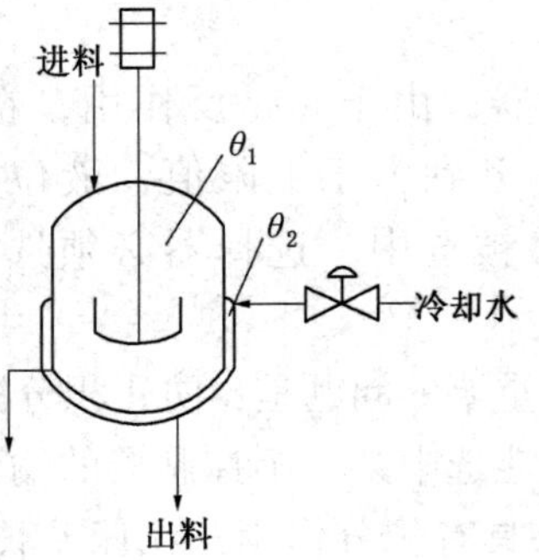

图 5－36　反应釜温度系统

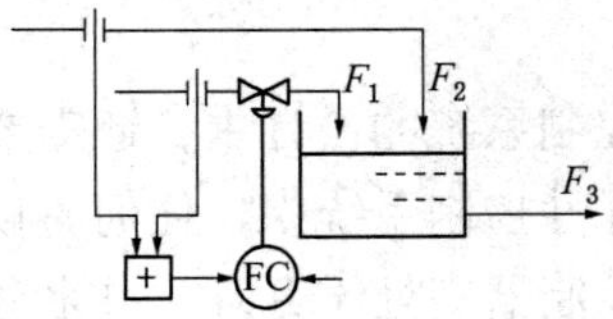

图 5－37　流量控制系统

第6章　集散控制系统与现场总线控制系统

6.1　集散控制系统(DCS)

集散控制系统(Total Distributed Control System，DCS)是20世纪70年代中期发展起来的以微处理器为基础的分散型计算机控制系统。它是控制技术(Control)、计算机技术(Computer)、通信技术(Communication)、阴极射线管(CRT)图形显示技术和网络技术相结合的产物。该装置是利用计算机技术对生产过程进行集中监视、操作、管理和分散控制的一种全新的分布式计算机控制系统。

DCS自20世纪70年代问世以来，发展异常迅速。目前，它作为新一代工业自动化过程控制设备，在世界范围内被广泛应用于石油、化工、冶金、纺织、电力、食品等工业，我国在石油、冶金、化工与电力等行业也已普遍推广应用。随着现代化工业的飞跃发展、生产装置的规模不断扩大、生产技术及工艺过程愈趋复杂，常规模拟仪表存在难以克服的弊病：首先是控制功能过于单一，难以实现某些复杂控制功能；其次是难于集中操作和监视，长达几十米的高密集排列仪表屏，使操作和调整都十分困难。

20世纪50年代末期人们开始将电子计算机用于过程控制，试图利用计算机能执行复杂运算、处理速度快和管理监视集中等特点，来弥补常规仪表过于分散和控制功能单一的不足，为工业过程控制开辟一条新的途径。经过多年的摸索和实践，虽然取得了一定的成果，但也暴露了它本身存在的严重弱点：首先是危险高度集中，在一个大型工厂中，一台计算机要控制几十个甚至几百个回路，当计算机的公共部分发生故障时，轻则造成装置或整个工厂停车，重则导致设备的损坏甚至发生火灾、爆炸等恶性事故；其次是成本高，为了提高计算机的可靠性，一般都采用双机、双工运行或常规仪表备用，这样不仅维修工作量大，而且成本将成倍增加，如果工厂的生产规模不大，则经济性更差。

为继承常规模拟仪表及集中计算机控制系统的优点，并摒弃其不足，人们开始了新的探索。20世纪70年代初随着微处理机技术的高速发展，过去由一台大型计算机完成的功能，可以由几十甚至几百台微处理机来完成，各微处理机之间又可以用计算机网络连接起来，构成一个完整的系统，正是在这一基础上出现了集散控制系统。人们按控制功能或按区域将微处理机进行分散配置，每个微处理机只需控制少数几个回路，使危险性大大分散。该系统又使用若干个彩色图形显示器进行监视和操作，并运用通信手段，将各微机连接起来，它比常规模拟仪表有更强的通信、显示、控制功能，又比集中过程控制计算机安全可靠。这是一种分散型多微处理机综合过程控制系统，又称分散型综合控制系统，俗称集散控制系统，简称DCS。

最早提出这种设计思想的是美国霍尼威尔(Honeywell)公司，并在1975年12月正式向市场推出了世界上第一个集散控制系统——TDC2000系统。

从1975年第一套DCS诞生到现在，DCS经历了三个大的发展阶段，或者说经历了三代产品。从总的趋势看，DCS的发展体现在以下几个方面：

（1）系统的功能从低层（现场控制层）逐步向高层（监督控制、生产调度管理）扩展；

（2）系统的控制功能由单一的回路控制逐步发展到综合了逻辑控制、顺序控制、程序控制、批量控制及配方控制等混合控制功能；

（3）构成系统的各个部分由 DCS 厂家专有的产品逐步改变为开放的市场采购的产品；

（4）开放的趋势促使 DCS 厂家越来越重视采用公开标准，使得第三方产品更加容易集成到系统中来；

（5）开放性带来的系统趋同化迫使 DCS 厂家向高层的、与生产工艺结合紧密的高级控制功能发展，以求得与其他同类厂家的差异化；

（6）数字化的发展越来越向现场延伸，这使得现场控制功能和系统体系结构发生了重大变化，将发展成为更加智能化、更加分散化的新一代控制系统。

第一代 DCS（初创期） 是指从其诞生开始的 1975～1980 年间所出现的第一批系统，以 Honeywell 的 TDC－2000 为代表，还有 Yokogawa（即横河）公司的 Yawpark 系统、Foxboro 公司的 Spectrum 系统、Bailey 公司的 Network90 系统等。第一代 DCS 是由过程控制单元、数据采集单元、CRT 操作站、上位管理计算机及连接各个单元和计算机的高速数据通道等五个部分组成，奠定了 DCS 的基础体系结构。这个时期的系统的特点是：比较注重控制功能的实现，系统的设计重点是现场控制站；系统的人机界面功能则相对较弱，在实际中只用 CRT 操作站进行现场工况的监视，使得提供的信息也有一定的局限；在功能上更接近仪表控制系统；各个厂家的系统均由专有产品构成，包括高速数据通道、现场控制站、人机界面工作站及各类功能性的工作站等，不仅系统的购买价格高，系统的维护运行成本也高。可以说，DCS 的这个时期是超利润时期，其应用范围也受到一定的限制。

第二代 DCS（成熟期） 是在 1980～1985 年推出的各种系统，其中包括 Honeywell 公司的 TDGC－3000、Fisher 公司的 PROVOX、Taylor 公司的 MOD300 及 Westinghouse 公司的 WDPF 等。第二代 DCS 的最大特点是引入了局域网（LAN）作为系统骨干，按照网络节点的概念组织过程控制站、中央操作站、系统管理站及网关，使得系统的规模、容量进一步增加，系统的扩充有更大的余地，也更加方便。在功能上，这个时期的 DCS 逐步走向完善，除回路控制外，还增加了顺序控制、逻辑控制等功能，加强了系统管理站的功能，可实现一些优化控制和生产管理功能。

第三代 DCS（扩展期） 以 1987 年 Foxboro 公司推出的 I/A Series 为代表，该系统采用了 ISO 标准 MAP（制造自动化规约）网络。这一时期代表产品还有 Honeywell 公司的TDC－3000/UCN、Yokogawa 公司的 Centum－XL/μXL、Bailey 公司的 INFI－90、Westinghouse 公司的 WDPFⅡ等。这个时期的 DCS 在功能上实现了进一步扩展，增加了上层网络，将生产的管理功能纳入到系统中，形成了直接控制、监督控制和协调优化、上层管理三层功能结构；在网络方面，各个厂家已普遍采用了标准的网络产品；由 IEC61131－3 所定义的五种组态语言为大多数 DCS 厂家所采纳；在构成系统的产品方面，除现场控制站基本上还是各个 DCS 厂家的专有产品外，人机界面工作站、服务器和各种功能站的硬件和基础软件，如操作系统等，已全部采用了市场采购的商品，使系统的成本大大降低，DCS 已逐步成为一种大众产品，在越来越多的应用中取代了仪表控制系统而成为控制系统的主流。

新一代 DCS 其技术特点包括全数字化、信息化和集成化。DCS 发展到第三代，尽管采用了一系列新技术，但是生产现场层仍然没有摆脱沿用了几十年的常规模拟仪表。生产现场层的模拟仪表与 DCS 各层形成极大的反差和不协调，并制约了 DCS 的发展。因此，将现场模拟仪表改为现场数字仪表，并用现场总线(field bus)互联。由此带来 DCS 控制站的变革，即将控制站内的软功能模块分散地分布在各台现场数字仪表中，并可统一组态构成控制回路，实现彻底的分散控制。

6.1.1　集散控制系统的组成

一个最基本的 DCS 应包括至少一台现场控制站、一台操作员站、一台工程师站(也可利用一台操作员站兼作工程师站)、一条系统网络四大组成部分。一个典型 DCS 的基本结构如图 6-1 所示。

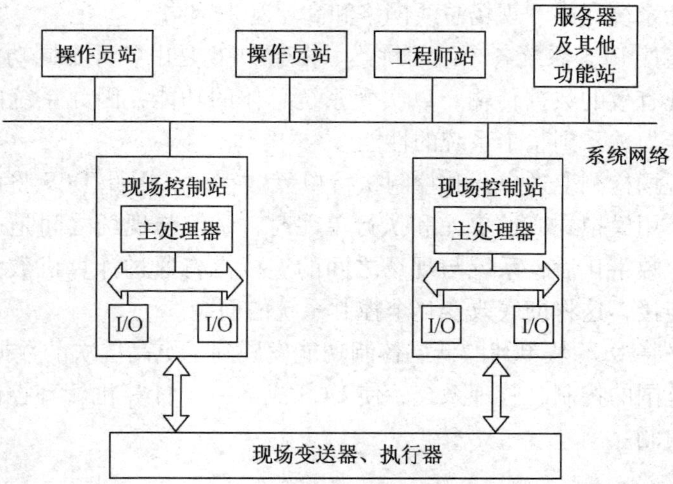

图 6-1　集散控制系统的基本结构

1. 现场控制站

现场控制站是 DCS 的核心，系统主要的控制功能由它来完成。系统的性能、可靠性等重要指标也都要依靠现场控制站保证，因此对它的设计、生产及安装都有很高的要求。现场控制站的硬件一般都采用专门的工业级计算机系统，其中除了计算机系统所必需的运算器(即主 CPU)、存储器外，还包括了现场测量单元、执行单元的输入/输出设备，即过程量 I/O 或现场 I/O。在现场控制站内部，主 CPU 和内存等用于数据的处理、计算和存储的部分被称为逻辑部分，而现场 I/O 则被称为现场部分。

2. 操作员站

操作员站主要完成人机界面的功能，一般采用桌面型通用计算机系统，如图形工作站或个人计算机等。其配置与常规的桌面系统相同，但要求有大尺寸的显示器(CRT 或液晶屏)和性能好的图形处理器，有些系统还要求每台操作员站使用多屏幕，以拓宽操作员的观察范围。为了提高画面的显示速度，一般都在操作员站上配置较大的内存。

3. 工程师站

工程师站是 DCS 中的一个特殊功能站，其主要作用是对 DCS 进行应用组态。应用组态是 DCS 应用过程当中必不可少的一个环节，因为 DCS 是一个通用的控制系统，在其上可实现各种各样的应用，关键是如何定义一个具体的系统完成什么样的控制，控制的输入/输出量是什么，控制回路的算法如何，在控制计算中选取什么样的参数，在系统中设置哪些人机界面来实现人对系统的管理与监控，还有诸如报警、报表及历史数据记录等各个方面功能的定义，所有这些都是组态所要完成的工作，只有完成了正确的组态，一个通用的 DCS 才能够成为一个针对具体控制应用的可运行系统。

特殊功能站是执行特定功能的计算机，如专门记录历史数据的历史站，进行高级控制运算功能的高级计算站，进行生产管理的管理站等。服务器的主要功能是完成监督控制层的工作，如整个生产装置乃至全厂的运行状态监视，对生产过程各个部分出现的异常情况的及时发现并及时处置，向更高层的生产调度和生产管理，直至企业经营等管理系统提供实时数据和执行调节控制操作等。或者简单讲，服务器就是完成监督控制，或称 SCADA 功能的主节点。

4. DCS 网络

DCS 网络包括系统网络、现场总线网络和高层管理网络。

系统网络是连接 DCS 系统各个站的桥梁。由于 DCS 是由各种不同功能的站组成的，这些站之间必须实现有效的数据传输，以实现系统总体的功能，因此系统网络的实时性、可靠性和数据通信能力关系到整个系统的性能。

现场总线将现场检测变送单元和控制执行单元数字化，因此 DCS 将成为一种全数字化的系统。在以往采用模拟式变送单元和执行单元时，系统与现场之间是通过模拟信号线连接的，而在实现全数字化后，系统与现场之间的连接也将通过计算机数字通信网络，即通过现场总线实现连接，这将彻底改变整个控制系统的面貌。

高层管理网络将 DCS 从单纯的低层控制功能发展到了更高层次的数据采集、监督控制、生产管理等全厂范围的控制、管理系统，使 DCS 成为一个计算机管理控制系统，包含了全厂自动化的丰富内涵。

5. DCS 软件

DCS 软件包括现场控制站软件、操作员站软件和工程师站软件。

现场控制站软件的主要功能是完成对现场的直接控制，包括回路控制、逻辑控制、顺序控制和混合控制等多种类型的控制：现场 I/O 驱动，完成过程量的输入/输出；对输入的过程量进行预处理，如工程量的转换、统一计量单位、剔除各种因现场设备和过程 I/O 设备引起的干扰和不良数据、对输入数据进行线性化补偿及规范化处理等；实时采集现场数据并存储在现场控制站内的本地数据库中，这些数据可作为原始数据参与控制计算，也可通过计算或处理成为中间变量，并在以后参与控制计算，所有本地数据库的数据（包括原始数据和中间变量）均可成为人机界面、报警、报表、历史、趋势及综合分析等监控功能的输入数据；控制计算，根据控制算法和检测数据、相关参数进行计算，得到实施控制的量；通过现场 I/O 驱动，将控制量输出到现场。

为了实现现场控制站的功能，在现场控制站中建立有与本站的物理 I/O 和控制相关的本地数据库，这个数据库中只保存与本站相关的物理 I/O 点及与这些物理 I/O 点相关的、经过计算得到的中间变量。本地数据库可以满足本现场控制站的控制计算和物理 I/O 对数据的需求，有时也可从网络上将其他节点的数据传送过来，这种操作被称为数据的引用。

操作员站软件的主要功能是人机界面，即 HMI 的处理，其中包括图形画面的显示、对操作员操作命令的解释与执行、对现场数据和状态的监视及异常报警、历史数据的存档和报表处理等。为了上述功能的实现，操作员站软件主要由以下几个部分组成：图形处理，根据由组态软件生成的图形文件进行静态画面（又称为背景画面）的显示和动态数据的显示及按周期进行数据更新；操作命令处理，包括对键盘操作、鼠标操作、画面热点操作的各种命令方式的解释与处理；历史数据和实时数据的趋势曲线显示；报警信息的显示、事件信息的显示、记录与处理；历史数据的记录与存储、转储及存档软件；报表记录和打印；

系统运行日志的形成、显示、打印和存储记录。

工程师站软件可分为两个大部分，其中一部分是在线运行的，主要完成对 DCS 系统本身运行状态的诊断和监视，发现异常时进行报警，同时通过工程师站上的 CRT 屏幕给出详细的异常信息，如出现异常的位置、时间、性质等。

工程师站软件的最主要部分是离线态的组态软件，这是一组软件工具，是为了将一个通用的、对多个应用控制工程有普遍适应能力的系统，变成一个针对某个具体应用控制工程的专门系统。为此，系统要针对这个具体应用进行一系列定义，如系统要进行什么样的控制；系统要处理哪些现场量，这些现场量要进行哪些显示、报表及历史数据存储等功能操作；系统的操作员要进行哪些控制操作，这些控制操作具体是如何实现的，等等。

在工程师站上，要做的组态定义主要包括以下方面：系统硬件配置定义，包括系统中各类站的数量、每个站的网络参数、各个现场 I/O 站的 I/O 量配置(如各种 I/O 模块的数量、是否冗余、与主控单元的连接方式等)及各个站的功能定义等；实时数据库的定义，包括现场物理 I/O 点的定义(该点对应的物理 I/O 位置、工程量转换的参数、对该点所进行的数字滤波、不良点剔除及死区等处理)以及中间变量点的定义；历史数据库的定义，包括要进入历史数据库的实时数据、历史数据存储的周期、各个数据在历史数据库中保存的时间及对历史库进行转储(即将数据转存到磁带、光盘等可移动介质上)的周期等；历史数据和实时数据的趋势显示、列表及打印输出等定义；控制算法的定义，包括确定控制目标、控制方法、控制周期及定义与控制相关的控制变量、控制参数等；人机界面的定义，包括操作功能定义(操作员可以进行哪些操作、如何进行操作等)、现场模拟图的显示定义(包括背景画面和实时刷新的动态数据)及各类运行数据的显示定义等；报警定义，包括报警产生的条件定义、报警方式的定义、报警处理的定义(如对报警信息的保存、报警的确认、报警的清除等操作)及报警列表的种类与尺寸定义等；系统运行日志的定义，包括各种现场事件的认定、记录方式及各种操作的记录等；报表定义，包括报表的种类、数量、报表格式、报表的数据来源及在报表中各个数据项的运算处理等；事件顺序记录和事故追忆等特殊报告的定义。

6.1.2 集散控制系统的特点

从仪表控制系统的角度看，DCS 的最大特点在于其具有传统模拟仪表所没有的通信功能。从计算机控制系统的角度看，DCS 的最大特点则在于它将整个系统的功能分成若干台不同的计算机去完成，各个计算机之间通过网络实现相互之间的协调和系统的集成。在 DCS 中，检测、计算和控制这三项功能由称为现场控制站的计算机完成，而人机界面则由称为操作员站的计算机完成。而在一个系统中，往往有多台现场控制站和多台操作员站，每台现场控制站或操作员站对部分被控对象实施控制或监视，这种划分是通过功能相同而范围不同的计算机来实现的。因此，DCS 中多台计算机的划分有功能上的，也有控制、监视范围上的。这两种划分就形成了 DCS 的“分布”一词的含义。

DCS 有一系列特点和优点，主要表现在以下六个方面：分散性和集中性、自治性和协调性、灵活性和扩展性、先进性和继承性、可靠性和适应性、友好性和新颖性。

DCS 分散性的含义是广义的，不单是分散控制，还有地域分散、设备分散、功能分散和危险分散的含义。分散的目的是为了使危险分散，进而提高系统的可靠性和安全性。

DCS 的集中性是指集中监视、集中操作和集中管理。DCS 通信网络和分布式数据库是集中性的具体体现，用通信网络把物理分散的设备构成统一的整体，用分布式数据库实现全系统的信息集成，进而达到信息共享。因此，可以同时在多台操作员站上实现集中监视、集中操作和集中管理。

DCS 的自治性是指系统中的各台计算机均可独立地工作，例如，过程控制站能自主地进行信号输入、运算、控制和输出；操作员站能自主地实现监视、操作和管理；工程师站的组态功能更为独立，既可在线组态，也可离线组态。

DCS 的协调性是指系统中的各台计算机用通信网络互联在一起，相互传送信息，相互协调工作，以实现系统的总体功能。

DCS 的灵活性和扩展性表现在 DCS 采用模块式结构，提供各类功能模块，可灵活地组态构成简单或复杂的各类控制系统。另外，还可根据生产工艺和流程的改变，随时修改控制方案，在系统容量允许范围内，只需通过组态就可以构成新的控制方案。

DCS 采用了一系列冗余技术，如控制站主机、I/O 板、通信网络和电源等均可双重化，而且采用热备份工作方式，自动检查故障，一旦出现故障立即自动切换。同时，通过故障诊断与维护软件，实时检查系统的硬件和软件故障，并采用故障屏蔽技术，使故障影响尽可能地小。

DCS 采用高性能的电子元器件、先进的生产工艺和各项抗干扰技术，可使 DCS 能够适应恶劣的工作环境。

DCS 为操作人员提供了友好的人机界面(MMI)。操作员站采用彩色 CRT 和交互式图形画面，常用的画面有总貌、组、点、趋势、报警、操作指导和流程图画面等。由于采用图形窗口、专用键盘、鼠标或球标器等，甚至采用动态画面、工业电视、合成语音等多媒体技术，图文并茂，形象直观，使得操作简便。

6.1.3 集散控制系统的基本功能

当今国际市场上不同厂商的集散控制系统不计其数，它们在结构形式上各有千秋，功能上也有强有弱，但以下这些功能是必须具备的。

1. 输入数据处理

对模拟量来说，一般要进行采样、增益最佳化、A/D 转换、规格化、合理性检查、零偏校正、热电偶冷端补偿、线性化、超限判断、工程量变换、数字滤波、温度和压力校正、开方、上下限报警等处理。数字信号则进行状态报警及输出方式处理。对脉冲序列，需进行瞬时值变换及累积计算。

1）数据的采样速率

按系统不同的要求，需要组态不同采样频率的扫描采样系统。从控制工程的角度，按香农定理规定，采样不失真的条件是采样频率不低于信号中所含最高频率的 2 倍。据此确定的经验数据是流量、压力、液位信号的采样周期分别为 1 ~ 5s、3 ~ 10s、5 ~ 8s，温度、成分信号的采样周期为 15 ~ 20s。在集散控制系统中，需采集处理大量数据，其采样频率就需根据采样点数及信号性质通盘考虑。通常采样频率应以各路信号中可能出现的最高采样频率 f_{max} 为依据，再乘以模拟信号的路数(n)及安全系数(一般为 5 ~ 10)，即

$$f_s = (5 \sim 10) n f_{max} \tag{6-1}$$

【例 6.1】 已知有一温度、压力、流量参数的数据采集系统，共 100 路。按流量信号最小采样周期 1s 估算，有

$$f_{max} = \frac{1}{2} \times 1\text{Hz} = 0.5\text{Hz}$$

$$f_s = 5 \times 100 \times 0.5\text{Hz} = 250\text{Hz}$$

即该采集系统扫描速率应选 250 点/s，每一路的采样速率是 2. 5 次/s。也就是说，对各路信号每隔 0. 4s 检测一次。如果过程参数全是温度，确定温度采样周期为 20s，则

$$f_{max}=\frac{1}{2}\times\frac{1}{20}\text{Hz}=0.025\text{Hz}$$

则 $f_s=5\times100\times0.025\text{Hz}=12.5\text{Hz}$

即该采集系统扫描速率应选 12. 5 点/ s，共 100 路，每一路的采样速率是 0. 125 次/s。也就是说，对每一路温度，只需 8s 检测一次。

2）增益最佳化

模拟量信号在 A/D 转换之前要进行前置放大，以使被转换量落在 A/D 转换线性范围之内(通常在 50% ~100% 满度范围之内)，提高通道的相对测量准确度。因此，要选择合适的增益，增益最佳化即能自动挑选最佳增益。假设某系统 A/D 转换线性范围为 0 ~ 10V，则输入 0 ~ 100mV 信号时，应选择 100 倍的增益，而 0 ~ 1V 输入时，放大器增益选为 10 倍。

3）模拟量信号的规格化

模拟量信号的规格化，是指 1 ~ 5V 的模拟信号经 A/D 转换电路变成规格化的数字量，其计算公式为

$$x=\frac{V-1}{4}(x_m-x_0)+x_0 \tag{6-2}$$

式中 x——规格化数值；

x_m——满度规格化值；

x_0——零点规格化值；

V——模拟信号。

该规格化数值直接参与机器的运算过程。

4）合理性检查

假如 A/D 转换超出规定时间，或接到指令后根本未进行转换，则“A/D 卡故障”置位，给出不合理标志。如果是 A/D 过载(读数超量程)或欠量程(读数小于下限值)，该数将不作进一步处理，给出“读数不合理”标志。

5）零偏校正

由温度、电源等环境因素变化引起放大器零点漂移，可通过软件进行校正。通常是把输入短路时采集的放大器零漂值，取平均值存入内存，再在当前测量结果中扣除此零漂值。这种方法常用于零漂不超过通道模拟输出动态范围的 1/10 场合。零漂严重时，可能使系统发生饱和，因此在零偏校正时，常设定一漂移限值，超过该值，状态字中“零偏超出故障”置位，并发出报警。但这个零偏读数仍用来进行零点校正。

6）工程量变换

上位机或操作站需显示或打印时，还应将规格化的数据转换成工程量单位值 y，即

$$y=\frac{M(x-x_0)}{x_m-x_0}+B \tag{6-3}$$

式中 M——用工程量单位表示的量程；

B——用工程量单位表示的零点。

【例 6. 2】 1V 电压信号表示 100℃，5V 电压信号表示 500℃，满度规格化值为 3847. 0，零点规格化值为 247. 0。

按式(6－2)，得3V时的规格化值为

$$x=\frac{3-1}{4}(3847.0-247.0)+247.0=2047.0$$

代入式(6－3)，得3V时显示的工程量为

$$y=\frac{2047.0-247.0}{3600}\times(500-100)+100=300$$

7）报警功能

集散控制系统具有完备的报警功能，使操作管理人员能得到及时、准确而又简洁的报警信息，从而保证了安全操作。DCS的报警可选择不同的报警类型、不同的报警限值和不同的报警优先级。

（1）报警类型

报警类型通常可分为绝对值报警、偏差报警、速率报警以及累计值报警，其中：

① 绝对值报警　参数直接与规定的工程量上、下限幅值进行比较，高于上限或低于下限，即进行报警。

② 偏差报警　按参数与目标值的偏差大小进行报警。

③ 速率报警　为了反映过程变化的平稳情况，设置了“显著变化限报警”。每次测量结果与前次值相比，变化超过此限即报警。

④ 累计值报警　对要求累加的输入脉冲信号进行当前值累计，并每次与累计值报警设定相比较，超限即报警。

（2）报警限值

为了实现预报警，DCS中通常还设置了多重报警限，如上限、上上限、下限、下下限等。

（3）报警优先级

报警优先级控制参数常用的有报警优先级参数、报警链中断参数和最高报警选择参数等。设置这些参数主要是为了使操作管理人员能从众多的报警信息中分出轻重缓急，便于报警信号的管理和操作。

（4）报警优先级参数

报警优先级参数表示超限报警发生时，报警信号的优先级别，因此它是与报警限值参数相对应的，如测量值上限报警优先级、偏差值上限报警优先级等。报警优先级由高到低依次是危险级、高级、低级、报表级和不需要报警。

① 危险级　报警信号在所有的报警总貌画面中显示；

② 高级　报警信号在区域报警画面和单元报警画面中显示；

③ 低级　报警信号只在单元报警画面中显示；

④ 报表级　报警信号只在报表中记录，并不送往操作站；

⑤ 不需要报警　这一级，连报表都不予打印。

对前三级的报警信号，操作站会以不同的声响、灯光进行报警。

（5）报警链中断参数

报警链中断参数用于给出主要报警源。当某一关键参数报警而引发出一系列报警时，为了使操作管理人员能及时找准报警源，作出正确处理，报警链中断参数及时切断一系列次要的报警信号，为操作管理人员提供准确的关键报警信息。例如，某反应器由于进料量

的猛增，超出报警限，不仅使液面升高，同时因反应加剧，使温度升高、釜压升高。也就是说由于进料流量的报警，引发了液面、温度、压力等一系列的报警。如果全部报警必然使操作管理人员眼花缭乱，现在有了报警链中断参数，把引发的一系列报警都切断了，只给操作管理人员提供流量报警信号，使报警信号简洁明了。而且实际操作过程中，被切断的那些报警信息，仍可在报警日志中记录和显示。

（6）最高报警选择参数

当某个数据点的几个报警参数同时处于报警状态时，最高报警选择参数会确定最危险的那一个报警参数，在报警画面中显示。这种情况常见于同时组态了 PV 值报警、PV 变化率报警和 PV 坏值报警的场合。

8）热电偶冷端补偿

对于安装在现场多路切换箱中的热电偶，其冷端温度自动补偿是通过一个专用的冷端温度检测热电偶进行的。输入处理时，先接通一次，测量工作电动势；再短路一次，测量短路电动势。两者相减即可消除外电路影响。

9）非线性校正

对于温度与热电动势毫伏数、热电阻欧姆数值间的非线性关系，可通过折线近似或曲线拟合的方法加以校正。集散控制系统中进行折线处理时，通常采用 10 段或更多的折线来逼近非线性曲线，用户可根据需要正确设定组态数据。采用曲线拟合法时，多采用高次方程。例如，TDC3000 系统就是用四次方程来校正热电偶的非线性，其公式为

$$T = A_0 + A_1E^1 + A_2E^2 + A_3E^3 + A_4E^4 \tag{6-4}$$

式中　E——热电偶的热电动势；

A_i——校正系数，对于不同型号的热电偶有不同的校正系数，$i=0$，1，2，3，4。

10）开方处理

对于二次方特性的数据，如节流式流量计的差压信号与流量成二次方关系，需进行开方处理，才能使信号与流量成线性关系，其计算公式为

$$R\% = 100\sqrt{\frac{V-1}{4}} \tag{6-5}$$

式中　$R\%$——开方结果；

V——输入电压。

当输入信号低于 1% 以下时，进行零点切除。

11）热电偶开路检查

测点在被切入之前，让小电流流过模拟信号线、多路切换电路和变换器，假如通过外电路的压降超过正常值，就表明热电偶已经开路。

12）数据平滑处理

数据平滑处理就是进行数字滤波，目的是克服随机干扰引入的误差。常用的数字滤波算法有程序判断滤波算法、中位值滤波算法、算术平均滤波算法、递推平均滤波算法、加权递推平均滤波算法、一阶惯性滤波算法和复合滤波算法等。

（1）程序判断滤波算法

程序判断滤波算法又称限幅滤波算法或限速滤波算法，其基本方法是通过比较两个相邻采样值，如果两者差值超过最大允许范围 a，则认为有尖脉冲引入输入端，y_n 应予剔除。其算式为

$$|y_n - \overline{y_{n-1}}| \leq a,\ \overline{y_n} = y_n \tag{6-6}$$

$$|y_n - \overline{y_{n-1}}| > a,\ \overline{y_n} = \overline{y_{n-1}} \text{或} \overline{y_n} = 2\,\overline{y_{n-1}} - \overline{y_{n-2}} \tag{6-7}$$

其中

$$a = v_{\max} T$$

式中 $v_{\max}$——参数允许最大变化速度；

T——采样周期。

（2）递推平均滤波算法和加权递推平均滤波算法

对于算术平均滤波算法，每计算一次需采样 N 次，这对采样速率不高的系统耗时较长，甚至无法实时运算。加权递推平均滤波算法每次只需采集一个数据，而把 n 个周期采得的数据进行平均，它的计算公式为

$$\overline{y_n} = \frac{1}{N}\sum_{i=0}^{N-1} y_{n-1} \tag{6-8}$$

式中 y_{n-1}——未经滤波的第 $n-1$ 次采样值；

N——递推平均项数。

上述算法的每一次采样值，在结果中的比重均是 $1/N$，这对时变信号会引入滞后。为增加当前采样值在结果中所占的比重，提高系统对本次采样的灵敏度，可采用加权递推平均滤波算法，即

$$\overline{y_n} = \frac{1}{N}\sum_{i=0}^{N-1} c_i y_{n-1} \tag{6-9}$$

满足：$c_0 + c_1 + c_2 + \cdots c_{N-1} = 1$

$c_{>} c_1 > c_2 > \cdots c_{N-1} > 0$

式中 c_i——加权系数。

（3）一阶惯性滤波算法

一阶惯性滤波算法对周期性干扰具有良好的抑制作用，适用于波动频繁的参数滤波。计算公式为

$$y_n = a y_n + (1-a)\overline{y_{n-1}} \tag{6-10}$$

其中

$$a = \frac{T}{T + T_{\mathrm{f}}}$$

式中 T——采样周期；

T_{f}——滤波时间常数。

这种算法的不足之处是具有相位滞后，T_{f} 越大，滞后越大。它不能滤去高于 1/2 采样频率以上的干扰信号。例如，采样频率为 100Hz，则它不能滤去 50～100Hz 的干扰。

13）温度、压力校正

当用孔板测量气体或蒸汽流量时，因差压值测量时的环境偏离孔板设计时的标准温度、标准压力，计算将有误差，因此需将此值校正到标准条件下的 Δp，其计算公式为

$$\Delta p_{\mathrm{nt}} = \Delta p_{\mathrm{rt}} \times \frac{t_{\mathrm{n}} + 273}{t_{\mathrm{r}} + 273} \tag{6-11}$$

$$\Delta p_{\mathrm{np}} = \Delta p_{\mathrm{rp}} \times \frac{p_{\mathrm{r}} + 0.103}{p_{\mathrm{n}} + 0.103} \tag{6-12}$$

式中 t_{n}——标准温度；

t_{r}——实际温度；

p_n——标准压力；

p_r——实际压力；

Δp_{nt}——标准温度下的压差；

Δp_{rt}——实际温度下的压差；

Δp_{np}——标准压力下的压差；

Δp_{rp}——实际压力下的压差。

14）脉冲序列的瞬时值变换及累计

对脉冲信号按计数速率大小，线性转换成瞬时值。脉冲累计是通过计数器实现的，数据采集单元每次扫描时，从计数器存储单元读取累积值，叠加到数据库的累加器中，进行总量累加，并执行累加极限检查；计数器被“读”后即复位，从零开始计数。

2. 输出处理

集散控制系统的输出，一般分为模拟量输出和开关量输出。模拟量输出时，CPU 算出的数字结果，经 D/A 转换成 4～20mA 信号，送端子板输出，在输出需限幅时，可经限幅处理。在 D/A 转换之前数据先与限幅信号作比较，正常时，将输出送 D/A 转换器，反之将限幅值送 D/A 转换器。在开关量输出时，由主机电路送出的数字信号，先存于输出锁存器中，再经驱动电路进行功率放大，去控制现场执行机构。通过组态，数字输出可有三种不同的形式：

（1）瞬时输出式　信号一变化，触点瞬时就动作。

（2）延时输出式　信号变化，延时一段时间后触点才动作。

（3）锁定式输出　触点闭合后，待下次信号来到时才断开。

3. 控制功能

控制部分是集散控制系统的核心。带微处理机的控制器按所具有回路数的多少，可分为单回路、双回路和多回路。多回路的控制器一般为 16、32 或 64 个回路，最多达到 400 个回路。按控制算法的数目从几十种到上百种，随着微机技术和控制理论的发展，控制算法已达 1000 种以上，运算功能越来越强。控制方式从早期只有连续控制功能的状况，已发展到普遍具有逻辑控制、顺序控制和批量控制的功能。

（1）连续控制　严格来说，计算机控制全部是离散控制，但为区别于顺序和逻辑控制，还是称它为连续控制。连续就是调节器的输出不断按输入信号的变化，进行 PID 等不同规律的控制，不间断地修正输出值的大小。连续控制算法一般有常规 PID、微分先行 PID、积分分离、选择性控制、采样控制、自适应控制、非线性控制、Smith 预估控制、多变量解耦控制等常规及高级控制算法。此外，还有模糊控制、PID 自整定算法、带模型预估的控制算法等智能控制算法。

（2）逻辑控制　根据输入变量的状态，按逻辑关系进行的控制称为逻辑控制。在集散控制系统中，由逻辑块实现逻辑控制功能。逻辑运算包括 AND（与）、OR（或）、XOR（异或）、LINK（链接）、OFF DELAY（停止延时）、ON DELAY（进行延时）、FLIP－FLOP（触发器）、PULSE（脉冲）等。逻辑块的输入变量包括数字输入/输出状态、逻辑块状态、计数器状态、定时器状态、局部故障状态、连续控制 SLOP 的操作方式和上位机的计数溢出状态。它可直接用于过程控制，进行工艺联锁，也可作为顺序控制中的功能模块，进行条件判断、状态变换等。

（3）顺序控制　顺序控制是根据预定顺序或逻辑，逐步进行各阶段信息处理的控制方法。顺序控制兼有连续控制、逻辑控制和输入/输出监控的功能。实现顺序控制的常用方法有顺序表法、程序语言方式和梯形图法等三种。顺序表法是将控制顺序按逻辑关系和时间关系预先编成顺序记录，存储于管理文件中，然后逐项执行。程序语言方式是通过语言编程来实现顺序控制的，所采用的语言不是常用的 FORTRAN、BASIC 等高级语言，而是一种面向现场、面向过程的简单直观的控制语言，例如 TDC3000 中采用的是 SOPL 语言。梯形图法又称梯形逻辑控制语言，它是由继电器逻辑电路图演变而来的一种解释执行程序设计语言，它的书写方式易被控制工程师理解和接受，实现起来也更方便，已越来越多地被采用。随着 DCS 的发展，已出现了梯形逻辑与连续控制算法相结合的复合控制功能。

（4）批量控制　批量控制就是利用顺序程序控制一个间断的生产过程，以得到规定的产品。例如，配制生产一种催化剂溶液，需经投料、加放定量溶剂、搅拌、加热控制到一定温度、保温规定时间，然后过滤排放。每步操作都不是连续的，但有规定的要求；每步的转移，又都必须满足一定的条件。这里，除了要进行常规的温度、流量调节外，还需要执行打开阀门、启动搅拌机等开关控制及计时判断，因此要用顺序程序把这些操作按次序连接起来，定义每步操作的具体条件和要求，直接指挥有关的现场控制设备，以得到满意的产品。因此，可以认为，批量控制是顺序控制的一种应用。各类 DCS 的批量控制器，其结构形式和组态、编程各不相同，但基本原理是一致的。早期采用的结构以独立的批量控制器为多，目前则以集各种功能于一体的综合控制器为主。

4. 通信功能

通信功能是集散控制系统的重要支柱，执行分散控制的各单元，以及各级人-机接口，要靠通信系统连成一体。这种在局部区域内，使用各种数据通信设备互连的通信网络称为局域网(Local Area Network，LAN)，它是一个高通信速率、低误码率、快速响应的局部网络，具有组织灵活、易于扩展、资源共享的特点。然而集散控制系统完成的是工业控制，因此它与一般的办公室用局部网络有所不同，它应具有以下特点：

（1）具有快速的实时响应能力。一般办公自动化计算机局部网络响应时间为 2~6s，而它要求为 0.01~0.5s。

（2）具有极高的可靠性。必须连续、准确运行，数据传送误码率低于 $10^{-8}\sim10^{-11}$，系统利用率在 99.999% 以上。

（3）适合于在恶劣环境下工作。能抗电源干扰、雷击干扰、电磁干扰和地电位差的干扰。

（4）具有分层结构。为适应集散控制系统的分层结构，其通信网络也必须具有分层结构，例如分为现场总线、车间级网络系统、工厂级网络系统等不同层次。

集散控制系统中，参加网络通信的最小单位称为节点，发送信号的源节点把信息进行编码，然后送到传输介质(通信电缆)，最后被目的节点接收。而要保证数据在众多节点之间合理传送，还须将通信系统构成一定网络，并且遵循一定的网络控制方法才能实现。局域网的主要技术指标包括信号的传输形式、通信介质、网络的拓扑结构、介质访问控制方法等四个方面。

1）信号的传输形式

信号在通信介质中传输的形式，主要有基带传输和宽带传输两种。基带指的是用传输介质的整个容量作为一个信道。宽带指的是使用频分多路复用技术，对传输介质带宽进行划分，产生多重信道。

2）通信介质

通信介质又称传输介质或信道，是网络中发送方和接收方之间的物理通路，传输介质的特性对通信质量有很大影响。集散控制系统中常用的通信介质主要有双绞线、同轴电缆和光缆等有线通信介质，特殊情况下还可采用无线传输，如微波、红外和卫星通信。集散控制系统中，在现场总线这一层常用双绞线，其他部分则采用基带或宽带同轴电缆、远程用光缆。

(1) 双绞线是由两根平行导线按一定的节距绞合而成的。双绞线最大带宽为100kHz～1MHz，双绞线的传输距离一般为几千米到十几千米，距离太长时，需要加中继器。双绞线的数据传输率与电缆长度有关，在几千米范围内，双绞线的数据传输率可达10Mbit/s甚至100Mbit/s，距离越远，数据传输率越低。

(2) 同轴电缆由内导体铜质芯线、绝缘层、网状编织的外导体屏蔽层、塑料保护外层等组成。由于增加了外屏蔽层，因此同轴电缆具有很好的抗干扰特性，被广泛应用于较高速率的数据传输。同轴电缆的成本比光纤要便宜。同轴电缆分为50Ω同轴电缆和75Ω同轴电缆两类。50Ω同轴电缆亦称为基带电缆，用于数字通信，传送基带数字信号。用这种同轴电缆以10Mbit/s的速率将数字信号传送1km是完全可行的。75Ω同轴电缆主要用于模拟传输系统，它是有线电视系统(CATV)中的标准传输电缆，也可用于数字传输，其数据传输速率可高达50Mbit/s。宽带同轴电缆所覆盖的距离可延伸至数十千米。

(3) 光缆是利用光导纤维构成的通信电缆。光纤有单模光纤和多模光纤两种。采用光纤作传输介质的主要优点是传输质量高，传输衰减率很低，如以140Mbit/s的速率传送，衰减仅为3dB/km，中继距离可达50km。光导纤维中传输的是光信号而非电信号，并且与电气完全隔离，因此它不但不受电磁干扰或噪声的影响，也不会干扰其他通信系统。另外，由于光纤不导电，其中没有电流，不会有触电的危险，而且也不会遭受雷击，适用于电磁干扰严重的环境。光纤传输信号的频带极宽为1km时，带宽可达1GHz。传输过程中无电磁辐射，保密性好，不会像同轴电缆那样，被他人从电缆中插接后窃取数据。采用光纤作通信介质体积小、重量轻，且不用有色金属。光纤的主要缺点是衔接和分支困难。无论是光纤与光纤还是收发机与光纤，它们的衔接都很困难，光纤分支易使信号能量受到损失，有时高达10dB，必须使用中继器以减少信号的衰减，因此光纤的价格和安装费用都比同轴电缆要高。

3）网络结构

网络结构又称网络拓扑，它是指网络节点的互连方式。通常有星形、环形、总线型等，如图6－2所示。

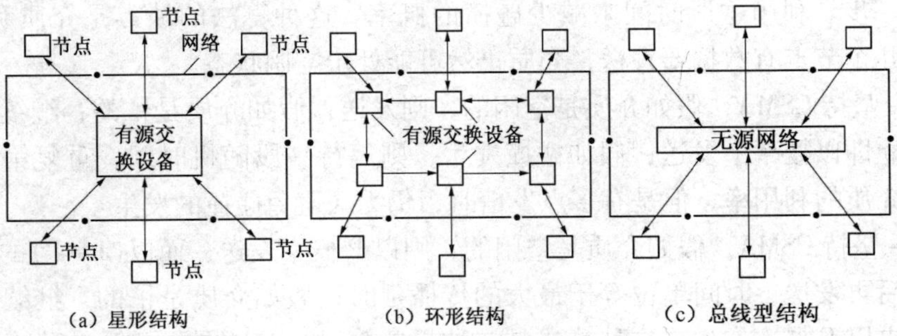

图6－2　通信网络的拓扑结构

(1) 在星形结构中，星的中心为主节点，其他为从节点。网上各从站间交换信息都要通过主站。这种拓扑结构体现了一种集中式通信控制策略，主节点负责全部信息的协调和传输，一旦发生故障将殃及整个网络。为提高可靠性，主节点采用冗余结构，使系统投资较大。

(2) 在环形网络中，网上所有节点都通过点对点链路连接，并构成一个封闭环。工作站通过节点接口单元与环相连，数据沿环单向或双向传输。当然在双向传输时须考虑路径控制问题。

环形结构的突出优点是结构简单、控制逻辑简单、挂接或摘除节点也比较容易，系统的开发成本以及修改费用较低。主要问题是可靠性较差，当节点处理机或数据通道出现故障时，会给整个系统带来威胁。虽可通过增设“旁路通道”或采用双向环形数据通道等措施加以克服，但增加了系统的复杂性。

(3) 在总线型网络中，所有节点都挂在总线上，为控制通信，有的设有通信控制器，采取集中控制方式，有的把通信控制功能分设在各通信接口中，称为分散控制方式。总线型通信网络的性能，主要取决于总线的“带宽”、挂线设备的数目以及总线访问规程。

4) 介质访问控制方法

介质访问控制方法即信道访问控制算法，主要用来控制多台设备共享一个介质通道。常用的介质访问控制有轮询、竞争和令牌传递三种方法：

(1) 轮询　是指由一台主设备来管理网络访问权的介质访问控制方法。这台主设备以事先约定好的顺序，依次询问网络中的每一台从设备是否有信息要发送，从设备只有经主设备查询后，才能发送数据。轮询能保证每一台从设备的网络访问权，在时间上可预测，访问是确定的，彼此间无冲突，而且可指定从设备的访问优先级。

(2) 竞争　是指让网络上的每一个设备，通过竞争的方法来获得介质的控制权，使网络上的设备想要发送的时候就能发送，这种做法容易产生碰撞而使数据丢失。为了减少碰撞次数，竞争的介质控制方法常采用美国电气与电子工程师学会 IEEE802 委员会研究制定的 IEEE802.3 载波监听多路访问/冲突检测(CSMA/CD)协议。

CSMA/CD 是一种采用随机访问技术的竞争型访问方法。一个站要发送，首先要监听总线，如果介质是空闲的，则可以发送；在发送帧期间同时有检测冲突的能力，一旦检测到碰撞，就立即停止发送，并向总线发一串阻塞信号，告知总线上各站，碰撞已经发生。各节点检测到“碰撞”，停止发送信息后，要延迟一个随机时间量，再去抢占总线。为了避免“碰撞”发生，通常有三种不同的算法，它们分别是非坚持 CSMA、1-坚持 CSMA 和 P-坚持 CSMA。

对于非坚持 CSMA，假如介质是空闲的，则发送；假如介质是忙的，则等待一段随机时间，重复第一步。利用这段时间来减少碰撞的概率。这种算法的缺点是介质利用率不高，因为即使有几个节点有数据要发送，介质仍然可能处于空闲状态。

对于 1-坚持 CSMA，假如介质是空闲的，则发送；假如介质是忙的，继续监听，直到介质空闲，立即以概率 1 发送；假如碰撞发生，则等待一段随机时间，重复第一步。这种算法提高了介质的利用率，但是有多点发信时，仍无法避免碰撞的发生。

对于 P-坚持 CSMA，假如介质是空闲的，则以 P 概率发送，而以(1-P)的概率延时一个时间单位后再发送，时间单位等于最大的传播延时；假如介质是忙的，继续监听，直到介质空闲，再以 P 概率发送。这种算法是一种折中算法，它试图降低第二种算法的碰撞概率，又减少第一种算法的介质浪费。问题在于如何有效选择 P，如果 P 选得过大，碰撞又不可避免；如果 P 选得过小，则介质利用率会大大降低。

CSMA/CD 控制方法采用总线争用方式，允许各站平等竞争，具有结构简单、轻载下延迟小的优点。但随着负载的增加，碰撞的概率也增加，性能明显下降。

(3) 令牌传递　作为介质访问控制机制，令牌传递法明显优于竞争法。由于采用了令牌，因而避免了碰撞。在令牌传递系统中，发送数据的设备必须等待令牌的到来，才能允许传递。当传送结束时，再把令牌传给下一台设备。令牌传递法可以用站点优先级或其他方法来防止某个站点独占全网。因此每个站点都可确保在某个最小时间间隔内有发送数据的机会。常用的令牌传递协议有IEEE802.5令牌环(Token Ring)、IEEE802.4令牌总线(Token Bus)、分布式光纤数据接口(FDDI)等。

① 令牌环　这种介质访问使用一个沿环循环的令牌，当各站都没有帧发送时，令牌的形式为01111111，称为“空令牌”。当某站要发送帧时，需将空令牌改为“忙”(01111110)状态，数据紧接在“忙令牌”后发送到环网上。由于令牌是忙状态，所以其他站不能发送。发送的帧在环上循环一周后再回到发送站，将该帧从环上移去，并将令牌改为“空令牌”，传到后续站。接收帧的过程是当帧通过站时，该站将帧的目的地址和本站的地址相比较，如地址相符，则将该帧先放入接收缓冲区，再输入站，同时将帧送回至环上，让发送站回收。令牌环在轻载时，由于存在等待令牌的时间，故效率较低。在重载时，对各站公平，效率提高，性能对传输距离并不敏感。

② 令牌总线　令牌总线访问控制是在综合总线竞争和令牌环两种介质访问控制优点的基础上，形成的一种介质访问控制方法。令牌总线访问控制是在物理总线上建立一个逻辑环。接在总线上的站，组成一个头尾相接的环，每个站被赋予一个顺序的逻辑位置。令牌在逻辑环上依次传递，只有取得令牌的站点才能发送信息帧，当发送完成时，就将令牌传送给下一个站。从物理上看，站点共享的传输介质是总线，但是从逻辑上看，这是一种环形结构的局域网，但令牌总线访问控制较复杂性。

5. 人机接口功能

按照现场控制器的连接方式，集散控制系统的人机接口可分为现场简易接口和CRT操作站两种：前者直接与现场控制器相连；后者是经过通信网络和现场控制器相连。简易操作接口使现场工作人员能对系统进行操作、监视和设定。CRT操作站不是为某个现场控制器所专用，而是好几个控制器共享。CRT将系统信息集中地反映在屏幕上，并自动地对信息进行分析、判断和综合。操作站的主要功能归纳起来有以下几个方面：

(1) 极强的显示功能　操作站除了对控制点、检测点以及状态点作详尽的测量值、设定值、控制输出值、趋势曲线、开关状态、故障状态、手/自动状态、批量执行状态等显示外，还具有流程图画面、维护检修画面、报警画面、故障诊断画面等画面生成能力。流程图上还可调出多种窗口显示，大大方便了操作。

(2) 报警功能　操作站以画面方式、色彩(或闪光)方式、数字方式、模拟方式或声光信号方式对各种参数越限或设备状态异常进行报警。

(3) 组态、操作功能　操作站按设计要求对系统节点进行组态、编程，对系统操作参数进行调整，对操作状态进行切换，以及危急时进行紧急处理。

(4) 报告生成功能　根据生产管理需要，打印各种班、日、月报表及操作日记、历史数据。

(5) 系统维护　功能操作站在系统发生故障时，可进行维修及排除故障提示，乃至提供远方技术中心服务。

(6) 自诊断功能　为了提高集散控制系统的可靠性，延长系统的平均故障间隔时间

(MTBF)和缩短平均故障修复时间(MTTR)，集散控制系统的各装置具有较强的自诊断功能。系统投运前，用离线诊断程序检查各部分工作状态；系统投运中，各设备不断执行在线自诊断程序，一旦发现错误，即刻切换到备用设备，同时经过通信网络在CRT上显示出故障代码，等待及时处理。通常故障代码可以定位到插件板，用户只需及时更换插卡。

(7) 冗余技术　自诊断可以及时检出故障，但是要使集散控制系统的运行不受故障的影响，主要靠冗余技术的采用。冗余有工作冗余和后备冗余两种方式：俗称“热备用”和“冷备用”。集散控制系统中通信系统至关重要，几乎都采用一备一用的配置；操作站常采用工作冗余的方式。对现场控制器，冗余方式各不相同，有的采用1∶1冗余，也有的为n∶1冗余，但均采用无中断自动切换方式。集散控制系统特别重视供电系统的可靠性，除了220V交流供电外，还考虑了镍镉电池、铅钙电池以及干电池等多级掉电保护措施。除了硬件冗余外，集散控制系统还采用了信息冗余技术，就是在发送信息的末尾增加多余的信息位，以提供检错及纠错的能力。

6.1.4 集散控制系统的性能指标

DCS系统是一个比较复杂的系统，而且与具体的应用是紧密结合的，要想衡量一种DCS的优劣，必须全面、综合地进行评价才可以得到比较合理的结论。我们不能简单地说哪个系统好或不好，只能说哪种系统在某个应用场合更加合适。同时，DCS的应用开发对系统性能的影响也相当大，因此DCS的性能指标是一个综合评价的问题。

DCS的性能指标主要有系统的实时性、系统准确度、系统容量、系统可靠性、系统稳定性、系统安全性、系统的环境适应性、系统的现场接口性能、系统的人机接口性能、系统的易用性和可维护性等。

1. 系统的实时性指标

系统实时性是指系统的各项处理与被控过程变化速度的适应能力，一般包括以下几个方面：

(1) 最小回路控制周期和各个回路控制周期的可调范围；

(2) 操作命令的响应时间和完成时间；

(3) 实时数据库中的数据更新周期；

(4) 在系统中各站之间的数据传送周期；

(5) 人机界面的模拟图调出周期、画面切换周期和画面中实时数据的更新周期；

(6) 系统各站的处理能力余量，包括CPU时间和存储量；

(7) 网络传输能力的余量。

2. 系统准确度指标

系统准确度主要是指现场测量和控制的准确度，包括以下几个方面：

(1) 模拟量转换(A/D和D/A)的分辨率和准确度；

(2) 回路控制的准确度；

(3) 模拟量输入输出的频率响应特性；

(4) 模拟量输入输出对现场干扰的排除能力；

(5) 模拟量输入输出的温度漂移和时间漂移；

(6) 系统采样的同时性(最小采样周期)；

(7) 系统内各站之间的时间同步准确度。

3. 系统容量指标

系统容量指标包括以下几个方面：

(1) 系统可容纳的最大I/O点数量、最大控制回路数量；

(2) 每个现场控制站可容纳的最大 I/O 点数量、最大控制回路数量;

(3) 每个机柜可容纳的最大 I/O 点数量;

(4) 逻辑电源和现场电源的容量;

(5) 实时数据库的最大容量;

(6) 系统最大的现场控制站、操作站和其他功能站的数量;

(7) 系统可与外界(其他系统)交换数据的容量;

(8) 系统余量(包括 I/O 点数量、控制回路数量、电源容量和各种站的数量等)。

4. 系统的可靠性和稳定性指标

衡量系统的可靠性常用可用率 A、平均无故障时间 MTBF 等指标来表示,但这些指标表达的都是一种概率,而不是一个确定的数值,因此可靠性指标只是一个定性的指标。系统稳定性指标,则表明系统在各种不同的环境条件和不同的状态下保持其功能实现和性能指标的能力。

(1) 可靠度是用概率来表示零件、设备和系统的可靠程度,即设备在规定的条件下(指设备所处的温度、湿度、气压、振动等环境条件和使用方法及维护措施等),在规定的时间内(指规定的工作期限),无故障地发挥规定功能(应具备的技术指标)的概率。

(2) 失效率是指系统运行到某时刻后,单位时间内可靠度的下降与该时刻可靠度之比。

(3) 平均故障间隔时间 MTBF(Mean Time Between Failure)是指各次故障间隔时间的平均值,即各段连续工作时间的平均值。MTBF 是一个通过采样检测,长期统计后求出的平均值。

(4) 平均故障修复时间 MTTR(Mean Time To Repair)是指设备或系统经过维修,恢复功能并投入正常运行所需要的平均时间。MTTR 也是一个统计值,它远小于 MTBF。

(5) 可用率 A 是可修复产品的一个可靠性指标,又称有效率或有效度,表征了产品正常工作时间和总时间的比率。它与 MTBF 和 MTTR 的关系为

$$A = \frac{MTBF}{MTBF + MTTR}$$

对于串联系统,总可用率为:$A = A_1 A_2 A_3 \cdots A_n$;

对于并联系统,总可用率为:$A = 1 - (1 - A_1)(1 - A_2)(1 - A_3)\cdots(1 - A_n)$。

其中 A_1,A_2,A_3,…,A_n 为各子系统的可用率。

串联系统的总可用率低于各子系统的可用率。

并联系统的总可用率大于各子系统的可用率,并随并联单元数的增多而提高。但当并联数大于 2 时,并联子系统对增加系统可用率的贡献并不大,实际工程中常选用并联数为 2 的并联子系统。

5. 系统安全性指标

系统安全性指标包括以下几个方面:

(1) 系统的防爆性能;

(2) 系统对现场出现失控的几率、出现误控的几率;

(3) 在各种不同工况下,包括最恶劣工况下输出正确结果的能力;

(4) 在系统出现故障或受到外力破坏时导向安全状态的能力。

6. 系统的环境适应性指标

系统的环境适应性指标包括以下几个方面:

(1) 对温度、湿度、气压的适应性;

(2) 防腐蚀性气体能力；

(3) 抗电磁干扰能力(包括防雷击)；

(4) 抗震能力；

(5) 防尘、防水能力。

7. 系统的现场接口性能指标

系统的现场接口性能指标包括以下几个方面：

(1) 共模干扰抑制比和差模干扰抑制比；

(2) 系统与现场之间的电气隔离；

(3) 现场信号之间的电气隔离；

(4) 系统的现场端口保护；

(5) 系统输入端口的输入阻抗；

(6) 系统输出端口的带负载能力。

8. 系统的人机接口性能指标

系统的人机接口性能指标包括以下几个方面：

(1) 对系统的各项操作的方便性(重要的操作要一键完成)；

(2) 模拟画面的清晰度和表现力；

(3) 报警信息的提示方式是否及时、醒目、易理解、无歧义；

(4) 对操作范围和操作权限的限定和检查；

(5) 操作记录功能和事件追溯功能。

9. 系统的易用性和可维护性指标

系统的易用性表现在系统能否提供强有力的工具，使用户能够进行灵活的组态、方便的运行管理和各种操作，如记录、查询及存档等。在安装调试方面，系统是否便于接线、查线、测量和调整信号等。可维护性是指系统能否在出现局部故障时使运行维护人员尽快发现并及时处理、尽量缩短维修时间。如带电更换模块可提高排除故障的速度。

10. 系统的灵活性和可扩展性指标

系统的灵活性是指系统可根据使用要求灵活配置的能力，如现场控制站的大小、安装位置能否灵活进行配置和安排，各站的功能能否灵活进行定义，等等。

系统的可扩展性指系统的规模、功能及处理能力等是否能够在运行后对其方便地添加，系统是否提供了安全方便的二次开发环境和工具，以便于用户可以根据需要增加应用功能。

6.1.5 SUPCON JX－300X 简介

1993 年，浙大中控成功研制开发出了国内第一套具有 1∶1 热冗余技术的 SUPCON WebField JX－100DCS，填补了国内空白。之后，又相继推出了 JX－200、JX－300、JX－300X 系列 DCS。

WebField JX－300X 集散控制系统是浙大中控 WebField 控制系统家族的重要成员，是一套技术成熟、性能稳定的控制系统，具有卓越的全集成功能和灵活配置的特点，能全面满足不同生产工艺过程的控制管理需求，是国内应用最广泛的控制系统之一，其用户遍及化工、石化、冶金、电力、建材、食品等多个领域。系统特点如下：

(1) 可靠　全智能化设计，真正热冗余技术，故障自诊断到卡件级，部件可带电更换，确保系统长期可靠运行。

（2）先进　控制网络采用标准10M/100M冗余工业以太网，信息传输高速、准确、可靠；提供HART、FF现场总线接口，实现分散I/O站。

（3）方便　真正Windows NT中文操作平台，稳定性和操作方便性大为提高；标准IECB1131－3组态平台，LD、FBD、SFC和C语言组态，方便实现理想的控制策略。

（4）灵活　采用OPC、ODBC开放式通用数据接口，可方便地嵌入第三方产品。

（5）集成　通过PIMS可方便地实现全厂控制系统与管理系统的信息共享。

1. 系统主要性能指标

1）系统规模

过程控制网络SCnet Ⅱ连接系统的工程师站、操作站和控制站，完成站与站之间的数据交换。SCnet Ⅱ可以接多个SCnet Ⅱ子网，形成一种组合结构。每个SCnet Ⅱ网理论上最多可带1024个节点，最远可达10000m。目前已实现的1个控制区域包括15个控制站、32个操作站或工程师站，总容量15360点。

2）控制站规模

在一个控制站内，主控制卡通过SBUS网络可以挂接8个I/O或远程I/O单元(即8个机笼)。每个机笼最多可以配置20块卡件，即除了最多配置一对互为冗余的主控制卡和数据转发卡之外，还可以配置16块各类I/O卡件。各种信号最大配置点数为：

AO模出点数　≤128/站；

AI模入点数　≤384(包括脉冲量)/站；

DI开入点数　≤1024/站；

DO开出点数　≤1024/站；

控制回路　128个/站(其中自定义单回路与串级控制回路之和最大不超过64个)；

程序空间　4Mbit Flash RAM；

数据空间　4Mbit SRAM。

3）运行速度

采样和控制周期　50ms～5.0s(逻辑控制)，100ms～5.0s(回路控制)；

双机切换时间　＜0.1s；

双机冗余同步速度　1Mbps。

4）可靠性

（1）控制站通过SBUS网络构成了一种更分散的控制结构，提高了系统的可靠性。

（2）系统的每一块卡件均带有专用的微处理器，负责该卡件的控制、检测、运算、处理及故障诊断等，提高了每块卡件的自治性，使系统的可靠性和安全性成倍上升。

（3）系统的模拟量输入(AI)卡件采用了智能调理和先进的信号前端处理技术，由卡件上的微处理器控制，将信号调理和A/D转换合二为一，使每块模拟量输入卡具有信号智能调理和处理的能力，提高了I/O卡件的可靠性、独立性，同时也有助于功能扩展。

（4）机笼内部采用板级热冗余技术，卡件可根据需要实现1∶1热备份，即当任一设置为冗余方式的工作卡件发生故障时，备用卡件即迅速自动切换，整个系统仍按原进程工作，不影响整个系统的工作状态。用户可以根据需要，对I/O卡选择全冗余、部分冗余或不冗余。系统通过软、硬件措施，确保冗余I/O卡之间满足输入/输出相容性原则。

（5）信号全部采用磁隔离或光电隔离技术，将干扰拒之于系统之外。通道之间的隔离消除了信号之间的串模干扰影响，提高了信号处理的可靠性。

（6）为抑制交流电源噪声干扰系统正常工作，安装了电源低通滤波器，并采用带屏蔽层的变压器，使控制站与其他的供电电路相隔离。同时在布线和接地方面，逻辑电路、模拟电路的布线尽量分开，直流供电备有良好的退耦电路。

（7）所有智能卡件通过先进的硬件设计和周密的软件配合，都实现了带电插拔的功能，以满足系统在运行过程中的维修需要。

2. 系统结构

JX－300X DCS 的通信网络分三层，包括信息管理网、过程控制网(SCnet Ⅱ)、控制站内部 I/O 控制总线(SBUS)，如图 6－3 所示。

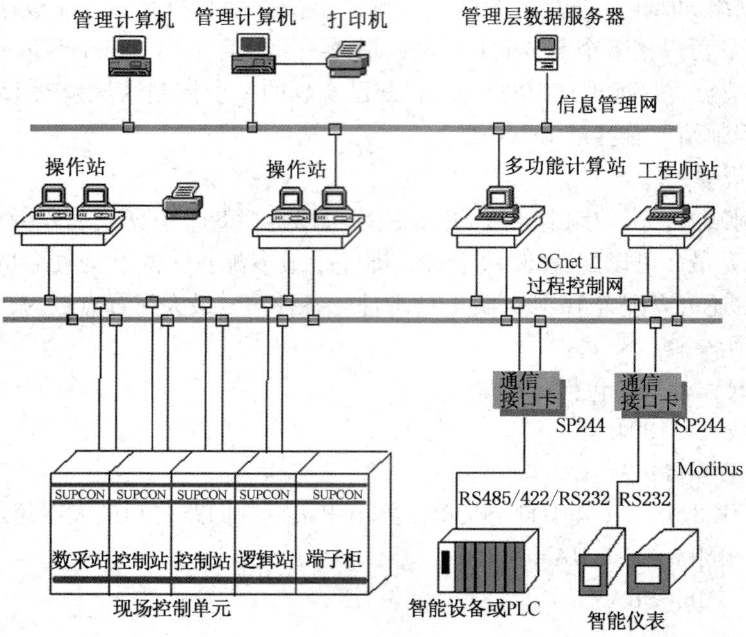

图 6－3　JX－300X DCS 系统网络结构示意图

1）信息管理网

采用以太网结构，用于工厂级的信息传送和管理，是实现全厂综合管理的信息通道。该网络通过在多功能站(MFS)上安装双重网络接口转接的方法，实现企业信息管理网与 SCnet Ⅱ过程控制网络之间的网间桥接，以获取 JX－300X 集散控制系统中的过程参数和系统的运行信息，同时也向下传送上层管理计算机的调度指令和生产指导信息。管理网采用大型网络数据库，实现信息共享，并可将各个装置的控制系统连入企业信息管理网，实现工厂级的综合管理、调度、统计、决策等。

信息管理网可采用总线形、星形拓扑结构，符合 IEEE802.3 标准协议和 TCP/IP 标准协议，通讯速率达 10Mbps、100Mbps、1Gbps 等，网上站数最大可达 1024 个，通讯距离最大达 10km，通讯介质可采用双绞线、同轴电缆、光纤等。

2）过程控制网络(SCnet Ⅱ网)

采用了双高速冗余工业以太网，直接连接了系统的控制站、操作站、工程师站、通讯接口单元等，是传送过程控制实时信息的通道，具有很高的实时性和可靠性，通过挂接网桥，SCnet Ⅱ可以与上层的信息管理网或其他厂家设备连接。

过程控制网络 SCnet Ⅱ可采用总线形、星形拓扑结构，各节点的通讯接口均采用了专用的以太网控制器，符合 IEEE802.3 标准协议和 TCP/IP 标准协议，通讯速率达 10Mbps 或 100Mbps，节点容量最多 15 个控制站、32 个操作站、工程师站或多功能站，通讯距离最大可达 10km，通讯介质可采用双绞线、同轴电缆、光纤等。

JX－300X SCnet Ⅱ网络采用双重化冗余结构，通讯介质、网络控制器、驱动接口等均可冗余配置，如图 6－4 所示。在其中任一条通讯线发生故障的情况下，通讯网络仍保持正常的数据传输。

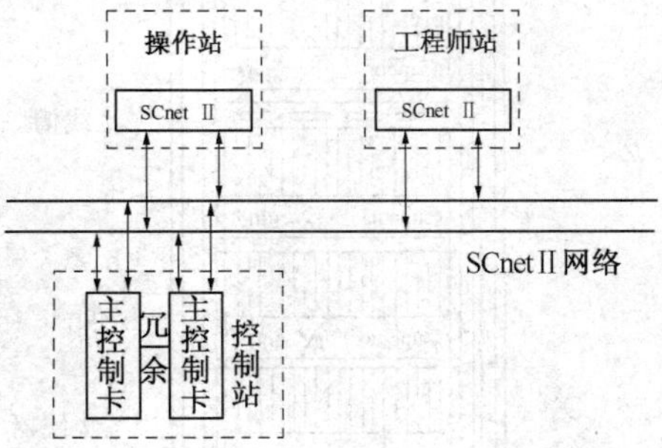

图 6－4　SCnet Ⅱ网络双重化冗余结构示意图

SCnet Ⅱ还具有完善的在线实时诊断、查错、纠错等手段。通过 SCnet Ⅱ网络诊断软件，监测网络上每一个站点(操作站、数据服务器、工程师站、控制站、数据采集站等)、每个冗余端口、每个部件(HUB、网络控制器、传输介质等)的工作状态，并将诊断后的故障状态实时显示在操作站上，以提醒用户及时维护。

3）SBUS 总线

SBUS 总线是控制站内部 I/O 控制总线，主控制卡、数据转发卡、I/O 卡通过 SBUS 进行信息交换。控制站 SBUS 结构如图 6－5 所示。

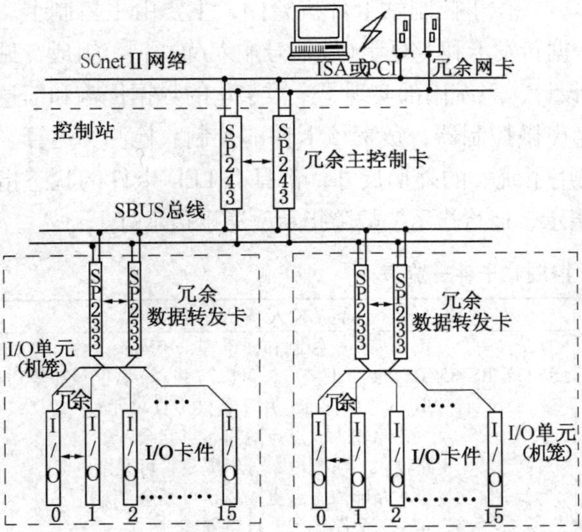

图 6－5　控制站 SBUS 结构示意图

SBUS 总线分为两层：

第一层为为双重化总线 SBUS－S2。SBUS－S2 总线是系统的现场总线，物理上位于控制站所管辖的 I/O 机笼之间，连接了主控制卡和数据转发卡，用于主控制卡与数据转发卡间的信息交换。SBUS－S2 采用 RS－485 标准，总线形结构，通信速率最大 1Mbps，通信距离最远 1.2km，节点数目最多可带载 16 块数据转发卡。

第二层为 SBUS－S1 网络。物理上位于各 I/O 机笼内，连接了数据转发卡和各块 I/O 卡件，用于数据转发卡与各块 I/O 卡件间的信息交换。SBUS－S1 采用数据转发卡指挥式的存储转发通信协议，通信速率 156kbps，网上节点数目最多可带载 16 块智能 I/O 卡件。

3. 控制站硬件

控制站是系统中直接与现场打交道的 I/O 处理单元，完成整个工业过程的实时监控功能。通过软件设置和硬件的不同配置可构成不同功能的控制结构，如过程控制站、逻辑控制站、数据采集站。

控制站主要由机柜、机笼、供电单元和各类卡件(包括主控制卡、数据转发卡和各种信号输入/输出卡)组成，其核心是主控制卡。主控制卡通常插在过程控制站最上部机笼内，通过系统内高速数据网络——SBUS 扩充各种功能，实现现场信号的输入输出，同时完成过程控制中的数据采集、回路控制、顺序控制以及包括优化控制等各种控制算法。控制站的外形如图 6－6 所示。

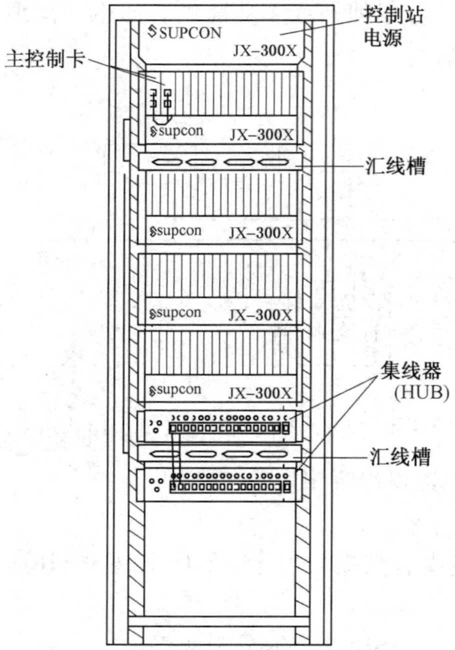

图 6－6　JX－300X DCS 控制站结构图

1）控制站机柜

采用 19 英寸标准，为拼装结构。机柜最多可安装一个控制站的电源单元、6 个 I/O 单元（机笼）和相关的端子板。由于机柜体采用了拼装结构，可以通过拆卸各个机柜上的侧面板，形成互通的控制柜组，以方便整个系统内的走线。

2）机笼

采用了插拔卡件方便、容易扩展的带导轨的框架结构，框架内部有 20 个槽位，用于固定卡件。

3）系统电源

采用双路 AC 输入；5V DC 或 24V DC 输出，具有电压正常指示、过流保护和报警功能；冗余设计，其中任一部分出现故障都能报警；内置低通 AC 滤波器和因素校正。

4）控制站卡件

位于控制站卡件机笼内，主要由主控制卡、数据转发卡和 I/O 卡（即信号输入/输出卡）组成，见表 6－1。控制站所有的卡件，都按智能化要求设计，系统内部实现了全数字化的数据传输和信息处理，即均采用专用的工业级、低功耗、低噪声微控制器，负责该卡件的控制、检测、运算、处理、传输以及故障诊断等工作。所有卡件采用了统一的外形尺寸，都具有 LED 卡件的状态指示和故障指示功能，如电源指示、工作/备用指示、运行指示、故障指示、通讯指示灯。

表 6－1　控制站卡件一览表

型　号	卡　件　名　称	性能及输入/输出点数
SP243X	主控制卡（SCnet Ⅱ）	负责采集、控制和通讯等，10Mbps
SP244	通讯接口卡（SCnet Ⅱ）	RS232/RS485/RS422 通讯接口，可以与 PLC、智能设备等通讯
SP233	数据转发卡	SBUS 总线标准，用于扩展 I/O 单元
SP311X	万能模拟信号输入卡	2 路输入，点点隔离，可冗余
SP313X	电流信号输入卡	4 路输入，可配电，分组隔离，可冗余
SP314X	电压信号输入卡	4 路输入，点点隔离，可冗余
SP315	应变信号输入卡	2 路输入，点点隔离
SP316X	热电阻信号输入卡	2 路输入，点点隔离，可冗余
SP318	HART 接口卡	4 路数字信号输入，分组隔离
SP322	模拟信号输出卡	4 路输出，点点隔离，可冗余
SP332	继电器输出卡	4 路输出
SP335	脉冲量输入卡	4 路输入，最高相应频率 10kHz
SP341	位置调节输出卡（PAT 卡）	1 路模入，2 路开出、2 路开入
SP363	8 路触点型开关量输入卡	8 路输入，统一隔离
SP362	8 路开关量输出卡	8 路输出，晶体管触点，统一隔离

（1）主控制卡（SP243X）是控制站的软硬件核心，负责协调控制站内的所有软硬件关系和各项控制任务，如完成控制站中的 I/O 信号处理、控制计算、与上下网络通信控制处理、冗余诊断等功能。主控制卡的功能和性能将直接影响系统功能的可用性、实时性、可维护性和可靠性。

（2）数据转发卡是系统 I/O 机笼的核心单元，是主控制卡联接 I/O 卡件的中间环节，它一方面驱动SBUS总线，另一方面管理本机笼的I/O卡件。通过数据转发卡，一块主控制卡可扩展1~8个I/O机笼，即可以扩展16~128块不同功能的I/O卡件。机笼框架结构如图6-7所示。

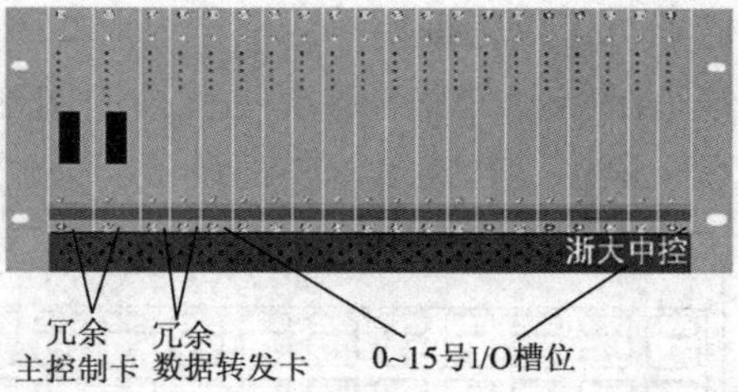

图6-7　机笼框架结构

(3) 万能冗余模拟信号输入卡(SP311X)是智能型的、点点隔离的、带有模拟量信号调理的二路信号采集卡，每一路分别可接收各种型号的热电偶、热电阻信号，毫伏信号，以及Ⅱ型、Ⅲ型电压和电流信号。

(4) 电流信号输入卡(SP313X)是智能型的、带有模拟量信号调理的四路信号采集卡，每一路分别可分别接收Ⅱ型和Ⅲ型电流信号，并可为四路变送器提供+24V隔离电源。

(5) 电压信号输入卡(SP314X)是智能型的、点点隔离的、带有模拟量信号调理的四路信号采集卡，每一路分别可接收Ⅱ型(0~5V)、Ⅲ(1~5V)型标准电压信号、毫伏信号(0~20mV、0~100mV)以及各种型号的热电偶(B、E、J、K、S、T、N型)信号。

(6) 热电阻信号输入卡(SP316X)是专用于测量热电阻信号的、点点隔离的、可冗余的2路A/D转换卡，每一路分别可接收Pt100、Cu50两种热电阻信号

(7) HART信号输入卡(SP318)能够对符合HART协议的现场总线的智能仪表进行数据采集、组态、网络设备管理，并允许Rosemount的275型手持操作器作为第二主设备接入HART网络。

(8) 模拟信号输出卡(SP322)为4路点点隔离型电流(Ⅱ型或Ⅲ型)信号输出卡。

(9) 继电器输出卡(SP332)根据主控制卡命令输出开关量信号，驱动中间继电器，控制现场执行机构。

(10) 脉冲量输入卡(SP335)是一块带多个CPU的智能型卡件，完成4路脉冲信号(0~10kHz)的隔离输入。

(11) 位置调节输出卡PAT(SP341)用于控制电动阀。PAT卡有两路开关量输入，用于正负极限报警；一路模拟量输入，用于引入位置反馈；两路开关量输出，用于控制固态继电器(一路为正输出，控制电机正转；一路为负输出，控制电机反转)。正、负极限位置报警输入与输出驱动间有连锁保护，即在阀门到达极限位置、电机发生堵转时，立即切断输出电源，用以保护电机。

(12) 8路触点型开关量输入卡(SP363)是7/8路数字信号输入卡，能够快速响应干触点输入，实现数字信号的准确采集。

(13) 7/8路开关量输出卡(SP362)提供7/8点晶体管触点，无源，可通过中间继电器驱动电动控制装置。

4. 操作站硬件

SUPCON JX-300X DCS操作站的硬件基本组成包括工控PC机(IPC)、彩色显示器、鼠标、键盘、SCnetⅡ网卡、专用操作员键盘、操作台、打印机等。JX-300X DCS的工程师站的硬件配置与操作站的硬件配置基本一致，无特殊要求。而它们的区别在于系统软件的配置不同，工程师站除了安装有操作、监视等基本功能的软件外，还装有相应的系统组态、维护等工程师应用的工具软件。

操作站的硬件以高性能的工业控制计算机为核心，具有超大容量的内部存储器和外部

存储器，可以根据用户的需要选择“21/17”显示器。通过配置两个冗余的10Mbps SCnet Ⅱ网络适配器，实现与系统过程控制网连接。操作员可以是一机多CRT，也可以配置SP032键盘、鼠标、轨迹球等外部设备。

操作员键盘有自定义键、功能键、画面操作键、屏幕操作键、回路操作键、数字修改键、报警处理键及光标移动键等。采用了薄膜封闭式，能够在恶劣的工业环境下工作，能防水、防尘等，如图6－8所示。

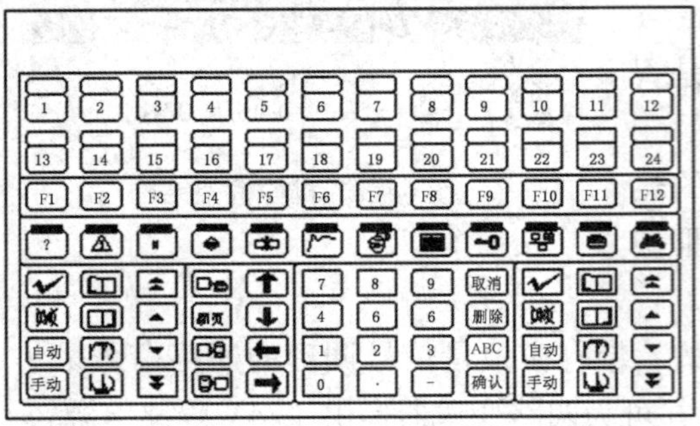

图6－8　SP032操作员键盘

5. 系统软件

JX－300X AdvanTrol软件包括实时监控软件和系统组态软件两大部分。

JX－300X系统组态软件包括基本组态软件SCKey、流程图制作软件MfcDraw、报表制作软件Sprt；用于控制站编程的编程语言SCX、图形化编程软件SCControl等。各功能软件之间通过对象链接与嵌入技术，动态地实现模块间各种数据、信息的通讯、控制和管理。该软件包以SCKey系统组态软件为核心，各模块彼此配合，相互协调，共同构成了一个全面支持JX－300X系统结构及功能组态的软件平台。

基本组态软件Sckey完成对系统硬件构成的软件设置，如设置系统网络节点、冗余状况、控制周期；I/O卡件的数量、地址、冗余状况、类型；设置每个I/O点的类型、处理方法、报警选项和其他特殊的设置；选择控制方案；定义操作画面。

SCX编程语言软件以类似C语言的风格编写程序实现所设计的控制算法，SCX语言在词法和语法上符合高级语言的特征。

报表制作软件采用类似Excel的操作界面，具有良好的用户界面和简单的操作方式，完成各类报表的绘制和编程。

流程图制作软件MfcDraw用于工艺流程图的绘制和对需要在流程图上进行实时动态显示的参数进行组态。

图形化编程软件SCControl是编制系统控制方案的图形编程工具，符合IEC61131－3标准，集成了功能块编辑器(FBD)、梯形图编辑器(LD)、顺控图编辑器(SFC)、ST语言编辑器，为用户提供高效的图形编程环境。编程通过图形用户接口进行，有灵活的在线调试功能及完备的在线帮助。

在SCControl中可以使用已定义的基本功能模块(EFB)和用户自定义的功能模块(DFB)。功能块图编辑环境中包含派生功能模块(DFB)编辑器，极大地提高了程序的重用性，减少了编程工作量；可以用EFB和DFB再组成新的DFB，便于二次开发。

实时监控软件的人机界面完全符合Windows的图形用户界面(GUI)标准，中文界面，易学易用。所有的命令都以直观形象的功能图标表示，支持标准键盘和鼠标，并配置专用操作员键盘，其上设有灵活的快捷键。利用鼠标＋键盘的方式操作，可以快速地完成指定的任务。操作员可以通过专用薄膜键盘或鼠标，任意切换各种操作画面，包括系统总貌、流程图、控制分组、调整画面、趋势图、报警一览、数据一览、故障诊断等，极为方便。

6.1.6 集散控制系统的工程实例

集散控制系统在具体应用时，必须对系统进行适应性的设计和开发，这种设计和开发是与被控对象密切相关的，任何一套 DCS，不论其设计如何先进，性能如何优越，如果没有很好的工程设计和应用开发，都不可能达到理想的控制效果，甚至会出现这样或那样的问题或故障。

一个 DCS 工程设计可分为方案论证、方案设计、工程设计三个阶段。

（1）方案论证　也就是可行性研究设计（或简称可研设计），其主要任务是明确具体项目的规模、成立条件和可行性；确定项目的主要工艺、主要设备和项目投资具体数额。对于 DCS 的建设，可行性研究设计是必须进行的第一步工作，它涉及到经济发展、投资、效益、环境、技术路线等大的方面的问题。

（2）方案设计　首先，应明确 DCS 的基本任务，包括 DCS 的控制范围、DCS 的控制深度、DCS 的控制方式。其次是 DCS 的方案设计，包括：硬件设计——确定工程对 DCS 硬件的要求及 DCS 对相关接口的要求；软件设计——完成顺序控制逻辑框图、调节系统框图、连锁保护等；人机接口的初步设计规定了今后设计的风格，这一点在人机接口设计方面表现得非常明显，如颜色的约定、字体的形式、报警的原则等。

（3）工程设计　实际上就是落实方案设计的过程。

一个 DCS 项目从开始到结束可以分成招标前准备、选型与合同、系统工程化设计与生成、现场安装与调试、运行与维护五个阶段。

（1）招标前的准备阶段　要完成的工作（用户/设计院）：确定项目人员；确定系统所用的设计方法；制定《技术规范书》；编制《招标书》；招标。

（2）选型与合同阶段　要完成的工作（用户/设计院）：应用评标原则分析各厂家的《投标书》；厂家书面澄清疑点；确定中标厂家；与厂家进行商务及技术谈判；签订《合同书》与《技术协议》。

（3）系统工程化设计与生成阶段　要完成的工作：举行联络会，确定项目进度及交换技术资料，提供设计依据和要求，形成《系统设计》、《系统出厂测试与验收大纲》、《用户培训计划》；用户培训；系统硬件装配和应用软件组态、软件下装、联调与考机；出厂测试与检验、系统包装、发货与运输。

（4）现场安装与调试阶段　要完成的工作：开箱验货和检查；设备就位、安装；现场接线；现场加电、调试、现场考机；现场测试与验收；整理各种有关的技术文档；现场操作工上岗培训。

（5）维护与运行阶段　要完成的工作：正常运行的周期性检查；故障维修；装置大修检修；改进升级。

加热炉是化工生产工艺中的一种常见设备。对于加热炉，工艺介质受热升温或同时进行汽化，其温度的高低会直接影响后一工序的操作工况和产品质量。当炉子温度过高时，会使物料在加热炉里分解，甚至造成结焦而产生事故。因此，一般加热炉的出口温度都需严加控制。

现有一套加热炉装置，如图 6－9 所示，原料油经原料油加热炉（设备号 T101）加热后去 1 反，中间反应物经中间反应物加热炉（设备号 T102）去 2 反。其设备测点清单如表 6－2

所列。

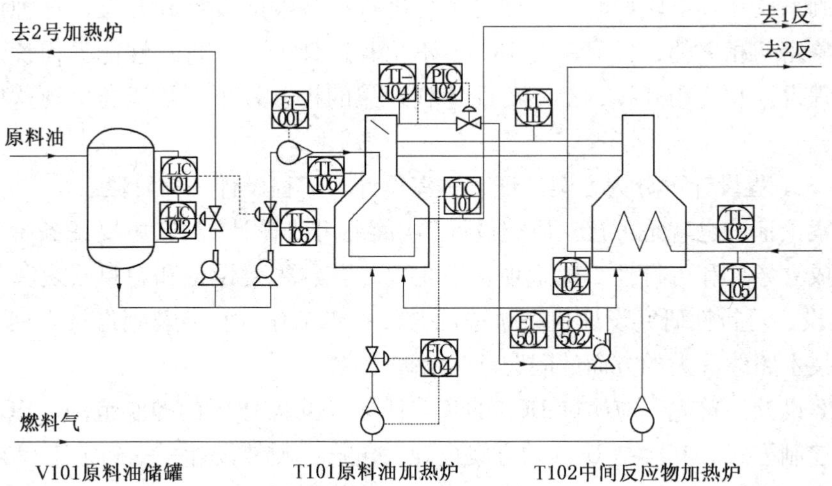

图 6－9　加热炉装置控制流程图

表 6－2　测点清单

位　号	描　述	量　程	信号类型
TI－101	原料油加热炉出口温度	0～600℃	Pt100 热电阻
TI－106	原料油加热炉炉膛温度	0～600℃	K 型热电偶
TI－107	原料油加热炉辐射段温度	0～1000℃	K 型热电偶
TI－108	原料油加热炉烟囱温度	0～300℃	E 型热电偶
TI－111	加热炉热风道温度	0～200℃	E 型热电偶
TI－102	反应物加热炉炉膛温度	0～600℃	K 型热电偶
TI－103	反应物加热炉入口温度	0～400℃	K 型热电偶
TI－104	反应物加热炉出口温度	0～600℃	K 型热电偶
PI－102	原料油加热炉烟气压力	－100～0Pa	4～20mA
LI－101	原料油储罐液位	0～100%	4～20mA
FI－001	加热炉原料油流量	0～500m^3/h	4～20mA，配电
FI－104	加热炉燃料气流量	0～500m^3/h	4～20mA，配电
PV－102	加热炉烟气压力调节	输出	4～20mA
FV－104	加热炉燃料气流量调节	输出	4～20mA
LV－1011	液位调节 1	输出	4～20mA
LV－1012	液位调节 2	输出	4～20mA
KI－301	泵开关指示	开关量	输入(干触点)
KO－302	泵开关操作	开关量	输出(干触点)

1. 回路控制

(1) 加热炉烟气压力控制，PI－102 与 PV－102 构成了一个单回路，回路号为 PIC－102，如图 6－10所示。

(2) 原料加热炉出口温度控制，由于加热炉具有较大的时间常数和纯滞后时间，简单的单回路控制效果不理想。在操作过程中，燃料气流量的波动是温度的主要干扰因素。因此，采用加热炉出口温度对燃料气流量的串级控制。这样的控制可以在燃料气流量发生的变化尚未影响到加热炉出口温度之前，通过内环的控制作用先行调节，快速减少甚至消除燃料气流量的干扰，从而改善控制质量。其中副回路(内环)是流量控制，流量测量信号为 FI－104，输给调节阀的信号是 FV－104，回路号为 FIC－104。主回路(外环)是温度控制，温度测量位号为 TI－101，回路号为 TIC－101。仪表回路如图 6－11 所示。

(3) 原料油储罐液位(LI－101)调节采用分程控制。回路自动时，A 阀(LV－1011)、B 阀(LV－1012)采用 B＝1.0－A 的方式调节；在手动时，A 阀、B 阀都可以分别手动调节。仪表回路如图 6－12 所示。

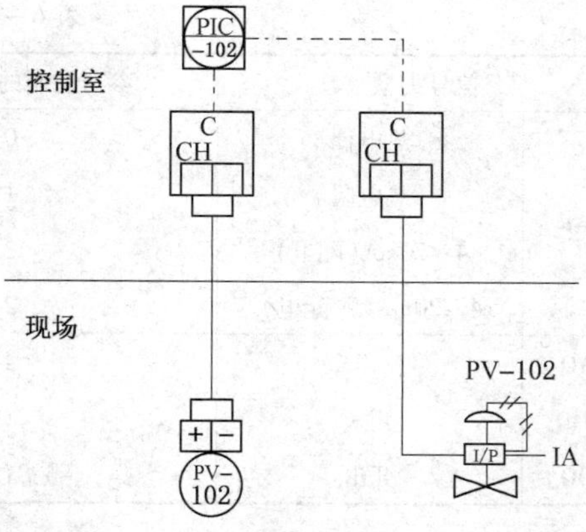

图 6－10　加热炉烟气压力控制回路图

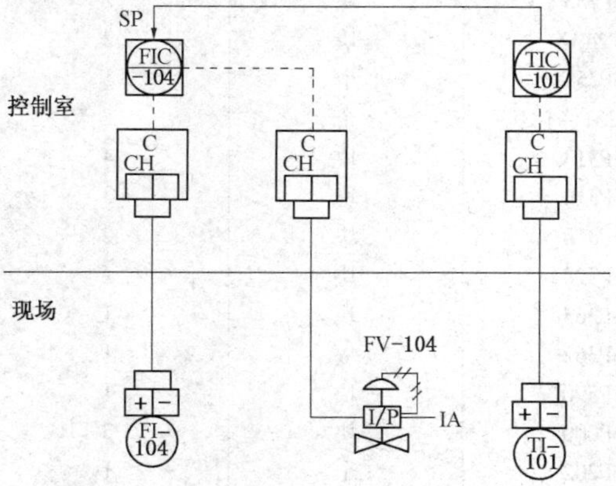

图 6－11　原料加热炉出口温度控制回路图

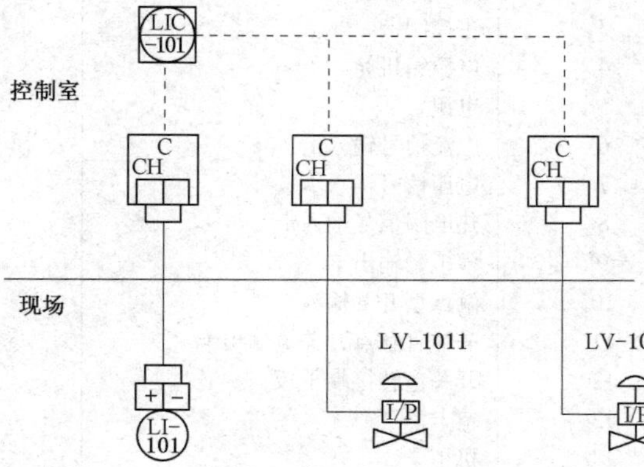

图 6－12　仪表回路图

2. 硬件的选型

硬件选型一般按照以下步骤进行：

(1) 根据《测点清单》中测点性质确定系统 I/O 卡件的类型及数量(适当留有余量)，对于重要的信号点要考虑是否进行冗余配置；

(2) 根据 I/O 卡件数量和工艺要求确定控制站和操作站的个数；

(3) 根据上述设备的数量配置其他设备，如机柜、机笼、电源、操作台等；

(4) 在有防爆要求的场合，需要考虑选配合适的安全栅；

(5) 对于开关量，根据其数量和性质要考虑是否选配相应的端子板、转接端子和继电器。针对以上项目，首先对测点进行统计，得到如表 6－3 的结果。

对表 6－3 进行分析，可得系统硬件配置(见表 6－4)：

(1) 测点中热电偶 AI 点共七点，其中 K 型热电偶五点，E 型热电偶两点，均不参与控制。热电偶信号由四路电压信号输入卡 SP314 来采集。对于不同类型的热电偶信号，一般采用不同的卡件进行采集。对于 K 型热电偶，需要两块 SP314 卡件。对于 E 型热电偶，需要一块 SP314 卡件。共计需要三块 SP314 卡件。

(2) 测点中热电阻 AI 点共一点，参与控制。热电阻信号由两路热电阻输入卡 SP316 来采集，考虑到参与控制的信号的安全性，采用冗余配置，需要两块 SP316 卡件。

表 6-3　测点分类统计表

信号类型		参与控制的信号点数	不参与控制的信号点数	总计点数
AI	热电偶	0	7	7
	热电阻	1	0	1
	4~20mA(配电)	2	0	2
	4~20mA(不配电)	2	0	2
AO	4~20mA	4	0	4
DI	开入	1	0	1
DO	开出	1	0	1

表 6-4　系统硬件配置

序　号	名　称	型　号	单　位	数　量
1	I/O 机笼	SP211	个	1
2	数据转发卡	SP233	块	2
3	主控制卡	SP243X	块	2
4	电源箱机笼	SP251	个	1
5	电源	SP251-1	个	2
6	电流信号输入卡	SP313	块	4
7	电压信号输入卡	SP314	块	3
8	热电阻信号输入卡	SP316	块	2
9	模拟量输出卡	SP322	块	2
10	触点型开关输入卡	SP363	块	1
11	晶体管触点开关量输出卡	SP362	块	1
12	开关量转接端子板	SP590	块	1
13	空卡	SP000	块	3
14	机柜	SP202	个	1
15	Scnet 网卡	SP023	块	2
16	操作站主机	DELL/GX-260	台	1
17	显示器	DELL，P1130	台	1
18	立式操作台	SP071	台	1
19	集线器	SP423	个	2
20	操作员键盘	SP032	个	1

(3) 测点中标准电流 AI 点(配电)共两点，参与控制。标准电流 AI 点(不配电)共两点，参与控制。标准电流信号由四路电流信号输入卡 SP313 来采集，考虑到信号的质量，配电和不配电的信号分别采用不同的卡件采集。考虑到参与控制的信号的安全性，采用冗余配置，需要四块 SP313 卡件。

(4) 测点中 AO 点共四点，参与控制。AO 信号由四点模拟量输出卡 SP322 卡件来处理。考虑到参与控制的信号的安全性，采用冗余配置，需要两块相同的 SP322 卡件。

(5) 测点中 DI 点，为干触点信号，由七点触点型开关输入卡 SP363 来处理，至少需要一块 SP363 卡件，并需要采用端子板(SP590)或端子进行转接。

(6) 测点中干触点 DO 点，由七点晶体管触点开关量输出 SP362 卡件来处理，至少需要一块 SP362 卡件。考虑卡件的驱动能力以及与现场设备的隔离，还需配置一只中间继电器(如 RM2S-U)。

通过上面的分析，I/O 卡共计 13 块。系统规模不大，一个控制站(需一对冗余配置的主控制卡)、一个I/O机笼(需一对冗余配置的数据转发卡)即可。一个I/O机笼中可以插放16块I/O卡件，剩余的3个空槽位需要配上空卡。相应地，硬件配置上需要配一个机柜、一个电源箱机笼、两只互为冗余的电源模块。系统至少需配置一台操作站(兼工程师站)。

软件配置为AdvanTrol软件(含工程师狗)1套，Windows 2000操作系统1套。

3. 组态设计

组态设计，主要是指利用系统组态软件包，在工程师站上完成的设计、配置工作，这样的组态设计原则上按以下步骤进行。

1)分配测点

就是确定卡件在机笼中按照什么样的顺序排列，并作出卡件布置图(见图6-13)和测点分配图(见图6-14)。

1	2	3	4	00	01	02	03	04	05	06	07	08	09	10	11	12	13	14	15
冗余		冗余		冗余		冗余						冗余		冗余					
SP243X	SP243X	SP233	SP233	SP213	SP213	SP213	SP213	SP214	SP214	SP214	SP200	SP216	SP216	SP222	SP222	SP200	SP200	SP262	SP263

SUPCON JX-300X

图6-13 机笼卡件布置图

	序号	卡件型号	卡件通道 00	01	02	03	04	05	06
测点分配图	00	SP313	PI-102	LI-101	备用	备用			
	01	SP313	PI-102	LI-101	备用	备用			
	02	SP313	FI-001	FI-104	备用	备用			
	03	SP313	FI-001	FI-104	备用	备用			
	04	SP314	TI-106	TI-107	备用	备用			
	05	SP314	TI-102	TI-103	TI-104	备用			
	06	SP314	TI-108	TI-111	备用	备用			
	07	SP000							
	08	SP316	TI-101	备用					
	09	SP316	TI-101	备用					
	10	SP322	PV-102	FV-104	LV-1011	LV-1012			
	11	SP322	PV-102	FV-104	LV-1011	LV-1012			
	12	SP000							
	13	SP000							
	14	SP362	KO-302	备用	备用	备用	备用	备用	备用
	15	SP363	KI-301	备用	备用	备用	备用	备用	备用

图6-14 测点分配图

2)建立组态文件

指定文件的存放路径及文件名，将系统的配置信息集中、完整地体现在组态文件中。

建立组态文件的时候，系统会生成(文件名).sck 的组态文件，如"加热炉.sck"。同时，在同一个目录下系统会自动地生成一个和组态文件同名的文件夹。

3）主机设置

指对系统控制站(主控制卡)、操作站以及工程师站的相关信息进行配置，包括各个控制站的地址、控制周期、通讯、冗余情况、各个操作站或工程师站的地址等一系列的设置工作。

4）I/O 组态

主要包括数据转发卡设置、I/O 卡件设置、信号点设置。

数据转发卡组态是对某一控制站内部的数据转发卡在 SBUS－S2 网络上的地址以及卡件的冗余情况等参数进行组态。

I/O 卡件设置是对 SBUS－S1 网络上的 I/O 卡件型号及地址等参数进行组态。

信号点设置包括：位号，即为了区别不同的信号，需要给每一个信号取一个唯一的名字；注释，对该信号点的相应文字说明；地址，信号的通道地址；类型，当前信号点信号的输入/输出类型，以及量程、工程单位、报警值等，如图 6－15 所示。

5）控制方案的组态

组态软件提供了一些常规的控制方案，以基本 PID 算式为核心进行扩展，包括串级、前馈、串级前馈(三冲量)等多种控制方案。例如：

(1) PI－102 与 PV－102 构成了一个单回路，回路号为 PIC－102，如图 6－16 所示。

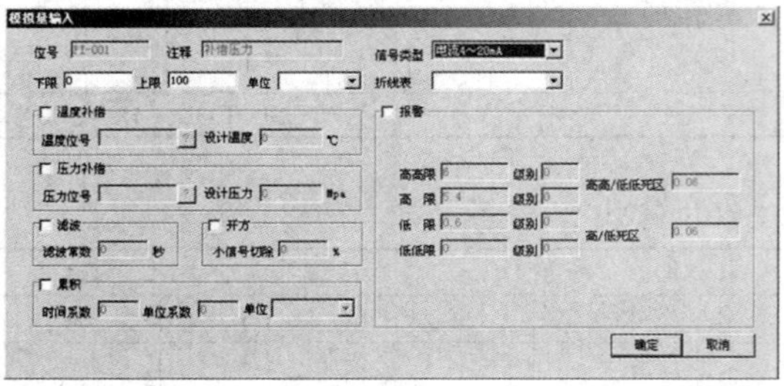

图 6－15　信号点设置

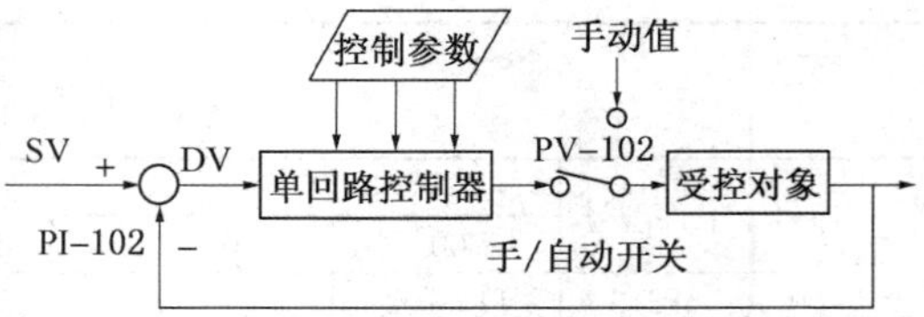

图 6－16　PIC－102 单回路控制

(2) 原料加热炉出口温度(TI－101)控制是一个串级控制(见图 6－17)，其中副回路是流量控制，流量测量信号为 FI－104，输给调节阀的信号是 FV－104，回路号为 FIC－104。主回路是温度控制，温度测量位号为 TI－101，回路号为 TIC－101。

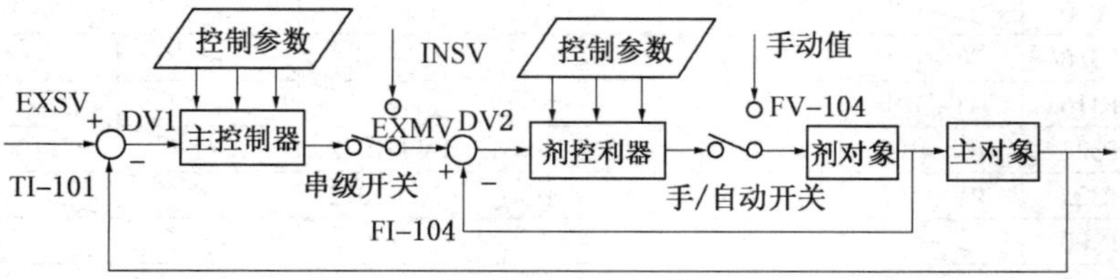

图 6－17　TIC－101 和 FIC－104 串级控制

对于一些用常规控制方案无法实现的控制要求，需要用编程的方法来完成，即自定义控制方案。JX－300X 系统提供了两种实现自定义控制方案的编程方法(SCX 语言编程和图形化组态)。

本例中，原料油储罐液位(LI－101)调节采用分程控制，见图 6－18。回路自动时 A 阀

(LV－1011)、B 阀(LV－1012)采用“B＝1.0－A”的方式调节；在手动时，A 阀、B 阀都可以分别手动调节。

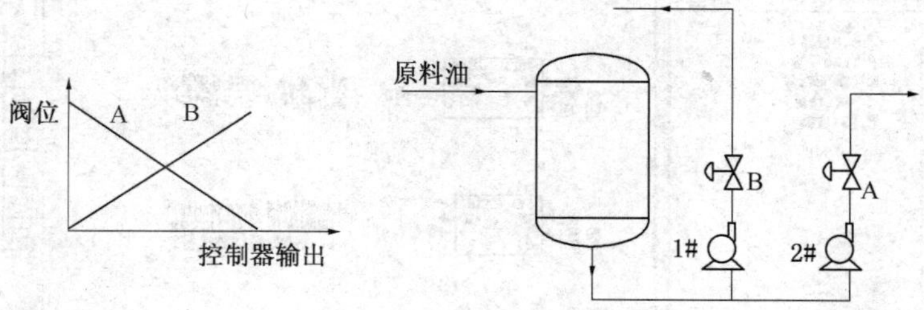

图 6－18　原料油储罐液位控制

其程序如图 6－19 所示。

在 SCX 程序中引用位号时，用_ TAG("")把组态时定义的位号括起来，如_ TAG("LI－101")。

函数 bsc(sfloat PV，int n)为单回路 PID 控制函数：PV 为被控量；n(0～63)为模块序号；返回输出阀位值。如_ TAG("LV－1011")＝bsc(_ TAG("LI－101").PV，0)表示被控变量为"LI－101"，操纵变量为"LV－1011"。

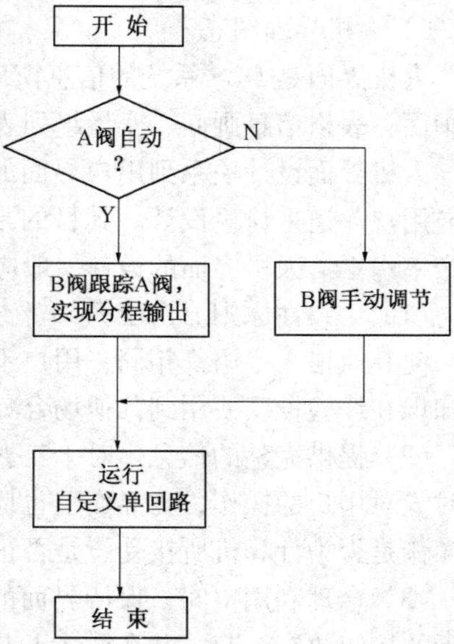

图 6－19　程序框图

g_ bsc[0]表示对应 A 阀的自定义控制回路 LIC－1101；g_ bsc[1]表示对应 B 阀的自定义控制回路 LIC－1102；

而 g_ bsc[1].SwAM＝ON，可以将 1 号单回路设为自动状态；g_ bsc[1].SwAM＝OFF，可以将 1 号单回路设为手动状态。

SCX 程序如图 6－20 所示。

图形编程软件用图形方式描述控制过程，使控制过程组态变得更简单，集成了 LD 编辑器、FBD 编辑器、SFC 编辑器、ST 编辑器、数据类型编辑器、变量编辑器、DFB 编辑器。采用工程化的文档管理方法，实现了程序重用和结构化的工具。

例如，对进入原料油加热炉的原料油流量 FR－001 进行累积，一定权限的操作者可以手动将累积值清零。流量累积功能块如图 6－21 所示。图中 FQ－001 为流量的累积值，CLR 为自定义开关量，用于将累积值清零。

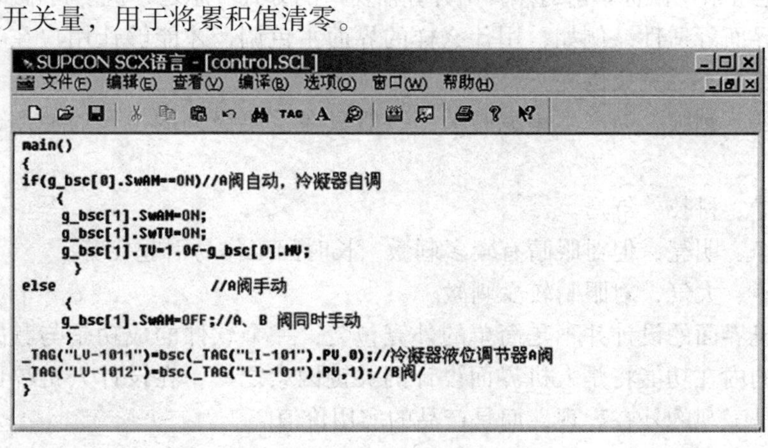

图 6－20　SCX 语言

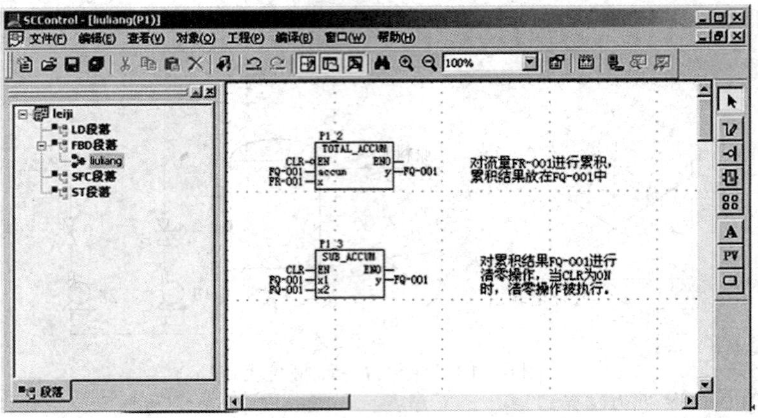

图 6－21　流量累积功能块图

6）人机界面组态

人机界面是 DCS 系统的信息窗口，主要包括工艺流程图、趋势显示图、报警画面、日志画面、表格信息画面、变量组列表画面及控制操作画面等内容。

人机界面设计关系到用户界面的外观与行为，在界面开发过程中，必须贴近用户，或者与用户一道来讨论设计。其目的是提高工作效率、降低劳动强度及减少工作失误，提高生产率水平。人机界面的设计一般应符合以下原则：

（1）一致性原则。由于 DCS 系统通常曲多人协作完成，在界面设计上保持了高度一致性，使其风格、术语都相同，用户不必进行过多的学习就可以掌握其共性，还可以把局部的知识和经验推广使用到其他场合。

（2）提供完整的信息。对于工艺数据信息，在人机界面上都应该能完整地反映出来。同时，对用户的操作，在界面上也应该表现出来，如果系统没有反馈，用户就无法判断他的操作是否为计算机所接受、是否正确以及操作的效果是什么。

（3）合理利用空间，保持界面的简洁。界面总体布局设计应合理，例如，应该把功能相近的按钮放在一起，并在样式上与其他功能的按钮相区别，这样用户使用起来将会更加方便。在界面的空间使用上，应当形成一种简洁明了的布局。界面设计最重要的就是遵循美学上的原则——简洁与明了。

（4）操作流程简单快捷。调用系统各项功能的操作流程应尽可能简单，使用户的工作量减小，工作效率提高。画面尽量做到一键出图，参数设置可以采用鼠标单击对象和键盘输入数据的方式，也可采用鼠标单击对象弹出计算器窗口的方式。总之，应尽可能简化操作。

（5）工作界面舒适性。例如，用什么样的界面主色调，才能够让用户在心情愉快的情况下长时间工作而不感觉疲倦呢？

红色：热烈、刺眼，易产生焦虑心情，一般只在重要级别的报警时使用，以引起操作员的高度重视。

蓝色：平静、科技、舒适。

明色：干净、明亮，但对眼睛有较多刺激，长时间工作易引起疲劳。

暗色：安静、大气，对眼睛较少刺激。

当然，人机界面的设计并不是简单的外壳包装，一个软件的成功是与其完善的功能分不开的。DCS 的内在功能将是人机界面设计的关键因素之一，在设计人机界面的过程中应注重的不仅仅是美观的外在表现，而是产品的实用价值。

以下简要介绍一下工艺流程图的组态。

工艺流程图是DCS系统中主要的监视窗口，显示工艺流程静态画面和工艺实时数据以及工艺操作按钮等内容，如各种工艺对象(如温度、压力、液位等)的工艺参数的当前数值，工艺对象(如电动机起停的状态)的颜色区分、各种跟踪曲线、棒图、饼图、液位填充及设备的坐标位置等，如图6-22所示。

主要步骤如下：

(1) 仔细阅读设计院提供的图纸，对于一些涉及设备、测点很多，画面非常复杂的流程图，应在工艺人员的协助下进行图纸的分割，使监控界面中看到的流程图画面能够清晰、直观地描述现场的工艺流程。

(2) 确定流程图的画面大小和背景颜色等属性。画面大小一般为970×580，这个大小的流程图在监控画面中浏览时正好是满屏，不需移动屏幕滚动条来进行查看。而背景颜色一般为灰色和黑色。

(3) 添加图形元素。对于流程图画面上的图形元素可以分为两类：静态的图形元素和动态的图形元素。静态图形元素包括出现在流程图画面上的直线、弧线及各种矩形、圆、多边形等各种工业装置的基本组成单元以及标注的字符等；动态图形元素主要是指流程图画面上出现的动态数据、动态棒状图、动态开关、命令按钮等。图形元素的绘制主要通过绘制工具栏上的功能按钮来实现。

(4) 填写设备、管线标注，调整画面元素位置及颜色等，使画面清晰美观。

7) 编译、修正

上述步骤完成后，再经过编译、修正，即完成了组态设计。

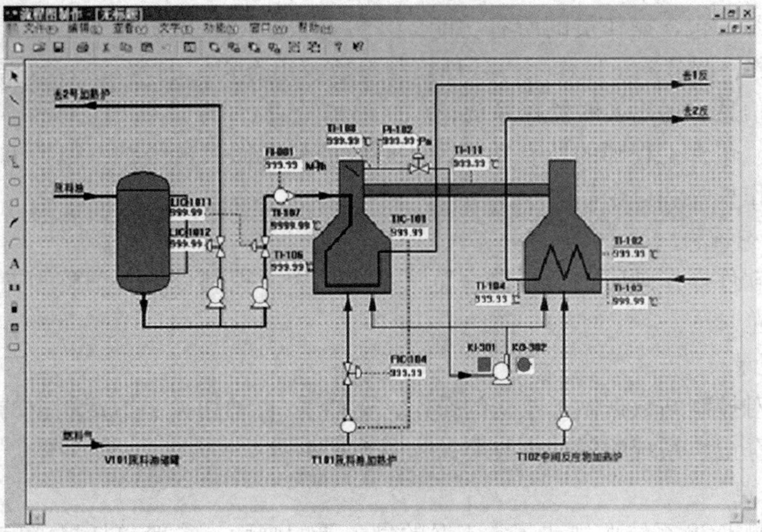

图6-22 工艺流程组态画面

6.1.7 集散控制系统的监控操作

1. 实时监控

实时监控画面分为标题栏、操作工具栏、报警信息栏、综合信息栏和主画面区五部分，如图6-23所示。

标题栏用于显示当前实时监控主画面名称。

操作工具栏为操作工具按钮，只要用鼠标点击，即可完成相应操作。

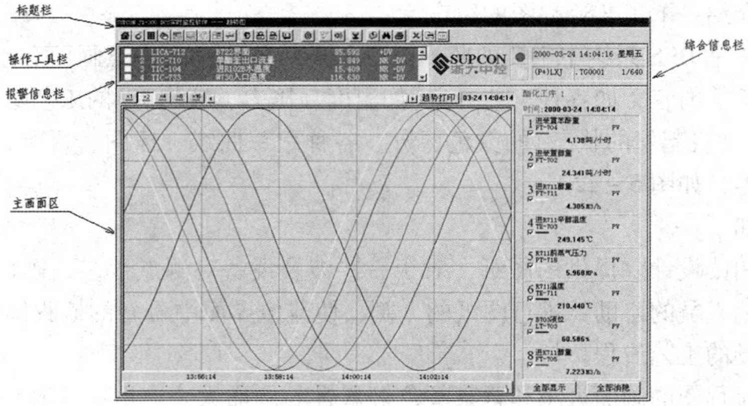

图 6－23　实时监控画面

报警信息栏滚动显示最近产生的正在报警的信息。报警信息根据产生的时间而依次排列，第一条报警信息永远是最新产生的报警信息。

在综合信息栏显示系统时间、操作人员与权限、画面名称与页码等。

2. 系统登录

实时监控软件启动后，须通过口令登录到一定权限的操作人员后才能操作，操作权限主要分四级：

（1）观察　可观察所有画面及参数，不能修改任何控制参数；

（2）操作员　包含观察的所有功能，并可对控制方式、设定值、阀位值、开关量输出状态及组态指定的 SC 语言数据进行操作；

（3）工程师　包含操作员的所有功能，并可对报警限、累积量、小信号切除量、输出限幅、PID 参数、调节器正反作用等各种控制参数及组态指定的 SC 语言数据进行操作，还可以下载组态信息、退出实时监控系统；

（4）特权　包含工程师的所有功能，还可以进行操作人员维护，包括增加、删除操作人员，修改操作权限和口令等。

3. 主要监控画面

实时监控软件操作画面包括报警一览、系统总貌、控制分组、调整画面、趋势图、流程图、数据一览。

1）操作记录

记录任何对控制站数据做了改变的操作，例如手/自动切换、给定阀位的变化、下传组态、操作人员登记、系统配置的更改等，如图 6－24 所示。

2）报警一览

报警一览是 DCS 系统监视非正常工况的最主要的画面，一般包括报警信息的显示和报警确认操作。一般报警信息按发生的先后顺序显示，显示的内容有发生的时间、点名、点描述及报警状态等。不同的报警级用不同的颜色显示。报警级别的种类可根据应用需要设置，如可设置红、黄、白、绿四种颜色对应四级报警。报警确认包括报警确认和报警恢复确认，一般对报警恢复信息确认后，报警信息才能从监视画面中删除。根据组态信息和工艺运行情况动态查找新产生的报警信息并显示符合显示条件的信息，如图 6－25 所示。

3）总貌画面

总貌画面是各个实时监控操作画面的总目录，主要用于显示重要的过程信息，或作为索引

操作记录一览

操作记录列表　　第 1 页　　共 2 页

序号	操作时间	操作记录	操作员	类型
◆1	2000/03/24 14:13:04	启动系统调入F:\temp\test-jxl\test-Succes	LXJ	系统
◆2	2000/03/24 14:12:36	关闭系统	LXJ	系统
◆3	2000/03/24 14:11:32	启动系统调入F:\temp\test-jxl\test-Succes	LXJ	系统
◆4	2000/03/13 11:50:01	关闭系统	LXJ	系统
◆5	2000/03/13 11:48:23	启动系统调入F:\temp\test-jxl\test-Succes	LXJ	系统
◆6	2000/03/13 11:47:19	关闭系统	LXJ	系统
◆7	2000/03/13 11:44:13	启动系统调入F:\temp\test-jxl\test-Succes	LXJ	系统
◆8	2000/03/13 11:34:32	关闭系统	LXJ	系统
◆9	2000/03/13 11:33:29	启动系统调入F:\temp\test-jxl\test-Succes	LXJ	系统
◆10	2000/03/13 11:28:13	关闭系统	LXJ	系统
◆11	2000/03/13 11:25:10	启动系统调入F:\temp\test-jxl\test-Succes	LXJ	系统
◆12	2000/03/13 11:23:42	关闭系统	LXJ	系统
◆13	2000/03/13 11:23:04	启动系统调入F:\temp\test-jxl\test-Succes	LXJ	系统
◆14	2000/03/13 11:21:33	关闭系统	LXJ	系统
◆15	2000/03/13 11:21:16	控制分组中置io337-2的值为“关”	LXJ	位号
◆16	2000/03/13 11:21:16	控制分组中置io337-3的值为“关”	LXJ	位号
◆17	2000/03/13 11:21:15	控制分组中置io337-4的值为“关”	LXJ	位号
◆18	2000/03/13 11:21:15	控制分组中置io337-5的值为“开”	LXJ	位号
◆19	2000/03/13 11:21:14	控制分组中置io337-5的值为“关”	LXJ	位号
◆20	2000/03/13 11:21:13	控制分组中置io337-6的值为“关”	LXJ	位号
◆21	2000/03/13 11:21:13	控制分组中置io337-7的值为“关”	LXJ	位号

打印(P)　《第一页　<- 前一页　后一页 ->　最后一页》　关闭(C)

图 6－24　操作记录画面

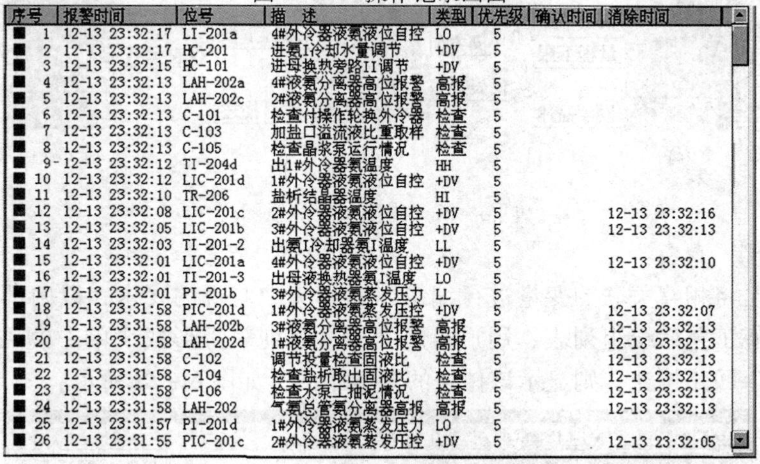

序号	报警时间	位号	描　述	类型	优先级	确认时间	消除时间
■ 1	12-13 23:32:17	LI-201a	4#外冷器液氨液位自控	LO	5		
■ 2	12-13 23:32:17	HC-201	进氨I冷却水量调节	+DV	5		
■ 3	12-13 23:32:15	HC-101	进母换热旁路II调节	+DV	5		
■ 4	12-13 23:32:13	LAH-202a	4#液氨分离器高位报警	高报	5		
■ 5	12-13 23:32:13	LAH-202c	2#液氨分离器高位报警	高报	5		
■ 6	12-13 23:32:13	C-101	检查付操作轮换外冷器	检查	5		
■ 7	12-13 23:32:13	C-103	加盐口溢流液比重取样	检查	5		
■ 8	12-13 23:32:13	C-105	检查晶浆泵运行情况	检查	5		
■ 9-	12-13 23:32:12	TI-204d	出1#外冷器氨温度	HH	5		
■ 10	12-13 23:32:12	LIC-201d	1#外冷器液氨液位自控	+DV	5		
■ 11	12-13 23:32:10	TR-206	盐析结晶器温度	HI	5		
■ 12	12-13 23:32:08	LIC-201c	2#外冷器液氨液位自控	+DV	5		12-13 23:32:16
■ 13	12-13 23:32:05	LIC-201b	3#外冷器液氨液位自控	+DV	5		12-13 23:32:13
■ 14	12-13 23:32:03	TI-201-2	出氨I冷却器氨I温度	LL	5		
■ 15	12-13 23:32:01	LIC-201a	4#外冷器液氨液位自控	+DV	5		12-13 23:32:10
■ 16	12-13 23:32:01	TI-201-3	出母液换热器氨I温度	LO	5		
■ 17	12-13 23:32:01	PI-201b	3#外冷器液氨蒸发压力	LL	5		
■ 18	12-13 23:31:58	PIC-201d	1#外冷器液氨蒸发压控	+DV	5		12-13 23:32:07
■ 19	12-13 23:31:58	LAH-202b	3#液氨分离器高位报警	高报	5		12-13 23:32:13
■ 20	12-13 23:31:58	LAH-202d	1#液氨分离器高位报警	高报	5		12-13 23:32:13
■ 21	12-13 23:31:58	C-102	调节投量检查固液比	检查	5		12-13 23:32:13
■ 22	12-13 23:31:58	C-104	检查盐析取出固液比	检查	5		12-13 23:32:13
■ 23	12-13 23:31:58	C-106	检查水泵工抽泥情况	检查	5		12-13 23:32:13
■ 24	12-13 23:31:58	LAH-202	气氨总管氨分离器高报	高报	5		12-13 23:32:13
■ 25	12-13 23:31:57	PI-201d	1#外冷器液氨蒸发压力	LO	5		
■ 26	12-13 23:31:55	PIC-201c	2#外冷器液氨蒸发压控	+DV	5		12-13 23:32:05

图 6－25　报警一览画面

画面用，可作为相应画面的操作入口，也可以根据需要设计成特殊菜单页，如图 6－26 所示。

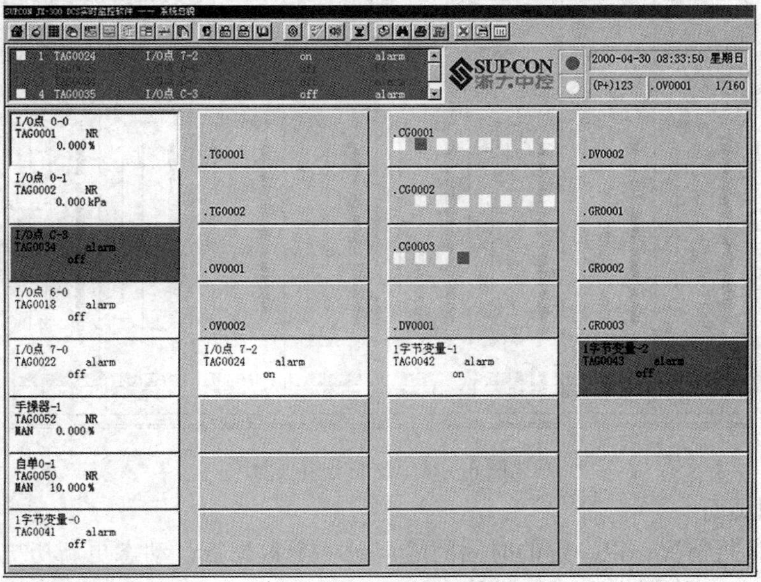

图 6－26　系统总貌画面

4）内部仪表说明

在操作站画面中，许多位号的信息以模仿常规仪表的界面方式显示，这些仪表称为内部仪表，如图 6－27 所示。

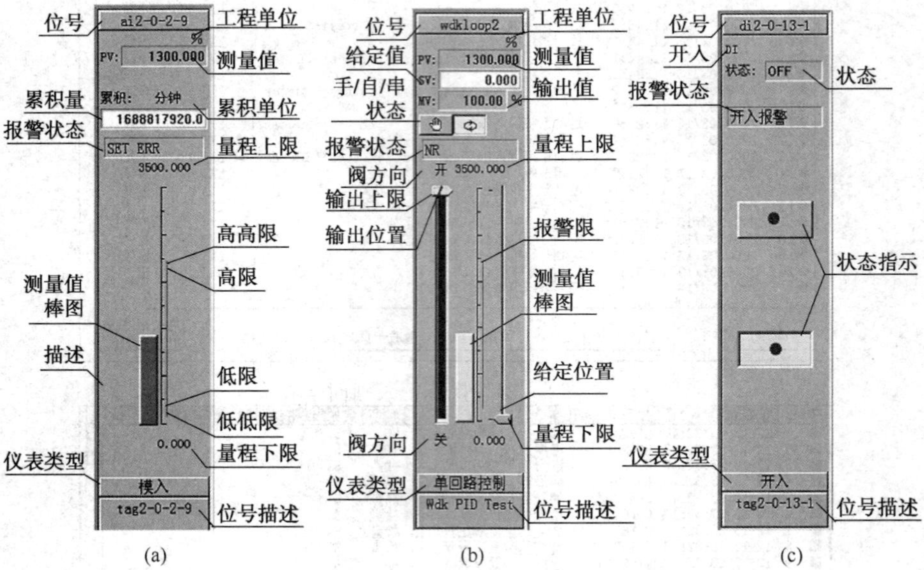

图 6－27　内部仪表显示图

5）控制分组

控制分组是将相互关联的变量进行编组以满足集中监视的要求，以内部仪表的方式显示。一般可以有工艺系统组列表、用户自定义变量组列表等形式。单击模入量位号、自定义半浮点位号、回路按钮，则显示该位号的调整画面，如图 6－28 所示。

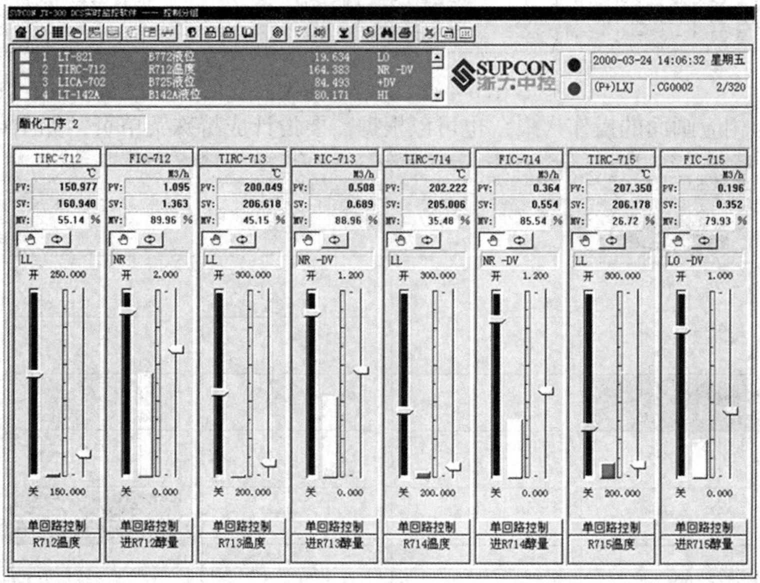

图 6－28　控制分组画面

6）趋势图画面

根据工艺运行情况，以一定的时间间隔记录一个数据点，动态更新历史趋势图，通过全部显示按钮、全部消隐按钮或信息块中的复选框，可选择需要显示的曲线，以便于比较、观察，如图 6－29 所示。

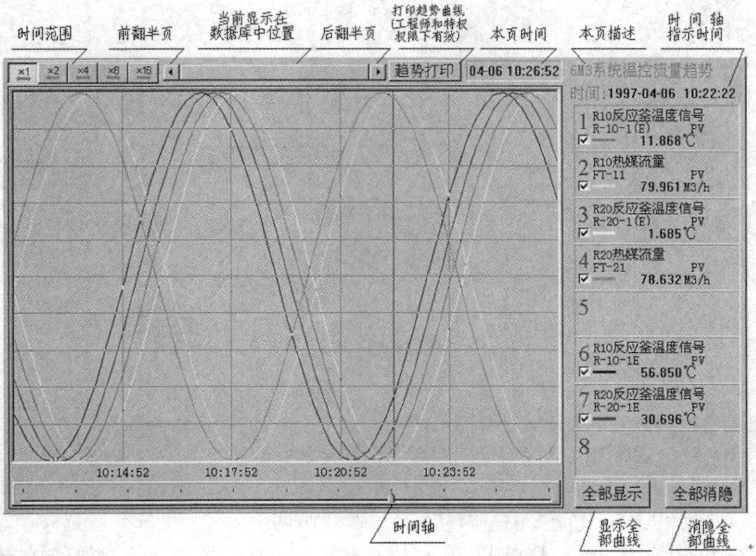

图 6－29　趋势图画面

7）数据一览画面

可集中查阅多个参数的动态变化情况，如图 6－30 所示。

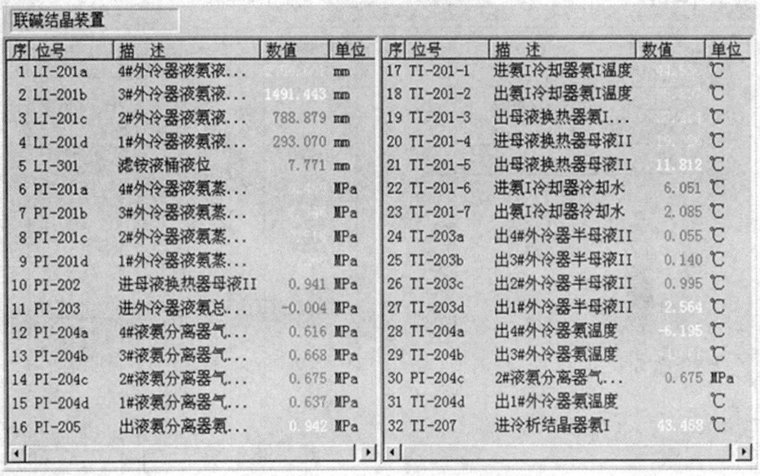

联碱结晶装置

序	位号	描　述	数值	单位
1	LI-201a	4#外冷器液氨液...	[illegible]	mm
2	LI-201b	3#外冷器液氨液...	1491.443	mm
3	LI-201c	2#外冷器液氨液...	788.879	mm
4	LI-201d	1#外冷器液氨液...	293.070	mm
5	LI-301	滤铵液桶液位	7.771	mm
6	PI-201a	4#外冷器液氨蒸...	[illegible]	MPa
7	PI-201b	3#外冷器液氨蒸...	[illegible]	MPa
8	PI-201c	2#外冷器液氨蒸...	[illegible]	MPa
9	PI-201d	1#外冷器液氨蒸...	[illegible]	MPa
10	PI-202	进母液换热器母液II	0.941	MPa
11	PI-203	进外冷器液氨总...	-0.004	MPa
12	PI-204a	4#液氨分离器气...	0.616	MPa
13	PI-204b	3#液氨分离器气...	0.668	MPa
14	PI-204c	2#液氨分离器气...	0.675	MPa
15	PI-204d	1#液氨分离器气...	0.637	MPa
16	PI-205	出液氨分离器氨...	0.942	MPa
17	TI-201-1	进氨I冷却器氨I温度	[illegible]	℃
18	TI-201-2	出氨I冷却器氨I温度	[illegible]	℃
19	TI-201-3	出母液换热器氨I...	[illegible]	℃
20	TI-201-4	进母液换热器母液II	[illegible]	℃
21	TI-201-5	出母液换热器母液II	11.812	℃
22	TI-201-6	进氨I冷却器冷却水	6.051	℃
23	TI-201-7	出氨I冷却器冷却水	2.085	℃
24	TI-203a	出4#外冷器半母液II	0.055	℃
25	TI-203b	出3#外冷器半母液II	0.140	℃
26	TI-203c	出2#外冷器半母液II	0.995	℃
27	TI-203d	出1#外冷器半母液II	2.564	℃
28	TI-204a	出4#外冷器氨温度	-6.195	℃
29	TI-204b	出3#外冷器氨温度	[illegible]	℃
30	PI-204c	2#液氨分离器气...	0.675	MPa
31	TI-204d	出1#外冷器氨温度	[illegible]	℃
32	TI-207	进冷析结晶器氨I	43.468	℃

图 6－30　数据一览画面

8）调整画面

调整画面以数值、趋势图和内部仪表图显示位号信息，以数值方式显示模拟量输入或回路控制的所有信息，并可修改。显示的数值项为：工程单位、量程上限、量程下限、测量值 PV、报警状态、高高限 HH、高限 HI、低限 LO、低低限 LL 等。回路控制还包括：给定值 SV（自动时可修改）、控制量 MV（手动时可修改）、偏差 DV、偏差限 DL、回路状态、输出上限、输出下限、比例 P、积分 I、微分 D、执行机构、正反作用。趋势图显示最近的位号变化趋势，如图 6－31 所示。

9）流程图画面

流程图画面是工艺过程在实时监控画面上的仿真，是主要监控画面之一，由用户在组态软件中产生。流程图画面根据组态信息和工艺运行情况，在实时监控过程中动态更新各

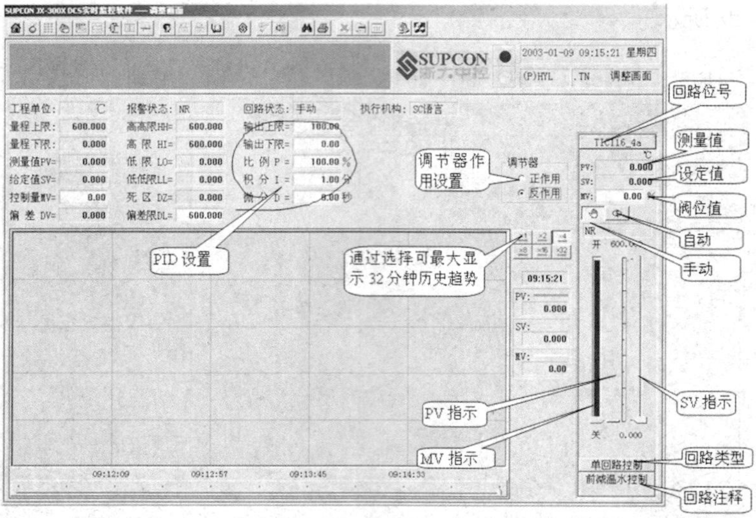

图 6－31　调整画面

个动态对象(如数据点、图形、趋势图等)，因此，大部分的过程监视和控制操作都可以在流程图画面上完成，如图 6－32 所示。

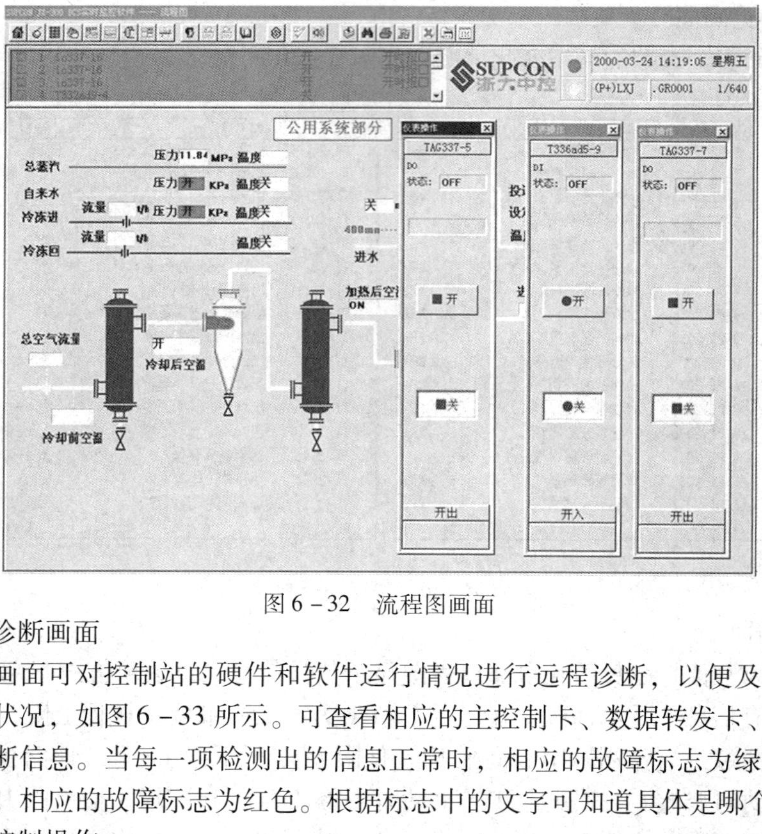

图 6－32　流程图画面

10）故障诊断画面

故障诊断画面可对控制站的硬件和软件运行情况进行远程诊断，以便及时、准确地掌握控制站运行状况，如图 6－33 所示。可查看相应的主控制卡、数据转发卡、I/O 卡件以及通讯的故障诊断信息。当每一项检测出的信息正常时，相应的故障标志为绿色；当每一项检测出故障时，相应的故障标志为红色。根据标志中的文字可知道具体是哪个故障。

11）回路控制操作

回路控制：PV 代表测量值；SV 代表设定值；MV 代表阀位值。

回路控制的操作有手动及自动两种操作方式。

手动是指控制回路在手动操作状态下，操作员直接在控制系统上手动调整各调节阀的开度。

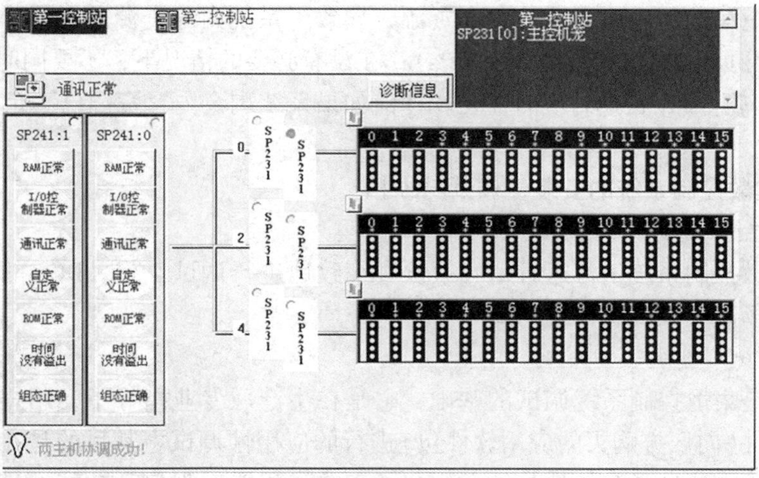

图6-33　故障诊断信息的显示画面

自动是指控制系统自动根据测量值和给定值的偏差计算调节阀的开度，自动调节调节阀，使测量值保持在允许的范围内。操作员可以根据工艺要求改变设定值。

4. DCS 安全运行保护

1）系统安全运行保护

为保证系统在适当条件下运行，请遵守以下各项：

（1）密封所有可能引入灰尘、潮气和鼠害或其他有害昆虫的走线孔（坑）等；

（2）保证空调设备稳定运行，保证室温变化小于5℃/h，避免由于温度、湿度急剧变化导致在系统设备上出现凝露；

（3）避免在控制室内使用无线电或移动通信设备，以防系统受电磁场和无线电频率干扰。

（4）严禁擅自改装、拆装系统部件；

（5）严禁使用非正版系统软件和应用软件；

（6）系统应远离热源，保证通风口不被他物挡住；

（7）在进行连接或拆除前，请确认系统电源开关处于"关"状态，此操作疏忽可能会引起严重的人员伤害和系统设备的损坏。

2）文明操作

（1）文明操作，爱护设备，保持清洁，防灰防水；

（2）键盘与鼠标操作须用力恰当，轻拿轻放，避免尖锐物刮伤表面；

（3）尽量避免电磁场对显示器的干扰，避免移动运行中的工控机、显示器等，避免拉动或碰伤设备连接电缆和通讯电缆等；

（4）严禁使用外来磁盘或光盘，防止病毒侵入；

（5）严禁在实时监控操作平台进行不必要的多任务操作；

（6）严禁任意修改计算机系统的配置设置，严禁任意增加、删除或移动硬盘上的文件和目录；

（7）应及时做好系统运行文件的备份和系统运行参数（如控制回路参数）修改记录工作。

由于 Windows 操作系统是一个抢先式多任务操作系统，当实时监控软件在进行频繁的画面翻页时，不断地"释放"原画面的内存资源，申请新画面的内存资源，而操作系统没有空闲时间来真正释放那些该释放的内存资源，导致了系统内存资源的耗尽。因此，不要进行频繁的画面翻页操作(连续翻页超过10s)；在没有必要的情况下，不要同时运行其他的软件(特别是大型软件)；在运行实时监控软件前如果系统剩余内存资源已不足50%，建议重新启动计算机。

6.1.8 集散控制系统的安装、调试与维护

1. 集散控制系统的调试

为确保集散控制系统正常运行，必须认真细致地进行调试工作。DCS的调试包括工厂调试、用户现场离线调试和在线调试。

1）工厂调试

工厂调试是集散控制系统调试的基础，它是在生产厂专业指导下，用户对硬件、系统软件和应用软件(向厂方购买的应用软件包)进行的应用性调试。其目的是在专家指导下学会软件包的使用方法，了解软件包结合用户的工艺过程能实现何种功能。另外，在制造厂内应完成复杂控制回路和特殊设备的调试。在局部调试完成后，还需进行全方位的调试，包括每一个I/O点及其相应回路的调试，同时要观察相关的标准画面。

（1）硬件调试　DCS对系统硬件一般都提供一套测试软件，通过测试软件的运行就可完成系统硬件的测试。另外，通过系统菜单可查看网络级的状态信息，包括网络组态文件和局域网的状态信息，重要的画面有局域网的状态显示、全貌显示及操作台、接口和节点的状态显示。

（2）用户应用软件的调试　包括网络组态文件、区域数据库、用户数据点、用户流程画面、用户程序、控制回路的调试。

网络组态文件的调试是检查用户的网络组态文件，它规定了单元的名称、操作站名称和区域的名称。同时还规定了系统中许多属性，确定网络节点的组态，历史模块的分卷组态。如果检查中发现上述各项内容有不合适的地方，应及时进行修改并重新对历史模块进行分卷。

区域数据库是系统数据和操作的格式定义，因此在用户数据点调试之前必须先检查它的属性内容是否正确。检查内容包括单元分配、路径目录、总貌、操作编组、过程模件编组、区域趋势、单元趋势、单元摘要、批量摘要、系统状态、报警画面、标准报表、过程日记、系统日记、实时日记、报表、打印趋势等。

用户数据点是集散控制系统工作的基础，它的编制直接关系到DCS是否能长期、稳定地运行，所以对用户数据点必须仔细地调试，以确保正确无误。用户数据点包括调节PV点、调节回路、数字复合点、逻辑点、模入/模出点、数字输入/输出点、脉冲输入点、时间点数值点、标志点等。在调试中必须注意各个参数之间的匹配，任何不适当的选择应在调试中逐点予以修正。除了对数据点进行单点调试外，还需对数据点按回路进行联调。一般来说，在用户数据点调试阶段可结合工艺过程，构成一检测控制回路图，再按信号流程逐点调出相应数据点进行回路的调试，以确保控制作用正常，切换无扰动。

用户流程图画面的编制同数据点的建立一样，工作量占用户应用软件编制工作量的1/3以上，因此流程图画面的调试也是应用软件调试工作的重要部分。各种设置是否达到了设计时的预想目标，是否能响应用户数据点库的内容，画面上的数据是否能真实反映实时数据，棒图是否能随数据点库的变化而相应地变化，流程图画面是否超出了编译区域等方面都要认真地进行调试。除了验证以上这些内容外，还要对流程图画面的布局及图上的管线、

设备、数值文本及背景颜色的协调性进行调整，使整幅画面的文字、图形、色彩都十分和谐优美。

用户程序的调试主要结合用户的应用数据库进行编译调试，此过程中编译器自动给出有关出错信息，据此用户可及时进行修改。编译调试完成后，即可按步执行用户程序，观察相关设备的工作状态。用户程序的调试一般有纯模拟方式和半模拟方式两种。其中：纯模拟方式调试是以软件手段强制改变输入数据点的状态，从而观察输出的变化，以检查逻辑关系的正确与否；这种调试不涉及I/O卡，故称为纯模拟方式，纯模拟调试过程中输入、输出状态的变化可在计算机屏幕上进行观察也可直接观察输入、输出卡上的状态指示灯。半模拟方式的调试是通过输入卡上接线直接改变输入状态而进行的，这种方式在检查程序逻辑合理性的同时也检查了输入卡的硬件质量，模拟输入信号由信号发生器供给，数字输入信号通过触点的短接与否实现"开"、"闭"状态输入。

控制回路的调试是DCS用户软件工厂调试阶段中至关重要的部分，它需要制造厂提供相关的调试工具，如信号发生器、专用的接线工具等。回路调试主要对用户所编制的应用软件和I/O通道进行调试，如果有智能变送器、安全栅等其他设备，应一并接入系统进行全面的调试。通过控制调节窗口，观察各回路的控制曲线的变化，考察它对控制算法的执行正确性，观察每一算法的限幅作用和越限报警是否正常，还要考察控制方式切换的无扰动。对典型或较复杂的回路还可用另一个控制站组成一个仿真系统，将其与控制站相连，仔细观察控制算法和仿真输出的变化情况，发现问题及时调整，直到符合项目的预定要求。

2）现场调试

现场调试是在工厂调试的基础上进行的在线调试，不允许有任何错误和疏漏。特别是对于危险性极大的化工生产装置，任何差错都会带来意想不到的后果。

现场调试需要工艺、电气、设备等各专业配合，调试之前需做好各方面准备。首先，安装工作应全部完工，设备完好无损，接地符合要求，通信系统可靠，后勤保障充沛；其次，各项调试大纲、调试方法、调试报告均应准备齐全，对参加调试的操作工应进行培训，使之达到熟练操作的程度；第三，成立调试小组，统筹安排现场调试阶段的工作。例如，有关气密试验、工艺管线吹扫、分工段进行数据点的调试等。

(1) 数据点调试

在生产现场进行数据点的调试，与工厂调试不同，它是经现场安装和接线后进行的。这一步工作有两个目的：一是考察来自现场的信号是否正确；二是考察实时库的组态，包括地址分配、各种转换系数的设置等的正确性。

数据点调试包括现场仪表接线及安装的检查、现场仪表的通信检查及数据点组态检查三方面内容。其方法是用变送器逐点加入指定的输入量，然后读出CRT上的显示值，填入测试表。高质量的数据点调试，将会大大地减轻控制程序的调试工作量。

数据点调试报告有模拟输入、输出数据点调试报告，数字输入、输出调试报告和脉冲输入数据点调试报告。测试中同时应注意报警、联锁功能的检查。

调试完毕后，应认真填写专门的调试报告，测试者需在报告上签字确认，并对调试结果负责。未经调试小组同意，不得随意修改调试数据。

(2) 控制程序的调试

控制程序调试分为连续控制程序调试和非连续控制程序调试。

连续控制程序的调试是在系统提供的标准操作画面上进行的，用户在现场给出输入信号，考核调节回路输出是否正确。经离线调试后的连续控制程序一般是不会出问题的。

非连续控制程序是指顺序和批量控制程序，这些程序一般都有专门的操作界面，在操作过程中有提示信息。非连续控制程序调试时应准备好各种所需的现场条件才能启动程序，仔细考察它的运行结果。对一般复杂的顺序控制程序，调试不会很顺利，出了问题应先检查程序逻辑，再看数据点组态和程序语句匹配。无论调试怎么复杂，调试要求的现场条件必须从现场加入，这是顺序控制程序调试中必须遵守的，因为这样可以进一步检查数据点的调试结果和现场变送器的情况，才能确保试车运行过程中不出错。对某些比较特殊的顺控程序，调试人员只能自行设计调试报告，并在调试完成后签字确认。

(3) 操作画面的调试

操作画面的调试就是调试用户自行设计编制的流程图操作画面。作为工艺过程的主要操作界面，它的调试是与数据点调试、控制程序调试及联锁系统调试同时进行的。这一调试的关键是要求画面能真实反映工艺过程的状态。

(4) 紧急联锁系统的调试

紧急联锁系统的运行是否正常，直接关系到装置的安全生产，它的现场调试必须谨慎、细致。

紧急联锁系统的调试方法是按逻辑框图逐项进行，在现场制造联锁源，观察联锁动作是否正确。

在现场调试阶段试验紧急联锁系统时，由于和试车有关的各项准备工作都在同步进行，如压缩机单机试车、工艺管线气密性试验等，可能对联锁试验系统带来干扰，联锁系统调试小组必须谨慎行事，服从现场统一指挥。

2. 集散控制系统的安装

DCS 在完成现场开箱检验后就可以进行安装工作，但在安装之前必须具备安装所需的各项条件，经生产厂商确认无误时才可开始安装。

安装前的准备工作包括地基、电源、接地等三方面。电源一般采用 UPS 电源。在安装 DCS 供电部分之前，需向生产厂商递交一份有关电源的测试报告，以保证供电电压、频率准确无误。安装基础在安装之前亦需与就位设备一一对应。DCS 的接地要求较高，它要求有专用的工作接地极，且要求它的入地点远离避雷入地点 4m，接地体与交流电的中线及其他用电设备接地体间距离大于 3m，DCS 的工作地应与安全地分开。另外，还要检测它的各种接地电阻数值是否符合要求。

在准备工作结束后即可开始 DCS 的安装。系统安装工作包括机柜、设备安装和卡件安装；系统内部电缆连接；端子外部仪表信号线的连接；系统电源、接地的连接。要防止静电对电子模件的损坏，在安装带电子结构的设备时，操作人员一定要戴上防静电器具。另外，在冬季安装时应注意库房到机房温度变化的梯度是否符合系统要求。

3. 集散控制系统的验收

DCS 的验收分工厂验收和现场验收两个阶段。工厂验收是在制造厂进行的；现场验收则是在系统运抵用户现场，经安装调试并投入正常运行后进行的。

1) 工厂验收

工厂验收亦称出厂验收，它是 DCS 项目实施过程中最重要的监测环节，出厂验收合格后，集散控制系统就要装箱发货。一般说来，DCS 厂家的生产测试条件比较先进，而且直接参与开发的、有经验的专家也比较容易找到，即使出现一些问题也可以在当地加以解决。

而一旦产品到了现场，就只有一般的工程服务人员到场，对于系统本身存在的问题就很难得到解决，因此出厂验收应引起足够的重视，一般情况下应有用户方的主管领导参加。

出厂验收主要是对系统硬件、软件性能的验收，完成供货清单上所有设备的清点，检查厂商提供的软件是否满足用户的要求。事后由制造厂拟定一个双方认可的验收报告，由双方签字确认。

2）现场验收

当集散控制系统运抵用户的应用现场后，应将所有设备暂时安放在一个离控制室较近的宽敞场所。不同的DCS对暂存环境有不同的要求，应仔细核对。一般希望温度在 -50 ~ +70℃，相对湿度为 5% ~ 95%，压力为 37.3 ~ 104kPa，振动 0.5g(0 ~ 60Hz)，冲击 25g/30ms。对于可移动的磁介质临时存放，要防止磁场干扰，且环境温度要求在 -20 ~ +50℃之间，湿度在 20% ~ 80% 之间，若超过极限，使用前应先在使用温度下放置 24h。现场验收包括开箱检验、通电检验及在线检验等内容。

（1）开箱检验

开箱检验主要是确认运输过程中是否有损坏，同时也为了再一次检查装箱是否符合装箱单。这是一个现场验收的重要内容，因此整个过程要有记录。对箱外包装和箱内设备均应有摄影记录。对所有设备按清单进行清点。

开箱时应有制造商、运输单位及最终用户三方在场，开箱完毕由制造商与最终用户形成一个开箱检验报告。对损坏情况、设备短缺情况都应有详细说明，并确认其原因，提出修复或更换方案。

（2）通电检验

通电检验之前，首先需进行电源测试，然后将系统所有模块开关置“关”位置，这时才能开启总电源，所有模块逐个通电，直至全部完成。接着，启动系统测试软件，检查各部分状态。整个通电过程应保证 72h 连续带电考核。该过程亦需形成记录，并写出通电检验报告。

（3）在线检验

完成前面 1、2 两项验收，只是完成了现场验收的一部分工作，还必须进行现场的在线检验，这一步非常关键，因为在现场验收合格后，就意味着 DCS 厂家完成了向用户的交货。如果厂家提供保修，则验收合格就标志保修期的开始。因此，这部分检验应在装置开车平稳后进行，且最好在满负荷的情况下进行，因为空载时，问题可能暴露不出来。

在线检验应完成以下几方面的测试验收工作：

① 现场环境条件的测试　系统现场验收并不是单纯地只对 DCS 系统进行测试验收，还需系统地对用户方 DCS 的现场环境进行测试，它包括机房条件的测试、系统电源的测试、接地电阻的测试。

② 系统的信号处理准确度测试　从现场调试阶段所得到的信号准确度调试记录表中，选出若干有代表性的信号，用操作测试画面进行测试，检查它的准确度是否符合要求。

③ 控制性能的测试　应仔细地考察每一个控制回路的控制指标是否达到要求指标，还要考察它的有效性及稳定性。特别是一些特殊的先进控制功能，往往不是 DCS 的标准功能，难免有所考虑不全，调试时需加倍用心。

④ 组态、操作显示功能的测试　包括操作员站和工程师站的操作权限的设置检查，组态、操作、显示、打印、报表、报告、报警等功能的测试。

⑤ 通信联网能力的测试　DCS 的网络通信能力，不仅涉及到不同 DCS 之间的信息传递，还牵涉到它与工厂信息网、企业管理网甚至远程网之间的信息传递，在产品在线验收阶段，一定要根据合同要求，全面地进行实时性、冗余性、可靠性的考核，不能满足于一对一分别通信的成功。不仅要考察常规操作下的通信，还要考察它在紧急情况下的通信功能。

⑥ 测试报告和资料完整性检查　对系统逐项进行测试验收后，由测试小组最后得出测试结论，形成系统现场测试验收报告。与此同时，测试小组应最后检查 DCS 厂家提供的随机资料是否齐全，以及在此之前的每一步现场工作的记录资料是否齐全。

4. 集散控制系统的管理、维护及应用软件的再开发

1）DCS 的管理

DCS 是多种技术、多个学科的综合，它的发展又特别迅速，因此要不断提高 DCS 的应用水平，需要多方面力量联合作战。为此，必须建立一个专门的管理机构，统一全厂的 DCS 应用与开发的计划，统一管理备品、备件，统一订购，统一开展国产化工作，统一设计和开发综合信息管理系统，综合安装培训和横向联合，开发高层次的控制软件。

除了进行计划管理外，还应进行项目管理和维护管理。项目管理是负责确定设计、施工、投运等各个阶段的人员组成、分工和检查验收标准；维护管理除了要制定维修操作规程外，还应建立起一整套有关维护、检修、管理的规章制度，例如技术管理、设备管理、安全管理、备品、备件管理等的管理制度，操作的岗位标准，软件硬件的完好率和使用率考核办法等。

2）系统维护

转入正常运行的 DCS，应有完整的维护制度。维护工作内容包括系统的运行状况和环境状况的检查，参数及组态的修改，故障和设备缺陷的处理，备件及维修工具的保管，设备及工作室的卫生工作。在维护过程中应详细地作好工作记录。以上这些工作不是轻易能完成的，因此必须有专人负责，也就是说要有专门的维修班子。最好不要同仪表的维修班子合在一起，以便各司其职，任务分明。

3）系统应用软件的继续开发

系统第一次开车投运时的应用软件，往往是最基本的，这时的工作重点是协调各方把系统先运转起来。同时，操作运行人员和工艺人员也需要有个熟悉、了解、适应的过程。一般在一年以后应用软件的开发才被提到议事日程上来。其具体内容应包括：先进软件的消化吸收和真正采用；第一版软件的修改和补充，如控制方案、整定参数、操作画面等的修改；开发先进控制软件，实现局部或全装置优化；全厂系统连网。这一工作是困难的，是需要各方面人员协同攻关的。必要时可与大专院校研究部门合作开发，以取得更大的经济效益。

6.2　现场总线控制系统(FCS)

随着控制技术、计算机技术和通信技术的飞速发展，作为一种趋势的数字化正在从工业生产过程的决策层、管理层、监控层一直渗透到现场设备。从宏观来看，现场总线的出现是数字化网络延伸到现场的结果。随着网络的发展，现场总线将使数字技术占领工业控制系统中模拟量信号的最后一块阵地，一种真正全分散、全数字、全开放的新型控制系统——现场总线控制系统正在向人们走来。

现场总线(FieldBus)是连接智能现场设备和自动化系统的全数字、全开放、全双工、多节点的串行通信工业控制网络。

现场总线控制系统的出现代表了工业自动化领域中一个新纪元的开始，将导致自动化系统结构与设备的一场变革，促成工业自动化产品的又一次更新换代，必将对工业自动化领域的发展产生极其深远的影响。

现场总线的发展是与计算机技术、通信技术、网络技术、控制技术、信息技术等高新科学技术的发展分不开的。早在1983年，Honeywell公司就推出Smart智能变送器，它采用在模拟信号上叠加数字信号的方法，为现场总线仪表提出了新的方向。其后，Rosemount公司推出了1151智能变送器，Foxboro公司推出了820、860智能变送器等，这些智能变送器带有微处理器和存储器，能够进行模拟信号到数字信号的转换处理，还可进行各种信号的滤波和预处理，例如差压信号的开方、流量小信号的切除、热电阻或热电势的非线性补偿、冷端温度的补偿等，为自动化仪表的现代化和现场总线仪表的诞生奠定了基础。

1984年，美国仪表协会(ISA)下属的SP50工作组开始制订现场总线标准。1985年，国际电工委员会(IEC)成立IEC/TC65/SC65C/WG6工作组，开始研究和制订现场总线体系结构和标准。1986年，德国开始制订现场总线标准，即过程现场总线(Profibus，Process Fieldbus)标准，该标准于1990年问世，并成为欧洲标准EN 150170。1992年，国际电工委员会批准了ISA/SP50的物理层标准。同年，由Siemens、Foxboro、Rosemount、Fisher、ABB和横河等著名仪表制造商成立ISP(Interoperable System Protocol)组织，以德国Profibus标准为基础，制订现场总线标准。当年，第一个现场总线的芯片诞生。1993年，由Honeywell公司等百余公司成立World FIP(Factory Instrumentation Protocol)组织，以法国FIP标准为基础，开始研究并制订现场总线标准。

1986年，Rosemount公司提出HART(可寻址远程传感器数据通路)通信协议，在4~20mA模拟信号上叠加频移键控(FSK)的调制数字信号，实现了混合信号的传输，它使模拟信号和数字信号可在同一线路中实现通信，是模拟通信向数字通信的过渡。1993年，成立了HART通信基金会HCF。

虽然各仪表制造商已经看到制订统一现场总线标准的重要性，广大用户对现场总线控制系统的需求也十分强烈，但现场总线标准的制订并非想象的那样顺利。受经济利益的驱使，各制造商都希望他们的产品是符合国际标准的现场总线产品，但因现场总线产品应用时间、应用地域的不同和发展的不平衡，使现场总线标准的制订工作进展十分缓慢，直到1993年现场总线物理层规范IEC61158.2才正式成为国际标准。

1994年，ISA的ISP组织和World FIP北美分部合并，成立了不以赢利为目的的现场总线基金会(Fieldbus Foundation)，开始了现场总线标准制订的新篇章。1996年，现场总线基金会发布H1低速总线标准。1997年，应用层服务定义IEC 61158.5和应用层协议规范IEC 61158.6成为国际标准最终草案，并发布对基金会现场总线性能实验和互操作性测试结果。同时，现场总线通信栈圆片被注册。1998年，现场总线的链路层服务定义IEC61158.3和链路层协议规范IEC 61158.4成为国际标准最终草案，并通过放弃原定的高速H2现场总线开发计划，转而开发高速以太网HSE的高速现场总线方案。1999年，高速以太网草案发布，并根据渥太华会议纪要，将原IEC 61158.3~IEC 61158.6的技术规范作为新标准IEC 61158的类型1，而其他总线按原技术规范作为新标准的类型2~类型8(Type 2~Type8)。2000年，修改后的8类现场总线国际标准最终获得通过。2003年，经修改后，国际标准IEC 61158的现场总线有

10 类。

类型 1(Type 1)：1999 年 IEC611158 TS 技术规范全面定义的现场总线，即 FF 基金会现场总线 Hl。

类型 2(Type 2)：Control Net 现场总线。

类型 3(Type 3)：PROFIbus 现场总线。

类型 4(Type 4)：PNet 现场总线。

类型 5(Type 5)：FF HSE 高速以太网总线。

类型 6(Type 6)：Swift Net 现场总线。

类型 7(Type 7)：Interbus 现场总线。

类型 8(Type 8)：WorldFIP 现场总线。

类型 9(Type 9)：IEC/ISA SP50 现场总线。

类型 10(Type 10)：PROFInet 现场总线。

与此同时，一些制造商也从各自经济利益出发，在一些大公司现场总线标准的基础上开发用于实际过程的现场总线标准。例如，由 BOSCH 公司推出，1991 年 Philips 公司制订了广泛应用于汽车行业的 CAN(controller Area NetWork)控制器局域网总线标准第二版，该标准在 1993 年正式成为国际标准 ISO 11898。基于 CAN 现场总线技术的 DeviceNet 现场总线由 Allen - Bradley 公司设计开发，并在离散控制和低压电器中得到飞速发展，它已成为国际标准 IEC 62026 的第 3 部分和欧洲标准 EN 450325。美国 Echelon 公司在 1991 年推出了第一代 LON 现场总线，它采用 Lonworks 技术，以神经元芯片为基础，集成了 ISO 开放系统互连参考模型的全部七层，采用 LonTalk 通信协议，实施 Lonworks 互操作性标准，被广泛应用于楼宇自动化、工业自动化和家庭自动化。

低压电器现场总线标准的制订过程比过程控制现场总线标准的制订过程简单，根据 IEC 62026 标准，有下列现场总线已经成为国际标准。它们是 AS - i 现场总线(第 2 部分)、DeviceNet 现场总线(第 3 部分)、SDS(Smart Distributed System)现场总线(第 4 部分)和Seriplex 现场总线(第 5 部分)。

根据现场总线基金会的统计，到 2003 年 10 月，已有 32.5 万多台现场总线设备在全球各地安装和运行，它们分布在 5000 多套现场总线控制系统中。到 2003 年 10 月，已经注册的单一类型或功能的基金会现场总线设备多达 176 种，包括控制器、变送器、电磁流量计、旋涡流量计、分析仪、阀门定位器、数据采集仪、施工用分析仪等。基金会现场总线设备的总类型已达 256 种。目前，已有 9 家公司的 12 种现场总线上位系统通过现场总线基金会的上位机互操作性支持测试(HIST)。

基金会现场总线技术已经在全球顶级企业中得到应用。据不完全统计，石油天然气的 10 个顶级企业中已有 9 个应用，25 个化工顶级企业中已有 23 个应用，25 个制药顶级企业中已有 24 个应用，20 个制浆造纸顶级企业中已有 15 个应用，20 个顶级食品饮料企业中已有 10 个采用基金会现场总线技术。现场总线的应用正从中小规模的应用向大型项目及全企业应用发展。

现场总线基金会的统计表明，在我国已经运行的基金会现场总线控制系统和检测系统有 100 多套，已经安装并运行的现场总线设备已达 4000 多台。在北京已经建立了基金会现场总线的演示中心，它包括 7 个经 HIST 认证的不同制造商的上位机、32 台经认证的 8 类设备。每个上位机连接 4 ~5 台来自不同制造商的不同设备，为现场总线的推广提供了基地。

此外，还在北京燕山成立了仿真培训中心。近年来，更有多家大型工业企业采用现场总线技术。例如英国BP公司与中国石化、上海石化合资的上海赛科(SECCO)石油化工有限责任公司，在以石脑油为原料的乙烯裂解和下游装置(包括90万吨乙烯、60万吨聚乙烯、25万吨聚丙烯、50万吨苯乙烯、30万吨聚苯乙烯、26万吨丙烯腈、9万吨丁二烯和20万吨芳烃)等共10套装置中全面采用基金会现场总线，组成各种控制系统和检测系统，总计有输入输出点8万多个，现场总线设备2.3万台，其总投资达27亿美元，整套装置于2005年陆续投入运行。

1. 现场总线对自动化仪表的发展

现场总线技术的发展也推动了自动化仪表和装置的发展。对自动化仪表的发展主要表现在变送器和执行器的发展。

1）变送器

现场总线技术对变送器的发展主要表现如下：

(1) 传送和测量准确度提高　由于采用数字化，减少了传送和转换环节，提高了仪表的传送准确度和测量准确度。

(2) 仪表检测功能增强　各种多变量变送器诞生。例如，差压式流量计可用于检测质量流量、体积流量、压力和温度；电磁流量计可用于体积流量检测及电导和温度的检测；差压式液位计可用于检测液体的液位、密度、储罐内的压力及温度；超声液位计可检测液位和温度；温度变送器可检测温度、湿度和振动等。

(3) 多功能仪表　现场总线可传输除了测量值以外的其他信号，因此扩展了仪表功能。例如结合仪表检测功能扩展，添加计算功能块可对流量进行温度和压力的补偿计算，直接获得温度压力补偿后的流量值；添加控制功能块可完成控制运算等。

(4) 仪表的远程监视和控制　对变送器、传感器和检测元件的运行状况进行远程监视和控制，可提供预警和预测诊断的信息等。

2）执行器

现场总线技术对执行器的发展主要表现如下：

(1) 改进控制阀的可控性　由于采用现场总线技术，可用一台控制阀完成多种检测，例如开关时间、冲击周期检测等，从而预测阻塞、泄漏等事故。

(2) 控制阀流量特性的改进　采用现场总线后，阀门的流量特性不再在反馈回路进行调整，而是设置在设定通道，从而大大改进阀门定位器的副环特性。并且，流量特性可由用户设置，在低压降比系统应用中也可获得良好的流量特性。

(3) 功能的改进　阀门定位器、控制阀和PID功能块结合，并与流量的检测组合，就可以组成一台带流量检测和控制功能的多功能设备。

(4) 远程诊断和控制　对控制阀可进行远程监视，预测控制阀的故障，获得控制阀开度和状态等信息，为设备的合理维护提供分析和建议。

(5) 稳定控制阀的运行　改进控制阀的静态特性，稳定控制阀的运行。

(6) 控制阀附件减少　有利于对控制阀的维护和控制阀备件的准备等。

2. 现场总线的发展方向

现场总线已经广泛应用于各个领域。虽然现场总线的类型众多，现场总线的标准难统一，但已经发布的现场总线标准说明这些现场总线是有生命力的，已经在相关的应用领域取得广泛应用并获得成功。现场总线的发展方向如下所述。

1）通信协议

对通信的实时性要求更高。现场总线技术是用于控制装置和现场设备、在现场设备之间实行双向、串行、多点的数字通信技术。因此，实时性是现场总线的发展方向之一。从数字通信要求看，就是应如何提高数据传输速率、减少无效通信量、扩大通信距离、采用塌缩通信模型等。此外，还包括制订与互联网通信的通信协议，使现场总线设备成为互联网的一部分，实现一网到底，实现互联网访问，使 e 网进入工业控制领域，例如用于用户层的通信协议 IEC 61804 等。近年来，一些国际标准化组织正致力于工业以太网应用协议标准的开发和制订工作，以 TCP/IP 协议为基础，开发实时性强的通信协议，实现具有互操作性的工业以太网。

建立满足开放性要求、满足可互操作性和通信一致性要求的应用层和用户层通信协议，建立有效的通信模型，协调现场通信中实时和非实时信息的通信服务，使通信协议能有效协调，满足工业生产过程控制应用的要求。

2）硬件

向无线通信方向发展，向网络化方向发展。与无线通信技术相适应，在现场总线中采用无线通信将成为现场总线的发展方向。由于现场总线设备大多数集中在较小的范围内，通信距离短，因此，相应的无线通信技术得到开发，制订了无线通信的 IEEE 802.11 标准；一些无线通信技术得以开发，例如蓝牙技术、ZigBee 技术和部分专用技术的应用。无线通信可以将通信用电缆减到极限，当现场总线设备采用无线技术，例如蓝牙技术后，现场总线设备可直接安装到现场，组成微微网（Piconet），微微网可重叠交叉，从设备单元即可共享，多个相互重叠的微微网还可组成散射网（Scatter net）。由于无需安装连接电缆，因此大大降低了安装费用和维护费用。使用无线通信需解决安全性、抗扰性等技术问题。目前，无线智能变送器已问世。

网络化是信息时代的重要特征。网络化使现场设备的信息传到全厂全公司，直至全企业的信息可以通过网络化实现信息资源共享，使信息传递更及时，信息执行更快捷。

硬件发展的另一个重要特点是机电仪一体化，现场总线设备是机电仪一体化的具体体现。例如，一个现场总线变送器不仅有与生产过程的接口和与现场总线的接口，而且有对相应数据的转换、处理和传输等功能，即一台设备可完成过程变量检测、变送、数据处理、信号传输等功能。此外，所具有的功能模块类型和数量增加，功能模块执行时间缩短。

硬件的高可靠性、强鲁棒性、开放性和实时性等性能将得到强化和改善。由于现场总线设备安装在现场的工业恶劣环境条件下，因此对环境适应性也有更高要求。

将 DCS 的控制器分散到现场，组成通信组件，所需的功能块软件可根据要求安装，实现现场设备所需的功能，是现场总线控制系统的一个发展方向。

3）软件

采用 XML 和 OPC 技术。XML 和 OPC 都是 COTS（Commercial Off - The - Shelf）商业应用技术的两个标准。它们允许控制和管理软件与其他硬件和软件产品实现无缝集成。XML（eXtensible Markup Lauguage）是实际工业中商务数据交换的主要媒体，它用于作为数据定义的标准，在互联网上建立和传送结构化的文本。不同的工业应用可以定义各自的 XML 语言集，就像是 XML 的方言，例如石化工业可定义针对该工业应用的 XML 集，并作为该工业中传送数据信息的标准。由于 XML 标准工具的多样性，使不同应用项目中数据的传送变得极为方便，它不仅提高了系统的可靠性和冗余性，也为提高信息吞吐量、为用户项目的开发、应用和集成的灵活性提供了保证。

OPC 是 OLE for Process Control 的缩写，它指用于过程控制的对象链接和嵌入技术（OLE：Object Linking and Embedding）。OPC 技术的应用为硬件和软件的共同发展提供了可能。通过 OPC 技术使驱动软件接口标准化，OPC 针对过程控制问题提供了数据交换的标准。OPC 基金会已经有 250 多个成员，有 450 多个已认证的 OPC 产品，包括服务器、客户机、服务器/客户机开发工具等。OPC 客户机能够发送和接收数据和信息等到 OPC 服务器。对于工业控制的实时应用，已经制订了多个 OPC 标准，例如，用于过程数据的 OPC 数据接收标准，用于报警和事件数据的 OPC 报警和事件标准，用于历史数据的 OPC 历史数据接收标准，用于批量控制数据的 OPC 批量控制标准和用于数据交换的 OPC 数据交换标准等。基金会现场总线已经支持 OPC 的有关标准，例如，OPC DX 标准能够简化企业数据的集成，OPC DX 定义了一系列接口，用于互操作性数据的交换和实现经以太网的服务器到服务器的实时通信访问。

标准化软件是重要发展方向。一些国际标准化组织，例如工业自动化开放网络联合会（IAONA：Industrial Automation Open Network working. Alliance）、工业以太网协会（IEA：IndustriaI Ethernet Association）等正致力并推荐的工业以太网现场应用有关技术和标准的设备描述语言 DDL 是描述现场总线设备参数数字通信特征的语言，用于传送设备状态、诊断和组态等信息，已经发展并被 IEC 作为国际的电子设备描述语言 EDDL。

安全仪表系统（SIS）的规范和灵活功能模块规范正成为当前研究的热门。

4）互操作性和互换性

通常，互操作性和互换性是指一个制造商的现场总线产品可用另一个制造商的同类产品替代，而不会发生不能操作和不能进行数据通信的情况。由于有些制造商的现场总线仪表中有较多的功能模块提供，有些制造商的现场总线仪表只有基本的功能模块，因此，这里的互换性和互操作性仅指可以实现该产品的基本功能。例如，现场总线温度变送器的基本功能是温度检测功能，如果一台原来使用的串级主环现场总线温度变送器带有 AI 和 PID 功能，则不能用只带 AI 功能的现场总线温度变送器来替代。现场总线的发展方向是提高互操作性和互换性的功能，增强设备的功能，实现广义互操作性和互换性。

5）通信接口

由于多种现场总线并存已成不争的事实，因此研制各种现场总线间的接口或网关等转换或链接设备，实现它们之间的通信将成为今后无法回避的课题。当前，已经有不少制造商受经济利益驱使，开发和研制了相关的通信接口或网关设备。

6）分散控制

目前，现场总线的分散控制仍停留在简单控制和少量的复杂控制，例如串级控制。随着微处理器和存储器技术的发展，在现场总线设备中增加有关的功能模块，例如比率 RA、分程 sPLT 等功能模块，使常用的复杂控制能够在现场级实现。此外，一些批量和混合控制也可以用柔性功能模块实现，使现场级的分散控制范围更广泛、更彻底。

7）技术培训

现场总线仪表的应用与一般模拟仪表的应用有所不同。现场总线控制系统中现场总线仪表的选型、网段设计、工程安装和维护等是现场总线控制系统应用的重要环节，对现场总线设备和仪表控制系统设计和应用人员的培训将是一项重要工作。

6.2.1 现场总线的特点

现场总线的特点主要体现在两方面：一是在体系结构上成功实现了串行连接，一举克服了并行连接的许多不足；二是在技术层面上成功解决了开放竞争和设备兼容两大难题，实现了现场设备智能化和控制系统分散化两大目标。

1. 现场总线的通信特点

由于现场总线技术将专用微处理器置入传统的测量控制仪表，使它们各自都具有了数字计算和数字通信能力，成为能独立承担某些控制、通信任务的网络结点，实现了数据传输与信息共享，形成了各种适应实际需要的自动控制系统。这一方面提高了信号的测量、控制和传输准确度，同时为丰富控制信息的内容、实现灵活组网和远程传送信息创造了条件。通过网络操作远在数百公里之外的电气开关、让阀门自己统计开关动作次数以及上报故障诊断信息等都是应用全数字通信的例子。

2. 现场总线的功能特点

开放有两层含义：一是指现场设备相互间的透明和开放、数字化、智能化的结点，使每一台现场设备均成为一个网络结点，在共同的网络协议下，不同的网络结点之间是透明的，也是可以相互操作的，使现场总线具有交互性；二是由于网络协议是公开的，因此现场设备也是开放竞争的，用户可以把不同厂家、不同品牌的产品集成在同一个系统内，并可在同功能的产品之间进行相互替换，使用户具有了设备选择和集成的主动权，打破了厂家对产品和技术的垄断。

3. 现场总线的控制特点

过去的控制系统的现场设备没有自治能力，为了指挥一群非智能设备工作，就必须要有一台强大的中央控制器。因此，过去的控制系统往往都是集中式控制系统。现场总线控制系统采用了智能现场设备，使每个设备都具有智能，工作时可以单独进行、分小组进行、集中进行、根据具体情况动态地组合，实现了真正意义上的分散控制。

4. 现场总线的技术特点

(1) 开放性　现场总线的开放性有几层含义：一是指相关标准的一致性和公开性，开放的标准有利于不同厂家设备之间的互连与替换；二是指系统集成的透明性和开放性，用户进行系统设计、集成和重构的能力大大提高；三是指产品竞争的公正性和公开性，用户可按自己的需要和评价，选用不同供应商的产品，组成大小随意的系统。

(2) 交互性　现场总线设备的交互性有几层含义：一是指上层网络与现场设备之间具有相互沟通的能力；二是指现场设备之间具有相互沟通的能力，也就是具有互操作性；三是指不同厂家的同类设备可以相互替换，也就是具有互换性。

(3) 自治性　由于智能仪表将传感测量、补偿计算、工程量处理与控制等功能下载到现场设备中完成相应操作，因此一台单独的现场设备即具有自动控制的基本功能，也可以随时诊断自己的运行状况，实现功能的自治。

(4) 适应性　安装在工业生产第一线的现场总线是专为恶劣环境而设计的，对现场环境具有很强的适应性，以及防电、防磁、防潮和较强的抗干扰能力，可满足本质安全防爆要求，可支持多种通信介质，如双绞线、同轴电缆、光缆、射频、红外线、电力线等。

5. 现场总线的体系结构特点

1）基础性

在企业实施信息集成、实现综合自动化的进程中，作为工厂底层网络的现场总线是一种能在现场环境运行的可靠、实时、廉价、灵活的通信系统，能够有效地集成到TCP/IP信息网络中。现场总线是企业强有力的控制和通信的基础设施。

2）灵活性

现场总线打破了传统控制系统的结构形式，使控制系统的设计、建设、维护、重组和扩容更加灵活简便。传统模拟控制系统采用一对一的并行连线，按控制回路分别进行连接，如图6－34(a)所示。位于现场的测量变送器与位于控制室的控制器之间，控制器与位于现场的执行器、开关、马达之间，均为一对一的物理连接，每个装置需单独使用一条线，因此形成了庞大的线索。由于现场布线的复杂性，传统控制系统在设计之初就需一次性规划好布线的数量和走向，一旦实施就具有刚性，不便于调整和维护，增大了投入的门槛，不利于滚动发展。

现场总线系统由于采用智能现场设备，能够把传统控制系统中处于控制室的控制模块、I/O模块和通信模块移置到现场设备中，使现场设备能够在一条总线上串行连接起来直接传送信号，完成控制功能，如图6－34(b)所示。这样一来，系统布线就由几十条、上百条甚至于上千条简化为一条，不仅简化了设计施工，方便了修理维护，也降低了系统投入的门槛，大大提高了可靠性和灵活性。因为增减现场设备只需直接将设备挂上总线或将设备从总线上取下即可，不必另行布线。

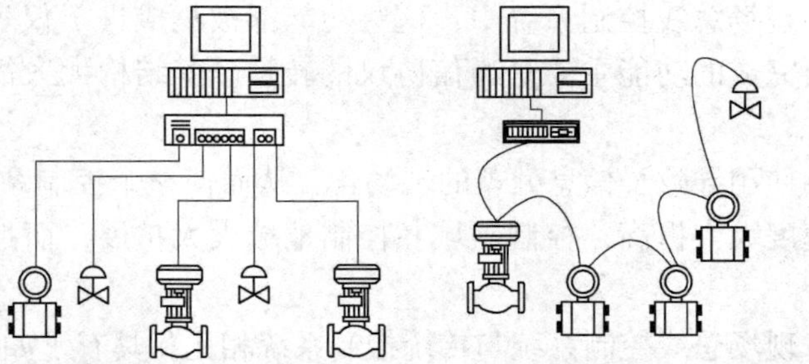
(a)传统控制系统结构示意图　(b)现场总线控制系统结构示意图

图6－34　现场总线控制系统与传统控制系统结构的比较

3）分散性

由于现场总线中智能现场设备具有高度的自治性，因而控制系统功能可以不依赖控制室的计算机或控制仪表而直接在现场完成，实现了彻底的分散控制。另外，由于现场设备具有网络通信功能，使得不同网络中的现场设备和不同地理范围中的现场设备组成一个控制系统成为可能。因此，现场总线已构成一种新的全分散性控制系统的体系结构，具有高度的分散性。

4）经济性

由于现场总线通信用数字信号替代了模拟信号，因而可通过复用技术在一条总线上传输多个信号，同时还可在这条总线上为现场设备供电。原来的大量集中式部件全部省去，就为简化体系结构、节约硬件设备、节约连接电缆与各种安装和维护费用创造了条件。另外，由于投入门槛的降低和重构灵活性的提高，使得现场总线的资产投入不会产生沉淀而浪费，大大提高了经济性。最后，由于现场设备的开放性，设备价格不会被厂家垄断；由于现场设备的互换性，备品库存也可大大降低。

6. 现场总线的本质

对于一个控制系统，无论采用何种方式，需要处理的控制信息总是相同的，而不同的控制系统处理控制信息的位置和方式是不同的。传统控制系统往往把信息集中处理，而现场总线控制系统却可以把大量的控制信息交由智能仪表在现场处理，实现了信息处理的现场化，真正达到了分散控制的要求。

可以说，现场总线既是一种通信网络，也是一种控制系统。作为通信网络，现场总线与日常用于图文传送的网络不同，它所传送的是开关电源或启闭阀门的指令与数据；作为控制系统，现场总线与传统的集中控制不同，它是真正意义上的分散控制系统。

由于现场总线顺应了工业控制系统向分散化、网络化、智能化发展的方向，它一经产生便成为全球工业自动化技术的热点，受到全世界的普遍关注。现场总线技术的出现，使全世界各国在自动化领域的大发展中站到了同一条起跑线上，该项技术的开发带动了整个工业控制、楼宇自动化、仪表制造、自动控制和计算机软硬件等行业的技术更新和产品换代。

7. 控制系统的变化

从传统控制系统（DCS）到现场总线控制系统（FCS），控制系统发生了很大的变化，主要体现在：

（1）从每个仪表专用一条通信线变为所有仪表共享一条通信线。

（2）从位于计算机和仪表之间的控制器来看，传统的控制系统控制器负担繁重，结构复杂，需要模数信号转换、输入输出、通信协议执行、对现场信号进行变换和补偿、微积分运算等功能。而在现场总线控制系统中，这些功能都被集成进了仪表中，因此现场总线控制系统控制器需要完成的功能主要是通信协议的转换。其结构大大简化，只相当于一块网卡。

（3）智能仪表的使用导致了信息处理的现场化，从而使整个控制系统的结构大大简化，控制准确度和反应速度大大提高，控制领域和控制地域大大扩展，而控制系统的组成和重构则更加灵活快捷。

综合上述变化，现场总线控制系统与传统控制系统相比，具有了如下优越性：

（1）节省一次性投资　由于现场总线的投资门槛低，可扩展性好，用户可根据使用的需要灵活调整投资方案，逐步投入，滚动发展，因此一次性投资较节省，投资风险较小。此外，现场总线控制系统中分散在现场的智能设备能直接执行多种传感控制报警和计算功能，因而可以减少变送器的数量，不再需要单独的调节器和计算单元等，也不再需要传统控制系统中的信号调理、转换、隔离等功能单元及其复杂接线。还可以用工控机作为操作站，从而节省了大量硬件投资，控制室的占地面积也可以大大减少。

（2）节省安装费用　现场总线系统的接线十分简单，一对双绞线或一条电缆上通常可挂接多个设备，因而电缆、端子、槽盒、桥架的用量大大减少，连线设计与接头校对的工作量也大大减少。当需要增加现场控制设备时，无需增设新的电缆，可就近连接在原有的电缆上。既节省了投资，也减少了设计、安装的工作量。据有关资料介绍，现场总线系统比传统控制系统可节约安装费用60%以上。

（3）节省维护费用　现场总线控制系统结构清楚，连线简单，从而大大减少了维护工作量。同时，由于现场控制设备具有自我诊断与简单故障处理的能力，因此可自动将诊断维护信息上报控制室，维修人员可以方便地查询所有设备的运行、维护和诊断信息，加大了预防性维护的比例，提高了故障分析与排除的速度，缩短了维护停工时间，节省了维护费用。

（4）提高了控制准确度与可靠性　由于现场总线设备的智能化和数字化，可将传送过程的误差降至最低。因此，控制准确度只取决于传感器的灵敏度和执行器的准确度，系统控制准确度大大提高。同时，由于系统的结构简化，设备与连线减少，现场设备内部功能加强，减少了信号的往返传输，使系统工作可靠性大大提高。

(5) 提高了用户的选择性　由于现场总线的开放性，使用户可以对各设备厂商的产品任意进行选择并组成系统，不必考虑接口是否匹配的问题，从而使系统集成过程中的主动权牢牢掌握在用户手中。

8. 现场总线的意义

现场总线的产生，在自动控制领域具有划时代的意义，这主要表现在：

(1) 现场总线控制系统实现了全数字化控制，被誉为第五代控制系统。

(2) 现场总线实现了网络向现场的最后扩张，传统的现场控制设备犹如“信息孤岛”，而现场总线技术中采用的智能现场设备则可以很好地融入信息网络。

(3) 现场总线为企业的信息集成奠定了坚实的基础。随着现场设备的智能化和自治化，现场信息的集成能力大大提高。除了控制信号，设备的状态、故障的诊断和参数的设置均可传输、统计和设定，甚至可实现远距离调控，为企业的信息化建设和信息集成提供了强大的基础平台。

(4) 现场总线技术打破了传统垄断。由于现场总线是标准化、开放性的解决方案，彻底打破了大企业在产品和技术上的垄断。大企业为了推广产品和提高市场占有率，也只好公开有关的技术方案，其结果是专用控制器将被通用硬件平台取代(如工控机)，专用大规模 I/O 模块将被通用的、小规模的分布式 I/O 模块取代，专用软件与编程环境将被通用软件和编程环境取代。与此相反，现场级的设备及其内置软件则会向专业化方向发展。因为开放的市场需要优秀的产品，大而全的产品系列将难以为继，小而精的产品系列终将占领市场。

(5) 现场总线技术带来了新的机遇。现场总线技术带来两大变化：一是控制器与系统软件通用化，二是现场设备及内置软件专业化，这两大变化的力量撕裂了大企业采用软硬件捆绑的方法进行的垄断。垄断打破后，给国内厂家的发展带来了新的机遇。随着现场总线国际标准的颁布，国内外的企业处在了同一起跑线上。国内的系统集成可利用通用化趋势降低成本，发挥系统设计和软件设计的优势参与竞争，开发出具有自主知识产权的、面向优势行业的、具有专家及智能控制功能的系统；国内的硬件设备开发商则可利用专业化趋势独辟途径，集中突破逐步形成系列，开发出专业化、性能高、价格低、具有自主知识产权的产品参与竞争。

6.2.2　基金会现场总线(FF)

20 世纪 80 年代初期，基于 HART 协议的智能化仪表问世，HART 协议采用 FSK 移频键控技术，其数字信号调制到 4 ~ 20mA 模拟信号上，在实现数字通信的同时，又不干扰模拟信号的传输。由于其独特的设备描述语言(DDL)和其他技术特色，在 HART 基金会成立以后，HART 协议成了事实上的混合型数字通信的标准，HART 智能仪表得到了广泛的接受和应用。在智能仪表出现以后，人们对数字通信技术在自控领域的应用产生了极大的兴趣。这是因为智能仪表与传统仪表相比，增加了设备数据库、自诊断、故障预测等功能，使得仪表的面貌焕然一新。要形成一种能针对过程控制的特点，且技术上先进，同时又能被各大仪表和控制厂家以及用户广泛接受的数字通信的标准，是一个极其复杂的过程。直到 1994 年 6 月，现场总线的两大国际组织 ISP 和北美 WorldFIP 正式合并，组成了现场总线基金会(Fieldbus Foundation，以下对基金会现场总线均称 FF)，大大推动了基金会现场总线技术(Foundation Fieldbus，FF)的应用和发展。

1. FF 现场总线模型

FF 模型是一种全数字、串行、双向通信协议，用于现场设备如变送器、控制阀和控制器等的互联。现场总线是存在于过程控制仪表间的一个局域网，以实现网内过程控制的分散化。

FF 现场总线最根本的特点是专门针对工业过程自动化而开发的，在满足要求苛刻的使用环境、本质安全、危险场合、多变过程。以及总线供电等方面，都有完善的措施。由于采用了标准功能块及设备描述语言的设备描述技术，确保了不同厂家的产品有很好的可互操作性和互换性。

FF 的通信模型以 ISO/OSI 开放系统模型为基础，采用了物理层、数据随路层、应用层，并在其上增加了用户层，各厂家的产品在用户层的基础上实现。FF 采用的是令牌总线通信方式，可分为周期通信和非周期通信。FF 目前有高速和低速两种通信速率：低速总线协议 H1 已于 1996 年发表，现在已应用于工作现场；高速协议原定为 H2 协议，但目前 H2 很有可能被工业以太网取而代之。H1 的传输速率为 31.25kb/s，传输距离可达 1900m，可采用中继器延长传输距离，并可支持总线供电，支持本质安全防爆环境。H2 的传输速率分为 1Mb/s 和 2Mb/s 两种，其通信距离分别为 750m 和 500m，工业以太网目前的通信速率为 10Mb/s，更高速的工业以太网正在研制中。

FF 可采用总线型、树型、菊花链等网络拓扑结构，网络中的设备数量取决于总线带宽、通信段数、供电能力和通信介质的规格等因素。FF 支持双绞线、同轴电缆、光缆和无线发射等传输介质，物理传输协议符合 IEC1158 - 2 标准，编码采用曼彻斯特编码。FF 拥有非常出色的互操作性，这是由于 FF 采用了功能模块和设备描述语言 DDL，使得现场结点之间能准确、可靠地实现信息互通。

FF 模型符合 ISO(国际标准化组织)定义的 OSI 参考模型，如图 6 - 35 所示。它主要包括物理层(Physical Layer)、通信栈(Stack)和用户应用层(User Layer)三部分。

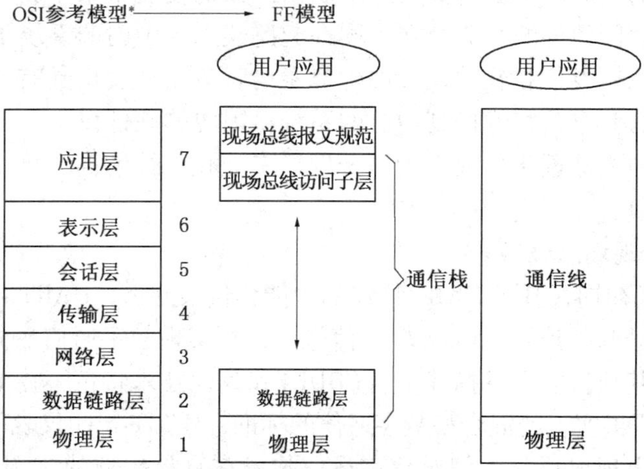

图 6 - 35 FF 模型与 OSI 参考模型对比

FF 模型物理层对应 OSI 参考模型的第一层，它从通信栈接受报文，并将其转换成在现场总线通信介质上传输的物理信号。通信栈对应 OSI 参考模型的第二层和第七层，其中的第七层即应用层对用户应用层命令进行编码和解码，第二层为数据链路层(Data Link Layer，DLL)，控制通过第一层的信息传输。数据链路层还通过确定的集中总线调度器，即所谓的链路活动调度器(Link Active Scheduler, LAS)来管理对现场总线的访问。链路活动调度器用来调度确定信息的传输和控制设备之间的数据交换。FF 没有使用 OSI 参考模型的第三、五和六层，用户层不由 OSI 参考模型定义，而是由 FF 自己定义。在 OSI 参考模型中未定义用户程序，现场总线基金会已规定了用户程序模型，并在现场总线设备及设计用于现场总线设备系统(AMS)应用软件的开发研制之中加以使用。

2. 用户应用程序模块

FF 在模块的基础上定义了标准用户程序，模块代表了各应用功能，模块分下述三类：

(1) 资源块(Resource Block)　描述设备的特性，如名称、制造商与系列号等，每台设备只有一个资源块。

(2) 功能块(Function Block)　它提供控制系统行为，其输入和输出可通过现场总线相连，每个功能块的执行被精确地调度，在一个用户应用中可有多个功能块。FF 定义了用于基本控制的 10 个标准的功能块和用于高级控制的 19 个标准功能块，见图 6－36。

在现场设备中，通过建立功能块可以实现预计的功能，如一台压力变送器可包含一个模拟输入(AI)，一个控制阀可包含一个比例/积分/微分(PID)和模拟输出(AO)块。这样，由变送器和控制阀就可构成一个完整的控制回路，见图 6－37。

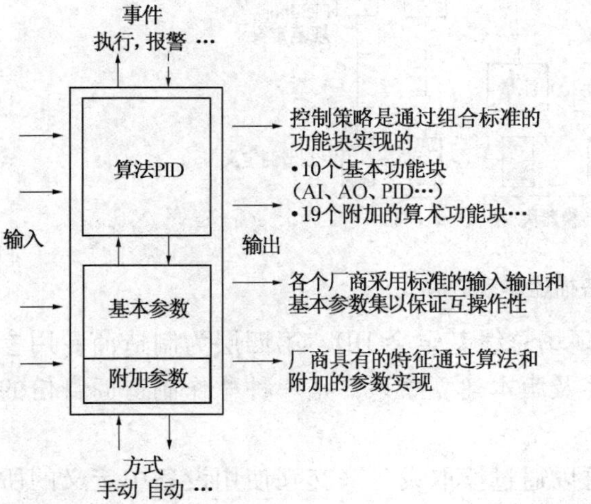

图 6－36　FF 功能块模型

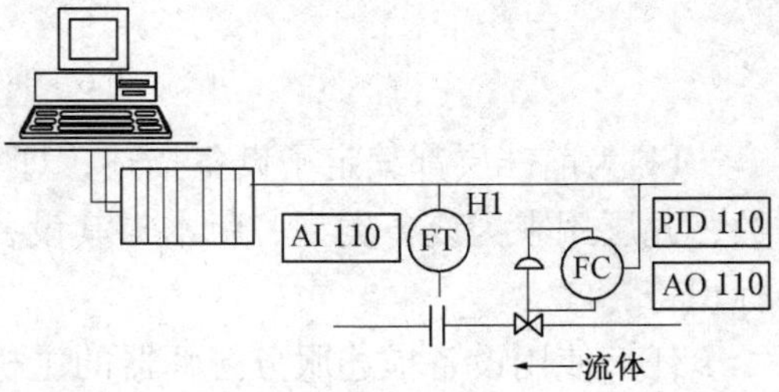

图 6－37　FF 回路控制示意图

(3) 转换器块(Transducer Block)　可使对功能块读取传感器和向输出硬件设备发指令的本地输入/输出的要求有所降低。转换器块中包含了诸如标定日期与传感器类型等信息。每个输入或输出功能块之中一般有一个转换器块。

3. 系统管理

功能块必须按照精确定义的时间间隔和适当的控制系统操作顺序执行。系统管理(System Management)使功能块的执行与功能块参数的通信保持同步，也处理其他一些重要的系统功能，如向所有设备广播时间，包括自动切换到时间发布器、设备地址的自动分配，以及在网上搜寻参数名称或“标签”。

系统管理所需的所有配置信息(如功能协调度)由各个设备中的网络与系统管理虚拟现场设备(VFD)的对象描述进行说明。虚拟现场设备既可提供向系统管理信息库(SMIB)的访问，也可提供对网络管理信息库(NMIB)访问。

4. 设备描述

FF 除标准功能块参数与行业定义之外，还使用了设备描述（Device Description）技术，以下简称 DD。DD 为虚拟现场设备中的各对象提供了扩展描述，向控制系统或主机提供必需的信息，使其能理解虚拟现场设备数据的意义，包括标定与诊断功能的人机界面。DD 可以视为设备驱动程序。DD 类似于个人计算机中用来操作打印机及其他与个人计算机相连设备的驱动程序，只要有设备的 DD，任何与现场总线兼容的控制系统或主机就可以操作该设备。

FF 定义了设备描述体系，以便于建立设备和进行系统配置，设备描述体系结构见图 6－38。该体系中的第一层为通用参数，通用参数包括一些一般属性如标签、版本模式等，所有块都必须包括通用参数；第二层为功能块参数，在此层上，参数按标准功能块定义，标准资源块参数也在此层中定义；第三层为转换器块参数，此层为标准转换器块定义参数，在某些情况下，转换器块规范可以向标准资源块加入参数。

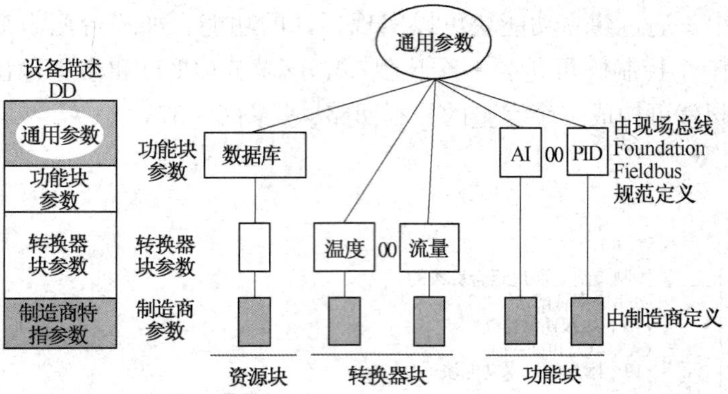

图 6－38　设备描述体系结构

FF 为前三层都编定了设备描述，即标准现场总线基金会 DD。第四层为制造商专用参数，此层用来为设备类型、版本与其设备描述及版本建立联系，是一种称作制造商身份的标识符。

任何使用设备描述服务解释器的主机都可以通过读取设备来交互使用设备中定义的所有参数。

5. 系统组态

系统组态（System Configuration）分为系统设计和系统组态两个阶段。

1）系统设计

它与 DCS 设计很类似，但也有一些不同之处。首先是物理接线，从 4～20mA 模拟量点对点变为多台设备连到一根电缆的数字总线联线，每台 FF 的设备都必须有唯一的物理设备位号和一个相应的网络地址；其次，FF 系统能将一些控制和输入/输出子系统功能分散到现场总线设备中，从而可减少所需控制器和远程 I/O 的数量。

2）系统组态

系统设计及仪器挑选完毕之后，即可以按控制策略的要求将每个设备中的功能块的输入、输出连接在一起，进行设备组态（见图 6－39）。连接时使用的是组态软件中的图标对象，而不是现场的物理连接。

功能块连接与其他组态项目（如设备名、回路标签与回路执行速率等）输入完毕之后，配置设备，即为每台现场总线设备生成信息（见图6-40）。

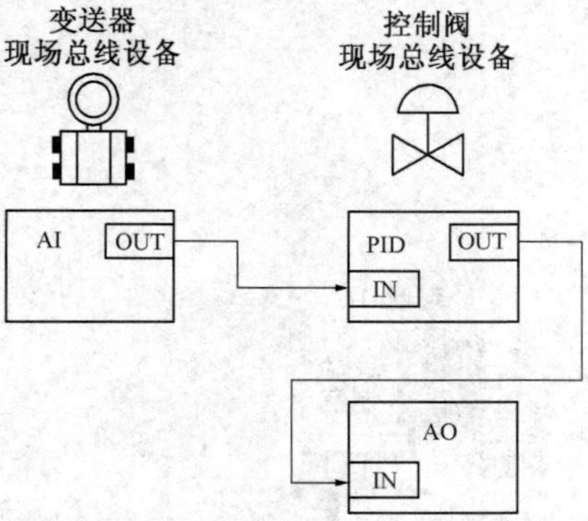

图6-39　设备连接

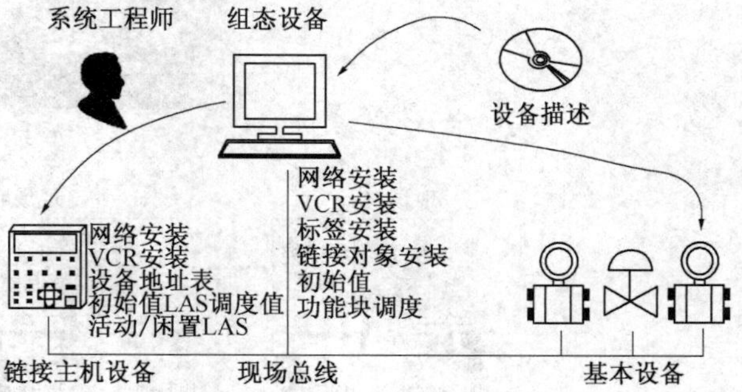

图6-40　设备配置

6. 应用实例

1）第一套投入商业运行的FF系统

1997年4月15日，在加拿大的Fort Saskatchewan的一家大型化工厂，第一套基金会现场总线系统投入了商业运行。该系统包括90台FF3051压力变送器，分成6个现场总线区域，一套Delta V控制系统，并且通过PC技术与工厂现存DCS集散控制系统进行通信。据用户记录，与传统安装方式相比，整个项目节省投资约30%。4位仪表工程师仅用了5h就完成了所有变送器的安装和开车。安装上采用了现场安装的控制器和I/O卡件，在系统顺利投运后，该用户第二阶段将变送器增加到576台，并将部分控制下装到现场仪表。

2）上海赛科的FF系统

上海赛科是目前国内最大的中外合资石化项目之一，建有8套主要生产装置，其中90万吨/年乙烯是目前世界上单线产能最大的乙烯装置之一，其余的7套装置也均达到世界规模，分别为60万吨/年聚乙烯装置、50万吨/年苯乙烯装置、50万吨/年芳烃抽提装置、30万吨/年聚苯乙烯装置、26万吨/年丙烯腈装置、25万吨/年聚丙烯装置和9万吨/年丁二烯装置。

赛科的一体化联合装置安装了艾默生的PlantWeb®数字结构，47000个控制回路、40000台仪表和13000台智能设备联成网络，成为全球最大的FF装置。

中央控制室——面向所有操作人员的指挥中心（见图6-41），对主乙烯裂解装置及其9套下游装置进行监测。艾默生的基于基金会现场总线PlantWeb®数字结构技术为中控室的通讯和接线节省了成本，它收集、分析运行和诊断信息，并将这些信息传递给750多个操作人员、工程师和维护人员。

6.2.3　Profibus现场总线

Profibus是一种国际化、开放式、不依赖于设备生产商的现场总线标准，广泛适用于制造业自动化、流程工业自动化和楼宇、交通电力等其他领域自动化。它由3个兼容部分组成，即Profibus-DP、Profibus-PA和Profibus-FMS，以下均简称DP、PA和FMS。DP是一种高速低成本通信，用于设备级控制系统与分散式I/O的通信，使用DP可取代24V DC或（4~20mA）信号传输；PA专为过程自动化设计，可使传感器和执行机构连在一根总线上，并有本质安全规范；FMS用于车间级监控网络，是一个令牌传递的实时多主机网络。

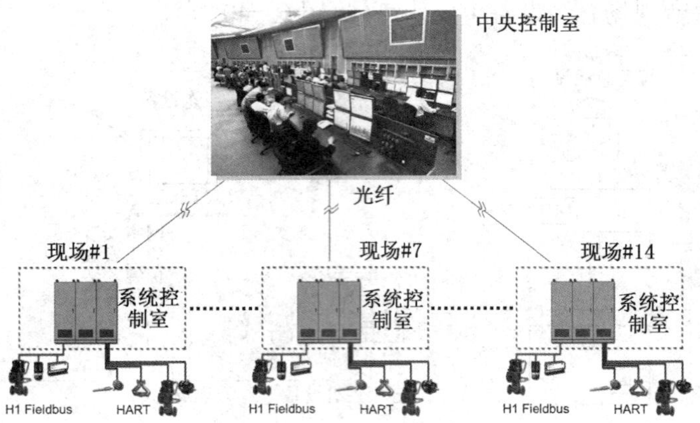

图 6－41 上海赛科控制系统示意图

Profibus 现场总线标准 1987 年由 Siemens 公司等 13 家企业和 5 家研究机构联合开发，1989 年批准为德国工业标准 DIN 19245，1996 年批准为欧洲标准 EN 50170 V. 2(Profibus－FMS/－DP)，1998 年 Profibus－PA 批准纳入 EN 50170 V. 2，1999 年 Profibus 成为国际标准 IEC 61158 的组成部分(Type III)，2001 年批准成为中国的行业标准 JB/T 10308. 3—2001。

Profibus 是一种用于工厂自动化车间级监控和现场设备层数据通信与控制的现场总线技术，见图 6－42。它可实现现场设备层到车间级监控的分散式数字控制和现场通信，从而为实现工厂综合自动化和现场设备智能化提供了可行的解决方案。与其他现场总线系统相比，Profibus 的最大优点在于具有稳定的国际标准 EN 50170 作保证，并经实际应用验证其具有普遍性。目前它已应用的领域包括加工制造、过程控制和自动化等。Profibus 开放性和不依赖于厂商的通信的设想，已在 10 多万个成功应用中得以实现。在欧洲市场中 Profibus 占开放性工业现场总线系统的市场份额超过 40%。Profibus 有国际著名自动化技术装备的生产厂商支持，这些厂商都具有各自的技术优势并能提供广泛的优质新产品和技术服务。

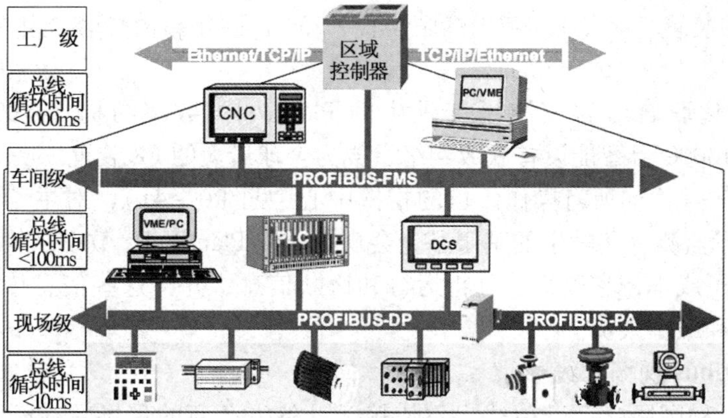

图 6－42 Profibus 是现场级与车间级的数字化通信网络

（1）现场设备层　现场设备层的主要功能是连接现场设备，如分散式 I/O、传感器、驱动器、执行机构、开关设备等，完成现场设备控制及设备间连锁控制。主站(PLC、PC 机或其他控制器)负责总线通信管理及所有从站的通信。总线上所有设备生产工艺控制程序存储在主站中，并由主站执行。

（2）车间监控层　车间级监控层用来完成车间主生产设备之间的连接，如一个车间三条生产线主控制器之间的连接，完成车间级设备监控。车间级监控包括生产设备状态在线监控、设备故障报警及维护等。

通常还具有诸如生产统计、生产调度等车间级生产管理助能。车间级监控通常要设立车间监控室，有操作员工作站及打印设备。车间级监控网络可采用 Profibus - FMS，它是一个多主机网，这一级数据传输速度不是最重要的，但要能够传送大容量信息。

（3）工厂管理层　车间操作员工作站可通过集线器与车间办公管理网连接，将车间生产数据送到车间管理层、车间管理网，作为工厂主网的一个子网。子网通过交换机、网桥或路由等连接到厂区骨干网，将车间数据集成到工厂管理层、车间管理层，通常采用以太网，即 IEC 802.3、TCP/IP 的通信协议标准。厂区骨干网可根据工厂实际情况，采用如 FDDI 或 ATM 等网络。

1. Profibus 的网络体系结构

Profibus 协议结构是根据 ISO 7498 国际标准，并以开放式系统互连模型（OSI）作为参考模型的。该模型共有七层，如图 6 - 43 所示。

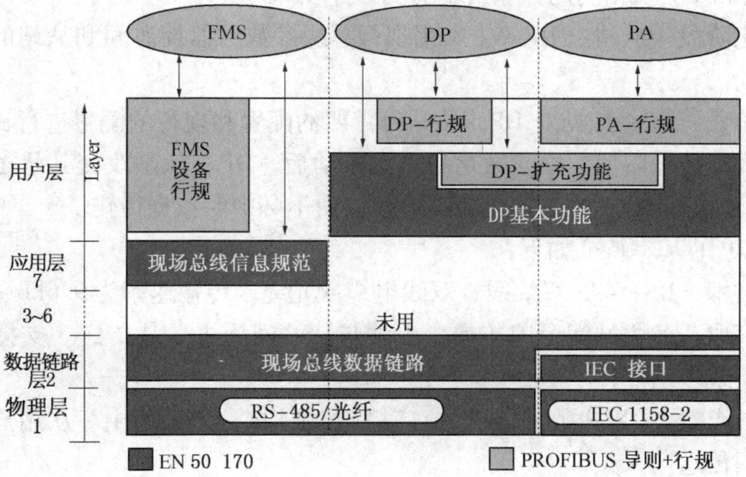

图 6 - 43　Profibus 协议结构

DP 定义了第一、二层和用户接口，第三到第七层未加描述。用户接口规定了用户以及设备可调用的应用功能，并详细说明了各种不同 DP 设备的设备行为。

FMS 定义了第一、二、七层。应用层包括 FMS（现场总线报文规范）和 LLI（低层接口）。FMS 包括了应用协议并向用户提供了可广泛选用的强有力的通信服务。LLI 协调不同的通信关系，并提供不依赖设备的第二层访问接口。

PA 的数据传输采用扩展的 DP 协议。另外，PA 还描述了现场设备行为的 PA 行规。根据 IEC 1138 - 2 标准，PA 的传输技术可确保其本质安全性，而且可通过总线给现场设备供电，使用连接器可在 DP 上扩展 PA 网络。

2. PROFIBUS - DP

Profibus - DP（以下简称 DP）由不同类型的设备组成（见图 6 - 44），在同一总线上最多可连接 126 个站点，站点类型有以下三种：

（1）DP - 1 类主设备（DPM1）　即中央控制器，它与分散的 I/O 设备（DP - 从设备）交换数据，允许存在若干个 DPM1，典型的设备是 PLC、PC 等。

（2）DP - 2 类主设备（DPM2）　为组态、监视或工程工具，它被用来设定网络或参数、

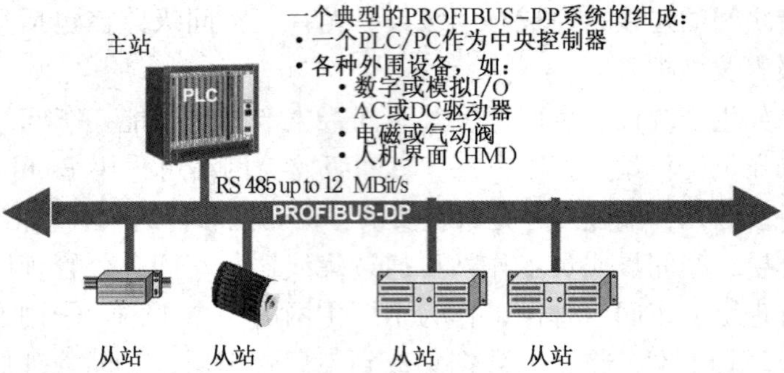

图 6 – 44　典型的 PROFIBUS – DP 系统

监视 DP – 从设备。

（3）DP – 从设备　为直接连接 I/O 信号的外围设备，典型的从设备是输入单元、输出单元、驱动器、控制阀、操作面板等。

DP – 主站和 DP – 从站间的数据传输分为三个阶段：

（1）参数化阶段　从站由 DP – 主站用现行总线参数、监控时间和从站的特定参数进行参数化；

（2）组态阶段　DP – 主站对 DP – 从站所需要的配置和现行的配置进行比较；

（3）用户数据传输阶段　在参数化和组态成功后，DP – 从站改变其状态进入用户数据交换阶段。在此阶段，从站的参数化能被更改，而不必中断数据传输。

Profibus – DP 的基本特征如下：

（1）传输技术　RS – 495 双绞线、双线电缆或光缆，传输速率为 9.6kb/s ~ 12Mb/s。

（2）总线存取　各主站间令牌传递，主站与从站间为主 – 从传送。支持单主站或多主站系统。总线上最多站点（主 – 从设备）数为 126。

（3）通信　点对点（用户数据传送）或广播（控制指令），循环主 – 从用户数据传送和非循环主 – 主数据传送。

（4）运行模式　运行、清除、停止。

（5）同步　控制指令允许输入和输出同步，同步模式为输出同步，锁定模式为输入同步。

（6）功能　DP 主站和 DP 从站间的循环用户有数据传送、各 DP 从站的动态激活和可激活；DP 从站组态的检查；强大的诊断功能，3 级诊断信息；输入或输出的同步、通过总线给 DP 从站赋予地址、通过总线对一类 DP 主站（DPM1）进行配置，每个 DP 从站的输入和输出数据最大为 246B。

（7）可靠性和保护机制　所有信息的传输按海明距离 HD = 4 进行，DP 从站带看门狗定时器（WatchDog Timer）；对 DP 从站的输入/输出进行存取保护；DP 主站上带可变定时器的用户数据传送监视。

（8）速率　在一个有 32 个站点的分布系统中，DP 对所有站点传送 512b/s 输入和 512b/s 输出，在 12Mb/s 时只需 1ms。

（9）诊断功能　经过扩展的 DP 诊断能对故障进行快速定位。诊断信息在总线上传输并由主站采集。诊断信息分三级：本站诊断操作，即本站设备的一般操作状态，如温度过高、压力过低……；模块诊断操作，即一个站点的某具体 I/O 模块故障，如输出模块 8A 有故障……；通道诊断操作，即一个单独输入/输出位的故障，如输出线3断了……。

为了将不同厂家生产的Profibus产品集成在一起，生产厂家必须以GSD文件(电子设备数据库文件)方式描述这些产品的功能参数(如I/O点数、诊断信息、传输速率、时间监视等)。标准的GSD数据将通信扩大到操作员控制级。使用根据GSD所作的组态工具可将不同厂商生产的设备集成在同一总线系统中(见图6-45)。GSD文件可分为以下三个规范：

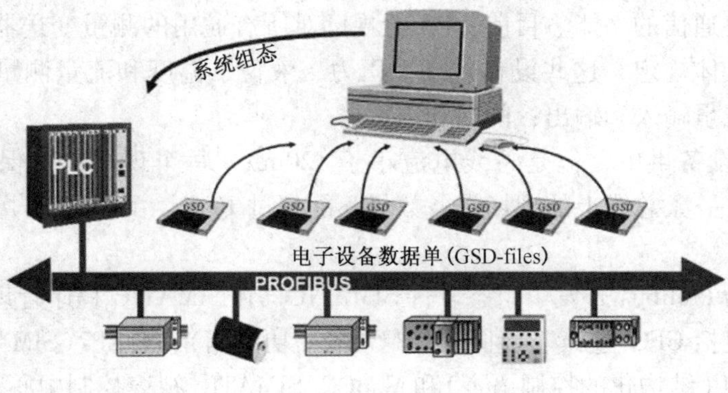

图6-45 GSD文件组态

(1) 总规范 包括生产厂商和设备名称、硬件和软件版本、传输速率、监视时间间隔、总线插头指定信号。

(2) 与DP有关的规范 包适用于主站的各项参数，如允许从站个数、上装/下装能力。

(3) 与DP从站有关的规范 包括与从站有关的一切规范，如输入/输出通道数、类型、诊断数据等。

3. PROFIBUS-PA

Profibus-PA是适用于Profibus的过程自动化。PA将自动化系统和过程控制系统与压力、湿度和液位变送器等现场设备连接起来，可用来替代4~20mA的模拟技术(见图6-46)。PA具有如下特性：

(1) 适合过程自动化应用的行规，使不同厂家生产的现场设备具有互换性；

(2) 增加和去除总线站点，即使在本质安全地区也不会影响到其他站；

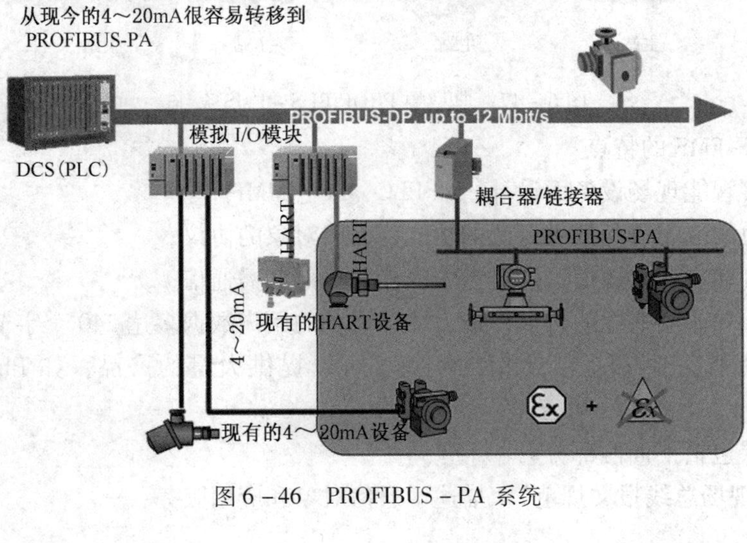

图6-46 PROFIBUS-PA系统

（3）在过程自动化的 PA 段与制造业自动化的 DP 总线段之间通过耦合器连接，并使之实现两段间的透明通信；

（4）使用与 IEC 1158 －2 技术相同的双绞线完成远程供电和数据传送；

（5）在潜在的爆炸危险区可使用防爆型本质安全或“非本质安全”。

PA 采用 DP 的基本功能来传送测量值和状态，采用扩展的 DP 功能来制定现场设备的参数和进行设备操作，对应 OSI 参考模型的第一层采用 IEC 1158 －2 技术。

PA 行规保证了不同厂家所生产的现场设备的互换性和互操作性，其任务是选用各种类型现场设备所需要通信的功能。目前，PA 行规已对所有通用的测量变送器和其他选择的一些设备类型作了具体规定，这些设备包括：压力、液位、温度和流量测量变送器；数字量输入和输出；模拟量输入和输出；阀门和定位器。

PA 可对现场设备供电，但是总线电流小于 120mA，每个现场设备保证不低于 10mA。对于爆炸危险区，一条总线上的现场设备数目不能超过 10 个，而对于非爆炸危险区可达到 30 个。

西门子公司为 Profibus 开发了组态软件 SIMATIC。在 SIMATIC 程序管理器下有多种组态工具可以使用，包括 CFC（连续功能图）、SFC（顺序功能图）、STEP7（SIMATIC S7 系列梯形图编程语言）、SCL（结构化的控制语言）和 WinCC（SIMATIC 视窗控制中心）等。

4. Profibus－FMS

Profibus－FMS（见图 6－47）旨在解决车间通用的、面向对象的监控级通信。在这一层，可编程序控制器（如 PLC、PC 机等）之间需要比现场层更大量的数据传送，但通信的实时性要求低于现场层。

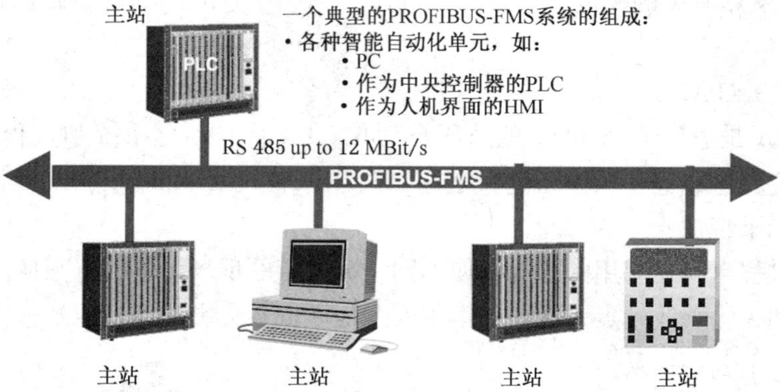

图 6－47　典型的 PROFIBUS－FMS 系统

PROFIBUS－FMS 的特点：

（1）为连接智能现场设备而设计，如 PLC、PC、MMI；

（2）强有力的应用服务提供广泛的功能，面向对象的协议；

（3）多主机和主－从通信，点对点、广播和局部广播通信；

（4）周期性和非周期性的数据传输，每个设备的用户数据多达 240 个字节；

（5）得到所有主要 PLC 制造商的支持，可以提供大量的产品，如 PLC、PC、VMI、MMI、I/O 等。

FMS 应用层包括下面两部分：

（1）FMS（现场总线报文规范）　描述了通信对象和应用服务；

(2) LLI(低层接口) FMS 服务到 OSI 参考模型第二层的接口。

FMS 利用通信关系将分散的过程统一到一个共用的过程中。在应用过程中，可用来通信的那部分现场设备称 VFD(虚拟现场设备)，在实际现场设备与 VFD 之间设立一个通信关系表。通信关系表是 VFD 通信变量的集合，如零件数、故障率、停机时间等。VFD 通信关系表完成对实际现场设备的通信。

FMS 是面向对象通信，它确认 5 种静态通信对象：简单变量、数组、记录、域和事件；还确认两种动态通信对象：程序调用和变量表。

每个 FMS 设备的所有通信对象都填入对象字典(OD)。对简单设备，OD 可以预定义；对复杂设备，OD 可以本地或远程通过组态加到设备中去。静态通信对象进入组态对象字典，动态通信对象进入动态通信字典。每个对象均有一个唯一的索引，为避免非授权存取，每个通信对象可先用存取保护。

FMS 提供了范围广泛的功能来保证它的普遍应用，确保不同厂商生产的设备具有相同的通信功能，FMS 对行规作了如下规定(括号中的数字是文件编号)：

(1) 控制器的通信(3.002)；

(2) 楼宇自动化(3.011)；

(3) 低压开关设备(3.032)。

5. Profibus 的应用实例

在汽车生产工业，如欧洲的 GM(通用汽车公司)已决定将 Profibus 作为首选的开放现场总线系统，在其所有的欧洲工厂中使用。例如：在 Bochum 的 GM(Opel)工厂，对每个车身 Profibus - DP 控制的机器人处理 2000 多个焊接操作；Profibus 用在冲压车间，每月处理 22000 吨钢材；Profibus 用在组装线上，每天生产出 1200 辆轿车。

在过程自动化中的应用，如 Wacker 化工厂是一家主要生产硅和胶制品的企业，选择 Profibus - PA，节省了 50% 以上的规划、设计和安装成本，使新生产线的设计、安装费用节省超过 2 百万马克，并适应本质安全区安装；采用集中组态工具，容易维修。

6.2.4 EPA 实时以太网

《EPA(Ethernet for Plant Automation)标准》，全称《用于工业测量与控制系统的 EPA 系统结构与通信标准》，是在国家“863”计划支持下，由浙江大学、浙江中控技术股份有限公司共同主持，联合中国科学院沈阳自动化所、清华大学、大连理工大学、重庆邮电学院、上海工业自动化仪表研究所、北京华控技术有限责任公司、机械工业仪器仪表综合技术经济研究所等国内部分高校、科技院所、高新技术企业，在解决了以太网用于工业现场设备间通信的确定性通信调度、总线供电、网络安全、可互操作等关键技术的基础上，起草的我国第一个拥有自主知识产权的现场总线国家标准。该标准被国际电工委员会 IEC 作为 PAS 标准(Public Available Specification)予以发布，并被 IEC 接收为正在制定的国际实时以太网标准 IEC 61784 - 2 中的实时以太网类型 14(Common Profile Family 14，CPF 14)，成为我国第一个被国际认可和接收的工业自动化领域的标准。

EPA 实时以太网标准也体现了“E 网到底”的思想。EPA 由过程监控级网和现场设备级网构成。现场设备网分置于控制现场，控制现场可划分为若干个控制区域，各个控制区域内相关的诸如变送器、执行器和现场控制器等现场设备均通过 EPA 网络连接在一起，按照组态相互协调工作，从而完成一定的控制功能。每个控制区域内的 EPA 子系统由 EPA 现场控制器、EPA-HUB、EPA 变送器和 EPA 执行器等组成，通过 EPA 现场设备通信模块可实现相互之间的通信，并可独立完成控制系统中某一部分的测量与控制功能。EPA 现场设备通信模块通过 EPA 现场设备网供电。目前，EPA 正在研制用于现场设备通信模块的专用 ASIC 芯片。

EPA 系统结构的主要组成如图 6-48 所示。除了 ISO/IEC 8802-3/IEEE802.11/IEEE 802.15、TCP(UDP)/IP、SNMP、SNTP、DHCP、HTTP、FTP 等协议组件外，它还包括以下几个部分：

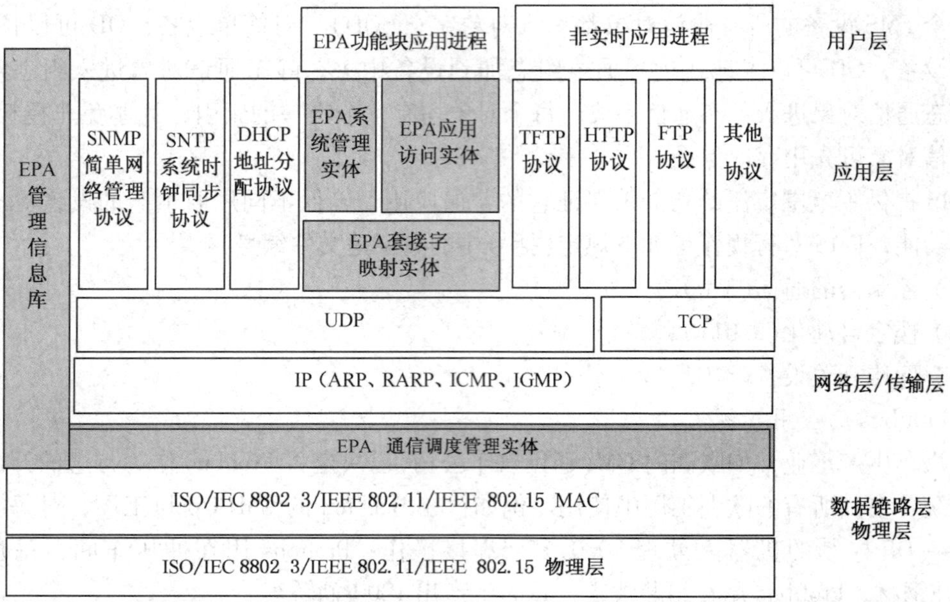

图 6-48 EPA 通信协议模型

（1）应用进程，包括 EPA 功能块应用进程与非实时应用进程；

（2）EPA 系统管理实体、EPA 应用访问实体；

（3）EPA 通信调度管理实体；

（4）EPA 管理信息库。

为了提高网络的实时性能，EPA 对 ISO/IEC 802.3 协议规定的数据链路层进行了扩展，在其之上增加了一个 EPA 通信调度管理实体(简称 EPA-CSME)。EPA-CSME 是完全基于 CSMA/CD 的自由竞争的通信调度和基于分时发送的确定性通信调度。对于周期数据，EPA-CSME直接传输 DLE 与 DLS-User 之间交互的数据，而不作任何缓存和处理。对于非周期数据，每个 EPA 设备中的 EPA-CSME 将 DLS-User 数据根据事先组态好的控制时序和优先级大小传送给 DLE，由 DLE 处理后通过 PhLE 发送到网络，以避免两个设备在同一时刻向网络上同时发送数据而产生报文碰撞。

EPA 网络拓朴结构如图 6-49 所示，它由两级网络组成，即过程监控级 L2 网和现场设备级 L1 网。现场设备级 L1 网用于工业生产现场的各种现场设备(如变送器、执行机构和分析仪器等)之间，以及现场设备与 L2 网的连接；过程监控级 L2 网主要用于控制室仪表、装置，以及人机接口之间的连接。无论是 L1 网还是 L2 网，均可分为一个或几个微网段。

在 EPA 系统中，将控制网络划分为若干个控制区域，每个控制区域即为一个微网段。

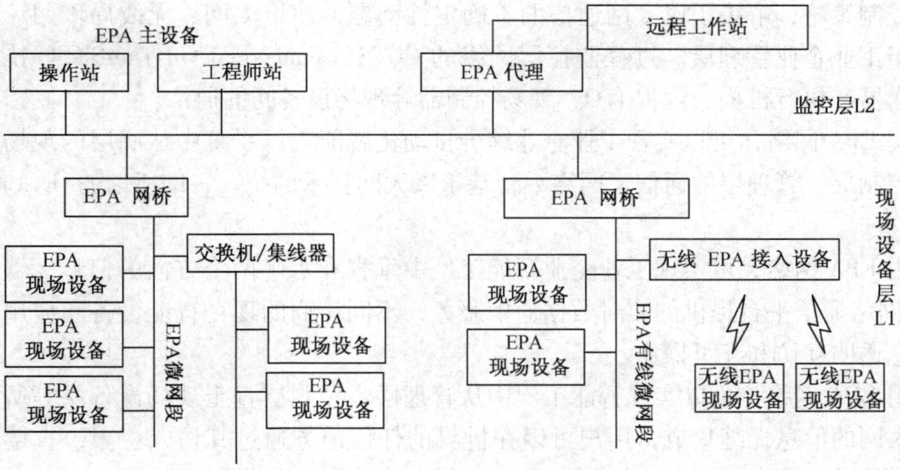

图 6－49　EPA 系统网络拓朴结构

每个微网段通过 EPA 网桥与其他网段分隔，该微网段内 EPA 设备间的通信被限制在本控制区域内进行，而不会占用其他网段的带宽资源。处于不同微网段内的 EPA 设备间的通信，需由相应的 EPA 网桥转发控制。在一个 EPA 微网段内，所有 EPA 设备的通信均按周期进行，完成一个通信周期所需的时间 T 称为一个通信宏周期。通信宏周期 T 分为两个阶段：第一个阶段为周期报文传输阶段 T_p；第二个阶段为非周期报文传输阶段 T_n，如图 6－50 所示。在周期报文传输阶段 T_p，每个 EPA 设备向网络上发送的报文包含周期数据的报文。周期数据是指与过程有关的数据，如需要按控制回路的控制周期传输的测量值、控制值，或功能块输入、输出之间需要按周期更新的数据。周期报文的发送优先级应为最高。

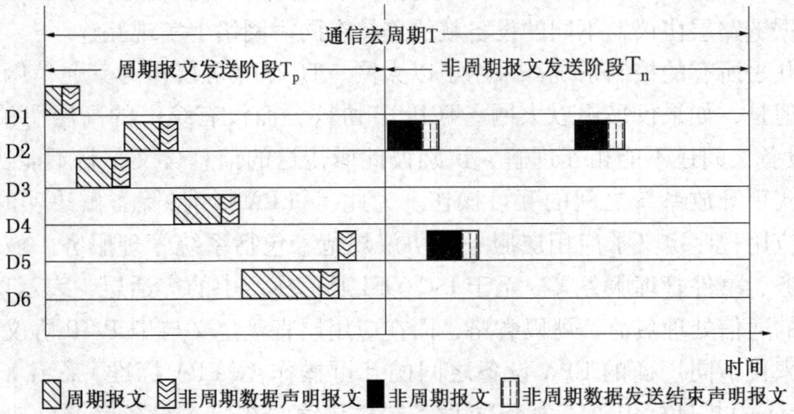

图 6－50　EPA 通信调度示意图

EPA 实时以太网的特点如下：

1）确定性通信

EPA 系统中，根据通信关系，将控制现场划分为若干个控制区域，每个区域通过一个 EPA 网桥互相分隔，将本区域内设备间的通信流量限制在本区域内；不同控制区域间的通信由 EPA 网桥进行转发；在一个控制区域内，每个 EPA 设备按事先组态的分时发送原则向网络上发送数据，由此避免了碰撞，保证了 EPA 设备间通信的确定性和实时性。

2）“E”网到底

EPA 是应用于工业现场设备间通信的开放网络技术，采用分段化系统结构和确定性通信调度控制策略，解决了以太网通信的不确定性问题，使以太网、无线局域网、蓝牙等广泛应用于工业企业管理层。过程监控层网络的 COTS(Commercial Off-The-Shelf)技术直接应用于变送器、执行机构、远程 I/O、现场控制器等现场设备间的通信。

采用 EPA 网络，可以实现工业企业综合自动化智能工厂系统中从底层的现场设备层到上层的控制层、管理层的通信，网络平台基于以太网技术的统一，即所谓的“E(Ethernet)网到底”。

采用 EPA 网络，可实现工业企业智能工厂中垂直和水平两个方向的信息无缝集成。通过 EPA 网络通信平台提供的实时数据通信服务，不同厂商的现场智能设备和应用程序可以实现信息透明互访和互可操作。

采用 EPA 网络，可以实现智能工厂中从管理层、控制层直至现场设备层等所有网络层基于以太网的信息无缝集成，用户可以在世界的任何地方通过其访问权限，直接通过常用的工具或软件(而不是专用软件)访问智能工厂中的任何一个设备。

采用 EPA 开放网络平台，可以实现传统控制系统(如 DCS、PLC)与基于 EPA 的现场总线控制系统 FCS 之间的信息无缝集成，使得工业现场设备中的大量控制和非控制信息能够无缝地传递到制造执行层和企业管理层系统，通过信息集成创新技术、数据综合利用技术、数据增值挖掘技术等，对工业企业生产全过程实现高效智能化管理。

3）互可操作

与传统的 4 ~ 20mA 标准不同，工业数据通信网络不仅要解决信号的互通和互连，更需要解决信息的互通问题，即信息的互相识别、互相理解和互可操作。

所谓信号的互通，即两个需要互相通信的设备所采用的通信介质、信号类型、信号大小、信号的输入/输出匹配等几方面的参数符合同一标准，即物理层标准。在此基础上，采用统一的数据链路层协议，不同的设备就能连接在同一网络上实现互连。

如今，几乎所有的控制系统都采用了以太网、TCP/IP 协议作为其通信网络，实现了设备的互连。但是，如果仅采用以太网、TCP/IP 协议，而没有统一的高层协议(如应用层协议)，不同设备之间还不能相互理解、识别彼此所传送的信息含义，就不能实现信息互通，也就不可能实现开放系统之间的互可操作。为此，《EPA 标准》除了解决实时通信问题外，还为用户层应用程序定义了应用层服务与协议规范，包括系统管理服务、域上/下载服务、变量访问服务、事件管理服务等。至于 ISO/OSI 通信模型中的会话层、表示层等中间层次，为降低设备的通信处理负荷，可以省略，而在应用层直接定义与 TCP/IP 协议的接口。

为支持来自不同厂商的 EPA 设备之间的互可操作，《EPA 标准》采用 XML(eXtensible Markup Language)扩展标记语言为 EPA 设备描述语言，规定了设备资源、功能块及其参数接口的描述方法。用户可采用 Microsoft 提供的通用 DOM 技术对 EPA 设备描述文件进行解释，而无需专用的设备描述文件编译和解释工具。

4）开放性

《EPA 标准》完全兼容 IEEE 802.3、IEEE 802.1P&Q、IEEE 802.1D、IEEE 802.11、IEEE 802.15 以及 UDP(TCP)/IP 等协议，采用 UDP 协议传输 EPA 协议报文，以减少协议处理时间，提高报文传输的实时性。

为确保 EPA 系统运行的可靠性，《EPA 标准》中还针对工业现场应用环境，增加了媒体接口选择规范与线缆安装导则。商用通信线缆(如五类双绞线、同轴线缆、光纤等)均可应用于 EPA 系统中，但必须满足工业现场应用环境的可靠性要求，如使用屏蔽双绞线代替非屏蔽双绞线。

EPA 网络支持其他以太网/无线局域网/蓝牙上的其他协议(如 FTP、HTTP、SOAP 以及 MODBUS、ProfiNet、Ethernet/IP 协议)报文的并行传输。这样，IT 领域的一切适用技术、资源和优势均可以在 EPA 系统中得以继承。

5）分层的安全策略

对于采用以太网等技术所带来的网络安全问题，《EPA 标准》规定了从企业信息管理层、过程监控层和现场设备层三个层次，采用分层化的网络安全管理措施。

EPA 现场设备采用特定的网络安全管理功能块，对其接收到的任何报文进行访问权限、访问密码等的检测，使只有合法的报文才能得到处理，其他非法报文将直接予以丢弃，避免了非法报文的干扰。

在过程监控层，采用 EPA 网络对不同微网段进行逻辑隔离，以防止非法报文流量干扰 EPA 网络的正常通信，占用网络带宽资源。

对于来自互联网上的远程访问，采用 EPA 代理服务器，以及各种可用的信息网络安全管理措施，以防止远程非法访问。

6）冗余

EPA 支持网络冗余、链路冗余和设备冗余，并规定了相应的故障检测和故障恢复措施，如设备冗余信息的发布、冗余状态的管理、备份的自动切换等。

6.2.5 HART 通信协议

HART(Highway Addressable Remote Transducer)，可寻址远程传感器高速通道的开放通信协议，是美国 Rosement 公司于 1985 年推出的一种用于现场智能仪表和控制室设备之间的通信协议。HART 协议提供具有相对低的带宽，适度响应时间的通信，经过 10 多年的发展，HART 技术在国外已经十分成熟，并已成为全球智能仪表的工业标准。

HART 协议采用基于 Bell 202 标准的 FSK 频移键控信号，在低频的 4～20mA 模拟信号上叠加幅度为 0.5mA 的音频数字信号进行双向数字通讯，数据传输率为 1.2Mbps。由于 FSK 信号的平均值为 0，不影响传送给控制系统模拟信号的大小，保证了与现有模拟系统的兼容性。在 HART 协议通信中主要的变量和控制信息由 4～20mA 传送，在需要的情况下，另外的测量、过程参数、设备组态、校准、诊断信息通过 HART 协议访问。

HART 协议采用了 Bell 202 标准的 FSK 频移键控信号，即在环路电流上叠加幅度为 0.5mA 的正弦调制波，1200Hz 代表逻辑“1”，2200Hz 代表逻辑“0”(见图 6－51)。由于所叠加正弦波信号的平均值为 0，所以不会影响环路电流的大小。数字信号数据传送的速率为 1200 波特率。这就意味着逻辑“1”由 1200Hz 的一个周期表示，而逻辑“0”大约由 2200Hz 的两个周期表示。信号频率和传送速率的选择依据美国 Bell 202 标准，该标准用于在电话网上传送数字信息。另外，由于频率信号幅值的平均值为 0，所以数字信号不会干扰电流信号。

HART 通信采用的是半双工的通信方式，其特点是在现有模拟信号传输线上实现数字信号通信，属于模拟系统向数字系统转变过程中的过渡性产品，因而在当前的过渡时期具有较强的市场竞争能力，得到了较快发展。HART 规定了一系列命令，按命令方式工作。它有三类命令：第一类称为通用命令，这是所有设备都理解、都执行的命令；第二类称为一般行为命令，所提供的功能可以在许多现场设备(尽管不是全部)中实现，这类命令包括最常用的现场设备的功能库；第三类称为特殊设备命令，以便于工作在某些设备中实现特殊功能，这类命令既可以在基金会中开放使用，又可以为开发此命令的公司所独有。在一

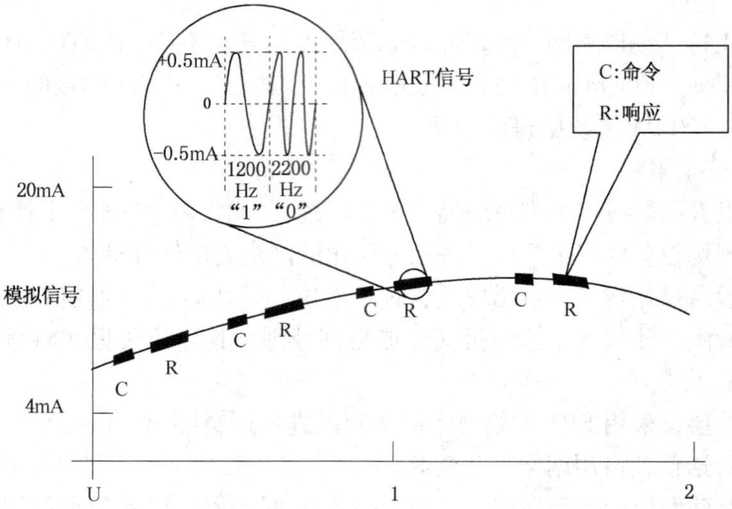

图 6-51　HART 协议通信

个现场设备中通常可发现同时存在这三类命令。

HART 采用统一的设备描述语言 DDL。现场设备开发商采用这种标准语言来描述设备特性，由 HART 基金会负责登记管理这些设备描述，并把它们编为设备描述字典，主设备运用 DDL 技术来理解这些设备的特性参数而不必为这些设备开发专用接口。但由于这种模拟数字混合信号制，导致难以开发出一种能满足各公司要求的通信接口芯片。HART 能利用总线供电，可满足本质安全防爆要求，并可组成由手持编程器与管理系统主机作为主设备的双主设备系统。

6.2.6　Modbus 通信协议

Modbus 是 MODICON 公司生产的 PLC 设计的一种通信协议，主要用于电子控制器上，目前已经成为通用工业标准。通过它，控制器相互之间、控制器经由网络(例如以太网)和其他设备之间可以通信，不同厂商生产的控制设备可以连成工业网络，进行集中监控。

标准的 Modbus 使用 RS-232C 兼容串行接口，定义了连接口的针脚、电缆、信号位、传输波特率、奇偶校验。控制器能直接或经由 Modem 组网。

Modbus 协议定义了一个控制器能认识使用的消息结构，无论它们是经过何种网络进行通信的。它描述了一个控制器请求访问其他设备的过程，如何回应来自其他设备的请求，以及怎样侦测错误并记录。

Modbus 协议决定了每个控制器必须要知道它们的设备地址，识别按地址发来的消息，决定要产生何种行动。如果需要回应，控制器将生成反馈信息，并用 Modbus 协议发出。

在 Modbus 网络上转输，控制器通信使用主-从技术，仅主设备能初始化传输(查询)，其他设备(从设备)根据主设备查询提供的数据作出相应反应。典型的主设备，如工控机，典型的从设备，如 PLC。

主设备可单独和从设备通信，也能以广播方式和所有从设备通信。如果单独通信，从设备返回一消息作为回应；如果是以广播方式查询的，则不作任何回应。Modbus 协议建立了主设备查询的格式：设备(或广播)地址、功能代码、所有要发送的数据、错误检测域。

从设备回应消息也由 Modbus 协议构成，包括确认要行动的域、任何要返回的数据和错误检测域。如果在消息接收过程中发生错误，或从设备不能执行其命令，从设备将建立错误消息并把它作为回应发送出去。

Modbus 有两种传输模式：ASCII(美国标准信息交换代码)模式和 RTU(远程终端单元)模式。

Modbus ASCII 模式通信，在消息中的每个 8Bit 字节都作为两个 ASCII 字符发送。这种方式的主要优点是：字符发送的时间间隔可达到 1s 而不产生错误。

Modbus RTU 模式通信，在消息中的每个 8Bit 字节包含两个 4Bit 的十六进制字符。这种方式的主要优点是：在同样的波特率下，可比 ASCII 方式传送更多的数据。

在这两种通信模式中，传输设备将 Modbus 消息转为有起点和终点的帧，这就允许接收的设备在消息起始处读地址分配信息，判断哪一个设备被选中(广播方式则传给所有设备)，判知何时信息已完成。

Modbus 数据域是由两个十六进制数集合构成的，范围为 00 ~ FF。根据网络传输模式，这可以是由一对 ASCII 字符组成或由一个 RTU 字符组成。

标准的 Modbus 网络有两种错误检测方法。当选用 ASCII 模式作字符帧，错误检测域包含两个 ASCII 字符，采用 LRC(纵向冗余检测)方法检测。当选用 RTU 模式作字符帧，错误检测域包含一个 16Bits 值(用两个 8 位的字符来实现)，采用 CRC(循环冗余)方法检测。

6.2.7 FCS 与 DCS 的集成

由于 DCS 应用广泛、技术成熟，在现有的技术条件和市场条件下，FCS 还不能完全取代 DCS，由此引出一个很重要的问题：就是在已有的 DCS 系统中应用现场总线新技术，即实现 FCS 与 DCS 的紧密集成，使它们能够协同工作、取长补短，适应目前现场设备多态性和用户需求多样性的需要。从本质来说，FCS 是一个网络通信系统，而 DCS 虽然涉及网络通信，但其标准由各厂家自行制定，没有开放性，所以 DCS 与 FCS 集成只是一种过渡策略，因为这种混合系统不能完全发挥 FCS 的优势。根据当前不同的应用需求，FCS 和 DCS 有三个层次上的集成模式。

1. 现场总线集成在 DCS 的 I/O 总线上

这种集成方式通过 I/O 总线接口卡直接将现场总线集成到 DCS 系统中。与 I/O 功能块相关的测量值和设定值可以通过接口卡映射成 I/O 总线上等价的值。通过这种映射关系，DCS 就能透明地获取现场总线智能仪表传送的信息，其效果和传统的变送器相同，运算和控制功能仍由 DCS 控制站来完成(见图 6 - 52)。

这种集成方式的优点：

(1) 只需安装现场总线接口或现场总线接口单元，无需改变或升级 DCS 系统；

(2) 对于一些初级的现场总线设备，厂家提供的功能块有限，这种方式保留了 DCS 的控制功能；

(3) 可以充分利用现有 DCS 的技术和资源，投资少、见效快。但这种方式也限制了 DCS 所能获取的信息，无法利用现场设备中大量的状态信息。

2. 现场总线集成在 DCS 网络上

这种集成方式通过现场总线接口单元直接连接到 DCS 网络上，现场设备中用于控制、计算的各种功能块操作信息可以在 DCS 控制台中获取和更改。通过接口单元提供的服务，DCS 操作站能获取更多的现场设备信息(见图 6 - 53)

这种集成方式的优点：

(1) 只需安装现场总线服务器，无需改变或升级 DCS 系统；

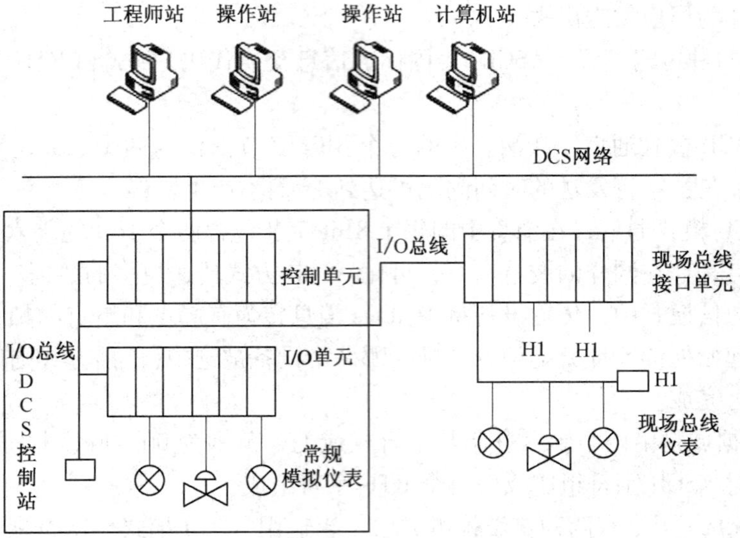

图 6－52　基于 I/O 总线的 FCS 与 DCS 集成

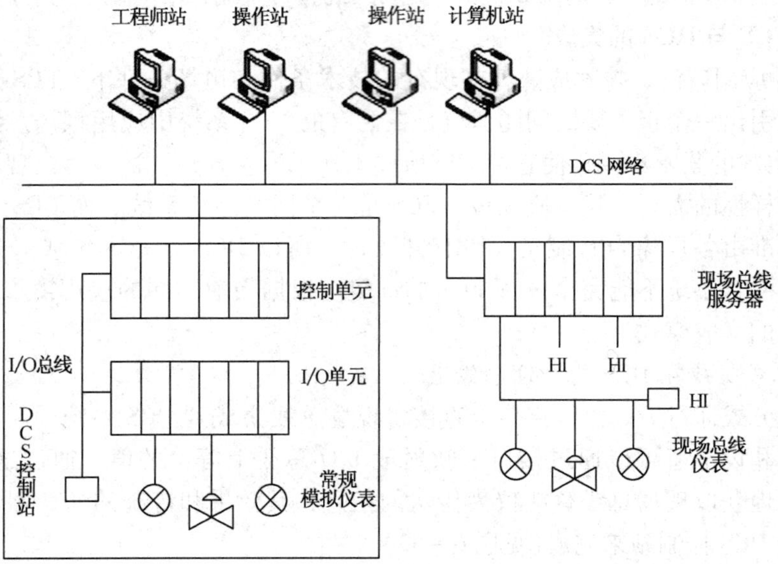

图 6－53　基于系统网络的 FCS 与 DCS 集成

（2）控制和计算可以在现场设备中完成，实现彻底的分散控制，相关的参数可以在 DCS 操作员站中访问；

（3）便于现场总线和 DCS 之间的通信；

（4）DCS 可以访问现场设备中更多的信息；

（5）可以充分利用现有 DCS 的技术和资源，投资少、见效快。

3. 通过网关接口集成现场总线

这种集成方式通过专门设计的网关接口实现现场总线网络和 DCS 系统的完全双向连接，即 DCS 操作员站能访问现场设备中的所有信息，而现场总线也能获取 DCS 提供的各种信息，因此便于实现现场总线和 DCS 的协调控制。此外，在这种集成方式下，现场总线的控制功能更加独立，可以构成一个脱离 DCS 的完整的控制系统，见图 6－54。

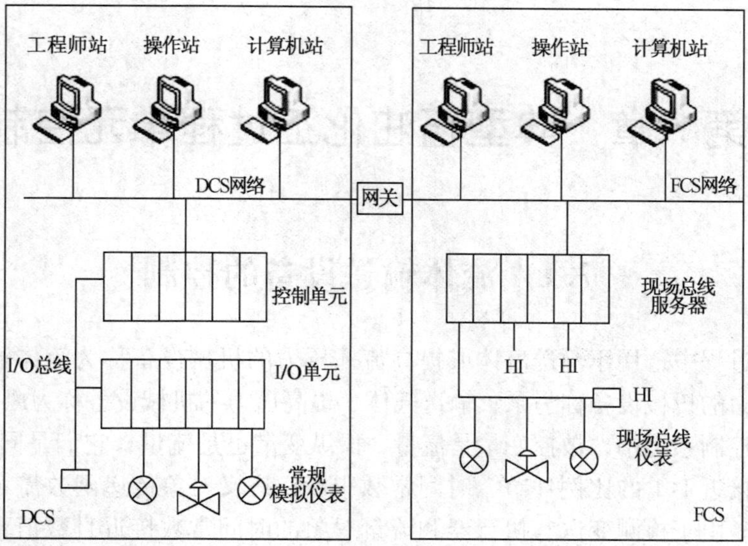

图 6－54　基于网关的 FCS 与 DCS 集成

这种方式主要适用于规模较大的控制系统，能有效保护用户对 DCS 的先期投资。DCS 负责监控、优化、先进控制、协调管理等较复杂的应用，是主控系统，而 FCS 负责现场设备层的数据采集和闭环控制，并将设备的状态、诊断信息实时地传送至 DCS。

但是这种集成方式对网关接口技术要求很高，能够完成双向的协议转换，为 DCS 和现场总线提供透明的数据访问。

在应用时实现 DCS 和 FCS 集成的情况会更复杂，主要原因是 DCS 的很多设计要素不同于 FCS，DCS 的封闭性限制了现场总线分散化、网络化特点的实现。传统意义上的 DCS 实现分散控制、集中管理，但在实际应用中，DCS 的控制功能并没有真正分散化，其管理功能更多地也只是监控和协调。因此，在未来的技术发展中，需要着重考虑 DCS 与 FCS 的集成，使系统配置达到最优，从而实现完整的控制、管理网络架构。这样，DCS 的基本控制功能将逐步消失，它将更多地承担监控、管理和决策任务，成为真正意义上的管理系统的一部分。而 FCS 则协调现场智能测控设备之间的通信，实现生产过程控制的彻底分散化、网络化。因此，DCS 与 FCS 结合是当前提高过程控制系统自动化水平的基本思路。

第7章　典型石油化工过程单元控制

7.1　流体输送设备的控制

工业生产过程中，用于输送流体或提高流体压力的机械设备称为流体输送设备。输送液体、提高压力的机械设备称为泵；输送气体、提高压力的机械设备称为风机和压缩机。

流体输送控制系统中，被控变量是流量，操纵变量也是流量，它们是同一物料的流量，因此被控过程接近1∶1的比例环节，时间常数很小，广义对象传递函数需考虑检测变送和执行器的特性。由于检测变送、执行器和流量对象的时间常数接近且数值不大，因此组成的流量控制系统可控性较差，系统工作频率较高，控制器的比例度需设置较大，如需消除余差而引入积分，则积分时间也与对象时间常数在相同的数量级，例如在几秒到几分钟。通常不引入正微分，如果必要可引入反微分，并采用测量微分的接法。

流体输送控制系统一般采用节流装置检测流量，因此对检测信号应进行高频滤波，减弱流量信号脉动和喘流的影响。为了在控制系统中不引入非线性，宜采用差压变送器和开方器或用线性检测变送仪表检测变送流量信号。流量控制阀的流量特性通常可选择线性特性。一般不宜安装阀门定位器，否则，易引起系统的共振。

流体输送控制系统的控制目标是被控流量保持恒定(定值控制)。主要扰动来自压力和管道阻力的变化，可采用适当的稳压措施，也可将流量控制回路作为串级控制系统的副环。

7.1.1　泵和压缩机的基本控制

1. 离心泵的控制

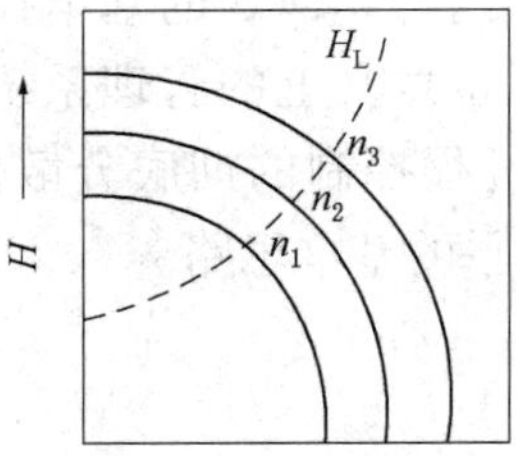

图7－1　离心泵的工作特性

1）离心泵的工作特性

离心泵是使用最广的液体输送设备。离心泵是依靠离心泵翼轮旋转所产生的离心力，从而提高液体的压力(俗称压头)。转速越高，离心力越大，流体出口压力越高。随着出口阀开度增大，流量增大，流体的压力下降。离心泵的压头 H、流量 Q 和转速 n 之间的关系称为离心泵的工作特性，如图7－1所示。图中，H_L 是最高效率的工作点轨迹，$n_3 > n_2 > n_1$。

亦可用关系式表示为

$$H = k_1 n^2 - k_2 Q^2 \tag{7-1}$$

其中，k_1 和 k_2 是比例系数。在离心泵输送液体时，若出口阀关闭，液体会在泵体内循环，此时压头最大，而排出流量为零。泵将机械能转化为热能，使液体发热升温。因此，在泵运转后，应及时打开出口阀。

2）管路特性

离心泵的工作点与离心泵工作特性有关，还与管路系统的阻力有关。管路特性是管路系统中流体的流量与管路系统阻力的相互关系，如图7－2所示。

图中，h_1 是液体提升高度所需的压头，即升扬高度，当设备安装位置确定后，该项恒定。h_p 是用于克服管路两端尽压差所需的压头，即 $(p_2-p_1)/\gamma$，γ 是液体的重度，当设备压力稳定时，该项也变化不大。h_f 是用于克服管路摩擦损耗的压头，该项与流量平方值近似成比例。h_V 是控制阀两端的压降，当控制阀开度一定时，与流量平方值成比例，即该项与流量和阀门开度有关。因此，管路压头 H 与流量之间的关系如图 7－2(a) 中实线所示，可表示为

$$H = h_1 + h_p + h_f + h_V \tag{7-2}$$

3）离心泵的工作点

管路特性与离心泵工作特性的交点是离心泵的工作点。由于控制阀开度变化时，管路特性变化，因此当控制阀开度增大时，控制阀两端的压降降低，离心泵工作点从 A 点移到 B 点[见图 7－2(a)]。这时，液体排出的流量增大，压头下降。

4）离心泵的控制

通过下列控制方案可以改变离心泵的工作点，从而达到控制离心泵的排出量：

(1) 改变控制阀开度

由图 7－2 可见，改变控制阀开度，可直接改变液体的排出量。由于离心泵的吸入高度有限，控制阀如果安装在进口端，会出现气缚或气蚀现象。气缚是由于进口压力过低，使液体部分汽化，气体膨胀使液体不能排除的现象；气蚀是由于出口压力高于液体的蒸汽压，使气泡破裂或爆炸，造成对设备侵蚀的现象。因此，为防止气缚和气蚀的发生，当采用控制阀直接节流的控制方案时，控制阀通常安装在检测元件的下游。由于直接节流时，控制阀两端的压差随流量而变化，故流量大时，控制阀两端的压降降低。控制方案见图 7－3(a)。

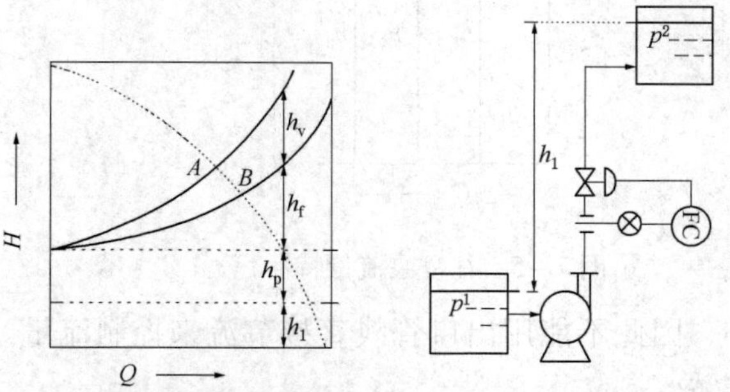

(a) 管路特性与离心泵特性　(b) 管路系统阻力分布

图 7－2　管路系统及其管路特性

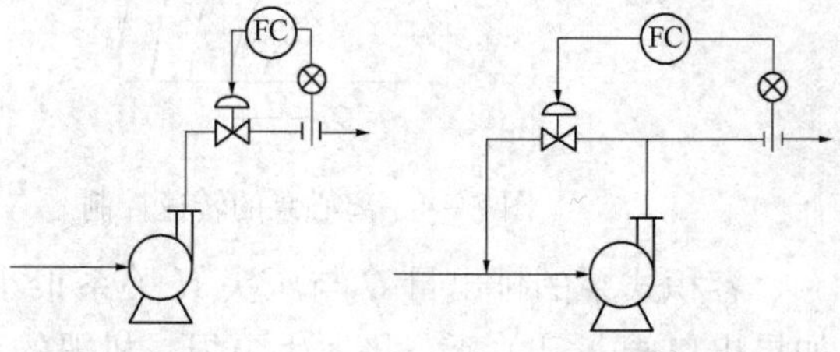

(a) 直接节流　(b) 旁路控制

图 7－3　离心泵的节流和旁路控制方案

该控制方案简单易行，适用于流量较小的场合，因总机械效率低，故不宜用于排出量低于正常值 30% 的场合。

(2) 调节泵的转速

如图 7－4 所示，改变泵的转速，使离心泵流量特性形状变化，可调节流量。这种控制方案需要改变泵的转速，采用的调速方法如下：

① 当电动机为原动机时，采用电动调速装置；

② 当气轮机为原动机时，采用调节导向叶片角度或蒸汽流量；

③ 采用变频调速器，或利用原动机与泵联结轴的变速器。

采用这种控制方案时，在液体输送管线上不需安装控制阀，因此不存在 h_V 项的阻力损耗，机械效率较高。

该控制方案在重要的大功率离心泵装置中，有逐渐扩大采用的趋势。但具体实现这种方案较复杂，所需设备费用也较高。

（3）旁路控制

旁路控制方案如图 7－3(b)所示，通过改变旁路控制阀的开度，控制实际排出量。该方案结构简单，控制阀口径相对较小。但由泵供给的能量消耗于控制阀旁路的那部分液体，因此总机械效率较低。

当液体黏度高或液体流量测量较困难，而管路阻力较恒定时，该控制方案可采用压力作为被控变量，稳定出口压力，间接控制流量。

2. 容积式泵的控制

1）容积式泵的工作特性

容积式泵分为往复式和直接位移旋转式两类。往复泵有活塞式泵、柱塞式泵等；直接位移旋转式泵有椭圆齿轮泵、螺杆式泵等。往复泵的特点是泵的运动部件与机壳之间的空隙很小，液体不能在缝隙中流动，泵的排出量与管路系统无关。往复泵排出量 Q 仅与单位时间活塞的往复次数 n、冲程 S、汽缸截面积 F 有关，旋转泵排出量 Q 仅取决于转速 n。其流量特性如图 7－5 所示，可表示为

$$Q = nFS\eta（往复泵） \tag{7-3}$$

或

$$Q = kn\eta（旋转泵） \tag{7-4}$$

式中，η 是泵效率；k 是旋转泵系数。

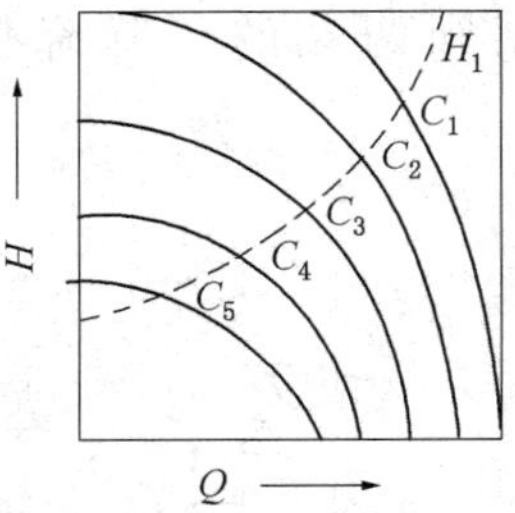

图 7－4　离心泵的转速控制

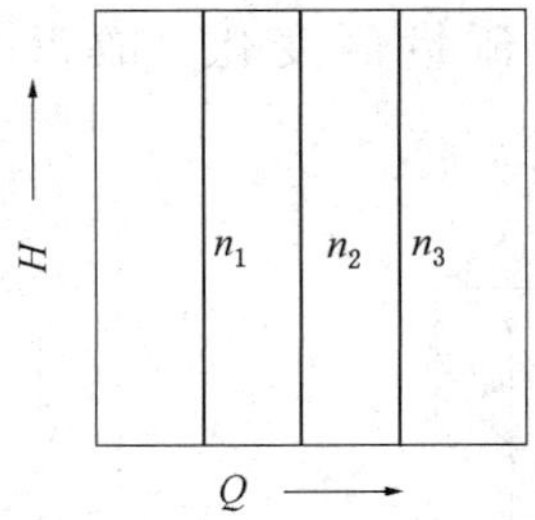

图 7－5　往复泵流量特性

容积式泵的排出量 Q 与压头 H 关系很小，因此不能用出口管线直接节流来控制流量。如果出口阀一旦关死，将发生泵损、机毁的事故。

2）容积式泵的控制

容积式泵主要采用调节转速、活塞的往复次数和冲程的方法，也可采用旁路控制。

（1）调节原动机的转速（包括往复泵的往复次数）　调速控制方法与离心泵调速控制方法相同。

（2）改变往复泵的冲程　这种方案的控制设备复杂，有一定难度，仅用于一些计量泵等特殊往复泵的控制场合。

（3）旁路控制　与离心泵的旁路控制方案相同，是最常用的容积式泵控制方案。

（4）旁路控制压力　与离心泵出口压力控制旁路控制阀的控制方案相似，通过旁路控制使泵出口压力稳定，然后用节流控制阀控制流量，控制方案见图 7－6。通常，压力控制可采用自力式压力控制阀，但这两个控制系统有严重关联。为此，可采用错开控制回路的工作频率、将排除流量作为主要被控变量、压力控制器参数整定等措施来削弱或减小系统的耦合。

3. 风机的控制

离心式风机的工作原理与离心泵相似，是通过叶轮旋转，产生离心力，提高气体压头。按出口压力的不同，分为送风机和鼓风机两类，前者出口表压小于10kPa。后者出口表压为10～30kPa，其流量特性与离心泵的工作特性相似，如图7－7中的曲线1和曲线2所示。

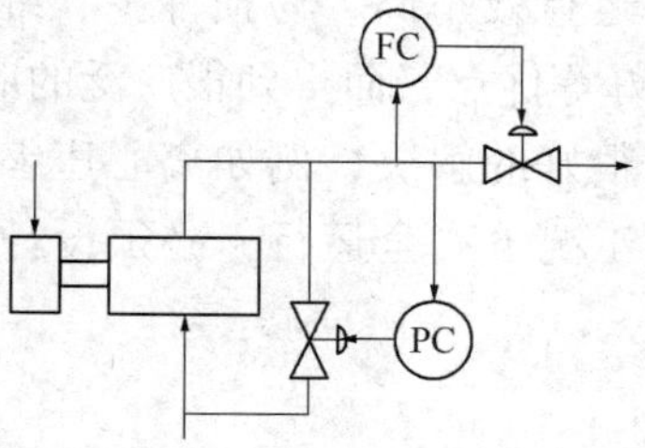

图7－6　往复泵出口压力和流量控制

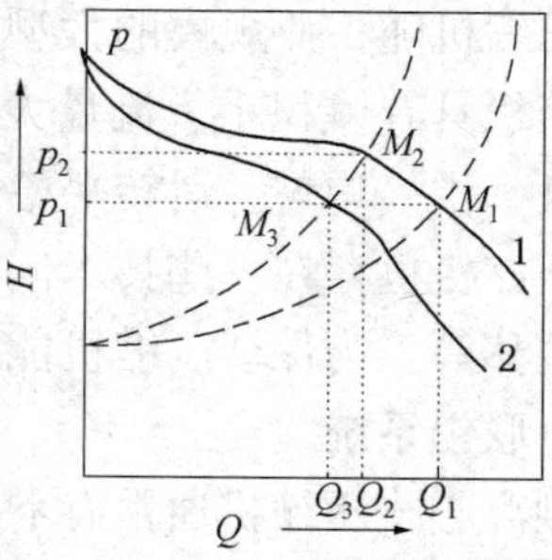

图7－7　风机工作特性

离心式风机的控制类似于离心泵的控制，有下列几种：

(1) 调节转速　转速增大时，风机工作特性曲线从2移到1。该方案最经济，但设备比较复杂，常用于大功率风机，尤其是蒸汽透平带动的大功率风机。

(2) 直接节流　分入口节流和出口节流两种方式。由于风机控制的流量较大，通常采用蝶阀作为执行器。采用出口节流方式时，当阀门关小时，管路阻力增加，风机工作点从M_1移到M_2，风量也从Q_1下降到Q_2。但实际需要压力是p_1。因此，p_2-p_1的节流压损消耗在蝶阀挡板，节流后造成压损使管路特性左移，风机的排出量Q减小。采用入口节流方式时，吸入压力因控制阀关小而减小，使出口压力减小，风机工作特性从1移到2，同时管路阻力变化。因此，工作点从M_1移到M_3，风量也从Q_1下降到Q_3。可以看到，在控制阀上的压损，采用出口节流方式时比采用入口节流方式时要大，即采用入口节流时风压的损失较小。所以，出口风压较小的送风机常采用入口节流控制方案，而出口风压较大的鼓风机常采用出口节流控制方案，要求风压较高的应用场合也采用入口节流控制。

采用入口节流控制时，应注意入口流量不能太小，防止发生喘振。有时，可与旁路控制结合组成分程控制，如图7－8所示。

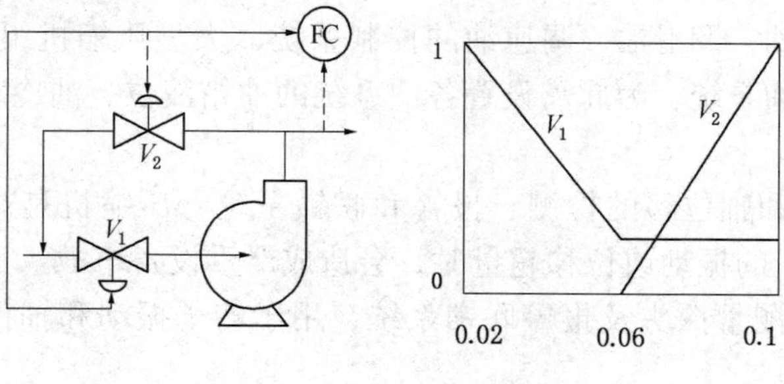

图7－8　风机的分程控制方案

(3) 旁路控制　控制方案与离心泵旁路控制方案相同。

4. 压缩机的控制

压缩机是指输送压力较高的气体机械，一般出口压力大于300kPa。压缩机分为往复式压缩机和离心式压缩机两大类。

1）往复式压缩机的控制

往复式压缩机用于流量小、压缩比高的场合。常用控制方案有汽缸余隙控制、顶开阀控制（吸入管线上的控制）、旁路回流量控制、转速控制等，有时可将控制方案组合使用。

2）离心式压缩机的控制

离心式压缩机随工业规模的大型化而向高压、高速、大容量、自动化的方向发展。由于离心式压缩机具有体积小、流量大、质量轻、运行效率高、易损件少、维护方便、汽缸内无油气污染、供气均匀、运转平稳、经济性较好等优点，而得到很广泛的应用。

但离心压缩机也存在一些技术问题需要得到很好的解决，例如离心压缩机的喘振、轴向推力、轴位移等。为保证压缩机能在工艺所需工况下安全运行，必须设计一系列自动控制系统和安全联锁系统。

一台大型离心式压缩机通常有下列控制系统：

（1）气量控制系统（即负荷控制系统） 常用气量控制方法有三种：

① 出口节流 即通过改变出口导向叶片的角度，改变气流方向，从而改变流量。它比进口节流节省能量，但要求压缩机出口有导向叶片装置，因此结构较复杂。

② 改变压缩机转速 这种方案最节能，尤其是采用蒸汽透平作为原动机的离心压缩机，实现调速容易，应用也较广泛。

③ 改变入口阻力 即在入口设置控制挡板，用于改变管路阻力，但因入口压力不能保持恒定，灵敏度高，所以较少采用。

另外，压缩机负荷控制可用流量控制实现，有时也可采用压缩机出口压力控制实现。

（2）压缩机入口压力控制系统 控制方法有：吸入管压力控制转速；旁路控制入口压力；入口压力与出口流量的选择性控制。

（3）压缩机的防喘振控制系统 由于离心压缩机在流量小于喘振流量时会发生喘振，造成设备事故，因此对离心压缩机应设置防喘振控制系统。

（4）压缩机各段吸入温度及分离器液位控制系统 经压缩后气体温度升高，为保证下一段的压缩效率，进压缩机下一段前要把气体冷却到规定温度，为此需设置温度控制系统。为防止吸入压缩机的气体带液，造成叶轮损坏，压缩机各段吸入口均设置冷凝液分离罐；为防止液位过高，造成气体带液，需设置分离罐液位控制系统或液位报警系统。

（5）压缩机密封油、润滑油、调速油的控制系统 大型压缩机组一般均设置密封油、润滑油和调速油三个油系统，为此需设置各油系统的油箱液位、油冷却器后油温、油压等检测和控制系统。

（6）压缩机振动和轴位移的检测、报警和联锁系统 压缩机是高速运转设备，转速可达几万转/分，转子的振动或位移超量时，会造成严重设备事故。因此，大型压缩机组设置轴位移和振动的测量探头及报警联锁系统，用于转子振动和轴位移的检测、报警和联锁。

5. 变频调速器的应用

由于控制阀存在压损，管路存在阻力，因此压降比 S 总小于 1。为使控制效果较好，希望控制阀压损占系统总压降的比例越大越好，即 S 越大越好，但为此而损失的能量也越大。随着工业规模的不断扩大，因控制阀造成的能量损失也越大。为此，提出变频调速代替控制阀的设计思想。

变频调速器是用正弦 PWM 脉宽调制电路将控制器输出的 4 ~ 20mA 信号转换为对应频率的输出信号，用于交流电机的无级调速，从而通过转速变化来改变流量。与控制阀比较，变频调速器具有不与工艺介质接触、节能、无腐蚀、无冲蚀等优点，由于电机消耗的功率与转速的立方成比例，即流量越小，电机转速越低，消耗功率大幅下降，也就越节能。但其系统较复杂，价格较高，目前性能还不够稳定。在大、中型电机驱动的泵、压缩机等流体输送设备中得到了广泛应用。

由于节能，变频调速器的应用正被工业界重视。目前，主要有两种方式：一种方式是直接使用变频调速器控制原动机的转速；另一种方式是变频调速器和控制阀并存。当变频调速器正常时，采用变频调速器控制电机的转速，一旦变频调速器故障或控制效果不佳时，切换到控制阀控制，例如直接节流控制流量等。此外，也有将控制阀作为流量微调的控制手段，或保持管路系统阻力稳定，而与变频调速器并存的。

与控制阀调节流量的不同点在于：变频调速器调节流量时，转速增大，流量增加，压头也增大；而控制阀调节流量时，控制阀开度增大，流量增大，但压头减小。

7.1.2 离心压缩机的防喘振控制

1. 离心压缩机的喘振

图 7 - 9 所示为离心压缩机的特性曲线，它显示压缩机压缩比与进口容积流量间的关系。当转速 n 一定时，曲线上点 C 有最大压缩比，对应流量设为 Q_P，该点称为喘振点。如果工作点为 B 点，要求压缩机流量继续下降，则压缩机吸入流量 $Q < Q_P$，工作点从 C 点突跳到 D 点，压缩机出口压力从 p_C 突然下降到 p_D，而出口管网压力仍为 p_C。因此，气体回流，表现为流量为零。同时，管网压力也下降 p_D，一旦管网压力与压缩机出口压力相等，压缩机又输送气体到管网，流量达到 Q_A。因流量 Q_A 大于 B 点的流量，因此压力憋高到 p_B，而流量的继续下降，又使压缩机重复上述过程，出现工作点从$B \to C \to D \to A \to B$的反复循环。由于这种循环过程极迅速，因此也称为“飞动”。由于飞动时机体的震动发出类似哮喘病人的喘气吼声，因此将这种由于飞动而造成离心压缩机流量呈现脉动的现象称为离心压缩机的喘振现象。

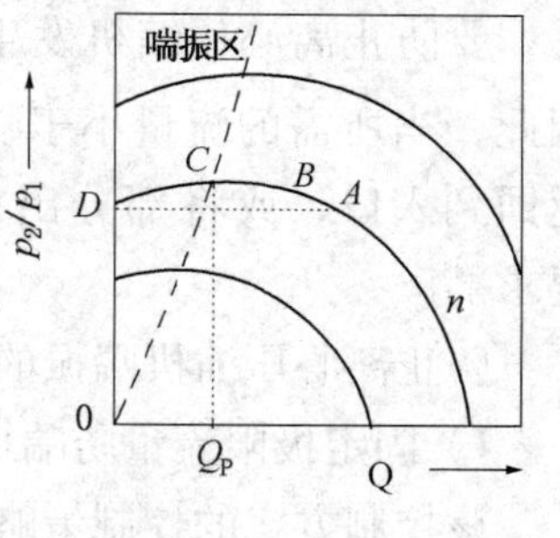

图 7 - 9　离心压缩机特性曲线

喘振发生时，压缩机的气体流量出现脉动，时有时无，造成压缩机转子的交变负荷，使机体剧烈震动、压缩机轴位移，并波及相连的管线，造成设备的损坏，例如压缩机部件、密封环、轴承、叶轮、管线等设备和部件的损坏和事故。

1) 喘振线方程

喘振是离心压缩机的固有特性。离心压缩机的喘振点与被压缩介质的特性、转速等有关。将不同转速下的喘振点连接，组成该压缩机的喘振线。实际应用时，需要考虑安全余量。喘振线方程可近似用抛物线方程描述为

$$\frac{p_2}{p_1} = a + b\,\frac{Q_1^2}{\theta_1} \tag{7-5}$$

式中，下标 1 表示入口参数，2 表示出口参数；p、Q、θ 分别表示压力、流量和温度；a、b 是压缩机系数，由压缩机制造厂商提供。喘振线可用图 7 - 10 表示。当一台离

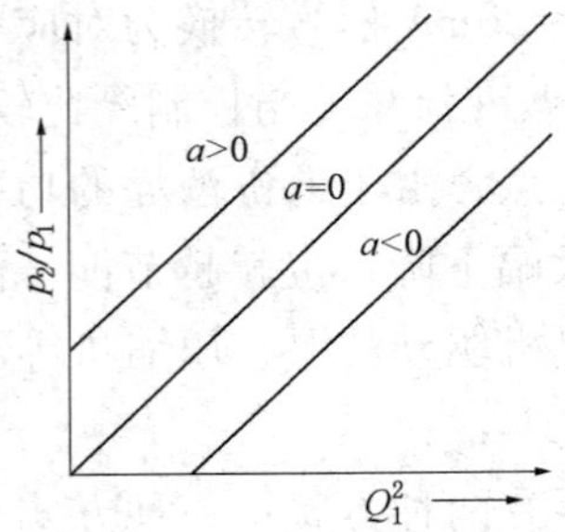

图 7－10　喘振线

心压缩机用于压缩不同介质气体时，压缩机系数会不同。管网容量大时，喘振频率低，喘振的振幅大；反之，管网容量小时，喘振频率高，喘振的振幅小。

2）振动、喘振和阻塞

喘振是离心压缩机在入口流量小于喘振流量 Q_P 时出现的流量脉动现象。振动是高速旋转设备固有的特性。当旋转设备高速运转时，达到某一转速时，使转轴强烈振动，这种现象称为振动。它是由于旋转设备具有自由振动的频率（称为自由振动频率），当转速达到该自由振动频率的倍数时，出现谐振（这时的频率称为谐振频率），造成转轴振动；转速继续升高或降低时，这种振动会消失。

压缩机流量过小会发生喘振，流量过大会发生阻塞。阻塞时，气体流速接近或达到音速（315m/s），压缩机叶轮对气体所做的功全部用于克服流动损失，使气体压力不再升高，这种现象称为阻塞现象。

离心压缩机的工作区、喘振区与阻塞区如图 7－11 所示，图中也给出了压缩机的最小和最大操作转速。

2. 离心压缩机防喘振控制系统的设计

要防止离心压缩机发生喘振，只需要工作转速下的吸入流量大于喘振点的流量 Q_P。因此，当所需的流量小于喘振点流量时，例如生产负荷下降时，需要将出口的流量旁路返回到入口，或将部分出口气体放空，以增加入口流量，满足大于喘振点流量的控制要求。

防止离心压缩机喘振的控制方案有固定极限流量（最小流量）法和可变极限流量法。

1）固定极限流量防喘振控制

该控制方案的控制策略是假设在最大转速下，离心压缩机的喘振点流量为 Q_P（已经考虑安全余量），如果能够使压缩机入口流量总是大于该临界流量 Q_P，则能保证离心压缩机不发生喘振。控制方案是当入口流量小于该临界流量 Q_P 时，打开旁路控制阀，使出口的部分气体返回到入口，使入口流量大于 Q_P 为止，如图 7－12 所示。

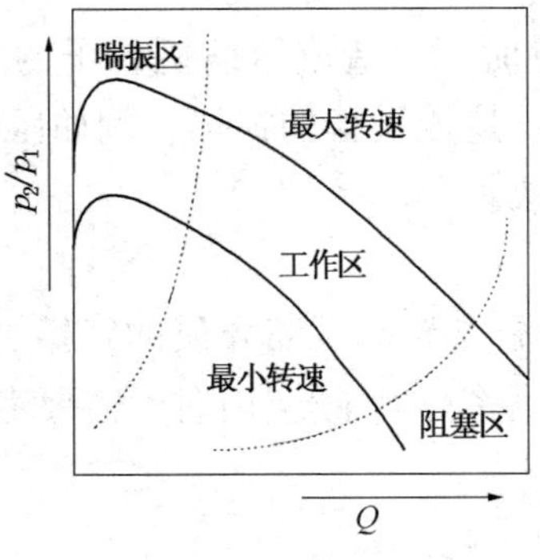

图 7－11　离心压缩机的工作区、喘振区、与阻塞区

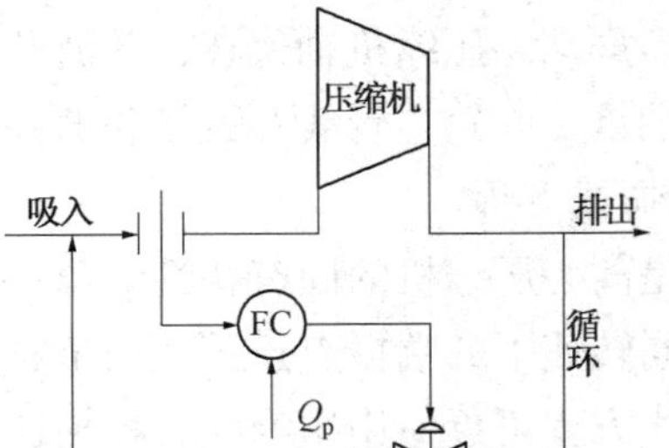

图 7－12　固定极限流量防喘振控制系统

固定极限流量防喘振控制与流体输送控制中旁路控制方案的区别见表 7－1。

表 7-1　防喘振控制与旁路控制的区别

项　　目	旁路流量控制	固定极限流量防喘振控制
检测点位置	来自管网或送管网的流量	压缩机的入口流量
控制方法	控制出口流量，流量过大时开旁路阀	控制入口流量，流量过小时开旁路阀
正常时阀的开度	正常时控制阀有一定的开度	正常时控制阀关闭
积分饱和	正常时偏差不会长期存在，无积分饱和	偏差长期存在，存在积分饱和

固定极限流量防喘振控制具有结构简单、系统可靠性高、投资少等优点，但当转速较低时，流量的安全余量较大，能量浪费较大，适用于固定转速的离心压缩机防喘振控制。

2）可变极限流量法

为了减少压缩机的能量损耗，在压缩机负荷有可能经常波动的场合，可以采用调节转速的方法来保证压缩机的负荷满足工艺上的要求。因为在不同转速下，其喘振极限流量是一个变数，它随转速的下降而减小，所以最合理的防喘振控制方案应是在整个压缩机负荷变化范围内，使它的工作点沿着图 7-13 所示喘振安全操作线而变化，就可以防止压缩机的喘振。根据这一思路设计的防喘振控制系统，称为可变极限流量法防喘振控制系统，如图 7-14 所示。

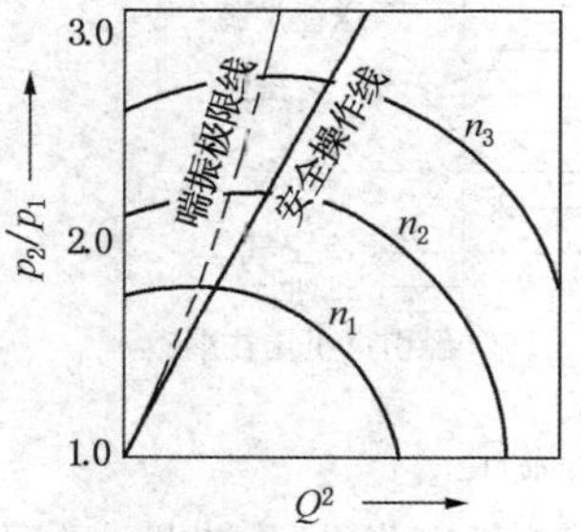

图 7-13　喘振极限线及安全操作线

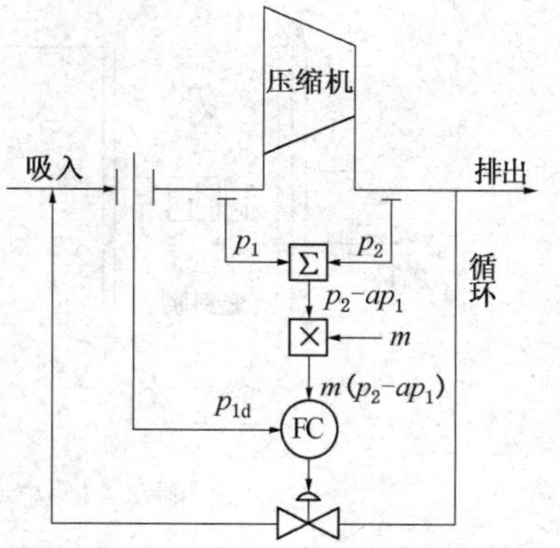

图 7-14　可变极限流量法防喘振控制系统

在该控制系统中，防喘振控制器 FC 的测量值为 p_{1d}，设定值为 $m(p_2-ap_1)$。当测量值大于设定值时，旁路控制阀始终关闭，而当测量值小于设定值时，则控制器开启控制阀到一定位置，故能防止喘振出现，确保压缩机的安全运行。

在设计防喘振控制系统时，还需要注意如下几点：

(1) 旁路控制阀在压缩机正常运行的整个过程中，测量值始终大于设定值。因此，必须考虑防喘振控制器的防积分饱和问题。否则，会造成防喘振控制系统的动作不及时而引起事故。

(2) 在实际的工业设备上，有时不能在压缩机入口处测量流量，而必须改在出口处，则要重新设计防喘振控制系统。

(3) 采用常规仪表实施离心压缩机防喘振控制系统时，应考虑所用仪表的量程，进行相应的转换和设置仪表系数。采用计算机或 DCS 时，可以直接根据计算式计算设定值，并能自动转换为标准信号。

(4) 防喘振控制阀两端有较高的压差，不平衡力大，并在开启时造成噪声、气蚀等。

为此，防喘振控制系统应选用能消除不平衡力影响、噪声及具有快开慢关特性的控制阀。

7.2 火力发电厂生产过程的控制

在火力发电厂，最基本的工艺过程是锅炉生产蒸汽，使汽轮机运转，带动发电机发电。所以，火力发电厂的生产过程控制包括锅炉控制、汽轮机控制、两者的协调控制三部分。

7.2.1 锅炉设备的控制

锅炉是石油化工、发电等工业过程中必不可少的重要动力设备，它所产生的高压蒸汽可作为驱动透平的动力源，又可作为精馏、干燥、反应、加热等过程的热源。随着工业生产规模的不断扩大，作为动力和热源的锅炉，也向着大容量、高参数、高效率方向发展。

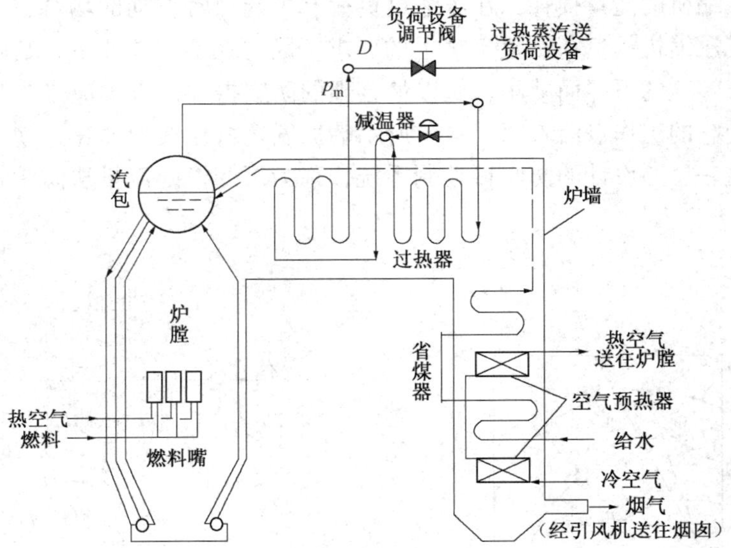

图 7－15　锅炉设备主要工艺流程

图 7－15 列出了常见的锅炉设备的主要工艺流程，其蒸汽发生系统是由给水泵、给水控制阀、省煤器、汽包及循环管等组成。

由图中可知，燃料与热空气按一定的比例送入锅炉燃烧室燃烧，生成的热量传递给蒸汽发生系统，产生饱和蒸汽 D_S。然后，经过热器，形成一定气温的过热蒸汽 D，再汇集到蒸汽母管。压力为 p_m 的过热蒸汽，经负荷设备控制，供给负荷设备用。与此同时，燃烧过程中产生的烟气，除将饱和蒸汽变成过热蒸汽以外，还经省煤器预热锅炉给水和空气预热器预热空气，最后经引风机送往烟囱，排入大气。

锅炉设备的控制任务是根据生产负荷的需要，供应具有一定压力和温度的蒸汽，同时要使锅炉在安全、经济的条件下运行。按照这些控制要求，锅炉设备有如下主要的控制系统。

1. 锅炉水位控制系统

保持汽包锅炉水位在一定范围内是锅炉稳定安全运行的主要指标。水位过高会造成饱和蒸汽带水过多，汽水分离差，使后续的过热器管壁结垢，传热效率下降，过热蒸汽温度下降，当用于蒸汽透平的动力源时，会损坏汽轮机叶片，影响运行的安全性与经济性；水位过低会造成汽包水量过少，负荷有较大变动时，水的汽化速度过快，汽包内的水全部汽化将导致水冷壁的损坏，严重时会发生锅炉爆炸。

1）锅炉汽包水位的动态特性

锅炉汽水系统如图 7－16 所示。影响汽包水位的因素有汽包（包括循环水管）中储水量和水位下汽泡容积，而水位下汽泡容积与锅炉的负荷、蒸汽压力、炉膛热负荷等有关。锅炉汽包水位主要受到锅炉蒸发量（蒸汽流量 D）和给水流量 W 的影响。

（1）给水流量 W 对汽包水位 H 的动态特性，即控制通道的特性。当给水流量 W 作阶跃变化时，锅炉水位的响应曲线如图 7－17 所示。如果把汽泡和给水看作单容量无自衡对象，水位阶跃响应曲线如图中 H_1 曲线。

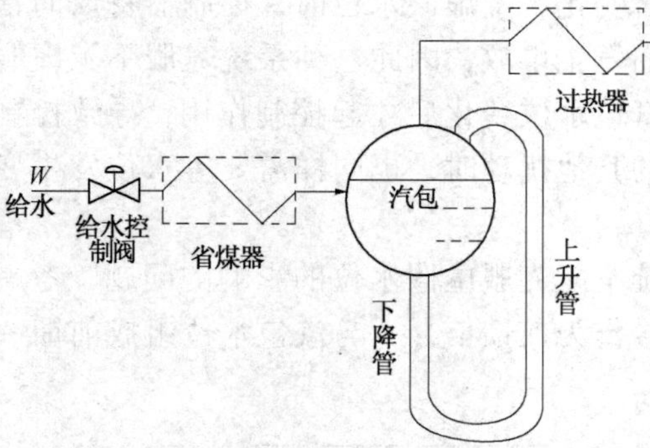

图 7－16　锅炉的汽水系统

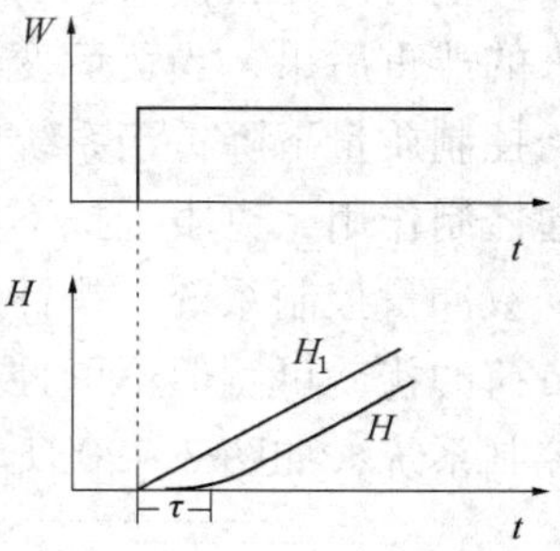

图 7－17　给水流量作用下水位变化阶跃响应曲线

由于给水温度要比汽包内饱和水的温度低，所以给水流量增加后，需从原有饱和水中吸取部分热量，使水位下汽泡容积减少。当水位下汽泡容积的变化过程逐渐平衡时，水位将因汽包中的储水量的增加而上升。最后，当水位下汽泡容积不再变化时，水位变化就完全反映了因储水量的增加而直线上升。所以，图中 H 线是水位的实际变化曲线。在给水量作阶跃变化后，汽包水位不能马上增加，而呈现一段起始惯性段，体现为一段纯滞后时间 τ。给水温度越低，纯滞后时间 τ 越大。

（2）蒸汽流量 D 对汽包水位 H 的动态特性，即干扰通道的动态特性。在蒸汽流量 D 作用下，水位 H 变化的阶跃响应曲线如图 7－18 所示。

当蒸汽流量 D 突然增加时，在燃料量不变的情况下，从锅炉的物料平衡关系看，蒸汽量 D 大于给水量 W，水位变化应如图 7－18 中的 H_1 曲线。但实际情况并非如此，由于蒸汽用量突然增加，瞬间必导致汽包压力的下降。汽包内水沸腾突然加剧，产生闪蒸，水中汽泡迅速增加，因汽泡容积增加，而使水位变化的曲线如图 7－18 中的 H_2 曲线。而实际显示的水位响应曲线 H 应为 H_1 与 H_2 的叠加，即 $H = H_1 + H_2$。从图中可以看出，当蒸汽量加大时，虽然锅炉的给水量小于蒸发量，但在一开始，水位不仅不下降，反而迅速上升，然后再下降；反之，蒸汽流量突然减少时，则水位先下降，然后上升，这种现象称之为“虚假水位”。虚假水位的变化大小与锅炉的工作压力和蒸发量有关，虚假水位现象属于反向特性，给控制带来一定的困难，在控制方案设计时，必须引起注意。

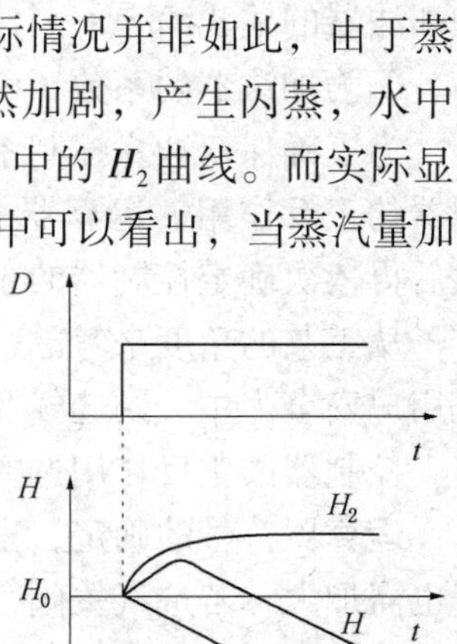

图 7－18　蒸汽流量扰动作用下的水位相应曲线

2）锅炉汽包水位的控制

锅炉汽包水位的控制系统中，被控变量是汽包水位，操纵变量是给水流量。主要的扰动变量有下述来源：给水方面的扰动（包括给水压力、减温器控制阀开度等）；蒸汽用量的扰动(包括管路阻力变化和负荷设备控制阀开度变化)；燃料量的扰动(包括燃料热值、燃料压力、燃料含水量等)；汽包压力变化。

(1) 单冲量控制系统，即汽包水位的单回路控制系统，是最简单和最基本的控制系统。单冲量指只有一个变量，即汽包水位。锅炉汽包水位控制系统的操纵变量选用给水流量。

图 7－19 所示是典型的单回路控制系统。这种控制系统结构简单，对于汽包内水的停留时间长、负荷变化小的小型锅炉，单冲量水位控制系统可以保证锅炉的安全运行。

但是，单冲量控制系统存在很多问题：当负荷变化产生虚假水位时，控制器将反向错误动作，严重时可能会使汽包水位降到危险程度而发生事故，因此这种系统克服不了虚假水位带来的严重后果；当负荷变化时，需要引起汽包水位变化后才起控制作用，导致控制不及时，控制质量下降；当系统中出现负荷以外的其他扰动时，也同样需要等水位发生变化后才起控制作用，克服干扰不及时。

(2) 双冲量控制系统，是针对单冲量控制系统不能克服虚假水位的影响的问题，考虑到蒸汽负荷的扰动可测但不可控，将蒸汽流量信号作为前馈信号，与汽包水位组成前馈－反馈的控制系统，如图 7－20 所示。

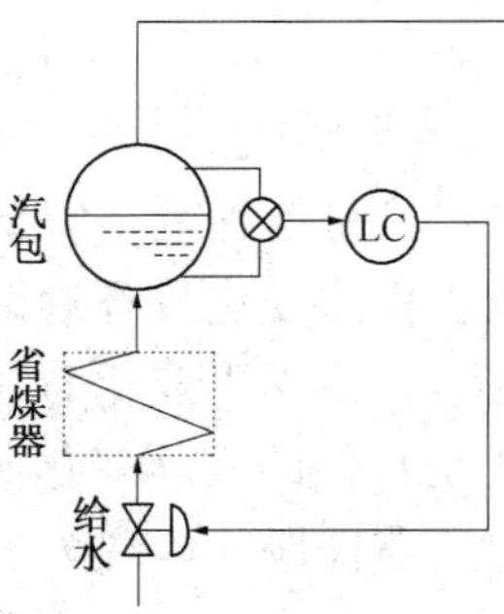

图 7－19　单冲量控制系统

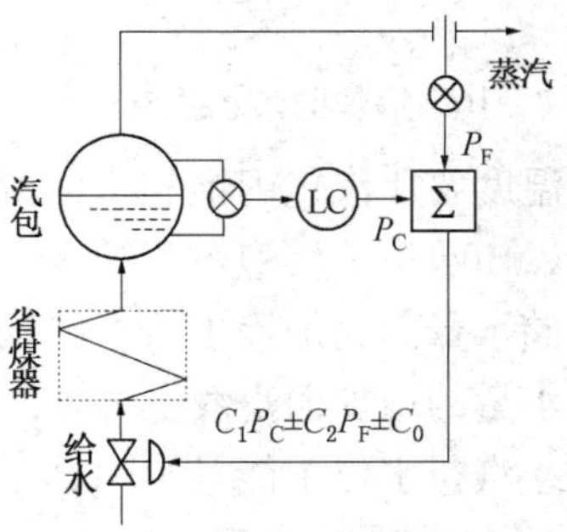

图 7－20　双冲量控制系统

图 7－20 中的加法器，其运算式为 $P = C_1P_C \pm C_2P_F \pm C_0$。其中，$P_C$ 为液位控制器的输出；P_F 为流量控制器的输出；C_0 为初始偏置值，其设置目的是在正常负荷下，使控制器和加法器的输出都有一个比较适中的数值，最好在正常情况下，C_0 值与 C_2P_F 值相抵销；C_1、C_2 为加法器的系数，C_2 的值应考虑到前馈补偿。

为了确保双冲量控制系统能按照设计意图正常运行，必须正确选择阀的开闭形式、控制器的正反作用、运算器的符号。其步骤应该是：首先从工艺出发，选择阀的开闭形式，然后再依次确定控制器的正反作用及运算器的符号。

从工艺的角度来考虑，若以保护锅炉的安全为主，应选气关式控制阀；若以保护汽轮机用户安全为主，则选气开式控制阀。

控制器的正反作用选择，与液位单回路控制系统相同。

运算器符号的确定，主要考虑 C_2 项是取正号还是取负号。当蒸汽流量加大时，给水流量也需加大，若选气关阀，加法器输出应该减小，故 C_2 项应取负号；若选气开阀，加法器输出应该增加，故 C_2 项应取正号。而 C_0 项符号应与 C_2 项相反。这样，加法器的运算应该为：

选用气关阀时，$P = C_1P_C - C_2P_F + C_0$

选用气开阀时，$P = C_1P_C + C_2P_F - C_0$

双冲量控制系统除了图7－20所示的形式外，还可以有其他几种形式。图7－21所示的双冲量控制系统把加法器放在控制器之前。

因为水位上升与蒸汽流量增加时，要求控制阀的动作方向相反，所以一定是信号相减。用这种解法如果使用一只双通道的控制器，就可以省去加法器，减少仪表。但是由于水位控制器的测量信号是水位信号与蒸汽流量信号之差，因此采用此方案调节时，即使水位调节器选用PI调节规律，也不能保证水位无余差控制。为此，可将蒸汽流量的前馈信号先送微分环节(作为前馈控制器)，由于蒸汽流量不变化时，该前馈信号为0，因此可使水位无余差。

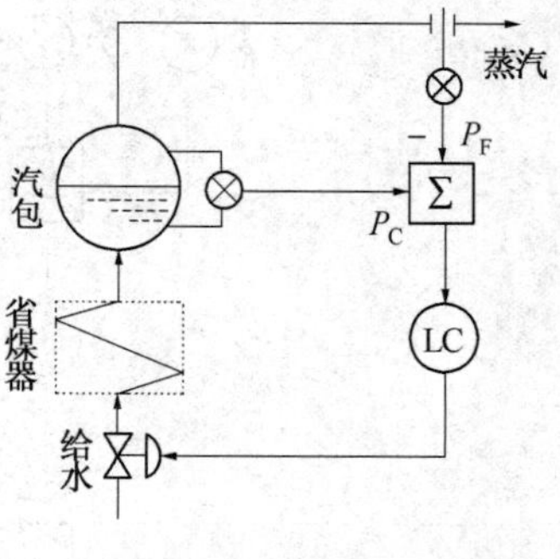

图7－21　双冲量控制的其他接法

双冲量控制系统考虑了蒸汽流量扰动对汽包水位的影响，但对给水流量扰动的影响未加考虑，因此适用于给水流量波动较小的场合。

(3) 三冲量控制系统，是将汽包水位作为主被控变量，给水流量作为副被控变量的串级控制系统与蒸汽流量作为前馈信号的前馈－串级控制系统，如图7－22所示，其控制信号如图7－23所示。

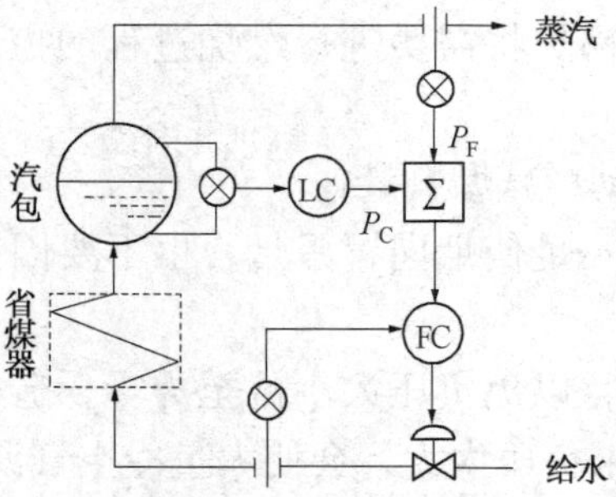

图7－22　三冲量控制系统

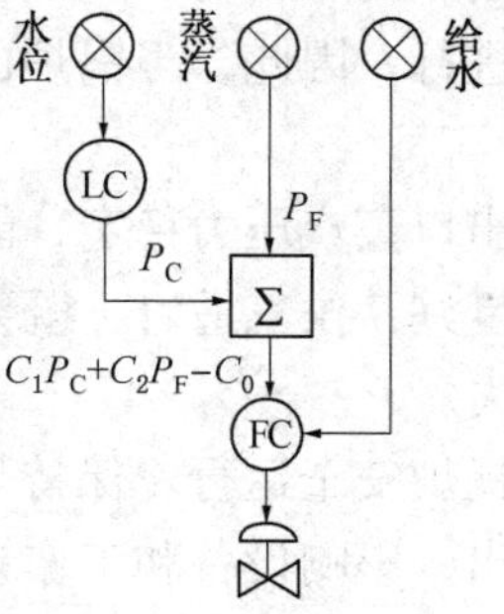

图7－23　三冲量控制系统控制信号图

图7－23中，C_0的设置与双冲量控制系统有所不同。为了在正常工况下使流量控制器的测量值与给定值相等，C_0的设置应在正常情况下使C_0的值与C_1P_C值互相抵消，所以C_0的符号永远是负号。C_2项符号的选择与双冲量控制系统也不一样，蒸汽负荷增加时，应该提高流量控制器的给定值，使给水量也随之提高，因此C_2项符号的总是选正值。所以，对于三冲量系统，无论给水阀是气开还是气关，也不管流量控制器是正作用还是反作用，它的加法器运算式总是$P=C_1P_C+C_2P_F-C_0$。而阀的气开、气关形式的选择与双冲量控制系统一样，控制器正反作用的选择与串级控制系统相同。

图7－22所示的前馈－串级控制系统形式的三冲量控制系统，是目前用得较多的汽包水位三冲量控制系统。除此之外，三冲量控制还有其他多种形式。

图7－24所示是三冲量控制系统的其他方案。其中图(a)方案将蒸汽流量信号、给水流量信号和汽包水位信号一起送加法器，加法器输出作为水位控制器的测量信号。该方案在给水流量与蒸汽流量达到物料平衡，及控制器具有积分控制时，水位可无余差。但通常情况下，实施该控制方案的水位存在余差。

为使水位无余差，将水位控制器移到加法器前，组成图7－24(b)的控制方案。图中，水位控制器输出信号、蒸汽流量信号、给水流量信号送加法器，加法器输出送给水控制法。由于水位控制器测量值是汽包水位信号，因此当水位控制器具有积分作用时，该控制方案可实现汽包水位无余差。

除了以上两种控制形式以外，也有系统采用如图 7－24(c)所示的控制方案。

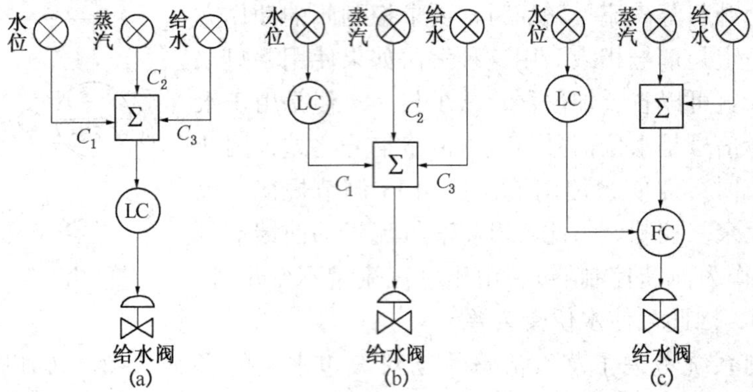

图 7－24　三冲量控制系统的其他方案

2. 锅炉燃烧过程控制系统

燃烧控制系统包括燃料、风量(送风)和炉膛压力(引风)三个子控制系统。这个系统的任务是使进入锅炉的燃料的燃烧热量与锅炉的蒸汽负荷要求相适应，同时保证锅炉燃烧过程安全经济地进行。因此，当锅炉的负荷改变时，锅炉将需要进行燃烧过程的控制。它的基本要求是：

(1) 保证出口蒸汽压力稳定，能按负荷要求自动增减燃料量；

(2) 燃烧良好，供气适宜，既要防止由于空气不足使烟囱冒黑烟，也不要因空气过量而增加热量损失；

(3) 保证锅炉安全运行。保持炉膛一定的负压，以免负压太小甚至为零，造成炉膛内热烟气往外冒出，影响设备和工作人员的安全；如果负压太大，会使大量冷空气漏进炉内，从而使热量损失增加。此外，还须防止燃烧嘴背压(气相燃料)太高时脱火，燃烧嘴背压(气相燃料)太低时回火的危险。

锅炉的燃烧过程是一个能量转换、传递的过程，也就是利用燃料燃烧的热量来产生汽轮机所需蒸汽的过程，而主蒸汽压力是衡量蒸汽量与外界负荷量这两者是否相适应的一个标志。因此，要了解燃烧过程的动态特性主要是弄清汽压对象的动态特性。图 7－25 所示是汽压对象生产工艺流程图。

首先，应了解汽压被控对象在燃料量扰动下的动态特性。

若汽包压力为 p_b，主蒸汽压力为 p_T。在汽轮机进汽量 D_T 不变的情况下，燃料量增加后，汽压被控对象有一延迟时间 τ_M，随着锅炉蒸发量增加，p_b 和 p_T 均逐渐增加。这时汽压被控对象是一个无自平衡能力的对象，即随着时间的增加无限上升，如图 7－26 所示。

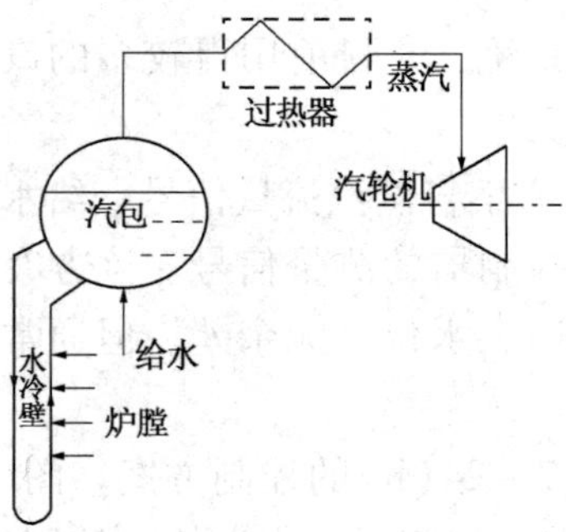

图 7－25　汽压对象生产工艺流程图

若汽轮机调节阀开度 μ_T 不变，而进汽量 D_T 变化，在燃料量扰动下，汽压被控对象有一延迟时间 τ_M，随着锅炉蒸发量增加，p_b 和 p_T 均逐渐增加。由于汽轮机调节阀开度 μ_T 不变，而使汽轮机进汽量逐渐增加，于是自发地限制了汽压的进一步升高。当汽轮机进汽量与锅炉的蒸发量相平衡时，汽压维持在一个新的平衡值。因此，在这种条件下，汽压被控对象是一个有自平衡能力的对象，如图 7－27 所示。

其次，应了解汽压被控对象在负荷扰动下的动态特性。

若改变汽轮机调节阀的开度 μ_T，使之作 $\Delta\mu_T$ 阶跃增大，汽轮机进汽量突然增加，导致主蒸汽压力 p_T 跳跃地下降。此时，由于燃料量不变，蒸汽量的增加使得汽包压力 p_b 开始缓慢下降，主蒸汽压力也跟着缓慢下降，并导致蒸汽量逐渐回降，最后回到扰动前的数值。在响应过程中，蒸汽量的暂时性上升是靠消耗存储在蒸发受热面、过热器受热面和管道中的热量而获得的。由于储热量被消耗掉一部分，温度后的压力 p_T 和 p_b 会比扰动前的数值低，汽压动态响应呈自平衡特性，如图 7－28 所示。

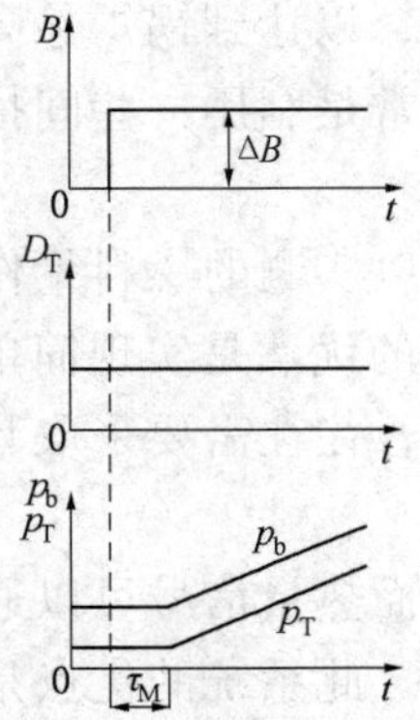

图 7－26　燃料量扰动下汽轮机汽压阶跃响应曲线（汽轮机负荷不变）

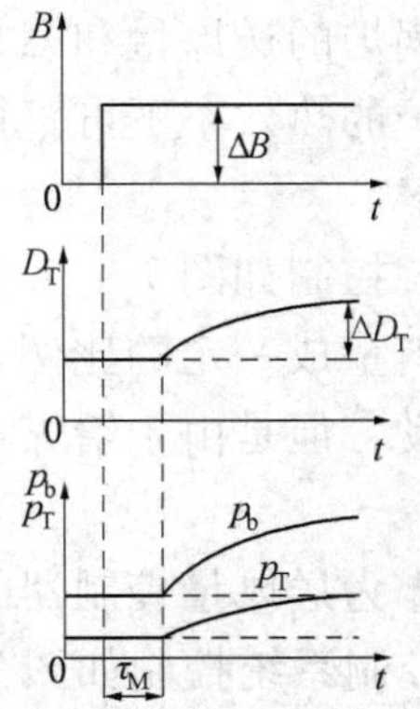

图 7－27　燃料量扰动下汽轮机汽压阶跃响应曲线（汽轮机调节阀开度不变）

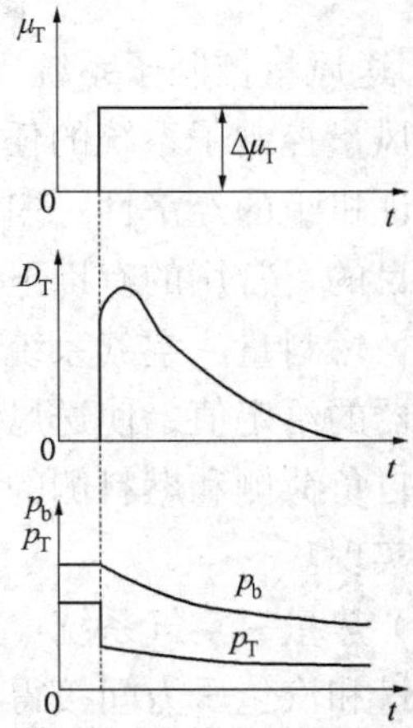

图 7－28　汽轮机调节阀开度扰动下汽压被控对象阶跃响应曲线

根据汽压对象的动态特性可以设计燃烧自动控制系统。该控制系统分为三个子系统，分别为燃料量控制系统、送风量控制系统和引风量控制系统。它们彼此协调，以提供适当的负荷，并保证燃烧过程的安全和经济。

1）燃料量控制子系统

根据不同的运行方式，燃料控制子系统完成的任务也不同，在锅炉跟随汽机负荷控制方式以及以此为基础的协调控制方式中，燃料控制子系统的任务是根据燃料量指令 μ_B 的要求，改变给煤机转速，以提供合适的燃料量 B，从而保证汽压的稳定。在汽机跟随锅炉负荷控制方式以及以此为基础的协调控制方式中，燃料控制子系统的任务仍然是根据燃料量指令 μ_B 的要求，提供合适的燃料量 B，但目的是保证机组的负荷要求。

无论何种运行方式，燃料量控制子系统的核心部分是一个以 μ_B 为给定值，以给煤机转速（代表燃料量 B）为被控变量的单回路控制系统，如图 7－29 所示。

由于控制目的是要保证汽压的稳定（在锅炉跟随汽机负荷控制方式以及以此为基础的协调控制方式中）或是要保证机组的负荷要求（在汽机跟随锅炉负荷控制方式以及以此为基础的协调控制方式中）。因此，设计如图 7－30、图 7－31 所示的串级控制系统，燃料量控制子系统作为其中的内回路，用来消除燃料侧内部的自发扰动，改善系统的调节品质。

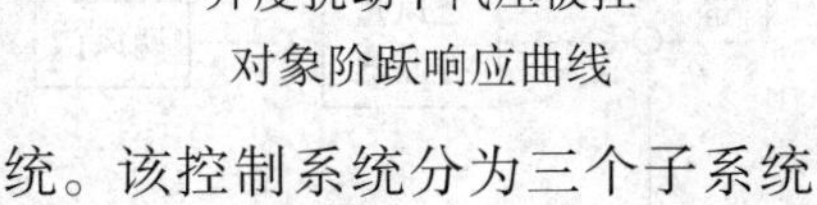

图 7－29　燃料量控制子系统框图

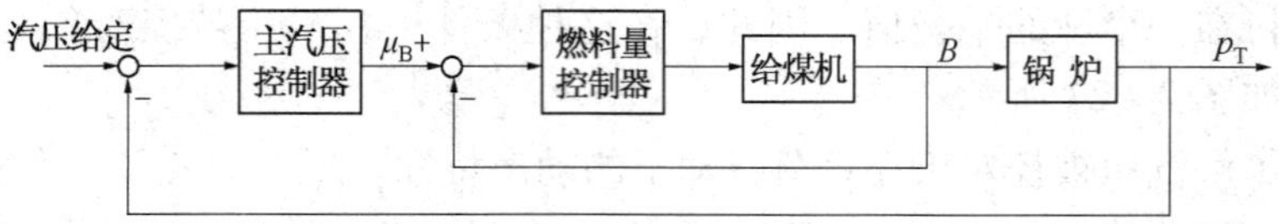

图 7－30　锅炉跟随方式燃料量控制系统框图

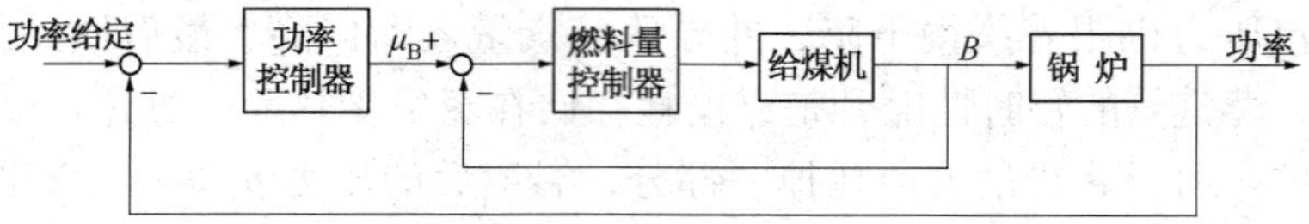

图 7－31　汽机跟随方式燃料量控制系统框图

2）送风量控制子系统

送风量控制子系统的任务是使锅炉的送风量和燃料量相协调，以达到锅炉最高的热效率，保证机组的经济性。但由于锅炉的热效率不可直接测量，通常是利用一些间接的方法来达到目的。常用的有以下五种方案：

（1）燃料量－空气系统　此系统控制如图 7－32 所示，它是以实测的燃料量作为送风量控制器的给定值，使送风量和燃料量成一定的比例。这个系统的优点是实现简单，可以消除来自负荷侧和燃料侧的各种扰动，但是由于给煤量难以测准，往往需要采取其他的措施才能实现。

（2）热量－空气系统　将热量作为送风量控制器的给定值，而热量信号可以通过测量蒸汽流量和汽包压力间接得到，该控制系统控制如图 7－33 所示。此系统的优点是能迅速消除燃料侧的扰动，但是在负荷扰动下，系统的动态偏差比较大。

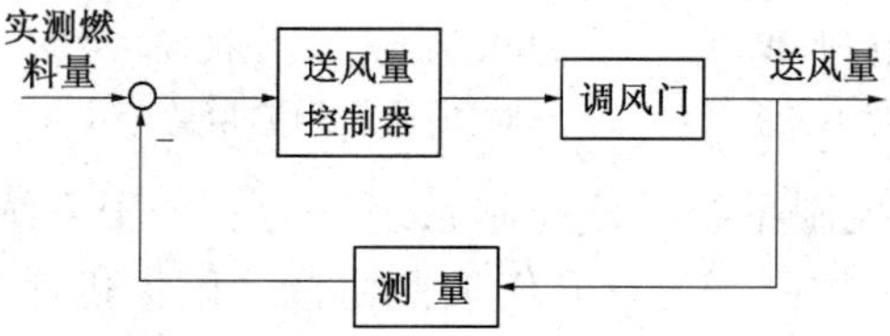

图 7－32　燃料量－空气控制系统框图

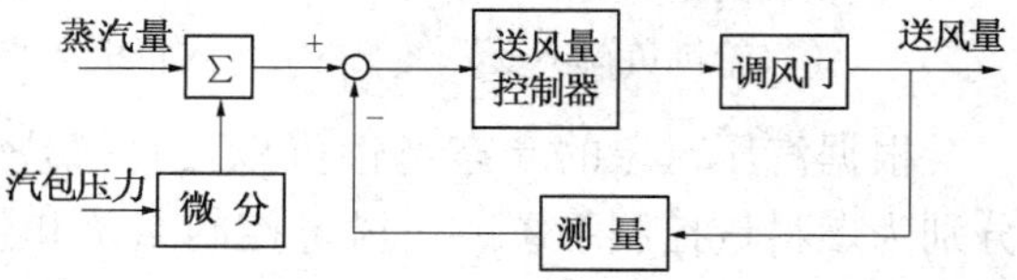

图 7－33　热量－空气控制系统框图

（3）蒸汽量－空气系统　在图 7－33 中，去掉汽包压力的微分信号，即以蒸汽流量作为送风量调节的给定值，就构成蒸汽量－空气控制系统。在负荷的扰动下，蒸汽量反应迅速，可保证送风量能及时跟踪负荷的变化，但对于燃料侧的扰动，蒸汽量不能及时反应，使系统出现大的动态偏差。

（4）给定负荷－空气系统　在燃料量－空气系统中，以协调控制系统发出的燃料量代替实测的燃料量作为送风量调节器的给定值，即构成给定负荷－空气控制系统，它的特点与蒸汽量－空气系统相同。

（5）氧量－空气系统　以含氧量作为锅炉燃烧的经济性指标是一种较好的控制方案，但由于含氧量的测量具有较大的滞后，故一般采用串级控制系统。送风量控制器和调风门构成快速响应的内回路，含氧量控制器起矫正作用，它是串级系统的主控制器，使含氧量最终稳定在给定值上，以保证适当的风煤配比，如图 7－34 所示。图中还加有给煤量的前馈信号，目的是改善系统的动态性能，使送风量和给煤量能够协调变化。

在实际机组的送风量控制系统中，需要测量一次风量和二次风量，并由此得到总风量。

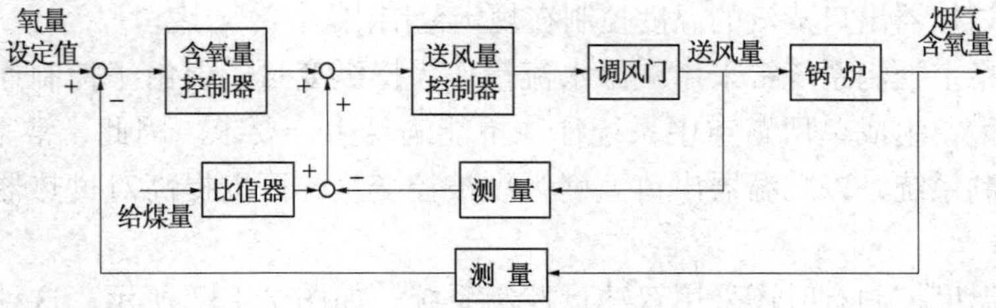

图 7－34　氧量－空气控制系统框图

另外，因为有几台送风机运行，所以和燃料控制子系统一样，也需要对控制对象的增益进行补偿。在含氧量－空气系统中，氧量的给定值往往不取常数，而是随锅炉的负荷变化。这是因为最佳的含氧量与锅炉负荷有关，负荷增加时，最佳含氧量减少，这可以通过用蒸汽流量对含氧量给定值进行修整来保证。

3）引风控制子系统

引风控制子系统的任务是保证一定的炉膛负压力。炉膛负压太小甚至变成正压，会使炉膛内火焰和烟气从测点孔洞和炉墙缝隙外溢，影响设备和人员安全；而炉膛负压过大会使大量冷空气进入炉内，增大引风机负荷和排烟热损失，严重时甚至引起炉膛爆炸。因此，炉膛负压力必须控制在允许范围内。

控制炉膛的手段是调节引风机的引风量，其主要的外部扰动是送风量。作为被控对象，炉膛烟道的惯性很小，控制通道和扰动通道的特性都可以近似地认为是一个比例环节。这是一类特殊的被控对象，简单的单回路控制系统并不能保证被控质量，因为被控量的反应太灵敏，以致会激烈跳动。考虑到该系统的被控量反映了吸风量与送风量之间的平衡关系，明显的改进措施是辅以前馈控制，即在送风量改变的同时也改变吸风量。图 7－35 为引风量控制子系统框图。由于被控变量反应过于灵敏，为了避免小幅度偏差引起引风机挡板的频繁动作，可设置控制器的比例度自动修正环节，使得在校偏差时增大控制器的比例度。对于负压测量信号，也需进行低通滤波，以抑制测量值的剧烈波动。

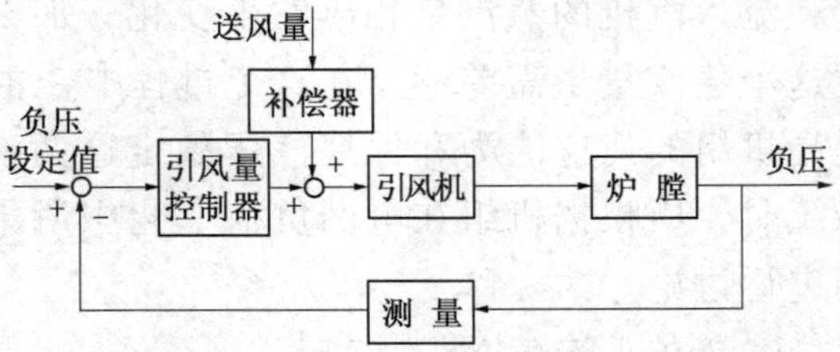

图 7－35　引风量控制子系统框图

综上所述，燃烧控制系统是由燃料量、送风量和引风量三个相互匹配、密切联系的控制子系统组成。其中燃料量控制回路使锅炉跟踪外界负荷；送风量控制回路维持锅炉最高的热效率；引风量控制回路保持负压稳定。这三个控制子回路组成了不可分割的一个整体，统称为锅炉燃烧控制系统，共同保证锅炉运行的机动性、经济性和安全性。

3. 锅炉蒸汽温度控制系统

锅炉蒸汽温度直接影响整体热效率及过热器管道、汽轮机等设备的安全运行，因此汽温控制系统是锅炉的重要控制系统之一。

蒸汽过热系统包括一级过热器、减温器、二级过热器。控制任务是使过热器出口温度维持在允许范围内，并保护过热器是管壁温度不超过允许的工作温度。

过热蒸汽温度过高或过低，对锅炉运行及蒸汽用户设备都是不利的。过热蒸汽温度过高，过热器容易损坏，汽轮机也因内部过度的热膨胀而严重影响安全运行；过热蒸汽温度过低，一方面使设备的效率降低，同时使汽轮机后几级的蒸汽温度增加，引起叶片磨损。

所以，必须把过热器出口蒸汽的温度控制在规定范围内。

过热蒸汽稳定控制系统常采用减温水流量作为操纵变量，但由于控制通道的时间常数和纯滞后均较大，组成单回路空中系统往往不能满足生产要求。因此，常采用如图 7－36 所示的串级控制系统，以减温器出口温度为副被控变量，可以提高对过热器蒸汽温度的控制质量。

过热蒸汽温度控制有时还采用双冲量控制系统，如图 7－37 所示。这种方案实质上是串级控制系统的变形，把减温器出口温度经微分器作为一个冲量，其作用与串级控制系统中副被控变量相似。

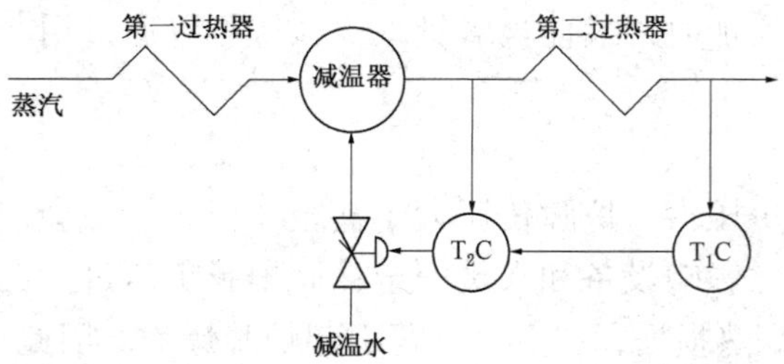

图 7－36 过热蒸汽温度串级控制系统

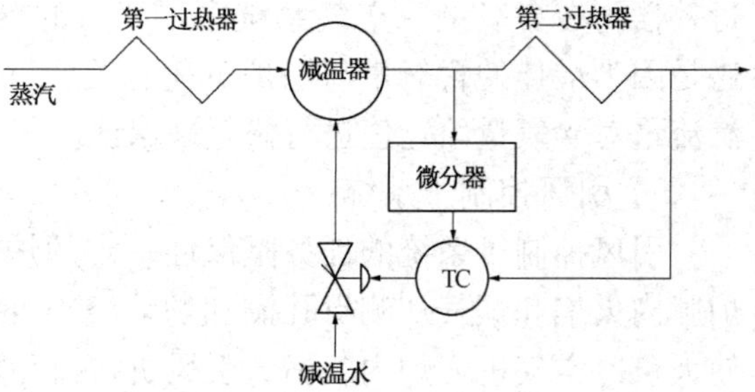

图 7－37 过热蒸汽温度双冲量控制系统

7.2.2 单元机组负荷控制系统

单元机组负荷控制的任务是紧密跟踪负荷的需要和保持主汽压的稳定。当电网负荷变动时，从汽轮机角度看，就能迅速改变蒸汽量，立即适应负荷的需要。但锅炉则不然，当负荷变化时，即使立刻调整燃料量和计水量，由于锅炉固有的惯性及延时，不可能立刻改变提供给汽轮机的蒸汽量。因此，如果汽轮机调节蒸汽的阀门开度已改变，流入汽机的蒸汽量相应发生变化，那么此时只能利用主汽压力的改变来弥补或储蓄这个蒸汽量供需差额。在这个过程中，主汽压力一定会产生较大的波动。也就是说，提高机组的适应能力和保持汽压稳定这两者之间存在着一定的矛盾。在设计负荷控制系统时，应根据机组在电网负荷变化中所承担的任务而采用适当的控制方式，下面分别进行讨论。

1. 锅炉跟随汽轮机的负荷控制系统

锅炉跟随汽轮机的负荷控制系统如图 7－38 所示。它是通过改变汽轮机的调汽门开度，使发电机输出功率迅速与功率控制器的设定值一致，以满足电网负荷的要求。与此同时，由于调汽门开度改变，主汽压力也随之变化，主汽压控制器将改变燃料量来保持汽压的稳

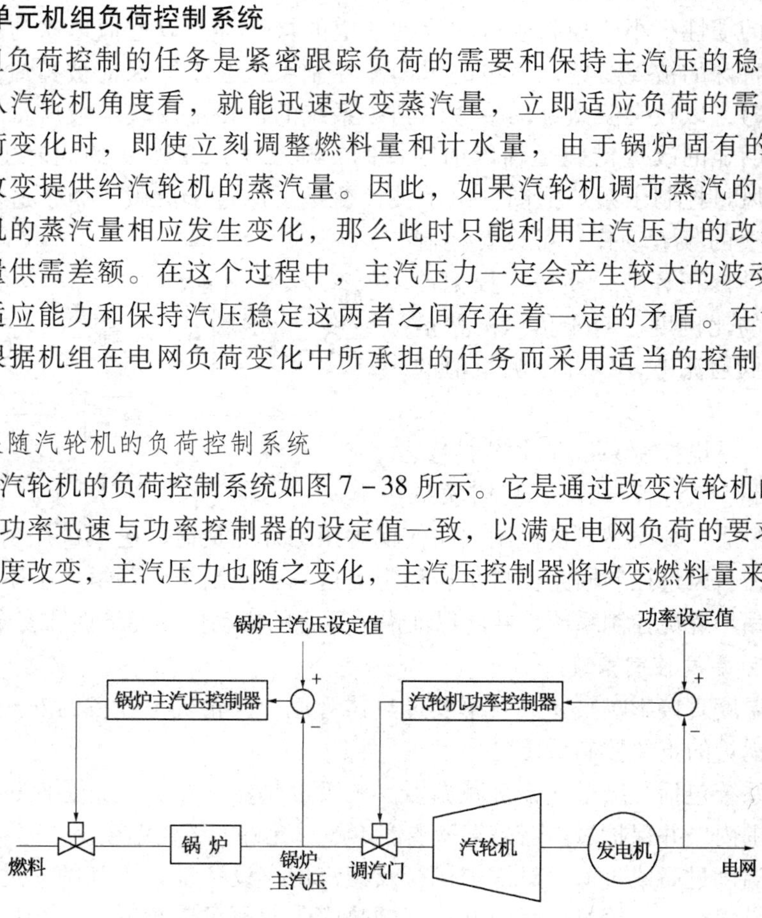

图 7－38 锅炉跟随汽轮机运行方式控制系统示意图

定，从而跟踪汽机的负荷变化。这种控制方式是先让汽机跟随外界的负荷的需要，再让锅炉跟随汽机的需要，因此它实际上就是常规的机炉分别控制方式。这种方式的优点是充分利用了锅炉的蓄热量，使机组能较快地跟踪外界负荷的变化。但由于锅炉的惯性和延时，主汽压会有较大的波动，这种大幅度波动对锅炉的安全稳定运行是不利的，这就要对机组负荷的变化幅度和速度加以限制。

2. 汽轮机跟随锅炉的负荷控制系统

汽轮机跟随锅炉的负荷控制系统如图7－39所示。这种控制方式根据电网负荷的要求，由功率控制器直接控制锅炉的燃料量，随着锅炉输入热量的增大或减少，主蒸汽压力就会发生变化。这时，主蒸汽压力控制器将不断改变调汽门开度以维持主汽压稳定，而调汽门的开大或关小意味着机组负荷的变化，从而适应了电网负荷的需要。由此可见，这种控制方式是先让锅炉跟踪外界负荷的需要，再让其机跟随锅炉的需要，因此称为汽轮机跟随锅炉的负荷控制方式。

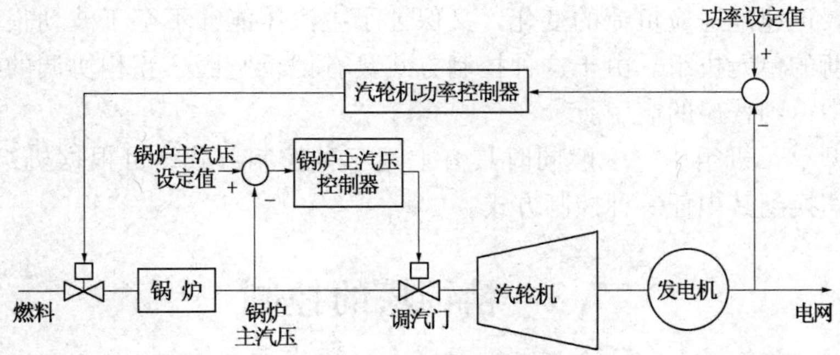

图7－39　汽轮机跟随锅炉运行方式控制系统示意图

在这种控制方式中，由于主汽压是用调汽门来保持的，所以主汽压可以非常稳定，这对锅炉安全运行是有利的。但是，这种方式没有调用锅炉的蓄热量，因此机组对功率设定值改变的响应很缓慢。根据这种控制方式的特点，它只适用于带固定负荷的单元机组。

3. 机炉协调控制方式

上述两种基本负荷控制方式都不能同时满足既能迅速响应外界负荷需求，又使汽压波动较小的要求。为克服这个缺点，将上述两种方法结合起来，取长补短，既克服"炉跟机"方式中调用锅炉蓄热量过大而引起主汽压波动过大的问题，又解决"机跟炉"方式中根本不动用锅炉蓄热量，以致不能较快地响应负荷变化的矛盾。这种机炉协调的控制系统如图7－40所示。

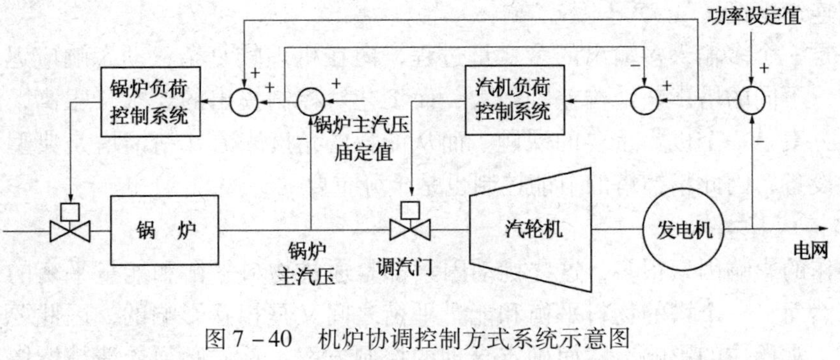

图7－40　机炉协调控制方式系统示意图

这种控制方式的控制过程如下：

（1）当电网要求机组输出增加时，先是增大功率设定值。使它与汽机实际输出的偏差信号，一方面经汽机负荷控制系统，增大汽机调汽门开度，使汽轮发电机输出增加；另一方面，前馈到锅炉负荷控制系统，使锅炉燃料量增加，以加大锅炉的输出。由于锅炉的热惯性与迟延，其输出增加的速度要比汽轮发电机慢得多。因此，主汽压下降，使锅炉输出汽压与汽压给定值之间的偏差，一方面通过锅炉负荷控制系统进一步加大燃料量，另一方面通过汽机负荷控制系统关小调汽门，限制主汽压下降幅度。

（2）当锅炉本身出现干扰，例如锅炉燃料量自发增加时，主汽压将会上升，它一方面经锅炉负荷控制系统减少燃料量，另一方面又经前馈到汽机负荷控制系统开大调汽门，以减小主蒸汽压力的波动。在这个过程中，发电机输出的增加只是暂时的，最终还是会被汽机负荷控制系统调回去。

以上分析可以看出，这种控制方式的本质是通过有节制地调用锅炉的蓄热量，既保证了机组能够比较迅速地适应负荷的变化，又保证了主汽压能够不至于波动很大。一般适用于带有变动负荷的单元机组。由于这种控制方式具有记录坚固、互相协调的特点，因此在大型单元机组中得到普遍的应用。

目前的大型单元机组中，一般同时具有上述三种控制方式，可根据机组运行的需要，经过逻辑开关切换到其中任一种控制方式。

7.3 精馏塔的控制

7.3.1 精馏塔控制要求及扰动分析

精馏是石油化工等众多生产过程中广泛应用的一种传质过程，通过精馏过程，使混合物料中的各组分分离，分别达到规定的纯度。分离的机理是利用混合物中各组分的挥发度不同(沸点不同)，也就是在同一温度下，各组分的蒸气分压不同这一性质，使液相中的轻组分和气相中的重组分互相转移，从而实现分离。一般的精馏装置由精馏塔、再沸器、冷凝冷却器、回流罐及回流泵等设备组成，

精馏塔从结构上分，有板式塔和填料塔两大类，板式塔根据塔结构不同，又有泡罩塔、浮阀塔、筛板塔、穿流板塔、浮喷塔、浮舌塔等。各种塔板的改进趋势是提高设备的生产能力，简化结构，降低造价，同时提高分离效果。填料塔的主要特点是结构简单，易用耐腐材料制作，阻力小，一般适用于直径小的塔。

在实际生产中，精馏可分为间歇精馏和连续精馏两种，对石油化工等大型生产过程，主要是采用连续精馏。

精馏塔是一个多输入多输出的多变量过程，内在机理较复杂，动态响应迟缓，变量之间相互关联，不同的塔工艺结构差别很大，而工艺对控制提出的要求又很高，所以确定精馏塔的控制方案是一个极为重要的课题。而从能耗的角度来看，精馏塔是典型单元操作中能耗最大的设备，因此精馏塔的节能控制也是十分重要的。

1. 精馏塔的基本关系

精馏操作的影响因素很多，这些扰动因素都是通过物料平衡和能量平衡的形式来影响塔的操作。然而，一个塔的物料平衡和能量平衡之间又是相互影响的，因此要分析各种因素对一个塔正常操作的影响，从而确定合理的控制方案。首先必须弄清精馏塔中的基本关

系：物料平衡和能量平衡关系。

现以图7－41所示二元简单精馏过程为例，说明精馏塔的基本关系。

1）物料平衡关系

一个精馏塔，进料与出料应保持物料平衡，即总物料量以及任一组分都符合物料平衡的关系。图7－41所示二元简单精馏过程，其物料平衡关系为

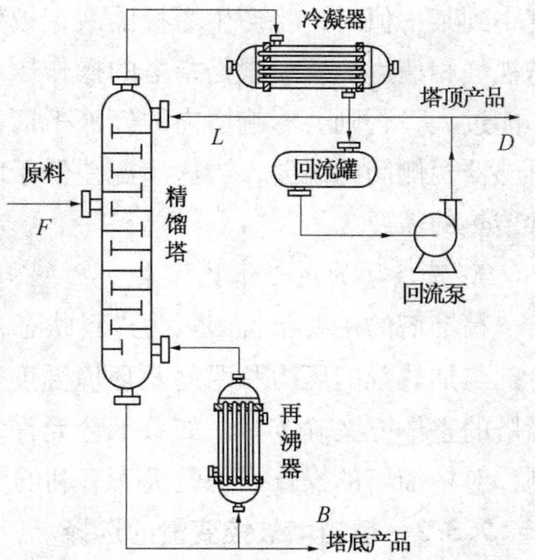

图7－41　精馏塔的物料流程图

总物料平衡

$$F = D + B \tag{7-6}$$

轻组分平衡

$$Fz_{f} = Dx_{D} + Bx_{B} \tag{7-7}$$

由两式联立可得

$$\frac{D}{F} = \frac{z_{f} - x_{B}}{x_{D} - x_{B}} \tag{7-8}$$

式中　F，D，B——进料、塔顶馏出液和塔底馏出液流量；

z_{f}，x_{D}，x_{B}——进料、塔顶馏出液和塔底馏出液中轻组分含量。

2）能量平衡关系

二元精馏塔中能量平衡的关系式可近似为

$$\frac{V}{F} = \beta \ln \frac{x_{D}(1 - x_{B})}{x_{B}(1 - x_{D})} \tag{7-9}$$

式中　β——塔的特性因子；

V——塔内上升蒸气量。

2. 精馏塔的控制要求

精馏塔的控制目标是，在保证产品质量合格的前提下，使塔的总收益(利润)达到最大或总成本最小。具体来说，需要从四个方面来考虑，设置必要的控制系统。

(1) 产品质量控制　塔顶或塔底产品之一合乎规定的纯度，另一端成品维持在规定的范围内。在某些特定情况下也有要求塔顶和塔底产品均保证已定的纯度要求。所谓产品的纯度，就二元精馏来说，其质量指标是指其塔顶产品中轻组分(或重组分)含量和塔底产品中重组分(或轻组分)含量。对多元精馏而言，则以关键组分的含量来表示。关键组分是指对产品质量影响较大的组分。塔顶产品的关键组分是易挥发的，称为轻关键组分，塔底产品是不易挥发的关键组分，称为重关键组分。

(2) 物料平衡控制　进出物料平衡，即塔顶塔底采出量应和进料量相平衡，维持塔的正常平稳操作，以及上下工序的协调工作。物料平衡的控制是以冷凝液罐(回流罐)与塔釜液位一定(介于规定的上、下限之间)为目标的。

(3) 能量平衡控制　精馏塔的输入、输出能量应平衡，使塔内的操作压力维持稳定。

(4) 约束条件控制　为保证精馏塔的正常安全操作，必须将某些操作参数限制在约束条件之内。常用的精馏塔限制条件为液泛限、漏液限、压力限及临界温差限等。所谓液泛限，也称气相速度限，即塔内气相速度过高时，雾沫夹带十分严重，实际上液相将从下面塔板倒流到上面塔板，产生液泛，破坏正常操作。漏液限也称最小气相速度限，当气相速

度小到某一值时，将产生塔板漏液，板效率下降。防止液泛和漏液，可以塔压降或压差来监视气相速度。压力限是指塔的操作压力的限制，一般是最大操作压力限，即塔操作压力不能过大，否则会影响塔内的气液平衡，严重越限甚至会影响安全生产。临界温差限是指再沸器两侧间的温差，当这一温差低于临界温差时，给热系数急剧下降，不能保证塔的正常传热的需要。

3. 精馏塔的主要干扰因素

精馏塔的主要干扰因素为进料状态，即进料量 F、进料组分、进料温度或热焓。此外，冷剂与加热剂的压力和温度及环境温度等因素，也会影响精馏塔的平衡操作。所以，在精馏塔的整体方案确定时，如果工艺允许，能把精馏塔进料量、进料温度或热焓加一定值控制，对精馏塔的操作平稳是极为有利的。

7.3.2 精馏塔被控变量的选择

精馏塔被控变量的选择，主要讨论质量控制中的被控变量的确定，以及检测点的位置等问题。通常，精馏塔的质量指标选取有两类：直接的产品成分信号和间接的温度信号。

1. 采用产品成分作为直接质量指标

以产品成分的检测信号直接用作质量控制的被控变量，应该说是最为理想的。过去，因成分参数在检测上的困难，难以直接对产品成分信号进行质量控制。近年来，成分检测仪表发展迅速，尤其是工业色谱的在线应用，为以成分信号作为质量控制的被控变量，创造了现实条件，

然而，因成分分析仪表受以下三方面的制约，至今在精馏质量控制上成功地直接应用还是为数不多的：

（1）分析仪表的可靠性差；

（2）分析测量过程滞后大，反应缓慢；

（3）成分分析针对不同的产品组分，品种上难以一一满足。

因此，目前在精馏操作中，温度仍是最常用的间接质量指标。

2. 采用温度作为间接质量指标

温度作为间接质量指标，是精馏塔质量控制中应用最早也是目前最常见的一种。对于一个二元组分精馏塔来说，在一定的压力下，沸点和产品的成分有单值的对应关系。因此，只要塔压恒定，塔板的温度就反映了成分。对于多元精馏过程来说，情况比较复杂。然而，在炼油和石油化工生产中，许多产品都是由一系列的碳氢化合物的同系物组成。此时，在一定的压力下，温度与成分之间也有近似的对应关系，即压力一定，保持一定的温度，成分的误差可忽略不计。在其余情况下，温度参数也有可能在一定程度上反映成分的变化。

1）温度点的位置

通常，若希望保持塔顶产品质量符合要求，也就是顶部馏出物为主要产品，应把间接反映质量的温度检测点放在塔顶，构成所谓精馏段温控系统。同样，为了保证塔底产品符合质量要求，温度检测点应放在塔底，实施提馏段温控。

但是，在一些特殊情况下并不按照上述温度点位置的设置要求。例如具有粗馏作用的

切割塔，此时温度检测点的位置应视要求产品纯度的严格程度而定。有时，顶部馏出物为主要产品，但为了获得轻关键组分的最大收率，希望塔底产品中尽量把轻关键组分向上蒸出。这时，往往把温度检测点放在塔底附近，此时，在塔顶产品中带出一些重组分也是允许的，因为切割塔后面还将有进一步的精馏分离。

在某些精馏塔上，也有把温度检测点放在加料板附近的塔板上，甚至以加料板本身的温度作为间接质量指标，这种做法常称为中温控制。中温控制的目的是希望能及时发现操作线左右移动的情况，并可兼顾塔顶、塔底的变化，在某些精馏塔上中温控制取得了较好的效果。但当分离要求较高时，或进料浓度变动较大时，中温控制难以正确地反映塔底塔顶的成分。

2）灵敏板问题

采用塔顶(或塔底)温度作为间接质量指标时，实际把温度检测点放置在塔顶(底)是极为少数的。因为在分离比较纯的产品时，邻近塔两端的各板之间温差是很小的，这时塔顶(底)的温度出现稍许的变化，产品质量就可能超出允许的范围，因而必须要求温度检测装置有很高的精度和灵敏度，才能满足控制系统的要求。这一点实现起来有较大的难度，所以，在实际使用中是把温度检测点放在进料板与塔顶(底)之间的灵敏板上。

所谓灵敏板，就是当塔受到干扰或控制作用时，塔内各板的组分都将发生变化，随之各塔板的温度也将发生变化，当达到新的稳态时，温度变化最大的那块塔板即称为灵敏板。

灵敏板的位置可以通过逐板计算，经比较后得出。但是，由于塔板的效率不易估准，所以还需结合实践结果加以确定。通常，先根据测算，确定灵敏板的大致位置，然后在它附近设置多个检测点，根据实际运行情况，从中选择最佳的测量点作为灵敏板。

3. 用压力补偿的温度参数作为间接指标

用温度作为间接质量指标有一个前提，塔内压力必须是一个定值。虽然精馏塔的塔压一般是有控制的，但是对于精密精馏等控制要求较高的场合，微小的压力变化，将影响温度与组分间的关系，造成质量难以满足工艺的要求。为此，需对压力的波动加以补偿。

1）直接压力补偿

压力变化 Δp 引起沸点的变化为 ΔT，在小范围内，此关系近似为线性关系

$$\frac{\Delta T}{\Delta p}=K \tag{7-10}$$

即

$$\Delta T=K\Delta p=K(p-p_0) \tag{7-11}$$

式中 p——塔压测量值；

p_0——塔压额定值；

K——常数，其数值可以从物理化学数据手册中查出或实验得出。

校正后的温度值应为

$$T_{校正}=T_{测量}-\Delta T=T_{测量}-K(p-p_0)=T_{测量}-Kp+Kp_0 \tag{7-12}$$

图 7-42 所示为压力补偿示意图，这种直接压力补偿只适用于压力 p 在小范围内波动。

2）温差控制

在精密精馏等对产品要求较高的场合，考虑压力波动对间接指标的影响，可以采用温

差控制。

选择温差作为间接质量指标时，测温点应按下述方法确定：如塔顶馏出液为主要产品时，一个测温点应放在塔顶(或稍下一些)，即温度变化较小的位置，而另一个检测点放在灵敏板附近，即成分和温度变化较大、较灵敏的位置上，然后取上述两个测温点的温度差 ΔT 作为间接质量指标，此时压力波动的影响几乎相互抵消。

在工业生产上，温差控制已成功地用于苯－甲苯、乙烯－乙烷等精密精馏系统。

在使用温差作为受控变量时，需要注意温差给定值合理(不能过大)，以及操作工况稳定。图 7－43 表明了产品浓度与温度之间的对应的关系。由图可见，温差与产品并非单值对应关系，曲线有个最高点 M_1，在 M_1 点两侧，温差与浓度之间的关系是反向的，所以温差选得过大，或操作不平稳，均能引起温差失控的现象。

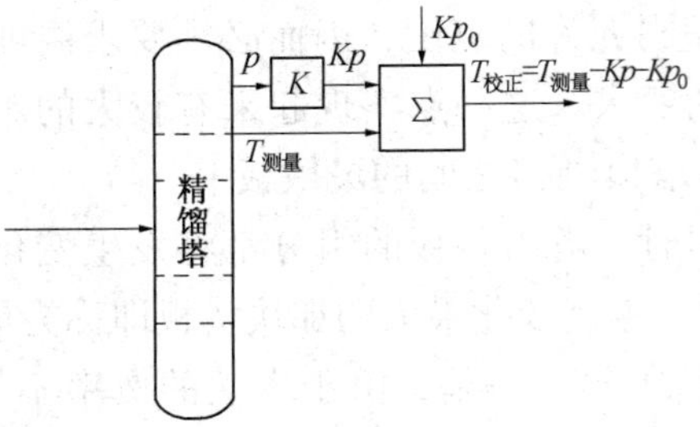

图 7－42　压力对温度的直接补偿

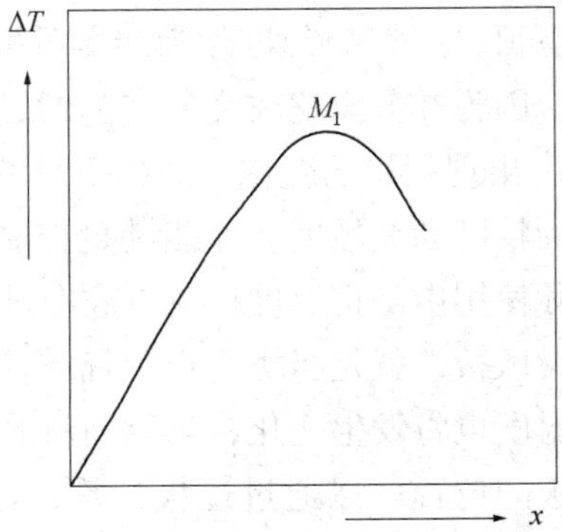

图 7－43　产品浓度与温差对应关系曲线

3）双温差控制

为了克服温差控制中的不足之处，提出了双温差控制，即分别在精馏段和提馏段上选取温差信号，然后把两个温差信号相减，以这个温差作为间接质量指标进行控制，如图 7－44所示。

双温差 ΔT^2 与产品浓度的关系明显地优于温差与产品浓度的关系，图 7－45 画出了双温差 ΔT^2 及温差 ΔT 和浓度 x 的关系。图中虚线表示的是 $\Delta T-x$ 关系曲线；实线是 ΔT^2-x 的关系曲线。可以看出，虽然 ΔT^2-x 曲线也有一个极值点 M_2，但 M_2 明显地左移，且远离了外界扰动引起工作点波动的区域。这样，在给定值较高、扰动较大的情况下，双温差控制仍能进行正常工作。

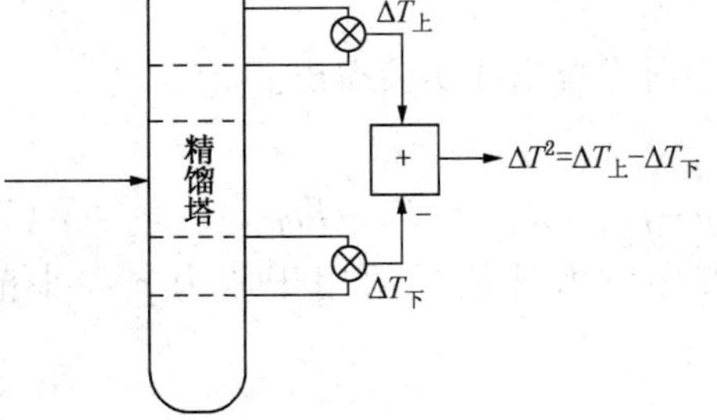

图 7－44　双温差的选取

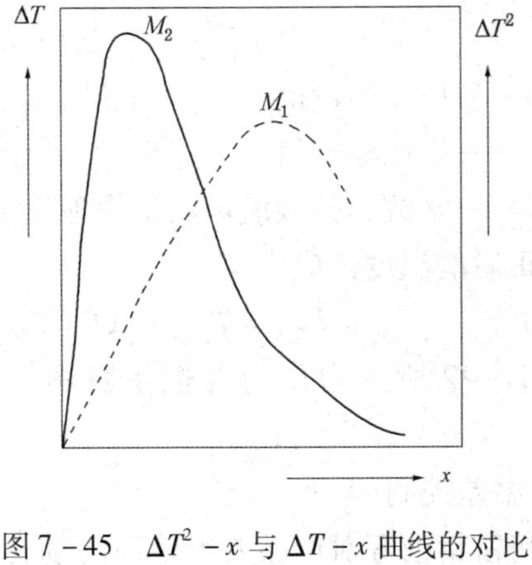

图 7－45　ΔT^2-x 与 $\Delta T-x$ 曲线的对比

4）多点质量估计器

对双温差控制作进一步的推演，出现了多点质量估计器的控制。它根据精馏塔的多点温度分布的情况作为质量指标进行控制，其控制效果将得到进一步提高，如图 7－46 所示。对于如进料组分等不可测扰动，利用一些易测变量——多点温度来推断扰动对产品成分的影响，通过控制作用来克服扰动，使产品质量稳定在工艺指标上。

7.3.3 精馏塔的整体控制方案

精馏塔是一个多变量的被控过程，可供选择的被控变量和操纵变量是众多的，选定一种变量的配对，就组成一种精馏塔的控制方案。然而，精馏塔因工艺、塔结构不同等多方面因素，使精馏塔的控制方案更是举不胜举，很难简单判定哪个方案是最佳的。这里介绍几种精馏塔常规的、基本的控制方案。

1. 质量指标反馈控制

一般来说，精馏塔的质量指标只有一个，如前所述，分别为精馏段温度或提馏段温度。

在质量指标这个被控变量确定后，用以控制它的操纵变量的选择不一，可分别称之为变量的平衡控制(直接控制)和物料平衡控制(间接控制)。能量平衡控制的操纵变量为回流量 L 或再沸器加热用蒸汽量 Q，而物料平衡的操纵变量为塔顶采出量 D 或塔底采出量 B，如图 7－47 所示。

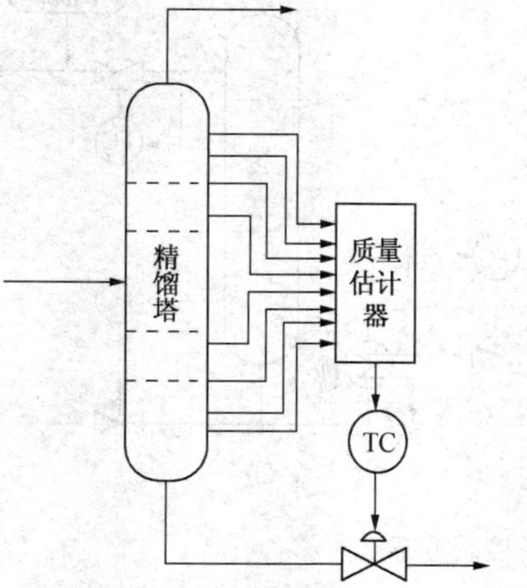

图 7－46 多点质量估计控制示意图

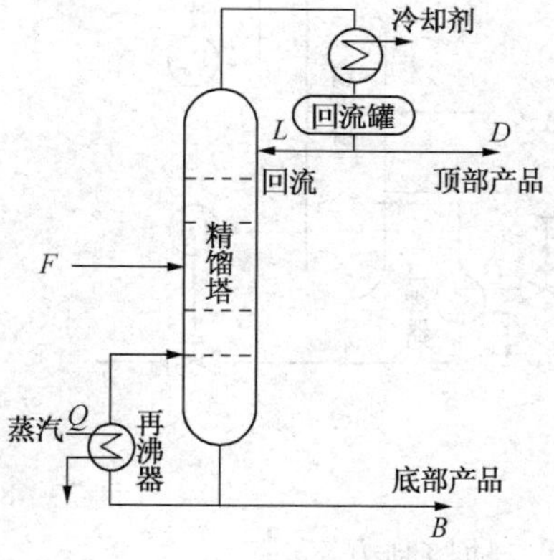

图 7－47 精馏塔的物料流程图

对于质量反馈控制的基本方案可作如下的归纳：常用的操作变量有 4 个，分别为 L、D、Q、B。而被控变量除了质量指标一个外，尚有回流罐液位 L_D，塔釜液位 L_B。此外，用 4 个操纵变量与 3 个被操纵变量进行配对，将富裕出一个操纵变量，这个操纵变量往往采用本身流量恒定，即它的流量作为第四个被控变量。于是，按此配对，可列出常用基本方案 24 种。下面就常用的 4 种方案进行分析。

1）第一种控制方案

如图 7－48(a)所示为精馏段温度控制的方案，采用物料平衡扩展方法，按精馏段的质量指标来控制馏出液 D，并保持 Q 不变。本方案的优点是物料与能量平衡之间的关联最小，内流塔在环境温度变化时基本保持不变。例如当环境温度下降时，将使回流温度下降，内回流短时有所增加，但因塔顶上升蒸汽减少，冷凝液也减少，回流罐液位下降，经 LC 控制使 L 减小，结果使内回流基本保持不变，这对精馏塔的平稳操作是有利的。此外，本方案精馏段质量指标直接控制 D，一旦塔顶产品质量不合格时，由温度控制器自动关闭出料阀，切断不合格产品的排放。

本方案的主要缺点是质量反馈的控制回路滞后较大，从 D 的改变到精馏段温度的变化，需要间接地通过液位控制回路来实现，尤其在回流罐容积大时反应更缓慢，不利于质量控制。因此，本方案适用于馏出液很小(或回流比较大)且回流罐容积适中的精馏塔。

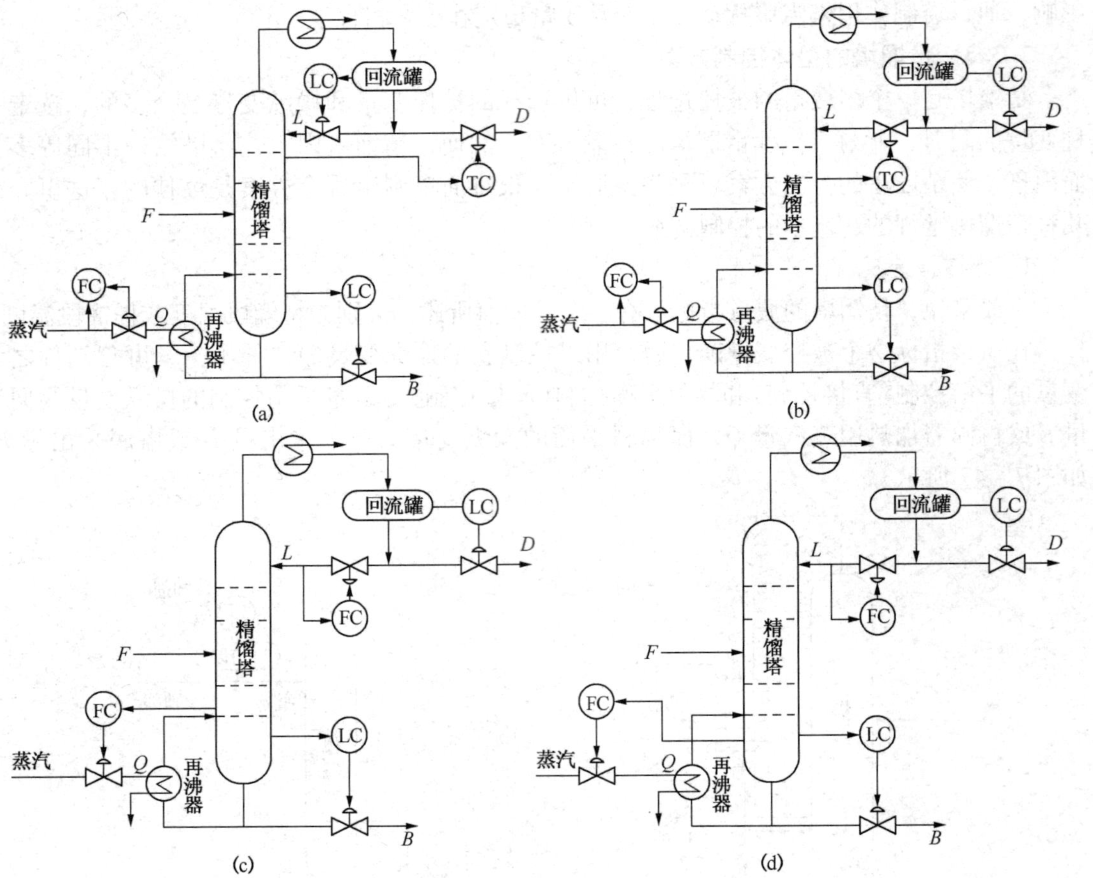

图 7-48　精馏塔控制方案

2) 第二种控制方案

如图 7-48(b)所示，也是精馏段温度控制的方案。该方案采用能量平衡控制方法，即按精馏段的质量指标来控制回流量 L，保持加热蒸汽流量 Q 为定值。本方案的优点是质量反馈回路的控制作用滞后小，反应迅速，因而对克服进入精馏段的扰动及保证塔顶产品比较有利的。这种方案是精馏塔控制中最为常见的方案。

本方案的缺点恰是第一种控制方案的优点。首先，环境温度变化会改变内回流的量，这是由于本方案的 L 是由温度控制器来控制的。其次，物料与能量之间关联较大，不利于精馏塔的平稳操作。本方案主要适用于 $L/D<0.8$ 的场合，以及要求质量控制滞后小的的精馏塔。

3) 第三种控制方案

如图 7-48(c)所示为提馏段温度控制的方案，采用能量平衡的控制方法，即按提馏段的质量指标来控制加热蒸汽量 Q，而对回流量采用定值控制。本方案优点是质量控制回路滞后小，反应迅速，有利于克服进入提馏段的扰动和保证塔底产品的质量。本方案也是精馏塔控制中应用广泛的方案。

本方案的缺点为物料平衡与能量平衡关系之间有一定的关联。

4）第四种控制方案

如图 7－48(d)所示，也是提馏段温度控制的方案，采用物料平衡控制方法，即按提馏段质量指标控制塔底产品采出量 B，并保持回流量恒定。此时，D 是按回流罐的液位来控制，再沸器蒸汽流量由塔釜液位来控制。

本方案和第一种方案一样，其优点是物料平衡与能量平衡之间关联小，且在塔釜产品不合格时，能自动切断塔釜采出阀。其缺点是质量控制回路的滞后大，本方案仅适用于 B 很小的塔。

2. 串级、均匀、比值、前馈等控制系统在精馏塔中的应用

在实际精馏塔的整体控制方案中，串级、均匀、比值、前馈等控制系统是经常被采用的，以下是一些简单描述。

1）串级控制系统

串级控制系统在精馏塔控制中经常用于质量反馈控制系统。图 7－49 所示为串级控制系统分别在精馏段温度控制和提馏段温度控制中的应用。

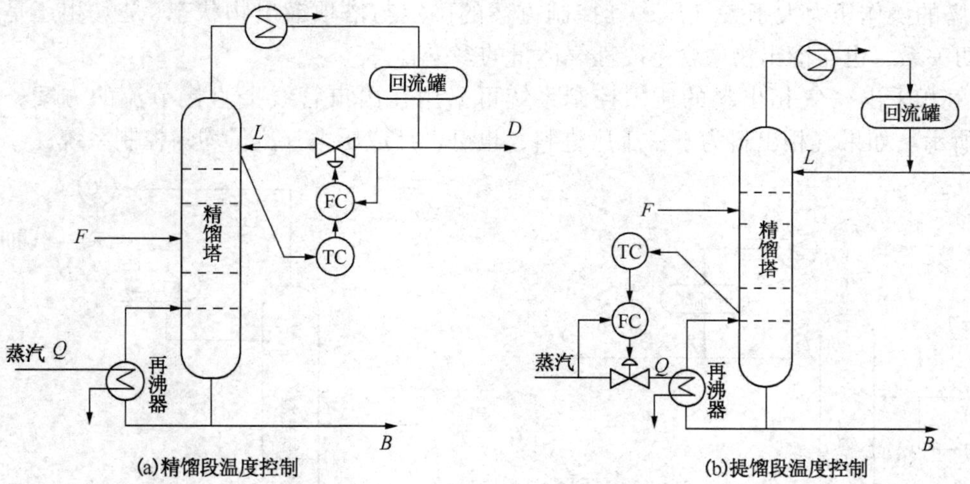

图 7－49　串级控制系统的应用

这里设置串级控制系统的目的有两个：一是保证主被控量(质量指标)的控制质量；二是保证作为操纵变量的回流量 L 及加热蒸汽流量 Q 的稳定有利于工艺的平稳操作。

2）均匀控制系统

由于精馏塔操作经常是多个塔串联在一起，因此考虑前后工序的协调，经常在上一塔的出料部分和下一塔的进料部分设置均匀控制系统。

3）比值控制系统

在精馏操作中，有时设置 D 与 F 的比值控制，或是 $Q(V)$ 与 F 的比值控制。其设置目的是从精馏塔的物料与能量平衡关系出发，使有关的流量达到一定的比值，以利于在期望条件下进行操作。

4）前馈控制系统

事实上，在精馏塔控制中采用比值控制，使 Q/F 一定，如图 7－50 所示，就是一种前馈控制系统。当进料扰动进入精馏系统中，在尚未影响被控变量——塔底产品质量前，通过比值函数部件 FY(实际上即前馈控制器)改变加热剂的流量，来克服扰动的影响。如果这种补偿适宜，就可能减少甚至免除对被控变量的影响。

在精馏操作中，除上述控制系统外，选择控制也常用于约束条件的控制，以及完成自

动开停车。此外，还有其他一些复杂控制系统，诸如内回流控制、热焓控制等都有应用。

3. 精馏塔塔压的控制

精馏塔的操作大多是在塔内压力维持恒定的基础上进行的。在精馏操作过程中，进料流量、进料组分和温度的变化，塔釜加热蒸汽量的变化，回流量、回流液温度及冷却剂压力的波动等都有可能引起塔压的波动。塔压波动必将引起每块塔板上的气液平衡条件的改变，使整个塔正常操作被破坏，影响产品的质量。此外，也将影响间接质量指标温度与成分之间的对应关系。所以，在精馏操作中，整体控制方案必须考虑压力控制系统的设置。

1）常压塔

常压塔的塔压控制较简单，可在回流罐或冷凝器上设置一个通大气的管道来平衡压力，以保持塔内压力接近于环境压力。只有对操作压力的稳定性要求较高时，才设置压力控制系统，使塔内压力略高于大气压力。控制方案可按加压塔控制方案来设计。

2）加压塔

加压塔的操作压力大于大气压，其控制方案的确定与塔顶馏出物状态(是气相还是液相)有密切关系，也与馏出物中含不凝性气体量的多少有关。

(1) 气相采出　气相出料的压力控制系统可采用在出口管线上直接节流的方案，如图7－51所示。如果气相出料为下一工序进料，也可设计成压力－流量均匀控制系统。

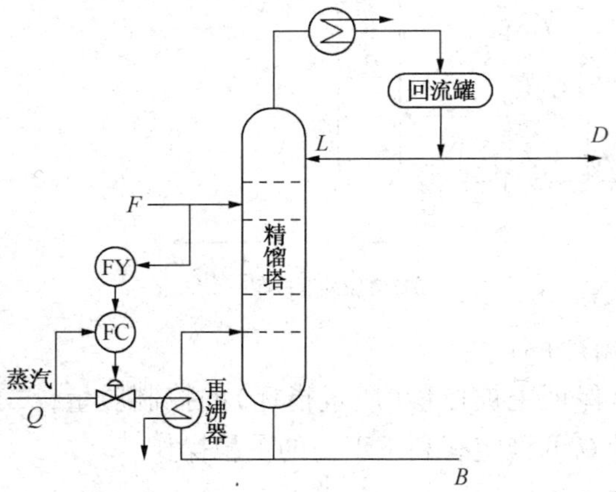

图7－50　精馏塔中的前馈控制

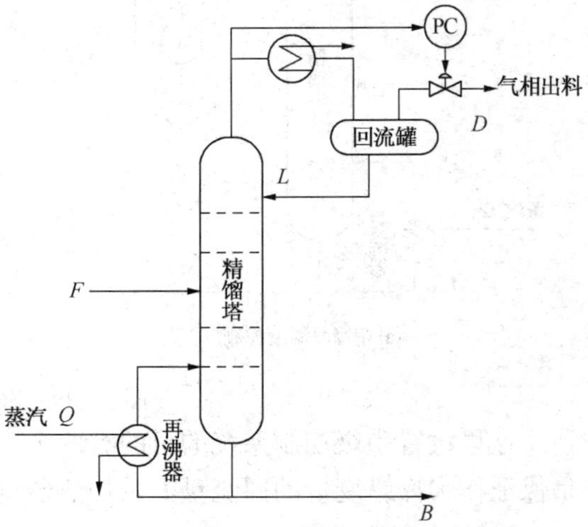

图7－51　气相出料压力控制方案

(2) 液相出料　液相出料分为三种情况：馏出物中含有微量不凝性气体、馏出物中含有大量不凝物以及馏出物中含有少量不凝物。

对于第一种情况：液相出料，馏出物中含有微量不凝物。当塔顶气体全部冷凝或只含有微量不凝性气体时，可通过改变传热量的方式来控制塔顶压力。图7－52所示为具体实施的三种方案。

其中，图(a)方案通过改变冷却水的流量来控制塔压，这种方案冷却水最为节省；图(b)方案让凝液部分地浸没冷凝器，通过改变传热面积来控制塔压，这种方案较迟钝；图(c)方案采用热旁路的方法，其实质是改变气体进入冷凝器的推动力，这种方案较为灵敏，在炼油厂中应用较多。

对于第二种情况：液相出料，馏出物中含有大量不凝物。当塔顶馏出物中含不凝性气体较多时，塔压的控制是通过改变气相排出量来实现的，图7－53(a)表示了这种控制方

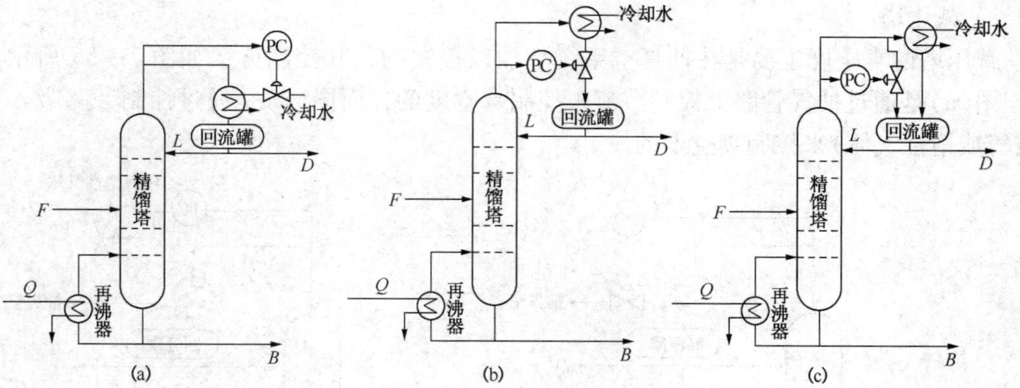

图 7－52　液相出料，且馏出物含有微量不凝物时塔压控制方案

案。需要注意的是，图中测压点设置在回流罐上，这种方案反应较快，但是塔顶气体流经冷凝器的阻力变化不大，塔顶压力能以回流罐压力来间接反映。如果冷凝器阻力变化较大，回流罐压力不能代表塔内压力时，则应把取压点设置在塔顶上。此时，压力控制相对迟钝一些，如图 7－53(b)所示。

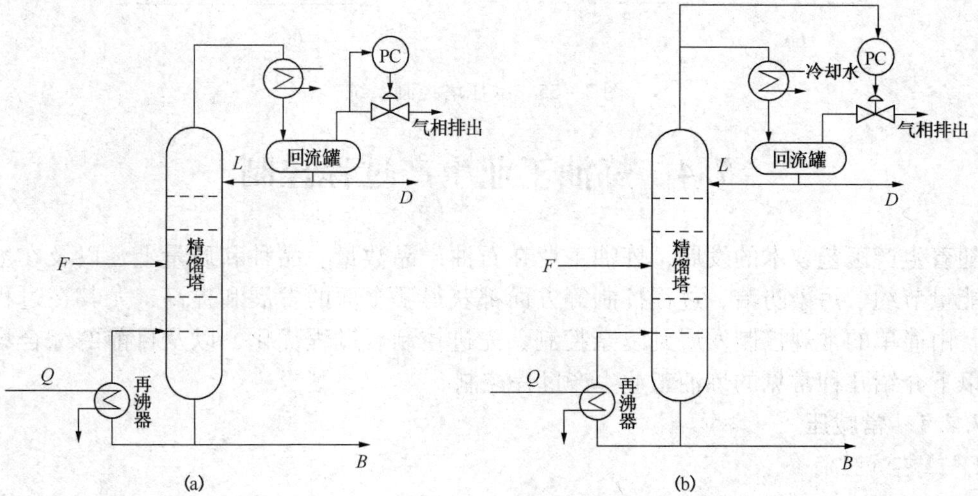

图 7－53　通过改变气相排出量来控制塔压

对于第三种情况：液相出料，馏出物中含有少量不凝物。这种情况馏出物中不凝物含量介于前面两种情况之间，其气相中不凝性气体量小于塔顶气相总流量的 2%。此时，控制塔压的操纵变量不能单纯采用不凝物的排放量，而需采用图 7－54所示的控制方案，即塔压控制器同时控制两个控制阀——冷剂量阀和放空阀，通常由改变传热量来控制塔压。如传热量小于全部蒸汽冷凝所需热量，蒸汽则积聚，使塔压升高，此时打开放空阀，使塔压恢复正常。这个塔压控制系统是一个分程控制系统。

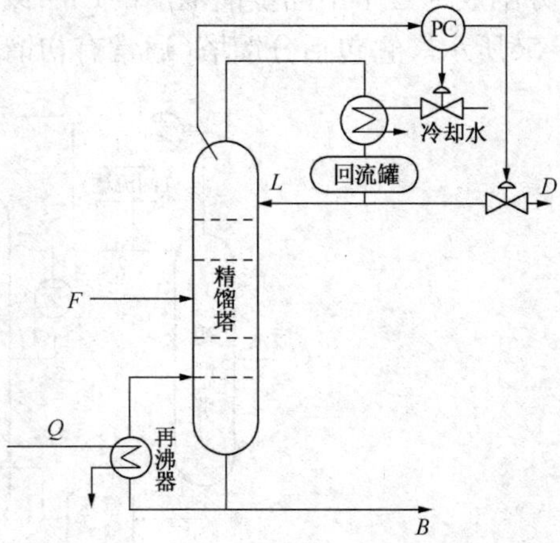

图 7－54　加压塔塔压分程控制系统

3）减压塔

减压塔的真空度主要是在抽真空系统上加以控制的，其控制方案如图 7－55 所示。其中，图(a)是通过抽气管路上控制节流来控制真空度的，而图(b)是通过控制旁路吸入气量(空气或惰性气体)来控制真空度的。

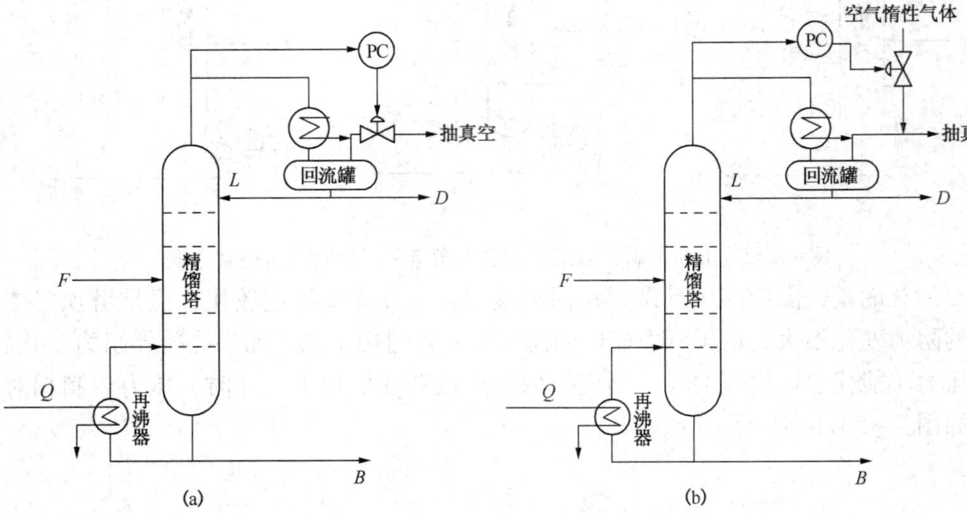

图 7－55　减压塔控制系统

7.4　炼油工业生产过程控制

随着生产工艺技术的发展，炼油工业在石油产品数量、品种和质量上，以及在生产过程的能量节约、污染防治、过程控制等方面都获得了全面的发展和提高，尤其在过程控制方面，由简单的常规控制发展到复杂控制、先进控制、过程优化，以及目前的综合集成系统。以下介绍几种常见的炼油工业生产过程控制。

7.4.1　常减压

1. 工艺流程简介

常减压蒸馏装置的主要任务是对原油进行一次加工。采用蒸馏方法，将原油按沸点不同分割成为若干不同蒸馏范围的产品或半成品，为原油深加工提供原料，其工艺流程如图 7－56所示。它包括分馏塔(通常有初馏塔、常压塔、减压塔等)和加热炉两大部分，还有气

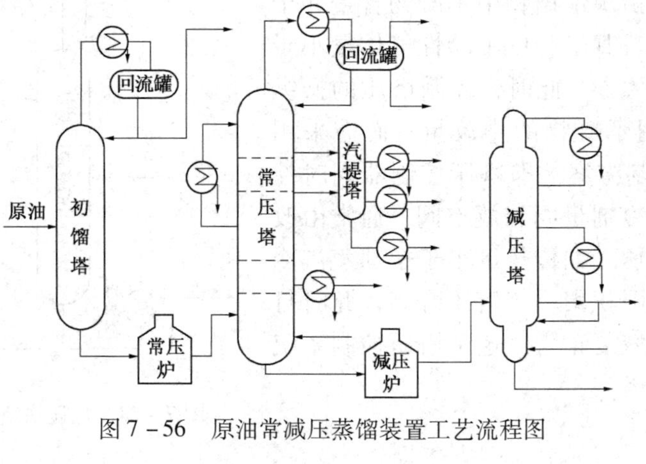

图 7－56　原油常减压蒸馏装置工艺流程图

流塔、冷凝塔、换热系统等辅助设备。

原油经过脱盐、脱水（含水量 < 0.5%、含盐量 < 10mg/L）由泵输送，与温度较高的蒸馏产品换热后，温度达到 200 ~ 250℃，此时原油中所含的水分已全部汽化，轻组分部分汽化。油气、水蒸气和尚未汽化的原油一起进入初溜塔进行蒸馏，水蒸气和原油的轻组分从塔顶馏出。

初馏塔塔底泵将液相油经常压加热炉加热至 370℃左右，通过转油线进入常压（精馏）塔，在常压下进行精馏。塔顶馏出汽油馏分，一线馏出航空煤油，塔侧引出煤油和轻、重柴油等馏分，塔底产物是沸点高于 350℃的重组分，称为常压重油。

为了得到润滑油或催化裂化原料，必须将常压重油加热至 400 ~ 500℃的高温，这将导致常压重油发生分解、缩合反应。因此，将常压重油在减压条件下蒸馏，温度条件限制在 420℃以下。重油经过减压炉加热，进入减压塔进行分馏，减压塔的真空度一般为 700mm Hg（93kPa）。塔顶产品主要是裂化气、水蒸气以及少量的油气，馏分油从侧线抽出。减压塔底是沸点很高的减压渣油，原油中绝大部分的胶质、沥青质都包含其中。

2. 常减压蒸馏常规过程控制

从工艺原理上看，常减压分馏并不复杂，加工过程只是不同物质的分离过程。但从装置的结构上看，它是一个典型的复杂的多侧线系统。因此，对这一装置控制系统的开发发展较迟，多数装置为单回路或串级控制，以平稳操作为控制目标，如图 7 – 57 所示。

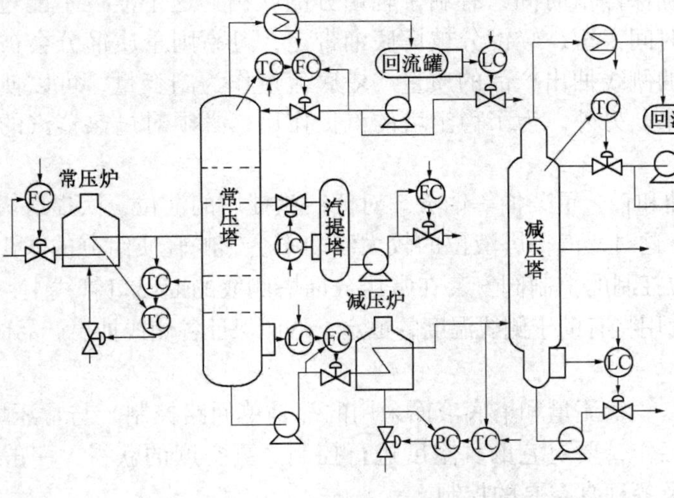

图 7 – 57　原油蒸馏装置常规控制流程示意图

1）加热炉的控制

加热炉主要的质量指标是炉出口温度，所以把炉出口温度作为被控变量，常采用的控制方案是把炉膛温度作为副变量，炉出口温度与炉膛温度构成串级控制。此时，燃料的压力、流量和热值等扰动因素的影响都反映在炉膛温度上，即炉膛温度比炉出口温度提前感受扰动作用。因此，把炉膛温度作为副变量可以起到超前作用，克服炉出口温度的滞后，当扰动反应到炉膛温度时，就会提前进行控制。当燃料油压力（流量）的波动较大时，常采用以燃料油压力（流量）为副变量的炉出口温度与燃料油串级控制。当出口温度要求不高，外来扰动小或负荷较低时，可以采用单回路控制。图 7 – 57 所示的常压炉、减压炉采用的都是串级控制，温度准确度为 ±1℃。

常压炉进料一般分为几个支路，把炉出口各支路温度汇合后进行控制，仅能控制温度在规定范围内。这时，常采用支路均衡控制，把各支路的出口温度和炉子总出口温度相比较，通过计算自动控制各支路的流量，可以维持各支路的温度均衡。

对于常压炉进料的扰动，把进料量作为被控变量，采用定值控制，主要原因是此处原油温度较低，可以不必采用耐高温控制阀，也不会出现气相，有利于提高流量测量的准确性。

2）常压塔的控制

常压塔总体上采用的是精馏塔的精馏段控制方案，常用的是按塔顶温度来控制顶回流量，以达到间接平稳产品质量的目的。塔底液位和流量构成串级均匀控制，以保证操作安全。塔底蒸汽流量设置定值控制，以稳定全塔热负荷。

常压塔塔顶馏出的是汽油馏分，一线馏出航空煤油，塔顶(一线)温度可以决定塔顶(一线)产品的质量，是产品质量的间接控制指标。因此，把温度作为主要的被控变量，可以采用图7－57所示的塔顶温度和顶回流量的串级控制，当顶回流量有较大波动时，副回路可以进行超前控制，把顶回流量的波动控制在一定范围内，使对温度的影响减小。温度的设定值是由已知的原油和塔的各侧线产品实沸点蒸馏曲线，塔上各部位的温度、压力，以及进出塔各物流的流量等实时参数，通过物料平衡和热平衡计算得出。由于工艺对塔顶(一线)产品质量要求较高，所以这部分的控制是常压塔控制的关键。

常压塔塔底产物为常压重油，包括胶质、沥青质等。常采用的方案是把塔底液位作为被控变量，流量为副变量的串级均匀控制。塔底液位作为主变量，可以使塔底存储的油与蒸汽能有充分的接触，确保停留时间，有利于轻馏分的吹出。这个液位不能过低，也不能过高。过低会造成停留时间太短，轻馏分被塔底油带走，过高则重质馏分会被上升蒸汽带走，将会影响邻近塔底的侧线抽出产品的质量。塔底流量作为副变量，可以使塔底产品即减压塔进料量的波动减小。另外，为了稳定塔的汽提作用，必须对过热蒸汽的压力和流量进行定值控制。

常压塔侧线引出煤油和轻、重柴油等馏分。对侧线汽提塔的液位，汽提塔塔底流出量分别采用单回路定值控制。这时，汽提塔液位的较大波动不会影响轻质组分的吹出，即初馏点的变化。一般汽提塔液位控制的控制阀安装在常压分馏塔侧线的馏出口管线上，它与汽提塔塔底流出量的控制同时使用将有助于侧线温度的恒定，从而保证各侧线抽出产品的质量。

3）减压的控制

减压塔的塔顶温度、一线流量和塔底液面采用的都是单回路控制。与常压塔不同的是，减压塔在减压的条件下工作，要对它的真空度进行控制。真空度的获得，一般靠蒸汽喷射泵或电动真空泵，这涉及各种真空泵的控制。

7.4.2 催化裂化

1. 工艺流程简介

催化裂化技术是重油轻质化的重要手段之一。从经济效益而言，炼油企业中一半以上的效益是靠催化裂化取得的。因此，催化裂化装置(FCCU—Fluid Catalytic Cracking Unit)在石油加工过程中占有十分重要的地位，是当今石油炼制的核心装置之一。催化裂化是指高分子烃类在高温且采用催化剂的条件下裂解的化学反应。FCCU的原料通常是常压馏分、减压馏分或焦化蜡油等重质馏分油。通过催化裂化，这些重质油裂解为轻质油品。

下面以高低并列式提升管理催化裂化装置为例，简单介绍反应－再生系统的工艺流程。

如图7－58所示，新鲜原料(以馏分油为例)经换热后与回炼油混合经加热炉预热，由喷嘴喷入提升管反应器底部(油浆不进加热炉直接进提升管)与高温再生催化剂相遇，立即进行汽化反应，油气与雾化蒸汽及预提升蒸汽一起携带催化剂沿提升管出口，经快速分离器进入沉降器，携带少量催化剂的油气与蒸汽的混合气经两极旋风分离器，进入集气室，通过沉降器顶部出口进入分馏系统。

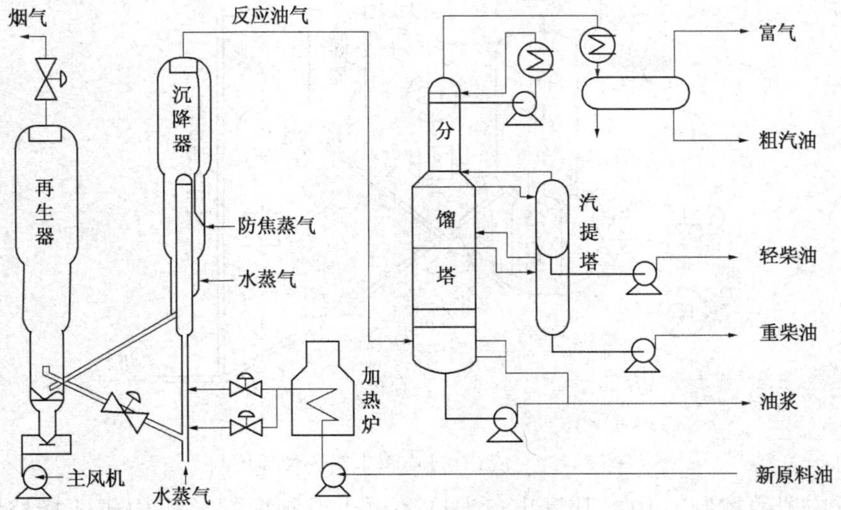

图 7－58　催化裂化工艺流程

经快速分离器分出的催化剂，自沉降器下部进入汽提段，经旋风分离器回收的催化剂也流入汽提段。进入汽提段的待生催化剂用水蒸气吹脱吸附的油气，经待生斜管、待生单动滑阀以切线方式进入再生器。再生催化剂经淹流管、再生斜管和再生单动滑阀进入提升管反应器。

烧焦产生的再生烟气，经再生器稀相段进入旋风分离器。经两极旋风分离出携带的大部分催化剂，烟气通过集气室（或集气管）和双动滑阀排入烟囱（或去能量回收系统）。回收的催化剂返回床层。

再生烧焦所需要的空气由主风机供给，通过辅助燃烧室及分布板（或管）进入再生器。

在生产过程中催化剂会有损失，为了维持系统内的催化剂藏量，需要定期地或经常地向系统补充新鲜催化剂。为此，装置内应设两个催化剂储罐，一个是供加料用的新鲜催化剂储罐，一个是供卸料用的热平衡催化剂储罐。

由沉降器顶部出来的反应产物油气进入分馏塔下部，经装有挡板的脱过热段后，油气自下而上通过分馏塔。经分馏后得到富气、粗汽油、轻柴油、重柴油（也可以不出重柴油）、回炼油及油浆。轻柴油和重柴油分别经汽提塔后再经换热、冷却，然后出装置。轻柴油有一部分经冷却后送至再吸收塔，作为吸收剂，然后返回分馏塔。

2. FCCU 反应再生系统常规控制

反应器/再生器系统是催化裂化装置中最重要的部分，其反应机理和工艺动态过程错综复杂，对控制系统提出了很高的要求。在反应器内部，因为裂化反应是吸热反应，产品质量对反应深度有要求，所以需要产品质量控制。烧焦罐内，再生温度不能太高或太低，必须控制含焦量不能过低，并且氧气不能过低。反应器/再生器必须保持几种平衡：物料平衡，两器的催化剂藏量分配平衡；能量平衡，反应需热等于再生放热；再生器、反应器两器压力平衡；碳平衡，控制提升管反应器中生成并附加在催化剂上的碳在烧焦罐和再生器中完全燃烧，确保恢复催化剂的活性。另外，还需要自保措施，保证在事故状态下能切断进料，使两器独立，保证装置安全。图 7－59 是带烧焦罐的 FCCU 反应－再生系统的典型的常规控制方案，包括四个选择性系统。

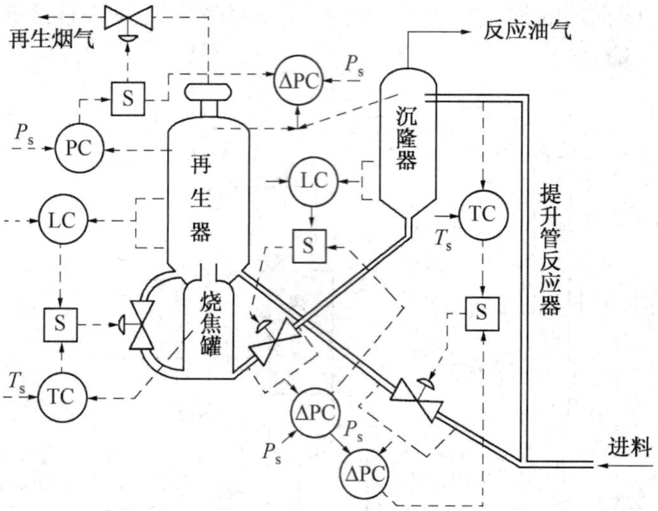

图 7－59　FCCU 反应再生系统常规控制

（1）反应器的控制　用提升管出口温度和再生滑阀两端差压构成选择控制。正常工况下，根据提升管出口温度来控制阀的开度，以控制温度来控制产品质量；当出现异常，$\Delta p = p_1 - p_2$较小时，为了防止催化剂倒流，采用差压选择控制滑阀。

（2）沉降器的控制　用沉降器物位与待生阀压降构成选择控制，保持两器物料平衡。正常情况下根据沉降器物位变化控制待生阀达到平衡；异常情况，选择根据待生阀压降控制。

（3）压力平衡　用沉降器与再生器的压差和再生器压力构成选择控制。为了尽可能快地控制压力平衡，可以通过控制双动滑阀，控制再生器压力来实现。正常情况下，根据两器差压的变化来实现；出现异常时，选择直接根据再生器压力变化来控制压力平衡。

（4）再生器藏量与烧焦罐的温度选择控制　正常情况下，根据二再生器藏量控制；异常时，选择烧焦罐的温度来进行控制。

FCCU 分馏塔的控制方案与常压塔的控制方案类似。

7.4.3　催化重整

1. 工艺流程简介

催化重整是一个以汽油（主要是直馏汽油）为原料生产高辛烷值汽油及轻芳烃（苯、甲苯、二甲苯、简称 BTX）的重要的炼油过程，同时也生产相当数量的副产氢气。催化重整汽油是无铅高辛烷值汽油的重要组分。苯、甲苯、二甲苯是一级基本化工原料，全世界所需要的 BTX 有一半以上是来自催化重整。氢气是炼厂加氢过程的重要原料，而重整副产氢气是廉价的氢气来源。

催化重整的原料主要是直馏汽油馏分，生产中也称石脑油。在生产高辛烷值汽油时，一般用 80～180℃的馏分。当生产以 BTX 为主时，采用 60～140℃的馏分作原料，但在生产实际中常用 60～130℃馏分作原料，因为 130～145℃馏分在航空煤油的范围内。

目前工业重整装置广泛采用的反应系统流程可以分为两大类：固定床反应器半再生式工艺流程和移动床反应器连续再生式工艺流程。前者的主要特征是采用 3～4 个固定床反应器串联，每半年到一年停止进油，全部催化剂就地再生一次；后者的主要特征是设有专门的再生器，反应器和再生器都是采用移动床反应器，催化剂在反应器和再生器之间不断地进行循环反应和再生，一般每 3～7 天全部催化剂再生一遍。

固定床反应器半再生式反应系统的典型工艺流程如图 7－60 所示，它是以生产高辛烷值汽油为目的产品的铂铼重整工艺原理流程。

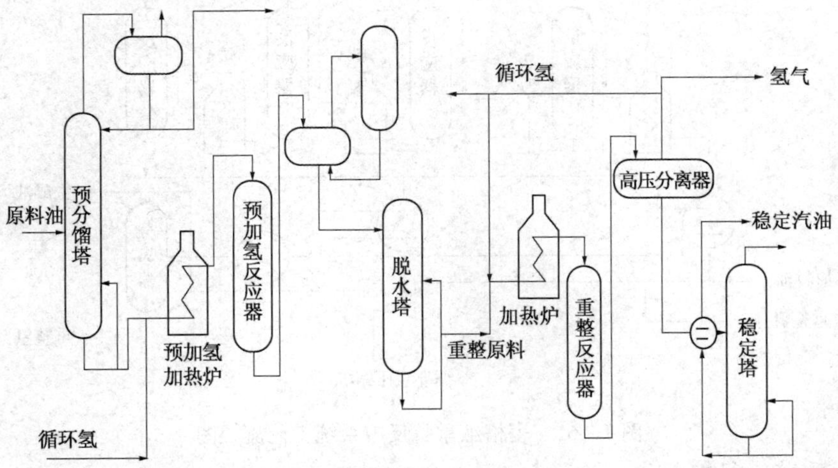

图 7-60 铂铼重整装置工艺流程

原料预处理部分包括原料的预分馏、预脱砷、预加氢三部分。预分馏是切取合适沸程的重整原料；预加氢是为了脱除原料油中对催化剂有害的杂质，使杂质含量达到限制要求，同时使烯烃饱和减少催化剂的积碳，从而延长运转周期。原料预处理的目的是得到馏分范围、杂质含量都合乎要求的重整原料。

重整反应部分：经预处理的原料油与循环氢混合，再经换热，加热后进入重整反应器。重整反应是强吸热反应，反应时温度下降。为了维持较高的反应温度，一般重整反应器由3~4个反应器串联，反应器之间由加热炉加热到所需的反应温度。各个反应器的催化剂装入量并不相同，其间有一个合适的比例，一般是前面的反应器内装入量较小，后面的反应器装入量较大。反应器入口温度一般为480~520℃，第一个反应器的入口温度较低，后面反应器的入口温度较高。在使用新鲜催化剂时，反应器入口温度较低，随着生产周期的延长，催化剂活性逐渐下降，入口温度也相应逐渐提高。对铂铼重整，其他的反应条件为：空速为1.5~2h^{-13}；氢油比(体)约为1200:1；压力为1.5~2MPa。对连续再生重整装置的重整反应器，反应压力和氢油比都有所下降，其压力为1.5~0.35MPa；氢油分子比为3~5，甚至降到1。由最后一个反应器出来的反应产物经换热、冷却后进入高压分离器，分出的气体含氢85%~95%(体积分数)，经循环氢压缩机升压后大部分作循环氢使用，少部分去预处理部分。分离出的重整生成油进入稳定塔，塔顶分出液态烃，塔底产品为满足蒸气压要求的稳定汽油。

除上述典型流程外，国内的固定床半再生式重整装置多采用麦格纳重整流程(Magnaforming)，也称分段混氢流程，如图7-61所示。

该流程特点是将循环氢分为两路，一路从第一反应器进入，另一路则从第三反应器进入。在第一、二反应器采用高空速、较低反应温度及较低氢油比，后面的一个或两个反应器则采用低空速、高反应温度及高氢油比。这种工艺的主要优点是可以得到稍高的液体收率，装置能耗也有所降低。

移动床反应器连续再生式重整反应系统流程发展较晚，其工艺较半再生工艺复杂得多，可以使催化剂经常保持高活性，在更低的压力和氢油比下操作，产品的收率高，规格高，生产的汽油辛烷值可达到95~97号，氢纯度高，产品质量稳定，运转周期长。典型的工艺有美国UOP和法国IFP两种专利技术，也是世界上工业应用的主要两种技术。

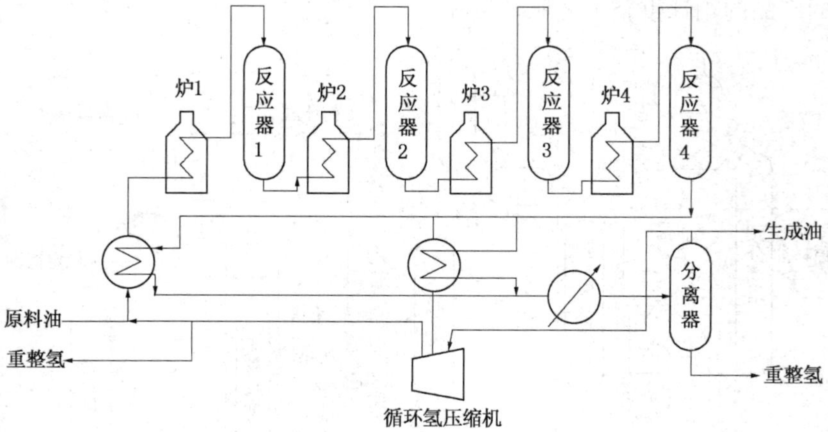

图 7-61　麦格纳重整反应系统工艺流程图

2. 催化重整过程控制

催化重整的目的是生产高辛烷值汽油及轻芳烃，影响重整反应的主要操作因素有催化剂的性能、反应温度、反应压力、氢油比、空速等。

1）常规控制

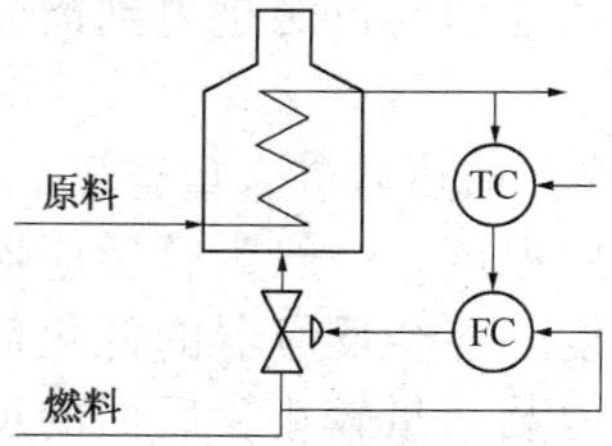

图 7-62　加热炉串级控制

预分馏塔采用典型的提馏控制方案。预分馏塔用来切割轻组分，其塔底产品作为重整原料，顶回流采用定值控制，塔底的温度是产品质量的反映，通过控制塔底再沸器来控制塔底温度。其控制与以下的稳定塔控制类似。

加热炉采用出口温度和燃料的串级控制。铂铼催化重整过程使用的加热炉大部分是箱式加热炉，加热炉的各部分分别为各反应器提供反应所需热量，各部分之间互相影响，为了保证重整反应的顺利进行，应对加热炉温度进行严格控制，如图 7-62 所示。

高压分离器采用液位和抽出量的串级均匀控制。高压分离器的压力为 1.5MPa 左右，其后的稳定塔压力为 0.8MPa 左右，两个装置是相连的，为了防止高压分离器没有液位致使高压串到稳定塔引起严重事故，同时为了保证进入稳定塔的油品流量波动不要太大，必须严格控制高压分离器的液位，故采用串级均匀控制。稳定塔采用提馏控制方案，控制顶回流和塔底温度。顶回流采用定值控制，塔底的温度通过控制塔底再沸器的加热蒸汽量来控制，如图 7-63 所示。

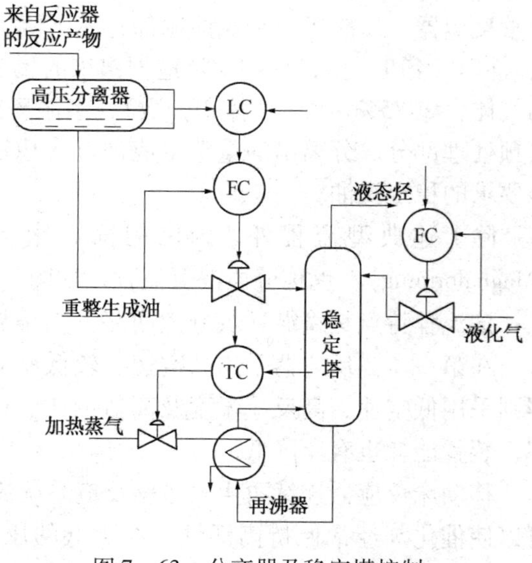

图 7-63　分离器及稳定塔控制

2）先进控制

连续重整反应过程复杂，随着产品规格的提高，常规控制系统难以满足工艺要求。因此国外已开发了很多先进控制软件，应用于重整装置取得了很好的经济效益。

7.4.4 油品调合

1. 油品调合过程简介

炼油厂中很难从某种加工过程中直接得到完全符合质量标准的石油产品，因此大多数燃料和润滑油等石油产品都是由不同组分调合而成的。油品调合就是将两种或两种以上的油品和添加剂或掺合剂，按照适当的比例进行掺合，使调和产品达到某一石油产品的规格要求。例如用辛烷值较高的催化裂化汽油和辛烷值较低的直馏汽油按一定比例调合得到辛烷值符合规格要求的车用汽油。油品调合是炼油厂各种石油产品的最后一道生产工序。

油品调合的作用与目的在于：使油品全面达到产品质量标准的要求，并保持产品质量的稳定性；改善油品使用性能，提高产品质量等级，增加经济效益；合理使用各种组分，提高产品收率和产量；加入必需的添加剂。

油品调合通常可分为两种类型：一是油品组分的调合，将各种油品基础组分，按比例调合基础油或成品油；二是基础油与添加剂的调合。

调合后油品的不同特性与调合组分间存在着线性或非线性关系，表现在组分间有无加和效应。某一特性等于其中每个组分按其浓度比例叠加的称为线性调合，亦即有加和性；反之称为非线性调合，即没有加和性。调合后的数值高于线性估算值的为正偏差，低于线性估算值的为负偏差。出现这些偏差的原因是由于油品化学组成和该物性间的关系不同。油品的组成十分复杂，因此一般在调合中大多属于非线性调合。例如车用汽油，当用几种组分调合后，其燃烧的中间产物既可使其自燃点降低，也可能使其自燃点升高，结果车用汽油的调合辛烷值不再和所含组分的辛烷值成线性关系；一般烷烃和环烷烃的辛烷值基本上是线性调合，而烯烃和芳香烃则表现为非线性调合。因此，直馏汽油、催化裂化汽油、烷基化汽油和重整汽油之间调合比例或组分改变时，调合辛烷值也随之改变。在多组分调合时，各种正负偏差相互抵消，可按近似线性关系估算不同辛烷值组分的调合比例或调合汽油的辛烷值。又例如油品的闪点与油品中所含最轻部分组成有关，当闪点较高的重组分中调入很少量(如0.5%m)的低沸组分时，调合油的闪点就会大大降到接近纯沸组分的闪点而远远偏离线性调合，呈现出严重的偏差。

炼油厂目前常用的调合可分两大类：油罐调合和管道调合。而管道调合在炼油厂使用更普遍。

2. 调合控制

目前从调合产品质量指标来看，调合控制已由幅值控制发展到目标控制。由比值控制、比值控制质量监视的幅度控制发展为比值控制质量监控的目标控制，以及在最佳调合系统中由控制一二个主要目标质量发展为控制产品全部目标质量的所谓闭环高级控制系统。

1）比值控制

最简单的调合控制系统使各个组分都有一个独立的流量控制系统，各流量的给定值均人为地预先计算后给定，经混合器获得响应的产品。典型的一种比值控制方案为图7－64所示的用催化汽油、重整汽油、烷基化油和MTBE(甲基叔丁基醚)生产标号汽油的控制系统。

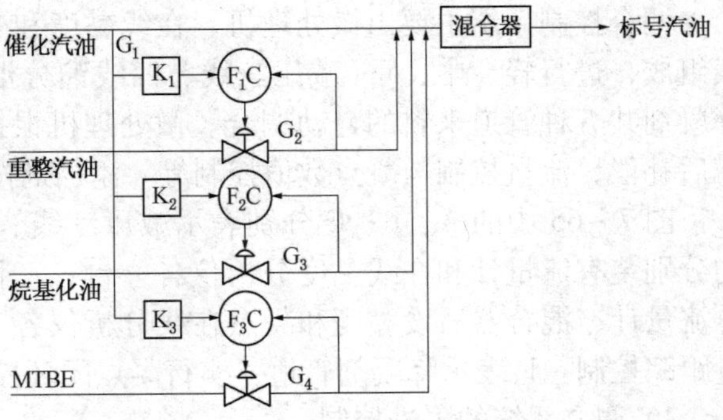

图7－64 比值控制系统

在这一系统中，由于催化汽油的流量最大，所以将其作为主流量，其他组分作为副流量。主流量等于设定值时，比值器 K_1、K_2、K_3的输出稳定并作为副控制器 F_1C、F_2C、F_3C 的设定值。副流量由闭环控制系统来稳定，而且与主流量保持一定的比值。

当 G_1 因干扰发生变化时，比值器 K_1、K_2、K_3的输出去改变副控制器 F_1C、F_2C、F_3C 的设定值。如果 G_2 也受干扰影响而波动时，F_1C 就按变化的 G_2 测量信号与变动中的给定值之差进行控制并发出相应的信号去改变控制阀的开度，使两个流量在新的数值下重新保持原定的比值关系。

这一类的比值控制系统结构简单，容易实现，改变调合比方便，但准确度较差。

2）质量闭环控制

由于油品调合的主要目的是获得符合产品质量标准的各种油品，各种不同的油品按照不同的质量指标进行调合，若能采用质量闭环调合则是较理想的办法。图 7－65 以减压三线、四线馏分油、脱沥青油三组分和复合添加剂、降凝剂两种添加剂共五个管道的润滑油调合系统为例给出了其流程及闭环质量控制示意图。

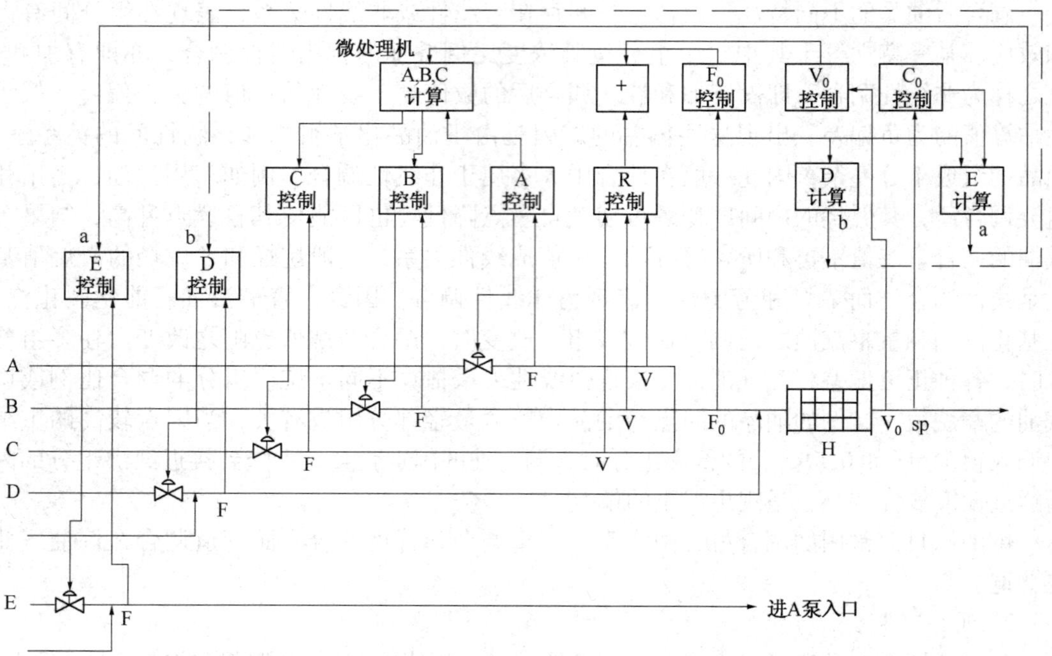

图 7－65　润滑油管道闭环质量控制

A—减压三线油；B—四线馏分油；C—脱沥青油；D—复合添加剂；E—降凝剂；F—分路流量计；F_0—总流量计；V—各路流量计；V_0—总黏度计；sp—凝点在线分析仪；H—混合器；R—目标调合比

调合控制系统主要由微处理机、在线黏度和凝点分析仪、混合器及其他常规设备与仪表组成，进行轻、中、重(减压三线、四线馏分油、脱沥青油)三种基础油、复合添加剂、降凝剂共五种管道来料的自动调合。微处理机根据输入的程序自动完成调合比例计算、纯滞后补偿、流量控制与凝点数值控制等。添加剂按比例自动跟踪加入闭环质量控制系统中。

图 7－65 中的 A、B、C 分别表示减压三线、四线馏分油、脱沥青油三种基础油管道，均分别装有流量计和在线黏度分析仪各一台，三种基础油可同时进入混合器。混合器前有总流量计，混合器后设黏度和凝点在线分析仪各一台。D 表示复合添加剂管道，实行总流量跟踪控制。E 表示降凝剂管道，实行凝点闭环控制。

3）调合系统的先进控制

目前炼油厂应用的是较复杂的调合自动化技术。调合控制和优化系统的目的是在调合操作的约束条件下获得最大利润的同时，生产满足所有产品质量要求的产品。

大多数调合自动化系统都是建立在三个层次上：离线规划、在线优化、调整控制。在线优化器决定了最终的配方和实时优化系统的性能，这是调合自动化的核心。其控制方案如图 7 – 66 所示。

对于优化调合系统的设计，国内外学者提出了许多设计方案，下面是其中一些例子。

(1) 基于线性规划的汽油在线优化调合系统

某炼油厂汽油调合主要原料有异丙烷、重整非芳烃、重整生成油、异辛烷、MTBE、催化裂化汽油及直馏汽油等。汽油产品的辛烷值是它的关键质量指标。其工艺流程如图 7 – 67 所示，图中 AE 为辛烷值测量点。

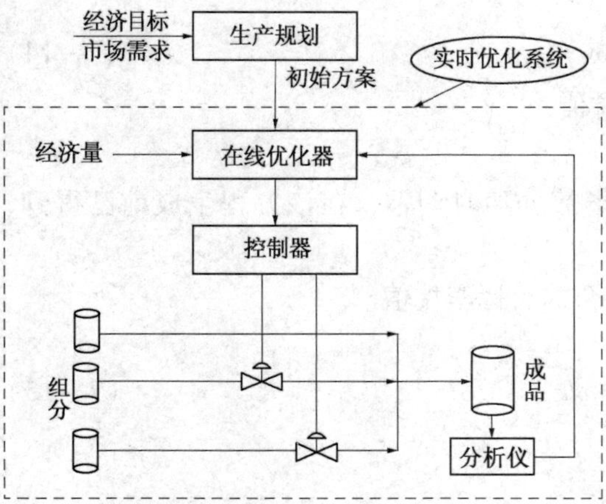

图 7 – 66　调合自动化系统视图

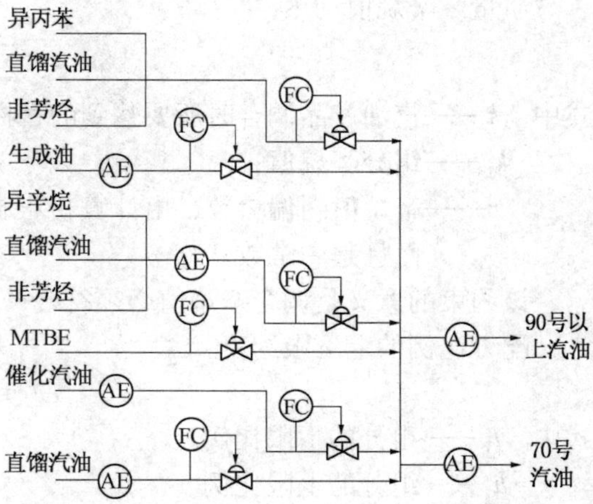

图 7 – 67　在线优化调合系统

汽油在线优化调合控制由三部分构成，如图 7 – 68 所示，其中：

① 优化调合模型　包括建立优化调合模型、编程、与控制系统的连接等，它是整个系统的关键。

② 控制调合操作　包括现场数据采集、连接整个系统、接收优化调合模型的数据并正确地操纵控制阀等。

③ 实时辛烷值的现场采集　通过辛烷值仪表实现三个组分、两个成品油的实时辛烷值信号采集，并传输给控制系统。它是整个系统的基础。

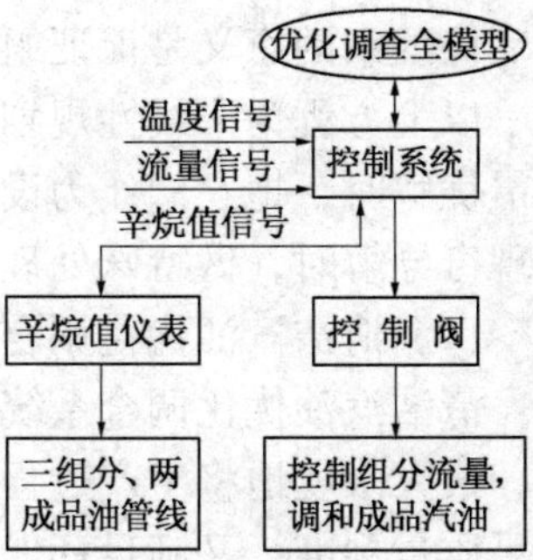

图 7 – 68　汽油在线优化调合系统构成

优化调合模型在控制系统的基础上运行。一方面读取现场数据；另一方面把优化计算得出的各调合组分流量传输给控制系统执行，达到优化控制调合的目的。在线优化控制的模型要实现的任务是：保证调合产品的辛烷值满足目标辛烷值，并减少辛烷值冗余；调合过程中进行组分优化，尽量多用低辛烷值组分、节省高辛烷值组分；在产品辛烷值满足条件的基础上，调合组分以上限生产；在产品辛烷值满足要求的基础上，各组分量的比例尽量不超出产品的配方比例；实现平稳操作。

优化调合模型根据任务的需要，经过离线优化模型的试验，并在现场应用中不断完善，有以下方程：

目标函数

$$\max(s_1) = J\omega - \sum(J_i\omega_i) \quad (7-13)$$

式中 s_1—— 调合汽油的利润；

J—— 汽油产品价格；

J_i—— 组分费用；

ω_i—— 组分流量；

ω—— 总流量（$\omega = \sum \omega_i$）。

目标函数的意义是使调合汽油的利润最大。一般情况下，成本和辛烷值成正比，因此以上目标函数可理解为在调合汽油产品中，多用低辛烷值组分，节省高辛烷值组分。

质量-辛烷值约束

$$\omega k = \sum(k_i\omega_i) + p \quad (7-14)$$

式中 k——汽油产品调合时所要达到的目标辛烷值；

k_i——组分辛烷值；

p——辛烷值纠偏参数，由计算机根据现场数据随时调整，在该方程生成前已得到，而且是一常数。

该约束的意义是调合辛烷值必须符合产品调合的目标辛烷值。

配方比例的上下限约束

$$\omega l_i \leqslant \omega_i \leqslant \omega h_i \quad (7-15)$$

式中 l_i——组分的下限比例；

h_i——组分的上限比例。

该约束的意义是组分的调合量满足产品配方的上下限比例限制。

调合流量的约束

$$vl_i \leqslant \omega_i \leqslant vh_i \quad (7-16)$$

式中 vl_i——管线中组分的最小流量；

vh_i——管线中组分的最大流量。

该约束的意义是保证组分流量在其管线流量的上下限之内，实现平稳操作。

以上方程为一线性规划问题，将其数据输送到有关软件中进行优化求解，如果 $\omega_1 \sim \omega_6$ 有最优解时，把它们作为设定值传输给控制系统进行组分流量的控制；如果 $\omega_1 \sim \omega_6$ 无解或出现奇异解时，做特殊处理后进行下一周期的优化求解。

（2）清洁汽油优化调合系统

清洁汽油优化调合系统的设计目标是通过油品调合手段，在满足车用汽油指标的条件下，最大限度地将生产过程中产生的各种组分汽油，按一定的配方进行调合，以生产出既满足质量标准，又满足环保指标的高品质汽油，其系统结构如图 7-69 所示。

调合系统由管道调合器、辛烷值分析仪、下位机 DCS 控制系统和上位工业 PC 机组成。汽油优化调合软件在上位机根据油品数量和性质，以及优化调合模型，计算出优化调合配方比例和有关参数，设定各参调组分油的流量。下位机 DCS 根据优化配方设定的流量进行实时控制，并且根据辛烷值在线分析仪的测量值，反馈给上位机，再进行修正优化配方，从而确保汽油的辛烷值符合规定。其中，调合配方优化计算采用非线性方法，根据汽油调合实际生产情况建立优化调合模型和考虑汽油各种指标的约束与实际生产过程的约束，使配方模型符合实际生产情况。

调合控制包括静态优化控制和动态优化控制两部分。静态优化控制是离线进行的，根

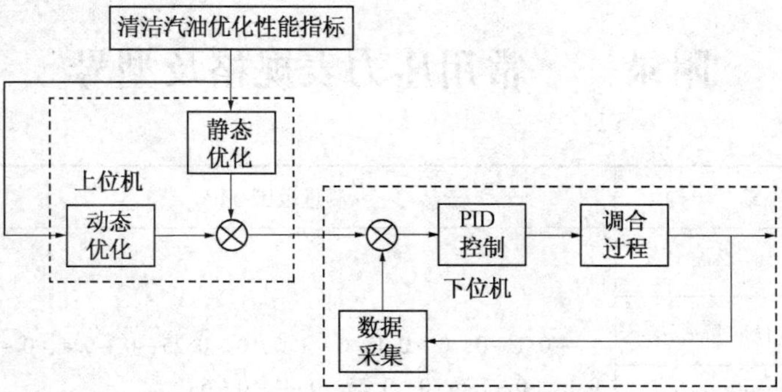

图 7-69　清洁汽油优化调合系统结构图

据各调合组分汽油的实验室数据和调度指令确定初始的调合配比；动态优化是根据在线分析仪表测得的调合汽油性能指标及有关化验值，动态修改调合配比，使得调合汽油在满足清洁汽油环保指标的条件下辛烷值稳定在设定值上。

考虑各方面因素，可得到以下汽油调合优化模型

$$\min_{F_i} = \sum_{i=1}^{n} p_i x_i \tag{7-17}$$

约束条件

$$l_i \leqslant x_i \leqslant h_i$$

$$oct = a(x_1, x_2, \cdots, x_n), \ oct_{\min} < oct < oct_{\max}$$

$$sul = b(x_1, x_2, \cdots, x_n), \ sul < sul_{\max}$$

$$ben = c(x_1, x_2, \cdots, x_n), \ ben < ben_{\max}$$

$$ole = d(x_1, x_2, \cdots, x_n), \ ole < ole_{\max}$$

$$hyd = e(x_1, x_2, \cdots, x_n), \ hyd < hyd_{\max}$$

$$rvp = f(x_1, x_2, \cdots, x_n), \ rvp < rvp_{\max}$$

式中　J——调合成本；

p_i——各路原料汽油的成本价格；

x_i——各路原料汽油的体积组分；

l_i，h_i——各路原料汽油的流量分数上下限；

oct——调合汽油的辛烷值；

sul——调合汽油的硫含量；

ben——调合汽油的苯含量；

ole——调合汽油的烯烃含量；

hyd——调合汽油的芳烃含量；

rvp——调合汽油的饱和蒸气压。

调合系统根据操作人员输入的系统参数，求解优化命题，计算出一组优化的流量设定值，作为调合开始时的初始配比。

汽油调合动态优化控制根据所要求的产品汽油性能指标，采用最小成本优化性能指标来调整各路原料汽油控制器的设定值以得到优化的目的。它根据在线仪表测得的调合汽油辛烷值及有关化验数据动态修改调合配比，使得调合汽油的辛烷值稳定在设定值上，同时使有关清洁汽油的环保指标满足要求。在汽油调合动态优化过程中，当发现在流量限制范围内无法满足全部性能指标时，系统将报警并停止调合。

附录一　常用压力表规格及型号

名称	型　　号	结　　构	测量范围/MPa	准确度等级
弹簧管压力表	Y－60	径向	－0.1～0，0～0.1，0～1.6，0～0.25，0～0.4，0～0.6，0～1，0～1.6，0～0.25，0～4，0～6	2.5
	Y－60T	径向带后边		
	Y－60Z	轴向无边		
	Y－60ZQ	轴向带前边		
	Y－100	径向	－0.1～0，－0.1～0.06，－0.1～0.15，－0.1～0.3，－0.1～0.5，－0.1～0.9，－0.1～1.5，－0.1～2.4，0～0.1，0～0.16，0～0.25，0～0.4，0～0.6，0～1，0～1.6，0～2.5，0～4，0～6	1.5
	Y－100T	径向带后边		
	Y－100TQ	轴向带前边		
	Y－150	径向		
	Y－150T	径向带后边	同上	1.5
	Y－150TQ	轴向带前边		
	Y－100	径向	0～10，0～16，0～25，0～40，0～60	
	Y－100T	径向带后边		
	Y－100TQ	轴向带前边		
	Y－150	径向		
	Y－150T	径向带后边		
	Y－150TQ	轴向带前边		
电接点压力表	YX－150	径向	－0.1～0.1，－0.1～0.15，－0.1～0.3，－0.1～0.5，－0.1～0.9，－0.1～1.5，－0.1～2.4，0～0.1 0～0.16，0～0.25，0～0.4，0～0.6，0～1，0～1.6，0～2.5，0～4，0～6	1.5
	YX－150TQ	径向带前边		
	YX－150A	径向	0～10，0～16，0～25，0～40，0～60	
	YX－150TQ	径向带前边		
	YX－150	径向	－0.1～0	
活塞式压力计	YS－2.5	台式	－0.1～0.25	0.25 0.5
	YS－6	台式	0.04～0.6	
	YS－60	台式	0.1～6	
	YS－600	台式	1～60	

附录二　镍铬－铜镍热电偶分度表

分度号 E　　μV

温度/℃	0	10	20	30	40	50	60	70	80	90
0	0	591	1192	1801	2419	3047	3683	4329	4983	5646
100	6317	6996	7683	8377	9078	9787	10501	11222	11949	12681
200	13419	14161	14909	15661	16417	17178	17942	18710	19481	20256
300	21033	21814	22597	23383	24171	24961	25754	26549	27345	28143
400	28943	29744	30546	31350	32155	32960	33767	34574	35382	36190
500	36999	37808	38617	39426	40236	41045	41853	42662	43470	44278
600	45085	45891	46697	47502	48306	49109	49911	50713	51513	52312
700	53110	53907	54703	55498	56291	57083	57873	58663	59451	60237
800	61022	61806	62588	63368	34147	64924	65700	66473	67245	68015
900	68783	69549	70313	71075	71835	72593	73350	74104	74857	75608
1000	76358									

附录三　铂铑 10－铂热电偶分度表

分度号 S　　μV

温度/℃	0	1	2	3	4	5	6	7	8	9
0	0	5	11	16	22	27	33	38	44	50
10	55	61	67	72	78	84	90	95	101	107
20	113	119	125	131	137	142	148	154	161	167
30	173	179	185	191	197	203	210	216	222	228
40	235	241	247	254	260	266	273	279	286	292
50	299	305	312	318	325	331	338	345	351	358
60	365	371	378	385	391	398	405	412	419	425
70	432	439	446	453	460	467	474	481	488	495
80	502	509	516	523	530	537	544	551	558	566
90	573	580	587	594	602	609	616	623	631	638
100	645	653	660	667	675	682	690	697	704	712
110	719	727	734	742	749	757	764	772	780	787
120	795	802	810	818	825	833	841	848	856	864
130	872	879	887	895	903	910	918	926	934	942
140	950	957	965	973	981	989	997	1005	1013	1021
150	1029	1037	1045	1053	1061	1069	1077	1085	1093	1101
160	1109	1117	1125	1133	1141	1149	1158	1166	1174	1182
170	1190	1198	1207	1215	1223	1231	1240	1248	1256	1264
180	1273	1281	1289	1297	1306	1314	1322	1331	1339	1347
190	1356	1364	1373	1381	1389	1398	1406	1415	1423	1432

续表

温度/℃	0	1	2	3	4	5	6	7	8	9
200	1440	1448	1457	1465	1474	1482	1490	1499	1508	1516
210	1525	1534	1542	1551	1559	1568	1576	1585	1594	1602
220	1611	1620	1628	1637	1645	1654	1663	1671	1680	1689
230	1698	1706	1715	1724	1732	1741	1750	1759	1767	1776
240	1785	1794	1802	1811	1820	1829	1838	1846	1855	1864
250	1873	1882	1891	1899	1908	1917	1926	1935	1944	1953
260	1962	1971	1979	1988	1997	2006	2015	2024	2033	2042
270	2051	2060	2069	2078	2087	2096	2105	2114	2023	2132
280	2141	2150	2159	2168	2177	2186	2195	2204	2213	2222
290	2232	2241	2250	2259	2268	2277	2286	2295	2304	2314
300	2323	2332	2341	2350	2359	2368	2378	2387	2396	2405
310	2414	2424	2433	2442	2451	2460	2470	2479	2488	2497
320	2506	2516	2525	2534	2543	2553	2562	2571	2580	2590
330	2599	2608	2618	2627	2636	2646	2655	2664	2674	2683
340	3692	2702	2711	2720	2730	2739	2748	2758	2767	2776
350	2786	2795	2805	2814	2823	2833	2842	2852	2861	2870
360	2880	2889	2899	2908	2917	2927	2936	2946	2955	2965
370	2974	2984	2993	3003	3012	3022	3031	3041	3050	3059
38	3069	3078	3088	3097	3107	3117	3126	3136	3145	3155
390	3164	3174	3183	3193	3202	3212	3221	3231	3241	3250
400	3260	3269	3279	3288	3298	3308	3317	3327	3336	3346
410	3356	3365	3375	3384	3394	3404	3413	3423	3433	3442
420	3452	3462	3471	3481	3491	3500	3510	3520	3529	3539
430	3549	3558	3568	3578	3587	3597	3607	3616	3626	3636
440	3645	3655	3665	3675	3684	3694	3704	3714	3726	3733
450	3743	3752	3762	3772	3782	3791	3801	3811	3821	3831
460	3840	3850	3860	3870	3879	3889	3899	3909	3919	3928
470	3938	3948	3958	3968	3977	3987	3997	4007	4017	4027
480	4036	4046	4056	4066	4076	4086	4095	4105	4115	4125
490	4135	4145	4155	4164	4174	4184	4194	4204	4214	4224
500	4234	4243	4253	4263	4273	4283	4293	4303	4313	4323
510	4333	4343	4352	4362	4372	4382	4392	4402	4412	4422
520	4432	4442	4452	4462	4472	4482	4492	4502	4512	4522
530	4532	4542	4552	4562	4572	4582	4592	4602	4612	4622
540	4632	4642	4652	4662	4672	4682	4692	4702	4712	4722
550	4732	4742	4752	4762	4772	4782	4792	4802	4812	4822
560	4832	4842	4852	4862	4873	4883	4893	4903	4913	4923
570	4933	4943	4953	4963	4973	4984	4994	5004	5014	5024
580	5034	5044	5054	5065	5075	5085	5095	5105	5115	5125
590	5136	5146	5156	5166	5176	5186	5197	5207	5217	5227

续表

温度/℃	0	1	2	3	4	5	6	7	8	9
600	5237	5247	5258	5268	5278	5288	5298	5309	5319	5329
610	5339	5350	5360	5370	5380	5391	5401	5411	5421	5431
620	5442	5452	5462	5473	5483	5493	5503	5514	5524	5534
630	5544	5555	5565	5575	5586	5596	5606	5617	5627	5637
640	5648	5658	5668	5679	5689	5700	5710	5720	5731	5741
650	5751	5762	5772	5782	5793	5803	5614	5824	5834	5845
660	5855	5866	5876	5887	5897	5907	5918	5928	5939	5949
670	5960	5970	5980	5991	6001	6012	6022	6038	6043	6054
680	6064	6075	6085	6069	6106	6117	6127	6138	6148	6195
690	6169	6180	6190	6201	6211	6222	6232	6243	6253	6264
700	6274	6285	6295	6306	6316	6327	6338	6348	6359	6369
710	6380	6390	6401	6412	6422	6433	6443	6454	6465	6475
720	6486	6496	6507	6518	6528	6539	6549	6560	6571	6581
730	6592	6603	6613	6624	6635	6645	6656	6667	6677	6688
740	6699	6709	6720	6731	6741	6752	6763	6773	6784	6795
750	6805	6816	6827	6838	6848	6859	6870	6880	6891	6902
760	6913	6923	6934	6945	6956	6966	6977	6988	6999	7009
770	7020	7031	7042	7053	7063	7074	7085	7096	7107	7117
780	7128	7139	7150	7161	7171	7182	7193	7204	7215	7225
790	7236	7247	7258	7269	7280	7291	7310	7312	7323	7334
800	7345	7356	7367	7377	7388	7399	7410	7421	7432	7443
810	7454	7465	7476	7486	7497	7508	7519	7530	7541	7552
820	7563	7574	7585	7596	7607	7618	7629	7640	7651	7661
830	7672	7683	7694	7705	7716	7727	7738	7749	7760	7771
840	7782	7793	7804	7815	7826	7837	7848	7859	7870	7881
850	7892	7904	7935	7926	7937	7948	7959	7970	7981	7992
860	8003	8014	8025	8036	8047	8085	8069	8081	8092	8103
870	8114	8125	8136	8147	8158	8169	8180	8192	8203	8214
880	8225	8236	8247	8258	8270	8281	8292	8303	8314	8325
890	8336	8348	8359	8370	8318	8392	8404	8415	8426	8437
900	8448	8460	8471	8482	8493	8504	8516	8527	8538	8549
910	8560	8572	8583	8594	8605	8617	8628	8639	8650	8662
920	8673	8684	8695	8707	8718	8729	8741	8752	8763	8774
930	8786	8797	8808	8820	8831	8842	8854	8865	8876	8888
940	8899	8910	8922	8933	8944	8956	8967	8978	8990	9001
950	9012	9024	9035	9047	9058	9069	9081	9092	9103	9115
960	9126	9138	9149	9160	9172	9183	9195	9206	9217	9229
970	9240	9252	9263	9275	9286	9298	9309	9320	9332	9343
980	9355	9366	9378	9389	9401	9412	9424	9435	9447	9458
990	9470	9481	9493	9504	9516	9527	9539	9550	9562	9573

续表

温度/℃	0	1	2	3	4	5	6	7	8	9
1000	9585	9596	9608	9619	9631	9462	9654	9665	9677	9689
1010	9700	9712	9723	9735	9746	9758	9770	9781	9793	9804
1020	9816	9828	9839	9851	9862	9874	9886	9897	9909	9920
1030	9932	9944	9955	9967	9979	9990	10002	10013	10025	10037
1040	10048	10060	10072	10083	10095	10107	10118	10130	10142	10154
1050	10165	10177	10189	10200	102212	10224	10235	10247	10259	10271
1060	10282	10294	10306	10381	10329	10341	10353	10364	10376	10388
1070	10400	10411	10423	10435	10447	10459	10470	10482	10494	10506
1080	10517	10529	10541	10553	10565	10576	10588	10600	10612	10624
1090	10635	10674	10659	10671	10683	10694	10706	10718	10730	10742
1100	10754	10765	10777	10789	10801	10813	10825	10836	10848	10860
1110	10872	10884	10896	10908	10919	10931	10943	10955	10967	10979
1120	10991	11003	11014	11026	11038	11050	11062	11074	11086	11098
1130	11110	11121	11131	11145	11157	11169	11181	11193	11205	11217
1140	11229	11241	11252	11264	11276	11288	11300	11312	11324	11336
1150	11348	11361	11372	11384	11396	11408	11420	11432	11443	11455
1160	11467	11479	11491	11503	11515	11527	11539	11551	11563	11575
1170	11587	11599	11611	11623	11635	11674	11659	11671	11683	11695
1180	11707	11719	11731	11743	11755	11767	11799	11791	11803	11815
1190	11827	11839	11851	11863	11875	11887	11899	11911	11923	11935
1200	11947	11959	11971	11983	11995	12007	12019	12301	12043	12055
1210	12067	12079	12091	12103	12116	12181	12040	12152	12164	12076
1220	12188	12200	12212	12224	12336	12248	12260	12272	12284	12296
1230	12308	12320	12332	12345	12357	12369	12381	12393	12405	12417
1240	12429	12441	12453	12456	12477	12489	12510	12514	12526	12538
1250	12550	12562	12574	12586	12598	12610	12622	12634	12647	12659
1260	12671	12683	12695	12707	12719	12731	12743	12755	12767	12780
1270	12792	12804	12816	12828	12840	12852	12864	12876	12888	12901
1280	12913	12952	12937	12949	12961	12973	12985	12997	13010	13022
1290	13034	13046	13058	13070	13082	13094	13107	13119	13131	13143
1300	13155	13167	13179	13191	13203	13216	13228	13240	13252	13264
1310	13276	13288	13300	13313	13325	13337	13349	13361	13373	13385
1320	13397	13410	13422	13434	13446	13458	13470	13482	13495	13507
1330	13519	13531	13543	13555	13567	13579	13592	13604	13616	13628
1340	13640	13652	13664	13677	13678	13701	13713	13725	13737	13749
1350	13761	13774	13786	13798	13810	13822	13834	13846	13859	13871
1360	13883	13895	13907	13919	13931	13943	13956	13968	13980	13992
1370	14004	14016	14028	14040	14053	14065	14077	14089	14101	14113
1380	14125	14138	14150	14162	14174	14186	14198	14210	14222	14235
1390	14247	14259	14271	14283	14295	14307	14319	14332	14344	14356

续表

温度/℃	0	1	2	3	4	5	6	7	8	9
1400	14368	14380	14392	14404	14416	14429	14441	14453	14465	14477
1410	14489	14501	14513	14526	14538	14550	14562	14571	14586	14598
1420	14610	14622	14635	14647	14659	14671	14683	14695	14707	14719
1430	14731	14744	14756	14768	14780	14792	14804	14816	14828	14840
1440	14852	14865	14877	14889	14901	14913	14925	14937	14949	14961
1450	14973	14985	14998	15010	15022	15034	15046	15058	15070	15082
1460	15094	15106	15118	15130	15143	15155	15167	15179	15191	15203
1470	15215	15227	15239	15251	15263	15275	15287	15299	15311	15324
1480	15336	15348	15360	15372	15384	15396	15408	15420	15432	15444
1490	15456	15468	15480	15492	15504	15516	15528	15540	15552	15564
1500	15576	15589	15601	15613	15625	15637	15649	15661	15673	15685
1510	15697	15709	15721	15733	15745	15757	15769	15781	15793	15805
1520	15817	15829	15841	15853	15865	15877	15889	15901	15913	15925
1530	15937	15949	15961	15973	15985	15997	16009	16021	16033	16045
1540	16057	16069	16080	16092	16104	16116	16128	16140	16152	16164
1550	16176	16188	16200	16212	16224	16236	16248	16266	16272	16284
1560	16296	16308	16319	16331	16343	16355	16367	16379	16391	16403
1570	16415	16427	16439	16451	16462	16474	16486	16498	16510	16522
1580	16534	16546	16558	16569	16581	16593	16605	16617	16629	16641
1590	16653	16664	16676	16688	16800	16712	16724	16736	16747	16759
1600	16771	16783	16795	16807	16819	16830	16842	16854	16866	16878
1610	16890	16901	16913	16925	16937	16949	16960	16972	16984	16996
1620	17008	17019	17031	17043	17055	17067	17078	17090	17102	17114
1630	17125	17137	17149	17161	17173	17184	17196	17208	17220	17231
1640	17245	17255	17267	17278	17290	17302	17313	17325	17337	17349
1650	17360	17372	17384	17396	17407	17419	17451	17442	17454	17468
1660	17477	17489	17501	17512	17524	17536	17548	17559	17571	17583
1670	17594	17606	17617	17629	17641	17652	17664	17676	17687	17699
1680	17711	17722	17734	17745	17757	17769	17780	17792	17803	17815
1690	17826	17838	17850	17861	17873	17884	17896	17907	17919	17930
1700	17924	17953	17965	17976	17988	17999	18010	18022	18033	18045
1710	18056	18068	18079	18090	18102	18113	18124	18136	18147	18158
1720	18170	18181	18192	18204	18215	18226	18237	18249	18260	18271
1730	18282	18293	18305	18316	18327	18338	18349	18360	18372	18383
1740	18394	18405	18416	18427	18438	18449	18460	18471	18482	18493
1750	18504	18515	18526	18536	18547	18558	18569	18580	18591	18602
1760	18612	18623	18634	18645	18655	18666	18677	18687	18698	18709

附录四　镍铬－镍硅热电偶分度表

分度号 K　　μV

温度/℃	0	1	2	3	4	5	6	7	8	9
0	0	39	79	119	158	198	238	277	317	357
10	397	437	477	517	557	597	637	677	718	758
20	798	838	879	919	960	1000	1041	1081	1122	1162
30	1203	1244	1258	1325	1366	1407	1448	1489	1529	1570
40	1611	1652	1693	1734	1776	1817	1858	1899	1940	1981
50	2022	2064	2105	2146	2188	2229	2270	2312	2353	2394
60	2436	2477	2519	2560	2601	2643	2684	2726	2767	2809
70	2850	2892	2933	2975	3016	3085	3100	3141	3183	3224
80	3266	3307	3349	3390	3432	3473	3515	3556	3598	3639
90	3681	3722	3764	3805	3847	3888	3930	3971	4012	4054
100	4095	4137	4178	4219	4261	4302	4343	4384	4426	4467
110	4508	4549	4590	4632	4673	4714	4755	4796	4837	4878
120	4919	4960	5001	5042	5083	5124	5164	5205	5246	5287
130	5327	5368	5409	5450	5490	5531	5571	5612	5652	5693
140	5733	5774	5814	5855	5895	5936	5976	6016	6057	6097
150	6137	6177	6218	6258	6298	6338	6378	6419	6459	6499
160	6539	6579	6619	6659	6699	6739	6779	6819	6859	6899
170	6930	6979	7019	7059	7099	7139	7179	7219	7259	7299
180	7338	7378	7418	7458	7498	7538	7578	7618	7658	7697
190	7737	7777	7817	7857	7897	7937	7977	8017	8057	8097
200	8137	8177	8216	8256	8296	8336	8376	8416	8456	8497
210	8537	8577	8617	8657	8697	8737	8777	8817	8857	8898
220	8938	8978	9018	9058	9099	9139	9179	9220	9260	9300
230	9341	9381	9421	9462	9502	9543	9583	9624	9664	9705
240	9745	9786	9826	9867	9907	9948	9989	10029	10070	10111
250	10151	10192	10233	10274	10315	10355	10396	10437	10478	10519
260	10560	10600	10641	10682	10723	10764	10805	10846	10887	10928
270	10969	11010	11051	11093	11134	11175	11216	11257	11298	11339
280	11381	11422	11463	11504	11546	11587	11628	11669	11711	11752
290	11793	11835	11876	11918	11959	12000	12042	12083	12125	12166
300	12207	12249	12290	12332	12373	12415	12456	12498	12539	12581
310	12623	12664	12706	12747	12789	12831	12872	12914	12955	12997
320	13039	13080	13122	13164	13205	13247	13289	13331	13372	13414
330	13456	13497	13539	13581	13623	13665	13706	13748	13790	13832
340	13874	13915	13957	13999	14041	14083	14125	14167	14208	14250

续表

温度/℃	0	1	2	3	4	5	6	7	8	9
350	14292	14334	14376	14418	14460	14502	14544	14586	14638	14670
360	14712	14754	14796	14838	14880	14922	14964	15006	15048	15090
370	15132	15174	15216	15258	15300	15342	15384	15426	15468	15510
380	15552	15594	15636	15679	15721	15763	15805	15847	15889	15931
390	15974	16016	16058	16100	16142	16184	16227	16269	16311	16353
400	16395	16438	16480	16522	16564	16607	16649	16691	16733	16776
410	16818	16860	16902	16945	16987	17029	17072	17114	17156	17199
420	17241	17283	17326	17368	17410	17453	17495	17537	17580	17622
430	17664	17707	17749	17792	17834	17876	17919	17961	18004	18046
440	18088	18131	18173	18216	18258	18301	18343	18385	18428	18470
450	18513	18555	18598	18640	18683	18725	18768	18810	18853	18895
460	18938	18980	19023	19065	19108	19150	19193	19235	19278	19320
470	19363	19405	19448	19490	19533	19576	19618	19661	19703	19746
480	19788	19831	19873	19916	19959	20001	20044	20086	20129	20172
490	20214	20257	20299	20342	20385	20427	20470	20512	20555	20598
500	20640	20683	20725	20768	20811	20853	20896	20938	20981	21024
510	21066	21109	21152	21194	21137	21280	21322	21365	21407	21450
520	21493	21535	21578	21621	21663	21706	21749	21791	21834	21876
530	21919	21962	22004	22047	22090	22132	22175	22218	22260	22303
540	22346	22388	22431	22473	22516	22559	22601	22644	22687	22729
550	22772	22815	22857	22900	22942	22985	23028	23070	23113	23156
560	23198	23241	23284	23326	23369	23411	23454	23497	23539	23582
570	23624	23667	23710	23752	23795	23837	23880	23923	23965	24008
580	24050	24093	24136	24178	24221	24263	24306	24348	24391	24434
590	24476	24519	24561	24604	24646	24689	24731	24774	24817	24859
600	24902	24944	24987	25029	25072	25114	25157	25199	25242	25284
610	25327	25369	25412	25454	25497	25539	25582	25624	25666	25709
620	25751	25794	25836	25879	25921	25964	26006	26048	26091	26133
630	26176	26218	26260	26303	26345	26387	26430	26472	26515	26557
640	26599	26642	26674	26726	26769	26811	26853	26896	26938	26980
650	27022	27065	27107	27149	27192	27234	27276	27318	27361	27403
660	27445	27487	27529	27572	27614	27656	27698	27740	27783	27825
670	27867	27909	27951	27993	28035	28078	21812	28162	28204	28246
680	28288	28330	28372	28414	28456	28498	28540	28583	28625	28667
690	28709	28751	28793	28835	28877	28919	28961	29002	29044	29086
700	29128	29170	29212	29254	29296	29338	29380	29422	29464	29505
710	29547	29589	29631	29673	29715	29756	29798	29840	29882	29924
720	29965	3007	30049	30091	30132	30174	30216	30257	30299	30341
730	30383	30424	30466	30508	30549	30591	30632	30674	30716	30757
740	30799	30840	30882	30924	30965	31007	31048	31090	31131	31173

续表

温度/℃	0	1	2	3	4	5	6	7	8	9
750	31214	31256	31297	31339	31180	31422	31463	31504	31546	31587
760	31629	31670	31712	31753	31794	31836	31877	31918	31960	32001
770	32042	32084	32125	32166	32207	32249	32290	32331	32372	32414
780	32456	32496	32537	32578	32619	32661	32702	32743	32784	32825
790	32866	32907	32948	32990	33031	33072	33113	33154	33195	33236
800	33277	33318	33359	23400	33441	33482	33523	33564	33604	33645
810	33688	33727	33768	33809	33850	33891	33931	33972	34013	34054
820	34095	34136	34176	34217	34258	34299	34339	34380	34421	34461
830	34502	34543	34583	34624	34665	34705	34746	34787	34827	34868
840	34909	34949	34990	35030	35071	35111	35152	35192	35233	35273
850	35214	35354	35395	35436	35476	35516	35557	35597	35637	35678
860	35718	35758	35799	35839	35880	35920	35960	36000	36041	36081
870	36121	36162	36202	36242	36282	36323	36363	36403	46443	36483
880	36524	36564	35604	36644	36684	36724	36764	36804	36844	36885
890	36925	36965	37005	37045	37085	37125	37165	37205	37245	37285
900	37325	37365	37405	37445	37484	37524	37564	37604	37644	37684
910	37724	37764	37803	37843	37883	37923	37963	38002	38042	38082
920	38122	38162	38201	38241	38281	38320	38360	38400	38439	38479
930	38519	38558	38598	38638	38677	38717	38756	38796	38836	38875
940	38915	39854	38994	39033	39073	39112	39152	39191	39231	39270
950	39310	39349	39388	39428	39487	39507	39546	39585	39625	39664
960	39763	39743	39782	39821	39881	39900	39939	39979	40018	40057
970	40096	40136	40175	40214	40253	40292	40332	40371	40410	40449
980	40488	40527	40566	40605	40645	40684	40723	40762	40801	40840
990	40879	40918	40957	40996	41035	41074	41113	41152	41191	41230
1000	41269	41308	41347	41385	41424	41463	41502	41541	41580	41619
1010	41657	41696	41735	41774	41813	41851	41890	41929	41968	42006
1020	42045	42084	42123	42161	42200	42239	42277	42316	42355	42393
1030	42432	42470	42509	42548	42586	42625	42663	42702	42740	42779
1040	42817	42856	42894	42933	42971	43010	43048	40387	43125	43164
1050	43202	43240	43279	43317	43356	43394	43482	43471	43509	43547
1060	43585	43624	43662	43700	43739	43777	43815	43853	43891	43930
1070	43968	44006	44044	44082	44121	44159	44197	44235	44273	44311
1080	44349	44387	44425	44463	44501	44539	44577	44615	44653	44691
1090	44729	44767	44805	44843	44881	44919	44957	44995	45033	45070
1100	45108	45146	45184	45222	45260	45297	45335	45373	45411	45448
1110	45486	45524	45561	45599	45637	45675	45712	45750	45787	45825
1120	45863	46900	45938	45975	46013	46051	46088	46126	46163	46201
1130	46238	46275	46313	46350	46388	46425	46463	46500	46537	46575
1140	46612	46649	46637	46724	46761	46799	46336	46873	46910	46948

续表

温度/℃	0	1	2	3	4	5	6	7	8	9
1150	46985	47022	47059	47097	47134	47171	47208	47245	47282	47319
1160	47356	47393	47430	47468	47505	47542	47579	47616	47653	47689
1170	47726	47763	47800	47837	47874	47911	47943	47985	48021	48058
1180	48095	48132	48169	48205	48242	48279	48316	48352	48389	48426
1190	48462	48499	48536	48572	48609	48645	48682	48718	48755	48792
1200	48828	48865	48901	48937	48974	49010	49047	49083	49120	49156

附录五　铂电阻(Pt100)分度表

分度号 Pt100　　　　$R_0 = 100.00\Omega$

温度/℃	0	1	2	3	4	5	6	7	8	9
0	100	100. 39	100. 78	101. 17	101. 56	101. 95	102. 34	102. 73	103. 13	103. 51
10	103. 9	104. 29	104. 68	105. 07	105. 46	105. 85	106. 24	106. 63	107. 00	107. 40
20	107. 79	108. 18	108. 57	108. 96	109. 35	109. 73	110. 12	110. 51	110. 90	11. 28
30	111. 67	112. 06	112. 45	112. 83	113. 22	113. 61	113. 99	114. 38	114. 77	115. 15
40	115. 54	115. 93	116. 31	116. 70	117. 08	117. 47	117. 85	118. 24	118. 62	119. 01
50	119. 4	119. 78	120. 16	120. 55	120. 93	121. 32	121. 70	122. 09	122. 47	122. 86
60	123. 24	123. 62	124. 01	124. 39	124. 77	125. 16	125. 54	125. 92	126. 31	126. 69
70	127. 07	127. 45	127. 84	128. 22	128. 60	128. 98	129. 37	129. 75	130. 13	130. 51
80	130. 89	131. 27	131. 68	132. 04	132. 42	132. 80	133. 18	133. 56	133. 94	134. 32
90	134. 70	135. 08	135. 46	135. 84	136. 22	136. 60	136. 98	137. 36	137. 74	138. 12
100	138. 50	138. 88	139. 26	139. 64	140. 02	140. 39	140. 77	141. 15	141. 53	141. 91
110	142. 29	142. 66	143. 04	143. 42	143. 80	144. 17	144. 55	144. 93	145. 31	145. 68
120	146. 06	146. 44	146. 81	147. 19	147. 57	147. 94	148. 32	148. 70	149. 70	149. 45
130	149. 82	150. 20	150. 57	150. 95	151. 33	151. 70	152. 08	152. 54	152. 83	153. 20
140	153. 58	153. 95	154. 32	154. 70	155. 07	155. 45	155. 82	156. 19	156. 57	156. 94
150	157. 31	157. 69	158. 06	158. 43	158. 81	159. 18	159. 55	159. 93	160. 30	160. 67
160	161. 04	161. 42	161. 79	162. 16	162. 53	162. 90	163. 27	163. 65	164. 02	164. 39
170	164. 76	165. 13	165. 50	165. 87	166. 24	166. 61	166. 98	167. 35	164. 72	168. 09
180	168. 46	168. 83	169. 20	169. 57	169. 94	170. 31	170. 68	171. 05	171. 42	171. 79
190	172. 16	172. 53	172. 90	173. 26	173. 63	174. 00	174. 37	174. 74	175. 10	175. 47
200	175. 84	176. 21	176. 57	176. 94	177. 31	177. 68	178. 04	178. 41	178. 78	179. 14
210	179. 51	179. 88	180. 24	180. 61	180. 97	181. 34	181. 71	182. 07	182. 44	182. 80
220	183. 17	183. 53	183. 90	184. 26	184. 63	184. 99	185. 36	185. 72	186. 09	186. 45
230	186. 82	187. 18	187. 54	187. 91	188. 27	188. 63	189. 00	189. 36	189. 72	190. 09
240	190. 45	190. 81	191. 18	191. 54	191. 90	192. 26	192. 63	192. 99	193. 35	193. 71
250	194. 07	194. 41	194. 80	195. 16	195. 52	195. 88	196. 24	196. 60	196. 96	197. 33

续表

温度/℃	0	1	2	3	4	5	6	7	8	9
260	197.69	198.05	198.41	198.77	199.13	199.49	199.85	200.21	200.57	200.93
270	201.29	201.65	202.01	202.36	202.72	203.08	203.44	203.80	204.16	204.52
280	204.88	205.23	205.59	205.95	206.31	206.67	207.02	207.38	207.74	208.10
290	208.45	208.81	209.17	209.52	209.88	210.24	210.59	210.95	211.31	211.66
300	212.02	212.37	212.73	213.09	213.44	213.80	214.15	214.51	214.86	215.22
310	215.57	215.93	216.28	216.64	216.99	217.35	217.7	218.05	218.41	218.76
320	219.12	219.47	219.82	220.18	220.53	220.88	221.24	221.59	221.94	222.29
330	222.65	223.00	223.35	223.70	224.06	224.41	224.76	225.11	225.46	225.81
340	226.17	226.52	226.87	227.22	227.57	227.92	228.27	228.62	228.97	229.32
350	229.67	230.02	230.37	230.72	231.07	231.42	231.77	232.12	232.47	232.82
360	233.17	233.52	233.87	234.22	234.56	234.91	235.26	235.61	235.96	236.31
370	236.65	237.00	237.35	237.70	238.04	238.39	238.74	239.09	239.43	239.78
380	240.13	240.47	240.82	241.17	241.51	241.86	242.20	242.55	242.90	243.24
390	243.59	243.93	244.28	244.62	244.97	245.31	245.66	246.00	246.35	246.69
400	247.04	247.38	247.73	248.07	248.41	248.76	249.10	249.45	249.79	250.13
410	250.48	250.82	251.16	251.50	251.85	252.19	252.53	252.88	253.22	253.56
420	253.90	254.24	254.59	254.93	255.27	255.61	255.95	256.29	256.64	256398
430	257.32	257.66	258.00	258.34	258.68	259.02	259.36	259.70	260.04	260.38
440	260.72	261.06	261.40	261.74	262.08	262.42	262.76	263.10	263.43	263.77
450	264.11	264.45	264.79	265.13	265.47	265.80	266.14	266.48	266.82	267.15
460	267.49	267.83	268.17	268.50	268.84	269.18	269.51	269.85	270.19	270.52
470	270.86	271.20	271.53	271.87	272.20	272.54	272.88	273.21	273.55	273.88
480	274.22	274.55	274.89	275.22	275.56	275.89	276.23	276.56	276.89	277.23
490	277.56	277.90	278.23	278.56	278.90	279.23	279.56	279.90	280.23	280.56
500	280.90	281.23	281.56	281.89	282.23	282.56	282.89	283.22	283.55	283.89
510	284.22	284.55	284.88	285.21	285.54	285.87	286.21	286.54	286.87	287.20
520	287.53	287.86	288.19	288.52	288.85	289.18	289.51	289.84	290.17	290.50
530	290.83	291.16	291.49	291.81	292.14	292.47	292.80	293.13	293.46	293.79
540	294.11	294.44	294.77	295.10	295.43	295.75	296.08	296.41	296.74	297.06
550	297.39	297.72	298.04	298.37	298.70	299.02	299.35	299.68	300.00	300.33
560	300.65	300.98	301.31	301.63	301.96	302.28	302.61	302.93	303.26	303.58
570	303.91	304.23	304.56	304.88	305.20	305.53	305.85	306.18	306.5	306.82
580	307.15	307.47	307.79	308.12	308.44	308.76	309.09	309.41	309.73	310.05
590	210.38	310.70	311.02	311.34	311.67	311.99	312.31	312.63	312.95	313.27
600	313.59	313.92	314.24	314.56	314.88	315.20	315.52	315.84	316.16	316.48
610	316.80	317.12	317.44	317.76	318.08	318.40	318.72	319.04	319.36	319.68
620	319.99	320.31	320.63	320.95	321.27	321.59	321.91	322.22	322.54	322.86
630	323.18	323.49	323.81	324.13	324.45	324.76	325.08	325.40	325.72	326.03
640	326.35	326.66	326.98	327.30	327.61	327.93	328.25	328.56	328.88	329.19
650	329.51	329.82	330.14	330.45	330.77	331.08	331.40	331.71	332.03	332.34

附录六　铜电阻(Cu100)分度表

分度号 Cu100　　　　$R_0 = 100\Omega$　　$\alpha = 0.004280$

温度/℃	0	1	2	3	4	5	6	7	8	9
	电 阻 值/Ω									
-50	78.49	—	—	—	—	—	—	—	—	—
-40	82.80	82.36	81.36	81.5	81.08	80.64	80.20	79.78	79.34	78.92
-30	87.10	88.68	86.24	85.82	85.38	84.95	84.54	84.10	83.66	83.22
-20	91.40	90.98	90.54	90.12	89.68	86.26	88.82	88.40	87.96	87.54
-10	95.70	95.28	94.84	94.42	93.98	93.56	93.12	92.70	92.26	91.84
0	100.00	99.56	99.14	98.70	98.28	97.84	97.42	97.00	96.56	96.14
0	100.00	100.42	100.86	101.28	101.72	102.14	102.56	103.00	103.43	103.86
10	104.28	104.72	105.14	105.56	106.00	106.42	106.86	107.28	107.72	108.14
20	108.56	109.00	109.42	109.84	110.28	110.70	111.14	111.56	112.00	114.42
30	112.84	113.28	113.70	114.14	114.56	114.98	115.42	115.84	116.28	116.70
40	117.12	117.56	117.98	118.40	118.84	119.26	119.70	120.12	120.54	120.98
50	121.40	121.84	122.26	122.68	123.12	123.54	123.96	124.40	124.80	125.26
60	125.68	126.10	126.54	126.96	127.40	127.82	128.24	128.68	129.10	129.52
70	129.96	130.38	130.82	131.24	131.66	132.10	132.52	132.96	133.38	133.80
80	134.24	134.66	135.08	135.52	135.94	136.33	136.80	137.24	137.66	138.08
90	138.52	138.94	139.36	139.80	140.22	140.66	141.08	141.52	141.94	142.36
100	142.80	143.22	143.66	144.08	144.50	144.94	145.36	145.80	146.22	146.66
110	147.08	147.50	147.94	148.36	148.80	149.22	149.66	150.08	150.52	150.94
120	151.36	151.80	152.22	152.66	135.08	153.53	153.94	154.38	154.80	155.24
130	155.66	156.10	156.52	156.96	157.38	157.82	158.24	158.68	159.10	159.54
140	159.96	160.40	160.82	161.28	161.68	162.12	162.54	162.98	163.40	163.84
150	164.27	—	—	—	—	—	—	—	—	—

参 考 文 献

1 厉玉鸣．化工仪表及自动化．北京：化学工业出版社，1999

2 王树青．工业过程控制工程．北京：化学工业出版社，2003

3 罗万金．电厂热工过程自动调节．北京：中国电力出版社，1999

4 王骥程，祝和云．化工过程控制工程．北京：化学工业出版社，1991

5 廖常初．PLC 编程及应用．北京：机械工业出版社，2003

6 胡学林．可编程控制器教程(基础篇)(实训篇)．北京：电子工业出版社，2005

7 陆德民．石油化工自动化控制设计手册．北京：化学工业出版社，1999

8 何衍庆．集散控制系统原理及应用(第三版)．北京：化学工业出版社，2009